THE MECHANICS OF ROBOT GRASPING

机器人抓取力学

[美] 埃隆·里蒙（Elon Rimon） 著
乔尔·伯迪克（Joel Burdick）

王彩玲 程国建 燕井男 师晓敏 译

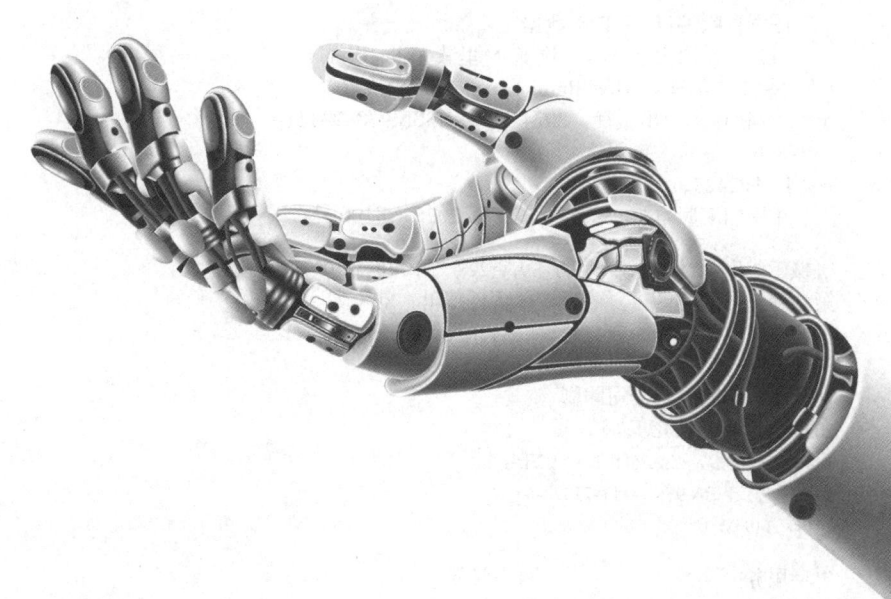

机械工业出版社
CHINA MACHINE PRESS

在当今科技飞速发展的时代，机器人技术已经深入人们生活的各个角落。尽管我们在机器人技术上取得了显著的进步，但对于机器人抓取的深入理解和有效控制仍面临诸多挑战。

抓取作为机器人实现与环境交互的基础能力，其重要性不言而喻。本书正是在这个背景下应运而生的，它填补了关于机器人抓取物理建模数学工具等领域文献中的空白。本书以构型空间为基石，系统地阐述了平衡、固定和笼式抓取等的特性，并清晰地区分了一阶和二阶形式闭合等关键概念。书中还阐述了重力、柔性和手部机构设计等因素对抓取效果的影响，这是对现有知识体系的重要拓展。

本书分为4部分，共18章：第1部分（第2~5章）主要介绍了抓取过程的基本几何原理，它们对后续章节的理解至关重要，即使是有经验的读者也需要重点关注这一部分内容；第2部分（第6~11章）为无摩擦刚体抓取和姿态；第3部分（第12~15章）是摩擦刚体抓取和姿态；第4部分（第16~18章）介绍了抓取机构。

本书既适合作为高等院校本科生和研究生机器人工程相关专业的教学参考书或自学指导书，也可以作为科研人员深入研究机器人抓取问题的工具书。

This is a Simplified Chinese Translation of the following title published by Cambridge University Press:
The Mechanics of Robot Grasping 978-1108427906
© Elon Rimon and Joel Burdick 2019

This Simplified Chinese Translation for the People's Republic of China (excluding Hong Kong, Macau and Taiwan) is published by arrangement with the Press Syndicate of the University of Cambridge, Cambridge, United Kingdom.

© China Machine Press 2025

This Simplified Chinese Translation is authorized for the People's Republic of China (excluding Hong Kong SAR, Macao SAR and Taiwan) only. Unauthorized export of this Simplified Chinese Translation is a violation of the Copyright Act.

No part of this publication may be reproduced or distributed by any means, or stored in a database or retrieval system, without the prior written permission of Cambridge University Press and China Machine Press.

Copies of this book sold without a Cambridge University Press sticker on the cover are unauthorized and illegal.

本书封面贴有 Cambridge University Press 防伪标签，无标签者不得销售。

此版本仅限在中国大陆地区（不包括香港、澳门特别行政区及台湾地区）销售。未经出版者书面许可，不得以任何方式抄袭、复制或节录本书中的任何部分。

北京市版权局著作权合同登记 图字：01-2020-5227 号。

图书在版编目（CIP）数据

机器人抓取力学 /（美）埃隆·里蒙（Elon Rimon），（美）乔尔·伯迪克（Joel Burdick）著；王彩玲等译. 北京：机械工业出版社，2024.12. -- ISBN 978-7-111-77398-6

I. TP242

中国国家版本馆 CIP 数据核字第 20253GF100 号

机械工业出版社（北京市百万庄大街22号　邮政编码100037）
策划编辑：刘琴琴　　　　责任编辑：刘琴琴　李　乐
责任校对：张　薇　陈　越　封面设计：王　旭
责任印制：李　昂
河北泓景印刷有限公司印刷
2025年5月第1版第1次印刷
184mm × 260mm · 22.75印张 · 592千字
标准书号：ISBN 978-7-111-77398-6
定价：149.00元

电话服务　　　　　　　　　网络服务
客服电话：010-88361066　　机　工　官　网：www.cmpbook.com
　　　　　010-88379833　　机　工　官　博：weibo.com/cmp1952
　　　　　010-68326294　　金　书　网：www.golden-book.com
封底无防伪标均为盗版　　　机工教育服务网：www.cmpedu.com

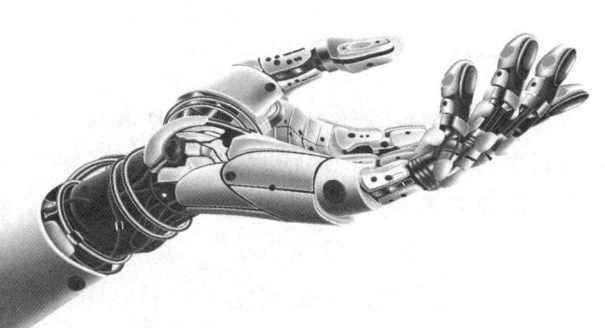

译者序

在探索机器人技术的浩瀚宇宙中,我们常常被其复杂性和精妙之处深深吸引。机器人学是一门综合性科学领域,涉及机器人的设计、构建、操作和应用。这一领域汇集了众多学科的知识和技术,包括机械工程、电气工程、机电工程、电子工程、控制工程、计算机工程、软件工程、信息工程、数学以及生物工程等。机器人学的核心在于开发能够替代人类进行工作的自动化机器人,这些机器人可以在危险环境或制造业环境中发挥作用,也可以被设计成具有人类外观、行为乃至心智的仿人机器人。当前,许多机器人的设计和开发都受到自然界的启发,特别是在仿生机器人学这一领域中,研究者们致力于模仿自然生物的特性和功能,推动机器人技术的创新和进步。

The Mechanics of Robot Grasping 是由埃隆·里蒙和乔尔·伯迪克撰写的一本全面介绍机器人抓取力学的教科书,它成功填补了相关领域学术文献中的一大空白。翻译这本著作虽然极具挑战性,但是也令人感到兴奋。这本著作超越了一本普通的教科书,它更像是一座桥梁,将这个复杂而有趣的领域介绍给了更广泛的读者群。

机器人抓取技术是机器人技术中最具挑战性的分支之一。它的重要性不仅体现在工业制造和自动化领域,更体现在人工智能和机器学习的进步中。这本著作通过详细阐述机器人抓取的物理原理和数学模型,为读者提供了一个全面而深入的视角。在翻译这本著作的过程中,我深刻地感受到了作者对这一领域的深入理解和热情。这本著作不仅传达了知识,更传达了作者对未来科技的期许和挑战的勇气。作为译者,我的目标是在保留原著的精确性和严谨性的同时,使翻译后的文字对中文读者来说既通俗易懂又不失学术性。

作为其中文译本,本书的内容涵盖了从机器人抓取的基本理论到复杂的实际应用,既有对已有研究的系统整理,也包含了作者自己的原创见解和对未来的展望。这使得它不仅是机器人学领域学者和研究人员的重要参考资料,也是对机器人学感兴趣的学生和工程师的宝贵学习资源。在这个科技日新月异的时代,理解和掌握新兴技术显得尤为重要。本书能够让读者更了解机器人抓取这一领域,使之更好地学习和理解这一技术的核心。通过本书,读者可以更好地发掘机器人如何通过复杂的物理动作与人类世界互动,以及这些互动背后的科学原理。

本书的翻译过程是一次深刻的学习过程。在处理技术性极强的内容时,我不断学习和求证,力求使每一章节既保留其原始的深度,又能为中文读者提供清晰的解释。我试图在翻译中融入对机器人领域发展趋势的见解,以及对未来可能的技术革新的预测。

我深信,本书将为更多的读者带来知识和启发,帮助他们进一步探索机器人技术的奥秘。无论是机器人学的初学者,还是在该领域有深入研究的专业人士,本书都将是一座珍贵的知识宝库。

在此，我要对所有支持和鼓励我的人表示深深的感谢。感谢他们的信任和支持，使我有机会完成这本著作的翻译。我也感谢与我共同努力的同事们，有了他们的帮助，大大提高了翻译工作的效率。愿本书能激发更多人对机器人学的兴趣和热情，为机器人学的发展和实际应用贡献一份力量。

王彩玲

原书序

该书是一本全面介绍机器人抓取力学的教材。各位读者通过该书可以获得机器人抓取力学的相关的主要概念和技术成就的综合性描述。这是因为该书系统地整理了大量学者的研究工作并采用了统一的符号和分析框架,具体包括关键理论、图形技术以及关于机器人手部设计的深刻见解。

该书全面介绍了用于建模和分析多指机器人抓取的机器人抓取原理,章节设置既包含适合高年级本科生的入门章节,也包含适合研究生水平的高级章节。该书可以作为机器人研究人员和实践机器人工程师的宝贵参考。每章包含许多例题、带有完整解答的练习题和突出新概念的图形,帮助读者掌握所提出的理论和方程的使用。

该书作者埃隆·里蒙教授是以色列理工学院机械工程系的教授,同时也在加州理工学院担任客座副教授。里蒙教授曾在 IEEE 国际机器人与自动化大会和机器人算法基础研讨会上荣获最佳论文奖决赛提名和机器人科学与系统会议上的最佳论文展示奖。

共同作者乔尔·伯迪克担任加州理工学院机械工程与生物工程的教授职位。他曾获得国家科学基金会总统青年研究员奖、海军研究办公室青年研究员奖以及费曼奖学金。伯迪克教授也曾在 IEEE 国际机器人与自动化大会上荣获最佳论文奖决赛提名和 *Popular Mechanics* 杂志的突破奖。

"由两位世界领先的专家撰写的该书填补了文献中的一个重要空白,首次提供了对机器人抓取物理特性建模所需数学工具的全面概述。该书使用构型空间的方法统一表征平衡、固定和笼式抓取,并清晰地表达了如一阶和二阶形式闭合之间的区别等重要观点。书中还包含了一些新材料对重力、柔性和手部机构设计的影响。抓取仍然是机器人面临的重大挑战,而这本书可以为学生和研究人员在未来取得进步提供坚实的基础。"

肯·戈德堡
加州大学伯克利分校

目 录

译者序
原书序
第1章 引言与概要 ························ 1
  1.1 动机与背景 ························ 1
  1.2 本书目的 ························ 4
  1.3 如何使用本书 ························ 4
  1.4 推荐阅读 ························ 6
  1.5 机器人抓取力学简史 ························ 6
    1.5.1 早期影响 ························ 6
    1.5.2 自主机器人手时代 ························ 7
  参考文献 ························ 8

第1部分 抓取过程的基本几何原理

第2章 刚体构型空间 ························ 12
  2.1 构型空间标识 ························ 12
  2.2 构型空间障碍 ························ 14
  2.3 c-障碍法线 ························ 17
  2.4 c-障碍曲率 ························ 19
  2.5 参考书目注释 ························ 22
  2.6 附录:证明细节 ························ 23
  练习题 ························ 25
  参考文献 ························ 27

第3章 构型空间切向量和余切向量 ························ 28
  3.1 c-space 切向量 ························ 28
  3.2 c-space 余切向量 ························ 30
  3.3 切向量和余切向量的线几何 ························ 32
  3.4 参考书目注释 ························ 36
  练习题 ························ 36
  参考文献 ························ 38

第4章 刚体的平衡抓取 40
- 4.1 刚体接触模型 40
  - 4.1.1 无摩擦接触模型 40
  - 4.1.2 库仑摩擦接触模型 41
  - 4.1.3 软点接触模型 42
- 4.2 抓取映射 43
- 4.3 平衡抓取条件 45
- 4.4 内抓取力 48
- 4.5 矩标签技术 49
- 4.6 参考书目注释 52
- 4.7 附录：矩标签引理的证明 52
- 练习题 53
- 参考文献 58

第5章 平衡抓取列举 59
- 5.1 平衡抓取的线几何描述 59
- 5.2 平面平衡抓取 60
  - 5.2.1 平面两指平衡抓取 61
  - 5.2.2 平面三指平衡抓取 63
  - 5.2.3 平面四指平衡抓取 66
- 5.3 空间平衡抓取 70
  - 5.3.1 空间两指平衡抓取 71
  - 5.3.2 空间三指平衡抓取 72
  - 5.3.3 空间四指平衡抓取 73
  - 5.3.4 空间七指平衡抓取 76
- 5.4 涉及更多手指的平衡抓取 78
- 5.5 参考书目注释 79
- 5.6 附录 79
  - 5.6.1 附录Ⅰ：证明细节 79
  - 5.6.2 附录Ⅱ：无摩擦平衡抓取集合的范围 83
- 练习题 86
- 参考文献 94

第2部分 无摩擦刚体抓取和姿态

第6章 安全抓取概述 96
- 6.1 固定抓取 96
- 6.2 抗力旋量抓取 99
- 6.3 无摩擦接触条件下固定和抗力旋量的对偶性 100
- 6.4 展望 102

6.5 参考书目注释 · · · · · · 102
6.6 附录：证明细节 · · · · · · 103
参考文献 · · · · · · 104

第 7 章 一阶固定抓取 · · · · · · **105**

7.1 一阶自由运动 · · · · · · 105
7.2 一阶运动指数 · · · · · · 108
7.3 一阶固定 · · · · · · 110
7.4 一阶运动指数的图形化解释 · · · · · · 112
7.5 参考书目注释 · · · · · · 114
7.6 附录：证明细节 · · · · · · 115
练习题 · · · · · · 116
参考文献 · · · · · · 118

第 8 章 二阶固定抓取 · · · · · · **119**

8.1 二阶自由运动 · · · · · · 119
8.2 二阶运动指数 · · · · · · 122
8.3 二阶固定 · · · · · · 123
8.4 二阶运动指数的图形描述 · · · · · · 126
8.5 参考书目注释 · · · · · · 130
8.6 附录：证明细节 · · · · · · 131
练习题 · · · · · · 134
参考文献 · · · · · · 138

第 9 章 最小固定抓取 · · · · · · **139**

9.1 最小一阶固定抓取 · · · · · · 139
9.2 最大内切圆 · · · · · · 142
9.3 最小二阶固定抓取 · · · · · · 144
    9.3.1 使用三个凸手指进行最小固定 · · · · · · 144
    9.3.2 使用两个凹手指进行最小固定 · · · · · · 147
9.4 多边形的最小二阶固定化 · · · · · · 148
9.5 多面体物体的最小二阶固定 · · · · · · 151
9.6 参考书目注释 · · · · · · 156
9.7 附录 · · · · · · 157
    9.7.1 附录Ⅰ：关于内切圆的细节 · · · · · · 157
    9.7.2 附录Ⅱ：关于二维物体最小二阶固定的详细信息 · · · · · · 158
练习题 · · · · · · 160
参考文献 · · · · · · 163

第 10 章 多指笼式抓取 · · · · · · **165**

10.1 标量形状参数控制的机械手 · · · · · · 166
10.2 单参数机械手的构型空间 · · · · · · 166

10.3	笼式结构的构型空间表示	167
10.4	笼式集穿刺点	170
10.5	两指笼式结构的图形描述	171
10.6	参考书目注释	175
10.7	附录：证明细节	176

练习题 …… 177

参考文献 …… 181

第11章 重力下无摩擦手支撑的实例 …… 182

11.1	平衡姿态的构型空间表示	182
11.2	稳定的平衡姿态	185
11.3	姿态稳定性测试	187
	11.3.1 平衡姿态下的 $l^- = \emptyset$ 测试	188
	11.3.2 平衡姿态下 $v = 0$ 的测试	189
	11.3.3 姿态稳定性测试总结	191
11.4	姿态稳定性测试公式	191
11.5	二维姿态的稳定平衡区域	193
	11.5.1 姿态平衡区域计算方案	193
	11.5.2 单支撑二维姿态的稳定区域	194
	11.5.3 涉及三个或更多个接触点的稳定二维姿态	196
11.6	三维姿态的稳定平衡区域	197
	11.6.1 姿态平衡区域计算方案	197
	11.6.2 单支撑三维姿态的稳定区域	198
	11.6.3 三接触三维姿态的稳定区域	200
	11.6.4 六接触三维姿态的稳定区域	201
11.7	参考书目注释	203
11.8	附录：证明细节	203

练习题 …… 206

参考文献 …… 211

第3部分 摩擦刚体抓取和姿态

第12章 抗力旋量抓取 …… 214

12.1	抗力旋量和内抓取力	214
12.2	作为线性矩阵不等式的抗力旋量	216
	12.2.1 用半正定矩阵表示摩擦约束公式	217
	12.2.2 作为 LMI 可行性问题的抗力旋量	218
12.3	抓取力优化	219
12.4	抓取的可控性	220
	12.4.1 被抓取物体动力学	220

12.4.2　多指抓取的局部可控性 ⋯⋯ 221
　　　12.4.3　精确反馈线性化 ⋯⋯ 222
　12.5　参考书目注释 ⋯⋯ 223
　练习题 ⋯⋯ 224
　参考文献 ⋯⋯ 227

第 13 章　抓取质量函数 **229**
　13.1　基于刚体运动学的质量函数 ⋯⋯ 229
　13.2　基于抓取矩阵的质量函数 ⋯⋯ 231
　13.3　基于抓取多边形的质量函数 ⋯⋯ 234
　13.4　基于接触点位置的质量函数 ⋯⋯ 235
　13.5　基于接触力大小的质量函数 ⋯⋯ 238
　13.6　基于任务指定的手指力优化 ⋯⋯ 240
　13.7　参考书目注释 ⋯⋯ 242
　13.8　附录 ⋯⋯ 242
　　　13.8.1　附录 I：距离度量和范数综述 ⋯⋯ 242
　　　13.8.2　附录 II：抓取矩阵在坐标变换下的特性 ⋯⋯ 243
　　　13.8.3　附录 III：抗力旋量区域 ⋯⋯ 245
　练习题 ⋯⋯ 245
　参考文献 ⋯⋯ 248

第 14 章　重力作用下的手支撑姿态 I **249**
　14.1　局部抗力旋量状态 ⋯⋯ 250
　14.2　二维姿态的可行平衡区域 ⋯⋯ 251
　14.3　二维姿态平衡区域的图解构造 ⋯⋯ 253
　14.4　二维姿态平衡区域的安全裕度 ⋯⋯ 255
　14.5　参考书目注释 ⋯⋯ 258
　14.6　附录：证明细节 ⋯⋯ 259
　练习题 ⋯⋯ 260
　参考文献 ⋯⋯ 263

第 15 章　重力作用下的手支撑姿态 II **264**
　15.1　三维平衡姿态的基本特性 ⋯⋯ 264
　15.2　可控的手支撑姿态 ⋯⋯ 266
　15.3　一种计算姿态平衡区域的方法 ⋯⋯ 268
　15.4　净力旋量锥 W 的边界 ⋯⋯ 269
　　　15.4.1　复合摩擦锥的单元分解 ⋯⋯ 269
　　　15.4.2　建立 W 边界面的接触力单元 ⋯⋯ 270
　15.5　有助于 W 的边界面的临界接触力 ⋯⋯ 272
　15.6　姿态平衡区域边界曲线 ⋯⋯ 275
　15.7　接触点处出现非静态运动模式 ⋯⋯ 278

15.8 参考书目注释 ·· 279
15.9 附录：证明和技术细节 ·· 280
练习题 ··· 287
参考文献 ··· 290

第4部分 抓取机构

第16章 抓取机构的运动学和力学 294
16.1 手指关节速度与被抓取物体刚体速度之间的关系 ··············· 294
16.2 手指关节扭矩与被抓取物体力旋量之间的关系 ··················· 299
16.3 四种手动机构的抓取力 ·· 301
16.4 机器人手对抗力旋量抓取的影响 ·· 305
16.5 参考书目注释 ·· 310
16.6 附录 ·· 310
  16.6.1 附录Ⅰ：单指机构的雅可比矩阵 ······························· 310
  16.6.2 附录Ⅱ：抗接触力分解 ·· 311
练习题 ··· 311
参考文献 ··· 314

第17章 抓取可操控性 315
17.1 瞬时可操控性 ·· 315
17.2 局部可操控性 ·· 319
17.3 参考书目注释 ·· 321
17.4 附录：局部可操控性定理的证明 ·· 321
练习题 ··· 323
参考文献 ··· 324

第18章 手动机构柔度 325
18.1 一维刚度和柔度 ·· 325
18.2 关于柔度对抓取刚度的影响 ··· 327
18.3 抓取刚度中心 ·· 331
18.4 柔性抓取的稳定性 ··· 334
18.5 参考书目注释 ·· 337
18.6 附录：抓取刚度矩阵的推导 ··· 337
练习题 ··· 339
参考文献 ··· 340

附录 342
附录A 非光滑分析的介绍 ·· 342
附录B 分层莫尔斯理论概述 ··· 347
参考文献 ··· 352

第 1 章　引言与概要

1.1　动机与背景

机器人已经广泛应用于制造业，主要用于组装产品、控制机器操作、零件搬运及打包运输等工作。如今机器人可以协助完成更为广泛的任务，例如医疗外科手术、老年护理、农业劳动、灾害响应、有毒废弃物的处理与修复。不幸的是，机器人也被用于了战场作战。在所有这些当前和未来的应用中，为了完成指定的任务，机器人必须抓取并操作特定的目标物体。这类机器人的操作依赖于使用多指机器人手来安全抓取与任务相关的物体进而完成任务。

机器人手在抓取和操作任务时通常会与物体进行多次接触，本书致力于讨论控制多指机器人手行为的运动学和力学原理。然而，本书中阐述的原理适用于更为广泛的机器人应用。为了表明这些看似不同的应用中的共性，本书将对这些不同应用分别进行简要描述。

多指机器人抓取：图 1-1 显示了可以抓取和操作各种物体的多指机器人手的一个示例。这只机器人手是由斯坦福大学的 Salisbury（索尔兹伯里）在 20 世纪 80 年代设计的。如图 1-1 所示，该机器人手通常附着在机器人手臂上，抓取力用于将物体牢固地固定在机器人手中。正确设计的机械手可以实现多种抓取——从精确抓取［只有指尖接触被抓取物体（图 1-1）］到强力抓取，机器人手还使用中指及手掌接触物体，用以提供高度安全的抓取（图 1-2）。一旦机器人手进行抓取，被抓取物体就可以安全地运输或作为更复杂的机器人任务的一部分进行操作。

在机器人抓取的情况下，手指关节有两个作用。首先，在每个手指关节处产生的机械扭矩或力控制手指与被抓取物体之间的接触力，能够在外部干扰的情况下保持牢固的抓取。其次，手指关节允许定位手指机械结构，以便机械手可以通过一系列接触布置来抓取各种各样的物体。除了基本抓取，手指关节还可以操作机器人手中的被抓取物体。

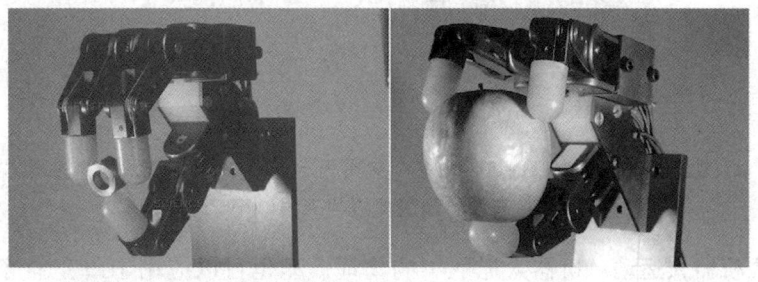

图 1-1　一只三指机器人手，展示了精细抓取［原始图片© Hank Morgan/Science Source，（左）；原始图片© RGB Ventures/SuperStock/Alamy Stock Photo，（右）］

抓取的质量在很大程度上取决于手指在被抓取物体表面上的接触位置。虽然手指关节可以主动改变施加在被抓取物体上的接触力，但基于抓取分析的目的，可以从概念上用在接触点上施加等效力的手指代替手指关节。或者，可以采取一种概念性的观点，即如果被机器人手的指尖牢牢抓取，被抓取物体的运动就受到了约束。因此，如图1-3所示，多指抓取的分析可以简化为研究被抓取物体 B 与周围手指体 O_1，O_2，$\cdots$，O_k 之间的关系。

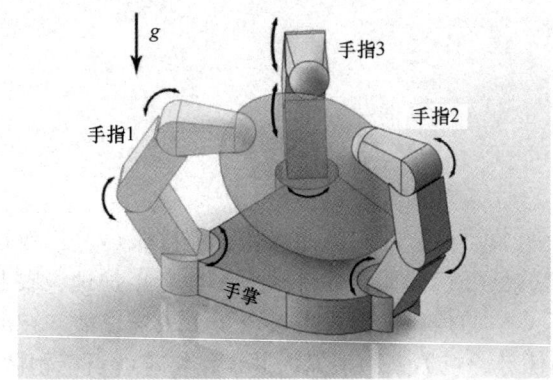

图 1-2 一只三指机器人手展示了力量的抓取

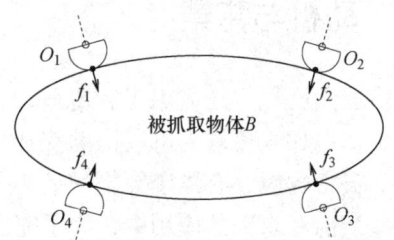

图 1-3 多指抓取可以抽象为与被抓取物体 B 交互的手指体 O_1，O_2，$\cdots$，O_k 的系统

本书的第 1 部分、第 2 部分和第 3 部分的内容集中介绍该简化抓取系统。在此基础上，第 4 部分讨论了在抓取过程中控制整个机器人手的运动学和力学原理。

工件夹具：工件夹具中会出现涉及多点接触的情况。夹具通常用于在制造和组装过程中牢固地固定工件。图 1-4a 展示了一个成组夹具。该夹具由固定元件组成，该固定元件是由用于夹定工件的固定架组成的。虽然一些夹具包括以主动控制夹紧力的驱动装置，但大多数夹具是不具备驱动装置的。夹具和工件之间的接触力通常是在夹具预装的过程中产生的，或者由夹具和工件材料在机械加工或组装操作中受到应力和应变时的反作用力产生。如图 1-4b 所示，夹具的分析也可以理想化为与多个夹具接触的中心工件的分析。

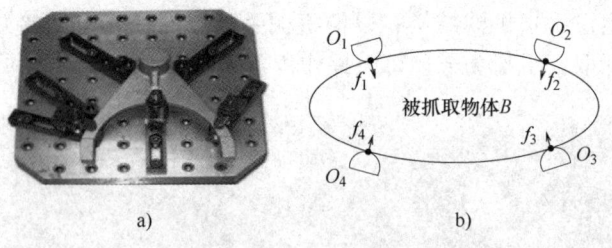

a) b)

图 1-4 a) 成组夹具，其中弯曲工件由多个夹具固定；b) 夹具系统抽象为多刚体接触的中心部件[图片来源：高级机械与工程(www.ame.com)]

准静态腿式机器人运动：机器人抓取中的物理模型也可以应用于研究准静态腿式机器人运动中的一些关键问题。图 1-5a 展示了一种于 20 世纪 80 年代在俄亥俄州立大学制造的重约 7000lbf（约 3000kgf）的六足步行机器车。这台车的惊人之处在于可牵引 2000lbf（约 1000kgf）的负载在崎岖泥泞的地形上行走。图 1-5b 展示了 NASA JPL 实验室开发的用于灾难恢复任务的

小型四足机器人。腿式机器人姿态在如下方面类似于机器人抓取。支撑腿式机器人的区域可类比为机器人手通过多点支撑物体形成的区域。当机构的重心位于地面与腿部的支撑区域内时，腿式机器人将以准静态姿态行走[⊖]。如果要瞬间固定所有的腿关节，机器人的刚性姿态必须是静态稳定的。因此，腿式机器人姿态稳定性问题可以简化为由机器人手支撑刚体的稳定性问题，如图1-6所示。

图1-5 a) 20世纪80年代设计的六足自适应悬架步行机器车；b) 21世纪10年代开发的用于灾难恢复任务的四足机器人。俄亥俄州立大学的六足自适应悬架步行机器车的图片来自www.theoldrobots.com

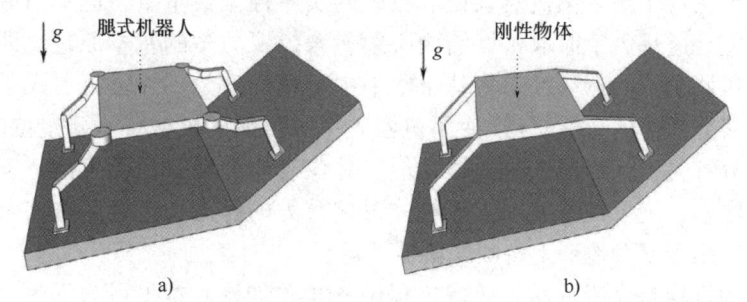

图1-6 a) 一种概念化的四足机器人姿态；b) 将腿式机器人的姿态抽象为刚体在不平坦的地形上由多个接触点支撑

多代理运输系统：一组地面移动机器人的任务是将重物运输到新位置。每个机器人只能推动其周围的物体，因此也可以认为指尖通过接触为物体提供传输力或者被其他机器人推动时为物体提供运动约束。一组这样的机器人类似于执行操作任务的多个手指体。大型物体也可以由飞行机器人团队运输。在这样的运输方案中，一个大的物体由电缆悬挂在每个代理机器人上，电缆会提供单向力约束。也就是说，每个飞行机器人只能拉动其电缆以提供所需的运输和机动力。类比于机器人手模型，机器人手的手指只提供单向力约束，因为它们只能推动被抓取物体的表面。

这些示例表明，机器人抓取的范畴包括各种问题，这些问题都可以归结为多个接触体的研究。尽管本书论述的原理同样适用于上述领域，但本书仍然在机器人抓取的背景下论述相关原理。

⊖ 在平坦水平地形上行走，支撑区域即为接触点的凸包；在凹凸不平的地形上行走，支撑区域呈现出更为复杂的形状，本书将就此情况做详细描述。

1.2 本书目的

本书的第一个目的是汇总机器人抓取的历史和近期成果。做这件事情是基于以下原因。虽然机器人抓取的许多问题值得进一步研究，但抓取、固定和准静态腿式机器人运动过程背后的基本运动学和力学原理已经相对成熟。自从 1985 年出版第一本关于抓取力学的书 *Robot Hands and the Mechanics of Manipulation*[1]以来，这些过程的基本几何建模已经取得了实质性的进展。许多机器人方面的书籍——例如参考文献[2-5]——都讨论了机器人抓取的一些重要内容。但是，这些书籍并没有系统地提供完整的机器人研究成果，无法用于教学或参考。

本书的第二个目的是将机器人抓取问题的多样性表述为一种通用语言。本书专注于多指机器人抓取的构型空间(c-space)公式，因为它以与主流机器人运动规划理论一致的方式为抓取力学中的许多问题提供了直观的观点。运动学、力学和 c-space 的协同作用应该会简化未来在机器人抓取系统算法开发方面的工作。

本书的第三个目的是强调高阶运动学和力学效应(例如表面曲率)对机器人抓取性能的影响。这种效应在早期的机器人抓取文献中经常被忽视，但在许多实际情况下却很重要。

本书有意将范围限制在机器人抓取的运动学和力学原理上，并不介绍或分析抓取的规划算法。虽然此类算法对于最大化机器人抓取系统的实用性至关重要，但本书有意选择避免对此类算法进行研究。这是由于抓取机械结构必须包含抓取力学的基本原理，即使成功的规划算法，例如基于机器学习的算法，都将基于本书中介绍的理论。除了机器人手可操作性的高阶章节，本书不研究操作的力学原理(使用机器人手和可能的机械臂重新定位的过程)。虽然本书涉及一小部分有关腿式机器人的问题，但它并没有研究腿式机器人的运动。取而代之的是，本书有 3 章内容讨论了机器人手支撑物体对抗重力的静态稳定性。这些素材来源于研究论文，可以直接应用于复杂地形上的腿式机器人运动。

因此，本书的目的是介绍机器人抓取过程中的相关理论。本书可为学生、研究人员和对开发相关机器人任务的新算法感兴趣的从业者奠定基础。

1.3 如何使用本书

本书可以做多用途使用。首先，本书可以作为研究生入门课程中涉及机器人抓取部分的教科书。本书增加的练习题和实例可以用来帮助学生通过解决相关问题，掌握基本理论。请注意，标有星号(*)的练习题通常与基础研究性的问题相关。其次，本书可以为研究人员和从业者提供有用的参考。每章末尾的参考书目注释可作为进一步研究的起点。此外，本书包含了一些很基础但很关键的结论的证明细节。为了拓展这些分析，本书依赖于一些数学工具，例如非光滑分析和分层莫尔斯理论(Morse theory)。由于上述数学工具并不是广泛应用于机器人技术，因此，在本书的附录中详细介绍了上述方法。

本书分为四个部分，其内容和目的的总结如下。

第 1 部分——抓取过程的基本几何原理：第 2~5 章回顾了多重接触刚体的 c-space 所包含的基本几何和运动学概念。对于刚开始学习抓取力学的学生来说，第 1 部分的阅读是必不可少的。对于已经熟悉该领域的从业者，可以通过浏览这些章节的部分内容了解本书中使用的符号和运动学约定。读者需要重点关注以下四个方面：① 第 2 章提出的一种使用非光滑距离函数的 c-space 的新公式。该方法为分析多重接触刚体提供了一个更加一致和直接的框架。② 第 3 章介绍的 c-space 的切空间的图形表示。虽然该表示方法在机器人文献中并未广泛应用，但在本书的后续章节中起着重要作用。③ 第 4 章介绍的平衡抓取（即被抓取物体在机器人手中保持静止），对于保持安全抓取是非常必要的，是本书第 2 部分和第 3 部分的主要内容。④ 第 5 章描述了平衡抓取在线几何方面依据的综合目录。线几何相关目录在之前的教科书和其他相关出版图书中并未出现。因此，即使是有经验的读者也需要重点关注第 1 部分。

第 2 部分——无摩擦刚体抓取和姿态：第 6~11 章重点介绍了无摩擦接触情况下的刚体多指抓取模型。虽然没有任何抓取接触是完全无摩擦的，也没有任何物体是完全刚性的，但理想化该模型是非常有意义的。首先，该理想化模型可为许多实际机器人抓取的应用提供保守近似值。其次，摩擦力与第 7~9 章中讨论的固定抓取以及在第 10 章中阐述的笼式抓取都无关。

对于学生来说，第 2 部分介绍了安全抓取的另一种定义。个别章节将专门讨论与无摩擦接触相关的不同类型的安全抓取：第 7 章的一阶固定、第 8 章的二阶固定，以及第 10 章的笼式抓取。本书的这一部分强调如何将第 1 部分的几何和运动学思想用来分析这些类型的抓取，并充当纯粹的抓取时第 1 部分的几何思想和第 3 部分的面向力学的方法之间的有用桥梁。特别是二阶固定的概念只出现在研究文献中。同样，以前没有任何文本将有关笼式抓取的材料组织成一个一致的整体。

第 9 章讨论了精简的机器人抓取。本章展示了如何使用运动性分析来限制在安全固定抓取中抓取不同类别物体所需的手指数量。对于第一次介绍机器人抓取主题，本章的材料不是必不可少的阅读材料。对于从事机器人行业的从业者而言，本材料仅仅是收集了出现在研究文献中的结果。第 2 部分的最后一章，即第 11 章阐述了机器人手抓取的无摩擦接触支撑的物体的重力稳定性。对于初学者来说，本章不是必需的。有经验的从业者应该注意的是，该主题依赖于二阶流动性分析和分层莫尔斯理论的使用，虽然这些分析在之前的机器人教科书中并未提及，但这是分析多接触抓取的独特而强大的工具。

第 3 部分——摩擦刚体抓取和姿态：第 12~15 章研究了在摩擦接触情况下的刚体多指抓取模型。第 12 章介绍了安全的抗力旋量抓取的概念。读者需重点关注第 12 章中将抗力旋量属性公式化为线性矩阵不等式和将该属性视为短时间局部可控的部分。第 14 章和第 15 章讨论了当接触处存在摩擦时，机器人手支撑姿态的重力稳定性。这些章节对于初学者来说不是必读的。但是，有经验的从业者应该注意，这些章节与不平坦地形上的腿式机器人运动高度相关。

第 13 章描述了用于评估可选抓取的抓取质量函数。本章总结了文献中出现的大多数抓取质量函数相关的关键概念。其中一个关键概念涉及在不同参考系选择下的抓取质量函数的性能。

第 4 部分——抓取机构：前面的章节将手部机械结构抽象为可以根据需要产生指尖运动和接触力的手指体。第 16~18 章阐述了抓取过程中的完整机器人手。第 16 章阐述了机器人手的运动结构如何影响整个抓取系统的关键特性。本章研究了将内抓取力划分为不同的线性子空间，并阐述这些不同的子空间如何表现为指尖的不同类型的抗力旋量抓取。从业者应当注意，这些包括对应于精确抓取的主动抗力旋量抓取，以及对应于被动控制的抗力旋量抓取。

第 17 章研究了抓取可操控性。可操控性定义为机器人手将任意局部运动赋予被抓取物体的能力。本章可作为基本的抓取力学原理和机器人手在保持抓取力的同时局部操控物体的能力之间的桥梁。第18章侧重于阐述抓取机机结构连贯性的影响。本章介绍了抓取刚度矩阵，它描述了被抓取物体如何对干扰做出反应——假设手的关节在连贯的情况下运动。抓取刚度矩阵决定了顺应抓取的稳定性，并提供了抓取周围吸力的相关信息。应该注意的是，机器人手部控制算法通常在抓取过程中实现手部机构关节的比例-积分-微分（PID）控制。因此，本章描述了在受控手部机构中抓取的物体的行为和稳定性。

附录：附录 A 总结了一些有用的非光滑分析工具。这些工具在模拟由手指抓取引起的 c-space 时非常重要，可用于解释固定抓取的理论。附录 B 总结了分层莫尔斯理论，该理论提供了表征分层集合上极值点的分析工具。这些集合可以在与被抓取物体交互的机器人手形成的 c-space 中找到。分层组也显示为可以被多个手指影响到被抓取物体的扭转组。因此，希望所有读者都可以阅读这些简短的附录，以了解这些理论提供的简洁而有效的工具。

希望本书能为初学者提供系统的理论基础，同时可以使有经验的从业者快速找到感兴趣的内容。

1.4 推荐阅读

作为机器人入门课程的一部分，第1部分和第2部分的第6、7章及第3部分的第12章将为学生提供有关机器人抓取建模和分析中关键问题的实用知识。有了这些知识，学生就可以自学本书的其他章节，如关于接触曲率效应的第8章，或者是关于笼式抓取的第10章。还有包括一些腿式机器人运动研究的课程，如第3部分的第14章和第15章将使学生全面了解腿式机器人姿态在不平坦的地形上时的稳定性。其余章节主要作为进阶主题或参考。文本部分更易于用作课程的一部分，同时，也给出了相应的练习题和示例。

前提条件：在阅读本书时，读者需要对矩阵分析和微积分有基本的了解，能够在需要时进行查找，掌握刚体运动学和串行链式机器人连杆运动学的基础知识。这两部分包含在参考文献[4]和[6]中。

1.5 机器人抓取力学简史

以下是机器人抓取力学相关发展的简史。这段简史并没有给出详细的参考文献列表，而是强调了一些主要趋势及其对本书结构的影响。初读时可以跳过本部分。

1.5.1 早期影响

所有机器人抓取过程的理论都建立在三个经典基础理论之上：运动学、力学和机械学理论。我们先来回顾一下经典原理和技术的发展。

所有实际的抓取系统都涉及多重接触体。在实际应用中，多指抓取都可以通过近似成准静态刚体方法来进行分析。静力学理论已经存在了几个世纪，然而，Louis Poinsot 在 1803 年的著作 *Théorie Nouvelle de la Rotation des Corps* 可以被认为是最早将刚体静力学和力学原理几何化的书之一。Poinsot 注意到，任何作用在刚体上的力系统都可以被分解为单个力和一对围绕力轴作用的力。在机器人抓取的背景下，施加在被抓取物体上的接触力系统可以用等效的净力旋量代替。这些思想与线几何的使用相结合，是第4章和第5章中描述的平衡抓取的基础。

每个手指与被抓取物体之间接触的力学特性，对被抓取物体的属性会产生重大影响。接触模型可以描述通过手指-物体接触传递力的类型。纵观现代抓取分析的历史，各类接触模型均包含了表面摩擦的影响。库仑（Coulomb）介绍了摩擦力和内聚力可以对静力学问题产生影响。库仑在 *Théorie des Machines Simples*（1781）一书中提出了库仑摩擦模型。虽然库仑摩擦模型因为没有考虑到众多摩擦学效应被批评为过于简单且不准确，但是经验表明，该模型为抓取分析提供了一种非常有效的近似值，因此广泛应用于机器人抓取的研究。第 4 章回顾了各类刚体接触模型。此外，本书分成多个部分分别阐述抓取分析的力学原理。

抓取力学的理论始于 Reuleaux 在 1875 年出版的著作 *The Kinematics of Machinery*[8]。这本书介绍了用于分类和分析多接触系统机械的系统理论，并且建立了力封闭的基本概念。本书在第 6 章系统介绍了力封闭的概念，并在第 12 章中进行了全面分析。直观地说，如果施加在被抓取物体上的力和力矩都能被（作用在）接触点上可行的手指力所抵消，则称为力封闭。力封闭的概念一直是机器人抓取研究中的核心问题。本书使用"抗力矩抓取"来表示抓取物体抵抗施加在被抓取物体上的力和力矩的能力。

如果接触的手指对被抓取物体的运动提供了足够的刚体约束，使得物体被抓取的手指完全约束，则称该抓取处于形封闭状态。本书将使用"固定抓取"而不是"形封闭"，因为固定抓取能更准确地描述基于刚体完全约束的概念。1900 年，Somoff 提出了第一个关于固定化的系统分析方法[9]。本书在第 7 章和第 8 章中对刚体固定化进行了全面分析。本书的一个主要贡献是将经典形封闭概念扩展到包括曲面曲率效应，从而形成二阶固定。第 9 章表明，通过在手指接触处加入曲率效应，机器人手可以用比这些经典模型预测的更少的接触点来固定物体。

19 世纪末和 20 世纪初分别出现了两种不同的分析学派。19 世纪 70 年代中期，李（Lie）提出并发展了无穷小群的概念，如今将其称为李代数。1900 年，Ball 出版了 *A Treatise on the Theory of Screws*[7]。1924 年，von Mises 介绍了电动机的相关概念[10]。这些技术成为我们现在所讲的线几何相关理论。20 世纪 80 年代在新机器人领域控制理论研究人员引入了李群李代数方法，而工程运动学界研究仍在很大程度上依赖于线几何。因此本书首先回顾线几何的相关内容，使用微分几何的标准概念来公式化所有的抓取分析。

20 世纪 70 年代末，Lozano-Perez、Mason 和 Taylor 为机器人的运动规划引入了构型空间。该空间具有丰富的微分几何分析方法，可用于分析机器人抓取。本书中的所有分析都是在 c-space 框架下进行的，其方式与机器人抓取规划概念兼容[11-13]，本书介绍了与 c-space 框架相关的所有概念。

1.5.2 自主机器人手时代

与机器人抓取直接相关的重要研究直到 20 世纪 70 年代才出现。20 世纪 70 年代初期的研究是由 20 世纪五六十年代三种不同的实践活动推动的：工业机器人、遥控机器人和人体假肢。1961 年，在通用汽车工厂安装了第一台工业机器人，这些早期的工业机器人只能依靠专用夹具来完成抓取和零件操作任务，对于机器人工程师和研究人员来说，下一步的构想是模拟出拟人化的通用灵巧机器人手并且不依赖于专用的开发工具和夹具，从而方便地使机器人在应对不同的装配操作时能够重新编程。20 世纪 50 年代因核动力发电机的兴起而发展的远程操作机器人手臂可以替代人类在高放射性环境中工作。遥控机器人是 20 世纪 60 年代后期应用的早稻田机械臂，该机械臂包括一个四自由度夹具。虽然简单的平行爪式夹具足以完成大部分远程操作任务，但有些任务仍需要能够模仿人类手部动作的末端执行器来完成。此外，电子和电池技术的发展已经足够先进，可以助力人体假肢手的研究工作，早期该领域的一项值得关注的事是1965年的Tomovic假肢手。

早期机器人研究人员会受到实际需求的挑战，因此，需要研究更全面的方法来分析和合成多指机器人的抓取。20世纪70年代末，Lakshminarayana[14]更新了Somoff的经典形封闭理论，即一阶固定。20世纪80年代和90年代初期的工作主要是采用力封闭或扭转阻力的方法进行抓取分析，而不是采用形封闭方法。本书试图在抓取分析的力封闭和形封闭方法之间呈现出一个平衡的观点。从几何分析的角度来看，形封闭实际上是一种更自然的刚体抓取分析框架，并且可以提供最高水平的抓取安全性。

20世纪70年代末到80年代，Roth及其学生系统地分析了机器人抓取和灵巧操作的众多基本问题。他们大部分工作都是基于经典的线几何[15]。Salisbury在其博士论文[16]中形式化了通用的刚体接触模型(在本书第4章进行回顾)，在文献[17]中给出了多指机器人手的抓取刚度的第一个通用公式(本书第18章的基础)。Cai[18]随后确定了两个物体之间的接触点如何随着物体的相对运动及其表面曲率的变化而移动。同时，Montana在哈佛的博士研究中[19]提出了Montana接触方程。Montana依靠微分几何学获得了与Cai类似的结果。表面曲率对抓取力学的影响是本书许多章节的共同主题，并且由于这种方法更符合c-space框架，故而本书的表示更倾向于Montana的几何公式。

20世纪80年代初还出现了第一个功能齐全的机器人手原型。Salisbury在1982年完成了JPL/Stanford的机器人手(见图1-1)，而Jacobsen、Hollerbach和同事于1985年完成了UTAH/MIT的机器人手。这些机器人手代表了技术复杂性和性能的一个新水平。虽然这些设备不具备实用性，但它们对基本抓取操作的成功演示激发了新一代研究人员解决抓取和灵巧操作问题的动力。本书反复讨论了如何将机器人抓取理论转化为促进机器人手设计成功的思路。读者将在本书第9章和第4部分的大部分内容中看到在偶尔使用手掌(或另外一个支撑手指)来实现高度安全抓取的情况下，三指机器人手是极其简单的。

随着新的应用和设计的出现，机器人抓取领域不断扩大。例如，电缆抓取器可以像多指机器人手一样抓取和操作物体。以类似的方式，可以将制造中使用的抽吸装置以及粘合剂集成到异构机器人手中。卡紧夹持器利用颗粒材料中的相变(当对颗粒材料施加真空时，由颗粒之间的空气抽离引起)将物体锁定在保形封套内，从而将物体固定在被抓取物体内。3D打印技术的进步使柔性关节能够快速组装成合规的机器人手。此外，软质材料的进步使新一代的柔性机器人手能够安全地与本身柔软且容易损坏的生物材料互动。虽然这些新型抓取装置的物理驱动或抓取过程各不相同，但这些不同装置中抓取过程所依据的运动学和力学原理具有共性。相信本书中描述的原理应该适用于机器人抓取和操作这一广泛且不断扩展的领域。

参考文献

[1] M. T. Mason and J. K. Salisbury, *Robots Hands and the Mechanics of Manipulation*. MIT Press, 1985.

[2] R. M. Murray, Z. Li and S. S. Sastry, *A Mathematical Introduction to Robotic Manipulation*. CRC Press, 1994.

[3] M. T. Mason, *Mechanics of Robotic Manipulation*. MIT Press, 2001.

[4] K. M. Lynch and F. C. Park, *Modern Robotics: Mechanics, Planning, and Control*. Cambridge University Press, 2017.

[5] J. M. Selig, *Geometrical Fundamentals of Robotics*. Springer-Verlag, 2003.

[6] M. W. Spong, S. Hutchinson and M. Vidyasager, *Robot Dynamics and Control*. 2nd Edition. John Wiley, 2004.

[7] R. S. Ball, *The Theory of Screws*. Cambridge University Press, 1900.

[8] F. Reuleaux, *The Kinematics of Machinery*. Macmillan, 1876, republished by Dover, 1963.

[9] P. Somoff, "Ueber Gebiete von Schraubengeschwindigkeiten eines starren Koerpers bei verschiedener Zahl von Stuetzflaechen" ["On the regions of rotational velocities for a rigid body with various numbers of supporting surfaces"], *Zeitschrift fuer Mathematik und Physik*, vol. 45, pp. 245–306, 1900.

[10] R. von Mises, "Motorrechnung, ein neues hilfsmittel in der mechanik (Motor calculus: a new theoretical device for mechanics)," *Zeitschrift fur Mathematic and Mechanik*, vol. 4, no. 2, pp. 155–181, 1924.

[11] J. C. Latombe, *Robot Motion Planning*. Kluwer Academic Publishers, 1990.

[12] S. M. LaValle, *Planning Algorithms*. Cambridge University Press, 2006.

[13] H. Choset, K. M. Lynch, S. Hutchinson, G. Kantor, W. Burgard, L. E. Kavraki and S. Thrun, *Principles of Robot Motion*. MIT Press, 2005.

[14] K. Lakshminarayana, "Mechanics of form closure," ASME, Tech. Rep. 78-DET-32, 1978.

[15] M. S. Ohwovoriole and B. Roth, "An extension of screw theory," *Journal of Mechanical Design*, vol. 103, pp. 725–735, 1981.

[16] J. K. Salisbury, "Kinematic and force analysis of articulated hands," PhD thesis, Dept. of Mechanical Engineering, Stanford University, 1982.

[17] J. K. Salisbury and J. J. Craig, "Analysis of multi-fingered hands: Force control and kinematic issues," *International Journal of Robotics Research*, vol. 1, no. 1, pp. 4–17, 1982.

[18] C. C. Cai and B. Roth, "On the spatial motion of a rigid body with point contact," in *IEEE International Conference on Robotics and Automation*, Raleigh, NC, pp. 686–695, 1987.

[19] D. J. Montana, "The kinematics of contact and grasp," *International Journal of Robotics Research*, vol. 7, no. 3, pp. 17–25, 1988.

第 1 部分

抓取过程的基本几何原理

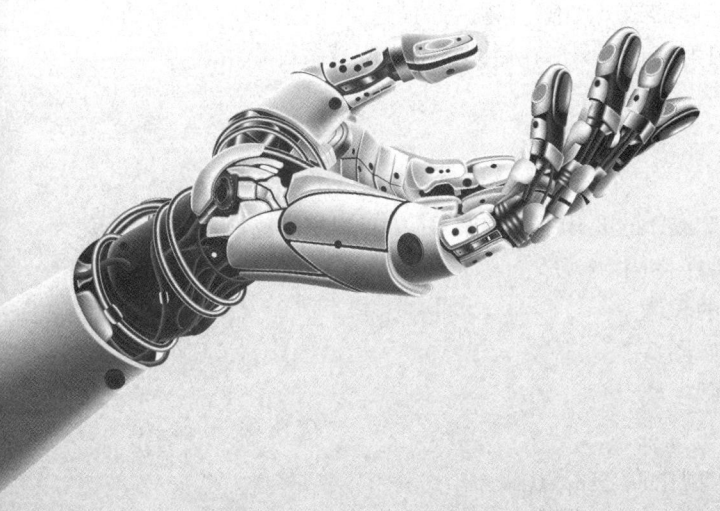

第 2 章 刚体构型空间

本章考虑一个自由运动的刚体 B，被周围静止的物体 $O_1, \cdots, O_k$ 包围。刚体 B 代表一个被机器人手抓取的物体。周围的物体代表指尖或机器人手支撑物体 B 重力的部分。本章介绍了刚体构型空间(c-space)的概念，这对于分析刚体 B 相对于周围手指体的移动性和稳定性至关重要。本章首先根据欧几里得坐标对 B 的 c-space 进行参数化，将 c-space 从抽象流形有效转换为熟悉的欧几里得空间。然后介绍 c-障碍或 c 型障碍物，并描述其一些属性。本章将继续介绍 c-障碍的一阶和二阶几何特性，因为该几何图形在后续章节中起着关键作用。

2.1 构型空间标识

假定物体 B 是一个刚体，可以在 $n=2$ 或 3 的欧几里得空间 $\mathbb{R}^n$ 中自由移动。刚度表示当 B 在 $\mathbb{R}^n$ 中移动时，物体内各点之间的距离保持固定。物体的构型指定了其各点在 $\mathbb{R}^n$ 中的位置。B 的构型参数化需要选择两个坐标系，如图 2-1 所示。第一个是固定的世界坐标系，表示为 F_W，其固连到空间 $\mathbb{R}^n$ 上。第二个是一个物体坐标系，表示为 F_B，其固连在物体 B 上。B 的构型由向量 $d \in \mathbb{R}^n$ 指定。该向量描述 F_B 的原点相对于 F_W 的位置。

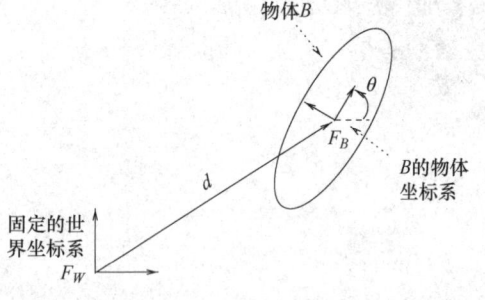

图 2-1 刚体 B 的 c-space 表示的基本设置

方向矩阵 $R \in \mathbb{R}^{n \times n}$，其列描述 F_B 的轴相对于 F_W 的轴的方向。方向矩阵在矩阵乘法下形成一个组，定义如下（请参阅练习题）。

定义 2.1（方向矩阵） $n \times n$ **方向矩阵形成特殊的正交组：**

$$SO(n) = \{R \in \mathbb{R}^{n \times n} : R^{\mathrm{T}}R = I, \text{ 且 } \det(R) = 1\}$$

式中，I 是 $n \times n$ 单位矩阵。

方向矩阵具有两个重要的性质。首先，每个方向矩阵都充当向量 $v \in \mathbb{R}^n$ 的旋转。也就是说，R 保留了 v 的范数：对于 $v \in \mathbb{R}^n$，$\|Rv\| = (v^{\mathrm{T}}R^{\mathrm{T}}Rv^{\mathrm{T}})^{\frac{1}{2}} = \|v\|$。其次，$SO(n)$ 是在 $n \times n$ 矩阵空间中尺寸为 $n(n-1)/2$ 维的光滑流形⊖。例如，$SO(2)$ 是在 2×2 矩阵空间中的紧凑一维流形，而 $SO(3)$ 是在 3×3 矩阵空间中的紧凑三维流形。此拓扑属性的实际含义是，需要用一个标量 $\theta \in \mathbb{R}$ 来参数化 $SO(2)$，并需要三个标量 $\theta = (\theta_1, \theta_2, \theta_3) \in \mathbb{R}^3$ 来参数化 $SO(3)$。

$SO(3)$ **的流形结构**：流形 $SO(3)$ 在拓扑上等同于规范三维流形，即射影空间 RP^3。构造

⊖ 一个 m 维流形是一个超曲面 M，其特征是在超曲面 M 上的任一点 p 都可以用欧氏坐标系 $\mathbb{R}^m$ 来表示。

RP^3 的一种方法是取以 $\mathbb{R}^3$ 的原点为中心的单位球和确定其边界球上的对跖点。流形 RP^3 路径连接，紧凑且可定向。自由移动物体 B 的构型空间由以下定义中所述的 (d, R) 组成。

定义 2.2（构型空间） n 维刚体 B 的 c-space 是光滑流形 $C = \mathbb{R}^n \times SO(n)$，由 (d, R) 组成，且 $d \in \mathbb{R}^n$ 和 $R \in SO(n)$，其中 $n = 2$ 或 3。

C 的维数为 $m = n + n(n-1)/2 = n(n+1)/2$，当 B 为二维（2D）时 $m = 3$，当 B 为三维（3D）时 $m = 6$。B 的每个位置和方向都由 C 中的点表示，而 B 的每个连续运动都由 C 中的曲线表示。但是，实际分析需要 c-space 流形的坐标。因此，我们将以欧几里得空间 $\mathbb{R}^m$ 为单位引入 C 的全局坐标，并为坐标表示方向矩阵提供一些周期性规则。

首先考虑方向矩阵的坐标，它们构成了一个矩阵组。对这种矩阵组进行参数化的标准方法是用指数坐标来表示：

$$R(\theta) = e^{[\theta \times]}, \quad \theta \in \mathbb{R}^{\frac{1}{2}n(n-1)}$$

式中，矩阵指数由级数定义：$e^A = I + A + \dfrac{1}{2!}A^2 + \cdots$。$[\theta\times]$ 是以下反对称矩阵⊖。对于 $SO(2)$，参数 $\theta \in \mathbb{R}$ 表示 F_B 在 $\mathbb{R}^2$ 中相对于 F_W 的方向。2×2 矩阵 $[\theta \times]$ 由下式给出：

$$[\theta \times] = \begin{bmatrix} 0 & -\theta \\ \theta & 0 \end{bmatrix}, \quad \theta \in \mathbb{R}$$

在 $SO(3)$ 的情况下，参数 $\theta = (\theta_1, \theta_2, \theta_3) \in \mathbb{R}^3$ 表示 F_B 在 $\mathbb{R}^3$ 中相对于 F_W 的方向。3×3 矩阵 $[\theta \times]$ 由下式给出：

$$[\theta \times] = \begin{bmatrix} 0 & -\theta_3 & \theta_2 \\ \theta_3 & 0 & -\theta_1 \\ -\theta_2 & \theta_1 & 0 \end{bmatrix}, \quad \theta = (\theta_1, \theta_2, \theta_3) \in \mathbb{R}^3$$

反对称矩阵 $[\theta \times]$ 作为向量 $v \in \mathbb{R}^3$ 的叉积：$[\theta \times] v = \theta \times v$，$v \in \mathbb{R}^3$。因此，它被称为叉积矩阵。当将反对称矩阵代入指数级数时，可以得到以下 $SO(n)$ 的参数化。

定理 2.1（$SO(n)$ 的指数坐标） 根据下述公式，通过 $\theta \in \mathbb{R}$ 对 2×2 方向矩阵进行全局参数化：

$$R(\theta) = \begin{bmatrix} \cos\theta & -\sin\theta \\ \sin\theta & \cos\theta \end{bmatrix}, \quad \theta \in \mathbb{R}$$

式中，θ 是使用右手法则测量的（图 2-1）。根据 Rodrigues 公式，通过 $\theta = (\theta_1, \theta_2, \theta_3) \in \mathbb{R}^3$ 对 3×3 方向矩阵进行全局参数化：

$$R(\theta) = I + \sin(\|\theta\|)[\hat{\theta} \times] + (1 - \cos(\|\theta\|))[\hat{\theta} \times]^2, \quad \theta \in \mathbb{R}^3$$

其中，I 是 3×3 单位矩阵，$[\hat{\theta} \times]$ 是 3×3 叉积矩阵，$\hat{\theta} = \theta / \|\theta\|$。

以 $\theta \in \mathbb{R}$ 表示的 $SO(2)$ 的参数化是以 2π 为周期，每隔 2π 即对整个流形 $SO(2)$ 进行参数化（图 2-2）。在 Rodrigues 公式中，单位向量 $\hat{\theta}$ 表示 $R(\theta)$ 的旋转轴，而标量 $\|\theta\|$ 对应于根据右手法则绕该轴旋转的角度。以 $\theta \in \mathbb{R}^3$ 表示的 $SO(3)$ 的参数化满足以下周期性规则。原点 $\theta = \vec{0}$ 被映射到同一方向矩阵 I。同样，所有半径为 $\|\theta\| = 2\pi$，4π，$\cdots$ 的同心球都映射到 I。由于半径球面上的每对点 $\|\theta\| = \pi$ 映射到相同的矩阵 R，对于所有 $\hat{\theta}$ 因为有 $R(\pi\hat{\theta}) = R(-\pi\hat{\theta})$（同样，确定半径为 $\|\theta\| = 3\pi$，5π，$\cdots$ 的球面上的对跖点）。由于 $\hat{\theta}$ 在 $\mathbb{R}^3$ 中可以有任何方向，因此流

⊖ 反对称矩阵集合 $[\theta \times]$ 构成了矩阵组 $SO(n)$ 的李代数。

形 $SO(3)$ 由半径为 π 的闭合球以原点为中心进行完全参数化,并在其边界球上确定了对跖点。请注意,此规则与 RP^3 的定义相匹配,因此提供了建设性的证明 $SO(3)$ 在拓扑上与 RP^3 等效。

(d,θ) 提供了 c-space 流形 $C = \mathbb{R}^n \times SO(n)$ 的全局参数化,如下面定义中的 c-space 坐标 $q \in \mathbb{R}^m$ 所示。

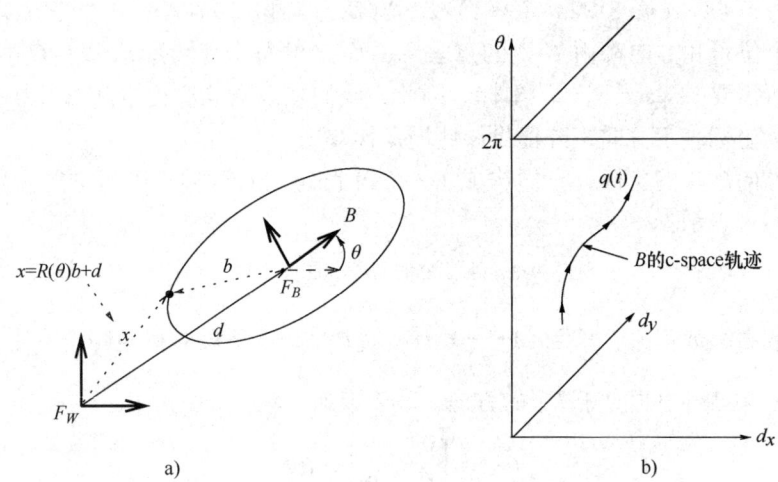

图 2-2 a) 二维物体 B 的 c-space 坐标 $q = (d_x, d_y, \theta)$,其中 θ 以 2π 为周期;
b) B 的物理运动由 $\mathbb{R}^m$ 中的 c-space 轨迹表示

定义 2.3(c-space 坐标) 当 B 是一个二维物体时,其 c-space 坐标为 $q = (d,\theta) \in \mathbb{R}^3$,其中 $d = (d_x, d_y) \in \mathbb{R}^2$,$\theta \in \mathbb{R}$。当 B 是一个三维物体时,其 c-space 坐标为 $q = (d,\theta) \in \mathbb{R}^6$,其中 $d = (d_x, d_y, d_z) \in \mathbb{R}^3$,$\theta = (\theta_1, \theta_2, \theta_3) \in \mathbb{R}^3$。

c-space 坐标允许我们将 B 的物理运动建模为 $\mathbb{R}^m$ 中一个点的轨迹,其中对于二维物体,$m = 3$,对于三维物体,$m = 6$。为简单起见,将 $\mathbb{R}^m$ 称为 B 的 c-space。在讨论手指体如何在 B 的 c-space 中显示为禁区之前,让我们回顾一下刚体变换的关键概念。

定义 2.4(刚体变换) 当刚体 B 位于构型 q 时,以刚体变换给出相对于 F_W 的 F_B 表示的点 $b \in B$ 的位置 $X(q,b)$: $\mathbb{R}^m \times B \to \mathbb{R}^n$,根据公式(图 2-2a)

$$X(q,b) = R(\theta)b + d, \quad q = (d,\theta) \in \mathbb{R}^m, \quad b \in B$$

其中,在二维中 $m = 3$,在三维中 $m = 6$。

我们有时会使用符号 $X_b(q)$ 来指定将点 $b \in B$ 固定在 B 上的刚体变换。在这种情况下,$X_b(q)$ 给出了固定点 b 在世界坐标系中的位置,作为 B 的构型 q 的函数。

2.2 构型空间障碍

刚体不能在物理空间中相互渗透。因此,当一个刚体 B 被固定的刚性手指体 $O_1, \cdots, O_k$ 包围时,这些手指会形成障碍,从而限制了物体的可能运动。手指在 B 的 c-space 中感应出以下禁区,称为 c-障碍或 c 型障碍物(c-obstacle)。

定义 2.5(c-障碍) 令 $B(q)$ 为 B 在构型 q 处 $\mathbb{R}^n$ 中的点集。由静止的手指体 O 引起的 c-障碍(表示为 CO)是 $B(q)$ 与 O 相交的一组构型:

$$CO = \{q \in \mathbb{R}^m : B(q) \cap O \neq \varnothing\}$$

式中,对于二维物体 B, $m=3$;对于三维物体 B, $m=6$。

当 B 是具有非空内部的整体时,即使 O 是点障碍,其 c-障碍 CO 也会占据 B 的 $\mathbb{R}^m$ 中的 m 维集合。表示为 S 的 c-障碍边界形成了分段光滑 $(m-1)$ 维流形,其点满足以下属性。

引理 2.2(c-障碍边界) c-障碍边界由构型 q 组成,在该构型 q 处 $B(q)$ 严格从外部接触 O:
$$S = \{q \in \mathbb{R}^m : B(q) \cap O \neq \varnothing, \text{int}(B(q)) \cap \text{int}(O) = \varnothing\}$$
式中,int 表示内集。

在二维物体的情况下,可以从概念上构造 c-障碍表面。首先将 B 参考系的方向固定为特定的 θ,然后以固定的方向沿着 B 的周边滑动 B,确保 B 与 O 保持连续接触。在这种情况下,B 坐标系的原点的轨迹形成一条闭合曲线,所得的曲线是 S 的固定 θ 切片。当对所有 θ 重复此过程时,所得的循环堆栈将形成 c-障碍边界。

示例: 图 2-3 显示了椭圆形物体 B 相对于静止的盘形手指 O 在平面内移动的情形。图 2-3a 中描绘了 c-障碍 CO,选择 F_B 的原点在椭圆的中心上。c-障碍形成了一个螺旋状的二维椭圆形堆栈。每个椭圆形都是通过使物体 B 沿 O 相对滑动形成的,螺旋状椭圆形表示 θ 轴以 2π 为周期的特性。

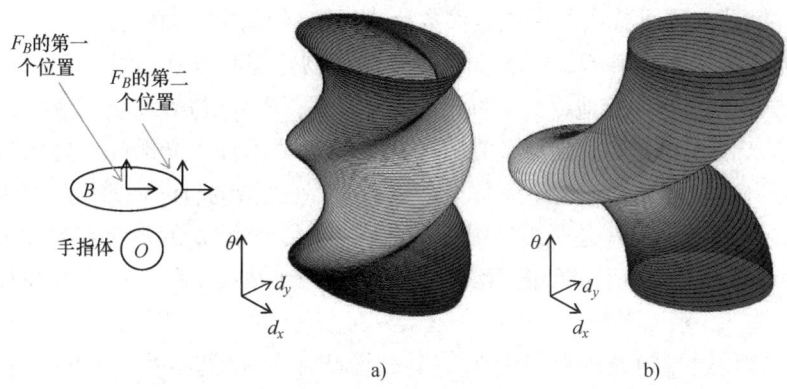

图 2-3 由代表手指体的静止圆盘引起的 c-障碍表面,显示了 B 的两个坐标系的选择:
a) 在椭圆的中心上 b) 在椭圆的一端点上

图 2-3b 描绘了相同的 c-障碍,选择 F_B 的原点在椭圆长轴的一端点上。虽然 c-障碍的几何形状(表面法线和曲率)已更改,但在拓扑上等效于图 2-3a 所示的 c-障碍。该观察结果适用于参考坐标系 F_W 和 F_B 的所有选择。

有关 c-障碍的详细讨论可以在机器人运动计划书中找到,参见参考书目注释。以下是 c-障碍的一些关键属性。

- 连通性和紧凑性传播。当 B 紧密相连时,紧密相连的手指体 O 诱导出紧密相连的 c-障碍 CO。
- 联合传播。当 B 是两组的结合时,即 $B = B_1 \cup B_2$,手指体 O 诱导的 c-障碍是两组 c-障碍的结合,即 $CO = CO_1 \cup CO_2$。
- 凸性传播。当 A 中的每对点都可以由位于 A 中的一条线段连接时,称 $A \subseteq \mathbb{R}^n$ 为凸集;当 B 和 O 为凸体时,CO 的每个固定方向切片形成一个凸集。
- 多边形传播。当 B 和 O 是多边形二维物体时,CO 的每个固定方向切片形成一个多边形集。当 B 和 O 是多面体三维物体时,CO 的每个固定方向切片形成一个多面体集。

c-障碍边界的参数化：当 B 和 O 是凸体时，可以使用 c-障碍边界的显式参数化。本示例考虑了二维光滑凸体 B 和以半径为 r、x_0 为中心的盘形手指 O。令 $s \in \mathbb{R}$ 的 $\beta(s)$ 为 B 的周长在其物体坐标系 F_B 中的逆时针参数化，以使切向量 $\beta'(s)$ 为单位向量。注意 $J\beta'(s)$ 是 F_B 中垂直于 B 的单位外向量，其中 $J = \begin{bmatrix} 0 & 1 \\ -1 & 0 \end{bmatrix}$。当 B 在点 $x(s,q) = R(\theta)\beta(s) + d$（其中 $q = (d,\theta)$）接触 O 时，两接触法线共线：

$$\frac{1}{r}(x - x_0) = -R(\theta)J\beta'(s) \tag{2-1}$$

根据式（2-1），则有 $x(s,q) = x_0 - rR(\theta)J\beta'(s)$。用 x 的表达式代入刚体变换，求解 $d(s,\theta)$ 可得

$$d(s,\theta) = x(s,\theta) - R(\theta)\beta(s) = x_0 - R(\theta)(\beta(s) + rJ\beta'(s))$$

函数 $\varphi(s,\theta)$ 的表达式为

$$\varphi(s,\theta) = \begin{pmatrix} d(s,\theta) \\ \theta \end{pmatrix}, \quad d(s,\theta) = x_0 - R(\theta)(\beta(s) + rJ\beta'(s)) \tag{2-2}$$

图 2-3 中 c-障碍表面上描绘的曲线是参数化式（2-2）的固定 θ 曲线。

c-障碍边界 S 继承了 B 和 O 的光滑属性。当两个物体都光滑且凸时，S 在 $\mathbb{R}^m$ 中形成一个光滑的 $(m-1)$ 维流形。更一般地，只要在构型 $q \in S$ 处，$B(q)$ 与 O 单点接触，并且两个物体在接触点处具有光滑边界，则 S 是局部光滑的。当两个物体分段光滑时，例如当 B 和 O 为多边形时，S 则变为分段光滑。在这种情况下，S 由一系列光滑的 $(m-1)$ 维"块"组成，这些块沿着低维流形相接。例如，当 B 是凸多边形且 O 是圆盘时，S 由 B 的边缘在 O 上滑动生成的表面块和 B 的顶点在 O 上滑动生成的曲面块组成。对于三维情况下的五维边界 CO，类似的结论同样适用。

示例——c-障碍边界的光滑度：考虑一个二维凸体 B 和盘形手指 O 的先前示例。使用式（2-2）的边界参数化，让我们验证 c-障碍边界形成了一个光滑表面在 B 的 c-space 中。足以证明切向量 $\frac{\partial}{\partial s}\varphi(s,\theta)$ 和 $\frac{\partial}{\partial \theta}\varphi(s,\theta)$ 是线性无关的，因此在每个点处都生成易定义的切平面。切向量 $\frac{\partial}{\partial s}\varphi(s,\theta)$ 由下式给出：

$$\frac{\partial}{\partial s}\varphi(s,\theta) = \begin{pmatrix} -R(\theta)(\beta'(s) + rJ\beta''(s)) \\ 0 \end{pmatrix} = -(1 + rk_B(s))\begin{pmatrix} R(\theta)\beta'(s) \\ 0 \end{pmatrix}$$

其中我们使用了一个事实，即 $J\beta''(s)$ 与 $\beta'(s)$ 共线，并且 $k_B(s) = \beta'(s) \cdot J\beta''(s)$ 是 B 在 $\beta(s)$ 处的曲率（关于曲率的更多细节将在 2.4 节中提供）。切向量 $\frac{\partial}{\partial \theta}\varphi(s,\theta)$ 由下式给出：

$$\frac{\partial}{\partial \theta}\varphi(s,\theta) = \begin{pmatrix} JR(\theta)(\beta(s) + rJ\beta'(s)) \\ 1 \end{pmatrix} = \begin{pmatrix} JR(\theta)\beta(s) \\ 1 \end{pmatrix} - r\begin{pmatrix} R(\theta)\beta'(s) \\ 0 \end{pmatrix}$$

其中我们使用特征 $R'(\theta) = -JR(\theta) = -R(\theta)J$ 和 $J^2 = -I$。对于凸体，$k_B(s) > 0$，因此 $\frac{\partial}{\partial s}\varphi(s,\theta)$ 和 $\frac{\partial}{\partial \theta}\varphi(s,\theta)$ 是线性无关的，并且 c-障碍边界在 c-space 中形成了光滑表面（请参见图 2-3）。

2.3 c-障碍法线

当刚体 B 与静止的刚性手指体 $O_1, \cdots, O_k$ 接触时,物体的构型 q 位于手指 c-障碍边界的交点。我们将在本书的第 2 部分看到,在这种情况下,B 的自由运动是由 c-障碍边界的一阶和二阶几何确定的,即由其法线和 q 处的曲率确定。本节将导出 c-障碍法线的公式,而下一节将导出 c-障碍曲率的公式。

假设物体 B 在单个点上接触静止物体 O,以使两个物体在接触点处具有局部光滑的边界。在此假设下,c-障碍边界是局部光滑的,并且具有明确定义的法线㊀,为了计算 c-障碍法线,考虑到了使用体间距离函数。

定义 2.6(c-障碍距离函数) 令 O 为 $\mathbb{R}^n$ 中的静止物体,$\text{dst}(x, O): \mathbb{R}^n \to \mathbb{R}$ 为点 x 与 O 的最小距离:$\text{dst}(x, O) = \min\limits_{y \in O}\{\|x-y\|\}$。c-障碍函数 $o(q): \mathbb{R}^m \to \mathbb{R}$ 定义为 $B(q)$ 与 O 之间的最小距离:

$$o(q) = \min_{x \in B(q)}\{\text{dst}(x, O)\}$$

式中,$B(q)$ 是 B 在构型 q 处占据的点 $\mathbb{R}^n$ 的集合。

c-障碍距离函数 $o(q)$ 在 c-障碍 CO 内相等且为零,而在 CO 外严格为正。因此 $CO = \{q \in \mathbb{R}^m : o(q) \leq 0\}$。如果 $o(q)$ 在 $q \in S$ 处是可微的,则其梯度 $\nabla o(q)$ 与 q 处的 c-障碍外法线共线。但是 $o(q)$ 在 CO 内相等且为零,并且随着 CO 的增加而单调增加,这意味着在 c-障碍边界 S 上它是不可微的。但是,$o(q)$ 是利普希茨(Lipschitz)连续的,可以用工具分析类似于经典方法(利普希茨连续性和非平滑分析的其他相关方面在附录 A 中进行了概述)。利普希茨连续函数是分段光滑的,并且在该函数不可微点上具有广义梯度。在 x 处的 f 的广义梯度表示为 $\partial f(x)$,它是在点 y 处从各个侧面接近 x 的梯度 $\nabla f(y)$ 的凸组合(请参阅附录 A)。特别地,在 f 可微点上,$\partial f(x)$ 减小为通常的梯度 $\nabla f(x)$。

让我们计算 $o(q)$ 的广义梯度,看看它如何确定 c-障碍法线。为了强调只有 q 是 $o(q)$ 中的自由变量,我们写作

$$o(q) = \min_{b \in B}\{\text{dst}(X_b(q), O)\}$$

式中,$X_b(q)$ 是定义 2.4 中指定的刚体变换。根据附录 A 中的特性(3),当 $o(q)$ 的构成函数 $\text{dst}(X_b(q), O)$,$b \in B$ 为利普希茨连续时,$o(q)$ 为利普希茨连续。刚体变换 $X_b(q)$ 是光滑的,因此在 q 中是利普希茨连续的。最小距离函数 $\text{dst}(x, O)$ 在附录 A 中显示为在 x 上是利普希茨连续的。由于利普希茨连续性在函数组合下得以保留,因此函数 $\text{dst}(X_b(q), O)$ 是利普希茨连续的。因此,$o(q)$ 是利普希茨连续的,因此具有确定 c-障碍法线的广义梯度 $\partial o(q)$。如附录 A 所述,$\partial o(q)$ 是在 q 处达到最小距离函数 $\text{dst}(X_b(q), O)$ 的广义梯度的凸组合。当 $B(q)$ 在单个点上接触 O 时,得出以下推论。

推论 2.3 令 $B(q)$ 在单点 $b_0 \in B$ 处与静止物体 O 接触。然后通过单个函数 $o(q) = \text{dst}(X_{b_0}(q), O)$ 来计算 $o(q)$,$o(q)$ 的广义梯度由 $\partial o(q) = \partial \text{dst}(X_{b_0}(q), O)$ 给出。

因此,$\partial o(q)$ 的计算减少为 $\partial \text{dst}(X_{b_0}(q), O)$ 的计算。函数 $\text{dst}(X_{b_0}(q), O)$ 是 $\text{dst}(x, O)$ 的组

㊀ 即使在接触点处有一个接触物体不是光滑的,只要另一个物体在该点处拥有光滑边界,那么 c-障碍法线也能被良好定义。

成，其中 $x(q) = X_{b_0}(q)$。可以使用附录 A 中所述的广义链式法则来计算这种成分的广义梯度。它指定 $\partial \mathrm{dst}(X_{b_0}(q), O) = \partial \mathrm{dst}(x_0, O) \cdot DX_{b_0}(q)$，其中 $x_0 = X_{b_0}(q)$ 是接触点 b_0 在世界坐标系 F_W 中的位置，而 $DX_{b_0}(q)$ 是 $X_{b_0}(q)$ 的雅可比矩阵。$\partial o(q)$ 的结果公式如下：

命题 2.4($o(q)$ 的广义梯度) 在 $q \in S$ 处，$o(q)$ 的广义梯度是基于 q 的线段：

$$\partial o(q) = s \cdot \begin{pmatrix} n(x_0) \\ R(\theta) b_0 \times n(x_0) \end{pmatrix}, \quad 0 \leq s \leq 1 \tag{2-3}$$

式中，$n(x_0)$ 是在接触点 x_0 处从 O 指向 B 的单位法线。

证明：基于广义链式法则，有

$$\partial o(q) = \partial \mathrm{dst}(X_{b_0}(q), O) = \partial \mathrm{dst}(x_0, O) \cdot DX_{b_0}(q) \tag{2-4}$$

雅可比矩阵 $DX_{b_0}(q)$ 由下式给出(请参阅练习题)：$DX_{b_0}(q) = [I - R(\theta) b_0 \times]$。如附录 A 所示，$\mathrm{dst}(x_0, O)$ 的广义梯度是一个基于 x_0 的线段：

$$\partial \mathrm{dst}(x_0, O) = s \cdot n(x_0), \quad 0 \leq s \leq 1$$

式中，$n(x_0)$ 是 O 在 x_0 处的单位法线。将 $DX_{b_0}(q)$ 和 $\partial \mathrm{dst}(x_0, O)$ 代入式(2-4)，然后进行转置，使 $\partial o(q)$ 成为列向量，得出 $\partial o(q)$ 的公式(2-3)。

$o(q)$ 的广义梯度形成一个基于 $q \in S$ 的线段。由于 $o(q)$ 远离 CO 增大，因此该线段相对于 CO 向外。c-障碍法线就是该线段的方向，如以下定理所述，它使用符号 b、x 分别代替 b_0、x_0。

定理 2.5(c-障碍法线) 让位于 q 处的自由移动刚体 B 接触静止刚体 O。c-障碍在 $q \in S$ 处的外法线表示为 $\eta(q)$，其表达式为

$$\eta(q) = DX_b^{\mathrm{T}}(q) n(x) = \begin{pmatrix} n(x) \\ R(\theta) b \times n(x) \end{pmatrix} \tag{2-5}$$

式中，b 是在坐标系 F_B 中 B 与 O 的接触点，$x = X_b(q)$ 是在坐标系 F_W 中的接触点，$n(x)$ 是 x 处的单位接触法线，在 x 处该法线朝向外侧指向 O[⊖]。

证明：考虑一个位于 S 中的 c-space 路径 $\alpha(t)$，使得 $\alpha(0) = q$。由于 B 沿 α 与 O 保持连续接触，因此沿该路径 $o(\alpha(t)) = 0$。根据广义链式法则，得

$$\frac{\mathrm{d}}{\mathrm{d}t} o(\alpha(t)) = \partial o(\alpha(t)) \cdot \frac{\mathrm{d}}{\mathrm{d}t} \alpha(t) = O, \quad t \in \mathbb{R}$$

由于 $\frac{\mathrm{d}}{\mathrm{d}t}\Big|_{t=0} \alpha(t)$ 是在 q 处与 S 相切的任意切向量，线段 $\partial o(q)$ 垂直于切空间 $T_q S$。该线段相对于 CO 向外。通过将 $s = 1$ 代入 $\partial o(q)$ 得式(2-5)，因此在 q 处形成 c-障碍外法线。

我们将在下一章中看到，c-障碍法线 $\eta(q)$ 可以解释为由作用于 B 在 x 处的单位法向力产生的广义力或力矩。$\partial o(\alpha(t)) \cdot \frac{\mathrm{d}}{\mathrm{d}t} \alpha(t) = 0$，反映了以下事实：当 B 沿静止物体 O 的边界滑动时，法向接触力不会对 B 的任何保持接触运动起作用。

示例：考虑由式(2-2)得到的 c-障碍边界 S 的参数化 $\varphi(s, \theta)$ 表示。我们已经验证了切向量 $\frac{\partial}{\partial s} \varphi(s, \theta)$ 和 $\frac{\partial}{\partial \theta} \varphi(s, \theta)$ 在 $q = \varphi(s, \theta)$ 处张成了 S 的切平面。因此，两个切向量的叉积应与 $\eta(q)$

[⊖] 在二维情况下，$Rb \times n = (Rb)^{\mathrm{T}} Jn$，其中 $J = \begin{bmatrix} 0 & 1 \\ -1 & 0 \end{bmatrix}$。

共线。于是，有

$$\frac{\partial}{\partial s}\varphi(s,\theta)\times\frac{\partial}{\partial \theta}\varphi(s,\theta) = \begin{pmatrix} -JR(\theta)\beta'(s) \\ (JR(\theta)\beta'(s))\cdot JR(\theta)\beta(s) \end{pmatrix} = \begin{pmatrix} n(x) \\ (R(\theta)b)^T Jn(x) \end{pmatrix}$$

式中，$b=\beta(s)$，$n(x)=-JR(\theta)\beta'(s)$（因为 $JR(\theta)=R(\theta)J$，$-J\beta'(s)$ 是 B 在物体坐标系 F_B 下在 b 处的单位内法向量）。因此，根据 $\varphi(s,\theta)$ 计算出的 c-障碍法线与 $\eta(q)$ 的式(2-5)匹配。

2.4 c-障碍曲率

如前一节所述，当一个刚体 B 由静止的刚性手指体 $O_1, \cdots, O_k$ 固定时，B 的自由运动由手指 c-障碍的一阶和二阶几何确定。一阶几何对应于 c-障碍法线；二阶几何对应于 c-障碍曲率，本节将对此进行研究。

我们将针对自由运动的二维物体 B 和静止的二维物体 O 讲述 c-障碍曲率公式。本节末尾总结了 c-障碍曲率公式的三维情形。在二维情况下，c-障碍边界在 $\mathbb{R}^3$ 中形成一个表面。该表面的曲率取决于接触物体的曲率，为此，我们需要引入相应的符号表示。首先考虑静止物体 O。如前所述，n 表示在接触点 x 处垂直于 O 的单位外法向量。令 $x(t)$ 参数化 O 的边界，使得 $x(0)=x$ 且 $\left.\frac{d}{dt}\right|_{t=0} x(t)=\dot{x}$。$O$ 在 x 处的曲率表示为 $k_O(x)$，是测量单位法线 $n(x)$ 沿 $x(t)$ 变化的标量值：

$$\left.\frac{d}{dt}\right|_{t=0} n(x(t)) = k_O(x)\dot{x}$$

请注意，由于沿 $x(t)$ 方向上 $\|n(x)\|=1$，所以 $n(x)$ 的变化是在 O 边界上的切向变化。当 O 在 x 处凸出时，$k_O(x)$ 的符号为正，当 O 在 x 处凹入时为负，而当 O 在 x 处平直时为零。O 在 x 处的曲率半径表示为 $r_O(x)$，是曲率的倒数，即 $r_O(x)=1/k_O(x)$。O 在 x 处的曲率圆是半径为 $|r_O(x)|$ 的圆在 x 处与 O 相切。它形成了边界在 x 处的二阶近似。类似地，可以根据物体坐标系 F_B 来定义 B 的曲率。B 在边界点 b 处的曲率是有正负的标量 $k_B(b)$，其曲率半径为 $r_B(b)=1/k_B(b)$。在下面的讨论中，k_B 和 k_O 将分别替换 $k_B(b)$ 和 $k_O(x)$。

c-障碍边界的曲率定义如下。用 T_qS 表示在 q 处的 c-障碍边界 S 的切平面，并回想 $\eta(q)$ 表示在 $q \in S$ 处的 c-障碍外法线。令 $\hat{\eta}(q)=\eta(q)/\|\eta(q)\|$ 是单位外法线，令 $q(t)$ 是位于 S 中的 c-space 路径，这样 $q(0)=q$ 且 $(d/dt)|_{t=0}q(t)=\dot{q}$。$S$ 在 q 处的曲率形式表示为 $k(q,\dot{q})$，它沿切线方向 $\dot{q} \in T_qS$ 度量 $\eta(q)$ 的变化：

$$k(q,\dot{q}) = \dot{q} \cdot \left.\frac{d}{dt}\right|_{t=0} \hat{\eta}(q(t)) = \dot{q} \cdot D\hat{\eta}(q)\dot{q}, \quad \dot{q} \in T_qS \tag{2-6}$$

曲率 $k(q,\dot{q})$ 是作用于切向量 $\dot{q} \in T_qS$ 的二次形式。由于 T_qS 是整体切空间 $T_q\mathbb{R}^3$ 的二维子空间，因此 $D\hat{\eta}(q)$ 充当 T_qS 上的 2×2 对称矩阵。$D\hat{\eta}(q)$ 的特征值和特征向量分别是 S 在 q 处的主曲率和主曲率方向。主曲率类似于平面曲线的曲率。也就是说，主曲率可用于构造在 q 处与 S 相切的二次曲面，从而形成 S 在 q 处的二阶近似。

现在，我们转向计算 c-障碍曲率。当物体 B 沿位于 S 中的 c-space 路径 $q(t)$ 移动时，它与静止物体 O 保持连续接触。在世界坐标系 F_W 中，令 $x(t)$ 是 B 与 O 沿 $q(t)$ 的接触点。根据定理 2.5：$\eta(q)=DX_b^T(q)n(x)$，所以沿 $q(t)$ 的 $\hat{\eta}(q)$ 的导数涉及沿 c-space 路径 $q(t)$ 的接触点速度 $\dot{x}(t)$。接触点速度取决于 B 和 O 的曲率，如以下命题所述。

命题 2.6(接触点速度) 设 $q(t)$ 是位于 S 中的 c-space 路径，令 $x(t)$ 是在世界坐标系 F_W 中 B 与 O 沿 $q(t)$ 的接触点。沿 $q(t)$ 的接触点速度由下式给出：

$$\dot{x}(t) = \frac{k_B}{k_B + k_O}[I - JR(\theta)b_c]\dot{q}(t) \tag{2-7}$$

式中，k_B 和 k_O 是 B 和 O 在 $x(t)$ 处的曲率，b_c 是物体坐标系 F_B 中 B 在 $x(t)$ 处的曲率中心，I 是 2×2 单位矩阵，$J = \begin{bmatrix} 0 & 1 \\ -1 & 0 \end{bmatrix}$。

该命题的证明见本章的附录。物体的曲率中心 b_c 是 B 的曲率圆在 x 处的中心。分母 $k_B + k_O$ 为半正定数。例如，当凹体 O 在 x 处与凸体 B 接触时，$r_B \leqslant |r_O|$；否则，这两个机械结构将相互渗透。在这种情况下，$|k_O| \leqslant k_B$，实际上 $k_B + k_O \geqslant 0$。当两物体在点 x 处的二阶近似值保持接触时，$k_B + k_O$ 的值严格为正。由于假设是单点接触，因此也可以假设 $k_B + k_O > 0$。

接触点速度公式的几何解释：设 $X_{b_c}(q)$ 为在世界坐标系 F_W 中 B 在 x 处的曲率中心，$X_{b_c}(q) = R(\theta)b_c + d$。假设 b_c 固定在 B 上，则 $\dot{X}_{b_c} = [I \quad -JR(\theta)b_c]\dot{q}$。式(2-7)可以写成 $\dot{x} = \frac{k_B}{k_B + k_O}\dot{X}_{b_c}$。为了证明该公式的正确性，将物体 B 替换为其在 x 处的曲率圆，并假定 O 为静止圆盘(图 2-4a)。当 B 沿 O 执行保持接触的运动时(图 2-4b)，B 的中心 X_{b_c} 沿半径为 $|r_B + r_O|$ 的圆弧移动。在这个运动中，圆的接触点 x 沿半径为 $|r_O|$ 的同心圆弧移动。由于 x 和 X_{b_c} 位于从 O 的中心发出的公共半径向量上，因此两个点绕 O 的中心以相同的角速度运动。此外，当 $r_B \geqslant 0$ 时，两点沿相同方向移动。假设这种情况，令 $\dot{\phi}$ 为两点的共同角速度(图 2-4b)，则有 $\dot{x} = |r_O|\dot{\phi}$，$\dot{X}_{b_c} = |r_B + r_O|\dot{\phi}$。由这两个表达式分别求出 $\dot{\phi}$ 的关系式，从而得到 $\dot{x} = \frac{|r_O|}{|r_B + r_O|}\dot{X}_{b_c}$。最后，$\frac{r_O}{r_B + r_O} = \frac{k_B}{k_B + k_O}$，可推导出接触点速度公式(2-7)。根据接触点速度公式，c-障碍曲率形式如下。

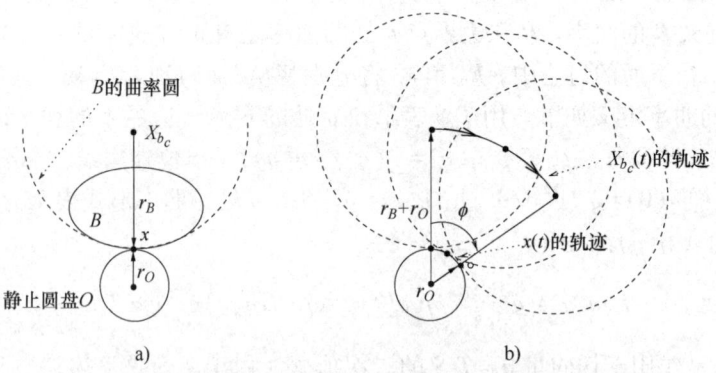

图 2-4 a) 用 x 处的曲率圆代替接触体； b) B 沿静止圆盘 O 的边界执行了一种保持接触的运动

定理 2.7(二维障碍曲率形式) 令 CO 为与二维物体 B 和 O 关联的 c-障碍。$q \in S$ 处 c-障碍边界的曲率形式为

$$k(q,\dot{q}) = \frac{1}{\|\eta(q)\|} \cdot \frac{1}{k_B + k_O} \dot{q}^T \times \begin{bmatrix} k_B k_O I & -k_B k_O JRb_c \\ -k_B k_O (JRb_c)^T & (k_O Rb - n(x))^T(k_B Rb + n(x)) \end{bmatrix} \dot{q}, \quad \dot{q} \in T_q S$$

式中，$\eta(q)$ 是在 q 处的 c-障碍外法线，k_B 和 k_O 是在接触点 $x=X_b(q)$ 处 B 和 O 的曲率，$n(x)$ 是 B 在 x 处的内法线，b_c 是在物体坐标系 F_B 中 B 在 x 处的曲率中心，I 是一个 2×2 单位矩阵，$J=\begin{bmatrix} 0 & 1 \\ -1 & 0 \end{bmatrix}$。

定理的证明见本章附录。证明中的关键步骤基于接触点速度公式。考虑位于 S 中的 c-space 路径 $q(t)$，使得 $q(0)=q$ 且 $(\mathrm{d}/\mathrm{d}t)|_{t=0}q(t)=\dot{q}$。根据定理 2.5，c-障碍法线由 $\eta(q)=DX_b^\mathrm{T}(q)n(x)$ 给出，其中 $n(x)$ 是 B 在 x 处的内法线。S 沿 q 的曲率由导数确定：

$$\frac{\mathrm{d}}{\mathrm{d}t}\bigg|_{t=0}\eta(q(t))=DX_b^\mathrm{T}(q)\frac{\mathrm{d}}{\mathrm{d}t}\bigg|_{t=0}n(x(t))+\left(\frac{\mathrm{d}}{\mathrm{d}t}\bigg|_{t=0}DX_b^\mathrm{T}(q(t))\right)n(x) \tag{2-8}$$

由于 B 沿 $q(t)$ 与静止物体 O 保持连续接触，因此在此运动期间，接触点 $x(t)$ 沿 O 的边界移动。因此，在式 (2-8) 的第一个被加数中，$\frac{\mathrm{d}}{\mathrm{d}t}\bigg|_{t=0}n(x(t))=k_O\dot{x}$。将式 (2-7) $\dot{x}=\frac{k_B}{k_B+k_O}[I-JRb_c]\dot{q}$ 代入，然后代入雅可比公式 $DX_b=[I-JRb]$（请参阅练习题），从而得出

$$DX_b^\mathrm{T}(q)\frac{\mathrm{d}}{\mathrm{d}t}\bigg|_{t=0}n(x(t))=\frac{k_Bk_O}{k_B+k_O}\begin{pmatrix} I \\ (-JRb)^\mathrm{T} \end{pmatrix}[I-JRb_c]\dot{q}$$

$$=\frac{k_Bk_O}{k_B+k_O}\begin{bmatrix} I & -JRb_c \\ (-JRb)^\mathrm{T} & b\cdot b_c \end{bmatrix}\dot{q}$$

式中，$R^\mathrm{T}R=I$，$J^\mathrm{T}J=I$。剩余的部分详见本章附录。

c-障碍切片的曲率：考虑 c-障碍边界 S 的固定 θ 切片的曲率，记为 $S|_\theta$。每个切片 $S|_\theta$ 是嵌入在 c-space $\mathbb{R}^3$ 中的固定 θ 平面中的平面曲线。在 $q=(d,\theta)$ 处与 $S|_\theta$ 相切的向量为 $\dot{q}=(\dot{d},0)$，使得 $\dot{d}$ 与 $n(x)$ 正交。该切向量对应于沿 x 处 O 边界的切线的瞬时平移 B。根据定理 2.7，沿 $\dot{q}=(\dot{d},0)$ 的 c-障碍曲率由下式给出：

$$k(q,(\dot{d},0))=\frac{k_Bk_O}{k_B+k_O}\|\dot{d}\|^2$$

$\|\dot{d}\|^2$ 之前的系数是 c-障碍切片 $S|_\theta$ 在 q 处的曲率。其倒数是切片在 q 处的曲率半径：

$$\left(\frac{k_Bk_O}{k_B+k_O}\right)^{-1}=r_B+r_O$$

式中，r_B 和 r_O 分别是 x 处 B 和 O 的曲率半径。我们看到 $S|_\theta$ 的曲率半径是接触体的曲率半径的代数和。特别是，当物体在 x 处凸出时，$S|_\theta$ 在 q 处凸出（图 2-5a），而当两个物体之一在 x 处凹入时，$S|_\theta$ 在 q 处凹入（图 2-5b）。

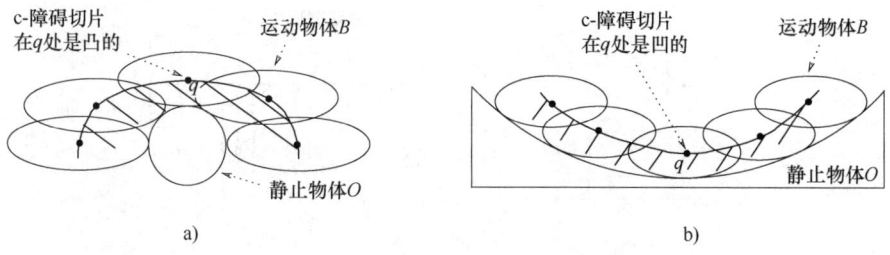

图 2-5 **a)** 当 B 和 O 在 x 处凸出时 c-障碍切片是凸的；
b) 当两个物体之一在 x 处凹入时 c-障碍切片是凹的

三维情况下的c-障碍曲率：三维情况下的c-障碍曲率取决于与二维情况下相同的几何数据，物体的表面曲率代替了曲率 k_B 和 k_O。令 S 为 CO 的五维边界，令 $q \in S$，设 $x = X(q, b)$ 为 B 与 O 的接触点。我们假设 S 在 q 处是局部光滑的，并用 $T_q S$ 表示五点：S 是在 q 处的五维切空间。令 $q(t)$ 是位于 S 中的 c-space 路径，使得 $q(0) = q$ 且 $(d/dt)|_{t=0} q(t) = \dot{q}$。$S$ 在 q 处的曲率形式为 $k(q, \dot{q}) = \dot{q} \cdot (d/dt)|_{t=0} \hat{\eta}(q(t))$，其中 $\dot{q} \in T_q S$，$\hat{\eta}(q(t))$ 是沿轨迹 $q(t)$ 曲面 S 的单位法向量。B 和 O 在 x 处的表面曲率由线性映射 L_B 和 L_O 确定。这些线性映射作用于各个表面的切平面，以沿给定的切线方向产生表面法线的变化。S 在 q 处的曲率形式由下式给出（请参见参考书目注释）：

$$k(q, \dot{q}) = \frac{1}{\|\eta(q)\|} \dot{q}^T \left(\begin{bmatrix} I & -[Rb\times] \\ O & [n(x)\times] \end{bmatrix}^T \begin{bmatrix} L_B[L_B+L_O]^{-1}L_O & -L_O[L_B+L_O]^{-1} \\ -[L_B+L_O]^{-1}L_O & -[L_B+L_O]^{-1} \end{bmatrix} \right.$$

$$\left. \begin{bmatrix} I & -[Rb\times] \\ O & [n(x)\times] \end{bmatrix} + \begin{bmatrix} O & O \\ O & -([Rb\times]^T[n(x)\times])_s \end{bmatrix} \right) \dot{q}, \quad \dot{q} \in T_q S$$

式中，$\eta(q)$ 是 $q \in S$ 处的 c-障碍外法线，$n(x)$ 是 x 处 O 的单位外法线，I 是 3×3 单位矩阵，O 是 3×3 零矩阵，$(A)_s = 1/2(A^T + A)$。这里有两点，首先，$L_O + L_B \geq 0$，否则两个物体将在接触处互穿。特别是，在 B 和 O 在 x 处保持接触时，其接触面的二阶近似值在一般情况下，$L_O + L_B > 0$。其次，切向量 $\dot{q} = (Rb \times n(x), n(x)) \in T_q S$ 是与曲率形式相关的矩阵的特征值为零的特征向量。该切向量对应于 B 绕其与 O 的法线的瞬时旋转。因此，c-障碍 CO 沿着 B 绕其与 O 的法线的瞬时旋转始终具有零曲率。

2.5 参考书目注释

构型空间的概念起源于麻省理工学院的两个博士生之间的合作，他们被指定开发第一个机器人装配站[1-3]。在讨论将销插入孔中的自动化操作时，他们观察到最佳的插入方法是使销沿水平面以倾斜角而不是插入所需的垂直角滑动（图2-6）。一旦销自己楔入孔中，完成插入任务时，旋转运动会将销与孔对齐。当考虑到孔的两侧引起的 c-障碍时，这种方法非常有意义。垂直角处的 c-障碍的 θ 切片仅包含一小部分无碰撞构型（图2-6a），相反，在任何倾斜角度下，c-障碍的 θ 切片都包含完整的无碰撞构型缺口（图2-6b）。这种观察导致将 c-space 表述为规划接触物体运动的坐标系，该坐标系实际上已为所有运动规划算法服务。有关机器人运动计划的推荐文章是 Canny[4]、Latombe[5]、Lavalle[6]，以及最近的 Lynch 和 Park[7]。

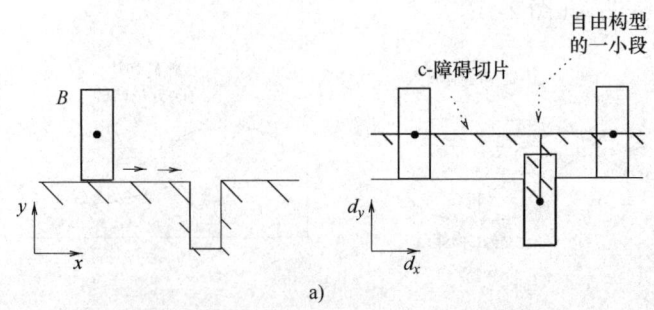

图2-6　a）在垂直角上销的 c-space 包含孔内仅自由构型的一小段；
　　　　b）在倾斜角上销的 c-space 包含孔内完整的自由构型缺口

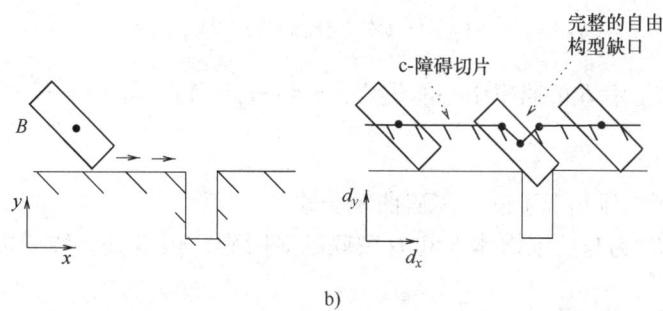

图 2-6 a）在垂直角上销的 c-space 包含孔内仅自由构型的一小段；
b）在倾斜角上销的 c-space 包含孔内完整的自由构型缺口（续）

c-障碍法线和c-障碍曲率形式的公式基于 Rimon 和 Burdick[8-9]。这些论文包含与三维物体相关的c-障碍曲率形式的详细推导，此处已对其进行了总结，而没有任何正式的推导。命题2.6的接触点速度公式在c-障碍曲率形式的推导中起着重要作用，它是由Montana[10]推导的。

2.6 附录：证明细节

本附录包含二维情况下c-障碍曲率公式的推导，我们从接触点速度公式开始。

命题2.6 设$q(t)$是位于S中的c-space路径，令$x(t)$是在世界坐标系F_W中B与O沿$q(t)$的接触点。沿$q(t)$的接触点速度由下式给出：

$$\dot{x}(t) = \frac{k_B}{k_B + k_O}[I - JR(\theta)b_c]\dot{q}(t) \tag{2-9}$$

式中，k_B和k_O是B和O在$x(t)$处的曲率，b_c是物体坐标系F_B中B在$x(t)$处的曲率中心，I是2×2单位矩阵，$J = \begin{bmatrix} 0 & 1 \\ -1 & 0 \end{bmatrix}$。

证明：当物体B沿着位于S中的c-space路径$q(t) = (d(t), \theta(t))$移动时，接触点位置由$x(t) = X(q(t), b(t)) = R(\theta(t))b(t) + d(t)$给出，上式两边关于时间$t$求导数，得$\dot{x} = DX_b(q)\dot{q} + R(\theta)\dot{b}$。为了得到函数$\dot{x}$关于$\dot{q}$的表达式，我们需要一个将$(\dot{x}, \dot{b})$与$\dot{q}$联系起来的第二个方程。由于$B$沿$q(t)$与$O$保持连续接触，因此$O$在$x$处的外法线$n(x)$必须与$B$在$x$处的内法线相匹配。用$\bar{n}(b)$表示$F_B$中$B$在$b$处的单位外法线，那么$-R(\theta)\bar{n}(b)$是世界坐标系$F_W$中$B$在$x$处的单位内法线，因此，沿路径$q(t)$，有$n(x(t)) = -R(\theta(t))\bar{n}(b(t))$。将上式两边关于时间$t$求导可得

$$\frac{d}{dt}n(x(t)) = JR(\theta)\bar{n}(b)\dot{\theta} - R(\theta)\frac{d}{dt}\bar{n}(b(t))$$

式中，$\dot{R}(\theta) = -JR(\theta)\dot{\theta}$，$B$的曲率满足关系式$\frac{d}{dt}\bar{n}(b(t)) = k_B\dot{b}$，$O$的曲率满足关系式$\frac{d}{dt}n(x(t)) = k_O\dot{x}$。因此，有

$$k_O\dot{x} = JR(\theta)\bar{n}(b)\dot{\theta} - k_B R(\theta)\dot{b}$$

将$R(\theta)\dot{b} = \dot{x} - DX_b(q)\dot{q}$代入得

$$(k_B + k_O)\dot{x} = k_B DX_b(q)\dot{q} + JR(\theta)\bar{n}(b)\dot{\theta}, \quad \dot{q} = (\dot{d}, \dot{\theta})$$

代入$DX_b(q)\dot{q} = \dot{d} - JRb\dot{\theta}$，然后提取公因子$k_B$得

$$(k_B+k_O)\dot{x}=k_B\{\dot{d}-JR(b-r_B\bar{n}(b))\dot{\theta}\}, \quad r_B=1/k_B$$

$b-r_B\bar{n}(b)$ 是在 F_B 中 B 的曲率中心的位置：$b_c=b-r_B\bar{n}(b)$，得 $\dot{x}=\dfrac{k_B}{k_B+k_O}[I-JR(\theta)b_c]\dot{q}$，其中 $\dot{q}=(\dot{d},\dot{\theta})$。

以下定理指定了二维情况下的 c-障碍曲率公式。

定理 2.7 令 CO 为与二维物体 B 和 O 关联的 c-障碍，$q\in S$ 处 c-障碍边界的曲率形式为

$$k(q,\dot{q})=\frac{1}{\|\eta(q)\|}\cdot\frac{1}{k_B+k_O}\dot{q}^{\mathrm{T}}\begin{bmatrix} k_Bk_OI & -k_Bk_OJRb_c \\ -k_Bk_O(JRb_c)^{\mathrm{T}} & (k_ORb-n(x))^{\mathrm{T}}(k_BRb+n(x)) \end{bmatrix}\dot{q}, \quad \dot{q}\in T_qS$$

式中，$\eta(q)$ 是在 q 处的 c-障碍外法线，k_B 和 k_O 是在接触点 $x=X_b(q)$ 处 B 和 O 的曲率，$n(x)$ 是在 x 处 B 的内法线，b_c 是在物体坐标系 F_B 中 B 在 x 处的曲率中心，I 是一个 2×2 单位矩阵，$J=\begin{bmatrix} 0 & 1 \\ -1 & 0 \end{bmatrix}$。

证明： 令 $q(t)$ 是位于 S 中的 c-space 曲线，使得 $q(0)=q$ 且 $\dfrac{\mathrm{d}}{\mathrm{d}t}\Big|_{t=0}q(t)=\dot{q}$。基于 $k(q,\dot{q})$ 的定义，我们必须计算导数：

$$\frac{\mathrm{d}}{\mathrm{d}t}\Big|_{t=0}\hat{\eta}(q(t))=\frac{\mathrm{d}}{\mathrm{d}t}\Big|_{t=0}\frac{1}{\|\eta(q(t))\|}\eta(q(t))=\frac{1}{\|\eta(q)\|}[I-\hat{\eta}(q)\hat{\eta}(q)^{\mathrm{T}}]\frac{\mathrm{d}}{\mathrm{d}t}\Big|_{t=0}\eta(q(t))$$

由于 T_qS 上的 $[I-\hat{\eta}(q)\hat{\eta}(q)^{\mathrm{T}}]\dot{q}=\dot{q}$，因此曲率形式可以等效地写为

$$k(q,\dot{q})=\frac{1}{\|\eta(q)\|}\dot{q}\cdot\frac{\mathrm{d}}{\mathrm{d}t}\Big|_{t=0}\eta(q(t)), \quad \dot{q}\in T_qS$$

c-障碍外法线由 $\eta(q)=DX_b^{\mathrm{T}}(q)n(x)$ 给出，其中 $DX_b(q)=[I-JRb]$，$n(x)$ 是 O 在 x 处的单位外法线(定理 2.5)。因此，我们必须计算导数：

$$\frac{\mathrm{d}}{\mathrm{d}t}\Big|_{t=0}\eta(q(t))=DX_b^{\mathrm{T}}(q)\frac{\mathrm{d}}{\mathrm{d}t}\Big|_{t=0}n(x(t))+\left(\frac{\mathrm{d}}{\mathrm{d}t}\Big|_{t=0}DX_b^{\mathrm{T}}(q(t))\right)n(x)$$

由于 B 沿 $q(t)$ 与静止物体 O 保持连续接触，因此接触点 $x(t)$ 沿 O 的边界移动。于是，在第一和式中 $\dfrac{\mathrm{d}}{\mathrm{d}t}\Big|_{t=0}n(x(t))=k_O\dot{x}$。根据命题 2.6 替换 $\dot{x}=\dfrac{k_B}{k_B+k_O}[I-JRb_c]\dot{q}$ 得

$$DX_b^{\mathrm{T}}(q)\frac{\mathrm{d}}{\mathrm{d}t}\Big|_{t=0}n(x(t))=\frac{k_Bk_O}{k_B+k_O}\begin{bmatrix} I \\ (-JRb)^{\mathrm{T}} \end{bmatrix}[I-JRb_c]\dot{q}$$

$$=\frac{k_Bk_O}{k_B+k_O}\begin{bmatrix} I & -JRb_c \\ (-JRb)^{\mathrm{T}} & b\cdot b_c \end{bmatrix}\dot{q}$$

式中，$R^{\mathrm{T}}R=I$，$J^{\mathrm{T}}J=I$。在第二个求和中，$\dfrac{\mathrm{d}}{\mathrm{d}t}\Big|_{t=0}DX_b^{\mathrm{T}}(q)=\left[O-J\dfrac{\mathrm{d}}{\mathrm{d}t}\Big|_{t=0}(Rb)\right]^{\mathrm{T}}$，其中 O 是 2×2 零矩阵。由于 B 持续沿 $q(t)$ 与 O 保持连续接触，因此接触点满足下式：$x(t)=R(\theta(t))b(t)+d(t)$。将上式关于时间 t 求导得 $\dot{x}=\dfrac{\mathrm{d}}{\mathrm{d}t}(Rb)+\dot{d}$。根据命题 2.6 替换 $\dot{x}=\dfrac{k_B}{k_B+k_O}[I-JRb_c]\dot{q}$ 得

$$\frac{\mathrm{d}}{\mathrm{d}t}(Rb)=\frac{k_B}{k_B+k_O}[I-JRb_c]\dot{q}-\dot{d}=\frac{-1}{k_B+k_O}[k_OIk_BJRb_c]\dot{q}, \quad \dot{q}=(\dot{d},\dot{\theta})$$

因此，第二个被加数具有以下形式：

$$\left(\frac{\mathrm{d}}{\mathrm{d}t}\bigg|_{t=0} DX_b^\mathrm{T}(q(t))\right)n(x) = \frac{1}{k_B+k_O}\begin{bmatrix} O \\ n^\mathrm{T}(x)J[k_O I \quad k_B JRb_c] \end{bmatrix}\dot{q}$$

$$= \frac{1}{k_B+k_O}\begin{bmatrix} O & \vec{0} \\ k_O n^\mathrm{T}(x)J & -k_B n^\mathrm{T}(x)Rb \end{bmatrix}\dot{q}$$

式中，$J^2 = -I$。替换导数 $\dfrac{\mathrm{d}}{\mathrm{d}t}\bigg|_{t=0} \eta(q(t))$ 中的两个被乘数得到

$$\frac{\mathrm{d}}{\mathrm{d}t}\bigg|_{t=0} \eta(q(t)) = \frac{1}{k_B+k_O}\begin{bmatrix} O & \vec{0} \\ k_O n^\mathrm{T}(x)J & -k_B n^\mathrm{T}(x)Rb \end{bmatrix}\dot{q} + \frac{k_B k_O}{k_B+k_O}\begin{bmatrix} I & -JRb_c \\ (-JRb)^\mathrm{T} & b \cdot b_c \end{bmatrix}\dot{q}$$

$$= \frac{1}{k_B+k_O}\begin{bmatrix} k_B k_O I & -k_B k_O JRb_c \\ k_O n^\mathrm{T}(x)J + k_B k_O(-JRb)^\mathrm{T} & -k_B n^\mathrm{T}(x)Rb_c + k_B k_O b \cdot b_c \end{bmatrix}\dot{q}$$

左下方的表达式简化如下。用 $\bar{n}(b)$ 表示 F_B 中 B 在 b 处的单位外法线。于是，$n(x) = -R(\theta)\bar{n}(b)$，因此，有

$$k_O n^\mathrm{T}(x)J + k_B k_O(-JRb)^\mathrm{T} = k_B k_O(-r_B\bar{n}(b)+b)^\mathrm{T}R^\mathrm{T}J = k_B k_O(-JRb_c)^\mathrm{T}$$

式中，$b_c = b - r_B\bar{n}(b)$ 是 B 在 x 处的曲率中心。右下方的表达式简化如下：

$$-k_B n^\mathrm{T}(x)Rb_c + k_B k_O b \cdot b_c = (k_O Rb - n(x))^\mathrm{T}(k_B Rb_c) = (k_O Rb - n(x))^\mathrm{T}(k_B Rb + n(x))$$

式中，$k_B Rb_c = k_B R(b - r_B\bar{n}(b)) = k_B Rb + n(x)$。将简化的项代入导数 $\dfrac{\mathrm{d}}{\mathrm{d}t}\bigg|_{t=0} \eta(q(t))$ 得

$$\frac{\mathrm{d}}{\mathrm{d}t}\bigg|_{t=0} \eta(q(t)) = \frac{1}{k_B+k_O}\begin{bmatrix} k_B k_O I & -k_B k_O JRb_c \\ -k_B k_O(JRb_c)^\mathrm{T} & (k_O Rb - n(x))^\mathrm{T}(k_B Rb + n(x)) \end{bmatrix}\dot{q} \quad (2\text{-}10)$$

将式(2-10)两边同时乘 $\dfrac{1}{\|\eta(q)\|}$ 和行向量 $\dot{q}$ 得 c-障碍曲率形式。

练 习 题

2.1 节

练习 2.1：通过条件 $R^\mathrm{T}R = I$ 和 $\det(R) = 1$ 来证明 $SO(3)$ 的定义是正确的。

解：$R = [c_1 \quad c_2 \quad c_3]$。条件 $R^\mathrm{T}R = I$ 确保 $\|c_i\| = 1$，而 $c_i \cdot c_j = 0$ 且 $1 \leq i, j \leq 3$，这意味着 R 的列描述了正交三元组。条件 $\det[c_1 \quad c_2 \quad c_3] = 1$ 等于条件 $(c_1 \times c_2) \cdot c_3 = 1$，表示 R 的列形成右手系的三元组。

练习 2.2：矩阵群 $SO(3)$ 形成三维流形，在拓扑上等效于射影空间 RP^3。RP^3 的点对应于经过 $\mathbb{R}^4$ 中原点的线。说明为什么 RP^3 在拓扑上等效于以 $\mathbb{R}^3$ 的原点为中心的三维单位球，并在其边界球上确定了对跖点。

解：可以通过嵌入 $\mathbb{R}^4$ 中的单位三维球 S^3 上的对跖点对来识别经过 $\mathbb{R}^4$ 中原点的线的集合⊖，后者可以通过 S^3 上半球上的唯一一点来识别，以及 S^3 的"赤道"上的对跖点对，即 S^2 单位球。具有赤道 S^2 的上半球在拓扑上等同于嵌入 $\mathbb{R}^3$ 中的单位三维球，并在其边界单位球上确定了对跖点。请注意，Rodrigues 公式根据半径为 π 的球及其包围球对 $SO(3)$ 进行参数化。

练习 2.3：当矩阵群 $SO(3)$ 被视为一个流形时，它包含两类循环：一类可以收缩到一个

⊖ 当使用四元数时，$SO(3)$ 的全局参数化是以嵌入 $\mathbb{R}^4$ 中的 S^3 为依据的。

点，另一类不能收缩到 $SO(3)$ 内的一个点（这样的流形不是单连通的）。使用在上一练习中获得的拓扑模型，识别 $SO(3)$ 中的非收缩回路。

解：Rodrigues 公式根据半径为 π 的球对 $SO(3)$ 进行参数化，并当使用四元数时，$SO(3)$ 的全局参数化是根据 $\mathbb{R}^4$ 中嵌入的 S^3 进行的。

在其边界球上确定了对跖点。考虑一个从原点开始，移动到半径为 π 的球体，然后通过对跖点绕回原点的循环。试图在半径为 π 的球内收缩此循环会破坏它。

练习 2.4：验证 Rodrigues 公式中的 $R(\theta)$ 是否满足条件 $R^{\mathrm{T}}R = I$ 和 $\det(R) = 1$。

练习 2.5：使用 Rodrigues 公式，验证 $\theta = (\theta_1, \theta_2, \theta_3) \in \mathbb{R}^3$ 是 $R(\theta) \in SO(3)$ 的特征向量，并且 $v \cdot (R(\theta)v) = \cos(\|\theta\|)$ 正交于 θ 的任何单位向量 $v \in \mathbb{R}^3$。

练习 2.6：证明当 $\hat{\theta} = (0,0,1)$ 时，Rodrigues 公式给出 2×2 方向矩阵。

练习 2.7*：验证刚体变换 $X(q,b) = R(\theta)b + d$ 是刚体 B 在 $\mathbb{R}^3$ 中嵌入保持距离和方向不变的一般形式。

解：这个基本属性在几何课本中进行了讨论，例如 Rees 的 *Notes on Geometry*[11]。

2.2 节

练习 2.8：解释引理 2.2 中指定的 c-障碍边界的特征。

练习 2.9：证明当 B 和 O 是路径连接的物体时，c-障碍 CO 也是路径连接的。

解：Latombe[5]（命题 2.6）中显示了此属性的图形证明。

练习 2.10：当实值函数的上镜集（函数图上或上方的点的集合）形成凸集时，实函数形成凸函数。基于 O 为凸时 $dst(x,O)$ 为凸函数这一事实，证明与凸体 B 和静止凸体 O 相关的 c-障碍的每个 θ 切片都是凸的。

练习 2.11：令 B 为二维光滑凸体，令 O 为半径为 r、中心为 x_0 的静止圆盘。证明 CO 的边界由以下公式参数化：$\varphi(s,\theta) = (d(s,\theta),\theta)$，其中 $d(s,\theta) = x_0 - R(\theta)(\beta(s) + rJ\beta'(s))$。

解：假设 θ_0 是 B 的特定方向。当 B 以固定的方向 θ_0 沿 O 的边界运动时，B 在 F_W 的接触点是 $x(s) = R(\theta_0)b(s) + d(s)$，$s \in \mathbb{R}$。c-障碍边界是在此运动期间 B 的原点的轨迹曲线：$d(s) = x(s) - R(\theta_0)b(s)$。由于 O 和 B 的接触法线在 $x(s)$ 处共线，因此 O 的中心点满足，$x_0 = x(s) + rR(\theta_0)J\beta'(s)$，因为 $J\beta'(s)$ 指向 O。用表达式中的 $x(s)$ 代替 $d(s)$ 得到 $d(s) = x_0 - rR(\theta_0)J\beta'(s) - R(\theta_0)b(s) = x_0 - R(\theta_0)(b(s) + rJ\beta'(s))$。

练习 2.12：表明与二维光滑凸体 B 和 O 关联的 c-障碍 CO 的边界在 B 的 c-space 中形成单个光滑表面。

练习 2.13：当 B 为多边形，O 为静止圆盘时，CO 的边界在 B 的 c-space 中形成一个分段光滑曲面。什么类型的二维块构成了 c-障碍边界？写出 B 的边生成的块 (s,θ) 参数化。

解：c-障碍表面上有两种类型的光滑块，由 B 的边缘在 O 上滑动生成的表面块，以及由 B 的顶点在 O 上滑动生成的曲面块。令 O 具有半径 r 和中心 x_0，现在考虑具有端点 b_1 和 b_2 且长度为 L 的 B 的边缘。令 $\nu = (b_2 - b_1)/L$ 为边缘的方向，然后对于 $\beta(s) = b_1 + s\nu$，$0 \leq s \leq L$ 使 F_B 中的边缘参数化。由于边缘可以在任何方向 θ 从外部接触 O，因此参数 θ 在 $\mathbb{R}$ 中自由变化。遵循练习 2.11 的求解方法，$d(s,\theta) = x_0 - R(\theta)(b_1 + s\nu + rJ\nu)$，$0 \leq s \leq L$ 且 $\theta \in \mathbb{R}$。注意 $d(s,\theta)$ 在 s 中是线性的，这意味着在这种情况下，$\varphi(s,\theta) = (d(s,\theta),\theta)$ 形成直纹表面。

练习 2.14*：利用利普希茨连续函数是分段光滑的事实，得出 c-障碍边界是分段光滑的结论。

2.3 节

练习 2.15：验证在命题 2.4 证明中出现的刚体变换的三维雅可比公式 $DX_b(q) = \dfrac{\mathrm{d}}{\mathrm{d}q}X_b(q)$，并从该公式中推导出二维雅可比公式，作为三维雅可比公式的特属情形。

练习 2.16：考虑在构型 q 处，当 F_B 的原点沿接触法线分布时，c-障碍的法向量为 $\eta(q)$。在这种情况下，请验证与 c-障碍边界 T_qS 的切平面是垂直的，即 B 关于 F_B 的原点的瞬时旋转在 q 处与 S 相切。

2.4 节

练习 2.17：证明当接触体在 x 处凸出时，c-障碍边界的每个固定切片 $S|_\theta$ 在 $q = (d, \theta)$ 处都是凸出的(图 2-5a)。

解：由于凸体的 $r_B(x) \geqslant 0$ 且 $r_O(x) \geqslant 0$，因此 $r_B(x) + r_O(x) \geqslant 0$，这意味着 $S|_\theta$ 在 $q = (d, \theta)$ 处是凸的。

练习 2.18：证明当接触体之一在 x 处凹入时，c-障碍边界的每个固定切片 $S|_\theta$ 在 $q = (d, \theta)$ 处都是凹入的(图 2-5b)。

解：假设静止物体 O 在接触点 x 处凹入，而运动物体 B 在接触点 x 处凸出。然后 $r_B(x) \geqslant 0$，而 $r_O(x) < 0$。由于 $|r_O(x)| > r_B(x)$(否则物体将互穿)，$r_B(x) + r_O(x) < 0$，这意味着 $S|_\theta$ 在 $q = (d, \theta)$ 处是凹入的。

参考文献

[1] H. Inoue, "Force feedback in precise assembly tasks," Dept. of CS, MIT, Artificial Intelligence Laboratory, Technical Report AIM 308, 1974.

[2] T. Lozano-Pérez, "The design of a mechanical assembly system," Dept. of CS, MIT, Artificial Intelligence Laboratory, Technical Report AI-TR 397, 1976.

[3] T. Lozano-Pérez, "Spatial planning: A configuration space approach," *IEEE Transactions on Computers*, vol. 32, no. 2, pp. 108–120, 1983.

[4] J. F. Canny, *The Complexity of Robot Motion Planning*. MIT Press, 1988.

[5] J. C. Latombe, *Robot Motion Planning*. Kluwer Academic Publishers, 1990.

[6] S. M. Lavalle, *Planning Algorithms*. Cambridge University Press, 2006.

[7] K. M. Lynch and F. C. Park, *Modern Robotics: Mechanics, Planning, and Control*. Cambridge University Press, 2017.

[8] E. Rimon and J. W. Burdick, "A configuration space analysis of bodies in contact – (i): 1st order mobility," *Mechanisms and Machine Theory*, vol. 30, no. 6, pp. 897–912, 1995.

[9] E. Rimon and J. W. Burdick, "A configuration space analysis of bodies in contact – (ii): 2nd order mobility," *Mechanisms and Machine Theory*, vol. 30, no. 6, pp. 913–928, 1995.

[10] D. J. Montana, "The kinematics of contact and grasp," *International Journal of Robotics Research*, vol. 7, no. 3, pp. 17–25, 1988.

[11] E. G. Rees, *Notes on Geometry*. Springer-Verlag, 1983.

第 3 章 构型空间切向量和余切向量

刚体构型空间提供了一个几何框架，用于描述抓取手指对物体运动施加的约束。该框架的重要组成部分是将物体的速度表示为 c-space 切向量，将手指接触力表示为 c-space 余切向量。本章包括三个部分：3.1 节描述了 c-space 切向量与刚体的线速度和角速度的关系；基于虚功原理，3.2 节描述了手指接触力如何在被抓取物体 c-space 中表示为余切向量；3.3 节介绍了刚体切向量和余切向量的线几何。使用该理论，我们获得了 c-障碍切空间的图形化表示，这种表示将在后续章节中证明是有用的。

3.1 c-space 切向量

当刚体 B 沿 c-space 轨迹 $q(t)$ 移动时，切向量 $\dot{q}(t) = \frac{d}{dt}q(t)$ 表示 B 在物理环境中的瞬时运动。在二维情况下，$\dot{q}(t) = (\dot{d}(t), \dot{\theta}(t))$ 只是 B 相对于世界坐标系 F_W 的速度和角速度。在三维情况下，$\dot{q}(t) = (\dot{d}(t), \dot{\theta}(t))$，但只有 $\dot{d}(t)$ 保留了 B 相对于 F_W 的线速度的解释。为了赋予 $\dot{\theta}(t)$ 直观的含义，我们描述在什么条件下可以将其解释为 B 的角速度向量。

让我们首先总结刚体角速度向量的概念。设 $R(t)$ 是流形 $SO(3)$ 中 3×3 方向矩阵的参数化曲线，使得 $R(0) = R_0$。$R(t)$ 在 R_0 处的切线由 $\dot{R} = \frac{d}{dt}\big|_{t=0} R(t)$ 给出。矩阵 $R \in SO(3)$ 满足 $RR^T = I$。因此，导数 $\dot{R}$ 在 $t=0$ 处满足 $\dot{R}R_0^T + R_0\dot{R}^T = 0$。由此可知，$\dot{R}R_0^T$ 是反对称的：它遵循 $\dot{R}R_0^T$ 的形式 $(\dot{R}R_0^T)^T = -\dot{R}R_0^T$。角速度向量 $\omega \in \mathbb{R}^3$ 将反对称矩阵参数化为叉积矩阵：$\dot{R}R_0^T = [\omega \times]$。基于这一定义，$R(t)$ 在 $t=0$ 处的导数具有以下形式：

$$\frac{d}{dt}\bigg|_{t=0} R(t) = [\omega \times] R_0, \quad \omega \in \mathbb{R}^3 \tag{3-1}$$

由式(3-1)得 $\dot{R} = \frac{d}{dt}\big|_{t=0} R(t)$，它表示绕着与 ω 共线且通过 B 坐标系原点的轴的瞬时旋转，范数 $\|\omega\|$ 是 B 绕该轴的旋转速率。

为了将 c-space 切向量 $\dot{\theta} \in \mathbb{R}^3$ 解释为角速度向量，我们将假定 B 具有显著的构型 (d_0, R_0)，该构型稍后将成为其名义平衡抓取构型。让方向矩阵 $SO(3)$ 由以 R_0 为中心的指数坐标进行参数化(请参阅第 2 章)：

$$R(\theta) = \exp([\theta\times])R_0, \quad \theta \in \mathbb{R}^3$$

c-space 坐标仍为 $(d, \theta) \in \mathbb{R}^3 \times \mathbb{R}^3$，但是现在 B 的名义方向 R_0 由 $\theta = \vec{0}$ 参数化。以下引理断言，切向量 $\dot{\theta}$ 是方向 R_0 上 B 的角速度向量。

引理 3.1(角速度向量) 对于 $\theta \in \mathbb{R}^3$，用 $R(\theta) = \exp([\theta\times])R_0$ 来参数化 $\theta \in \mathbb{R}^3$。令 $\theta(t)$ 满足 $\theta(0) = \vec{0}$，$\frac{d}{dt}\big|_{t=0} \theta(t) = \dot{\theta}$，于是

$$\frac{\mathrm{d}}{\mathrm{d}t}\bigg|_{t=0} R(\theta(t)) = [\dot{\theta}\times]R_0 = [\omega\times]R_0$$

式中，ω 是 B 在 R_0 处的角速度向量。

证明： 使用展式 $\exp([\theta\times]) = \left(I + [\theta\times] + \frac{1}{2}[\theta\times]^2 + \cdots\right)$，当 $\theta = \vec{0}$ 时，得 $R(\theta)$ 的导数是

$$\frac{\mathrm{d}}{\mathrm{d}t}\bigg|_{t=0} R(\theta(t)) = \left([\dot{\theta}\times] + \frac{1}{2}([\dot{\theta}\times][\theta\times] + [\theta\times][\dot{\theta}\times]) + \cdots\right)R_0 = [\dot{\theta}\times]R_0$$。注意到 $\dot{\theta}$ 相当于式(3-1)中 ω 所起的作用，则得 $\dot{\theta} = \omega$。

引理 3.1 表示了 3×3 反对称矩阵，$[\omega\times](\omega\in\mathbb{R}^3)$ 张成 $SO(3)$ 在 R_0 处的三维切空间。相对于矩阵加法和数量乘法，反对称矩阵形成一个向量空间。它们还具有代数结构，用于串联链的运动学建模（请参见参考书目注释）。

为了保持一致性，可通过以 R_0 为中心的指数坐标对方向矩阵 $SO(2)$ 进行参数化：

$$R(\theta) = \exp(\theta\bar{J})R_0, \quad \theta\in\mathbb{R}, \quad \bar{J} = \begin{bmatrix} 0 & -1 \\ 1 & 0 \end{bmatrix}$$

在二维情况下，c-space 坐标为 $(d,\theta)\in\mathbb{R}^2\times\mathbb{R}$，$\theta = 0$ 表示方向 R_0。$\theta = 0$ 时的旋转速度 $\dot{\theta}$ 是 B 绕垂直于平面的轴的角速度。我们用相同的符号 ω 表示该角速度，从上下文中可以清楚地看出 $\omega\in\mathbb{R}$（二维情况）和 $\omega\in\mathbb{R}^3$（三维情况）之间的区别。$R(\theta)$ 在 $\theta = 0$ 时的导数满足类似于式(3-1)的下式：

$$\frac{\mathrm{d}}{\mathrm{d}t}\bigg|_{t=0} R(\theta(t)) = \omega\bar{J}R_0, \quad \omega\in\mathbb{R}, \quad \bar{J} = \begin{bmatrix} 0 & -1 \\ 1 & 0 \end{bmatrix} \tag{3-2}$$

请注意，由于式(3-2)中 $SO(2)$ 的矩阵以及 R_0 和 $\bar{J}$ 都属于 $SO(2)$，因此式(3-2)中的 $\bar{J}R_0 = R_0\bar{J}$。

设 B 位于一个 c-space 点 $q_0 \in \mathbb{R}^m$，它对应于 (d_0, R_0)。在 q_0 处的 c-space 切向量可表示为 $\dot{q} = (v,\omega)$，其中 $v = \dot{d}$ 是 B 的线速度，而 $\omega = \dot{\theta}$ 是 B 的角速度向量（在二维情况下为旋转速度）。$\mathbb{R}^m$ 在 q_0 处的整体切空间是 m 维向量空间 $T_{q_0}\mathbb{R}^m$，该空间被所有基于 q_0 的切向量 $\dot{q}$ 张成。c-障碍边界的切空间 $T_{q_0}S$ 是所有向量 $\dot{q}\in T_{q_0}\mathbb{R}^m$ 在 q_0 处与 S 相切的 $(m-1)$ 维子空间。切空间 $T_{q_0}S$ 由 B 的瞬时运动组成，B 的接触点 $x = X_b(q)$ 沿 B 的瞬时运动为相对于静止物体 O 的切向运动（请参见练习题）。

瞬时滚动示例： 考虑与凸体 B 和半径为 r 的静止圆盘 O 相关的 c-障碍。c-障碍边界 $\varphi(s,\theta)$ 的参数化已在第 2 章式(2-2)中指定。我们已经验证了切向量

$$\frac{\partial}{\partial s}\varphi(s,\theta) = \begin{pmatrix} -R(\theta)\beta'(s) \\ 0 \end{pmatrix}, \quad \frac{\partial}{\partial\theta}\varphi(s,\theta) = \begin{pmatrix} -JR(\theta)(\beta(s) + rJ\beta'(s)) \\ 1 \end{pmatrix}$$

张成 $q = \varphi(s,\theta)$ 处的切平面 T_qS，这里省略了 $\frac{\partial}{\partial s}\varphi(s,\theta)$ 和 $J = \begin{bmatrix} 0 & 1 \\ -1 & 0 \end{bmatrix}$。在这些表达式中，$\beta(s)$ 是 F_B 中表示的接触点位置，而 $\beta'(s)$ 是与 B 的边界相切的单位向量。保留 $\frac{\partial}{\partial s}\varphi(s,\theta)$ 并求和 $r\frac{\partial}{\partial s}\varphi(s,\theta) + \frac{\partial}{\partial\theta}\varphi(s,\theta)$，得出 T_qS 的基向量：

$$\dot{q}_1 = \begin{pmatrix} -Jn(x) \\ 0 \end{pmatrix}, \quad \dot{q}_2 = \begin{pmatrix} JR(\theta)b \\ 1 \end{pmatrix}$$

其中将 $b = \beta(s)$ 及 $n(x) = -R(\theta)J\beta'(s)$。切向量 $\dot{q}_1$ 表示 B 的瞬时平移，使得 $\dot{x}$ 在 x 处是 O 的切

向量。由于 $DX_b(q) = [I - JRb]$，所以切向量 $\dot{q}_2$ 满足 $\dot{x} = DX_b(q)\dot{q}_2 = [I - JRb]\dot{q}_2 = \vec{0}$，这意味着 $\dot{q}_2$ 表示瞬时滚动 B 在静止物体 O 上的位置。

本节中以刚体变换的雅可比公式 $DX_b(q)$ 结束，该公式首次出现在第 2 章中。它将在把力表示为切向量的过程中发挥重要作用，这里将再次给出其形式化的推导过程。

引理 3.2($X_b(q)$ 的雅可比) 令 $x = X_b(q)$ 是刚体变换，这样 b 固定在 B 上。令 q_0 是前面描述的名义构型。在二维情况下，雅可比 $DX_b(q)$ 为 2×3 矩阵

$$DX_b(q_0) = [I - JR_0 b]$$

式中，I 是 2×2 单位矩阵，$J = \begin{bmatrix} 0 & 1 \\ -1 & 0 \end{bmatrix}$，$R_0$ 是 B 在 q_0 处的方向矩阵。在三维情况下，雅可比 $DX_b(q)$ 为 3×6 矩阵

$$DX_b(q_0) = [I - [R_0 b \times]]$$

式中，I 是 3×3 单位矩阵，R_0 是 B 在 q_0 处的方向矩阵。

证明： 令 $q(t)$ 是 c-space 曲线，使得 $q(0) = q_0$ 和 $\dot{q}(0) = \dot{q}$。沿该曲线的刚体变换为 $X_b(q(t)) = R(\theta(t))b + d(t)$，其中 $q(t) = (d(t), \theta(t))$。

使用链式法则：$\dfrac{d}{dt}\bigg|_{t=0} X_b(q(t)) = DX_b(q)\dot{q} = \dot{R}b + \dot{d}$。由式(3-2)对于二维情况下的 $\dot{R}$ 给出

$$\frac{d}{dt}\bigg|_{t=0} X_b(q(t)) = \dot{R}b + \dot{d} = -\omega J R_0 b + v = [I \ -JR_0 b] \begin{pmatrix} v \\ \omega \end{pmatrix}, \dot{q} = (v, \omega)$$

意味着在 q_0 处 $DX_b(q) = [I - JR_0 b]$。由式(3-1)对于三维情况下的 $\dot{R}$ 给出

$$\frac{d}{dt}\bigg|_{t=0} X_b(q(t)) = \dot{R}b + \dot{d} = [\omega \times]R_0 b + v = -[R_0 b \times]\omega + v$$

$$= [I - [R_0 b \times]] \begin{pmatrix} v \\ \omega \end{pmatrix}, \dot{q} = (v, \omega)$$

意味着在 q_0 处 $DX_b(q_0) = [I - [R_0 b \times]]$。

3.2 c-space 余切向量

基于以下原理，c-space 余切向量表示物理力对 B 的作用。让力 f 在静止刚体上的定点 b，使得 $x = X_b(q)$ 是力作用点在世界坐标系 F_w 中的位置。在我们的设置中，f 可以是手指主体 O 产生的接触力，也可以是作用于 B 质心的重力。当 B 沿着 c-space 轨迹 $q(t)$ 移动时，点 b 沿着轨迹 $x(t) = X_b(q(t))$ 移动。现在将 b 看作附加在 B 上的质点。f 对质点 b 所做的瞬时功（即质点机械能的变化）由内积给出：$f \cdot \dot{x}(t)$。由于质点牢固地附着在 B 上，因此力 f 必须引起 B 的机械能发生相同的变化。这个物理事实是将力表示为 c-space 向量的基础，称为力旋量（请参见参考书目注释）。

让我们首先总结一下 $\mathbb{R}^m$ 中向量的概念。$\mathbb{R}^m$ 在 q_0 处的整体余切空间 $T_{q_0}^* \mathbb{R}^m$ 由所有实值函数 h 组成；$T_{q_0}\mathbb{R}^m \to \mathbb{R}$ 线性作用于切向量 $\dot{q} \in T_{q_0}\mathbb{R}^m$。$T_{q_0}^*\mathbb{R}^m$ 的元素是余切向量。余切向量可以由作用在切向量 $\dot{q} \in T_{q_0}\mathbb{R}^m$ 上的特定切向量表示，即令 $e_1, \cdots, e_m$ 为 $T_{q_0}\mathbb{R}^m$ 的标准基，从向量空间 $\mathbb{R}^m$ 的标准基得到。关于此基的 h 分量是标量 $h(e_1), \cdots, h(e_m)$。现在令 $u_1, \cdots, u_m$ 是 $\dot{q}$ 的分量，对于相同的基，令 $\dot{q} = \sum_{i=1}^{m} u_i e_i$，通过 h 的线性性质：

第 3 章 构型空间切向量和余切向量

$$h(\dot{q}) = \sum_{i=1}^{m} u_i h(e_i) = (h(e_1), \cdots, h(e_m)) \cdot (u_1, \cdots, u_m)$$

$$= (h(e_1), \cdots, h(e_m)) \begin{pmatrix} u_1 \\ \vdots \\ u_m \end{pmatrix}, \quad \dot{q} \in T_{q_0} \mathbb{R}^m$$

式中,"·"表示 $T_{q_0}\mathbb{R}^m$ 中的欧几里得内积。因此,h 对 q 的作用可以表示为固定行向量 $(h(e_1), \cdots, h(e_m))$ 与可变列向量 $(u_1, \cdots, u_m)$ 的内积。在下面的讨论中,我们将余切向量视为出现在欧几里得内积左侧的固定切向量。

虚功原理:令刚体 B 沿 c-space 轨迹 $q(t)$ 移动,使得 $q(0) = q_0$ 且 $\dot{q} = \dot{q}(0)$。在此运动期间,让力 f 作用在点 $x = X_b(q(t))$ 上。f 作用的余切向量表示为 w。w 的公式基于以下虚功原理。B 的任何瞬时运动 $\dot{q} \in T_{q_0}\mathbb{R}^m$,$w$ 在 B 上所做的瞬时功必须等于 f 在沿 $\dot{x}$ 的质点 x 所做的瞬时功。也就是说,内积必须满足 $f \cdot \dot{x} = w \cdot \dot{q}$,其中 w 未知。由于通过链式法则 $\dot{x} = DX_b(q_0)\dot{q}$,可得

$$w \cdot \dot{q} = f \cdot DX_b(q_0)\dot{q} = f^{\mathrm{T}}(x) DX_b(q_0)\dot{q}, \quad \dot{q} \in T_{q_0}\mathbb{R}^m$$

采用将 w 写为列向量的约定,与 w 对应的线性函数满足以下公式:

$$w = DX_b^{\mathrm{T}}(q_0) f, \quad \text{当 } x = X_b(q_0) \text{ 时 } f \text{ 作用于 } B$$

在刚体抓取中,切向量是作用在 B 上的力旋量。当力 f 作用在 B 上时,根据引理 3.2 代入 $DX_b(q_0)$,可以得到由 f 引起的力旋量,给出以下公式。

力旋量公式:令力 f 在 $x = X_b(q_0)$ 点上作用于刚体 B,其中 q_0 是 B 的构型。f 在 B 上生成的力旋量为

$$w = \begin{pmatrix} f \\ \tau \end{pmatrix} = \begin{cases} \begin{pmatrix} f \\ f \cdot \bar{J} R_0 b \end{pmatrix} & \text{二维情况} \\ \begin{pmatrix} f \\ R_0 b \times f \end{pmatrix} & \text{三维情况} \end{cases}$$

式中,R_0 是 B 在 q_0 处的方向,且在二维情况下 $\bar{J} = \begin{bmatrix} 0 & -1 \\ 1 & 0 \end{bmatrix}$。

作用在 B 上的力旋量可表示为 $w = (f, \tau)$,其中 f 和 τ 是力和力矩。在二维情况下,$\tau \in \mathbb{R}$ 是绕垂直于平面的轴作用于 B 的力矩。在三维情况下,$\tau \in \mathbb{R}^3$ 满足经典公式:$\tau = \rho \times f$,其中 $\rho = R_0 b$ 是 F_W 中从 B 的坐标系原点到力的作用点的向量。从上下文中可以清楚地看出 $\tau \in \mathbb{R}$(二维情况)和 $\tau \in \mathbb{R}^3$(三维情况)之间的区别。当一个刚性物体 B 被多个刚性手指体 $O_1, \cdots, O_k$ 接触时,作用在 B 上的净力旋量是各个接触力产生的力旋量的总和。在以下示例中说明了净力旋量。

示例:考虑一个作用在固定工件 B 上的钻头。该钻头沿其轴线施加法向力 f_n,并在其两个尖端(称为凹槽)上施加一对切向力 $\pm f_t$。钻头的接触力在 B 上产生一个净力旋量。假设 B 的坐标系原点位于钻头的轴上,使钻头的凹槽位于 F_B 中的 $-b$ 到 b 之间,钻头的接触力对 B 产生的净力旋量为总和

$$w = \begin{pmatrix} \frac{1}{2} f_n - f_t \\ R_0(-b) \times \left(\frac{1}{2} f_n - f_t \right) \end{pmatrix} + \begin{pmatrix} \frac{1}{2} f_n + f_t \\ R_0 b \times \left(\frac{1}{2} f_n + f_t \right) \end{pmatrix} = \begin{pmatrix} f_n \\ 2 R_0 b \times f_t \end{pmatrix}$$

这不再是一个单力旋量。B 上的净力旋量包括沿钻头轴线作用的力,以及绕钻头轴线作

用的力矩。我们将在下一节看到，每个力旋量都可以用这种类似螺旋的方式来描述。

切向量和余切向量的坐标变换：令 $q \in \mathbb{R}^m$ 且 $\bar{q} \in \overline{\mathbb{R}}^m$ 空间参数化与两个选择的世界坐标系和物体坐标系相关，使得 q_0 和 $\bar{q}_0$ 是这两个参数化中 B 的标准构型。可以证明，q 和 $\bar{q}$ 是通过坐标变换（即亚同构）$q = F(\bar{q})$ 关联的，因此 $q_0 = F(\bar{q}_0)$（请参阅练习题）。c-space 轨迹通过变换 $q(t) = F(\bar{q}(t))$ 而相关。因此，根据链式法则 $\dot{q}(t) = [DF(\bar{q}_0)]\dot{\bar{q}}(t)$，其中 DF 是 F 在 $\bar{q}_0$ 处的 $m \times m$ 雅可比矩阵。因此，雅可比矩阵 $DF(\bar{q}_0)$ 将 $T_{\bar{q}_0}\overline{\mathbb{R}}^m$ 中的切向量映射到 $T_{q_0}\mathbb{R}^m$ 中的切向量：

$$\dot{q} = DF(\bar{q}_0)\dot{\bar{q}}, \quad \dot{q} \in T_{q_0}\mathbb{R}^m, \quad \dot{\bar{q}} \in T_{\bar{q}_0}\overline{\mathbb{R}}^m \tag{3-3}$$

现在令 w 是作用于切向量 $\dot{q} \in T_{q_0}\mathbb{R}^m$ 的余向量。由式(3-3)可得

$$w \cdot \dot{q} = w^{\mathrm{T}}(DF(\bar{q}_0)\dot{\bar{q}}) = (w^{\mathrm{T}}DF(\bar{q}_0))\dot{\bar{q}}, \quad \dot{q} \in T_{q_0}\mathbb{R}^m, \quad \dot{\bar{q}} \in T_{\bar{q}_0}\overline{\mathbb{R}}^m$$

由此得出，向量 $\bar{w}^{\mathrm{T}} = w^{\mathrm{T}}DF(\bar{q}_0) \in T_{\bar{q}_0}^*\overline{\mathbb{R}}^m$ 对应于向量 $w \in T_{q_0}^*\mathbb{R}^m$。将 w 和 $\bar{w}$ 写为列向量，余向量变换规则的形式为

$$\bar{w} = DF^{\mathrm{T}}(\bar{q}_0)w, \quad w \in T_{q_0}^*\mathbb{R}^m, \quad \bar{w} \in T_{\bar{q}_0}^*\overline{\mathbb{R}}^m$$

因此，雅可比矩阵 $DF(\bar{q}_0)$ 将切向量从 $T_{\bar{q}_0}\overline{\mathbb{R}}^m$ 映射到 $T_{q_0}\mathbb{R}^m$，而雅可比转置矩阵 $DF^{\mathrm{T}}(\bar{q}_0)$ 将切向量从 $T_{q_0}^*\mathbb{R}^m$ 反向映射到 $T_{\bar{q}_0}^*\overline{\mathbb{R}}^m$。

3.3 切向量和余切向量的线几何

线几何提供了一种直观的方法，可将 c-space 切向量和余切向量描绘为物理空间中的有向线。本节描述有关线几何的三个有用事实。首先，每个切向量 $\dot{q} = (v, \omega)$ 可以表示为绕 $\mathbb{R}^3$ 中的某一空间轴的瞬时螺旋运动。其次，每个力旋量 $w = (f, \tau)$ 可以表示为关于 $\mathbb{R}^3$ 中某一空间轴作用的类似螺旋的力和力矩。第三，内积 $w \cdot \dot{q}$ 可以表示 w 和 $\dot{q}$ 的有向线之间的几何关系。然后将使用线几何以图形方式描绘 c-障碍的切空间。

$\mathbb{R}^3$ 中的有向空间线由以下 Plücker 坐标参数化。

定义 3.1 $\mathbb{R}^3$ 中有向线的 Plücker 坐标是向量 $l = (\hat{l}, p \times \hat{l}) \in \mathbb{R}^6$，其中 p 是线上的任何点，$\hat{l}$ 是线的单位方向（图 3-1a）。

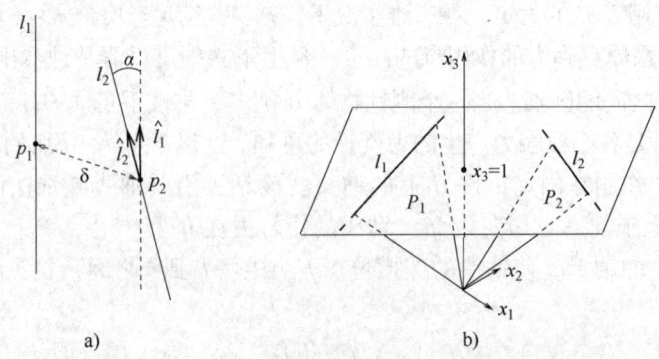

图 3-1 a）这些参数确定 l_1 和 l_2 的相对位置和方向；b）在嵌入的平面线 l_1 和 l_2 与经过 $\mathbb{R}^3$ 的原点的平面 P_1 和 P_2 之间具有类似的对应关系

我们将 $\mathbb{R}^3$ 中的物理线和 $\mathbb{R}^6$ 中的符号线均表示为符号 l。注意 l 上的任何点都可以用作参考点，这是因为 $(p + s\hat{l}) \times \hat{l} = p \times \hat{l}$，$s \in \mathbb{R}$。

空间线的流形结构：$\mathbb{R}^3$ 中所有有向线的 Plücker 坐标生成 $\mathbb{R}^6$ 中的光滑四维流形。这意味着有向线取决于四个参数，即线方向 $\hat{l}$ 和线基点 p。为了解释此拓扑事实，请考虑 $\mathbb{R}^3$ 中的单位球面，表示为 S^2。$\mathbb{R}^3$ 中所有有向线的集合在拓扑上等同于规范的三维流形，即单位球面的切线束 TS^2，它只是 S^2 的所有点处切平面的并集。$\mathbb{R}^3$ 中有向线的四维流形在拓扑上等同于 TS^2：S^2 上的每个点都指定一个特定方向 $\hat{l}$，这样，球体的切平面会指定具有该特定方向的所有空间线的基点 p 的集合。

两条空间线之间的重要关系是以下直线的 Plücker 坐标的互易积。

定义 3.2 两线 $l_1 = (\hat{l}_1, p_1 \times \hat{l}_1)$ 和 $l_2 = (\hat{l}_2, p_2 \times \hat{l}_2)$ 的互易积是 Plücker 坐标的"交换"内积：

$$(\hat{l}_1, p_1 \times \hat{l}_1) \cdot (p_2 \times \hat{l}_2, \hat{l}_2) = (\hat{l}_1, p_1 \times \hat{l}_1) \begin{bmatrix} O & I \\ I & O \end{bmatrix} \begin{pmatrix} \hat{l}_2 \\ p_2 \times \hat{l}_2 \end{pmatrix}$$

式中，O 是 3×3 零矩阵，I 是 3×3 单位矩阵。

l_1 和 l_2 的互易积由两条线的相对位置和方向确定（图 3-1a）。假设 $\delta \geq 0$ 是 l_1 和 l_2 之间的最小距离，而 $0 \leq \alpha \leq \pi$ 是 l_1 和 l_2 的夹角，该角是根据直线的同一法线测得的（图 3-1a）。接下来，根据 δ 和 α 来确定互易积（请参阅练习题）。

命题 3.3（互易积公式） 两个空间线 l_1 和 l_2 的互易积满足公式

$$(\hat{l}_1, p_1 \times \hat{l}_1) \begin{bmatrix} O & I \\ I & O \end{bmatrix} \begin{pmatrix} \hat{l}_2 \\ p_2 \times \hat{l}_2 \end{pmatrix} = -\sigma \cdot \delta \sin\alpha \tag{3-4}$$

式中，δ 和 α 分别是两条线之间的最小距离和夹角，其中 $\sigma \in \{-1, +1\}$ 是根据表达式 $(p_2 - p_1) \cdot (\hat{l}_1 \times \hat{l}_2)$ 的符号取值。

根据式(3-4)，当 $\delta \sin\alpha = 0$ 时，两条空间线的互易积为零。如果该表达式中的 $\delta = 0$，则 l_1 和 l_2 相交于 $\mathbb{R}^3$ 中的一点。否则 $\sin\alpha = 0$，这意味着 l_1 平行于 l_2，因此在无限远处相交。以下推论总结了此关键性质。

推论 3.4（互易线） 已知平行线在无穷远处相交，如果两条线在 $\mathbb{R}^3$ 中相交，则两条空间线的互易积为零。

注意：推论 3.4 的几何意义如下。令 (x_1, x_2, x_3, x_4) 表示 $\mathbb{R}^4$ 中的坐标。线 l_1 和 l_2 可以嵌入 $\mathbb{R}^4$ 的超平面 $x_4 = 1$ 中。每条嵌入线 l 确定了唯一一个经过 $\mathbb{R}^4$ 的原点的二维平面。（当在 $\mathbb{R}^3$ 的 $x_3 = 1$ 平面中嵌入两条平面线时，会出现类似情况。在这种情况下，每条嵌入线都确定一个经过 $\mathbb{R}^3$ 的原点的平面，如图 3-1b 所示。）现在令 $l_1 = (\hat{l}_1, p_1 \times \hat{l}_1)$ 和 $l_2 = (\hat{l}_2, p_2 \times \hat{l}_2)$ 是两条空间线，令 P_1 和 P_2 是与 $\mathbb{R}^4$ 中的嵌入线关联的平面。两条线相交于 $\mathbb{R}^3$ 中的一点，而两个平面 P_1 和 P_2 沿着经过 x_4 的原点的线相交。平面 P_1 和 P_2 沿 $\mathbb{R}^4$ 中的一条线相交，它们的基向量是线性相关的。每条嵌入线 $l_i = (\hat{l}_i, p_i \times \hat{l}_i)$ 沿方向 $(\hat{l}_i, 0) \in \mathbb{R}^4$ 经过点 $(p_i, 1) \in \mathbb{R}^4$。因此，$\{(p_i, 1), (\hat{l}_i, 0)\}$ 构成 P_i ($i = 1, 2$) 的基。因此，P_1 和 P_2 线性相关意味着 $\det \begin{bmatrix} p_1 & \hat{l}_1 & p_2 & \hat{l}_2 \\ 1 & 0 & 1 & 0 \end{bmatrix} = 0$，这是互易积为零的条件。

下一步是将 c-space 切向量表示为绕 $\mathbb{R}^3$ 中的空间轴的瞬时螺旋运动，称为瞬时扭曲。Mozzi-Chasles 定理描述如下。

定理 3.5（瞬时旋转） 每个 c-space 切向量 $\dot{q} = (v, \omega) \in T_{q_0} \mathbb{R}^m$ 可以写成 B 绕线 $l = (\hat{\omega}, p \times \hat{\omega})$ 的瞬时旋转，再加上沿这条线瞬时平移 B：

$$\begin{pmatrix} v \\ \omega \end{pmatrix} = \begin{pmatrix} p \times \omega \\ \omega \end{pmatrix} + \begin{pmatrix} z\omega \\ \vec{0} \end{pmatrix} = \|\omega\| \begin{pmatrix} p \times \hat{\omega} \\ \hat{\omega} \end{pmatrix} + \begin{pmatrix} z\omega \\ \vec{0} \end{pmatrix} \tag{3-5}$$

式中，$p = \omega \times \dfrac{v}{\|\omega\|^2}$，$z = v \cdot \dfrac{\omega}{\|\omega\|^2}$，$\hat{\omega} = \dfrac{\omega}{\|\omega\|}$。

证明：线速度 v 可以表示为和 $v = (v \cdot \hat{\omega})\hat{\omega} + (I - \hat{\omega}\hat{\omega}^T)v$。由 $[\hat{\omega}\times]^2 = \hat{\omega}\hat{\omega}^T - I$，$v = (v \cdot \hat{\omega})\hat{\omega} - [\hat{\omega}\times]^2 v = (v \cdot \hat{\omega})\hat{\omega} - \hat{\omega} \times (\hat{\omega} \times v)$，代入 $z = (v \cdot \hat{\omega})/\|\omega\| = (v \cdot \omega)/\|\omega\|^2$ 和 $p = (\hat{\omega} \times v)/\|\omega\| = (\omega \times v)/\|\omega\|^2$ 可得出结果。

注意：代表瞬时旋转轴的直线的 Plücker 坐标 $l = (\hat{\omega}, p \times \hat{\omega})$ 在式(3-5)中交换。参数 z 称为瞬时旋转的螺距。螺距参数指定沿旋转轴 l 的每单位旋转的平移量。特别地，$z = 0$ 对应于 B 绕 l 的纯瞬时旋转，而 $z = \infty$ 对应于 B 沿 l 的纯瞬时平移。

作用在 B 上的旋量可以类似地表示为关于 $\mathbb{R}^3$ 中某一空间轴作用的类似螺旋的力和力矩，称之为力旋量。Poinsot 定理描述如下。

定理 3.6 (力旋量) 每个 c-space 切向量 $w = (f, \tau) \in T_{q_0}^* \mathbb{R}^m$ 可写为沿线 $l = (\hat{f}, p \times \hat{f})$ 作用的力及力矩：

$$\begin{pmatrix} f \\ \tau \end{pmatrix} = \begin{pmatrix} f \\ p \times f \end{pmatrix} + \begin{pmatrix} \vec{0} \\ zf \end{pmatrix} = \|f\| \begin{pmatrix} \hat{f} \\ p \times \hat{f} \end{pmatrix} + \begin{pmatrix} \vec{0} \\ zf \end{pmatrix} \tag{3-6}$$

式中，$p = f \times \tau / \|f\|^2$，$z = f \cdot \tau / \|f\|^2$，$\hat{f} = f / \|f\|$。

证明：类似于 Mozzi-Chasles 定理的证明。力矩 τ 可以表示为和：$\tau = (\tau \cdot \hat{f})\hat{f} + (I - \hat{f}\hat{f}^T)\tau$。由 $[\hat{f}\times]^2 = \hat{f}\hat{f}^T - I$，$\tau = (\tau \cdot \hat{f})\hat{f} - [\hat{f}\times]^2 \tau = (\tau \cdot \hat{f})\hat{f} - \hat{f} \times (\hat{f} \times \tau)$，替换 $z = f \cdot \tau / \|f\|^2$ 和 $p = f \times \tau / \|f\|^2$ 即可得到结果。

参数 z 称为瞬时旋转的螺距。螺距指定了力旋量沿该线施加的每单位力大约为 l 的力矩量。特别地，零螺距力旋量对应于由沿 l 作用的净力 f 产生的力旋量。在获得了切向量和余切向量的螺旋线表示后，可以用这些螺旋线将内积 $w \cdot \dot{q}$ 表示如下。

引理 3.7 ($w \cdot \dot{q}$ 的线几何公式) 令力旋量 $w = (f, \tau) \in T_{q_0}^* \mathbb{R}^m$ 的螺旋轴为 l_1，螺距为 z_1。设切向量 $\dot{q} = (v, \omega) \in T_{q_0} \mathbb{R}^m$ 的螺旋轴为 l_2，螺距为 z_2。内积 $w \cdot \dot{q}$ 满足几何公式：

$$w \cdot \dot{q} = \|f\| \|\omega\| (-\delta \cdot \delta \sin\alpha + (z_1 + z_2)\cos\alpha) \tag{3-7}$$

式中，δ 是直线 l_1 和 l_2 之间的最小距离，α 是 l_1 和 l_2 之间的夹角，并且 $\sigma \in \{-1, +1\}$ 是在互易积公式中指定的符号。

证明：用 $w \cdot \dot{q}$ 替换 $w = (f, p_1 \times f) + (\vec{0}, z_1 f)$ 和 $\dot{q} = (p_2 \times \omega, \omega) + (z_2 \omega, \vec{0})$ 得

$$w \cdot \dot{q} = (f, p_1 \times f)\begin{pmatrix} p_2 \times \omega \\ \omega \end{pmatrix} + (f, p_1 \times f)\begin{pmatrix} z_2 \omega \\ \vec{0} \end{pmatrix} + (\vec{0}, z_1 f)\begin{pmatrix} p_2 \times \omega \\ \omega \end{pmatrix}$$

$$= \|f\| \|\omega\| \left((\hat{f}, p_1 \times \hat{f})\begin{pmatrix} p_2 \times \hat{\omega} \\ \hat{\omega} \end{pmatrix} + (z_1 + z_2) \hat{f} \cdot \hat{\omega} \right)$$

式中，$\hat{f} = f / \|f\|$，$\hat{\omega} = \omega / \|\omega\|$。根据命题 3.3，第一被加数等于 $-\sigma \cdot \delta \sin\alpha$。第二个求和等于 $(z_1 + z_2)\cos\alpha$。

回想一下，与 w 和 $\dot{q}$ 相关的螺旋线的互易积等于内积 $w \cdot \dot{q}$。当与 w 和 $\dot{q}$ 相关的螺旋线的互易积为零时，则有 $w \cdot \dot{q} = 0$。在这种情况下，力旋量 w 不会阻碍 B 沿 $\dot{q}$ 的瞬时运动。这一事实将为物体 B 相对于周围手指体 $O_1, \cdots, O_k$ 的可动性提供物理的直观解释。最后，本节我们以互易积在描绘 c-障碍切空间中的应用为例结束。

c-障碍切空间的图形描述：假设 w 是一个力旋量，它是由与 B 在 x 处的沿内接触法线作用的力产生的。满足 $w \cdot \dot{q} = 0$ 的切向量张成 q_0 处的 c-障碍切空间。从形式上讲，c-障碍切空

间由 $T_{q_0}S = \{\dot{q} \in T_{q_0}\mathbb{R}^m : \eta(q_0) \cdot \dot{q} = 0\}$ 给出，其中 $\eta(q_0)$ 是 q_0 处的 c-障碍法线（第 2 章）。如前一节所述，$\eta(q_0)$ 可以解释为由作用在 x 处 B 的单位大小法向力生成的力旋量，于是 $w = \eta(q_0)$。因此，$T_{q_0}S$ 由满足 $w \cdot \dot{q} = 0$ 的切向量组成，其中 $w = \eta(q_0)$。由于净力旋量旋转的螺距为零，因此 $\eta(q_0)$ 的螺旋力旋量的 $z_1 = 0$。假设坐标系 F_W 和 F_B 在 q_0 处具有相同的原点，则力旋量 $w = \eta(q_0)$ 的螺旋轴与 x 处的接触法线重合。代入 $\|f\| = 1$ 和 $z_1 = 0$ 得

$$T_{q_0}S = \{\dot{q} \in T_{q_0}\mathbb{R}^m : \sigma \cdot \|\omega\|\delta\sin(\alpha) = \|\omega\|z_2\cos(\alpha)\} \tag{3-8}$$

式中，(δ, α, z_2) 表示瞬时旋转参数，$\dot{q} \in T_{q_0}S$ 是以 x 处的接触法线表示。由于式（3-8）两边均有 $\|\omega\|$，因此满足式（3-8）的瞬时螺旋运动对于所有 $\|w\| \in \mathbb{R}$ 都适用。

式（3-8）可用于描述二维情况下的 c-障碍切空间。将 (x, y) 平面嵌入 $\mathbb{R}^3$ 中的 $(x, y, 0)$ 平面，并用 $e = (0, 0, 1)$ 表示 $\mathbb{R}^3$ 中的单位正向。B 的线速度是向量 $(v, 0)$，而 B 的角速度向量是 ωe，其中 $\omega \in \mathbb{R}$ 是 B 在 (x, y) 平面上的旋转速率。由于 $z_2 = \omega((v, 0) \cdot e) = 0$，所以 B 的瞬时旋转具有零螺距。因此，整体切空间 $T_{q_0}\mathbb{R}^3$ 中的所有切向量都是围绕 (x, y) 平面上的点的瞬时旋转。为了确定哪些瞬时旋转对应于 $T_{q_0}S$，将 $z_2 = 0$ 和 $\sin(\alpha) = 1$ 代入式（3-8），得

$$T_{q_0}S = \{\dot{q} \in T_{q_0}\mathbb{R}^3 : \delta = 0\}$$

式中，我们取消了符号参数 $\sigma = \pm 1$。因此，$T_{q_0}S$ 由 B 沿接触法线的所有点的瞬时旋转组成（图 3-2a），即

$$T_{q_0}S = \left\{\dot{q} = \|\omega\|\begin{pmatrix} p \times e \\ e \end{pmatrix} : \omega \in \mathbb{R}, p = x + \rho n(x), -\infty \leq \rho \leq +\infty\right\}$$

式中，p 用标量 ρ 参数化接触法线。$T_{q_0}S$ 的结果表征如图 3-2a 所示。注意，B 绕无穷远点的瞬时旋转表示 B 沿接触点 x 处的切线的瞬时平移。还要注意，$T_{q_0}S$ 由两个标量 ρ 和 $\|\omega\|$ 参数化，这与在二维情况下 $T_{q_0}S$ 是切平面这一事实是一致的。

图形技术可以扩展为由 c-障碍切平面界定的切向量的半空间（图 3-2b）。以切平面 $T_{q_0}S$ 为界，且朝向 q_0 处远离 c-障碍 CO 的 $T_{q_0}\mathbb{R}^m$ 半空间是由所有满足不等式 $\eta(q_0) \cdot \dot{q} \geq 0$ 的切向量 $\dot{q}$ 构成，且 $\dot{q} \in T_{q_0}\mathbb{R}^m$。在二维情况下，它们是围绕接触法线右侧的点的瞬时顺时针旋转和围绕接触法线左侧的点的瞬时逆时针旋转（图 3-2b）。注意，围绕接触法线上的点的瞬时旋转是双向的，因为这些旋转对应于 $T_{q_0}S$ 中的切向量。

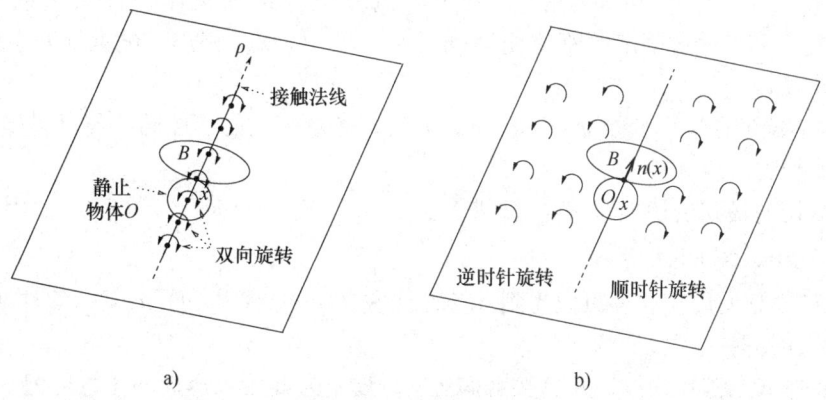

图 3-2 a) $T_{q_0}S$ 由 B 绕接触法线的所有点的瞬时旋转组成；b) 在 q_0 处指向远离 CO 的切向量是相对于 $n(x)$ 测得的左半平面的逆时针旋转和右半平面的顺时针旋转

3.4 参考书目注释

流形及其切空间的复合结构,称为切线束,在诸如 Do Carmo[1]和 Thorpe[2]等文献中进行了描述。每个切空间都有一个对偶余切空间。这个概念可以在欧几里得向量空间的背景下,使用 Fleming[3]等来探索。用欧几里得内积表示余向量的作用称为降指标或升指标。在 Do Carmo[1]、Guillemin 和 Pollack[4]等文献中描述了这些概念对流形的扩展。余切向量也称为流形上的微分形式。几何力学的高级教材如参考文献[5]和[6],讨论了构型空间流形的正切束和余切束。

线几何发展于 18~20 世纪。首先出现的是 Mozzi[7](1763)和 Chasles[8](1830)发表的关于刚体速度表示为瞬时螺旋运动的著作,以及 Poinsot[9](1834)和 von Mises[10](1924)发表的关于刚体力旋量表示为螺旋运动的著作。刚体 B 与静止物体接触时瞬时运动的图形表示最早由 Reuleaux[11](1876)提出。"力矩"和"扭转"由 Ball[12](1900)在其关于螺旋线及互易积的专著中首次提出。Freudenstein 在 20 世纪上半叶将线几何工具应用于机构分析。线几何是用于分析机器人连杆机构的主要工具,正如 Roth 在参考文献[13]中讨论的"螺丝、电动机和力旋量,不能在五金店买"。例如,Merlet[14]、Simaan 和 Shoham[15]使用线几何来表征平行链机制。机构理论中关于线几何的推荐文献是 McCarthy[16]和 Selig[17]。

练 习 题

3.1 节

练习 3.1:CO 边界在 q_0 处的切空间由 $T_{q_0}S = \{\dot{q} \in T_{q_0}\mathbb{R}^m : \eta(q_0) \cdot \dot{q} = 0\}$ 给出,其中 $\eta(q_0)$ 为 q_0 处的 c-障碍外法线。验证 $T_{q_0}S$ 是 B 的接触点相对静止物体 O 切向运动的瞬时运动集合。

解:由链式法则 $\eta(q_0) = DX_b(q_0)^T n(x)$ 和 $\dot{x} = DX_b(q_0)\dot{q}$,则 $T_{q_0}S = \{\dot{q} : \eta(q_0) \cdot \dot{q} = n(x) \cdot \dot{x} = 0\}$。

3.2 节

练习 3.2:设一个力 f 在 x 点作用于 B。解释 f 为作用于 x 质点的速度 $\dot{x}$ 上的共向量。将力旋量公式解释为从 $T_x^*\mathbb{R}^n$ 到 $T_{q_0}^*\mathbb{R}^m$ 的转换。

练习 3.3[*]:令 $q \in \mathbb{R}^m$ 和 $\bar{q} \in \mathbb{R}^m$ 分别为与世界坐标系和物体坐标系选取对应的两个 c-space 参数化,两者通过固定的刚体变换 (d_W, R_W) 和 (d_B, R_B) 相连。试推导两个参数化之间的坐标变换 $q = F(\bar{q})$。

练习 3.4:验证在坐标变换 $q = F(\bar{q})$ 下,$\bar{w}$ 与 w 表示相同的线性函数与世界坐标系和物体坐标系的选取相关。

解:根据切向量和余切向量变换规则,令 $\dot{q} = DF(\bar{q}_0)\dot{\bar{q}}$ 和 $\bar{w} = DF^T(\bar{q}_0)w$。因此,$w \cdot \dot{q} = w^T(DF(\bar{q}_0)\dot{\bar{q}}) = (w^T DF(\bar{q}_0))\dot{\bar{q}} = \bar{w} \cdot \dot{\bar{q}}$。

练习 3.5[*]:证明虚功原理可以得到 c-障碍法线,$\eta(q) = DX_b(q)^T n(x)$,其中 $DX_b(q)$ 是刚体变换的雅可比矩阵。

解:设物体 B 与静止物体 O 保持接触而运动,设 q 为 B 沿该运动的任意构型。在无摩擦接触的情况下,作用在 B 上的力与 B 在 x 处的单位内法线共线,$f = \|f\|n(x)$。由于 B 与 O 保持连续接触,因此在 x 点上接触点速度与 O 相切,意味着在此运动过程中 $f \cdot \dot{x} = \|f\|(n(x) \cdot \dot{x}) = 0$。

由虚功原理可知 $w \cdot \dot{q} = 0$。由于这个论点对所有 $\dot{q} \in T_q S$ 都成立,因此力旋量 $w = \|f\| DX_b(q)^T n(x)$ 被视为 q_0 上的固定切向量,正交于切空间 $T_q S$,实际上,纯粹基于几何考虑推导出的 c-障碍法线公式为 $\eta(q) = DX_b(q)^T n(x)$。

练习 3.6:设 (F_W, F_B) 和 $(\bar{F}_W, \bar{F}_B)$ 分别为世界坐标系和物体坐标系。设 $q \in \mathbb{R}^m$ 和 $\bar{q} \in \mathbb{R}^m$ 是与两种坐标系的选择相关联的 c-space 坐标,选择这样的 q_0 和 $\bar{q}_0$ 是 B 在两个 c-space 参数化中的名义构型。对于两种坐标系的选择,其力旋量公式为 $w = DX_b(q_0)^T f$ 和 $\bar{w} = DX_{\bar{b}}(\bar{q}_0)^T \bar{f}$,其中 $DX_b(q)$ 为刚体变换的雅可比矩阵。验证力旋量公式在选择世界坐标系和物体坐标系上是独立的。

解:由于 $w \cdot \dot{q} = f^T DX_b(q_0) \dot{q} = f \cdot \dot{x}$ 和 $\bar{w} \cdot \dot{\bar{q}} = \bar{f}^T DX_{\bar{b}}(\bar{q}_0) \dot{\bar{q}} = \bar{f} \cdot \dot{\bar{x}}$,如果 $f \cdot \dot{x} = \bar{f} \cdot \dot{\bar{x}}$,则力旋量公式为坐标系不变的。设 F_W 和 $\bar{F}_W$ 通过固定的平移和旋转 (d_W, R_W) 相关联,则两坐标系中的点通过变换 $x = R_W \bar{x} + d_W$ 相关联。这个变换的雅可比矩阵是常数矩阵 R_W,根据链式法则,$\dot{x} = R_W \dot{\bar{x}}$,同样,$f$ 和 $\bar{f}$ 与变换 $f = R_W \bar{f}$ 相关。因此,$f \cdot \dot{x} = \bar{f}^T R_W^T R_W \dot{\bar{x}} = \bar{f} \cdot \dot{\bar{x}}$,说明力旋量公式与坐标系的选择无关。

练习 3.7:钻头应用于刚体 B 接触力 $f_1 = \frac{1}{2} f_n - f_t$ 和 $f_2 = \frac{1}{2} f_n + f_t$,在距离钻头轴 $\pm b$ 的点上。解释为什么用钻头在 B 上的净力旋量不是简单的单力旋量。

3.3 节

练习 3.8:有向线 l 在 $\mathbb{R}^3$ 中的 Plücker 坐标为向量 $(\hat{l}, p \times \hat{l}) \in \mathbb{R}^6$。给出 $p \times \hat{l}$ 项的几何解释。

解:术语 $p \times \hat{l}$,传统上称为直线的"臂",是正交于 l 的向量,其顶端在 l 上。

练习 3.9:证明命题 3.3 中的互易积公式。

解:根据互易积的定义,$(\hat{l}_1, p_1 \times \hat{l}_1) \cdot (p_2 \times \hat{l}_2, \hat{l}_2) = \hat{l}_1 \cdot (p_2 \times \hat{l}_2) + (p_1 \times \hat{l}_1) \cdot \hat{l}_2$。由三重标量积恒等式可知,因为 $\hat{l}_1 \cdot (p_2 \times \hat{l}_2) = -p_2 \cdot (\hat{l}_1 \times \hat{l}_2)$ 和 $(p_1 \times \hat{l}_1) \cdot \hat{l}_2 = p_1 \cdot (\hat{l}_1 \times \hat{l}_2)$,所以 $(\hat{l}_1, p_1 \times \hat{l}_1) \cdot (p_2 \times \hat{l}_2, \hat{l}_2) = -(p_2 - p_1) \cdot (\hat{l}_1 \times \hat{l}_2)$。在后一个内积中,$\hat{l}_1 \times \hat{l}_2$ 正交于 l_1 和 l_2。由于 p_1 和 p_2 可以沿 l_1 和 l_2 自由变化而不影响内积,我们可以假设 $p_2 - p_1$ 与 $\hat{l}_1 \times \hat{l}_2$ 共线,因此 $\|p_2 - p_1\| = \delta$。基于这个论点,$-(p_2 - p_1) \cdot (\hat{l}_1 \times \hat{l}_2) = -\sigma \|p_2 - p_1\| \|\hat{l}_1 \times \hat{l}_2\| = -\sigma \cdot \delta \sin(\alpha)$,其中 $\sigma = \pm 1$ 是 $(p_2 - p_1) \cdot (\hat{l}_1 \times \hat{l}_2)$ 的符号,并且 α 是 $\hat{l}_1$ 和 $\hat{l}_2$ 之间的夹角。

练习 3.10:$\mathbb{R}^3$ 中所有有向线的集合在 $\mathbb{R}^6$ 中形成光滑的四维流形。通过用四个标量参数局部参数化空间线来证明这一说法。

解:由于空间线的集合构成了一个四维流形,每条线 l 都被一个由四个标量参数参数化的线所包围。设 l 的方向为 $\hat{l} \in S^2$(S^2 为单位球),设 P 为经过 $\mathbb{R}^3$ 的原点与 $\hat{l}$ 正交的平面。四维流形中 l 的局部邻域可由原点附近直线与 P 的交点以及 $\hat{l} \in S^2$ 周围方向的局部邻域来参数化。

练习 3.11:l 的 Plücker 坐标由 $(\hat{l}, p \times \hat{l}) \in \mathbb{R}^6$ 给出,其中 p 是 l 上的一点,$\hat{l}$ 是 l 的单位方向。由于空间线的集合形成了一个四维流形,所以 Plücker 坐标包含冗余。确定 $\mathbb{R}^6$ 中的 Plücker 坐标总是满足两个标量约束。

解:令 $(x_1, \cdots, x_6)$ 为 $\mathbb{R}^6$ 的坐标。前三个坐标表示直线在单位球面上的单位大小方向。因此,$x_1^2 + x_2^2 + x_3^2 = 1$。由于 $\hat{l} \cdot (p \times \hat{l}) = 0$,故第二个标量约束为 $x_1 x_4 + x_2 x_5 + x_3 x_6 = 0$。

练习 3.12:设 l_1,l_2,l_3 是 3 条平面直线,其 Plücker 坐标为 $l_i = (\hat{l}_i, p_i \times \hat{l}_i)$,$i = 1, 2, 3$。证明当 $\det \begin{bmatrix} \hat{l}_1 & \hat{l}_2 & \hat{l}_3 \\ p_1 \times \hat{l}_1 & p_2 \times \hat{l}_2 & p_3 \times \hat{l}_3 \end{bmatrix} = 0$ 时,这三条线在 $\mathbb{R}^2$ 中相交于一点。

解：设这三条直线位于 $\mathbb{R}^3$ 的 $x_3=1$ 平面内，其中 (x_1,x_2,x_3) 是 $\mathbb{R}^3$ 的坐标。设 P_1，P_2，P_3 是由三条直线确定的通过 $\mathbb{R}^3$ 原点的平面（图 3-1b）。这三条直线在 $\mathbb{R}^2$ 中相交于一点即 P_1，P_2，P_3 在 $\mathbb{R}^3$ 中相交于一直线。后一个条件等价于平面的法线是线性相关的要求。对 $\{(p_i,1), (\hat{l}_i,0)\}$ 是 $P_i(i=1,2,3)$ 的一个基。因此，P_i 的法线为 $(p_i,1)\times(\hat{l}_i,0)=(J\hat{l}_i,p_i\times\hat{l}_i)(i=1,2,3)$，其中 $J=\begin{bmatrix}0 & 1\\ -1 & 0\end{bmatrix}$。当 $\det\begin{bmatrix}J\hat{l}_1 & J\hat{l}_2 & J\hat{l}_3\\ p_1\times\hat{l}_1 & p_2\times\hat{l}_2 & p_3\times\hat{l}_3\end{bmatrix}=-\det\begin{bmatrix}\hat{l}_1 & \hat{l}_2 & \hat{l}_3\\ p_1\times\hat{l}_1 & p_2\times\hat{l}_2 & p_3\times\hat{l}_3\end{bmatrix}=0$ 时，这三条法线是线性相关的。

练习 3.13：确定在 $x=X_b(q_0)$ 点作用于 B 的净力 f 所产生的螺旋轴 l 和螺矩 z。在参考坐标系 F_W 和 F_B 中，何种情况下，螺旋线 l 可以解释为通过 x 的力线？

解：净力 f 在 $x=X_b(q_0)$ 点作用于 B 所产生的力旋量，由 $w=(f,R_0b\times f)$ 推出。因此它的螺旋轴是直线 $l=(\hat{f},R_0b\times\hat{f})$。因为 $x=R_0b+d_0$，参考坐标系 F_W 和 F_B 必须在 q_0 共享一个共同的原点。在这种情况下，当 $d_0=\vec{0}$ 时，力旋量可以写成 $w=(f,x\times f)$。该力旋量的螺旋轴为直线 $l=(\hat{f},x\times\hat{f})$，沿力方向 $\hat{f}$ 经过接触点 x。

练习 3.14：考虑 $\{\dot{q}\in T_{q_0}\mathbb{R}^m:\eta(q_0)\cdot\dot{q}\geqslant 0\}$ 所给出的远离 CO 在 q_0 点的切向量的半空间，证明半空间的特性为 B 绕接触法线右侧的点顺时针旋转，B 绕接触法线左侧的点逆时针旋转（图 3-2b）。

解：根据引理 3.7，$\eta(q_0)\cdot\dot{q}=-\sigma\cdot\|\omega\|\delta$，其中 σ 是内积 $(p_2-p_1)\cdot(\hat{l}_1\times\hat{l}_2)$ 的符号。在我们的例子中，$p_1=x$，$\hat{l}_1=(n(x),0)$，$\hat{l}_2=\operatorname{sgn}(\omega)e$。因此，$\hat{l}_1\times\hat{l}_2=\operatorname{sgn}(\omega)(t(x),0)$，其中 $t(x)$ 是 x 处的单位切向量，使得 $\{(t(x),0),(n(x),0),e\}$ 是一个右手系三元组。因此，不等式 $\eta(q_0)\cdot\dot{q}\geqslant 0$ 等价于不等式 $-\operatorname{sgn}(\omega)(p_2-x)\cdot t(x)\geqslant 0$。后一个不等式在 p_2 中是线性的，因此根据 ω 的符号定义了两个半平面。当 $\operatorname{sgn}(\omega)=+1$ 时，瞬时旋转为逆时针方向，此时 p_2 位于半平面 $(p_2-x)\cdot t(x)\leqslant 0$。当 $\operatorname{sgn}(\omega)=-1$ 时，瞬时旋转是顺时针方向，在这种情况下，p_2 位于半平面 $(p_2-x)\cdot t(x)\geqslant 0$。

参考文献

[1] M. P. do Carmo, *Differential Geometry of Curves and Surfaces*. Prentice-Hall, 1976.

[2] J. A. Thorpe, *Elementary Topics in Differential Geometry*. Springer-Verlag, 1979.

[3] W. Fleming, *Functions of Several Variables*. Springer-Verlag, 1987.

[4] V. Guillemin and A. Pollack, *Differential Topology*. Prentice-Hall, 1974.

[5] J. Marsden, *Elementary Classical Analysis*. Freeman, 1974.

[6] A. M. Bloch, *Nonholonomic Mechanics and Control*. Springer-Verlag, 2003.

[7] G. Mozzi, *Discorso Matematico sopra il Rotamento Momentaneo dei Corpi*. Stamperia di Donato Campo, 1763.

[8] R. Chasles, "Note sur les propriéteés geneérales du système de deux corps semblables entreux," *Bulletin des Sciences Mathématique, Astronomiques, Physiques- et Chemiques*, vol. 14, 1830.

[9] L. Poinsot, *Théorie Nouvelle de la Rotation des Corps*. Bachelier, 1834.

[10] R. von Mises, "Motorrechnung, ein neues hilfsmittel in der mechanik" ("Moto-calculus, a new theoretical device for mechanics"), *Zeitschrift fur Mathematic und Mechanik*, vol. 4, no. 2, pp. 155–181, 1924.

[11] F. Reuleaux, *The Kinematics of Machinery*. Macmillan, 1876, republished by Dover, 1963.

[12] R. S. Ball, *A Treatise on the Theory of Screws*. Cambridge University Press, 1900.

[13] B. Roth, "Screws, motors, and wrenches that cannot be bought in a hardware store," in *Robotics Research*, in Brady and Paul, eds., MIT Press, 679–693, 1984.

[14] J. P. Merlet, "Singular configurations of parallel manipulators and grassmann geometry," in *Geometry and Robotics, Lecture Notes in Computer Science*, vol. 391, Springer-Verlag, pp. 194–212, 1988.

[15] N. Simaan and M. Shoham, "Singularity analysis of a class of composite serial in-parallel robots," *IEEE Trans. on Robotics and Automation*, vol. 7, no. 3, pp. 301–311, 2001.

[16] J. M. McCarthy, *An Introduction to Theoretical Kinematics*. MIT Press, 1990.

[17] J. M. Selig, *Geometrical Fundamentals of Robotics*. Springer-Verlag, 2003.

第 4 章 刚体的平衡抓取

任何机械手抓取系统都必须满足三个要求。第一，手指在平衡抓取状态下握住物体。第二，对于小的外部干扰，抓取应该是稳定的。第三，抓取应该承受有限大小的干扰集，作为预期应用的模型。本章首先对常见的刚体接触模型进行了描述。每个接触模型都与刚体接触时可以传递的一组特定的力相关联。接着，将重点转向了多接触场景设置，其中手指体 $O_1, \cdots, O_k$ 以平衡抓取状态抓取物体 B。本章引入了抓取映射，它通过改变接触点处的手指力给出了施加于物体 B 上的净力旋量。随后，本章阐述了平衡抓取条件：若满足接触约束的某组手指力能够对物体 B 施加零净力旋量，则这种 k 接触构型构成了可行的平衡抓取。接下来，本章探讨了内抓取力在形成平衡抓取中的作用。最后，着重介绍了一种用于表示通过多个接触点施加于物体 B 上的净力旋量的矩标签技术。

4.1 刚体接触模型

接触模型描述了当手指体和被抓取物体接触时，手指体和被抓取物体之间可能传递的力。刚体接触模型描述了当两个物体假定为完全刚性时可能发生的物理相互作用。本节介绍最常用的刚体接触模型。虽然没有真正的物体是刚性的，但是刚体接触模型在许多机器人抓取应用中提供了一个极好的理想化。注意，柔性材料制成的指尖需要考虑接触变形。这种接触变形可以集中化为软点接触模型。

在下列描述的接触模型中，假设手指体 O_i 与物体 B 接触，在固定世界坐标系内的接触点位置为 x_i，物体 B 位于构型 q_0 处，使其在 q_0 处的物体坐标系 F_B 与世界坐标系 F_W 重合（图 4-1）。在此假设下，作用于 B 上的力 f_i 在 x_i 处产生的力旋量 $w_i = (f_i, x_i \times f_i)$（见第 3 章）。我们将使用在接触点附在 B 上的局部参考系来描述体间力。第 i 个接触坐标系 F_{C_i} 在 x_i 点与 B 相连，z 轴与 B 的单位内法线 (n_i) 对齐。其余两个轴为 B 在 x_i 处的单位切线，记为 s_i 和 t_i，使 $\{s_i, t_i, n_i\}$ 形成右手坐标系（图 4-1）。下面介绍最常见的刚体接触模型。

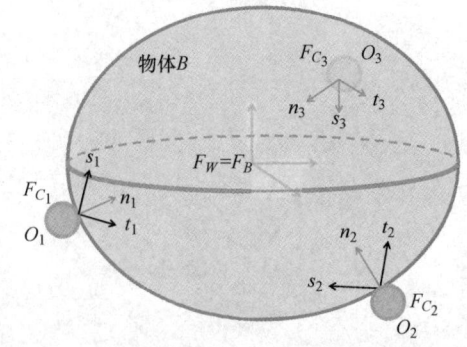

图 4-1 世界坐标系 F_W、物体坐标系 F_B 和接触坐标系 F_{C_1}、F_{C_2}、F_{C_3} 的描绘

4.1.1 无摩擦接触模型

最简单的接触模型假设接触完全无摩擦。虽然两个物体之间的实际接触是没有真正无摩擦的，但该模型在低接触摩擦和变表面牵引力情况下作为保守近似。此外，我们将在书的第 2

部分看到，许多问题在分析无摩擦抓取时可以用纯几何方法来回答。因此，无摩擦抓取的力学性质可以作为研究抓取力学的一个便捷起点。

在无摩擦接触时，体间力只能沿接触物体表面的法线方向保持。接触力为 $f_i = f_i^n n_i$，其中 f_i^n 为非负标量，n_i 是 B 在接触点处单位内法线。注意 $f_i^n \geq 0$，因为一个刚性手指体只能在接触点施加一个单向的推力。无摩擦点接触所支承的接触力集合为

$$C_i = \{f_i \in \mathbb{R}^3 : f_i = f_i^n n_i, f_i^n \geq 0\}$$

其中，在二维抓取的情况下 $f_i \in \mathbb{R}^2$。注意，C_i 形成半直线或者一维圆锥，以 x_i 为基础，在这点沿着 B 的单位内法线。

4.1.2 库仑摩擦接触模型

任何接触的真实物体都会产生摩擦力，摩擦力是一种抵抗接触物体相对运动的力。摩擦学是研究与运动中相互作用的表面相关的科学和技术。预测两物体之间摩擦力的复杂摩擦学模型可能包括静电效应、弱化学结合效应和微观凸体的力学相互作用。这些模型虽然准确，但对于实际的抓取分析来说过于烦琐。

库仑介绍了一个简单的经验摩擦模型，该模型是由实验推导出来的，如图4-2a所示。假设一块由材料 A（比如铝）制成的质量为 m 的物体，在重力的影响下静止在由材料 B（比如钢）制成的平面上。我们假设材料表面上的任何残留物和污垢都已经清洗干净，并且两种材料都是干燥的。从时刻 $t=0$ 开始，物体被一个平行于水平面的力 f_p 拉动。想象拉力从 0 开始线性增加。由于砌块受到重力的影响，两个接触面的相互作用将产生摩擦力 f_r。图4-2b 显示了该实验结果的 f_r 与 f_p 的典型图。

起初，即使在不断增加的拉力的影响下，物体仍保持静止。这意味着在施加的力的初始上升阶段中，摩擦力 f_r 与拉力 f_p 平衡。然而，当不断增加的拉力达到临界值 f_p^*（其值取决于块体的质量和材料的选择）时，物块开始向 f_p 的方向滑动。用相同材料制成的不同质量的块做的实验表明，f_p^*/mg（质量乘以引力常数）比率大致是一个常数，后一比值称为库仑静摩擦系数 μ_s。一旦物块开始滑动，即使 f_p 进一步增加，f_r 的大小略有下降但仍保持恒定。滑动过程中的反作用力大小被建模为恒定动摩擦系数 μ_d 与 mg 的乘积。在大多数材料中，μ_s 和 μ_d 之间的差异很小，并且合理地近似为一个摩擦系数 $\mu = \mu_s$ 来模拟这两种效应。此外，对摩擦刚体抓取的分析将集中于手指体在物体表面不滑动时所能得到的摩擦力的极限。因此，$\mu = \mu_s$ 将构成本书使用的摩擦接触模型的基础。

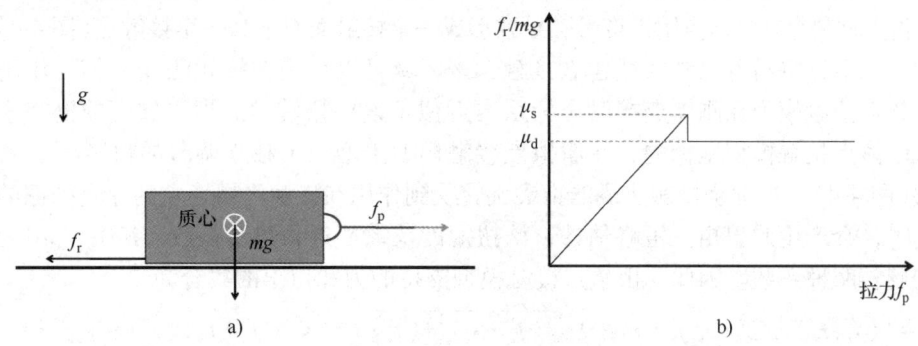

图4-2　a）库仑摩擦实验原理图；b）一个典型的归一化反作用力 f_r 与拉力 f_p 的曲线图，显示静态和动态摩擦效应（假设 f_p 产生的小力矩不产生任何翻倒运动）

摩擦系数是一个非负参数，$\mu \geq 0$，其值因材料类型而异，并随着表面粗糙度的增加而增加。对于金属间的接触，$0.1 \leq \mu \leq 0.5$。对于聚四氟乙烯之间的接触，μ 可以低至 0.04。涂有橡胶的指尖与塑料、金属或木材等普通材料的接触可获得 $1.0 \leq \mu \leq 2.0$ 范围内的高摩擦系数。

令 (f_i^s, f_i^t, f_i^n) 表示力 f_i 相对于第 i 个接触坐标系的切向分量和法向分量：$(f_i^s, f_i^t) = (f_i \cdot s_i, f_i \cdot t_i)$ 和 $f_i^n = f_i \cdot n_i$。在静态库仑摩擦定律下，手指体只能沿 B 内接触法线施加单向推力，因此 $f_i^n \geq 0$。摩擦的存在还允许手指体独立地施加切向力分量。但是，如果切向力太大，则手指体将开始在物体表面上滑动。库仑摩擦模型表明，只要 $\|f_i^s s_i + f_i^t t_i\| < \mu_i f_i^n$，其中 μ_i 是第 i 个接触点的摩擦系数，手指体就不会在物体表面上滑动。一旦手指力违反此条件，手指体将开始在物体表面上滑动，并且切向反作用力的大小满足 $\|f_i^s s_i + f_i^t t_i\| = \mu_i f_i^n$，使得切向反作用力的方向与手指体的滑动方向相反。

摩擦锥：基于这种讨论，在三维情况下，由摩擦点接触支持的力的集合由下式给出：

$$C_i = \{f_i \in \mathbb{R}^3 : f_i \cdot n_i \geq 0, \sqrt{(f_i \cdot s_i)^2 + (f_i \cdot t_i)^2} \leq \mu_i f_i \cdot n_i\}$$

式中，$\{s_i, t_i, n_i\}$ 是第 i 个接触坐标系的轴，μ_i 是第 i 个接触的摩擦系数。由于 $\sqrt{x^2} = |x|$，二维情况下相应的力的集合由下式给出：

$$C_i = \{f_i \in \mathbb{R}^2 : f_i \cdot n_i \geq 0, |f_i \cdot t_i| \leq \mu_i f_i \cdot n_i\}$$

如果对于任何向量 v_1、$v_2 \in C$，对于所有标量 λ_1、$\lambda_2 \geq 0$，线性组合 $\lambda_1 v_1 + \lambda_2 v_2$ 都位于 C 中，则 $\mathbb{R}^n$ 中的 C 形成凸锥。力的集合 C_i 具有关于摩擦锥的几何解释（图 4-3）。考虑凸圆锥的顶点位于接触点 x_i 处。圆锥的中心轴与 B 的内法线在 x_i 处对齐，圆锥的半角为 $\alpha_i = \arctan(\mu_i)$。只要手指施加的力位于该摩擦锥内，手指在接触处就不会打滑。指尖在物体表面上通常保持静态，通常处于静态平衡抓取状态，其中涉及多个手指在物体 B 上施加相反的接触力。

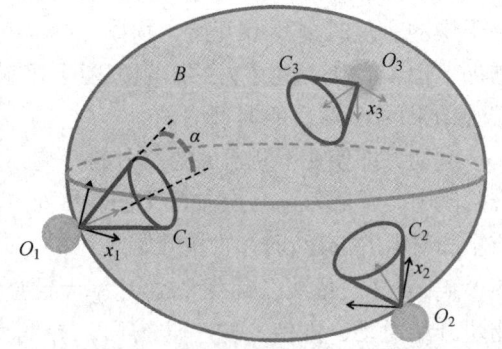

图 4-3 与摩擦点接触模型关联的摩擦锥

4.1.3 软点接触模型

尽管本章着重于刚体接触模型，但仍需考虑当由柔性材料制成的指尖与刚体 B 接触时会发生什么。指尖材料会在接触点附近变形，导致形成一个接触面而不是一个接触点（图 4-4）。在三维抓取的情况下，将沿着二维区域建立接触，该区域可以承受在接触法线上相互作用的一些扭转力。软点接触模型在刚体点接触坐标系内近似了这些扭转力。指尖软度的潜在影响，经调整融入刚体点接触模型坐标内，在摩擦点接触模型中增加了独立调节的扭矩 τ_i^n，其作用于接触法线（图 4-4）。当围绕接触法线的指尖旋转受到作用在接触区域各点的库仑摩擦的积分作用被抵消时，会产生此扭矩。粗略估计，该扭矩的范数邻近 $|\tau_i^n| \leq \gamma_i f_i^n$，其中 $\gamma_i > 0$ 是第 i 个接触点的旋转摩擦系数。因此，由软点接触模型支持的力和扭矩的集合为

$$C_i = \{(f_i, \tau_i^n) \in \mathbb{R}^3 \times \mathbb{R} : f_i \cdot n_i \geq 0, \sqrt{(f_i \cdot s_i)^2 + (f_i \cdot t_i)^2} \leq \mu_i f_i \cdot n_i, |\tau_i^n| \leq \gamma_i f_i \cdot n_i\}$$

式中，$\{s_i, t_i, n_i\}$ 是第 i 个接触坐标系的轴，μ_i 和 γ_i 是 x_i 处的两个摩擦系数。注意，C_i 在力和扭矩分量的空间 $(f_i, \tau_i^n) \in \mathbb{R}^3 \times \mathbb{R}$ 处基于 x_i 形成广义摩擦锥。

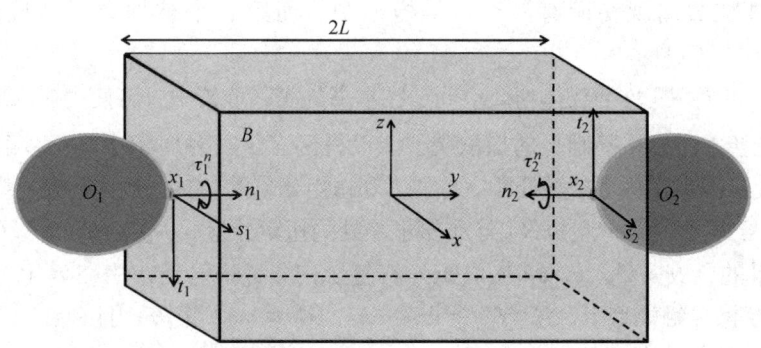

图 4-4 与软点接触模型关联的 x_1 和 x_2 处的接触片的理想几何形状

旋转摩擦系数：虽然 μ_i 是一个无单位的参数，但是 $|\tau_i^n| \leq \gamma_i f_i^n$ 要求 γ_i 具有长度单位。通过假设接触区域形成一个半径为 R 的圆盘，以 x_i 和与 B 的切线为中心（实际上是一个椭圆形）来获得 γ_i 的表达式。假设法向体间力分量 f_i^n 在接触区域上均匀分布（实际上在 x_i 处最大，在圆盘边界处减小为零）。因此，在接触区域的每个点处的法向力为 $f_n = f_i^n/(\pi R^2)$。让指尖尝试绕接触法线 n_i 旋转，以使接触区域的所有点都处于滑动边缘。假设在接触区域的每个点都保持库仑摩擦，则在各个点处产生的扭矩大约等于：$|\tau(r)| = \mu_i r f_n$，$r \in [0, R]$。当该扭矩在接触区域上积分时，通过接触区域影响 B 的净扭矩为 $|\tau_i^n| = \frac{2}{3}\mu_i R f_i^n$。因此，$\gamma_i = \frac{2}{3}\mu_i R$，具有长度单位。

4.2 抓取映射

本节通过接触手指体 $O_1, \cdots, O_k$ 研究影响 B 的力旋量。在 B 上生成的第 i 个手指力旋量 $w_i = (f_i, \tau_i)$，其形式为

$$w_i = \begin{pmatrix} f_i \\ x_i \times f_i \end{pmatrix} + \begin{pmatrix} \vec{0} \\ \tau_i^n n_i \end{pmatrix} = \begin{bmatrix} I \\ x_i \times \end{bmatrix} f_i + \begin{pmatrix} \vec{0} \\ n_i \end{pmatrix} \tau_i^n \tag{4-1}$$

式中，扭矩 τ_i^n 仅在软点接触模型下起作用。在二维情况下，$[x_i \times] = x_i^T J$，构成了式(4-1)的一个行向量，其中 $J = \begin{bmatrix} 0 & 1 \\ -1 & 0 \end{bmatrix}$。第 i 个手指力和扭矩有一组相关的约束，由广义摩擦锥 C_i 建模。

当 B 由手指体 $O_1, \cdots, O_k$ 接触时，B 上的净力旋量只是式(4-1)中所述的手指力旋量之和。用于抓取的复合摩擦锥定义为 $C_1 \times \cdots \times C_k$，描述了接触点上所有可行力和扭矩的集合。式(4-1)中描述的手指力旋量之和定义了抓取映射，该映射将复合摩擦锥映射到可能影响 B 的净力旋量的集合中。

定义 4.1（抓取映射）　使位于 q_0 的刚性物体 B 与刚性手指体 $O_1, \cdots, O_k$ 接触。令 C_i 为 x_i 处的可行力锥和可能的扭矩锥，则刚体抓取为线性映射 $L_G: C_1 \times \cdots \times C_k \to T_{q_0}^* \mathbb{R}^m$（$m = 3$ 或 6）：

$$w = \begin{bmatrix} I & \cdots & I \\ [x_1 \times] & \cdots & [x_k \times] \end{bmatrix} \begin{bmatrix} f_1 \\ \vdots \\ f_k \end{bmatrix} + \begin{bmatrix} \vec{0} & \cdots & \vec{0} \\ n_1 & \cdots & n_k \end{bmatrix} \begin{pmatrix} \tau_1^n \\ \vdots \\ \tau_k^n \end{pmatrix} \tag{4-2}$$

式中，第一个被加数出现在所有三个接触模型中，而第二个被加数仅出现在软点接触模型中。

其中，切空间 $T_{q_0}^*\mathbb{R}^m$ 称为物体扭转空间。在本书的实际分析中，将使用抓取矩阵 $G(q_0)$，该矩阵表示在所选接触坐标系基础上的抓取映射。设得到三个接触模型中每个接触模型的抓取矩阵。令 p 表示接触模型在每个接触处所支持的力和扭矩分量的个数。例如，在三维摩擦接触模型下，$p=3$。令 $f_i \in \mathbb{R}^p$ 表示力向量以及第 i 个接触点处的扭矩分量。令 $\vec{f}=(f_1,\cdots,f_k) \in \mathbb{R}^{kp}$ 表示抓取力和扭矩分量的合成向量。$m \times kp$ 抓取矩阵将复合向量 f 映射到作用在 B 上的净力旋量 $w=G(q_0)\vec{f}$。在无摩擦接触模型下，$f_i=f_i^n(i=1,\cdots,k)$。G 为 $m \times k$ 矩阵，且

$$G(q_0)=\begin{bmatrix} n_1 & \cdots & n_k \\ x_1 \times n_1 & \cdots & x_k \times n_k \end{bmatrix}$$

与无摩擦接触相关的抓取矩阵完全由接触位置和接触法线方向确定。在摩擦接触模型下，针对于三维情况，$f_i=(f_i^s,f_i^t,f_i^n)$，$i=1,\cdots,k$，G 为 $m \times 3k$ 矩阵，且

$$G(q_0)=\begin{bmatrix} G_1(q_0) & \cdots & G_k(q_0) \end{bmatrix}$$

$$G_i(q_0)=\begin{bmatrix} s_i & t_i & n_i \\ x_i \times s_i & x_i \times t_i & x_i \times n_i \end{bmatrix}, \quad i=1,\cdots,k$$

与摩擦接触相关的抓取矩阵完全由接触位置和接触坐标系的方向确定。在软点接触模型下，$f_i=(f_i^s,f_i^t,f_i^n,\tau_i^n)$，$i=1,\cdots,k$，$G$ 为 $m \times 4k$ 矩阵，且

$$G(q_0)=\begin{bmatrix} G_1(q_0) & \cdots & G_k(q_0) \end{bmatrix}$$

$$G_i(q_0)=\begin{bmatrix} s_i & t_i & n_i & \vec{0} \\ x_i \times s_i & x_i \times t_i & x_i \times n_i & n_i \end{bmatrix}, \quad i=1,\cdots,k$$

请注意，力和扭矩分量 $\vec{f} \in \mathbb{R}^{kp}$ 受假定保持在接触点上的接触模型的约束：$f_i \cdot n_i \geq 0$，$\sqrt{(f_i \cdot s_i)^2+(f_i \cdot t_i)^2} \leq \mu_i f_i \cdot n_i$，$|\tau_i^n| \leq \gamma_i f_i \cdot n_i$，$i=1,\cdots,k$。

示例：图 4-5 显示了一个椭圆沿其长轴的两指抓取，其长度为 $2L$。假设有摩擦接触点，每个手指可以独立地调节两个力分量，以使每个接触处的 $p=2$。抓取矩阵由接触位置 $x_1=(-L,0)$ 和 $x_2=(L,0)$ 以及接触坐标 $\{t_1,n_1\}=\left\{\begin{pmatrix}0\\-1\end{pmatrix},\begin{pmatrix}1\\0\end{pmatrix}\right\}$ 和 $\{t_2,n_2\}=\left\{\begin{pmatrix}0\\1\end{pmatrix},\begin{pmatrix}-1\\0\end{pmatrix}\right\}$ 共同决定。作用于椭圆上的总力旋量是通过 3×4 抓取矩阵应用于接触点的四个独立手指力计算得出的。即

$$w=\begin{bmatrix} G_1 & G_2 \end{bmatrix}\vec{f}=\begin{bmatrix} 0 & 1 & 0 & -1 \\ -1 & 0 & 1 & 0 \\ L & 0 & L & 0 \end{bmatrix}\begin{pmatrix} f_1^t \\ f_1^n \\ f_2^t \\ f_2^n \end{pmatrix}, \quad f_i^n \geq 0, \quad |f_i^t| \leq \mu_i f_i^n, \quad i=1,2$$

请注意，$G=\begin{bmatrix} G_1 & G_2 \end{bmatrix}$ 具有全行秩，这意味着 G 在 B 的力旋量空间上形成一个满射。

示例：图 4-4 显示了用两指抓取大小为 $2L$ 的矩形框 B 的情况，其接触由软点接触模型控制。两个手指中的每个手指都可以独立控制法向力分量、两个切向力分量以及围绕接触法线的扭矩。因此在每个接触处 $p=4$。B 上的净力旋量是通过在力和扭矩分量上应用 6×8 抓取矩阵得出的：

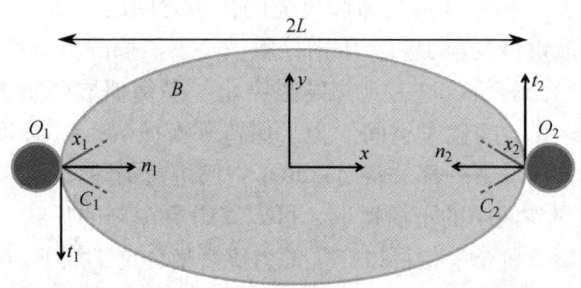

图 4-5　椭圆的两指摩擦抓取。3×4 抓取矩阵 G 在该抓取中具有行满秩

$$w=[G_1 \quad G_2]\vec{f}=\begin{bmatrix}1 & 0 & 0 & 0 & 1 & 0 & 0 & 0\\0 & 0 & 1 & 0 & 0 & 0 & -1 & 0\\0 & -1 & 0 & 0 & 0 & 1 & 0 & 0\\0 & L & 0 & 0 & 0 & L & 0 & 0\\0 & 0 & 0 & 1 & 0 & 0 & 0 & -1\\L & 0 & 0 & 0 & -L & 0 & 0 & 0\end{bmatrix}\begin{pmatrix}f_1^s\\f_1^t\\f_1^n\\\tau_1^n\\f_2^s\\f_2^t\\f_2^n\\\tau_2^n\end{pmatrix}$$

式中，$f_i^n \geq 0$，$\sqrt{(f_i^s)^2+(f_i^t)^2} \leq \mu_i f_i^n$ 且 $|\tau_i^n| \leq \gamma_i f_i^n$，$i=1$，2。矩阵 $G=[G_1 \quad G_2]$ 是行满秩矩阵，这意味着 G 在 B 的力旋量空间上形成了一个映射。

4.3　平衡抓取条件

此部分描述了由手指体 O_1，…，O_k 抓取刚性物体 B 的可行平衡抓取力。考虑最简单的情况，其中物体 B 仅受手指影响，而没有其他外部影响（如重力）。随后的章节将考虑在重力作用下的平衡抓取力。当手指可以施加与假定保持在接触点上的接触模型一致的力和扭矩时，k 触点排列可形成一种可行平衡抓取力，这样影响 B 的净力旋量为零。平衡抓取的正式定义如下。

定义 4.2（平衡抓取）　让刚体 B 在点 x_1，…，x_k 处与刚性手指体 O_1，…，O_k 接触。如果存在满足以下条件的非零力 f_1，…，f_k，则这种接触布置在无摩擦/有摩擦接触模型下形成可行平衡抓取：

$$L_G(f_1,\cdots,f_k)=\begin{pmatrix}f_1\\x_1\times f_1\end{pmatrix}+\cdots+\begin{pmatrix}f_k\\x_k\times f_k\end{pmatrix}=\vec{0},\ f_i\in C_i,\ i=1,\cdots,k \tag{4-3}$$

式中，L_G 是抓取映射，C_i 是在 $x_i(i=1,\cdots,k)$ 处的摩擦锥。

如果存在满足条件的非零力 f_1，…，f_k 和扭矩 τ_1^n，…，τ_k^n，则接触布置在软点接触模型下形成可行平衡抓取为

$$L_G(f_1,\cdots,f_k;\tau_1^n,\cdots,\tau_k^n)=\begin{pmatrix}f_1\\x_1\times f_1+\tau_1^n n_1\end{pmatrix}+\cdots+\begin{pmatrix}f_k\\x_k\times f_k+\tau_k^n n_k\end{pmatrix}=\vec{0}$$

这样，对于 $i=1$，…，k，就有 $(f_i,\tau_i^n)\in C_i$。其中 C_i 是在 $x_i(i=1,\cdots,k)$ 处的广义摩擦锥。

平衡抓取涉及物体 B 上相互抵消的力和可能的扭矩之间的平衡作用。因此在没有其他外部影响时，所有平衡抓取都涉及至少两个手指接触。平衡抓取的可行性要求 L_G 将某些非零的力和扭矩组合映射为零净力旋量。这一观察结果突出了平衡抓取的重要性质。回想一下，矩阵 A 的零空间是满足 $Av = \vec{0}$ 的线性子空间。为了保持平衡抓取，L_G 必须拥有一个非空的零空间，称为内抓取力的子空间。下一部分将对这个子空间进行描述。

通过研究 B 的力旋量空间中的平衡抓取，可以获得更深刻的见解。考虑那些手指在 B 上施加纯接触力的接触模型。每个手指可以产生的力旋量集合定义如下。

定义 4.3（指旋量锥） 令位于 q_0 处的物体 B 与手指体 O_i 接触。第 i 个指旋量锥用 W_i 表示，它是可以通过第 i 个手指力生成的力旋量集合：$W_i = \{(f_i, x_i \times f_i) \in T_{q_0}^* \mathbb{R}^m : f_i \in C_i\}$。

每个 W_i 都以 B 的力旋量空间为起点形成一个凸锥。例如，在平面摩擦接触下，W_i 以 B 的力旋量空间原点为基形成二维扇形区域。该扇形区域由与摩擦锥 C_i 的两个边缘对齐的力产生的力旋量限制（图 4-6）。当 B 由多个手指体抓取时，可能会影响 B 的净力旋量的集合形成抓取的净力旋量锥，其定义如下。

定义 4.4（净力旋量锥） 让 B 与指体 $O_1, \cdots, O_k$ 接触。净力旋量锥为 $W = W_1 + \cdots + W_k$。

凸锥的总和仍然形成凸锥（请参阅练习题）。因此 W 在 B 的力旋量空间原点处形成了一个凸锥。在可行的平衡控制下，净力旋量锥 W 包含一个线性子空间，该子空间经过 B 的力旋量空间原点。在下面的命题中陈述了平衡抓取的必要和充分条件。

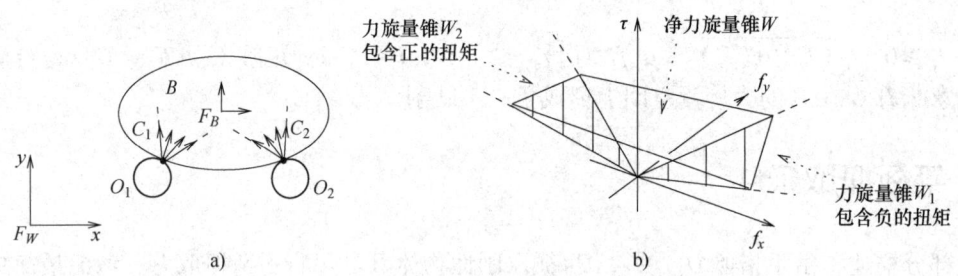

图 4-6 **a)** 在水平 (x,y) 平面上的无摩擦双接触布置；**b)** 净力旋量锥不包含线性子空间，这意味着该物体未保持在可行平衡抓取下

命题 4.1 刚体 B 由刚性手指体 $O_1, \cdots, O_k$ 在可行平衡状态下抓取，当且仅当在给定的抓取下净力旋量锥 W 包含一个非平凡线性子空间。

证明：首先假设 B 保持在可行平衡抓取下。我们可以假设刚性手指 O_1 是活动的，因此在平衡抓取时对 B 施加了非零的力。手指力旋量 $w_1 = (f_1, x_1 \times f_1)$ 位于 W 中。因此式(4-3)的平衡条件可以写为

$$-\begin{pmatrix} f_1 \\ x_1 \times f_1 \end{pmatrix} = \begin{pmatrix} f_2 \\ x_2 \times f_2 \end{pmatrix} + \cdots + \begin{pmatrix} f_k \\ x_k \times f_k \end{pmatrix} \tag{4-4}$$

从式(4-4)可以得出，负力旋量 $-w_1 = -(f_1, x_1 \times f_1)$ 位于 $W_2 + \cdots + W_k$ 的总和中，这意味着 $-w_1$ 也位于 W 中。由于 w_1 和 $-w_1$ 都位于 W 中，这两个力旋量延伸出的半直线也位于 W 中。两条半直线的并集形成一维子空间，这表明 W 在可行的平衡抓取力下至少包含一维线性子空间。

接下来假设净力旋量锥 W 包含一个非平凡的线性子空间。令 $w_0 = \sum_{i=1}^{k}(f_i, x_i \times f_i)$ 和 $-w_0 =$

$\sum_{i=1}^{k}(f'_i, x_i \times f'_i)$ 是由非零接触力产生的两个相对的力旋量,后者必然存在于后者的线性子空间中。请注意,对于 $i=1,\cdots,k$, f_i 和 f'_i 是位于摩擦锥 C_i 中的可行接触力。两个力旋量的总和为零净力旋量:

$$\sum_{i=1}^{k}\begin{pmatrix}f_i\\x_i\times f_i\end{pmatrix}+\begin{pmatrix}f'_i\\x_i\times f'_i\end{pmatrix}=\sum_{i=1}^{k}\begin{pmatrix}f_i+f'_i\\x_i\times(f_i+f'_i)\end{pmatrix}=\vec{0}$$

当力 $f_i+f'_i(i=1,\cdots,k)$ 并非全部为零且位于各自的摩擦锥中时,平衡抓取是可行的。由于每个摩擦锥都会形成一个凸锥,f_i,$f'_i \in C_i$ 意味着 $f_i+f'_i$ 也存在于 C_i 中。由于每个 C_i 形成一个尖锥,$f_i+f'_i=\vec{0}$ 仅当 f_i 和 f'_i 均为零力时才成立。由于 $-w_0$ 和 w_0 是通过非零接触力产生的,它们的总和也构成了非零接触力。因此,力 $f_1+f'_1,\cdots,f_k+f'_k$ 形成 B 的可行平衡点。

下面用两个例子说明子空间的性质。

示例:考虑图 4-6a 所示的双接触布置。假设存在摩擦接触,则这种抓取的净力旋量锥 $W=W_1+W_2$ 在 B 的力旋量空间中形成了一个底面为四边形的多面体锥(图 4-6b)。这种接触方式由于净力旋量锥不包含线性子空间。

接下来考虑图 4-7a 所示的三接触布置。假设在无摩擦接触的情况下,每个指旋量锥形成一条半直线,该线与手指 c-障碍在 q_0 处的外法线对齐。W 的净力旋量锥 $W=W_1+W_2+W_3$ 形成了一个二维子空间,该子空间经过 B 的力旋量空间原点(图 4-7b),这种三指抓取形成了 B 的可行平衡抓取。

在本节中,我们以基本手指接触的概念处于平衡抓取状态来结尾。

定义 4.5(基本接触) 某一物体 B 处于 k 指平衡抓取状态中,当对应的手指必须施加非零接触力以维持此平衡抓取时,该手指的接触点被视为对该抓取而言是基本的或必不可少的。

基本手指接触的概念可以用尖锥体的几何解释来阐述。当凸锥有尖点或严格凸出时,则称它为尖锥体。手指接触对于保持平衡抓取至关重要。与所有其余手指接触点相关的净力旋量锥在 B 的力旋量空间。例如,从图 4-7 所示三指抓取中移除任意一个手指的接触,会在物体 B 的力旋量空间中形成一个尖锐的扇形区域。基于这种见解,当所有 k 个接触点对于保持平衡抓取必不可少时,锥 $W=W_1+\cdots+W_k$ 必须形成 $(k-1)$ 维线性子空间(假设 $k \leq m+1$ 个接触点)。例如,它在图 4-7 所示的三指抓取下形成一个二维线性子空间。

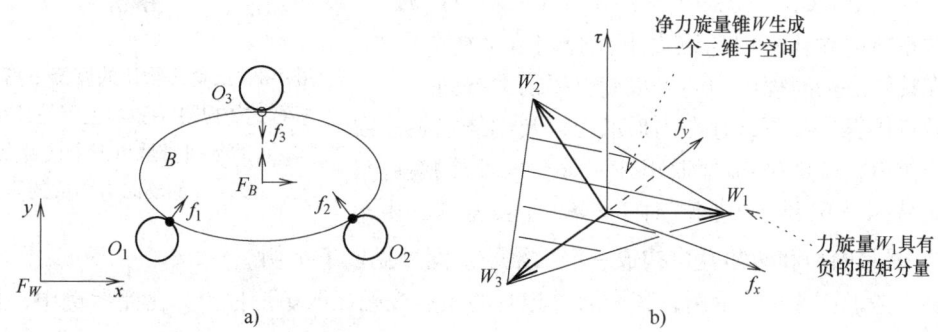

图 4-7 a)形成可行的无摩擦三接触布置的俯视图平衡抓取;
b)在此抓取下,净力旋量锥生成一个二维子空间

4.4 内抓取力

我们已经看到,抓取矩阵 G 在可行平衡抓取情况下具有非零的接触力和可能的扭矩的零空间。即存在非零接触力和扭矩 $f \in \mathbb{R}^{kp}$,使得 $Gf = \vec{0}$,抓取矩阵 G 的零空间中的力和扭矩称为内抓取力,因为这些力和扭矩被被抓取物体吸收,而不会干扰平衡抓取力。让我们为三个接触模型确定 G 的零空间的尺寸,然后通过一些实例来讨论,以便直观地理解这些力。抓取矩阵的尺寸为 $m \times kp$,其中 p 由接触模型固定,$m=3$ 或 $m=6$,k 为接触数。

在无摩擦接触的情况下,每个接触可以调节其法向力分量,以使 $p=1$ 且 G 为 $m \times k$ 矩阵通过内抓取力。确定所张成子空间的尺寸,考虑 $k \leq m+1$ 个接触点的情况。即在二维抓取中,$2 \leq k \leq 4$,以及在三维抓取中,$2 \leq k \leq 7$。对于这些数量的接触点,G 通常具有全秩。由于 G 在可行平衡抓取下拥有一个非空的零空间,因此通常在这样的抓取下其等级不足。因此内抓取力在具有 $k \leq m+1$ 个无摩擦接触的一般平衡抓取下生成一维子空间。该子空间由抓取总预载荷的协调调节组成,总预载荷定义为所有力大小之和,$f_T = \sum_{i=1}^{k} f_i^n$(请参阅练习题)。内抓取力子空间的尺寸随着接触次数的增加而增大。但是我们将在后续章节中看到 $k \leq m+1$ 个无摩擦接触非常适合几乎所有刚体抓取。

对于摩擦接触,在二维抓取中 $p=2$,在三维抓取中 $p=3$。因此 G 在二维抓取中为 $3 \times 2k$ 抓取矩阵,在三维抓取中为 $6 \times 3k$ 抓取矩阵。在摩擦的两个接触抓取处,内抓取力张成一维子空间。例如在无摩擦情况下,这些力只能调节 f_T。对于更多具有摩擦的接触点,在二维抓取中内抓取力张成的是一个 $(2k-3)$ 维子空间;而在三维抓取中,则是一个 $(3k-6)$ 维子空间,见以下示例。

示例:在图 4-8 的示例中,三个圆盘手指通过摩擦接触抓取一个三角形物体。在此示例中,G 为 3×6 抓取矩阵,并且其零空间为三维。构成 G 的全部空间的力 (f_1, f_2, f_3) 由下式给出:

$$\begin{pmatrix} f_1 \\ f_2 \\ f_3 \end{pmatrix} \in \mathrm{span}\left\{ \begin{pmatrix} x_2-x_1 \\ -(x_2-x_1) \\ \vec{0} \end{pmatrix}, \begin{pmatrix} \vec{0} \\ x_3-x_2 \\ -(x_3-x_2) \end{pmatrix}, \begin{pmatrix} x_1-x_3 \\ \vec{0} \\ -(x_1-x_3) \end{pmatrix} \right\}$$

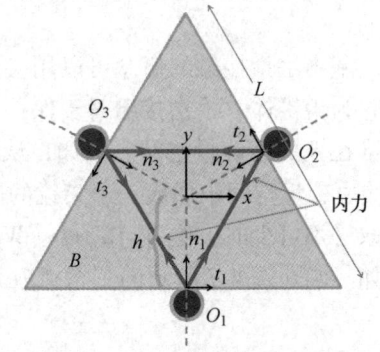

图 4-8 三角形物体的摩擦三指平衡抓取的俯视图(G 的零空间是三维的,它的基向量是与三个接触点段对齐的反向力构成的)

与两指抓取相比,内抓取力不仅会调节平衡力大小,实际上在接触点的摩擦锥内还可以旋转平衡力方向。

在软点接触模型下,存在内抓取力以及围绕接触法线的内挤压扭矩。G 是 $6 \times 4k$ 抓取矩阵,对于 $k \geq 2$ 个接触点,其零空间是 $(4k-6)$ 维子空间。对于 $k \geq 2$ 个接触点,由于 $4k-6 \geq 2$,因此内力和扭矩至少构成一个二维子空间,见以下示例。

示例:考虑图 4-4 的示例,其中通过相对的软点接触抓取矩形框 B。在此示例中,抓取矩阵的大小为 6×8,并且其零空间形成二维子空间。零空间的一个基向量由 $(f_1^s, f_1^t, f_1^n, \tau_1^n, f_2^s, f_2^t, f_2^n, \tau_2^n) = (0,0,1,0,0,0,1,0)$ 给出。它对应于反向手指力沿着连接两个接触点的线挤压物体 B。零空间的另一个基向量由 $(f_1^s, f_1^t, f_1^n, \tau_1^n, f_2^s, f_2^t, f_2^n, \tau_2^n) = (0,0,0,1,0,0,0,1)$ 给出。该基向量仅

在软点接触模型下才可行,因为它由围绕两个接触点的直线挤压 B 的反向手指扭矩组成。

接下来,让我们以对内抓取力的物理解释来结束这一节。

内抓取力的结构刚度解释:在 k 接触抓取时,内抓取力的子空间尺寸恰好是,将 k 个质点通过旋转接头连接到单个刚性结构中所需的最小数量的刚性杆。首先考虑 $\mathbb{R}^2$ 中的 k 个质点,两个质点需要单个杆形成刚性结构,三个质点需要三个杆来形成刚性结构。每个附加的质点可以使用两个杆连接到刚性结构,对于将 k 个质点连接到刚性平面结构所需的最小杆数为 $2k-3$。该观察可以直观地解释如下:考虑一个平面图,其节点是 k 个质点,其边是在节点处通过旋转接头连接的刚性杆。如果平面图形成刚性结构,则其中的杆可以吸收作用在 k 个节点上的内抓取力的任意组合。当移除任何单个杆时,该结构不能吸收内抓取力的至少一种组合。因此,$2k-3$ 个杆表示 k 接触抓取的内抓取力的子空间的基。

接下来考虑 $\mathbb{R}^3$ 中的 k 个质点。可以构造一个空间图,其节点是 k 个质点,其边是在节点处通过球形接头连接的刚性杆。也就是说,每个杆的末端都是一个球,该球在连接到质点的球窝关节内自由旋转。由于每个刚性杆在其端点处都具有球形接头,因此无法防止杆绕其轴自转。因此,我们将构建一个空间图,其中的杆围绕其轴线自由旋转,从而使图整体上形成一个刚性结构。该构造基于以下事实:带有球形接头的三角形形成了直至其杆自转的刚性结构。当 k 为偶数时,将 k 个质点分成两组,每组为 $k/2$ 个质点;然后将这些集合嵌入两个平行平面中(图 4-9a)。接下来,将每个子集的点连接到刚性平面图中,如前所述。每个平面图总共 $k-3$ 个杆,可以完成此任务。接下来,将两个平面图彼此重叠排列,并将垂直对齐的点与 $k/2$ 个垂直杆相连。最后,使用 $k/2$ 个附加杆在每个垂直矩形内对角上添加杆。所得到的结果的空间图被三角剖分,总共有 $2(k-3)+k/2+k/2=3k-6$ 个杆(图 4-9a)。当 k 为奇数时,首先构造偶数 $k+1$ 个质点的空间图,然后将一对相邻的质点及其连接杆收缩为一个质点(图 4-9 中的 x_7 和 x_8)。在收缩过程中,将两个原始点与结构的公共第三点连接起来的每对杆确定为单个杆。生成的空间图仍被三角剖分,并具有 $3k-6$ 个杆。在这两种情况下,结构都是刚性的,直到杆自转,并且包含实现结构刚度所需的最少杆数目(请参阅练习题)。

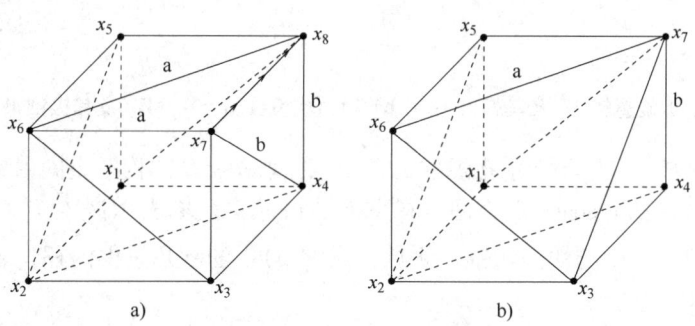

图 4-9 a) 连接 $k=8$ 个质点和 $3k-6=18$ 个刚性杆的刚性结构;b) 它与连接 $k=7$ 个质点(具有 $3k-6=15$ 个刚性杆)的刚性结构接触

4.5 矩标签技术

本节将介绍矩标签技术,该技术可用于以图形方式描绘通过接触手指体 $O_1,\cdots,O_k$ 可能对 B 产生影响的力旋量;概述了该技术用于二维抓取,但基本原理也适用于三维抓取。我们将使用该技术来获取有关抓取的净力旋量锥的其他信息,包括可行平衡抓取的图形检测。

矩标签技术是基于凸锥之和与极锥的交点之间的对偶性。我们先描述这一对偶关系,然后再将其应用于问题中。两个凸锥相交显然形成一个凸锥。两个凸锥的总和 $W_1+W_2=\{w_1+w_2: w_1 \in W_1, w_2 \in W_2\}$,也形成一个凸锥。给定一个锥 W_i,它的极锥 W_i' 由指向 W_i 的所有向量组成:

$$W_i' = \{v \in \mathbb{R}^m : w \cdot v \leq 0, w \in W_i\} \tag{4-5}$$

例如,图 4-10a 中描绘的 W_i 在 $\mathbb{R}^3$ 的原点形成了一个二维扇形区域。它的极锥 W_i' 形成如图 4-10a 所示的三维楔形。以下引理描述了锥体与其极锥之间的对偶关系。

引理 4.2(极锥对偶性) 令 W_1 和 W_2 为基于 $\mathbb{R}^m$ 的原点的凸锥,令 W_1' 和 W_2' 为它们在 $\mathbb{R}^m$ 中的极锥。和 W_1+W_2 与交 $W_1' \cap W_2'$ 是极性的。

证明: 令 v 为极锥相交处的向量,$v \in W_1' \cap W_2'$。根据极性的定义,对于所有 $w_1 \in W_1$,$w_1 \cdot v \leq 0$,对于所有 $w_2 \in W_2$,$w_2 \cdot v \leq 0$。因此,对于所有 $w_1+w_2 \in W_1+W_2$,v 满足不等式 $(w_1+w_2) \cdot v \leq 0$,这意味着 $W_1' \cap W_2'$ 与 W_1+W_2 是极性的。

示例: 对偶性如图 4-10b 所示。该图显示了一个以四边形为底的多面体锥 $W=W_1+W_2$,这是两个扇形区域 W_1 和 W_2 的总和。极锥 $W_1' \cap W_2'$ 形成了图 4-10b 所示的指向向下的多面体锥。它是与扇形区域 W_1 和 W_2 极性相交的三维楔形的交集。

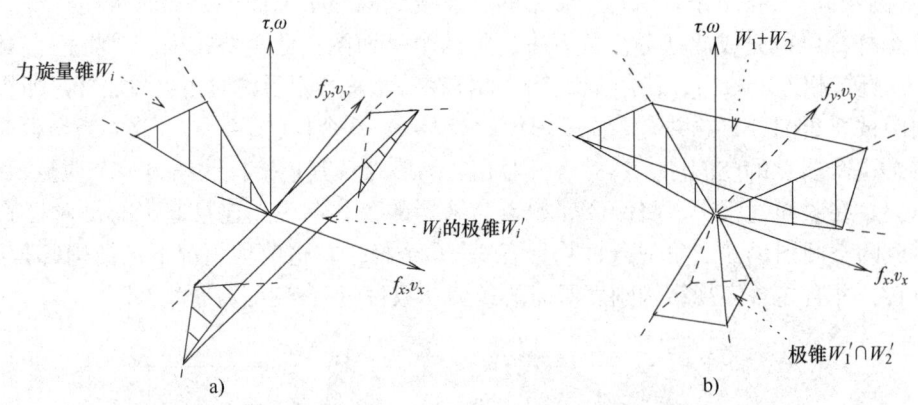

图 4-10 a) 力旋量锥 W_i 及其极锥 W_i';b) 净力旋量锥 $W=W_1+W_2$ 及其极锥 $W'=W_1' \cap W_2'$

让我们将引理 4.2 应用于 k 手指抓取。在二维抓取中,B 的构型空间由 $q \in \mathbb{R}^3$ 参数化,使得 q_0 是 $T_{q_0}\mathbb{R}^3 \cong \mathbb{R}^3$ 处的 c-space 切空间。在下面的讨论中,W 表示嵌入 $T_{q_0}\mathbb{R}^3$ 中的力旋量锥,而其极锥 W' 表示 $T_{q_0}\mathbb{R}^3$ 中的切向量锥。注意,式(4-5)中的欧几里得内积,表示力旋量在切向量上的作用或瞬时作用。

令 W_i 为第 i 个力旋量锥,令 W_i' 为 $T_{q_0}\mathbb{R}^3$ 中的极锥。基于引理 4.2,和 $W_1+\cdots+W_K$ 与交 $W_1' \cap \cdots \cap W_k'$ 是极性的。因此,我们的计划是首先获得极锥 $W_1', \cdots, W_k'$ 的图形描述,然后取它们的交,最后用对偶来描述和 $W_1+\cdots+W_K$。在二维摩擦抓取中,每个手指力旋量锥形成一个二维扇形区域:$W_i=\{(f_i, x_i \times f_i): f_i \in C_i\}$,其中 C_i 是 x_i 处的物理摩擦锥。摩擦锥 C_i 可以写为其两个边的正线性组合:

$$C_i = \{s_1 f_i^L + s_2 f_i^R : s_1, s_2 \geq 0\}$$

式中,f_i^L 和 f_i^R 是与 C_i 的两个边对齐的单位力。因此,W_i 可以写成由 f_i^L 和 f_i^R 产生的力旋量的正线性组合:

$$W_i = \left\{ s_1 \begin{pmatrix} f_i^L \\ x_i \times f_i^L \end{pmatrix} + s_2 \begin{pmatrix} f_i^R \\ x_i \times f_i^R \end{pmatrix} : s_1 、 s_2 \geq 0 \right\}$$

式中，$W_i = W_i^L + W_i^R$，W_i^L 和 W_i^R 是与力旋量 $(f_i^L, x_i \times f_i^L)$ 和 $(f_i^R, x_i \times f_i^R)$ 共线的半直线。令 $(W_i^L)'$ 和 $(W_i^R)'$ 分别表示 W_i^L 和 W_i^R 的极锥，则得极锥 W_i'，即 $W_i' = (W_i^L)' \cap (W_i^R)'$。

令 W_f 为在 x 处作用于 B 的单位接触力 f 产生的力旋量的半直线，由 $W_f = \{s(f, x \times f) : s \geq 0\}$ 给出。W_f 的极锥形式为 $W_f' = \left\{ \dot{q} \in T_{q_0} \mathbb{R}^3 : \begin{pmatrix} f \\ x \times f \end{pmatrix} \cdot \dot{q} \leq 0 \right\}$。极锥占据 $T_{q_0} \mathbb{R}^3$ 中通过原点的一半空间，其边界平面与 $(f, x \times f)$ 正交，并指向远离该力旋量的位置。如图 4-11a 所示，被 W_f' 占据的半个空间包含了力线左侧绕 B 点的顺时针瞬时旋转、力线右侧的逆时针瞬时旋转，以及力线本身上双向瞬时旋转。

在此情况下，对于 $i = 1, \cdots, k$，$W_i' = (W_i^L)' \cap (W_i^R)'$。当针对与 $(W_i^L)'$ 和 $(W_i^R)'$ 相关的 B 点的瞬时旋转交集操作时，我们获得了两个标记多边形：逆时针旋转的多边形，表示为 M_i^-，顺时针旋转的多边形，表示为 M_i^+ (图 4-11b)。请注意，M_i^- 对应于正旋转，M_i^+ 对应于负旋转，(M_i^-, M_i^+) 表示极锥 W_i'。还要注意，M_i^- 和 M_i^+ 被构造为凸多边形的交集，因此在 $\mathbb{R}^2$ 中形成凸多边形和连通多边形。现在考虑 k 个负多边形的交 $M^- = \bigcap_{i=1}^{k} M_i^-$，以及 k 个正多边形的交 $M^+ = \bigcap_{i=1}^{k} M_i^+$。如果在相交过程中 M^- 或 M^+ 变空，则将其标记为空集。(M^-, M^+) 图示了极锥 $W' = W_1' \cap \cdots \cap W_k'$。

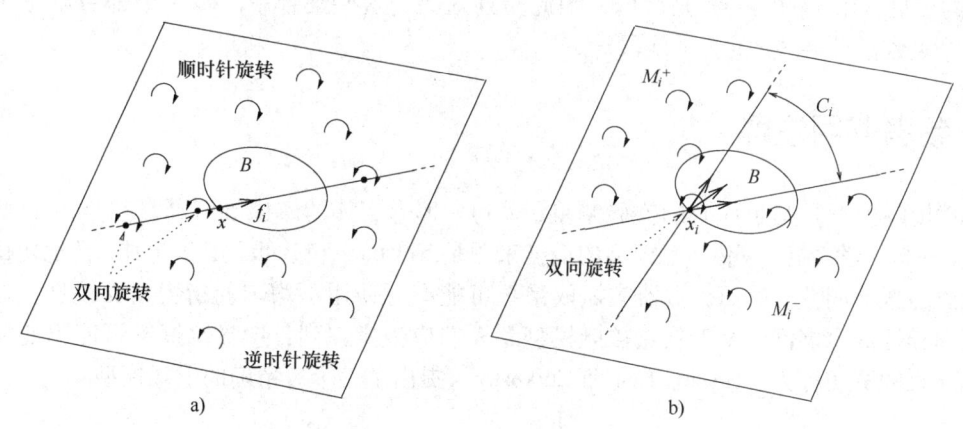

图 4-11 a) B 的瞬时旋转，代表 $T_{q_0} \mathbb{R}^3$ 中力旋量 $(f, x \times f)$ 的极锥所在的半空间；
b) (M_i^-, M_i^+) 代表 $T_{q_0} \mathbb{R}^3$ 中力旋量锥 W_i 的极锥 W_i'

我们的最后一步是描绘净力旋量锥 $W = W_1 + \cdots + W_k$，这是通过确定与 (M^-, M^+) 关联的瞬时旋转相对于极性的含义来实现的。根据 Poinsot 定理（请参阅第 3 章），任何作用于 B 的力旋量可以参数化为有向力线 $(f, p \times f)$，它表示作用力 f 在 B 上通过 $\mathbb{R}^2$ 中的点 p 的线。以下引理描述了 (M^-, M^+) 的瞬时旋转相对于极性的力线集合。

引理 4.3(矩标签) 令 M^- 和 M^+ 分别为逆时针和顺时针瞬时旋转多边形，代表极锥 $W' = W_1' \cap \cdots \cap W_k'$。净力旋量锥 $W = W_1 + \cdots + W_K$，由满足以下条件的所有力线 $(f, p \times f)$ 组成：

$$W = \left\{ \begin{pmatrix} f \\ p \times f \end{pmatrix} : (p - z) \times f \leq 0, z \in M^-; (p - z) \times f \geq 0, z \in M^+ \right\}$$

因此，W 的力线对 M^- 的所有点产生负力矩或零力矩，对 M^+ 的所有点产生正力矩或零力矩。

本章附录中提供了引理 4.3 的证明。下面的示例说明了矩标签技术。

示例：图 4-12 显示了矩形物体 B 的摩擦两指抓取。该图描绘了用于此抓取的 M^- 和 M^+ 多边形。由两个摩擦接触生成的净力旋量锥 $W = W_1 + W_2$ 对应于在 M^- 和 M^+ 之间通过的所有力线，因此，这些力线对 M^- 的所有点产生负力矩或零力矩，而对 M^+ 的所有点产生正力矩或零力矩。净力旋量锥由切平面界定（图 4-10b）。这些切平面对应于经过 M^- 和 M^+ 顶点的力线（请参阅练习题）。在此示例中，M^- 和 M^+ 共有三个顶点，因此 W 在 B 的力旋量空间中由三个切平面界定。

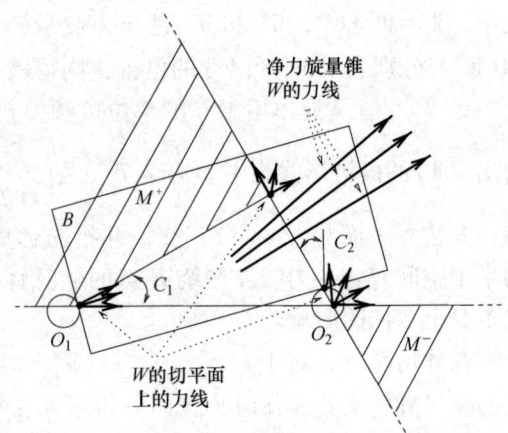

图 4-12　二维摩擦两指接触布置（瞬时旋转多边形 M^- 和 M^+，以及构成净力旋量锥的力线 $W = W_1 + W_2$）

平衡抓取的检测：当一个接触排列形成一个可行平衡抓取时，净力旋量锥 W 至少包含一个一维线性子空间（命题 4.1）。因此，两种不同的接触力组合可以产生位于 $\mathbb{R}^2$ 公共线 l 上的相反力。现在为 l 选择一个正方向。由于接触点可以沿着 l 的正方向产生一条净力线，M^- 必须位于 l 的左侧，而 M^+ 必须位于 l 的右侧。由于接触点也可以沿着 l 的负方向产生一条净力线，M^- 和 M^+ 也必须位于 l 的相对侧。因此，在平衡抓取点处，M^- 和 M^+ 必须形成 $\mathbb{R}^2$ 的一些公共线 l 的子集。由于 M^- 和 M^+ 是凸的，因此是连通集，这些集合中的每一个都可以是一个空集、一个点或沿公共线 l 的一个线段。

4.6　参考书目注释

摩擦接触模型是基于库仑的实验测量（1781）。库仑定律的摩擦锥解释显然是由于 Moseley (1839)。机器人学文献中刚体接触模型的最佳来源是 Salisbury 和 Roth。必须记住，库仑定律假设手指接触力各向同性。然而，机器人抓取系统可能有意使用不均匀的指尖表面纹理，这能够实现各向异性的摩擦锥。至于软点接触模型，人们应该意识到，广义摩擦锥可能不能完全捕捉这种接触的真实行为。Howe、Kao 和 Cutkosky[3] 提出了一个更精确的形式模型：

$$C_i = \{(f_i, \tau_i^n) \in \mathbb{R}^3 \times \mathbb{R} : f_i \cdot n_i \geq 0, \frac{1}{\mu_i}((f_i \cdot s_i)^2 + (f_i \cdot t_i)^2) + \frac{1}{\gamma_i}(\tau_i^n)^2 \leq (f_i \cdot n_i)^2\}$$

式中，$\{s_i, t_i, n_i\}$ 是第 i 个接触坐标系的轴，μ_i 和 γ_i 是 x_i 处的两个摩擦系数。该模型确保在给定的法向载荷下，n_i 的最大允许扭矩与接触点的最大允许切向力相耦合。

根据抓取矩阵及其线性子空间，多指抓取的线性代数建模可以追溯到 Kerr 和 Roth[4-5]。该参考文献以及 Yoshikawa 和 Nagai[6] 讨论了内抓取力在保持平衡抓取中的作用。第 12 章将讨论这些力在保持安全抓取中的作用。最后，矩标签技术是源于 Mason[7-8]。

4.7　附录：矩标签引理的证明

引理 4.3　令 M^- 和 M^+ 分别为逆时针和顺时针瞬时旋转多边形，代表极锥 $W' = W'_1 \cap \cdots \cap W'_k$。

净力旋量锥 $W = W_1 + \cdots + W_k$，由满足以下条件的所有力线 $(f, p \times f)$ 组成：

$$W = \left\{ \begin{pmatrix} f \\ p \times f \end{pmatrix} : (p-z) \times f \leq 0, z \in M^-; (p-z) \times f \geq 0, z \in M^+ \right\}$$

因此，W 的力线对 M^- 的所有点产生负力矩或零力矩，对 M^+ 的所有点产生正力矩或零力矩。

证明：设平面 (x, y) 构成 $\mathbb{R}^3$ 中的水平面，设 $e = (0, 0, 1)$ 为 $\mathbb{R}^3$ 中的单位向量。在这种嵌入下，对于 $\omega \in \mathbb{R}$，B 的角速度向量由 ωe 给出，根据定理 3.5，切向量 $\dot{q} = (v, \omega) \in T_{q_0} \mathbb{R}^3$ 可以表示为 (x, y) 平面上关于 z 点的幅度为 ω 的瞬时旋转。$\dot{q} \in T_{q_0} \mathbb{R}^3$ 关于 z 和 ω 的参数化如下。设 b 是物体坐标系 F_B 中 B 上的一个不动点。当 B 位于 $q_0 = (d_0, \theta_0)$ 时，点 b 在世界坐标系 F_W 中的位置由 $z = R(\theta_0)b + d_0$ 给出。假设 $d_0 = \vec{0}$，当 B 沿构型空间路径 $q(t)$ 移动，使得 $\dot{q} = (v, \omega)$ 时，z 在 (x, y) 平面上的速度由 $\dot{z} = \omega e \times z + v$ 给出。与 $\dot{q}$ 相关联的旋转中心是平面上的一点 $z \in \mathbb{R}^2$，其速度为 0：$\dot{z} = \omega e \times z + v = \vec{0}$。因此，$v = -\omega e \times z$，切空间的所需参数化形式为 $\dot{q} = \omega(z \times e, e)$，$(z, \omega) \in \mathbb{R}^2 \times \mathbb{R}$。在式 (4-5) 的极性条件下，用 $\dot{q}$ 代替得

$$\begin{pmatrix} f \\ p \times f \end{pmatrix} \cdot \dot{q} = \omega(f, p \times f) \begin{pmatrix} z \times e \\ e \end{pmatrix} = \omega((p-z) \times f) \cdot e \leq 0 \tag{4-6}$$

有两种情况需要考虑。当 $z \in M^-$ 时，物体 B 绕 z 逆时针旋转。在这种情况下，$\omega \geq 0$，式 (4-6) 的极性条件变为 $((p-z) \times f) \cdot e \leq 0$。当 $z \in M^+$ 时，物体 B 绕 z 顺时针旋转。在这种情况下，$\omega \leq 0$，式 (4-6) 的极性条件变为 $((p-z) \times f) \cdot e \geq 0$。这两个要求描述了净力旋量锥 W 的力线。

练 习 题

4.1 节

练习 4.1：图 4-13 显示了估算库仑摩擦系数的简单过程。将质量块 m 放置在相对于水平方向成 α 角的倾斜坡上。随着倾斜角的逐渐增加，当 α 达到临界角 α^* 时质量块开始滑动。证明 α^* 与库仑摩擦系数 μ 有关，具体如下：

$$\alpha^* = \arctan(\mu) \tag{4-7}$$

解：重力会产生一个垂直于接触面的力，其大小为 $f_n = mg\cos\alpha$。类似地，重力也作用在斜坡上的质量块上，其大小为 $f_p = mg\sin\alpha$。如果当倾斜角为 α 时物块是静止的，则摩擦反作用力 f_r 等于 f_p，并且接触遵循防滑条件库仑摩擦定律：$|f_r| \leq \mu f_n$。随着倾斜角逐渐增加，质量块将开始以临界角 α^* 滑动，在此临界角处，$f_r = \mu f_n$，即 $mg\sin\alpha^* = \mu mg\cos\alpha^*$，则得出式 (4-7)。

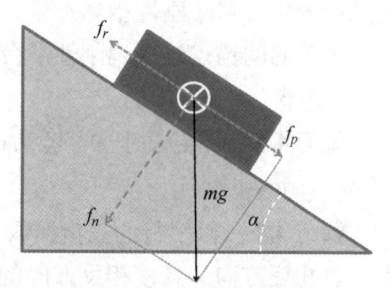

图 4-13 根据经验确定库仑摩擦系数的另一种方法

练习 4.2：当手指沿线段接触到物体 B 时，发生线接触。假设线段所有点的库仑摩擦系数均匀，证明这种线接触等效于放置在线段端点的一对不同的接触点。

解：最简单的方法是将线段离散化为紧密间隔的点 $p_0, \cdots, p_N$，并将接触力分布为作用在这些点的力 $f_0, \cdots, f_N$。每个点 p_j 的位置可以表示为线段端点 p_0 和 p_N 的凸组合：

$$p_j = s_{j1}p_0 + s_{j2}p_N, \quad 0 \leq s_{j1}, s_{j2} \leq 1, \quad s_{j1} + s_{j2} = 1$$

利用这些凸组合，由离散线段接触力作用在物体上的净力矩是以下各项的总和：

$$w = \sum_{j=0}^{N} \binom{f_j}{p_j \times f_j} = \sum_{j=0}^{N} \binom{f_j}{(s_{j1}p_0 + s_{j2}p_N) \times f_j}$$

$$= \sum_{j=0}^{N} \left\{ \binom{s_{j1}f_j}{p_0 \times s_{j1}f_j} + \binom{s_{j2}f_j}{p_N \times s_{j2}f_j} \right\} = \binom{F_1}{p_0 \times F_1} + \binom{F_2}{p_N \times F_2}$$

式中,$F_1 = \sum_{j=0}^{N} s_{j1}f_j$ 和 $F_2 = \sum_{j=0}^{N} s_{j2}f_j$。由于线段的所有点都具有相同的摩擦锥,因此等效力 F_1 和 F_2 位于 p_0 和 p_N 处的摩擦锥中。

练习 4.3*:可以将上一练习的结果扩展到平面接触,这种情况下多面手指体沿着凸平面多边形与物体 B 保持接触吗?

练习 4.4:图 4-4 中描绘的矩形框的两指抓取是一个抗力旋量抓取的示例,将在后续章节中进行探讨。经过这样的抓取,理论上手指就可以在物体 B 上产生能满足任何需要的净力旋量。列出这一陈述的实际限制。

解:从物体的角度来看,其整体结构强度可能会限制允许的手指力的大小。从手指的角度来看,它们是由一些机械结构驱动的,这些机构的执行机械结构受到实际因素的限制,如电机强度和电源限制。

4.2 节

练习 4.5:考虑通过摩擦接触对刚体 B 进行平面两指抓取,在什么情况下,抓取映射 L_G 停止满射到 B 的旋量空间上?

解:3×4 抓取映射由下式给出:

$$w = w_1 + w_2 = \begin{bmatrix} I & I \\ x_1^T J & x_2^T J \end{bmatrix} \begin{bmatrix} f_1 \\ f_2 \end{bmatrix}, f_i \in C_i, \ i = 1, \ 2$$

式中,I 是 2×2 单位矩阵,$J = \begin{bmatrix} 0 & 1 \\ -1 & 0 \end{bmatrix}$,上面两行由 $(1,0,1,0)$,$(0,1,0,1) \in \mathbb{R}^4$ 构成,因此,上两行的任何线性组合都具有 $(a,b,a,b) \in \mathbb{R}^4$ 的形式。仅当 $x_1 = x_2$ 时,下面的行才能具有这种形式,对于刚性指体来说,在物理上是无法实现的。需要注意的是,两根电缆可以通过一个共同的锚点连接到刚性平台 B 上,从而允许这种特殊情况的发生。

4.3 节

练习 4.6:给定基于 $\mathbb{R}^m$ 起点的凸锥 $W_1, \cdots, W_k$,证明它们的总和 $W_1 + \cdots + W_k$ 也形成基于 $\mathbb{R}^m$ 起点的凸锥。

练习 4.7:以平行的三指抓取方式抓取一个平面物体 B,验证当两个力是单向力而第三个力具有相反方向,且该相反方向的力线位于由两个同向力线界定的带状区域内时,该抓取形成了一个可行的平衡状态。

解:手指力必须在平衡抓取时正好经过 $\mathbb{R}^2$ 的起点。因此,两个力必须具有相同的方向 $\hat{f}$,而第三个力必须具有相反的方向 $-\hat{f}$。让两个单向力在 x_1 和 x_2 处作用在 B 上,并让反向力在 x_3 处作用于 B。平衡方程的受力部分有 $\lambda_1 \hat{f} + \lambda_2 \hat{f} - \lambda_3 \hat{f} = \vec{0}$,这意味着在平衡点处 $\lambda_1 + \lambda_2 = \lambda_3$。在平衡方程的扭矩部分代入 λ_3,有 $(\lambda_1 x_1 + \lambda_2 x_2) \times \hat{f} - (\lambda_1 + \lambda_2) x_3 \times \hat{f} = 0$。当 x_3 满足以下关系时,后者相等成立:$x_3 = \lambda_1/(\lambda_1 + \lambda_2) x_1 + \lambda_2/(\lambda_1 + \lambda_2) x_2$。因此,$x_3$ 必须位于平行于 $\hat{f}$ 并由 x_1 和 x_2 界定的无限带状区域中。

4.4节

练习 4.8：通过 $k \leq m+1$ 个无摩擦手指接触将刚体 B 保持在平衡抓取状态（$m=3$ 或 6），在这种情况下表征内力的子空间。

练习 4.9：刚体 B 通过两个摩擦手指接触保持平衡，在这种情况下表征内力的子空间。

练习 4.10：考虑图 4-8 所示的等边三角形的摩擦三指抓取，证明矩阵 G 在此抓取下具有完整的行满秩。

解：选取一个参考系，其原点位于三个接触法线的交点，并且其方向平行于手指体 O_1 的接触坐标系的方向。在此参考坐标系中，抓取矩阵采用以下形式：

$$G = \begin{pmatrix} n_1 & t_1 & n_2 & t_2 & n_3 & t_3 \\ \vec{0} & -\dfrac{L}{2\sqrt{3}}(n_1 \times t_1) & \vec{0} & -\dfrac{L}{2\sqrt{3}}(n_2 \times t_2) & \vec{0} & -\dfrac{L}{2\sqrt{3}}(n_3 \times t_3) \end{pmatrix}$$

$$= \begin{pmatrix} 0 & 1 & -\dfrac{\sqrt{3}}{2} & -\dfrac{1}{2} & \dfrac{\sqrt{3}}{2} & -\dfrac{1}{2} \\ 1 & 0 & -\dfrac{1}{2} & -\dfrac{\sqrt{3}}{2} & -\dfrac{1}{2} & -\dfrac{\sqrt{3}}{2} \\ 0 & \dfrac{L}{2\sqrt{3}} & 0 & \dfrac{L}{2\sqrt{3}} & 0 & \dfrac{L^2}{2\sqrt{3}} \end{pmatrix}$$

接触力分量的向量 $\vec{f} = (f_1^n, f_1^t, f_2^n, f_2^t, f_3^n, f_3^t)$。请注意，此矩阵的第一、第二和第四列的向量是线性无关的，因此，抓取矩阵的完整行秩为 3。

练习 4.11：考虑图 4-8 所示的三指摩擦。证明 G 的三维零空间被三个基向量所覆盖，这些向量在物理上对应于沿着连接接触点的三条线中的每条线施加的相反力。（此结果适用于 $\mathbb{R}^2$ 中所有摩擦三指抓取）

解：考虑沿连接手指接触点 x_1 和 x_2 的线施加大小为 $\|f\|$ 的相等力，在这种情况下，手指的接触力分量为 $\vec{f} = \|f\| \cdot \left(\dfrac{\sqrt{3}}{2}, -\dfrac{1}{2}, \dfrac{\sqrt{3}}{2}, \dfrac{1}{2}, 0, 0 \right)$。将矩阵 G 乘以 $\vec{f}$ 得到作用在三角形物体 B 上的零净力旋量，证实了这是一个内力向量。通过对称性，沿着连接其他可能的接触点的两条线的相等力也可以显示为挤压力。

练习 4.12：图 4-8 所示的三指抓取中的内抓取力可能不在接触摩擦锥内，因此可能不是可行的接触力。证明仅由法向接触力（大小相同）组成的零空间向量是可行的。

解：沿着三条接触法线中的每一条施加大小为 $\|f\|$ 的力 $\vec{f} = \|f\| \cdot (1, 0, 1, 0, 1, 0)$，这是式 (4-8) 中抓取矩阵 G 的零空间中接触力的可行组合。

练习 4.13：我们希望通过旋转接头经过刚性杆将 $\mathbb{R}^2$ 中的 k 个质点互连，这样的结构将成为单个刚体。验证是否有 $2k-3$ 个刚性杆足以将 k 个质点互连到单个刚性结构中。

解：当 $k=2$ 时，单个杆将两个质点连接到刚体中。因此，考虑 $\mathbb{R}^2$ 中 $k \geq 3$ 个质点的情况，将 k 个点排列成一个圆，并通过一个由 k 个杆组成的圆圈将这些点互连，通常，由三个旋转接头连接的三个刚性杆形成一个刚性三角形。因此，我们可以在圆上选择一个质点，并将其与圆不相邻的其他质点连接起来。所得的三角结构形成单个刚体，该结构总共 $k+(k-3) = 2k-3$ 个杆。

练习 4.14*：在上一个练习的条件下，证明 $2k-3$ 是将 k 个质点连接到单个刚性结构中所需的最小刚性杆数。

解：由通过旋转接头连接的刚性杆制成的结构具有两种类型的自由度：与结构接头的旋转相关的内部自由度；与结构作为刚体在二维空间 $\mathbb{R}^2$ 中的平移和旋转相关的外部自由度。内部自由度的总数可以使用 Grübler 公式计算如下。考虑一个平面结构，该结构由 n 个通过旋转接头连接的刚性杆组成。最初未连接的刚性杆的 $\mathbb{R}^2$ 自由度为 $3n$，两个杆每次通过旋转接头都会使自由度的总数减少两个。由于平面结构具有三个外部自由度，所以内部自由度的总数为 $3(n-1)-2j$，其中 j 是结构中刚性杆的成对连接数。

接下来让我们得出关节数 j 与质点 k 的关系。该结构形成一个平面图，其节点为 k 个质点。第 i 个节点的度数 d_i 定义为连接到第 i 个节点的刚性杆数量。

第 i 个节点处的旋转关节数为 d_i-1。因此，旋转关节总数由 $j=\sum_{i=1}^{k}(d_i-1)=\sum_{i=1}^{k}d_i-k$ 计算。

每根杆在其两端连接到两个节点上。因此，节点度数的总和满足关系 $\sum_{i=1}^{k}d_i=2n$。用 Grübler 公式替换 $j=2n-k$ 可以得出 $3(n-1)-2j=3(n-1)-2(2n-k)=2k-n-3$。当 $2n-k-3\leqslant 0$ 时，该结构形成刚体。任何将 k 个质点连接到刚性结构中都需要 $n\geqslant 2k-3$ 个杆。

练习 4.15：考虑将 $\mathbb{R}^3$ 中的 k 个质点连接到一个刚性结构的过程，该结构由 $3k-6$ 个通过球形接头连接的刚性杆组成。验证该结构是否形成单个刚体，是否达到各个杆的自转？

解：由于刚性杆是通过球形接头连接的，所以结构具有两种内部自由度：杆围绕其轴的自旋转和结构关节的旋转，而杆相对于其轴是固定的。该结构还具有六个外部自由度，这些外部自由度与该结构中 $\mathbb{R}^3$ 刚体的平移和旋转相关。当空间 n 型杆结构具有 n 个内部自由度时，它们会形成刚体，因为这些自由度对应于 n 个杆的自旋转。最初未连接的刚性杆的自由度为 $6n$，带有球形接头的两个杆的每次连接将使自由度的总数减少 3。根据 Grübler 公式，该结构的内部自由度总数为 $6(n-1)-3j$，其中 j 是结构中刚性杆或节点的成对连接数。利用 $n=3k-6$ 杆连接 k 个质点。每个平面图都由 $\frac{k}{2}+2\left(\frac{k}{2}-3\right)=\frac{3}{2}k-6$ 个关节构成。k 个垂直杆连接 $2k$ 个附加接头，因此，关节的总数为 $j=2\left(\frac{3}{2}k-6\right)+2k=5k-12$。用 Grübler 公式代替 j，然后使用关系 $3k=n+6$，得出 $6(n-1)-3j=6(n-1)-3(5k-12)=6(n-1)-5(n+6)+36=n$。由于该结构由 n 个可围绕其轴自由旋转的刚性杆组成，因此它形成了一个刚体，直至其刚性杆自转。

练习 4.16* ：证明 $3k-6$ 是在 $\mathbb{R}^3$ 中通过球形接头将 k 个质点连接到刚性结构所需的最小刚性杆数。

解：通过球形接头连接的刚性杆的空间结构具有三种自由度。第一种类型是刚性杆围绕其轴线的自转。第二种类型是与结构的关节旋转相关的内部自由度，而刚性杆则相对于其轴线保持固定。第三种类型是外部自由度，与 $\mathbb{R}^3$ 中刚体结构的平移和旋转相关。

考虑一个由球形接头连接的 n 根杆件组成的空间结构。最初未连接的刚性杆的自由度为 $6n$。当有两个带有球形接头的杆连接时，将使总的自由度减少 3。由于空间结构具有 6 个外部自由度和 n 个自旋转自由度，因此剩余内部自由度的总数为 $6(n-1)-n-3j$，其中 j 是结构中刚性杆的成对连接数。

接下来让我们得出关节数 j 与质点 k 的关系。该结构形成一个图，其节点为 k 个质点。回想一下，第 i 个节点的度数 d_i 是连接到第 i 个节点的刚性杆数量，第 i 个节点的关节数为 d_i-1。

因此，给出了球形接头的总数，由 $j=\sum_{i=1}^{k}(d_i-1)=\sum_{i=1}^{k}d_i-k$ 得每个杆状图的端点都连接到图形的两个节点。因此，节点度数的总和满足关系 $\sum_{i=1}^{k}d_i=2n$。用 Grübler 公式替换 $j=2n-k$ 得出 $6(n-1)-n-3j=6(n-1)-n-3(2n-k)=3k-n-6$。当 $3k-n-6\leq 0$ 时，该结构形成刚体。因此，将 k 个质点连接到刚性结构中均需要满足 $n\geq 3k-6$。

4.5 节

练习 4.17：令 W_f 为过力旋量 $w_i=(f,x\times f)$ 的一半直线。证明极性 W_f 的半空间由相应力线左侧的瞬时顺时针旋转、力线右侧的瞬时逆时针旋转和力线本身的双向旋转组成(图 4-11a)。

解：令 z 为 B 的切向量 $\dot{q}$ 的瞬时旋转中心。基于引理 4.3 的证明，切向量 $\dot{q}=(v,\omega)\in T_{q_0}\mathbb{R}^3$ 可根据 z 和 ω 进行参数化，其公式为 $\dot{q}=\omega(z\times e, e)$，其中 $(z,\omega)\in\mathbb{R}^2\times\mathbb{R}$ 且 $e=(0,0,1)$。将 $\dot{q}$ 代入式(4-5)的极性条件，得

$$\begin{pmatrix} f \\ x\times f \end{pmatrix}\cdot\dot{q}=\omega(f,x\times f)\begin{pmatrix} z\times e \\ e \end{pmatrix}=\omega((x-z)\times f))\cdot e\leq 0$$

由于 e 是垂直于平面的单位向量，因此极性条件等效于平面不等式 $\omega(x-z)\times f\leq 0$。现在有两种情况需要考虑：当 $\omega\leq 0$ 时，物体 B 执行绕 z 的顺时针旋转，在这种情况下，$(x-z)\times f\geq 0$，这意味着 z 必须位于力线的左侧；当 $\omega\geq 0$ 时，物体 B 执行绕 z 的逆时针旋转，在这种情况下，不等式变为 $(x-z)\times f\leq 0$，这意味着 z 必须位于力线的右侧。

练习 4.18：如图 4-12 所示，一个二维物体 B 是通过两个摩擦接触保持的，这种抓取的净力旋量锥 $W=W_1+W_2$，在 B 的力旋量空间起点处形成一个凸锥，并由切平面界定。证明该圆锥的切平面对应于经过多边形顶点的力线 M^- 和 M^+。

解：使用线几何，W 的每个平面都位于二维子空间中，该子空间对应于 $\mathbb{R}^2$ 中的一个平面力线束(请参见第 5 章)。现在考虑以 x_0 为基的平面束，当 x_0 位于 M^- 或 M^+ 的顶点时，x_0 的一些扰动会将其移至 M^- 或 M^+ 内，而其他扰动会将其移至两个多边形外。因此，这样的线束对应于 W_1+W_2 的一个边界面。需要注意的是，当 x_0 位于 M^- 或 M^+ 的内部边点时，该线束中只有一条力线是可行的。这条可行的力线对应于形成净力旋量锥 W 边的力旋量。

练习 4.19：考虑图 4-12 所示的摩擦两指抓取。净力旋量锥 $W=W_1+W_2$ 形成由三个切平面界定的凸锥，确定 O_2 在 B 边的哪个位置将净力旋量锥转化为以四边形为底的多面体锥。

解：当 O_2 与 B 的接触点向左滑动到位于相对接触点的摩擦锥 C_1 之外时，多边形 M^- 和 M^+ 具有四个顶点。由于 M^- 和 M^+ 的顶点对应于 W 的平面，因此在这种情况下，W 由四个平面限定。

练习 4.20：图 4-14a 描绘了一个三角形物体 B，该物体由三个手指通过无摩擦接触而抓取。三个接触法线在公共点 x_0 相交，为此构造多边形 M^- 和 M^+；然后确定它是否形成可行的平衡抓取。描述与该抓取的净力旋量锥对应的力线。

解：在无摩擦接触点 x_i 处，区域 M_i^- 和 M_i^+ 在 $\mathbb{R}^2$ 中形成互补的半平面，由第 i 个接触法线分隔。这些半平面的相交给出了 $M^-=M_1^-\cap M_2^-\cap M_3^-=\{x_0\}$，并且 $M^+=M_1^+\cap M_2^+\cap M_3^+=\{x_0\}$，这确实是一个可行的平衡抓取。由于 x_0 属于多边形 M^- 和 M^+，因此净力旋量锥的力线必须在 x_0 附近产生零力矩。根据力矩公式 $\tau=x_0\times f$，可行力线可以具有任意方向，但必须经过 x_0。所得的力线集合形成一个以 x_0 为基的平面力线束。因此，这种抓取的净力旋量锥在 B 的力旋量空

间中形成了一个二维线性子空间。

练习 4.21：如图 4-14b 所示，考虑手指 O_1 的轻微移动，对扰动的抓取安排可以重复上一练习的内容。

解：现在 $M^- = \varnothing$，而 M^+ 是具有非空内部的多边形，这种接触布置不是可行的平衡抓取，因为无论我们如何调节力的大小，这些力都会在多边形 M^+ 的周围产生严格的正力矩。这意味着无法通过调整作用在接触点上的力来达到力和力矩平衡的状态，从而无法实现稳定的平衡抓取。

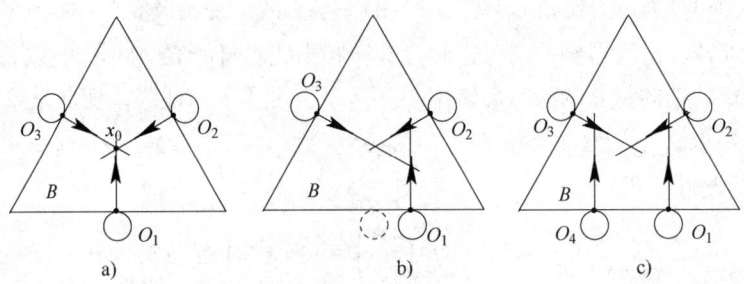

图 4-14 **a**）具有共线力线的无摩擦三接触抓取；**b**）略有扰动的无摩擦三接触抓取；
c）无摩擦四接触抓取

练习 4.22：考虑四根手指的抓取，其中包括新增的手指 O_4，如图 4-14c 所示重复上一个练习的内容。

解：将 O_4 添加到抓取时，多边形 M^+ 变为空，因此，在这种抓取下，$M^- = M^+ = \varnothing$，因此，这种接触布置形成了可行的平衡抓取。由于所有力线都是可行的，所以在这种抓取中，净力旋量锥占据了整个旋量空间。

参考文献

[1] J. K. Salisbury, "Kinematic and force analysis of articulated hands," PhD thesis, Dept. of Mechanical Engineering, Stanford University, 1982.

[2] J. K. Salisbury and B. Roth, "Kinematic and force analysis of articulated mechanical hands," *Journal of Mechanisms, Transmissions and Automation in Design*, vol. 105, no. 1, pp. 35–41, 1983.

[3] R. D. Howe, I. Kao and M. R. Cutkosky, "The sliding of robot fingers under combined torsion and shear loading," in *IEEE International Conference on Robotics and Automation*, pp. 103–105, 1988.

[4] J. R. Kerr, "An analysis of multi-fingered hands," PhD thesis, Dept. of Mechanical Engineering, Stanford University, 1984.

[5] J. R. Kerr and B. Roth, "Analysis of multi-fingered hands," *International Journal of Robotics Research*, vol. 4, no. 4, pp. 3–17, 1986.

[6] T. Yoshikawa and K. Nagai, "Manipulating and grasping forces in manipulation by multifingered robot hands," *IEEE Transactions on Robotics and Automation*, vol. 7, pp. 67–77, 1991.

[7] M. T. Mason, "Two graphical methods for planar contact problems," in *IEEE/RSJ Conference on Intelligent Robots and Systems (IROS)*, pp. 443–448, 1991.

[8] M. T. Mason, *Mechanics of Robotic Manipulation*. MIT Press, 2001.

第 5 章　平衡抓取列举

多指平衡抓取包括机器臂抓取、搬运和操作物体,因此平衡抓取是抓取机械学中的最基本部分。本章从二维和三维情形讲述了平衡抓取的内容,这样读者就可以加深对本章知识的理解。本章阐述并解释了第 4 章的平衡抓取条件与手指力线的线性相关性,随后应用线几何来图形化地表征基本的平衡抓取。

本章首先描述了平衡抓取的线几何描述。5.2 节描述了 2~4 个接触的二维平衡抓取,5.3 节进一步描述了 2~4 个、7 个接触的三维平衡抓取,5.4 节研究了具有更多数量接触的抓取。本章包含两个附录,附录 I 包含本章的相关证明,附录 II 描述了无摩擦抓取的有用性质,使用接触空间来参数化 k-构型空间,这组可行的平衡抓取的维数决定了在被抓取物体表面上可以自由扰动多个接触而不会破坏平衡抓取的可行性。在本章以及后续各章中,我们将使用这种方法来构建平衡抓取。

5.1 平衡抓取的线几何描述

我们在第 3 章中使用线几何来描述刚体切向量和余切向量。在这里,线几何将在二维和三维上提供对平衡抓取的图形解释。使刚性手指体 $O_1,\cdots,O_k$ 保持刚体 B 在构型 q_0 处,这样,B 的物体坐标系与世界坐标系一致。在这个假设下,由手指力 f_i 在 x_i 处作用于 B 产生的力旋量由 $w_i=(f_i,x_i\times f_i)$ 给出。其中第 i 个手指接触力由它的方向和大小两个参数表示:

$$f_i=\lambda_i\hat{f}_i,\ \lambda_i\geq 0$$

式中,λ_i 是力的大小,而 $\hat{f}_i$ 是力的单位方向。当存在可行的手指力 $f_i\in C_i$(其中 C_i 是 x_i 上的广义摩擦力)且满足以下条件时,k 点接触会形成可行的平衡抓取(在没有重力等外部影响的情况下)

$$\lambda_1\begin{pmatrix}\hat{f}_1\\x_1\times\hat{f}_1\end{pmatrix}+\cdots+\lambda_k\begin{pmatrix}\hat{f}_k\\x_k\times\hat{f}_k\end{pmatrix}=\vec{0},\ \lambda_1,\cdots,\lambda_k\geq 0 \tag{5-1}$$

式中,系数 $\lambda_1,\cdots,\lambda_k$ 不全为零。本章研究还包括重力下的平衡抓取,通过将重力等效为一个虚拟手指,在 B 的质心施加力。

从第 3 章回想一下,有向空间线的平面坐标 l 由 $(\hat{l},p\times\hat{l})\in\mathbb{R}^6$ 给出,其中 $\hat{l}$ 是 l 的单位方向,p 是 l 上的一个点。同样,有向平面线的平面坐标由 $(\hat{l},p\times\hat{l})\in\mathbb{R}^3$ 给出,其中 $\hat{l}$ 是 l 的单位方向,p 是 l 上的一个点,$p\times\hat{l}=p^{\mathrm{T}}J\hat{l}$,而 $J=\begin{bmatrix}0 & 1\\-1 & 0\end{bmatrix}$。

定义 5.1　与在 x_i 处作用于 B 的手指力 f_i 相关联的**手指力线**是沿着 $\hat{f}_i$ 方向穿过 x_i 的,在 Plücker 坐标中为 $(\hat{f}_i,x_i\times\hat{f}_i)$。

手指力线的坐标可以解释为单位力 $\hat{f}_i$ 作用于 B 的 x_i 处产生的力旋量 $w_i=(\hat{f}_i,x_i\times\hat{f}_i)$。由此

得出式(5-1)的平衡抓取条件与平面坐标中手指力线的线性相关性是等效的,前提条件是系数 $\lambda_1, \cdots, \lambda_k$ 必须是半正定的。

手指力线的线性子空间:所有平面线的 Plücker 坐标 $(\hat{l}, p \times \hat{l}) \in \mathbb{R}^3$ 涵盖了 $\mathbb{R}^3$ 的二维流形。所有空间线的平面坐标 $(\hat{l}, p \times \hat{l}) \in \mathbb{R}^6$ 涵盖了 $\mathbb{R}^6$ 中的四维流形(见第 3 章)。另一方面,满足式(5-1)的平衡抓取条件下的手指力线在各自的向量空间中形成线性相关向量。当系数 $\lambda_1, \cdots, \lambda_k$ 在 $\mathbb{R}^k$ 中变化时,这些向量涵盖了一个线性子空间。线性子空间与各自流形的交形成了线性相关的手指力线的集合。我们将使用线性子空间术语来表述线性相关的手指力线的集合。

接下来,定理 5.1 总结了平衡抓取的线几何特征。如果一组向量 $v_1, \cdots, v_k \in \mathbb{R}^n$ 被认为是正向生成原点,那么存在不全为零的非负半定义标量 $\lambda_1, \cdots, \lambda_k$,使得 $\lambda_1 v_1 + \cdots + \lambda_k v_k = \vec{0}$。

定理 5.1(平衡抓取的线几何) 让一个刚体 B 在 $\mathbb{R}^n$ 中由 $k \geq 2$ 个手指抓取,其中 $n=2$ 表示二维抓取,$n=3$ 表示三维抓取。以下两个条件是平衡抓取所必需的:

(1) 手指力方向在 $\mathbb{R}^n$ 中正向生成原点。

(2) 手指力线在其 Plücker 坐标中线性相关。

证明:条件(1)是式(5-1)平衡抓取条件的力分量。条件(2)是平衡抓取方程的线几何解释。这两个条件是平衡抓取可行性所必需的。

本章的平衡抓取将主要基于定理 5.1。在讨论之前,让我们确定定理 5.1 的条件对于涉及少量接触的平衡抓取是必要的。

推论 5.2 定理 5.1 的条件对于一般的具有 $2 \leq k \leq 3$ 个接触的二维抓取,以及一般的具有 $2 \leq k \leq 4$ 个接触的三维抓取的平衡抓取可行性而言,是充分必要的。

推论 5.2 的证明见附录 I。定理 5.1 的条件不再足以满足具有较高接触数的平衡抓取,示例如下。

示例:图 5-1 描述了一个多边形物体 B,它由四个盘形手指在一个没有重力的水平面上构成。手指力沿着 B 的内接触法线作用,它们正向生成 $\mathbb{R}^2$ 的原点,符合定理 5.1 的条件(1)的要求,由于四条平面线在平面坐标中总是线性相关的,所以手指力线也满足定理 5.1 的条件(2)。我们将在 5.3 节中看到,在这个特定的抓取下,无论手指力的大小如何组合,都无法使物体 B 产生的净扭矩为零。由此可知,这

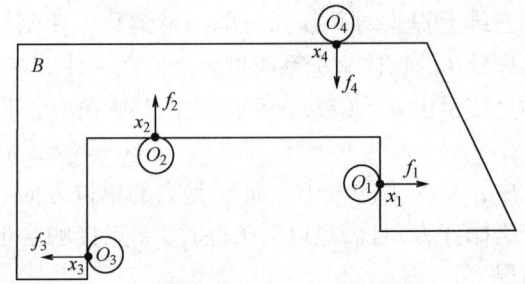

图 5-1 满足定理 5.1 的必要条件但不是可行的平衡抓取中四指抓取俯视图

种接触方式不是一种可行的平衡抓取,从而确立了定理 5.1 的条件(1)和(2)可能不足以满足平衡抓取的可行性。

5.2 平面平衡抓取

平面平衡抓取将包括两个、三个和四个手指抓取。每一种抓取在某些情况下都有重要的作用。为了使抓取有用,手指必须以一种能够抵抗可能作用于 B 的外力旋量扰动的方式抓取物体 B。抗力旋量的概念将在第 12 章中充分探讨。在摩擦接触的情况下,两个手指可以通过在各自摩擦锥内变化接触力来形成抗力旋量抓取。一个更强的抓取安全概念,称为固定抓取,

基于刚体约束的手指力，以防止物体 B 的任何运动。在无摩擦接触的情况下，三个手指可以固定几乎所有的二维物体，除了具有平行边的物体。四个手指可以固定甚至有平行边的物体。因此，我们将充分描述涉及两个、三个和四个接触的平面平衡抓取。

平面平衡抓取内容将基于 $\mathbb{R}^2$ 中有向线的线性子空间的以下几何特征描述。与空间线相关的线性子空间的类似特征将出现在三维平衡抓取的讨论中。

平面线的线性子空间：
1) 在 $\mathbb{R}^2$ 中的一条直线张成 Plücker 坐标中的一个一维子空间，由直线本身组成。
2) 在 $\mathbb{R}^2$ 中的两条线张成了一个二维子空间的 Plücker 坐标，由一个平面线束组成，定义为 $\mathbb{R}^2$ 中通过两条线的交点的所有线。
3) 在 $\mathbb{R}^2$ 中，不相交于公共点的三条线张成所有平面线的 Plücker 坐标的全部三维空间。

当物体 B 保持在 k 接触平衡抓取时，根据定理 5.1，手指力线必须在其坐标中线性相关。因此，手指力线在 Plücker 坐标中张成了一个 $(k-1)$ 维线性子空间：两指平衡抓取的一维子空间、三指平衡抓取的二维子空间和四指平衡抓取的整个三维空间。我们现在将这种特性应用于 $k=2$、3、4 接触的单个平面抓取。

5.2.1 平面两指平衡抓取

两指平衡抓取在工业机器人中具有特殊的地位，因为这些抓取是由平行爪夹持器在制造操作过程中挑选和放置零件的。基于线几何，两指平衡抓取的力线在 Plücker 坐标必须位于一个公共的一维子空间。一维子空间对应于 $\mathbb{R}^2$ 中的单线。因此，手指力必须位于一条公共线上，这条线必然通过两个接触点。下面的引理专门讨论定理 5.1 的条件对两指抓取的情况。

引理 5.3（平面两指抓取） 二维物体 B 在一个可行的**两指平衡抓取**时，如果存在可行的手指力 $(f_1, f_2) \in C_1 \times C_2$，使得这两个力具有相反的方向，并位于通过两个接触点的公共线上。

注意，在任何两指平衡抓取时，手指力大小相等。引理 5.3 接下来应用于无摩擦和有摩擦接触的情况。

1. 无摩擦两指平衡抓取

我们首先了解哪些手指力可以在无摩擦接触中实现。在 B 的光滑边界点上，手指力作用在沿 B 这一点的内法线方向。在 B 的非光滑边界点，如多边形顶点，我们需要广义接触法线的概念。它被定义为单位内法线与顶点相邻的边界曲线的凸组合（图 5-2a）^㊀。在非光滑边界点，广义接触法线中的任何向量都可以实现为实际的手指力。根据以下定义，无摩擦两指平衡形成对跖抓取。

定义 5.2（对跖抓取） 当两个接触法线或广义接触法线的两个向量位于通过接触的线上并具有相反的方向时，刚体 B 的两指抓取形成**对跖抓取**。

每个分段光滑物体 B 都有两个特殊的对跖抓取，称为最小和最大抓取。这一性质适用于二维和三维物体，这里说明了平面抓取的情况。

命题 5.4 每个分段光滑的二维物体 B 沿其外边界至少有两个对跖抓取，即**最小**和**最大**平衡抓取（图 5-2a）。

c-space 简证：考虑 c-障碍，在 B 的构型空间由手指 O_1 和 O_2 引起的 CO_1 和 CO_2。让两个手指最初定位在无穷远处，然后沿着 $\mathbb{R}^2$ 中的一些固定的 l 线互相移动。只要指间距离足够大，

㊀ 当单位法线相对于 B 指向外时，广义接触法线恰好是附录 A 中介绍的距离函数 $\text{dst}(x, B(q_0))$ 的广义梯度。

B 就能在两指之间从 l 的一边到另一边自由活动。手指 c-障碍 CO_1 和 CO_2 最初是不相交的,沿着固定的平移线相互接近,同时在 B 的构型空间中保持它们的形状和大小不变。当 B 第一次接触两个手指时,它沿着其最大宽度段接触两个手指,从而使沿 B 的边界的接触距离最大化。在这一时刻,CO_1 和 CO_2 的表面在图 5-3a 所示的 q_1 点第一次接触。此外,CO_1 和 CO_2 在 q_1 处具有共同的切平面和相反的法线。每个 c-障碍法线可以解释为由作用在 B 上的单位法向力在 $x_i(i=1,2)$ 处产生的力旋量。因此,最大宽度段决定了 B 的最大抓取。随着指间距离的不断减小,最终物体 B 会沿着其最小宽度段同时触及两个手指。在这一时刻,CO_1 和 CO_2 之间的开口缩小到单个穿刺点 q_2,如图 5-3b 所示。注意,CO_1 和 CO_2 在 q_2 处再次与相反的法线共享一个公共切平面。因此,最小宽度段决定了 B 的最小抓取。

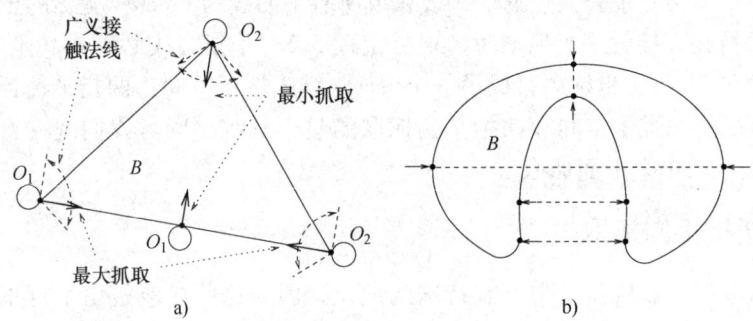

图 5-2 a) 任何分段光滑的物体至少有两个对跖抓取;
b) 一般分段光滑的物体具有一组离散的对跖抓取

最小和最大平衡抓取的存在也可以通过研究指间距离函数的极值来证明,定义为 $\sigma(x_1,x_2)=\|x_1-x_2\|$,其中 x_1 和 x_2 是沿 B 边界的手指接触(见练习题)。下面的例子说明了最小和最大抓取。

示例:图 5-2a 描述了一个三角形物体 B,以及其顶点的广义接触法线。最小抓取发生在 B 的一个顶点和一个相反的边,而最大抓取发生在 B 的两个相反的顶点。请注意,像椭圆这样的物体完全具有两个对跖抓取(图 5-3)。

一般的分段光滑物体(包括没有相反平行边的多边形物体)只具有有限的对跖抓取。这一性质适用于二维和三维抓取,并基于附录Ⅱ中讨论的一般维数结果。这一性质接下来将针对二维抓取的情况进行说明。

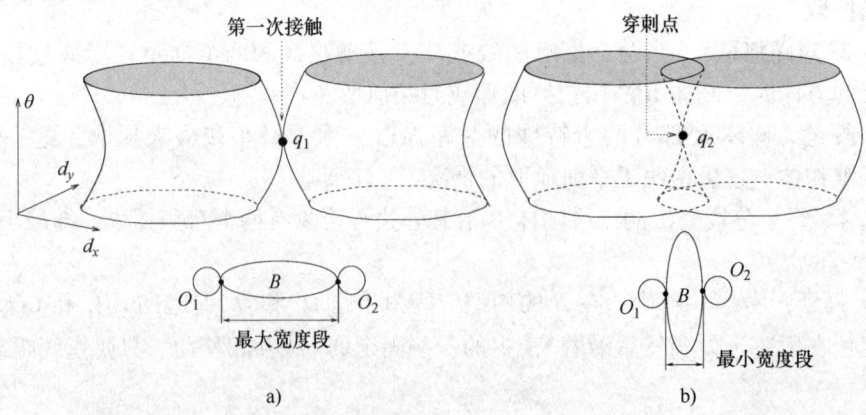

图 5-3 两指 c-障碍在椭圆物体的最大和最小两指平衡抓取中的描绘

示例：图 5-2b 描述了一个光滑的物体 B，其中心有一个深凹。物体具有四个对跖抓取。其中两个抓取被称为压缩平衡抓取（手指力向内作用），而另外两个抓取被称为膨胀平衡抓取（手指力在物体的凹面内向外作用）。

2. 摩擦两指平衡抓取

根据引理 5.3，摩擦两指平衡抓取发生在一对接触点处，其摩擦锥包含相反的力，位于通过接触点的线上。这种条件一般沿连续边界段而不是在离散边界点处存在。因此，摩擦两指平衡抓取对于小的手指放置误差是可接受的。下面的简单测试确定候选的两接触点的情况是否形成可行的平衡抓取。

摩擦平衡抓取的图形解释：

设 C_i^- 表示摩擦锥 C_i 关于 $x_i(i=1,2)$ 的反射。如果 $x_1 \in C_2$ 和 $x_2 \in C_1$，或 $x_1 \in C_2^-$ 和 $x_2 \in C_1^-$，则两指平衡抓取是可行的。否则，两指平衡抓取是不可行的。

示例：考虑图 5-4a 中描述的压缩平衡抓取。条件 $x_1 \in C_2$ 表示从 x_1 指向 x_2 的向量位于 C_1，而 $x_2 \in C_1$ 表示相反的向量位于 C_2。接下来考虑图 5-4b 中描述的膨胀平衡抓取，条件 $x_1 \in C_2^-$ 表示从 x_1 指向 x_2 的向量在 C_1^- 中，而 $x_2 \in C_1^-$ 表示相反的向量在 C_2^- 中。

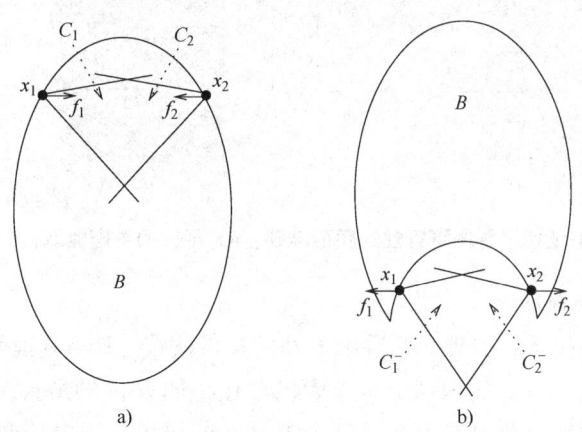

图 5-4 a）满足条件的压缩平衡抓取（$x_1 \in C_2, x_2 \in C_1$）；
b）满足条件的膨胀平衡抓取（$x_1 \in C_2^-, x_2 \in C_1^-$）

最后一个有用的性质是基于在两个摩擦接触的情况下的 3×4 抓取矩阵 G（见第 4 章）。一般情况下，G 有满秩和内抓取力的一维零值空间。内抓取力 $\vec{f} = (f_1, f_2)$ 由不同大小的相反手指力组成且使 $G\vec{f} = \vec{0}$，这些力可能不在摩擦锥内。由于 G 具有满秩，因此它在这样的抓取上对 B 的力旋量空间形成一个满射映射。

5.2.2 平面三指平衡抓取

当两指机器人手形成传统的工业夹持器设计时，三指手作为通用的极简机器人手提供了显著的优势，用于抓取不同形状和大小的平面物体。基于线几何，三指平衡抓取涉及三个线性相关的手指力线，位于 Plücker 坐标下的一个公共的二维子空间。由于这样的子空间形成一个平面线束，手指力线必须相交于 $\mathbb{R}^2$ 中的一个公共点。这一见解引出以下引理，图形化地描述了三指平衡抓取。

引理 5.5（平面三指抓取） 当且仅当存在可行的接触力 $(f_1, f_2, f_3) \in C_1 \times C_2 \times C_3$ 正向生成

$\mathbb{R}^2$ 的原点时，二维物体 B 在可行的**三指平衡抓取**处被抓取，以使手指力线相交于 $\mathbb{R}^2$ 的公共点。

在平行手指力的情况下，两个力指向相同的方向，而第三个力必须有一个相反的方向，并位于以单向手指力线为界的区域中（图 5-5）。

下面的例子中说明了平行手指力的特殊情况。

示例：考虑图 5-5a 中沿两条平行边抓取矩形物体的三指抓取情况。一个手指在 x_1 处接触 B 的底边，另两个手指在 x_2 和 x_3 处接触 B 的上边。平衡控制条件的扭矩分量式（5-1）要求手指力 f_1 的线位于由单向手指力 x_2 和 x_3 之间的区域中。因此，图 5-5a 所示的三指抓取形成了可行的平衡抓取。一旦在 x_1 处的反作用力移到以 x_2 和 x_3 界定的界限外，对于任何手指力大小的组合，手指都无法在 B 上产生零净扭矩（图 5-5b）。

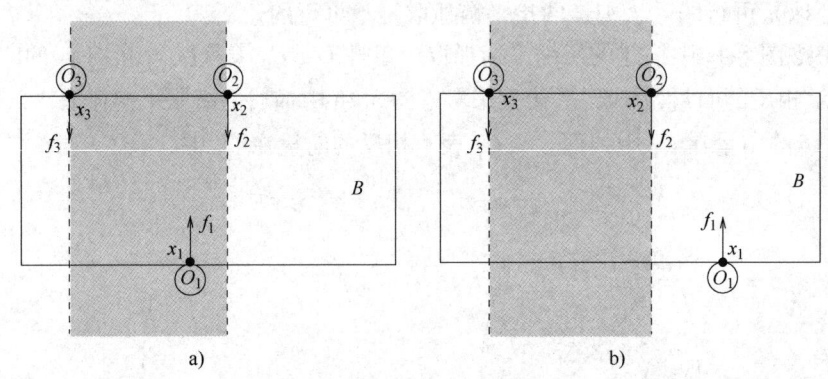

图 5-5 平行三指抓取证明了平衡可行性的图形准则：a）可行的平衡抓取；b）不可行的平衡抓取

1. 无摩擦三指平衡抓取

在无摩擦接触的情况下，引理 5.5 适用于 B 的接触法线。图 5-6 说明了一种构造无摩擦三指平衡抓取的简单技术。将 B 的内切圆定义为包含在物体 B 内的最大圆。我们将在第 9 章中了解到，这样的圆一般地触及 B 在两个或三个孤立点的边界。当内切圆在三点接触 B 的边界时，这些点自动形成三接触平衡抓取（图 5-6a）。当内切圆在两点接触 B 的边界时，两个接触点中的一个沿相反方向的任何局部分裂都会导致三接触平衡抓取（图 5-6b）。更一般地说，无摩擦三指平衡抓取生成了接触空间中的二维流形（附录 II）。因此，可以局部改变两个接触点的位置，或者局部分裂两指平衡抓取的一个接触点，然后局部移动第三个接触点以保持三指平衡抓取。

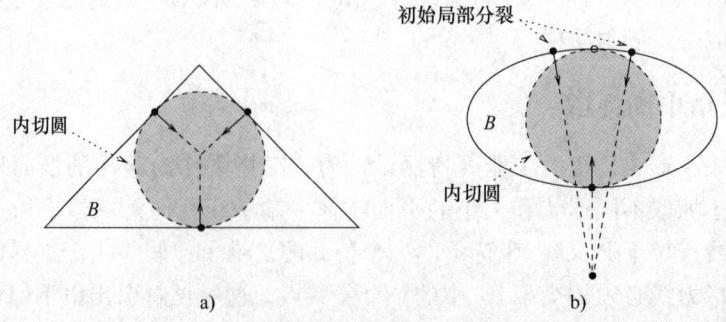

图 5-6 a）内切圆在三点与 B 的边界接触；b）当内切圆在两点与 B 的边界接触时，两个接触点之一的任何局部分裂都提供了一个三接触平衡抓取

无摩擦三指平衡抓取的 c-space 视图：三个手指体在 B 的空间中引起三个 c-障碍。当 B 由三个手指抓取在 q_0 时，点 q_0 位于三个 c-障碍表面的交点（注意三个 c-障碍物表面一般相交于离散点）。由于由正常手指力产生的力旋量在 q_0 处与 c-障碍外法线共线，所以 c-障碍外法线在无摩擦平衡抓取时线性相关。如图5-7所示，q_0 处的 c-障碍的切平面，在无摩擦三指平衡点上共享一条公共线。切向量 $\dot{q} \in T_{q_0}\mathbb{R}^3$ 关于三根手指力线的交点与 B 的纯瞬时旋转线共线。

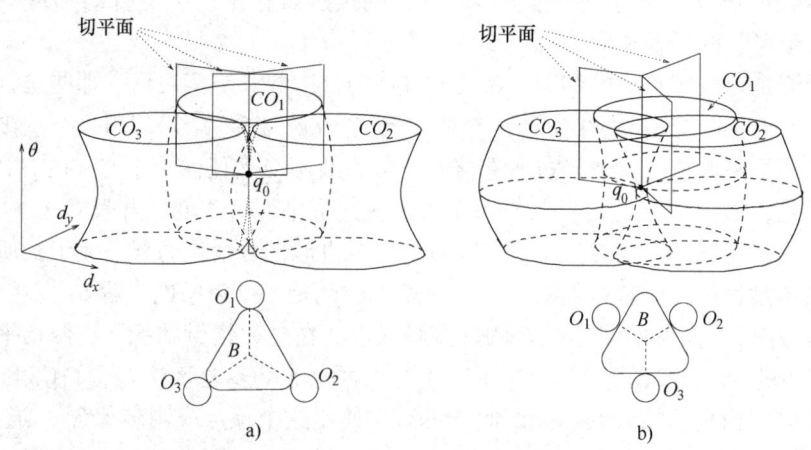

图 5-7 在无摩擦三指平衡抓取中，手指 c-障碍面在 q_0 处相交，
且在这一点上的 c-障碍法线是线性相关的

2. 摩擦三指平衡抓取

在摩擦接触的情况下，引理5.5的条件达到以下形式。在摩擦三指平衡抓取中，摩擦锥必须包含三条力线，相交于 $\mathbb{R}^2$ 的一个共同点，这样它们的方向才能正好生成 $\mathbb{R}^2$ 的原点。确定一个候选接触布局是否可以形成一个可行的平衡抓取的图解法是基于以下引理（见练习题）。

引理 5.6 让一个二维物体 B 以摩擦三指平衡抓取。如果手指力方向 $\hat{f}_1$，$\hat{f}_2$，$\hat{f}_3$ 不是完全平行的，则接触力的大小取决于一个公共比例因子：

$$\lambda_i = \hat{f}_{i+1} \times \hat{f}_{i+2}, \quad i = 1, 2, 3 \tag{5-2}$$

式中，指数相加取模3。

从引理5.6可知，当 $\hat{f}_{i+1}$ 与 $\hat{f}_{i+2}$ 平行时，$\lambda_i = 0$。因此，当 B 处于一个可行平衡抓取时，$\lambda_i = 0$ 意味着抓取只涉及两个在 x_{i+1} 和 x_{i+2} 处的主动接触。在这种情况下，$\hat{f}_{i+1}$ 与 $\hat{f}_{i+2}$ 是共线的，这条直线通过 x_{i+1} 和 x_{i+2}。基于几何学知识，通过三个接触点的线将平面分割成多边形单元，这样 λ_1，λ_2，λ_3 在每个单元中保留了它们的符号。这个符号不变性是确定三指平衡抓取可行性的图解法的基础。将使用以下双重摩擦锥。

定义 5.3 设 C_i 为第三个摩擦锥。**双重摩擦锥** $\mathbb{C}_i$ 是由 $\mathbb{C}_i = C_i \cup C_i^-$ 给出的，其中 C_i^- 是 C_i 对 X_i 的负反射（图5-8）。

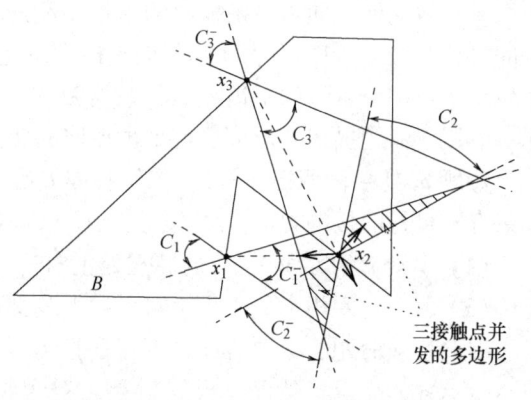

图 5-8 在 x_1、x_2 和 x_3 处展示可行三接触平衡抓取的图解法

摩擦三指平面平衡抓取的图解法：
1）检查三接触布置是否包含可行的两指平衡抓取。如果两指平衡不可行，就不可以。
2）列举 $\mathbb{C}_1 \cap \mathbb{C}_2 \cap \mathbb{C}_3$ 的非空多边形，其中 $\mathbb{C}_i$ 是 $x_i(i=1,2,3)$ 处的双重摩擦锥。
3）检查一个 $\mathbb{C}_1 \cap \mathbb{C}_2 \cap \mathbb{C}_3$ 正值的非空多边形中的力三元组是否能正向生成 $\mathbb{R}^2$ 的原点，方法是在每个多边形中进行单点检查。
4）如果可以成功检测任何一个非空多边形，则接触布置是一个可行的三指平衡抓取。否则，这不是一个可行的平衡抓取。

让我们弄清楚一些图解法的细节。考虑 $\mathbb{C}_1 \cap \mathbb{C}_2 \cap \mathbb{C}_3$ 的非空多边形。那些包含能够正向生成 $\mathbb{R}^2$ 坐标系原点的力三元组的多边形，将被称为"正向跨度多边形"。当一个三接触布置不包含一个可行的两指平衡抓取时，经过所有接触对的直线不交叉任何一个 $\mathbb{C}_1 \cap \mathbb{C}_2 \cap \mathbb{C}_3$ 的非空跨度多边形。因此，λ_1、λ_2、λ_3 的符号在每个跨度多边形中保持不变，并且对 λ_1、λ_2、λ_3 的符号进行单点检查就足够了。当 $\mathbb{C}_1 \cap \mathbb{C}_2 \cap \mathbb{C}_3$ 的非空多边形包含手指力线三元组的所有可能的并发点时，该图形过程包含所有可能的三指平衡点，因此是一个完整的过程。

示例：考虑图5-8所示的多边形 B 的三接触抓取。在这种接触状况下，两指平衡是不可行的。因此，需要进行步骤2）的方法。$\mathbb{C}_1 \cap \mathbb{C}_2 \cap \mathbb{C}_3$ 由两个非空多边形 $C_1^- \cap C_2^- \cap C_3$ 和 $C_1^- \cap C_2 \cap C_3$ 组成。这些多边形相交于同一点 x_2。因此，可以只使用这个顶点应用步骤3）。通过 x_2 的手指力线正向生成 $\mathbb{R}^2$ 坐标系的原点。依据图形技术，这种接触布置形成了 B 的一个可行的三指平衡抓取。

最后一个性质是基于抓取矩阵 G，在三摩擦接触的情况下，它是 3×6 矩阵。一般情况下，G 具有满秩和三维内抓取力的零值空间。内抓取力 (f_1, f_2, f_3) 由三对相反的手指力构成（这可能不位于各自的摩擦锥内）。如第4章所讨论的，内抓取力通过一个共同的缩放因子来调节手指力的大小，并旋转手指力方向。就像摩擦两指抓取一样，抓取矩阵 G 在 B 的力旋量空间上形成了一个投影映射。对于任何较高数量的摩擦接触，矩阵 G 都成立。

5.2.3　平面四指平衡抓取

基于纯刚体约束的四指平衡抓取可以固定几乎任何二维物体。此外，它们能够在可忽略的微小手指放置误差的情况下固定物体，这些特性使得四指在低摩擦条件下使用不精确的抓取系统抓取物体时，起着关键作用。

基于线几何，四指平衡抓取的手指力线应该是线性相关的。由于所有平面线的平面坐标空间等价于 $\mathbb{R}^3$，四条力线在其平面坐标中总是线性相关的。然而，这并不意味着每四个接触布置都形成一个可行的平衡抓取，系数 $\lambda_1, \cdots, \lambda_4$ 表示在可行的平衡抓取条件下半正定力的大小。以下命题描述了形成可行平衡抓取的四接触布置（证明见附录 I ）。

命题 5.7（平面四指抓取）　二维物体 B 在可行的**四指平衡抓取**下，所有四指都是主动的，如果存在可行的接触力 $(f_1, f_2, f_3, f_4) \in C_1 \times C_2 \times C_3 \times C_4$，则满足条件：
（1）手指力的方向在 $\mathbb{R}^2$ 的原点处正向生成。
（2）每一对手指力关于另一对手指力线交点产生相反的力矩。

要验证该命题，必须验证是否在手指力线的所有交点周围产生了相反的力矩。最多可以有六个这样的交点。然而，根据附录 I 对命题5.7的证明，只能满足在两个交点的条件下。首先，验证这四个手指力的方向能否正向生成 $\mathbb{R}^2$ 的原点。然后根据手指力方向的逆时针顺序将手指力分成两对。一个四指平衡抓取是可行的当且仅当每两对手指关于另一对手指力线的交点产生相反的力矩。下面的示例说明了这个较简短的测试。

示例：图5-9a描绘了一个多边形物体B，在没有重力的水平面中由四个盘形手指抓取。手指力作用于沿着B的接触法线方向，它们正向生成$\mathbb{R}^2$的原点。因此，将手指力分成两对，按逆时针方向排列。一对是(f_1, f_2)，另一对是(f_3, f_4)。由于f_1和f_2在f_3和f_4所作用线的交点上产生相同的顺时针力矩，所以法向手指力不能形成B的可行平衡抓取。图5-9b描述了对同一个物体B的不同的四指抓取。x_1和x_3的位置不变，但是接触点x_2和x_4移动到新的位置。手指力方向仍然正向生成$\mathbb{R}^2$的原点。使用相同的力分割方式，将这四个力分为两对(f_1, f_2)和(f_3, f_4)，现在每一对都会在另一对力所作用线的交点处产生方向相反的力矩。因此，这种接触形成了B的可行平衡抓取。

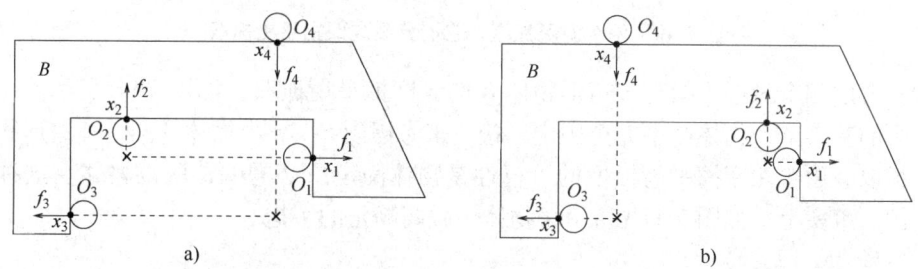

图5-9 四接触的俯视图，形成 **a)** 不可行的平衡抓取；**b)** 可行的平衡抓取

下面将介绍与无摩擦接触和摩擦接触有关的四指平衡抓取的一些重要性质。

1. 无摩擦四指平衡抓取

无摩擦四指平衡抓取可以抓取任何分段光滑的物体B，这些抓取在接触空间中形成一个四维子集(附录Ⅱ)。因此，理论上的四指平衡抓取，可以单独地改变物体边界上的所有四个接触点，同时保持平衡抓取的可行性。因此，无摩擦四指平衡抓取对于小的手指放置误差可以忽略。

下面，在多边形物体的情况下，阐述了一种构造无摩擦四指平衡抓取的简易技术。当一个多边形物体B被两个手指对跖抓取时，手指位于两个相反的顶点上，或者在一个顶点和一个相对的边上，或者在B的两个平行边上，广义接触法线在对跖抓取点处包含相反的向量。这些向量正向生成$\mathbb{R}^2$的原点，而且这一性质也被对偶点相邻的B的边的法线所保持。因此，适当地将对跖抓取点分裂成位于相邻边上的两对，将给出四个经过$\mathbb{R}^2$原点的接触法线。接下来考虑直线l，通过初始的对跖抓取，将每个对跖抓取点分割成一对点，使B在每对点处的内接触法线相交于l上的一个点。这两个接触点对在B上产生相反的净力旋量，从而产生了一个可行的四指平衡抓取。下面将通过例子来说明。

示例：如图5-10中描述的多边形物体。首先沿着这些物体的边界识别两个对跖抓取点：矩形物体的最大抓取(图5-10a)和三角形物体的最小抓取(图5-10b)。每个接触点被分割成一对接触点，位于初始点的对面，使内接触法线相交于直线l。由此产生的接触形成可行的四指平衡抓取。注意，在多边形物体的情况下，分裂不是局部的。

无摩擦四指平衡抓取的一个重要特性是它们能够抓取所有分段光滑的二维物体。当B的任何局部运动会导致其陷入其中一个固定手指体中时，则称该固定物体B由固定的刚性手指体$O_1, \cdots, O_k$固定化。由于在刚体模型下，体间穿透在物理上是不可行的，所以固定的物体被手指完全固定。我们将在第7章中看到，无摩擦平衡抓取是物体固定所必需的。虽然用两个或三个手指固定物体需要合适的指尖曲率，但四个手指可以实现不需要考虑曲率效应的物体固定。

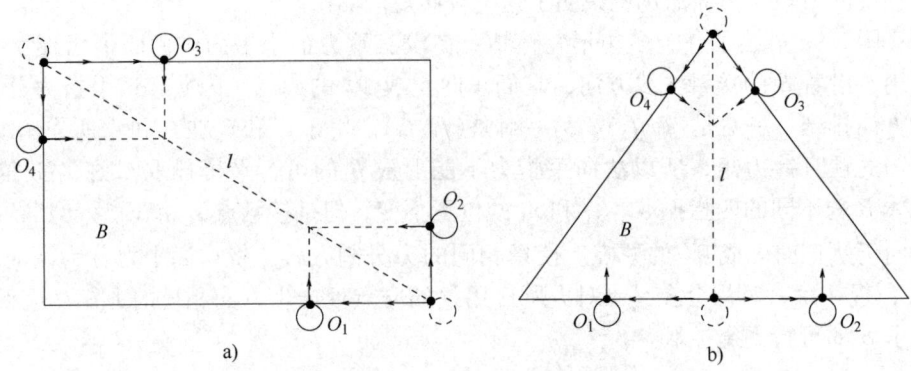

图 5-10 两个对跖抓取，它们分裂成四指平衡抓取

示例：考虑四个盘形手指对多边形物体 B 的无摩擦平衡抓取，如图 5-9b 所示。在第 7 章开发的工具的基础上，物体被手完全固定。接下来考虑图 5-11a 中描述的同一多边形物体的不可行平衡抓取。由于无摩擦平衡抓取的可行性是物体固定所必需的，所以物体在这种抓取下是不固定的。事实上，如图 5-11b 所示，物体会脱离静止的手指。

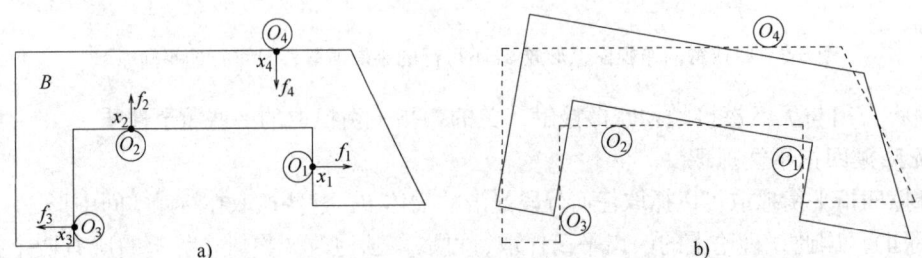

图 5-11 a) 物体在不可行的无摩擦平衡抓取状态下的俯视图；b) 物体没有被周围的手指固定住

2. 摩擦四指平衡抓取

给定一个具有摩擦接触的四接触情况，我们以图示化形式确定接触布置是否形成一个平衡抓取，以便在接触处选择可行的手指力。图形技术将基于以下公式的手指力大小（见练习题）。

引理 5.8 假设一个二维物体 B 处于摩擦四指平衡抓取状态。如果手指力线在 $\mathbb{R}^2$ 中不相交于同一点（特别是，手指力线可能不都是平行的），则其大小由一个公共比例因子给出：

$$\lambda_i = (-1)^i \det \begin{bmatrix} \hat{f}_{i+1} & \hat{f}_{i+2} & \hat{f}_{i+3} \\ x_{i+1} \times \hat{f}_{i+1} & x_{i+2} \times \hat{f}_{i+2} & x_{i+3} \times \hat{f}_{i+3} \end{bmatrix}, \quad i = 1, \cdots, 4 \quad (5-3)$$

式中，指数相加取模 4。

矩阵的列在式(5-3)中是手指力线与力 f_{i+1}、f_{i+2} 和 f_{i+3} 相关的 Plücker 坐标。因此，当三条力线相交于一点时，或者当三条力线中的两条恰好共线时，$\lambda_i = 0$。因此，当四指平衡抓取不包含任何可行的两指或三指平衡抓取时，$\lambda_1, \cdots, \lambda_4$ 的符号在四个力方向的连通集中保持不变（下一步将阐明这一概念）。这个符号不变性是确定四指平衡抓取可行性的图解法的基础。

摩擦四指平面平衡抓取的图解法：

1) 检查接触布置是否包含允许摩擦锥内的任何两指或三指平衡抓取。如果这种平衡是不可行的，则进行步骤2)。

2) 检查接触法线是否满足四指平衡抓取条件：① 手指力正向生成 $\mathbb{R}^2$ 的原点；② 每一对

手指力对另一对手指力线的交点产生相反的力矩。

3) 如果可以成功检测到接触法线，则接触布置形成可行的平衡抓取。否则，平衡抓取不可行。

为了证明图解法的合理性，考虑将四个摩擦锥置于同一原点张成 $\mathbb{R}^2$ 中不重叠的方向。摩擦锥可以依逆时针方向明确地按指数递增，通过将每四个手指力分成连续两对，可以应用命题5.7的平衡可行性试验。因此，将摩擦锥分成两对 (C_1, C_2) 和 (C_3, C_4)。接下来，考虑 $\mathbb{C}_1 \cap \mathbb{C}_2$ 和 $\mathbb{C}_3 \cap \mathbb{C}_4$ 的非空多边形的交点，其中 $\mathbb{C}_i = C_i \cup C_i^-$ 是在 x_i 处的双重摩擦锥 $(i = 1, \cdots, 4)$。其中 $\mathbb{C}_1 \cap \mathbb{C}_2$ 的点代表所有 $(\hat{f}_1, \hat{f}_2) \in C_1 \times C_2$ 的力的方向，$\mathbb{C}_3 \cap \mathbb{C}_4$ 的点代表所有 $(\hat{f}_3, \hat{f}_4) \in C_3 \times C_4$ 的力的方向。设定 $(\mathbb{C}_1 \cap \mathbb{C}_2) \times (\mathbb{C}_3 \cap \mathbb{C}_4)$ 表示所有 $(\hat{f}_1, \hat{f}_2, \hat{f}_3, \hat{f}_4) \in C_1 \times C_2 \times C_3 \times C_4$ 的力方向，在该过程的步骤1）之外，可行平衡抓取中，在手指力方向的所有情况中，$(\mathbb{C}_1 \cap \mathbb{C}_2) \times (\mathbb{C}_3 \cap \mathbb{C}_4)$ 的任何连通部分内，$\lambda_1, \cdots, \lambda_4$ 的符号始终为正。可以通过摩擦锥 C_1 和 C_2 必须在 $\mathbb{C}_3 \cap \mathbb{C}_4$ 的所有点周围产生相反的力矩，同时摩擦锥 C_3 和 C_4 必须在 $\mathbb{C}_1 \cap \mathbb{C}_2$ 的所有点周围产生相反的力矩来验证这一几何事实（图5-12 b）。因此，从 $(\mathbb{C}_1 \cap \mathbb{C}_2) \times (\mathbb{C}_3 \cap \mathbb{C}_4)$ 四个手指力方向的任何特定选择都足以确定平衡的可行性。由于接触法线总是在 $\mathbb{C}_1 \cap \mathbb{C}_2$ 和 $\mathbb{C}_3 \cap \mathbb{C}_4$ 中两两相交，我们可以使用这四个接触法线来确定平衡的可行性，如下面的例子所示。

示例：图5-12a描述了一个椭圆形物体 B，它由四个盘形手指通过摩擦接触抓取，摩擦系数 $\mu_i = 0.3$，$i = 1, \cdots, 4$，在没有外部影响的情况下，这种接触情况不支持任何两个或三个手指的平衡抓取。因此，人们可以通过只检查接触法线来验证平衡的可行性。由于接触法线不经过 $\mathbb{R}^2$ 的原点，这种接触情况导致摩擦锥内的任何手指力方向的选择都没有形成一个可行的平衡抓取。请注意，较高的 μ_i 值最终将在给定的接触点支持两个和三个手指的平衡抓取。

接下来，考虑图5-12b所示的 B 的另一种四接触抓取方式，其摩擦系数相同。这种接触情况不支持任何两个或三个手指的平衡抓取。因此，人们使用接触法线来验证平衡的可行性。首先，接触法线正向生成 $\mathbb{R}^2$ 的原点。其次，每对接触法线关于另一对接触法线的交点产生了相反力矩。因此，这种接触情况形成了 B 的可行平衡抓取。

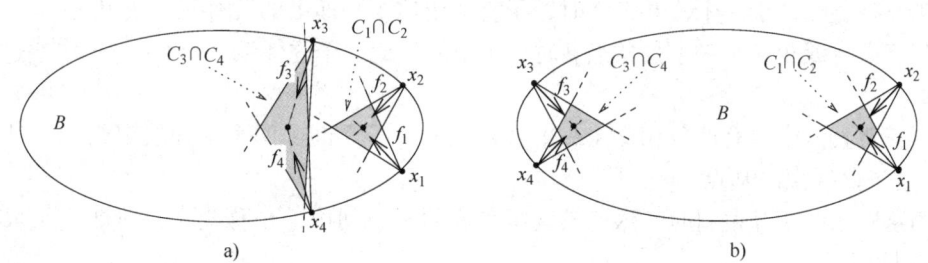

图5-12 摩擦四接触布置的俯视图，a) 是一个不可行的平衡抓取；b) 形成一个可行的平衡抓取

图示化方法突出了四指平衡抓取的以下特性。参见针对适用于三维平衡抓取的相似性质的证明（定理5.16）。

定理5.9（摩擦四指抓取） 让二维物体 B 保持在摩擦四指抓取处。如果接触处的摩擦锥不支持任何两个或三个手指的平衡抓取，而是允许四个手指的平衡抓取，则可以通过沿**接触法线**的手指力来实现平衡抓取。

接触处的摩擦影响任何给定物体的一组可达到的两指和三指平衡抓取，因为许多这样的抓取只能在手指力远离接触处 B 的内法线时才能实现。在四指抓取的情况下，定理5.9表明，摩擦效应不会将可达到的四指平衡抓取范围扩大到无摩擦接触所提供的范围之外。

5.3 空间平衡抓取

让我们首先考虑建立三维物体安全平衡抓取所需的手指数量。当手指能够抵抗任何可能作用于被抓取物体 B 的外力旋量扰动时，就可以实现稳定的平衡抓取。抗力旋量的概念将在第 6 章和第 12 章中讨论。在软点接触模型下，两个手指已经可以实现抗力旋量抓取。在硬点摩擦接触的情况下，三个手指可以实现抗力旋量转抓取。如果手指能够在刚体约束的基础上抑制被抓取物体的所有局部运动，就达到了更高的抓取稳定性。这一抓取的概念将在第 6 章和第 7 章中讨论。在无摩擦的情况下七个手指可以实现固定抓取，也形成了抗力旋量抓取。然而，我们将在第 8 章中看到，当考虑到指尖曲率时，四个手指可以固定几乎所有的三维物体，除了具有平行面的物体。因此，本章将包括具有 $k = 2, 3, 4$ 和 7 个接触点的空间平衡抓取。

线几何提供了以下三维平衡抓取的图形表示。有向空间直线 l 的平面坐标由 $(\hat{l}, p \times \hat{l}) \in \mathbb{R}^6$ 给出，其中 $\hat{l}$ 是 l 的单位方向，p 是 l 上的一个点。根据定理 5.1，在 Plücker 坐标中，k 指平衡抓取的手指力线位于 $(k-1)$ 维线性子空间：在两指平衡抓取处的一维子空间，在三指平衡抓取处的二维子空间，在四指平衡抓取处的三维子空间，在七指平衡抓取处的全六维空间。这些线性子空间的几何描述如下（见参考书目注释）。

空间线的线性子空间：

1）在 $\mathbb{R}^3$ 中的一条直线张成一个平面坐标中的一维子空间，由直线本身组成。

2）$\mathbb{R}^3$ 中的两条线在 Plücker 坐标中张成二维子空间：

① 当两条直线相交时，子空间是位于两条直线平面内并通过它们的交点的所有空间线的平面线束。

② 当两条线相对倾斜时，子空间仅由这两条线组成（这种情况不对应于三指平衡抓取）。

3）在 $\mathbb{R}^3$ 中不属于平面线束内的三条线经过了平面坐标中的三维子空间：

① 当三条直线位于一个公共平面时，子空间由这个平面上的所有平面线组成。

② 当三条直线相交于一个公共点 p 时，子空间形成一个立体束，定义为 $\mathbb{R}^3$ 中通过 p 点的所有直线。

③ 当三条直线中只有两条相交于一个公共点时，子空间由两个平面线束组成，其中一条公共线经过平面线束的基点。

④ 当这三条线相互偏斜时，这三条线所张成的子空间由一个称为半二阶曲面组成，并在下一段中讨论。

4）$\mathbb{R}^3$ 中的六条相对倾斜的线张成了所有空间线的平面坐标的全六维空间。

下面详细讨论列出的半二阶曲面。半二阶曲面是 $\mathbb{R}^3$ 中由直线构成的二次曲面。这样的表面据说形成了一个直纹曲面。半二阶曲面具有以下性质。在 3.3 节中，具有相互 Plücker 坐标的两条空间线在 $\mathbb{R}^3$ 中相交。由于半二阶曲面线经过 Plücker 坐标中的三维子空间，因此存在与该子空间相反的三条线，称为母线，使得该情况由所有与三条母线相交的空间线组成（见引理 5.12）。情况 1）~3）对应于不同形式的退化规则，因为三条线的微小扰动将会破坏它们特殊的交点排列，从而形成半二阶曲面，请注意，空间线的四维和五维线性子空间在列表中省略。这些子空间对应于五指和六指平衡抓取，这不是本章内容的一部分。

我们现在将空间平衡抓取的线几何特征应用于 $k = 2, 3, 4$ 和 7 个接触点的情况。

5.3.1 空间两指平衡抓取

两指平衡抓取的线几何条件要求手指力位于一条公共线上,这必然通过两个接触点。让我们强调与无摩擦和摩擦接触相关的两指平衡抓取的一些性质。

1. 无摩擦的空间两指平衡抓取

根据定义 5.2,无摩擦两指平衡形成对跖抓取。分段光滑的三维物体一般具有一组离散的对跖抓取。非一般情况是指具有平行或共同边界面的物体(参见练习题)。虽然二维物体总是可以沿着它们的最小和最大宽度段被抓取,但三维物体可以沿着它们的中间宽度段被抓取,如下面的引理所述(证明见附录 I)。

引理 5.10 每个分段光滑的三维物体在其最小宽度段、中间宽度段和最大宽度段上都具有至少三个对跖抓取。

引理 5.10 的证明是基于山路定理。简单地说,令 $\sigma: M \to \mathbb{R}$ 是定义在紧凑流形 M 上的连续标量值函数。如果 σ 在 M 中有两个相邻的局部极小值,则两个局部极小值之间的边界包含一个山路,或一个鞍点 σ。两个相邻局部极大值之间的边界同样包含一个鞍点。在两指抓取的情况下,指间距离函数 $\sigma(x_1, x_2) = \|x_1 - x_2\|$,其中 x_1 和 x_2 沿物体表面变化。沿着物体的最大宽度段的对跖抓取对应于一对局部极大值 σ。位于这两个局部极大值之间的山路决定了沿物体中间宽度段的对跖抓取(见附录 I)。

示例:考虑图 5-13 所示的椭球体 B。椭球的主轴形成其最小宽度段、中间宽度段和最大宽度段。在这些线段的端点上放置两个手指,就能得到三个对跖抓取。请注意,椭球恰好具有三个对跖抓取,这是对于任何三维物体无摩擦两指平衡抓取数量的严格下界。

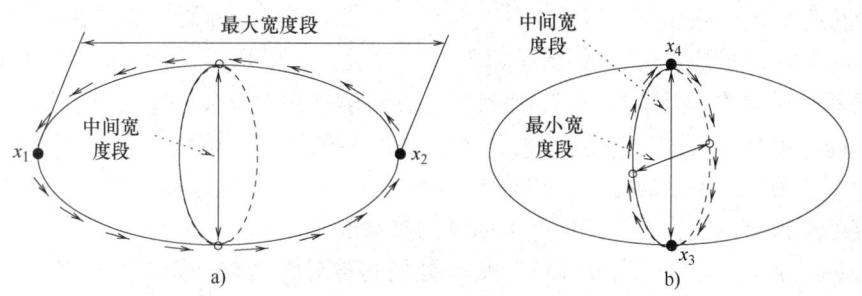

图5-13 a) 沿 B 的最大宽度段的对跖抓取;b) 沿 B 的中间宽度段和最小宽度段的对跖抓取

2. 有摩擦的空间两指平衡抓取

摩擦两指平衡抓取要求三维摩擦锥包含与通过两个接触点的线共线的相反力。两指平衡抓取的图示化与二维抓取的情况相同:$x_2 \in C_1$ 和 $x_1 \in C_2$,或 $x_2 \in C_1^-$ 和 $x_1 \in C_2^-$,其中 C_i 和 C_i^- 是摩擦锥及其在 $x_i (i=1,2)$ 处的反射。

从第 4 章中回想一下,B 在 q_0 处的力旋量空间由所有力旋量 $w \in T_{q_0}^* \mathbb{R}^6$ 构成。当 B 保持在摩擦两指平衡抓取时,在 B 的力旋量空间的五维线性子空间中,可能会影响 B 的力旋量的集合不同。这种性质可以用线几何来观察。设 l 表示通过 x_1 和 x_2 这两个接触点的直线。每一对可行的手指力线都经过 x_1 和 x_2,因此与直线 l 相交。如 3.3 节所讨论的,相交的空间线具有互易的 Plücker 平面坐标。因此,手指力线与直线 l 互为反向。设切向量 $\dot{q} = (v, \omega)$ 表示 B 关于 l 的瞬时旋转,相互关联的关系意味着净力旋量不能阻碍 B 关于 l 的瞬时旋转,即对于所有 $w \in W_1 + W_2$,$w \cdot \dot{q} = 0$。对于两指抓取的力旋量锥,$W = W_1 + W_2$。因此,W_2 位于 B 的力旋量空

间的一维子空间内。这一特性的实际含义是，完全稳定地抓取三维物体至少需要三个摩擦手指接触。⊖

5.3.2 空间三指平衡抓取

三指平衡抓取的线几何条件要求手指力线条位于同一平面线束内。平面线束构成平面 Δ，平面 Δ 在 $\mathbb{R}^3$ 中，且必然经过三个接触点。现在，对三指平衡抓取的描述简化到了平面 Δ 内。手指力线的方向必须正向生成平面 Δ 的原点，并且它们必须相交于该平面内的一点。这表明空间三指平衡抓取的一些性质与是否有摩擦接触有关。

1. 无摩擦的空间三指平衡抓取

每个分段光滑的三维物体 B 都有两个平衡抓取，它们的接触形成一个等边三角形。这种抓取的存在可以通过手指 c-障碍的以下构型空间视图来建立。

最小和最大等边平衡抓取的存在性：设三个指尖位于嵌入在固定平面内的等边三角形的顶点上，使该三角形比物体 B 大得多。现在，将手指直线平移到 Δ 的一个公共中心点，同时保持等边三角形的形状不变。在 B 的构型空间中，手指 c-障碍最初是不相交的，但沿着固定的平移线相互接近，同时保持它们的形状和大小不变。当三角形的边长等于 B 的最大宽度时，手指 c-space 第一次成对跖抓取。当三角形不断缩小时，B 仍然可以通过三个指尖形成的三角形间隙移动。一旦三个手指同时接触到物体 B，三个手指 c-space 第一次接触到一个公共点 q_1。基于莫尔斯理论（附录 B），手指 c-space 法线在 q_1 处必线性相关。由于手指 c-space 从三个方向接近 q_1，它们的外法线正向生成 q_1 的原点。点 q_1 从而形成了 B 的最大等边平衡抓取。当三角形不断缩小时，三个指尖形成的三角形间隙最终变得太小，B 无法通过。当三个 c-space 接触到一个公共点 q_2 时，就会发生这种事件。基于莫尔斯理论，c-障碍法线必在 q_2 处线性相关，并且它们正向生成 q_2 的原点（类似情况见图 5-7a）。因此，q_2 点形成了 B 的最小等边平衡抓取。

如附录 II 所讨论的，无摩擦的三指平衡抓取在接触空间中形成一个二维流形（等边抓取是这个流形上的两点）。因此，人们可以在物体表面沿一维曲线局部移动三个手指接触中的任意两个，然后调整第三个手指的位置，以恢复平衡抓取。这种可以通过局部分裂成两指对跖抓取的一个接触点来获得三指平衡抓取，下面举例进行说明。

接触分裂的示例：三维物体 B 在 x_1 和 x_2 处最初被对跖抓取，如图 5-14 所示，设 B 的曲面近似为二次面，记为 Q，设 V 是 x_2 处与物体表面正交的平面，B 的表面法线和 B 在 x_2 处的主要曲率方向张成了 V。设 γ 是 Q 与 V 的相交曲线。作为二次曲面，γ 沿 Q 的法线位于平面 V 内。因此，有可能将 x_2 沿接触 γ 分成两个接触点 x_{21} 和 x_{22}，使新的接触法线与原接触法线相交于一点。在 x_1 处的相对接触法线位于原接触法线上。点 x_1、x_{21} 和 x_{22} 形成了 B 的无摩擦三指平衡抓取，如图 5-14 所示。

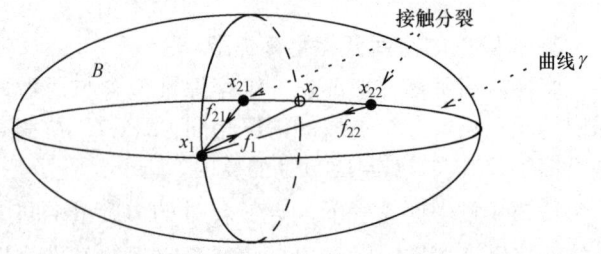

图 5-14 接触分裂方法产生的三指平衡抓取

⊖ 柔软的指尖还可以额外产生关于接触法线的力矩，正如第 4 章中讨论的，这些力矩通常很小，对于沿直线 l 旋转 B 的抵抗作用不大。

2. 有摩擦的空间三指平衡抓取

摩擦三指平衡抓取同样可以在由三个接触点张成的平面 Δ 内进行特征描述。定义平面双摩擦锥 $\mathbb{C}_i = (C_i \cup C_i^-) \cap \Delta$, $i = 1$, 2, 3。对于 $C_1 \cap C_2 \cap C_3$ 中的每个非空多边形，检查该多边形中的力三元组是否正向生成平面 Δ 的原点（使用单点检验）。如果测试成功，则接触排列构成了一个可行的平衡抓取。如果对 $C_1 \cap C_2 \cap C_3$ 的所有非空多边形的测试均失败，则该接触排列不是一个可行的平衡抓取。

在存在三个摩擦接触的情况下，考虑一个 6×9 矩阵 G，通常情况下，矩阵 G 具有完整的行秩，以及存在一个三维的内抓取力零空间，其中内抓取力 $\vec{f} = (f_1, f_2, f_3)$ 使得 $G\vec{f} = \vec{0}$。这些内抓取力由成对的相对力构成：

$$\mathrm{span}\left\{ \begin{pmatrix} x_2-x_1 \\ x_1-x_2 \\ \vec{0} \end{pmatrix}, \begin{pmatrix} \vec{0} \\ x_3-x_2 \\ x_2-x_3 \end{pmatrix}, \begin{pmatrix} x_1-x_3 \\ \vec{0} \\ x_3-x_1 \end{pmatrix} \right\}$$

该基的力线在平面 Δ 内，当三指接触布置形成可行的平衡抓取时，内抓取力可以调节和旋转平面摩擦锥内的平衡力，$C_i \cap \Delta$，$i = 1$，2，3。由于 G 具有完整的行秩，因此它在 B 的力旋量空间上形成一个投影映射。这种性质适用于任何更多的摩擦接触。

广义三脚架规则：在静态腿部运动中，腿部机器人在将自由腿提升到一个新的位置时，并努力保持相对于重力的平衡。考虑机器人在平坦的水平地形上移动的最简单的情况。当该机械结构通过两条腿上的摩擦点接触支撑自己，地面反作用力只在机械结构上产生一个五维力旋量锥。因此，机器人的某些翻转运动不能受到接触点的阻碍。当机械结构通过三个放置好的腿上的摩擦接触支撑自己时，地面反作用力的净力旋量锥是完全六维的。在这种情况下，使其质心在 $\mathbb{R}^3$ 中的一个完整三维柱体内变化，同时与重力保持平衡。这一特性将成为第 11 章中的一个广义三脚架规则，其中机器人手通过指尖和手掌接触支持三维物体对抗重力。

5.3.3 空间四指平衡抓取

四指平衡抓取的线几何条件要求手指力线位于平面坐标中的三维线性子空间上。正如本节开头所描述的，这样的子空间可以采取四种可能的形式之一。第一种形式涉及四条共面力线。这种情况只发生在四个接触点位于 $\mathbb{R}^3$ 中的公共平面上，基本上是嵌入在 $\mathbb{R}^3$ 中的平面四指抓取。因此，我们将重点讨论剩下的三种情况：立体束、相交的平面线束和半二阶曲面，将这三种情况与定理 5.1 相结合，我们得到了四指平衡抓取的以下特征。

引理 5.11（空间四指抓取） 三维物体 B 在可行的**四指平衡抓取**中，如果存在可行的接触力 $(f_1, f_2, f_3, f_4) \in C_1 \times C_2 \times C_3 \times C_4$，这正向生成了 $\mathbb{R}^3$ 的原点，并形成了线排列之一：

1）手指力线位于一支**立体束**中，因此相交于 $\mathbb{R}^3$ 上的一点。

2）手指力线位于两个**相交的平面线束**中，从而形成两对共面线，这两对共面线位于同一条经过这两个平面束线基点的直线。

3）手指力线位于一个**半二阶曲面**内，从而形成了四条斜交直线。在这种情况下，存在三条直线（或生成线，或母线），使四条手指力线与这三条生成线相交。

下面的例子说明了可能的四指平衡抓取情况。

示例：考虑图 5-15 所示的连续的更复杂的线排列（物体 B 未显示）。最简单的情况是由四条力线组成，它们相交于一点，正向生成 $\mathbb{R}^3$ 的原点，如图 5-15a 所示。通过将手指力线分裂成两个共面对，然后将两对分开，我们得到了与两个相交的平面线束相关的四指平衡抓取，如图 5-15b 所示。通过将每对力线从它的公共平面上拉开，使新的力线位于与原平面相等距离的平行平面上，我们得到了与一个半二阶曲面关联的四指平衡抓取，如图 5-15c 所示。我们可以使用下面描述的图形检测来验证图 5-15c 所示的力线是否位于同一半二阶曲面中（从而形成一个四指平衡抓取）。

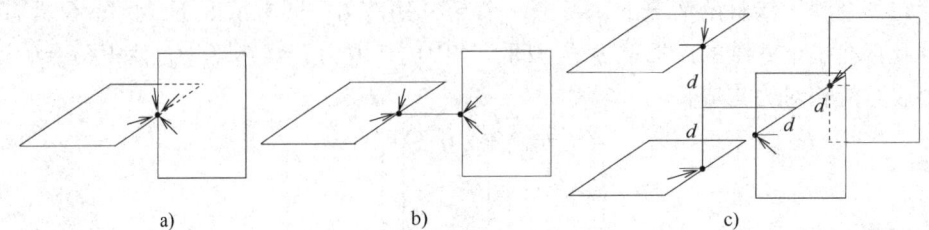

图 5-15 四指平衡抓取时的手指力线（未显示物体 B）。a) 四条直线相交于一点；b) 这四条线放在两支共用一条线的平面线束上；c) 这四条线位于同一半二阶曲面内

基于以下引理可以确定四根手指力线何时形成可行的平衡抓取的图形检测（证明见附录I）。

引理 5.12（半二阶曲面检验） 如果与第四条直线正交的平面上的每三元组线的投影相交于一点，则 $\mathbb{R}^3$ 中的四条线位于同一**半二阶曲面**中。

当引理 5.12 的条件满足时，可以用图形构造包含四条线的半二阶曲面的三条母线。选择一个特定的三元组线，用符号 P 表示与第四条线正交的平面。在 P 上的三元组线的投影相交于一点 $p, p \in P$。回想一下，平行或相交的空间线都有互易的 Plücker 平面坐标。平行于第四条线并且经过 p 点的线与这四条线互易，因此形成了包含这四条线的半二阶曲面的母线。根据引理 5.12，四条手指力线的平衡可行性通过图 5-16 进行测试（证明见附录Ⅰ）。

命题 5.13（四指抓取） 假设一个三维物体 B 由四个手指沿着非平行的力线保持抓取状态。如果与第四条手指力线正交的平面内的每三元组线的投影形成一个平面平衡抓取，那么手指力线就形成了一个可行的**平衡抓取**。

练习题中讨论了平行手指力线的特殊情况。下面通过例子对该命题进行说明。

示例：考虑图 5-16a 中描述的手指力线 l_1、l_2、l_3、l_4，其中 l_1 和 l_2 分别位于平行水平面内，而 l_3 和 l_4 分别位于平行垂直面内。每对平面相距为 $2d$，这四条线在它们的平面内张成相同的角度 α（图 5-16a）。考虑三元组线 l_1、l_2、l_3。基于命题 5.13，在平衡抓取时，与 l_4 垂直正交的平面上的这三元组线的投影形成一个三指平衡抓取。设 V 表示包含直线 l_3 的垂直平面，如图 5-16b 所示。设 l_0 是通过 l_1 和 l_2 与平面 V 相交的线，如图 5-16b 所示。简单的三角函数计算可以证明在该直线排列中 l_0 与 l_4 平行。因此，l_1、l_2、l_3 的投影相交于与 l_4 正交的平面上的一点，这意味着 l_0 是包含 l_1、l_2、l_3、l_4 的半二阶曲面的母线。由于 l_1、l_2、l_3 的投影张成 $\mathbb{R}^2$ 的原点，它们在与 l_4 正交的平面上形成了一个三指平衡抓取。通过对称的抓取布置，其他三元组线的投影类似地形成平面三指平衡抓取。通过命题 5.13，四条力线形成可行的四指平衡抓取。

1. 无摩擦的空间四指平衡抓取

每个分段光滑的三维物体 B 都有一个无摩擦的四指平衡抓取，其接触形成一个正四面体。这种平衡抓取的存在可以用手指 c-障碍空间的以下构型空间视图来建立。

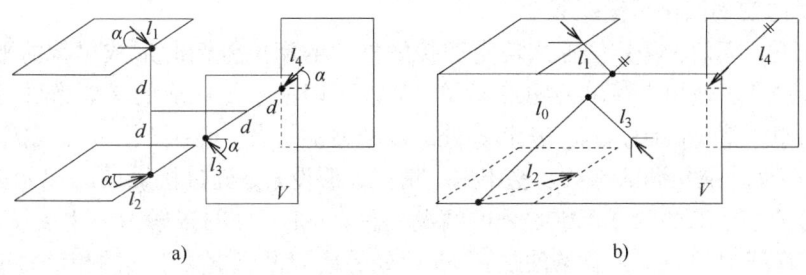

图 5-16 a) 四条手指力线位于同一半二阶曲面中；b) 母线 l_0 平行于 l_4（物体 B 未显示）

四面体平衡抓取的存在性：设四个指尖位于一个对称四面体的顶点上，使该四面体远大于物体 B。相对于初始指尖位置，手指 c-障碍在 B 的 c-space 中是不相交的。现在，将手指沿着对称四面体的形状移动到一个公共中心点。手指 c-障碍在保持形状和大小不变的同时，沿着纯平移运动相互接近。当物体 B 首次能同时接触两个手指的一瞬间，手指的 c-障碍首次对跖抓取。随着四面体不断缩小，当 B 首次能同时接触三个手指的一瞬间，手指 c-障碍首次三对跖抓取。最终，这个缩小的四面体能被物体 B 完全包含。因此，当 B 首次同时接触所有四个手指的瞬间，手指 c-障碍首次接触到一个公共点 q_0。基于莫尔斯理论（附录 B），c-障碍法线必在 q_0 处线性相关。由于 c-障碍从四个方向接近 q_0，它们的外法线正向张成了 q_0 的原点。因此，点 q_0 构成了物体 B 的一个四面体平衡抓取状态。

无摩擦四指平衡抓取集在接触空间形成五维流形（附录 II）。因此，从名义上的四指平衡抓取开始，可以使用五个独立的位置参数局部改变接触沿物体表面的位置，同时保持平衡抓取。这种接触的局部运动也可以通过分裂两个或三个手指平衡抓取的接触来获得四指平衡抓取，如下面的例子所示。

接触抓取分裂的示例：定义三维物体 B 的内切球为包含在给定物体内的最大球。如第 9 章所讨论的，内切球一般在两个、三个或四个孤立点接触物体表面，如图 5-17 所示。当内切球在两点接触 B 的表面时，两个接触点的局部分裂给出了一个四指平衡抓取（图 5-17a）。由于每个接触点分裂都涉及两个位置参数，如分裂方向和两个接触点之间的距离，所以总是可以从物体的内切球开始生成一个无摩擦的四指平衡抓取。

当内切球在三点接触到 B 的表面时，三个接触点中的一个接触点的局部分裂给出了一个四指平衡抓取（图 5-17b）。当内切球在四点接触到 B 的表面时，接触法线已经形成同心四指平衡抓取（图 5-17c）。

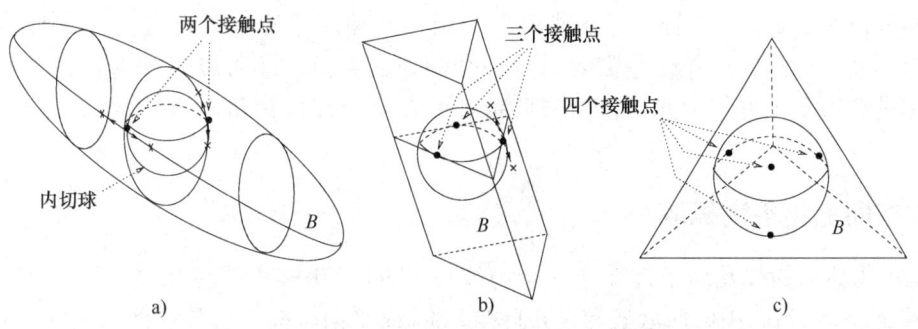

图 5-17 B 的内切球在 a) 两点、b) 三点和 c) 四点接触其表面。
a) 和 b) 要求接触分裂成为四指平衡抓取

2. 有摩擦的空间四指平衡抓取

理想情况下，人们希望用图形来确定四接触排列的摩擦锥何时形成可行的平衡抓取。然而，摩擦四指平衡不适用于简单的图形解释。从以下四指平衡抓取的必要条件可以得到一些图形解释。回想一下，$\mathbb{C}_i = \mathbb{C}_i^+ \cup \mathbb{C}_i^-$ 表示 x_i 处的双摩擦锥。当空间线 l 位于 $\mathbb{C}_i$ 之外时，$\mathbb{C}_i$ 的所有力线都会关于 l 形成相同的参数。基于这一情况，假设 l_{ij} 是经过接触点 x_i 和 x_j 的线。考虑 l_{ij} 位于 x_k 和 x_l、$\mathbb{C}_k$ 和 $\mathbb{C}_l$ 的双摩擦锥之外的情况。在 x_i 和 x_j 处的接触力产生关于 l_{ij} 的零力矩。因此，四指平衡抓取的一个必要条件是 x_k 和 x_l 处的接触力产生关于 l_{ij} 的相反力矩。这一必要条件必须适用于所有六条 $l_{ij}(1 \leq i,j \leq 4)$ 线，如下面的例子所示。

示例——手托支架：图 5-18 所示为一个刚体 B 通过三个摩擦接触支撑抵抗重力。接触点由未显示的支撑机器人手构成。假设 Δ 是由三个接触点张成的平面。如图 5-18 所示，摩擦锥 C_1、C_2 和 C_3 完全高于 Δ。支撑问题要求我们找到物体 B 的所有质心位置，这些位置能使物体在支撑接触面上保持静态平衡，从而防止物体从机器人手中滑出。这种情况可以解释为一种四指平衡抓取，重力充当物体质心的虚拟手指。这个重要的条件可以应用到解决物体的支撑问题上。假设 l_{ij} 是经过接触点 x_i 和 x_j 的线，因为 l_{ij} 与双摩擦锥 $\mathbb{C}_k$ 是不相交的，所以 $\mathbb{C}_k$ 的所有力线对 l_{ij} 产生相同的力矩。因此，Δ 的质心必须位于一个以 l_{ij} 为界的垂直半空间中，使得半空间包含点 x_k。通过对三个接触点问题的

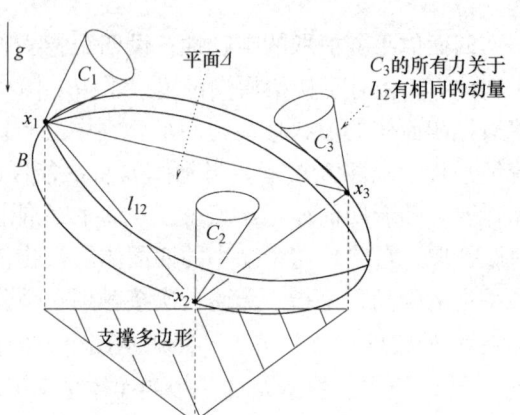

图 5-18　由三个摩擦接触点支撑的刚体 B（支撑机器人手未显示）。物体静态稳定的质心位置占据由支撑多边形张成的垂直棱镜的子集

研究，可行的质心位置必须位于由三个支撑接触张成的垂直棱镜中。这个棱镜的横截面形成了手掌支撑姿态的支撑多边形。我们将在第 15 章中看到，支撑多边形的一个较小的子集可以解决一般的支撑问题。

最后，我们对抓取矩阵 G 进行讨论，在四个摩擦接触的情况下，它是 6×12 矩阵。一般情况下，G 具有完整的满秩，因此在 B 的力旋量空间上形成一个投影映射。然而，在三个摩擦接触的情况下，G 是满射映射的。因此，有人可能会争辩说，在有摩擦的三维抓取中，四个手指相比于三个手指并没有提供任何质的优势，因为原则上两种抓取方式都能够对被抓取物体 B 产生任何净力旋量。然而，三手指可以利用手掌使三维物体在高度安全的四点接触抓取中固定不动。此外，操作任务需要至少一个额外的手指，才可以对被保持在三指平衡抓取的物体进行重新定位。因此，三指和四指抓取在多功能极简机器人手的设计中起着重要的作用。

5.3.4　空间七指平衡抓取

七指平衡抓取的线几何条件要求手指力线在 Plücker 坐标中线性相关。但七条空间线的 Plücker 平面坐标是 $\mathbb{R}^6$ 中的向量坐标，并且在 Plücker 平面坐标中总是线性相关的。因此，平衡条件的要求降低到线性相关系数为半正定。让我们来描述计算这些系数的公式，该公式将用于检验七条手指力线是否构成一个可行的平衡抓取（请参阅公式推导的练习题）。

引理 5.14 当七条直线 $l_i = (\hat{l}_i, x_i \times \hat{l}_i)$ $(i=1,\cdots,7)$ 在 Plücker 坐标中不位于较低维的线性子空间时，它们在 $\lambda_1 l_1 + \cdots + \lambda_7 l_7 = \vec{0}$ 中的线性相关系数（在共同的比例因子下）可由以下公式给出：

$$\lambda_i = \det \begin{bmatrix} \hat{l}_{i+1} & \cdots & \hat{l}_{i+6} \\ x_{i+1} \times \hat{l}_{i+1} & \cdots & x_{i+6} \times \hat{l}_{i+6} \end{bmatrix}, \quad i=1,\cdots,7 \tag{5-4}$$

式中，指数加法是模 7。

平衡抓取的可行性要求七条手指力线与半正定系数线性相关。这导致了以下平衡可行性测试。

推论 5.15（七指抓取） 让一个三维物体 B 沿七条手指力线被抓取。如果系数 λ_1，$\cdots$，λ_7 在式(5-4)中均为半正定或均为半负定，那么手指力线形成一个可行的**七指平衡抓取**。

简证：考虑一般情况下，式(5-4)中指定的系数 λ_1，$\cdots$，λ_7 在一给定的抓取状态下均为严格正值或严格负值。由于 $\lambda_i \neq 0$，$i=1$，$\cdots$，7，6×7 矩阵 $[l_1 \cdots l_7]$ 具有一组满秩和一维零值空间。对于一些固定系数向量 $(\sigma_1, \cdots, \sigma_7)$ 和 $s \in \mathbb{R}$，零空间具有 $s \cdot (\sigma_1, \cdots, \sigma_7)$ 的形式。因为 λ_1，$\cdots$，λ_7 在可行的平衡抓取中必须是半正定的，则 σ_1，$\cdots$，$\sigma_7 > 0$ 且 $\lambda_i = \sigma_i$，或 σ_1，$\cdots$，$\sigma_7 < 0$ 且 $\lambda_i = -\sigma_i$，$i=1$，$\cdots$，7。

接下来，我们将介绍与无摩擦和摩擦接触相关的七指平衡抓取的一些性质。

1. 无摩擦的空间七指平衡抓取

基于以下论点，无摩擦七指平衡抓取对于小的手指放置误差是可以忽略的。每个手指接触随物体表面的两个位置参数变化。七指接触情况将由 $\mathbb{R}^{14}$ 参数化，形成这些抓取的接触空间。无摩擦的七指平衡抓取包含接触空间中的一个完全 14 维的子集（附录Ⅱ）。因此，从名义上的七指平衡抓取开始，我们可以独立地改变物体表面上的所有七个接触点，同时保持平衡抓取的可行性。

无摩擦七指平衡抓取的另一个重要特性是它们固定三维物体的能力。我们将在第 7 章和第 8 章中看到，平衡抓取涉及六个或更少的手指，需要调整适当的接触曲率来实现物体的固定。相反，当一个三维物体被七个手指抓取时，所有的手指对于保持平衡的抓取都是必不可少的，物体被手指完全固定，就不需要考虑曲率效应。

2. 有摩擦的空间七指平衡抓取

七个摩擦接触并不能扩大七指平衡抓取的集合，但是超出了七个无摩擦接触可以提供相应的集合，这有些不直观。

定理 5.16（有摩擦的七指抓取） 让三维物体 B 通过七个摩擦接触点被抓取。如果接触排列形成一个可行的平衡抓取，使得所有七个接触点都是维持平衡抓取所必需的，则可以用指向接触处 B 的表面法线的手指力来建立抓取。

简证：从可行的七指平衡抓取开始，我们将证明手指力方向可以在保持平衡抓取的同时进行旋转，直到它们与 B 的内接触法线一致。设 $(\hat{f}_1, \cdots, \hat{f}_7) \in C_1 \times \cdots \times C_7$ 是初始平衡抓取时的手指力方向。考虑手指力方向的连续路径，$\gamma(s) = (\hat{f}_1(s), \cdots, \hat{f}_7(s))$，$s \in [0,1]$，从 $\gamma(0) = (\hat{f}_1, \cdots, \hat{f}_7)$ 开始，于各自的内法线 $\gamma(1) = (n_1, \cdots, n_7)$ 结束。显然，可以构造一个路径 γ，使手指力方向在其各自的摩擦锥内连续旋转。路径 γ 上的每个点确定了七条手指力线，$(\hat{f}_i(s), x_i \times \hat{f}_i(s))$，$i=1$，$\cdots$，7，视为 $\mathbb{R}^6$ 中的向量，对于所有 $s \in [0,1]$，这七条手指力线线性相关。现在考虑沿路径 γ 的手指力大小 λ_1，$\cdots$，λ_7，最初 $\lambda_i(\gamma(0)) > 0$，$i=1$，$\cdots$，7。假设在沿路径 γ 的某个点上，这些系数之一变为零。令 s^* 为该事件首次发生的时刻，比如说对系数 λ_1 而

言。基于引理 5.14：

$$\lambda_1(\gamma(s^*)) = \det \begin{bmatrix} \hat{f}_2(s^*) & \cdots & \hat{f}_7(s^*) \\ x_2 \times \hat{f}_2(s^*) & \cdots & x_7 \times \hat{f}_7(s^*) \end{bmatrix} = 0 \quad (5-5)$$

根据式(5-5)，六条手指力线 ($\hat{f}_i(s^*), x_i \times \hat{f}_i(s^*)$)($i=2,\cdots,7$)线性相关。由于 $\lambda_i(\gamma(s^*)) > 0$, $i = 2, \cdots, 7$，六个手指构成了对 B 一个可行的平衡抓取。但是所有七个接触点对于保持平衡抓取是必不可少的，这与假设矛盾。所有七个系数 $\lambda_1, \cdots, \lambda_7$ 必须在整个路径 γ 上保持为正。因此 $\lambda_i(\gamma(1)) > 0$, $i = 1, \cdots, 7$，这表示接触法线($n_1, \cdots, n_7$)也形成一个可行的平衡抓取。

注意，摩擦效果的确会扩大六个手指或更少的手指所能达到的三维平衡抓取的范围和超过无摩擦接触点所能提供的范围。然而，当一个物体被七个手指抓取时，定理 5.16 暗示摩擦效应不会扩大三维物体的七指平衡抓取的范围或超出七个无摩擦接触所提供的集合。

5.4 涉及更多手指的平衡抓取

平衡抓取的内容在二维抓取的情况下以四个手指结束，在三维抓取的情况下以七个手指结束。当手指数量较高时，平衡抓取可以用一个与上限相匹配的手指子集来维持。这种抓取的还原性是基于 Carathéodory 定理(见参考书目注释)。在 $\mathbb{R}^m$ 中形成凸多面体集合一组点 $\{p_1, \cdots, p_k\}$ 的凸包定义为包含这些点的最小凸集，在 $\mathbb{R}^m$ 中形成凸多面体集合。

Carathéodory 定理：如果在 $\mathbb{R}^m$ 中点 p_0 位于一组点 $\{p_1, \cdots, p_k\}$ 的凸包中，$k \geq m+1$，则 p_0 位于该集合至多 $m+1$ **个点**所构成的凸包中。

要将 Carathéodory 定理应用于 k 指抓取，请记住，物体力旋量空间 $T^*_{q_0} \mathbb{R}^m$ 等价于 $\mathbb{R}^m$。当物体 B 被 $k > m+1$ 个手指平衡抓取时，最多只需要 $m+1$ 个手指的力旋量来正向生成力旋量空间的原点。我们将利用 4.3 节中的基本手指概念来正式表述这一观点。当物体 B 处于 k 指平衡抓取状态时，若在剩下的 $k-1$ 个接触点处，可行手指力所形成的净力旋量锥在 B 的力旋量空间中成为一个尖锥，则手指体 O_i 对于维持这一平衡抓取状态是必要的。现在，我们将 Carathéodory 定理应用于具有大量手指的平衡抓取。

命题 5.17(平衡抓取可还原性) 假设一个物体 B 被 $k > m+1$ 个手指平衡抓取，其中 $m = 3$ 是二维抓取，$m = 6$ 是三维抓取。然后，平衡抓取最多可以由 $m+1$ **个可活动手指**来维持。

证明：由平衡抓取方程(5-1)：

$$\lambda_1 \begin{pmatrix} \hat{f}_1 \\ x_1 \times \hat{f}_1 \end{pmatrix} + \cdots + \lambda_k \begin{pmatrix} \hat{f}_k \\ x_k \times \hat{f}_k \end{pmatrix} = \vec{0}, \quad \lambda_i \geq 0, \quad i = 1, \cdots, k \quad (5-6)$$

由于手指力大小在平衡时不都是零，即 $\sum_{j=1}^{k} \lambda_j > 0$，将式(5-6)的两边同乘以 $1/\sum_{j=1}^{k} \lambda_j$ 得

$$\sigma_1 \begin{pmatrix} \hat{f}_1 \\ x_1 \times \hat{f}_1 \end{pmatrix} + \cdots + \sigma_k \begin{pmatrix} \hat{f}_k \\ x_k \times \hat{f}_k \end{pmatrix} = \vec{0}, \quad \sigma_i \geq 0, \quad \sum_{i=1}^{k} \sigma_i = 1$$

式中，$\sigma_i = \lambda_i / \sum_{j=1}^{k} \lambda_j (i = 1, \cdots, k)$。这表明零净力旋量位于手指力旋量 $(\hat{f}_i, x_i \times \hat{f}_i)$($i = 1, \cdots, k$)的凸包。根据 Carathéodory 定理，零力旋量位于这些力旋量中至多 $m+1$ 的凸包中。因此，平衡抓取最多可以通过 $m+1$ 个可活动手指来维持。

命题 5.17 意味着所有的二维平衡抓取最多可以需要四个可活动手指来维持，而所有的三维平衡抓取最多需要七个可活动手指来维持。此属性在下面的示例中进行说明。

示例：考虑图 5-19a 所示的多边形物体 B 的六指抓取，其中的手指力作用于沿接触法线方向。要确认这些接触点构成了一个可行的平衡抓取，一种方法是注意到物体在这一抓取状态下被手指固定住了。正如下一章所讨论的，物体固定只能通过无摩擦平衡抓取来实现。基于命题 5.17，至少两个非基本手指才能构成可行的抓取，这些手指是可以在不影响平衡可行性的情况下被移除的。由于手指力方向必须正向生成 $\mathbb{R}^2$ 的原点，所以底部手指 O_1 和 O_2 对于保持平衡抓取是必不可少的。但是剩下的四个手指中的每一个都是不必要的。图 5-19b 通过从六指抓取中移除非基本手指 (O_4, O_5) 或 (O_3, O_6) 获得两个可行的平衡抓取。

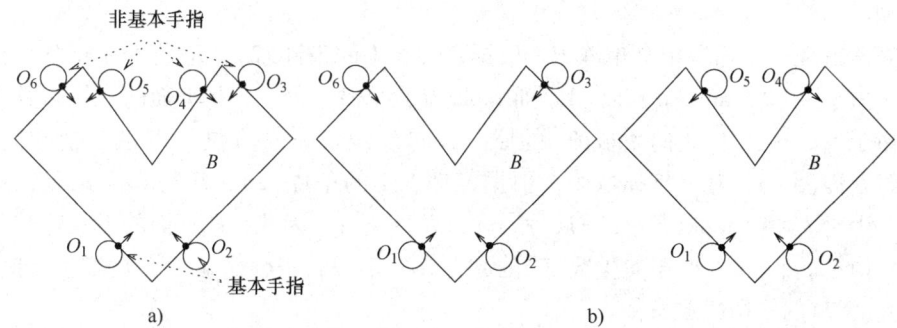

图 5-19　a）包含非基本手指的六指平衡抓取；b）包含四个基本手指的两个平衡抓取

5.5 参考书目注释

平衡抓取内容是基于第 3 章参考书目注释中讨论的线几何概念而应用的。线的线性子空间的图形特征，对应于涉及不同手指数量的平衡抓取，在 Dandurand[1]、Veblen 和 Young[2] 中可以得到解释。平衡抓取条件：手指接触力线的线性相关关系的解释是基于 Ponce、Sullivan、Sudsang、Boissonnat 和 Merlet[3]。

基于 Carathéodory 定理，最多出现在二维抓取中的四个手指和三维抓取中的七个手指，并涉及大量手指抓取的还原性可以应用在 Mishra、Schwartz 和 Sharir[4] 中。最后，Nirenberg[5] 描述了山路定理，该定理在附录 I 中使用，并作为一个练习，表明二维刚体具有最小和最大对跖抓取，而三维刚体具有最小、中间和最大对跖抓取。

5.6 附录

5.6.1 附录 I：证明细节

本附录 I 包含平衡抓取目录下关键几何性质的证明。我们从推论 5.2 开始，它涉及平衡抓取的线几何特征。

推论 5.2　定理 5.1 的条件对于一般的具有 $2 \leqslant k \leqslant 3$ 个接触的二维抓取，以及一般的具有 $2 \leqslant k \leqslant 4$ 个接触的三维抓取的平衡抓取可行性而言，是**充分必要**的。

证明：首先写出式(5-1)的平衡抓取条件的矩阵形式：

$$\begin{bmatrix} \hat{f}_1 & \cdots & \hat{f}_k \\ x_1 \times \hat{f}_1 & \cdots & x_k \times \hat{f}_k \end{bmatrix} \begin{pmatrix} \lambda_1 \\ \vdots \\ \lambda_k \end{pmatrix} = H \begin{pmatrix} \lambda_1 \\ \vdots \\ \lambda_k \end{pmatrix} = \vec{0}, \ \lambda_1, \cdots, \lambda_k \geq 0 \quad (5\text{-}7)$$

式中，H 在二维抓取中为 $3 \times k$ 矩阵，在三维抓取中为 $6 \times k$ 矩阵。考虑 H 的较高阶 $n \times k$ 子矩阵，$\overline{H} = [\hat{f}_1 \ \cdots \ \hat{f}_k]$，其中 $n=2$ 或 3。根据定理 5.1 的条件(1)，$\overline{H}$ 的列线性相关。由于 $k-1 \leq n$，$\text{rank}(\overline{H}) \leq k-1$。在二维抓取中，$\overline{H}$ 的秩在任意两指抓取、任意三指抓取且手指力线不平行时，$\text{rank}(\overline{H}) = k-1$。在三维抓取中，$\overline{H}$ 的秩在任意两指抓取、任意三指抓取且手指力线不平行、任意四指抓取且手指力线不在 $\mathbb{R}^3$ 中的平行平面上时，$\text{rank}(\overline{H}) = k-1$。注意，这些都是一般抓取类型。

接下来考虑在二维抓取中全矩阵 H。根据定理 5.1 的条件(2)，H 是 $3 \times k$ 矩阵，具有线性相关的列。由于 $k \leq 3$，$\text{rank}(H) \leq k-1$，而 $\text{rank}(\overline{H}) = k-1$。因此，$H$ 下面的一行与其上两行线性相关。由于 $\hat{f}_1, \cdots, \hat{f}_k$ 正向生成 $\mathbb{R}^2$ 的原点，向量 $(\lambda_1, \cdots, \lambda_k)$ 位于 H 的零值空间。因此，H 满足平衡方程(5-7)。在三维抓取中，根据定理 5.1 的条件(2)，H 是 $6 \times k$ 矩阵，具有线性相关的列。由于 $k \leq 4$，$\text{rank}(H) \leq k-1$，而 $\text{rank}(\overline{H}) = k-1$。因此，$H$ 下面的下三行与其上三行线性相关。由于 $\hat{f}_1, \cdots, \hat{f}_k$ 正向生成 $\mathbb{R}^3$ 的原点，向量 $(\lambda_1, \cdots, \lambda_k)$ 位于 H 的零值空间。因此，H 满足方程(5-7)的平衡抓取条件。

下一个命题确定了平面四指平衡抓取可行性的条件。

命题 5.7 二维物体 B 在可行的四指平衡抓取下，所有四指都是主动的，如果存在可行的接触力 $(f_1, f_2, f_3, f_4) \in C_1 \times C_2 \times C_3 \times C_4$，则满足条件：

（1）手指力的方向在 $\mathbb{R}^2$ 的原点处正向生成。

（2）每一对手指力关于另一对手指力线交点产生相反的力矩。

证明：首先考虑条件(1)和(2)的必要性。设四接触布置形成一个有四个主动手指力的可行的平衡抓取。即在式(5-1)中，$\lambda_1, \lambda_2, \lambda_3, \lambda_4 > 0$。条件(1)由式(5-1)给定。当计算任意两个手指力线的交点时，式(5-1)的扭矩分量（一个标量）$\lambda_1(x_1 \times \hat{f}_1) + \cdots + \lambda_4(x_4 \times \hat{f}_4) = 0$ 有两个非零。非零求和的符号必须相反，条件(2)由此给定。

接下来假设在给定的抓取下满足条件(1)和(2)。根据手指力的方向按逆时针顺序分配力的索引。当这些力位于同一点时，由 $(\hat{f}_1, \hat{f}_2)$ 张成的部分和由 $(\hat{f}_3, \hat{f}_4)$ 张成的部分是不相交的。设 l_i 表示第 i 个手指力线，p_{12} 为 l_1 和 l_2 的交点，p_{34} 为 l_3 和 l_4 的交点。通过改变每对力 $(\hat{f}_1, \hat{f}_2)$ 和 $(\hat{f}_3, \hat{f}_4)$ 的大小从而产生对应于两个力线的部分力旋量。一个部分是基于点 p_{12}，以 l_1 和 l_2 为界；另一个部分基于点 p_{34}，以 l_3 和 l_4 为界。由于 f_1 和 f_2 关于 p_{34} 产生相反的力矩，基于 p_{12} 的区域包含一条经过区域 p_{34} 的力线。同样，位于 p_{34} 的部分区域包含一条经过区域 p_{12} 的力线。由于 $(\hat{f}_1, \hat{f}_2)$ 和 $(\hat{f}_3, \hat{f}_4)$ 经过的部分是不相交的，所以这两个共线力一定方向相反。由于我们可以自由地调节这些相反力的大小，因此存在一个可行的手指力的组合，形成一个四指平衡抓取。

附录的其余部分涉及三维平衡抓取。下面的引理断言，每个三维物体沿其最小宽度段、中间宽度段和最大宽度段具有三个对跖抓取。

引理 5.10 每个分段光滑的三维物体在其最小宽度段、中间宽度段和最大宽度段上都具有至少三个对跖抓取。

简证：考虑具有光滑表面的物体 B。用 $\text{bdy}(B)$ 定义 B 的边界，有序对 $(x_1, x_2) \in \text{bdy}(B) \times \text{bdy}(B)$ 为指定两个手指接触点的位置。设 $\sigma(x_1 - x_2) = \|x_1 - x_2\|$ 为两个接触点间距离。因为 $\sigma(x_1, x_2) = \sigma(x_2, x_1)$，所以 σ 在 (x_1, x_2) 处的极值在 (x_2, x_1) 处有一个与手指切换位置关联的对称极值。在 $x_1 \neq x_2$ 时，梯度 $\nabla \sigma$ 可以被很好地定义，并且当 $\nabla \sigma(x_1, x_2) = \vec{0}$ 时，该条件中的 σ 取得极值。σ 的极值可以对应于 B 的对跖抓取（见练习题）⊖。因此，我们将证明在 $x_1 \neq x_2$ 时，σ 至少有三个极值。因为 $\sigma(x_1, x_2) = \sigma(x_2, x_1)$，则 σ 有三对对称极值。

物体表面 $\text{bdy}(B)$ 形成一个紧凑的二维流形。因此，$\text{bdy}(B) \times \text{bdy}(B)$ 形成一个紧凑的四维流形。由于 σ 是一个连续函数，所以它在 $\text{bdy}(B) \times \text{bdy}(B)$ 上达到了全局最小值和最大值。全局最小值发生在二维子集 $x_1 = x_2$ 上。全局最大值发生在 B 的最大宽度段的端点 $p_1 = (x_1^0, x_2^0)$。对称全局最大值发生在手指切换位置时，即 $p_2 = (x_1^0, x_2^0)$。因此，最大宽度段给定了 B 第一个对跖抓取。

山路定理可以按照如下来验证我们的想法。设 $\sigma(p): M \rightarrow R$ 是紧连通流形上的连续函数，设 σ 在 $p_1, p_2 \in M$ 处有两个孤立的局部极小值。设 $D_1, D_2 \subset M$ 为 p_1 和 p_2 的吸引盆，每个盆由梯度系统 $\dot{p} = -\nabla \sigma(p)$ 的流动吸引到局部极小点组成。设 $\bar{D}_i$ 表示 $D_i (i=1,2)$ 的闭包。如果集合 $\bar{D}_1 \cap \bar{D}_2$ 是非空的，它表示将 D_1 与 D_2 分离的"山脉"，在此上 σ 获得更大的值。山路定理断言 σ 在 $\bar{D}_1 \cap \bar{D}_2$ 中有鞍点。因此，鞍点为沿着从 p_1 到 p_2 的所有路径上升量最小的点。在这种情况下，$\sigma(x_1, x_2)$ 有两个被山谷隔开的山顶 $p_1 = (x_1^0, x_2^0)$ 和 $p_2 = (x_2^0, x_1^0)$。因此，鞍点为沿着从 p_1 到 p_2 的所有路径下降量最小的点。鞍点及其对称点为 B 的中间宽度段的端点，如图 5-13a 所示。这部分给定了 B 的中间对跖抓取。

设 p_3 是与 B 中间宽度段相关的 σ 的鞍点，设 p_4 是其对称点。基于莫尔斯理论（附录 B），黑塞矩阵 $D^2 \sigma$ 在 p_3 和 p_4 处有一个正特征值和三个负特征值。因此，σ 沿一个方向局部增加（指向 p_1 和 p_2），并沿其余三个方向局部减少。因此，这两个鞍在子集 $D = \{(x_1, x_2) \in \text{bdy}(B) \times \text{bdy}(B) : \sigma(x_1, x_2) \leq c\}$, $c = \sigma(p_3) = \sigma(p_4)$ 上具有全局最大值，可以验证，D 形成了一个连通集，因此包含一条从 p_3 到 p_4 的路径。由于 p_3 和 p_4 为两个被 D 内共同山谷分隔的山顶，所以在 D 中，σ 一定在 p_3 和 p_4 之间的山谷中有一个鞍点。鞍点及其对称点为 B 最小宽度段的端点，如图 5-13b 所示。后半段给定了 B 的最小对跖抓取。

我们继续考虑涉及四个手指的三维平衡抓取。下面的引理描述了一个几何条件，在这个条件下，四条手指力线位于一个共同的半二阶曲面中。

引理 5.12 如果与第四条直线正交的平面上的每三元组线的投影相交于一点，则 $\mathbb{R}^3$ 中的四条线位于同一**半二阶曲面**中。

证明：首先假设四条线 l_1, l_2, l_3, l_4 位于同一半二阶曲面中。我们必须证明，每个三元组线的投影（如 l_1, l_2, l_3 在与 l_4 正交的平面内）相交于一点。令世界坐标系和物体坐标系的 z 轴与 $\hat{l}_4$ 一致。在这种情况下，(x, y) 平面与 $\hat{l}_4$ 相互垂直。设 $e = (0, 0, 1)$ 表示与 z 轴一致的单位向量，从而 $\hat{l}_4 = e$。给定向量 v，$v \in \mathbb{R}^3$，设 $\tilde{v} \in \mathbb{R}^2$ 表示 v 在 (x, y) 平面上的投影。可以验证 $v \in \mathbb{R}^3$ 满足定义：

$$v \times e = \begin{pmatrix} J\tilde{v} \\ 0 \end{pmatrix}, \quad J = \begin{bmatrix} 0 & 1 \\ -1 & 0 \end{bmatrix}$$

⊖ 这一性质适用于凸对象。当物体 B 非凸时，σ 的极值点中只有一部分可能对应于对跖抓取。

假设直线 $l_i=(\hat{l}_i, x_i\times\hat{l}_i)$，$i=1,\cdots,4$ 位于 Plücker 坐标的一个同一三维子空间中。因此，以下 6×4 矩阵的列是线性相关的：

$$A=\begin{bmatrix} \hat{l}_1 & \hat{l}_2 & \hat{l}_3 & e \\ x_1\times\hat{l}_1 & x_2\times\hat{l}_2 & x_3\times\hat{l}_3 & \begin{pmatrix} J\tilde{x}_4 \\ 0 \end{pmatrix} \end{bmatrix}$$

式中，假设 $\hat{l}_4=e$，$x_4\times e=\begin{pmatrix} J\tilde{x}_4 \\ 0 \end{pmatrix}$。矩阵 A 的上两行和最底一行的第四个分量都为零。设 $\bar{A}$ 是由这三行的非零分量组成的 3×3 子矩阵。因为 $\bar{A}$ 是 A 的子矩阵，所以 $A\begin{pmatrix} \lambda_1 \\ \vdots \\ \lambda_4 \end{pmatrix}=\vec{0}$，可以推导出 $\bar{A}\begin{pmatrix} \lambda_1 \\ \lambda_2 \\ \lambda_3 \end{pmatrix}=\vec{0}$，因此 $\bar{A}$ 的列是线性相关的，则有

$$\bar{A}=\begin{bmatrix} \tilde{l}_1 & \tilde{l}_2 & \tilde{l}_3 \\ e\cdot(x_1\times\hat{l}_1) & e\cdot(x_2\times\hat{l}_2) & e\cdot(x_3\times\hat{l}_3) \end{bmatrix}=\begin{bmatrix} \tilde{l}_1 & \tilde{l}_2 & \tilde{l}_3 \\ (\tilde{x}_1\times\hat{l}_1) & (\tilde{x}_2\times\hat{l}_2) & (\tilde{x}_3\times\hat{l}_3) \end{bmatrix}$$

式中，$\tilde{l}_i$ 是 $\hat{l}_i$ 在 (x,y) 平面的投影，基于三重标量积恒等式，有 $e\cdot(x_i\times\hat{l}_i)=\tilde{x}_i\times\tilde{l}_i$，且有 $\tilde{u}\times\tilde{v}=\tilde{u}^TJ\tilde{v}$，$\tilde{u}$，$\tilde{v}\in\mathbb{R}^2$。$\bar{A}$ 的列是 l_1，l_2，l_3 在 (x,y) 平面上投影得到的平面线的平面坐标。由于这些列是线性相关的，投影线属于一种公共的平面线束，因此可以得到它们在 (x,y) 平面相交于一点。如果三条线的其中一条线与 l_4 平行，在这种特殊情况下，这条线的列不会存在于 $\bar{A}$ 中。在这种情况下，其余两条线的列是线性相关的，因此投影到 (x,y) 平面中的一条公共线。

接下来，假设与第四条直线正交的平面上的每三元组线的投影相交于一点。我们必须证明，直线 l_1，l_2，l_3，l_4 处于同一半二阶曲面。我们将考虑 l_1，l_2，l_3，l_4 位于平行平面的一般情况。利用先前对世界坐标系和物体坐标系的选择，假设 $\tilde{x}_0\in\mathbb{R}^2$ 是直线 l_1，l_2，l_3 在 (x,y) 平面上投影的交点，假设 $x_0=(\tilde{x}_0,0)$ 为在 $\mathbb{R}^3$ 中 $\tilde{x}_0$ 的数值。设 $l=(e,x_0\times e)$ 表示 e 通过 x_0 并沿 e 的 Plücker 坐标。l 与 A 的列的互易积由下式给定：

$$(x_0\times e, e)\begin{bmatrix} \hat{l}_1 & \hat{l}_2 & \hat{l}_3 & e \\ x_1\times\hat{l}_1 & x_2\times\hat{l}_2 & x_3\times\hat{l}_3 & \begin{pmatrix} J\tilde{x}_4 \\ 0 \end{pmatrix} \end{bmatrix}$$
$$=((x_0\times e)\cdot\hat{l}_1+e\cdot(x_1\times\hat{l}_1),\cdots,(x_0\times e)\cdot\hat{l}_3+e\cdot(x_3\times\hat{l}_3),0)$$
$$=(\tilde{l}_1\times(\tilde{x}_1-\tilde{x}_0),\cdots,\tilde{l}_3\times(\tilde{x}_3-\tilde{x}_0),0)=(0,0,0,0)$$

由于 $\tilde{x}_i-\tilde{x}_0$ 与 $\tilde{l}_i$，$i=1$，2，3 共线，因此直线 l 与 l_1，l_2，l_3 互易。通过对其他三元组线应用该原理，我们得到了四条直线与 l_1，l_2，l_3，l_4 共轭。由于 l_1，l_2，l_3，l_4 不在平行平面上，因为它们至少生成了 Plücker 坐标中的三维子空间。由于四条互易线的方向与 l_1，l_2，l_3，l_4 相同，它们也至少生成了 Plücker 坐标中的三维子空间。因为两个子空间是相互正交的，l_1，l_2，l_3，l_4 位于 Plücker 坐标中的一个共同的三维子空间中，形成一个半二阶曲面。

基于引理 5.12，四条手指力线的平衡可行性可以按照如下方法确定。

命题 5.13 假设一个三维物体 B 由四个手指沿着非平行的力线保持抓取状态。如果与第四条手指力线正交的平面内的每三元组线的投影形成一个平面平衡抓取，那么手指力线就形成了一个可行的**平衡抓取**。

证明： 我们将使用在引理 5.12 的证明中引入的相同的方法，设 $l_i=(\hat{l}_i,x_i\times\hat{l}_i)$，$i=1,\cdots,4$。

首先假设 B 是由四个可活动手指以三维平衡抓取方式保持。在这种情况下，$6×4$ 矩阵 A 的列与正系数线性相关：

$$\begin{bmatrix} \hat{l}_1 & \hat{l}_2 & \hat{l}_3 & e \\ x_1 \times \hat{l}_1 & x_2 \times \hat{l}_2 & x_3 \times \hat{l}_3 & \begin{pmatrix} J\tilde{x}_4 \\ 0 \end{pmatrix} \end{bmatrix} \begin{pmatrix} \lambda_1 \\ \vdots \\ \lambda_4 \end{pmatrix} = \vec{0}, \ \lambda_i > 0, \ i = 1, \cdots, 4$$

因此，$3×3$ 子矩阵 $\bar{A}$ 的列也与相同的正系数线性相关：

$$\begin{bmatrix} \tilde{f}_1 & \tilde{f}_2 & \tilde{f}_3 \\ \tilde{x}_1 \times \tilde{f}_1 & \tilde{x}_2 \times \tilde{f}_2 & \tilde{x}_3 \times \tilde{f}_3 \end{bmatrix} \begin{pmatrix} \lambda_1 \\ \lambda_2 \\ \lambda_3 \end{pmatrix} = \vec{0}, \ \lambda_i > 0, \ i = 1, 2, 3 \tag{5-8}$$

因为矩阵 $\bar{A}$ 的列是力线 l_1，l_2，l_3 在 (x,y) 平面上的投影，所以式(5-8)意味着这些力线构成了一种平面平衡抓取。如果出现其中一条力线与 l_4 平行这种特殊情况，其列在 $\bar{A}$ 中将不存在。在这种情况下，其余两条力线的投影在 (x,y) 平面上形成一个两指平衡抓取。

接下来，假设三元组力线的投影在与第四条力线垂直正交的平面上形成三指平衡抓取。根据引理 5.12，这个条件意味着四条空间力线具有线性相关的 Plücker 坐标。相反，如果四个手指力不形成空间平衡抓取，由四个手指力产生的力旋量不会正面生成力旋量空间的原点。由这四个手指力所张成的净力旋量锥由下式给定：

$$W = \left\{ \lambda_1 \begin{pmatrix} \hat{l}_1 \\ x_1 \times \hat{l}_1 \end{pmatrix} + \cdots + \lambda_4 \begin{pmatrix} \hat{l}_4 \\ x_4 \times \hat{l}_4 \end{pmatrix} : \lambda_1, \lambda_2, \lambda_3, \lambda_4 \geq 0 \right\}$$

由于四个力旋量没有正向生成原点，因此 W 成了一个尖锥，力旋量空间的原点位于尖锥的顶点。由这个结构可以得出，W 的每个边都与其生成力旋量 $(\hat{l}_i, x_i \times \hat{l}_i)$，$i = 1, \cdots, 4$ 一一对应。由于 W 是一个四维凸体，因此它具有一个经过每条边的分离三维平面。设 $\widetilde{W}$ 是 W 在三维子空间 (f_x, f_y, τ_z) 上的投影，$\widetilde{W}$ 表示 (x,y) 平面上的力所产生的力旋量。由于 (x,y) 平面与 $\hat{l}_4$ 正交，投影将力旋量 $(\hat{l}_4, x_4 \times \hat{l}_4)$ 映射到原点。由于 $(\hat{l}_4, x_4 \times \hat{l}_4)$ 是 W 的边，投影将经过此边的 W 的分离三维超平面映射到 (f_x, f_y, τ_z) 子空间中 $\widetilde{W}$ 的分离二维平面，三个投影力旋量 $(\tilde{f}_i, \tilde{x}_i \times \tilde{f}_i)$，$i = 1, 2, 3$，位于 (f_x, f_y, τ_z) 子空间的同一半空间中，因此不能形成平面三指平衡抓取。由于这与假设相矛盾，想要形成一个对物体 B 可行的平衡抓取，那么原来的四个力旋量必须正向生成力旋量的空间原点。

5.6.2 附录Ⅱ：无摩擦平衡抓取集合的范围

本附录Ⅱ利用以下接触空间描述了刚性物体 B 的无摩擦平衡抓取集合的范围。假设 B 在二维中以单条曲线为边界，在三维中以单个曲面为边界，设物体边界为 $\text{bdy}(B)$，$\text{bdy}(B)$ 由连续函数参数化：在二维抓取中 $x(u): \mathbb{R} \to \text{bdy}(B)$，在三维抓取中 $x(u): \mathbb{R}^2 \to \text{bdy}(B)$。接触空间有如下定义。

定义 5.4(接触空间) 设一个刚性物体 B 由 k 个手指保持，其接触位置由 $x_i = x(u_i)$，$i = 1, \cdots, k$ 参数化确定。**接触空间**是参数为 $U = (u_1, \cdots, u_k)$ 的空间，当条件为二维抓取时，$U = \mathbb{R}^k$；当条件为三维抓取时，$U = \mathbb{R}^{2k}$，具有周期性的规律。

设 ε 为接触空间 U 中表示无摩擦平衡抓取的参数集。设 ε 的方向为 $\dim(\varepsilon)$，$\dim(\varepsilon)$ 的特征可以由以下定理表示。

定理 5.18（无摩擦平衡抓取的维数） 在二维抓取中，集合 ε 对于两个手指是一般不相关的。同理可得对于三个手指，$\dim(\varepsilon)=2$；对于 $k \geq 4$ 个手指，$\dim(\varepsilon)=k$。

在三维抓取中，集合 ε 对两个手指是一般不相关的。同理可得对于 $3 \leq k \leq 6$ 个手指，$\dim(\varepsilon)=3k-7$；对于 $k \geq 7$ 个手指，$\dim(\varepsilon)=2k$。

注意，ε 的范围与周围接触空间的范围一致，其中在二维抓取中手指数量 $k \geq 4$，而在三维抓取中手指数量 $k \geq 7$。本附录 II 稍后将讨论一些特殊情况。

证明： 考虑刚性物体 B 沿其边界局部光滑部分保持的一般情况。回想一下，n_i 是 B 中 x_i 的内单位法线。当 B 抓取在固定的位置 q_0 时，$x_i=x(u_i)$，$n_i=n(u_i)$，$i=1,\cdots,k$。在 B 中 x_i 处施加一个法向接触力 $f_i=\lambda_i n_i$，产生力矩 $w_i=\lambda_i(n_i, x_i \times n_i)$。因此，我们可以写出方程（5-1）的平衡条件为

$$\lambda_1 \binom{n(u_1)}{x(u_1) \times n(u_1)} + \cdots + \lambda_k \binom{n(u_k)}{x(u_k) \times n(u_k)} = \vec{0}, \quad \lambda_1, \cdots, \lambda_k \geq 0 \tag{5-9}$$

设 $\widetilde{U}$ 为复合空间的参数，$(u_1,\cdots,u_k,\lambda_1,\cdots,\lambda_k) \in \mathbb{R}^{nk}$，其中 $n=2$ 或 3。用 $\widetilde{\varepsilon}$ 表示 $\widetilde{U}$ 中平衡抓取集合，其特征方程为

$$\widetilde{\varepsilon} = \left\{ \binom{\vec{u}}{\vec{\lambda}} \in \widetilde{U} : \sum_{i=1}^{k} \lambda_i \binom{n(u_i)}{x(u_i) \times n(u_i)} = \vec{0}, \lambda_1, \cdots, \lambda_k \geq 0 \right\}$$

式中，$\vec{u}=(u_1,\cdots,u_k)$，$\vec{\lambda}=(\lambda_1,\cdots,\lambda_k)$。设 $\pi: \widetilde{U} \to U$ 是坐标投影，它将点 $(\vec{u},\vec{\lambda}) \in \widetilde{U}$ 映射到 $\vec{u} \in U$ 点。然后将 $\widetilde{\varepsilon}$ 投影到 U，可以得到 ε，即 $\varepsilon=\pi(\widetilde{\varepsilon})$。

其余的证明集中在三维抓取中。首先考虑 $k \geq 3$ 手指的情况。式(5-9)在三维空间 $\widetilde{U}$ 中施加六个标量约束。让我们验证这些约束在复合接触空间 $\widetilde{U}=\mathbb{R}^{3k}$ 中相交。这六个约束形成了一个向量值映射 h，它将 $\widetilde{U}$ 中的平衡抓取映射到 $\mathbb{R}^6$ 中的原点：

$$h(\vec{u},\vec{\lambda}) = \sum_{i=1}^{k} \lambda_i \binom{n(u_i)}{x(u_i) \times n(u_i)} : \mathbb{R}^{3k} \to \mathbb{R}^6 \tag{5-10}$$

对于横向相交的六个约束（在 $\widetilde{U}$ 中定义了一个光滑的 $(3k-6)$ 维流形），$6 \times 3k$ 雅可比矩阵 Dh 必须在 $\widetilde{\varepsilon}$ 的所有点上具有满秩。雅可比矩阵 Dh 具有如下形式：

$$Dh = \begin{bmatrix} \lambda_1 \dfrac{d}{du_1} n_1 & \cdots & \lambda_k \dfrac{d}{du_k} n_k & n_1 & \cdots & n_k \\ \lambda_1 \dfrac{d}{du_1}(x_1 \times n_1) & \cdots & \lambda_k \dfrac{d}{du_k}(x_k \times n_k) & x_1 \times n_1 & \cdots & x_k \times n_k \end{bmatrix} \tag{5-11}$$

请注意，$\dfrac{d}{du_i} n_i$ 和 $\dfrac{d}{du_i} x_i \times n_i$ 是式(5-11)中的 3×2 矩阵。Dh 的最后一 k 列构成抓取矩阵 G。G 的列在平衡抓取时是线性相关的。因此，对于 $k \geq 3$ 个手指，Dh 在 $\widetilde{\varepsilon}$ 点的秩一般为 $\min\{6, 3k-1\}=6$，对于 $k \geq 3$ 个手指为满秩。因此，这六个约束在涉及 $k \geq 3$ 个手指的典型抓取中横向相交。解集 $h(\vec{u},\vec{\lambda})=\vec{0}$，因此在 $\widetilde{U}$ 中形成了光滑 $(3k-6)$ 维流形。集合 $\widetilde{\varepsilon}$ 是通过将上述流形与 k 象限 $\lambda_1,\cdots,\lambda_k \geq 0$ 相交而得。这种相交可能会在流形中引入边界成分，但不会改变解集的维度。因此，集合 $\widetilde{\varepsilon}$ 在 $\widetilde{U}$ 中形成具有边界的光滑 $(3k-6)$ 维流形。

为了得到平衡抓取的集合 ε，考虑投影 $\pi: \widetilde{U} \to U$。有两种情况需要考虑。当抓取涉

$3 \leqslant k \leqslant 6$ 个手指时，式(5-10)指定的函数 h 在 $\lambda_1, \cdots, \lambda_k$ 中是线性齐次的。因此，$\tilde{\varepsilon}$ 由所有的射线组成，每条射线均具有形式 $(u_1, \cdots, u_k, s \cdot \lambda_1, \cdots, s \cdot \lambda_k)$，$s \geqslant 0$。投影 π 将这些射线映射到一个点，$(u_1, \cdots, u_k) \in U$。因此当为 $3k-7$ 时，$\varepsilon = \pi(\tilde{\varepsilon})$ 的维数比 $\tilde{\varepsilon}$ 的维数少一。对于 $k \geqslant 7$ 个手指，函数 h 在 $\lambda_1, \cdots, \lambda_k$ 中是线性的。在这种情况下，在 $\lambda_1, \cdots, \lambda_k$ 中，$\tilde{\varepsilon}$ 由射线的线性空间组成。投影 π 将这些子空间映射到一个点，$(u_1, \cdots, u_k) \in U$。线性子空间的维数为 $k-6$，$\varepsilon = \pi(\tilde{\varepsilon})$ 的维数为 $(3k-6)-(k-6)=2k$。故在 $3 \leqslant k \leqslant 6$ 个手指条件下，ε 的维数为 $3k-7$，在 $k \geqslant 7$ 个手指的条件下，ε 的维数为 $2k$。

在两指抓取的情况下，式(5-9)中的六个方程可以直接在空间 U 中简化为四个独立的方程。设 $(t_{i1}(u_i), t_{i2}(u_i))$ 在 $x_i = x(u_i)(i=1,2)$ 处与 B 的表面是相互正交的单位切线。一个两指平衡抓取的要求是两个接触法线与经过 x_1 和 x_2 的线共线。这一要求体现在以下四个方程中：$t_{i1} \cdot (x_1-x_2) = 0$ 和 $t_{i2} \cdot (x_1-x_2) = 0$，$i=1,2$。这四个方程形成了一个向量值映射 $h(\vec{u})$，它将 $U = \mathbb{R}^4$ 中的两指平衡抓取集映射到 $\mathbb{R}^4$ 中的原点：

$$h(\vec{u}) = \begin{pmatrix} t_{i1}(u_1) \cdot (x_1(u_1)-x_2(u_2)) \\ t_{i2}(u_1) \cdot (x_1(u_1)-x_2(u_2)) \\ t_{i1}(u_2) \cdot (x_1(u_1)-x_2(u_2)) \\ t_{i2}(u_2) \cdot (x_1(u_1)-x_2(u_2)) \end{pmatrix} : \mathbb{R}^4 \to \mathbb{R}^4 \qquad (5\text{-}12)$$

可以验证该映射的 4×4 雅可比行列式 Dh，在 $x_1 \neq x_2$ 时具有满秩。在这种情况下，四个约束在空间 $U = \mathbb{R}^4$ 中正交，式(5-12)的解集在 U 中形成一个零维流形，即 U 中的离散点集。

平行边或平行面的特殊情况：定理 5.18 中指定的 ε 的维数适用于一般抓取排列情况。在式(5-11)中这些抓取一定拥有一个满秩的雅可比行列式 Dh。一个常见的特殊情况是当多边形物体沿平行边被抓取或多面体物体沿平行面被抓取时，在这种情况下，Dh 是秩亏的，ε 的维数会增加，如下例所示。

示例：矩形物体 B 沿两个平行边 e 和 e' 固定，如图 5-20 所示。当用两个手指抓取 B 时(图 5-20a)，两个手指在 e 和 e' 上的任何对应位置都满足平衡抓取条件。因此，抓取中集合 ε 是一维(线段)的，而不是零维的。当用三个手指抓取 B 时(图 5-20b)，若要满足平衡抓取条件，则需要 O_1 的力线位于由 O_2 和 O_3 的相对力线所界定的范围内(请参阅 4.2.2 小节)。由于手指可以在三个间隔内独立变化，同时保持平衡抓取，因此在该抓取中，集合 ε 是三维的，而不是二维的。

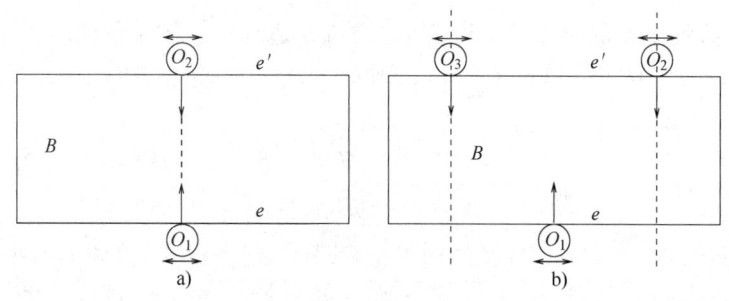

图 5-20 当 B 沿两条平行边抓取保持时，a) 对于两指抓取，$\dim(\varepsilon) = 1$；
b) 对于沿着平行边的三指抓取，$\dim(\varepsilon) = 3$

练 习 题

5.1 节

练习 5.1：若向量 $v_1, \cdots, v_k \in \mathbb{R}^n$ 是仿射无关的，对任何 $v_i \in \{v_1, \cdots, v_k\}$，$k-1$ 个向量 $v_1-v_i, \cdots, v_{i-1}-v_i, v_{i+1}-v_i, \cdots, v_k-v_i$ 线性无关。证明：当仿射无关向量 $v_1, \cdots, v_k \in \mathbb{R}^n$ 正向生成 $\mathbb{R}^n$ 的原点时，它们张成整个空间 $\mathbb{R}^n$。

解：当 $v_1, \cdots, v_{n+1}$ 仿射无关时，$n \times (n+1)$ 矩阵 $A = [v_1 \; \cdots \; v_{n+1}]$ 的行秩为 n。矩阵 A 形成从 $\mathbb{R}^{n+1}$ 到 $\mathbb{R}^n$ 的线性映射。由于 A 行满秩，将 $\mathbb{R}^{n+1}$ 关于原点的邻域映射到 $\mathbb{R}^n$ 关于原点的邻域。因此，对于任何向量 $u \in \mathbb{R}^n$，$\|u\| \ll 1$，存在系数向量 $(s_1, \cdots, s_{n+1}) \in \mathbb{R}^{n+1}$，$|s_i| \ll 1$，$i = 1, \cdots, n+1$，满足 $u = s_1 v_1 + \cdots + s_{n+1} v_{n+1}$。系数向量 $(\lambda_1, \cdots, \lambda_{n+1})$ 位于 A 的零空间中。因此，我们可以将此向量添加到 $(s_1, \cdots, s_{n+1})$ 而不会影响 A 的值，$u = (\lambda_1+s_1) v_1 + \cdots + (\lambda_{n+1}+s_{n+1}) v_{n+1}$。假设 λ_i 严格为正，因此，通过缩小 u，可以确保 $\lambda_i + s_i \geq 0$，$i = 1, \cdots, n+1$。由于 u 是 $\mathbb{R}^n$ 的原点领域内的任意向量，因此向量 $v_1, \cdots, v_{n+1}$ 生成此邻域。由于 A 标量乘法后齐次，因此向量 $v_1, \cdots, v_{n+1}$ 张成整个空间 $\mathbb{R}^n$。

练习 5.2：利用矩标签技术（4.5 节）验证图 5-1 所示的四指抓取不是可行的平衡抓取。

5.2 节

练习 5.3：多边形物体 B 在 p 处有一个非光滑顶点。验证 B 在 p 处的任意广义内接触法向量可以被认为是正确放置的手指在 p 处的接触法向量。

解：首先考虑 p 是 B 的凸顶点的情形。令 v 是 B 在 p 处的广义内接触法线的任意向量。可以证明 v 与 B 的局部分割线正交，即一条经过 p 并界定包含 B 的半平面的线。由于 B 在 p 处与该线相切，因此从其另一侧在 p 处与该线相切的光滑手指将以 v 作为其接触法向量。接下来，考虑 p 是 B 的凹顶点的情形。在这种情况下，手指在 p 处必须具有尖锐的尖端，并且与 p 相关的手指边必须位于 B 的边形成的凹面内。因此 B 在 p 处的广义内接触法向量是手指在 p 处的广义外接触法向量的子集（在此交点中，必须使用 B 的内法向量和手指的外法向量）。实际上，手指的尖端可以在物体和手指在 p 处的广义接触法向量的交点上施加任何接触力。因此，B 在 p 点的广义接触法向量在这种情况下也是完全可以实现的。

练习 5.4：令平面物体 B 具有光滑的边界。证明 B 的每个对跖抓取都发生在函数 $\sigma(x_1, x_2) = \|x_1 - x_2\|$ 的极值处，其中 $x_1, x_2 \in \mathrm{bdy}(B)$（使用广义接触法向量，该结果也适用于分段光滑的物体。）

解：令 $\beta(s)$ 参数化 B 的边界，使得 $\beta'(s)$ 是与 B 边界相切的单位向量。令 (x_1, x_2) 参数化两个接触点的位置，$x_1 = \beta(s_1)$ 和 $x_2 = \beta(s_2)$，则 $\sigma(s_1, s_2) = \|\beta(s_1) - \beta(s_2)\|$，并且 $\sigma(s_1, s_2)$ 的极值满足

$$\nabla \sigma(s_1, s_2) = \frac{1}{\|\beta(s_1) - \beta(s_2)\|} \begin{pmatrix} (\beta(s_1) - \beta(s_2)) \cdot \beta'(s_1) \\ -(\beta(s_1) - \beta(s_2)) \cdot \beta'(s_2) \end{pmatrix} = \begin{pmatrix} 0 \\ 0 \end{pmatrix}$$

其中必须假设 $s_1 \neq s_2$。当 $\overline{x_1 x_2}$ 与 B 的边界正交时，即在 $x_1 = \beta(s_1)$ 和 $x_2 = \beta(s_2)$ 处，$\nabla \sigma$ 的值为零等效地，$\nabla \sigma$ 在单位法线与线段 $\overline{x_1 x_2}$ 共线的点处为零。特别地，$\nabla \sigma$ 在 B 的对跖平衡抓取中为零。

练习 5.5*：令 S^{n-1} 表示与 $\mathbb{R}^n$ 中的 $(n-1)$ 维球面拓扑等价的集合。Bursuk-Ulum 定理指出，任何连续映射 $\sigma: S^{n-1} \to \mathbb{R}^n$ 都会将某对对跖点映射到 $\mathbb{R}^n$ 中的同一点。即存在两个点 $x_1, x_2 \in S^{n-1}$，使

得 $x_2 = -x_1$ 并且 $\sigma(x_1) = \sigma(x_2)$。令 B 为一个以简单闭环为边界的平面物体。Bursuk-Ulum 定理是否表明 B 至少具有一个对跖抓取？

练习5.6：平面物体 B 具有平滑的边界，该边界在逆时针方向上由 $\beta(s)$ 参数化。假定 $\beta(s)$ 是弧长参数，即 $\beta'(s)$ 的模为1。可通过三个接触点的位置来参数化三指接触布置，$x_i = \beta(s_i)$，$i=1$，2，3。证明具有共相交接触法线的接触三元组集合满足如下标量约束：

$$\det\begin{bmatrix} \beta'(s_1) & \beta'(s_2) & \beta'(s_3) \\ \beta(s_1)\cdot\beta'(s_1) & \beta(s_2)\cdot\beta'(s_2) & \beta(s_3)\cdot\beta'(s_3) \end{bmatrix} = 0 \tag{5-13}$$

式中，$\beta'(s)$ 为 B 的边界在 $\beta(s_i)(i=1,2,3)$ 处的单位切向量。

解：用 $f_i = \lambda_i n_i$ 代替式(5-1)中的手指力，三指平衡满足条件：

$$\begin{bmatrix} n_1 & n_2 & n_3 \\ x_1\times n_1 & x_2\times n_2 & x_3\times n_3 \end{bmatrix}\begin{pmatrix} \lambda_1 \\ \lambda_2 \\ \lambda_3 \end{pmatrix} = \vec{0}$$

在无摩擦三指平衡抓取下，接触法线相交于一个公共点。因此，3×3矩阵的行列式为零，这给出了接触法线相交的条件：

$$\det\begin{bmatrix} n_1 & n_2 & n_3 \\ x_1\times n_1 & x_2\times n_2 & x_3\times n_3 \end{bmatrix} = 0$$

行列式可以表示为如下所示接触参数 s_1，s_2，s_3 的函数。较低行的项满足 $x_i \times n_i = x_i^T J^T n_i$，$i=1$，2，3。$n_i = J\beta'(s_i)$，因此 $x_i\times n_i = \beta(s_i)^T J^T J\beta'(s_i) = \beta(s_i)\cdot\beta'(s_i)$，其中 $J^T J = I$。较高行的项满足 $\det[n_i n_{i+1}] = n_i^T J^T n_{i+1} = \beta'(s_i)^T J^T J\beta'(s_{i+1}) = \det[\beta'(s_i)\beta'(s_{i+1})]$。接触法线在公共点相交的条件由式(5-13)确定。

练习5.7：提供引理5.6的简要证明。

解：平衡条件可以用矩阵形式表示为

$$\begin{bmatrix} \hat{f}_1 & \hat{f}_2 & \hat{f}_3 \\ x_1\times\hat{f}_1 & x_2\times\hat{f}_2 & x_3\times\hat{f}_3 \end{bmatrix}\begin{pmatrix} \lambda_1 \\ \lambda_2 \\ \lambda_3 \end{pmatrix} = \vec{0}$$

由于 $(\hat{f}_1,\hat{f}_2,\hat{f}_3)$ 并不都是共线的，因此上两行是线性无关的，3×3矩阵在平衡时秩为2。因此，解 $(\lambda_1,\lambda_2,\lambda_3)$ 张成一维零空间，该空间必须正交于这三行。由于上两行是线性无关的，因此下面一行是上两行的线性组合。因此，在共同的比例因子下，解 $(\lambda_1,\lambda_2,\lambda_3)$ 是上两行的叉积，$(\lambda_1,\lambda_2,\lambda_3) = (\hat{f}_2\times\hat{f}_3,\hat{f}_3\times\hat{f}_1,\hat{f}_1\times\hat{f}_2)$。

练习5.8：利用第4章的矩标签技术，验证图5-9a所示的四指抓取不是可行的平衡抓取。

解：采用图5-9a所示的四接触布置，再次描述图5-21a。用4.5节的表示法，$M^- = \varnothing$，而 M^+ 内不为空，如图5-21a所示。因为平衡要求 M^- 和 M^+ 要么是空的，要么是一条公共线的子集，因此这种接触布置不是可行的平衡抓取。对应于四指力的净力旋量锥的力线如图所示。所得的力线集合不包含任何一对相反的力线，这表明这种抓取方式不可行。这里的平衡是不可行的，因为手指力大小的所有变化都会在 B 上产生非零净扭矩。

练习5.9：利用矩标签技术验证图5-9b所示的四指抓取是否构成一个可行的平衡抓取。

解：采用图5-9b所示的四接触布置，再次描述图5-21b。此时 $M^- = M^+ = \varnothing$，净力旋量锥便占据了整个力旋量空间。特别地，存在张成力旋量空间原点的手指力的正线性组合，因此这种接触布置是可行的平衡抓取。

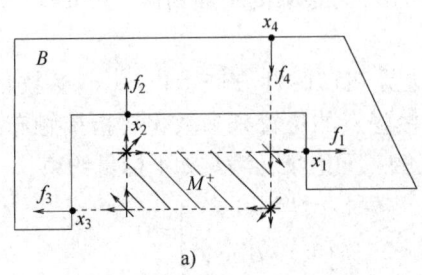
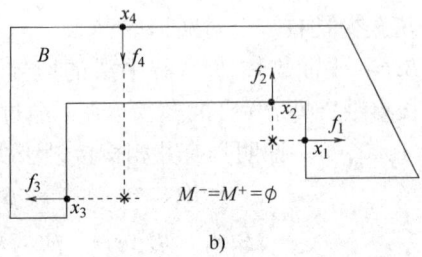

图 5-21　a) 四接触布置，$M^- = \varnothing$，而 M^+ 内不为空；b) 四接触布置，$M^- = M^+ = \varnothing$

练习 5.10：提供引理 5.8 的简要证明。

解：令 $w_i = (f_i, x_i \times f_i)(i = 1, \cdots, 4)$ 为第 i 个手指对 B 产生的力旋量，平衡条件可以用矩阵形式表示为

$$\begin{bmatrix} w_1 & w_2 & w_3 & w_4 \end{bmatrix} \begin{pmatrix} \lambda_1 \\ \lambda_2 \\ \lambda_3 \\ \lambda_4 \end{pmatrix} = \vec{0}$$

由于四条力线不相交于同一点，因此四条力线中的三条不相交于同一点。令三条不相交的线与力 f_1，f_2，f_3 相关联。由于 $w_i = (\tilde{f}_i, x_i \times \tilde{f}_i)$ 是第 i 条力线的 Plücker 坐标，因此这三条力线的非共线性意味着 $\det[w_1 \ w_2 \ w_3] \neq 0$。方程组

$$\begin{bmatrix} w_1 & w_2 & w_3 \end{bmatrix} \begin{pmatrix} \lambda_1 \\ \lambda_2 \\ \lambda_3 \end{pmatrix} = -\lambda_4 w_4$$

可以用克拉默法则解得

$$\begin{pmatrix} \lambda_1 \\ \lambda_2 \\ \lambda_3 \end{pmatrix} = \frac{\lambda_4}{\det[w_1 \ w_2 \ w_3]} \begin{pmatrix} -\det[w_2 \ w_3 \ w_4] \\ \det[w_1 \ w_3 \ w_4] \\ -\det[w_1 \ w_2 \ w_4] \end{pmatrix}$$

将 λ_4 表示为 $\lambda_4 = s \cdot \det[w_1 \ w_2 \ w_3]$，$s \in \mathbb{R}$，可得以 s 为公共比例因子的式(5-3)。

练习 5.11：考虑图 5-22 所示的椭圆形的摩擦四指抓取。接触法线形成可行的四指平衡抓取，而其他力方向则不能。这是否与检测摩擦四指抓取平衡可行性的图解法相矛盾？

解：图解法要求我们首先检查四接触布置是否支持任何两指或三指平衡抓取。回想一下，$\mathbb{C}_i = C_i \cup C_i^-$ 是 x_i 处的双摩擦锥。在此示例中，$\mathbb{C}_1 \cap \mathbb{C}_3 \cap \mathbb{C}_4$ 由两个非空多边形组成。这些多边形中的力三元组正向生成 $\mathbb{R}^2$ 的原点。因此，该接触布置支持三指平衡抓取，并且系数 $\lambda_1, \cdots, \lambda_4$ 不再是符号不变的。

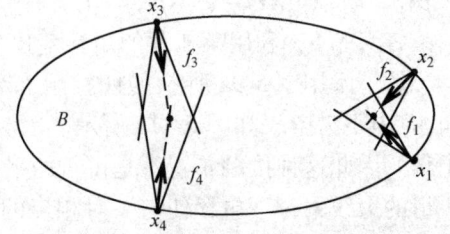

图 5-22　沿接触法线但不沿其他力方向形成可行的平衡抓取的摩擦四接触布置

练习 5.12：根据定理 5.9，在二维抓取的情况下，摩擦四指平衡抓取与无摩擦四指平衡抓取相同。解释为什么平面两指和三指平衡抓取没有类似的等价关系。

解：摩擦力总是会增加平面两指和三指平衡抓取的集合。首先讨论两指抓取。摩擦平衡要求每个双摩擦锥都包含相对的接触点。这种情况显然不如对跖接触法线的要求严格：无摩擦两指抓取发生在离散的点上，而摩擦两指抓取发生在连续的边界段上。接下来考虑三指抓取，摩擦平衡要求三个双摩擦锥具有一个非空交点。该条件同样不如三个接触法线在同一点相交的要求那么严格。

5.3 节

练习 5.13*：根据引理 5.10 证明中讨论的山路定理，证明光滑的平面物体始终具有最小和最大对跖抓取。

解：假设 B 没有内孔，被一条曲线 $\text{bdy}(B)$ 包围，形成一个回路。令有序对 $(x_1, x_2) \in \text{bdy}(B) \times \text{bdy}(B)$ 表示手指接触的位置。令 $\sigma(x_1, x_2) = \|x_1 - x_2\|$ 为指间距离。由于 $\sigma(x_1, x_2) = \sigma(x_2, x_1)$，因此 σ 在 (x_1, x_2) 处的极值在 (x_2, x_1) 处有一个对称极值。$T = \text{bdy}(B) \times \text{bdy}(B)$ 是拓扑等价于环面的紧致二维流形。由于 σ 是一个连续函数，因此在 T 上获得一个全局最小值和最大值。全局最小值 0 出现在子集 $x_1 = x_2$ 上。全局最大值出现在 B 的最大宽度段的端点，即 $p_1 = (x_1^0, x_2^0)$ 以及对称端点 $p_2 = (x_2^0, x_1^0)$。因此，最大宽度段给出了 B 的最大对跖抓取。

根据山路定理，分隔"山顶" p_1 和 p_2 的"山谷"包含一个 σ 的鞍点，它出现在连接 p_1 到 p_2 的所有路径中的下降量最小的点上。鞍点及其对称点位于 B 的最小宽度段的端点。最小宽度段给出了 B 的最小对跖抓取。

练习 5.14：让两个手指通过无摩擦接触的方式抓取三维物体 B。描述与此抓取相关的净力旋量锥 $W = W_1 + W_1$。

解：设 x_1 和 x_2 为手指接触点。净力旋量锥 $W = W_1 + W_1$ 是一个基于 B 的力旋量空间原点的二维扇形。由 x_1 和 x_2 处的法向力所产生的力旋量张成 W 的边缘。

练习 5.15：让两个手指通过摩擦接触的方式来抓取三维物体 B。描述与此抓取相关的净力旋量锥 $W = W_1 + W_2$。

解：设 x_1 和 x_2 为手指接触点。世界坐标系和物体坐标系的原点为两个接触点的中点。在这种情况下，$\dot{q} = (\vec{0}, x_1 - x_2)$ 对应于 B 绕通过 x_1 和 x_2 的直线的瞬时旋转。由于 W 的力旋量与 $\dot{q} = (\vec{0}, x_1 - x_2)$ 互易，所以代表 W 的力旋量的所有力线必须经过 x_1 和 x_2 的线相交。这些力线可以根据绕着穿过 x_1 和 x_2 的线以角度 ϕ 旋转的平面 $P(\phi)$ 进行参数化。对于每个固定的 ϕ 值，集合 $C_1 \cap P(\phi)$ 和 $C_2 \cap P(\phi)$ 形成平面摩擦锥。假设这些平面摩擦锥在区间 $[\phi_{\min}, \phi_{\max}]$ 内是非空的。在 $C_i \cap P(\phi)$ 中，由力产生的力旋量张成基于 B 的力旋量空间原点的二维扇形区域。令 $W_i(\phi)$ ($i = 1, 2$) 表示此力旋量扇形区域，则 $W_1(\phi) + W_2(\phi)$ 是一个基于力旋量空间原点的四维四面体锥。因此，净力旋量锥是一族半无限四面体锥 $W_1(\phi) + W_2(\phi)$，参数化为 $\phi \in [\phi_{\min}, \phi_{\max}]$。注意，与每个四面体锥相对应的力线位于平面 $P(\phi)$ 内，并且可以使用第 4 章中介绍的矩标签技术来描述。

练习 5.16：设 B 为光滑的三维凸体，令 $\sigma(x, y) = \|x - y\|$ 为指间距离函数，$x, y \in \text{bdy}(B)$。证明 B 的对跖抓取发生在 σ 的极点处 $(x, y) \in \text{bdy}(B) \times \text{bdy}(B)$，$x \neq y$。

解：令 B 的表面由光滑函数 $h(u): \mathbb{R}^2 \to \mathbb{R}^3$ 参数化。设 $(u_1, u_2) \in \mathbb{R}^2 \times \mathbb{R}^2$ 表示两个接触点的位置，$x_1 = h(u_1)$ 和 $x_2 = h(u_2)$，则 $\sigma(u_1, u_2) = \|h(u_1) - h(u_2)\|$，并且 $\sigma(u_1, u_2)$ 的极值满足以下条件：

$$\nabla g(u_1, u_2) = \frac{1}{\|h(u_1) - h(u_2)\|} \begin{pmatrix} Dh^\mathrm{T}(u_1)(h(u_1) - h(u_2)) \\ -Dh^\mathrm{T}(u_2)(h(u_1) - h(u_2)) \end{pmatrix} = \begin{pmatrix} \vec{0} \\ \vec{0} \end{pmatrix} \quad (5\text{-}14)$$

在远离集合 $u_1 = u_2$ 的情况下很好地定义了梯度 $\nabla \sigma$。3×2 雅可比行列式 $Dh(u_i)$ 的列在 $x_i = h(u_i)$ ($i = 1, 2$) 处张成 B 表面的切平面。因此，式 (5-14) 表明线段 $\overline{x_1 x_2}$ (等价于向量 $h(u_1) - h(u_2)$) 与 B 的表面正交时，$\nabla \sigma$ 在点 x_1 和 x_2 处的值为零。等效地，$\nabla \sigma$ 在单位法线位于经过两个接触点的线上时为零。这证明了 σ 的极值对应于 B 的对跖抓取。

练习 5.17：让三个手指通过无摩擦接触的方式抓取三维物体 B。根据构型空间论证，该物体具有最小和最大等边平衡抓取。是否可以用类似的构型空间论证来证明每个平面物体都具有最小和最大等边抓取？

解：让我们尝试重复在平面情况下保持等边三角形的同时，使三个手指尖朝向共同中心点的思维实验；考虑一个三维物体 B 通过无摩擦接触被三个手指尖抓取。在空间情况下，由三个手指张成的平面，将 $\mathbb{R}^3$ 划分为两个半空间，以使手指形成一个嵌入 Δ 的三角形间隙。在平面情况下，Δ 与平面重合。因此，由三个手指形成的三角形间隙不会将平面分为两个半平面。对于椭圆之类的物体，缩小的三指间隙仅涉及一个临界情形——B 首次能同时接触到三个手指。由此产生的平衡抓取类似于实心物体的最小等边抓取，因为此时三个构型障碍物之间的构型空间间隙缩小到一个点。每个平面物体仅具有一个最小等边无摩擦平衡抓取。

练习 5.18：将三维物体 B 的表面近似为局部二次曲面 Q_i，该曲面在 x_i 处与 B 相切，并且在此点具有 B 的主要曲率。令 $\bar{n}_i$ 为 B 在 x_i 处的单位外法向量。令 V_i 为经过 x_i 并由 $\bar{n}_i$ 生成的平面，也是 Q_i 在 x_i 处的主要曲率方向之一。证明沿 Q_i 与 V_i 相交曲线的单位法向量位于此平面内。

解：令 t_{i1} 和 t_{i2} 为 B 在 x_i 处的主要曲率方向，标量 $k_{B_{i1}}$ 和 $k_{B_{i2}}$ 为 B 在这些方向上的主要曲率。二次曲面 Q_i 是标量值函数的零水平集：

$$f(x) = \bar{n}_i \cdot (x - x_i) + \frac{1}{2}(k_{B_{i1}}(t_{i1} \cdot (x - x_i))^2 + k_{B_{i2}}(t_{i2} \cdot (x - x_i))^2), \quad x \in \mathbb{R}^3$$

f 的梯度在 Q_i 上取值，得到 Q_i 的法向量：

$$\nabla f(x) = \bar{n}_i + k_{B_{i1}}(t_{i1} \cdot (x - x_i))t_{i1} + k_{B_{i2}}(t_{i2} \cdot (x - x_i))t_{i2}, \quad x \in Q_i$$

令 V_i 为经过 x_i 并由 t_{i1} 和 $\bar{n}_i$ 张成的平面。令 $x(s)$, $s \in \mathbb{R}$ 为 Q_i 与 V_i 的相交曲线。由于 $x(s)$ 在 V_i 内，向量 $x(s) - x_i$ 正交于另一个切线方向 t_{i2}。因此，$\nabla f(x(s)) = \bar{n}_i + k_{B_{i1}}(x(s) - x_i))t_{i1}$，这表明 $\nabla f(x(s))$，$s \in \mathbb{R}$ 位于 V_i 中。

练习 5.19：通过三摩擦接触的方式抓取三维物体 B。6×9 抓取矩阵 G 在什么条件下满秩？

解：令三个接触点位于点 x_1，x_2 和 x_3。当世界坐标系和物体坐标系的原点位于 x_1 时，抓取映射式 (4-2) 变为

$$L_G = \begin{bmatrix} I & I & I \\ O & [x_2 \times] & [x_3 \times] \end{bmatrix}$$

式中，O 是 3×3 零矩阵。如果 G 不满秩，则抓取映射的列一定与某个非零切向量 $\dot{q} = (\vec{0}, \omega)$ 正交：

$$(\vec{0}, \omega) \begin{bmatrix} I & I & I \\ O & [x_2 \times] & [x_3 \times] \end{bmatrix} = -(\vec{0}, x_2 \times \omega, x_3 \times \omega) = (\vec{0}, \vec{0}, \vec{0}) \in \mathbb{R}^9$$

因此，当 x_2 和 x_3 与 ω 共线时，G 不满秩。由于 ω 是 B 绕轴 (在 x_1 处经过 B 的原点的轴) 的瞬时旋转，因此，只有在特殊情形下，即三个接触点共线时，G 才会出现秩亏的情况。

练习 5.20*：图 5-15c 展示了满足同一半二阶曲面的四条空间线。可以将此图形描述推广到任何四元组的线性相关线吗？

练习 5.21：三维物体 B 由四个平行的手指力线支撑。描述这种接触布置形成可行的平衡抓取的条件。

解：平衡要求手指力的方向正向生成 $\mathbb{R}^3$ 的原点。由于力的方向都是平行的，它们要么包含两对相对方向，要么包含一个单向三元组和第四个相对方向。在第一种情况下，以单向对为边界的条带必须沿一条公共线相交。在第二种情况下，以单向三元组为边界的三棱柱必须包含相反的力线。

练习 5.22*：三维物体 B 的一组无摩擦四指平衡抓取在接触空间中形成五维流形。给出有关四面体物体(不一定是正四面体)抓取的图形描述。

解：平衡要求每三个手指力在与第四个手指力垂直的平面上的投影在投影平面上形成一个三指平衡抓取。因此，可以通过将四面体的一个面固定为水平面 (x,y)，然后沿正交的 z 轴滑动一个水平面，即可构建无摩擦四指平衡抓取。在水平面与物体 B 相交的每个 z 轴位置，构造该平面内无摩擦三指平衡抓取的二维区域(参见 5.2 节)。后一个区域确定了 B 面上的三个水平段，它们支持水平三指平衡抓取。通过这种方式扫描 B 的整个高度，我们得到 B 的非水平面上的三个条带。与非水平面接触的手指可以通过在各自条带上独立地用三个独立的参数上下移动，并且在两个耦合参数的作用下，它们可以水平运动，从而保持水平的三指平衡抓取状态。对于三个手指的每个位置，第四个手指在 B 的水平面上的位置是唯一确定的，需要确保 B 绕水平 x 和 y 轴的净力矩为零(参见第 11 章)。

练习 5.23：三维物体 B 由四个手指通过无摩擦接触以非平行平衡抓取的方式抓取，其中所有四个手指对于平衡抓取都是必不可少的。验证 B 在平衡抓取下相对于纯平移运动是固定的。

解：与无摩擦接触相关的手指力沿着物体的内接触法线 $n_i (i=1,\cdots,4)$ 作用。由于非平行抓取力线不在平行平面上，由力方向构成的 3×4 矩阵 $[n_1 \quad n_2 \quad n_3 \quad n_4]$ 满秩。因此，B 的每个线速度 $v \in \mathbb{R}^3$ 都满足 $v \cdot n_j \neq 0$，$1 \leq j \leq 4$。在四指平衡抓取下，$\lambda_1 n_1 + \cdots + \lambda_4 n_4 = \vec{0}$。因此，$\lambda_1 v \cdot n_1 + \cdots + \lambda_4 v \cdot n_4 = 0$，$v \in \mathbb{R}^3$。系数 $\lambda_1, \cdots, \lambda_4$ 代表手指力的大小。由于所有手指都对 B 施加非零力，$\lambda_i > 0$，$i=1,\cdots,4$。因此，对于 $1 \leq j \leq 4$，$v \cdot n_j < 0$。第 j 个构型障碍物外法线由 $\eta_j = (n_j, x_j \times n_j)$ 给出。因此，B 沿 v 的纯平移运动将穿过第 j 个构型障碍物，$(v, \vec{0}) \cdot (n_j, x_j \times n_j) < 0$。由于该条件适用于所有 $v \in \mathbb{R}^3$，因此 B 对于所有纯平移运动都是固定的。

练习 5.24：考虑图 5-23 所示的四条力线。两条力线位于平行的水平面中，另外两条力线位于平行的垂直平面中。通过展示手指力旋量的适当线性组合产生零净力旋量，表明力线处于同一半二阶曲面中。

解：让世界坐标系和物体坐标系位于中心线段的中点处，x 轴与此线段对齐(图 5-23)。假设中心线段的长度为 $2l$，则给出四个接触点的位置 $x_1 = (-l, 0, d)$，$x_2 = (-l, 0, -d)$，$x_3 = (l, d, 0)$ 和 $x_4 = (l, -d, 0)$。接下来，假设力的方向相对于中心线段张成相同的角度 α (解扩展到非对称角度)。对于这种对称选择，力的方向为 $\hat{f}_1 = (\cos\alpha, -\sin\alpha, 0)$，$\hat{f}_2 = (\cos\alpha, \sin\alpha, 0)$，$\hat{f}_3 = (-\cos\alpha, 0, -\sin\alpha)$ 和 $\hat{f}_4 = (-\cos\alpha, 0, \sin\alpha)$。假设单位力大小 $\lambda_i = 1 (i=1,\cdots,4)$，由四个手指施加的净力为零。手指力在 x_1 和 x_2 处施加的净力矩为

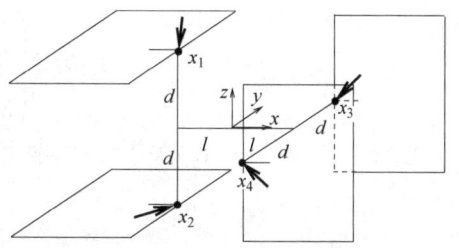

图 5-23 四条手指力线位于同一半二阶曲面中(未画出物体 B)

$$x_1 \times \hat{f}_1 + x_2 \times \hat{f}_2 = (x_2 - x_1) \times \begin{pmatrix} 0 \\ \sin\alpha \\ 0 \end{pmatrix} = 2d\sin\alpha \begin{pmatrix} 1 \\ 0 \\ 0 \end{pmatrix}$$

手指力在 x_3 和 x_4 处施加的净力矩为

$$x_3 \times \hat{f}_3 + x_4 \times \hat{f}_4 = (x_4 - x_3) \times \begin{pmatrix} 0 \\ 0 \\ \sin\alpha \end{pmatrix} = -2d\sin\alpha \begin{pmatrix} 1 \\ 0 \\ 0 \end{pmatrix}$$

由此得出，与单位力大小相关的净力矩为零。手指力线在 Plücker 坐标中线性相关，因此位于同一半二阶曲面中。

练习 5.25：考虑图 5-24a 所示的四条手指力线。手指力线在 Plücker 坐标下张成一个三维的线性子空间，在 Plücker 坐标中表征三维正交补子空间的线。

解：令 W 为在 Plücker 坐标下的手指力线张成的三维子空间。该子空间中的直线表示作用于 B 的所有可能净力旋量。令 V 为 $\mathbb{R}^6$ 中 W 的三维正交互补。将 V 中的线视为瞬时转动轴时，它们与 W 中的直线互易。回顾一下，互易直线在 $\mathbb{R}^3$ 中要么平行要么相交。因此，V 的线由两个互补的平面线束组成，与 W 的平面线束具有相同的基点和相同的公共线，如图 5-24b 所示。构成子空间 V 的一组基的三个线性无关的转动轴在图 5-24b 中标记为 e_1，e_2，e_3。

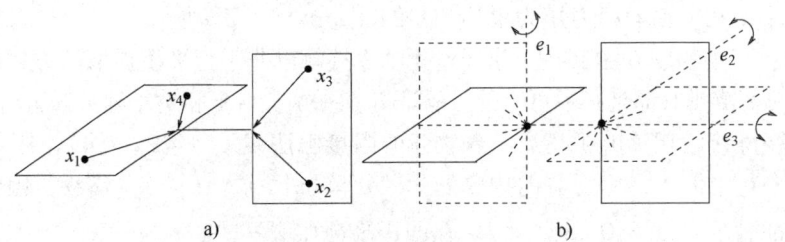

图 5-24 a）四条手指力线位于两个相交的平面线束中（未画出物体 B）；
b）手指力旋量的转动也形成了两个平面线束

练习 5.26：提供引理 5.14 的简要证明。

解：令 $l_i = (\hat{l}_i, x_i \times l_i)$，$i = 1$，$\cdots$，$7$。由于这七条线不在 $\mathbb{R}^6$ 的低维线性子空间中，因此这七条线中的六条在 Plücker 坐标中必须是线性无关的。假设这六条线为前六行 l_1，$\cdots$，l_6（对于六种线性无关的线的任何其他选择，该式相同）。因此，前六行满足 $\det[l_1 \cdots l_6] \neq 0$。现在，将克拉默法则应用于平衡方程得

$$[l_1 \cdots l_7] \begin{pmatrix} \lambda_1 \\ \vdots \\ \lambda_7 \end{pmatrix} = \vec{0} \Rightarrow [l_1 \cdots l_6] \begin{pmatrix} \lambda_1 \\ \vdots \\ \lambda_6 \end{pmatrix} = -\lambda_7 l_7$$

可以证明，$(\lambda_1, \cdots, \lambda_6)$ 关于 λ_7 的解由下式给出：

$$\begin{pmatrix} \lambda_1 \\ \vdots \\ \lambda_6 \end{pmatrix} = \frac{\lambda_7}{\det[l_1 \cdots l_6]} \begin{pmatrix} \det[l_2 l_3 l_4 l_5 l_6 l_7] \\ \det[l_3 l_4 l_5 l_6 l_7 l_1] \\ \det[l_4 l_5 l_6 l_7 l_1 l_2] \\ \det[l_5 l_6 l_7 l_1 l_2 l_3] \\ \det[l_6 l_7 l_1 l_2 l_3 l_4] \\ \det[l_7 l_1 l_2 l_3 l_4 l_5] \end{pmatrix}$$

将 λ_7 表示为 $\lambda_7 = s \cdot \det[l_1 \cdots l_6]$，$s \in \mathbb{R}$，得到式(5-4)。

练习 5.27：一个三维物体的任何七指平衡抓取都可以通过沿物体表面法线作用的手指力来实现（假设接触点不支持涉及较少手指的平衡抓取）。解释为什么此性质不适用于涉及较少手指的三维抓取。

解：在 Plücker 坐标下，七个手指力线总是线性相关的；相反，对于较少数量的手指，与摩擦接触相关的手指力线在 Plücker 坐标下可能是线性相关的，但接触法线在 Plücker 坐标下不一定是线性相关的。由于线性相关对于平衡抓取的可行性是必需的，因此涉及较少手指的平衡抓取不能沿接触法线自动实现。

附录 II

练习 5.28：考虑接触空间中无摩擦 k 指平衡抓取的集合 ε。说明当 k 超过物体的构型空间的尺寸时，为什么 ε 的尺寸与周围接触空间 U 的尺寸匹配。

解：对于二维抓取，$k \geq 4$ 条手指力线在 Plücker 坐标下总是线性相关的，这相当于 $\mathbb{R}^3$。对于三维抓取，$k \geq 7$ 条手指力线在 Plücker 坐标下总是线性相关的，这相当于 $\mathbb{R}^6$。因此，当平衡抓取条件满足线性相关系数 $\lambda_1, \cdots, \lambda_k \geq 0$ 时，它也在 U 围绕这一点的开邻域内得到满足。因此，在这些抓取中，集合 ε 具有与周围空间 U 相同的尺寸。

练习 5.29：将定理 5.18 关于无摩擦平衡抓取集合 ε 的维数的证明推广到平面抓取的情况。

解：在平面 k 指抓取中，接触空间由 $(u_1, \cdots, u_k) \in U$ 参数化，其中 $U = \mathbb{R}^k$ 具有周期性规则。参数的复合空间由 $(u_1, \cdots, u_k, \lambda_1, \cdots, \lambda_k) \in \tilde{U}$，$\tilde{U} = \mathbb{R}^{2k}$ 参数化。首先考虑 $k > 2$ 个手指。平面平衡抓取由三个标量约束确定。三个约束通常在 $\tilde{U}$ 中正交。因此，它们通常在 $\tilde{U}$ 中定义一个平滑的 $(2k-3)$ 维流形 $\tilde{\varepsilon}$。投影 $\pi: \tilde{U} \rightarrow U$ 将 $\tilde{\varepsilon}$ 映射到 ε。如定理 5.18 的证明所述，当 $k = 3$ 时，ε 的维数比 $\tilde{\varepsilon}$ 的维数小 1，即 $2 \times 3 - 4 = 2$，而对于 $k \geq 4$ 个手指，ε 的维数比 $\tilde{\varepsilon}$ 的维数小 k。对于两指抓取，集合 ε 由两个标量方程 $n_1 \times (x_1 - x_2) = 0$ 和 $n_2 \times (x_1 - x_2) = 0$ 确定，其中 $u \times v = u^T J v$，$J = \begin{bmatrix} 0 & 1 \\ -1 & 0 \end{bmatrix}$，可以验证这两个方程在 $U = \mathbb{R}^2$ 中正交，因此 ε 在 U 中形成离散集。

练习 5.30：当用两个或三个手指沿两条平行边抓取多边形物体时，确定平衡集合 ε 的维数。

解：当沿着两个平行边抓取多边形物体 B 时，根据特定的抓取方式，接触法线可以写成 $n_i = s_i \cdot n$，其中 $s_i = \pm 1$。将平衡抓取方程中的接触法线代入得到

$$\sum_{i=1}^{k} \lambda_i s_i \cdot \begin{pmatrix} n \\ x(u_i) \times n \end{pmatrix} = \vec{0}, \quad \lambda_1, \cdots, \lambda_k \geq 0 \tag{5-15}$$

由于 n 和 $s_1, \cdots, s_k$ 是给定抓取布置的常量，平衡抓取由 $\tilde{U} = \mathbb{R}^{2k}$ 中的两个标量约束指定：

$$\sum_{i=1}^{k} \lambda_i s_i = 0, \quad \left(\sum_{i=1}^{k} \lambda_i s_i x(u_i)\right) \times n = 0$$

这两个约束形成一个向量值映射 $h(\vec{u}, \vec{\lambda})$，该映射将 $\tilde{U}$ 中的平衡抓取映射到 $\mathbb{R}^2$ 中的零向量：

$$h(\vec{u}, \vec{\lambda}) = \begin{pmatrix} \sum_{i=1}^{k} \lambda_i s_i \\ \sum_{i=1}^{k} \lambda_i s_i \cdot (x(u_i) \times n) \end{pmatrix} : \mathbb{R}^{2k} \rightarrow \mathbb{R}^2$$

当 $2\times 2k$ 雅可比矩阵 Dh 在 $\tilde{\varepsilon}$ 的所有点上都满秩时,这两个约束横向相交,从而在 $\tilde{U}$ 中定义了一个平滑的 $(2k-2)$ 维流形。雅可比矩阵 Dh 具有以下形式:

$$Dh = \begin{bmatrix} \vec{0} & \cdots & \vec{0} & s_1 & \cdots & s_k \\ \lambda_1(x'_1 \times n) & \cdots & \lambda_k(x'_k \times n) & s_1 x_1 \times n & \cdots & s_k x_k \times n \end{bmatrix}$$

由于 $s_i = \pm 1$,因此在所有通用抓取布置下,雅可比矩阵 Dh 都满秩。因此,$\tilde{\varepsilon}$ 通常在 $\tilde{U}$ 中形成一个平滑的 $(2k-2)$ 维流形。平衡集合 ε 是通过将集合 $\tilde{\varepsilon}$ 投影到接触空间 U 而获得的。因此,对于两个手指,其维数为 $(2\times 2-2)-1=1$,对于三个手指,其维数为 $(2\times 3-2)-1=3$,当 $k \geq 4$ 个手指时,其维数为 k。

参考文献

[1] A. Dandurand, "The rigidity of compound spatial grid," *Structural Topology*, vol. 10, pp. 41–56, 1984.

[2] O. V. Veblen and J. W. Young, *Projective Geometry*. Blaisdell Publishing, 1938.

[3] J. Ponce, S. Sullivan, A. Sudsang, J.-D. Boissonnat and J.-P. Merlet, "On computing four-finger equilibrium and force-closure grasps of polyhedral objects," *The International of Robotics Research*, vol. 16, no. 1, pp. 11–35, 1997.

[4] B. Mishra, J. T. Schwartz and M. Sharir, "On the existence and synthesis of multifinger positive grips," *Algorithmica*, vol. 2, pp. 541–558, 1987.

[5] L. Nirenberg, "Variational and topological methods in nonlinear problems," *Bulletin of the AMS*, vol. 4, no. 3, pp. 267–302, 1981.

第 2 部分

无摩擦刚体抓取和姿态

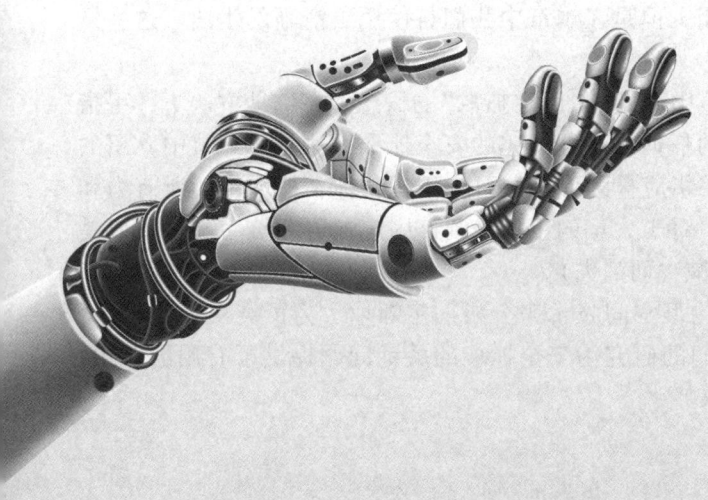

第 6 章 安全抓取概述

在详细介绍了平衡抓取理论之后，下一步拓展安全抓取理论。在机械手搬运和操纵物体时可能产生的各种干扰下，安全抓取要求能够将被抓取物体安全地包含在机械手中。这种干扰通常是由安装有抓取机构的机械手的运动引起的，并且当安装在机械手上的抓取机构与环境相互作用时，经常发生这种干扰。本章介绍了安全抓取的两种互补的方法。这两种方法在机器人技术文献中被称为形封闭和力封闭，但是在本章中我们将使用更清晰的术语。这些概念将在后续章节中再次详细阐述。

实现安全抓取的第一种方法是 6.1 节中介绍的"固定抓取"的概念。在这种方法下，手指应该排列成以防止物体相对于抓取手指的任何运动。补充的安全抓取方法是 6.2 节中介绍的抗力旋量抓取的概念。在这种方法下，手指应排列成抵抗可能干扰物体在抓取中的所有力和力矩或力旋量。我们将在 6.3 节中看到，对于大量的手指来说，固定抓取和抗力旋量抓取是完全对偶的（这种对偶性随着手指数量的减少而消失）。

可以使用本书第 1 部分介绍的几何构型空间技术来分析固定抓取。为了突出关键思想，本书第 2 部分主要考虑无摩擦接触。它们的研究为安全抓取的关键问题提供了有用的介绍，在本书的第 3 部分中将其扩展至摩擦抓取。

6.1 固定抓取

机构部件内部运动所需的独立自由度的数量用运动部件组成的机构的可运动性来唯一描述。当机构不动时，它将形成刚性结构，其中部件的内部不可能运动。在抓取力学中，我们试图在无摩擦刚体模型下分析被抓取物体 B 相对于固定手指体 $O_1, \cdots, O_k$ 的运动性。在第 2 章介绍的物体的构型空间中分析了这种运动性。构型空间视图从以下自由物体构型开始。

定义 6.1（自由构型空间） 设刚体 B 由固定的刚性手指体 $O_1, \cdots, O_k$ 抓取。令 $CO_1, \cdots, CO_k$ 为 B 的构型空间中的手指构型障碍。

自由构型空间为以下构型集合：

$$F = \mathbb{R}^m - \bigcup_{i=1}^{k} \text{int}(CO_i), \text{二维抓取时 } m=3, \text{三维抓取时 } m=6$$

式中，$\text{int}(CO_i)$ 表示手指构型障碍 CO_i 的内部。

F 的内部是 $\mathbb{R}^m$ 的一个开子集，它由物体 B 的无接触构型组成。F 的边界表示为 $\text{bdy}(F)$，由物体 B 接触一个或多个手指体的构型组成。它形成了手指构型障碍边界的子集：$\text{bdy}(F) \subseteq \bigcup_{i=1}^{k} \text{bdy}(CO_i)$。位于 $\text{bdy}(CO_i)$ 中的任何构型空间路径都表示 B 的运动，该运动保持与固定手指主体 O_i 的表面接触。然而，物体可能沿着这样的路径穿透相邻的手指体。因此，F 的边界形成构型障碍边界的并集的子集。当 B 在构型 q_0 上被 k 个手指接触时，点 q_0 位于手指构型障碍边界的交点，$q_0 \in \bigcap_{i=1}^{k} \text{bdy}(CO_i)$。$B$ 可用的自由构型空间运动定义如下。

定义 6.2（自由运动） 设刚体 B 由固定的刚性手指体 $O_1, \cdots, O_k$ 保持在构型 q_0 处。B 在 q_0 处的自由构型空间运动是所有从 q_0 开始，位于 F 的构型空间路径。

自由构型空间运动是物体 B 脱离或保持与固定手指体的表面接触的路径（稍后将讨论一些示例）。当物体 B 在给定的抓取下具有可用的自由运动时，会存在引起这些运动的扰动力，从而使 B 脱离抓取。相反，当抓取手指不允许 B 自由运动时，可确保抓取安全。在以下定义中引入了固定抓取的概念。

定义 6.3（固定） 设刚体 B 由固定的刚性手指体 $O_1, \cdots, O_k$ 保持在构型 q_0 处。当物体在 q_0 处没有自由构型空间运动时，该物体将被手指**固定**。

当手指构型障碍完全包围物体的构型点 q_0 时，物体 B 被固定。仅当物理手指形成对物体 B 的无摩擦平衡抓取时，手指构型障碍才能隔离点 q_0。这个重要的性质在下面的定理中陈述（有关证明，请参阅本章的附录）。

定理 6.1（固定平衡抓取） 一个刚体 B 被刚性手指体 $O_1, \cdots, O_k$ 固定的必要条件是，手指以一种可行的**无摩擦平衡抓取**的方式握住物体。

为了理解无摩擦平衡抓取的必要性，考虑在二维抓取中的手指构型障碍。令 S_i 表示第 i 个手指构型障碍表面，$\eta_i(q_0)$ 表示第 i 个手指构型障碍在 q_0 处的外法线，令 $T_{q_0} S_i$ 为在 q_0 处与 S_i 的切平面。以切平面 $T_{q_0} S_i$ 为界并占据 CO_i 外部的半空间为

$$M_i(q_0) = \{\dot{q} \in T_{q_0} \mathbb{R}^m : \eta_i(q_0) \cdot \dot{q} \geq 0\} \tag{6-1}$$

半空间 $M_i(q_0)$ 表示固定手指体 O_i 允许的自由空间运动构型的一阶近似值（图 6-1a）。令 $M_{1\cdots k}(q_0)$ 表示与 k 个手指相关的自由半空间的交集：

$$M_{1\cdots k}(q_0) = \bigcap_{i=1}^{k} M_i(q_0) = \{\dot{q} \in T_{q_0} \mathbb{R}^m : \eta_i(q_0) \cdot \dot{q} \geq 0, i=1, \cdots, k\} \tag{6-2}$$

集合 $M_{1\cdots k}(q_0)$ 形成一个基于 q_0 的切向量的凸锥。如果 $M_{1\cdots k}(q_0)$ 具有非空内部，则对于 $M_{1\cdots k}(q_0)$ 内部的切向量 $\dot{q}$ 满足 $\eta_i(q_0) \cdot \dot{q} > 0$，$i = 1, \cdots, k$。由此可见，物体 B 沿着这样的瞬时运动局部地脱离所有的 k 个手指。为了防止此类脱离运动，$M_{1\cdots k}(q_0)$ 在给定的抓取下必须具有非空内部。为了使 $M_{1\cdots k}(q_0)$ 的内部为空，必须满足两个条件。构型障碍的外法线必须在 q_0 处线性相关，并且其方向必须正向生成原点。构型障碍的外法线与沿 B 的内接触法线作用的手指力产生的力旋量共线（3.2 节）。因此，固定要求物体 B 以无摩擦平衡的方式抓取。

因此，无摩擦平衡抓取对于固定是必要的。但是，如下面的例子所示，某些平衡抓取并不是固定抓取。

非固定平衡抓取：图 6-1b 展示了在无摩擦平衡抓取下，两个盘形手指形成的椭圆。考虑在 q_0 处手指构型障碍的一阶近似，如图 6-1b 所示。世界坐标系和物体坐标系在椭圆的中心，x 轴与椭圆的长轴对齐。接触位置是 $x_1 = (-a, 0)$ 和 $x_2 = (a, 0)$，其中 $2a$ 是椭圆的主轴线长度。椭圆的内接触法线在 x_1 处为 $n_1 = (1, 0)$，在 x_2 处为 $n_2 = (-1, 0)$。q_0 处的手指构型障碍的外法线由下式给出：

$$\eta_1(q_0) = \begin{pmatrix} n_1 \\ x_1 \times n_1 \end{pmatrix} = \begin{pmatrix} 1 \\ 0 \\ 0 \end{pmatrix}, \quad \eta_2(q_0) = \begin{pmatrix} n_2 \\ x_2 \times n_2 \end{pmatrix} = \begin{pmatrix} -1 \\ 0 \\ 0 \end{pmatrix}$$

其中 $u \times v = u^T J v$, $u, v \in \mathbb{R}^2$ 并且 $J = \begin{bmatrix} 0 & 1 \\ -1 & 0 \end{bmatrix}$。在平衡抓取下，$\eta_1 + \eta_2 = \vec{0}$，所以 $M_1 \cap M_2$ 仅由 q_0 处的 CO_1 和 CO_2 共同的切平面组成，内部为空：

$$M_{1,2}(q_0) = M_1(q_0) \cap M_2(q_0) = \left\{ \dot{q} \in T_{q_0} \mathbb{R}^m : \begin{pmatrix} 0 \\ 1 \\ 0 \end{pmatrix} \cdot \begin{pmatrix} v \\ \omega \end{pmatrix}, \begin{pmatrix} 0 \\ -1 \\ 0 \end{pmatrix} \cdot \begin{pmatrix} v \\ \omega \end{pmatrix} \right\}, \dot{q} = (v, \omega)$$

然而，图 6-1b 所示的两指平衡抓取是不固定的，因为椭圆可以沿垂直平移和绕其中心旋转的任意组合脱离。

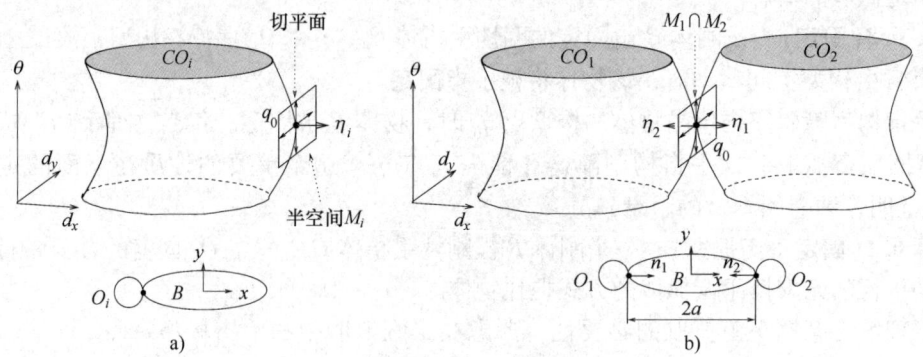

图 6-1 a) 半空间 $M_i(q_0)$ 近似于 q_0 处 CO_i 的外部；b) 在两指平衡抓取情况下，物体自由运动的一阶近似值 $M_{1,2}(q_0) = M_1(q_0) \cap M_2(q_0)$

下一个示例描述了一种固定且安全的平衡抓取。

固定平衡抓取：图 6-2a 显示了一个三角形物体 B，它被三个盘形手指以无摩擦平衡抓取的方式保持。一阶分析表明，物体 B 可以自由地绕着手指接触法线的交点瞬时旋转。但这个物体显然是被三个手指固定住的。从图 6-2b 的构型空间几何形状可以看出，点 q_0 被手指构型障碍完全包围。当一阶分析表明某些瞬时自由运动是可能的时，如何固定该物体？通过认识到局部自由运动具有一阶（速度或切向量）和二阶（加速度或路径曲率）属性，可以解决这一矛盾。合理的运动分析必须包括局部自由运动的两种性质。当考虑曲率效应时，物体 B 被三个手指完全固定。

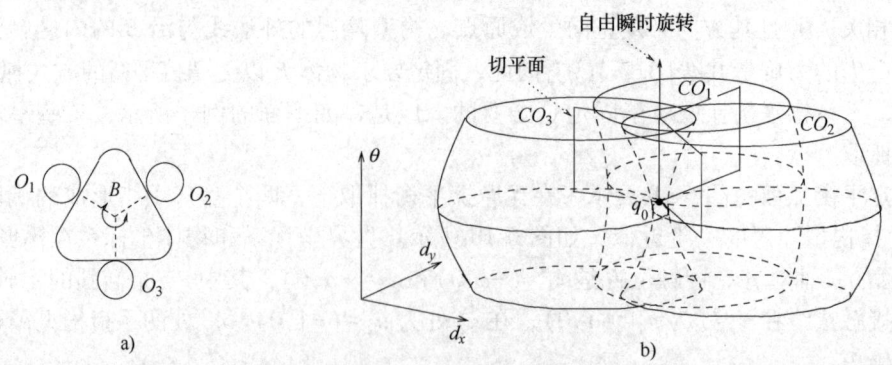

图 6-2 a) 一个三角形物体的三指平衡抓取；b) 手指构型障碍完全包围物体构型点 q_0

固定是指周围手指体对被抓取物体自由运动所施加的刚体约束。因此，它适用于在低摩擦情况下或无法依靠摩擦效应的情况下确保抓取安全。当手指接触选择中包括摩擦效应时，非固定抓取仍然可以形成安全抓取。下面将讨论这种安全抓取的补充概念。

6.2 抗力旋量抓取

相比被抓取物体的自由运动的研究，分析手指抵抗扰动力和力矩（或力旋量）的能力更为重要，这些力和力矩可能会把物体从抓取的手指上拉开。当施加在 B 上的所有可能的扰动力旋量都可以通过可行的手指力抵抗时，被抓取物体就能安全地保持在抓取机构内。以下抗力旋量抓取的定义适用于摩擦、无摩擦和软点接触抓取。

定义 6.4（抗力旋量抓取） 令刚体 B 由刚性手指体 $O_1, \cdots, O_k$ 保持在构型 q_0 处。设 $L_G: C_1 \times \cdots \times C_k \to T_{q_0}^* \mathbb{R}^m$ ($m=3$ 或 6) 为给定抓取的抓取映射。当施加在 B 上的任何外力旋量 $w_{\text{ext}} \in T_{q_0}^* \mathbb{R}^m$ 都可以通过可行的手指力，以及可能的关于接触法线的扭矩来抵抗时，此抓取为抗力旋量抓取：

$$L_G(f_1, \cdots, f_k) + w_{\text{ext}} = \vec{0}, \ (f_1, \cdots, f_k) \in C_1 \times \cdots \times C_k \tag{6-3}$$

式中，$C_1, \cdots, C_k$ 为接触点处的广义摩擦锥。

当抓取映射 L_G 在 B 的力旋量空间上形成复合摩擦锥 $C_1 \times \cdots \times C_k$ 的满射映射时，k 指抓取为抗力旋量抓取。与固定抓取相比，抗力旋量抓取仅提供实现安全抓取的必要条件。根据应用情况的不同，必须确保抓取系统实际产生所需的反作用力（本书的第 4 部分讨论了这一高层次主题）。与固定抓取一样，抗力旋量抓取只能通过平衡抓取来实现——在无摩擦接触的情况下实现无摩擦平衡，在摩擦接触的情况下实现摩擦平衡，在软点接触的情况下实现关于接触法线的附加力矩的平衡。此性质基于命题 4.1，在此重复。

命题 4.1 刚体 B 由刚性手指体 $O_1, \cdots, O_k$ 在可行平衡状态下抓取，当且仅当在给定的抓取下净力旋量锥 W 包含一个非平凡**线性子空间**。

由于抗力旋量抓取张成物体的整个力旋量空间，因此其净力旋量锥满足命题 4.1 的条件，从而产生以下推论。

推论 6.2（抗力旋量平衡抓取） 抗力旋量的一个必要条件是，根据在接触点处假定抓取的接触模型，手指以**可行的平衡抓取**的方式握住物体 B。

以下示例说明了建立摩擦平衡抓取的必要性，以实现抵抗外力旋量干扰的抗力旋量。

示例： 图 6-3 显示了水平面上椭圆的两个抓取点。首先，考虑图 6-3a 所示的摩擦两指抓取。摩擦锥不支持接触点处的平衡抓取，因此这不是可行的平衡抓取。当外力 f_{ext} 试图将椭圆拉离两个手指时，不存在可行的手指力 $f_1 \in C_1$ 和 $f_2 \in C_2$ 可以抵抗该力。接下来，考虑图 6-3b 所示的同一椭圆的摩擦两指抓取。摩擦锥现在支持接触点处的平衡抓取。如第 13 章所述，这种抓取形成了安全的、抗力旋量的抓取。例如，f_{ext} 现在可以被摩擦锥中的手指力 f_1 和 f_2 抵抗。

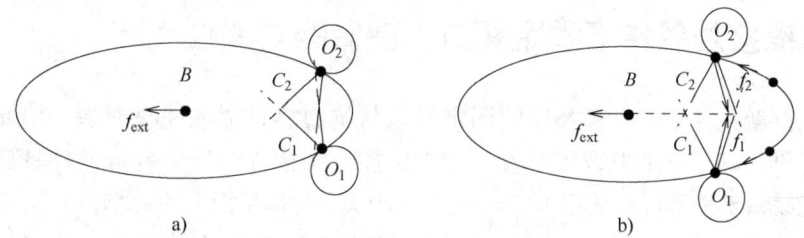

图 6-3 a) 一个摩擦两指构型，其不是可行的平衡抓取状态，因此不具备抗力旋量特性；
b) 一个具有内抓取力确保抗力旋量的摩擦两指平衡抓取构型

抗力旋量抓取的实际意义：

抗力旋量抓取的定义对抓取系统的设计和操作做出了很强的假设。抓取系统必须能够快速感知扰动力旋量 w_{ext} 的干扰，同时也能快速地计算出一组新的手指力来消除扰动，然后与手指一起从而产生所需的力。此外，抓取系统的感应和反应周期必须与外部干扰的时间变化保持同步。根据这些观察结果，可以认为定义 6.4 所描述的抓取是主动抗力旋量抓取。

在某些抓取机构和大多数夹具中，部分或全部接触力不是由抓取系统主动产生和控制的。相反，接触力是通过被动机械方式产生的。这种影响通常来自两个过程：

- **预压抓取**：一种预压过程，物体 B 最初被外力压在固定的手指上（例如，工厂工人挤压固定零件），最终达到平衡抓取。预压过程在允许的摩擦锥内建立非零接触力。当手指保持为固定的刚体时，任何随后作用在 B 上的外力旋量干扰（例如，工厂工人尝试进行加工操作）都会引起手指接触力的扰动。只要受扰动的接触力保持在各自的摩擦锥内，就可以保持平衡抓取。
- **柔性抓取**：当指尖是软材料（比如橡胶或特氟龙）时，被抓取物体 B 会因力旋量的扰动而局部运动，同时指尖接触处会变形。手指接触力源自描述接触变形如何产生反作用力的刚度关系。对于 B 相对于平衡构型 q_0 的微小位移，第 i 个接触点处的反作用力可建模为

$$f_i = -K_i(q - q_0) + f_i^0 \tag{6-4}$$

式中，f_i^0 为第 i 个接触点处的预压力；K_i 为第 i 个接触点处的刚度矩阵。式(6-4)可以看作线性弹簧的模型，其弹簧常数为 K_i，初始弹簧压缩为 f_i^0。当物体 B 在构型 q_0 下以柔性平衡状态被抓取时，外力旋量扰动通常在 q_0 附近的平衡点处得到平衡。柔性手指机构或关节处引起柔性关系的反馈算法也有助于抓取系统的柔顺性（请参阅第 18 章）。

为了说明基于异构被动和主动方式的安全抓取，添加以下更宽泛的局部抗力旋量抓取概念。

定义 6.5（局部抗力旋量） 通过刚性手指体 $O_1, \cdots, O_k$，将刚体 B 保持在平衡抓取构型 q_0 处。如果手指可以抵抗以 B 的力旋量空间原点为中心的有界邻域内的任何外力旋量，那么抓取就具有局部抗力旋量能力，该邻域可能在 B 的构型空间的一个新的平衡构型上，这个构型位于以 q_0 为中心的局部邻域内。

局部抗力旋量抓取只能抵抗一定范围的外力旋量，并且可以在附近的平衡点抵抗。对于那些接触反应遵循被动力-位移定律的抓取系统来说，这种类型的局部抓取安全性是所能期望的最佳状态。当将这种接触定律作为指尖反馈控制定律执行时，局部抗力旋量等效于控制理论中的局部干扰抑制概念。

6.3 无摩擦接触条件下固定和抗力旋量的对偶性

在无摩擦接触条件下，某种类型的固定抓取与抗力旋量抓取完全对偶，因此表明这两种方法有时会提供相同类型的抓取安全性。与无摩擦接触相关的抗力旋量条件具有简单的构型空间说明。无摩擦手指力可参数化为 $f_i = \lambda_i n_i$，其中 $\lambda_i \geq 0$ 是手指力的大小，n_i 是 B 在 x_i 处的内法线。该力所引起的力旋量 $w_i = \lambda_i(n_i, x_i \times n_i)$ 与手指构型障碍的外法线 $\eta_i(q_0) = (n_i, x_i \times n_i)$ 在 q_0 共线。用 W 表示在无摩擦接触条件下可对 B 产生影响的净力旋量锥，其形式为抗力旋量：

$$W = \{\lambda_1 \eta_1(q_0) + \cdots + \lambda_k \eta_k(q_0) : \lambda_1, \cdots, \lambda_k \geq 0\} = T_{q_0}^* \mathbb{R}^m, \ m = 3 \ \text{或} \ 6$$

因此，抗力旋量条件等价于要求手指构型障碍物的外法线（视为力矩）张成整个物体的力旋量空间。

接下来，考虑互补的安全抓取方法，该方法旨在通过正确放置刚性手指体来防止物体的自由运动。在下一章中，我们将看到最简单的固定类型，称为一阶固定，是基于如下方法来防止被抓取物体 B 的所有可能的一阶瞬时运动。

定义 6.6（一阶固定） 通过刚性手指体 $O_1, \cdots, O_k$，将刚体 B 保持在平衡抓取构型 q_0 处。当物体在 q_0 处没有一阶瞬时自由运动时，即为**一阶固定**：

$$M_{1\cdots k}(q_0) = \{\dot{q} \in T_{q_0}\mathbb{R}^m : \eta_i(q_0) \cdot \dot{q} \geq 0, i = 1, \cdots, k\} = \{0\} \tag{6-5}$$

式中，$T_{q_0}\mathbb{R}^m$ 为 B 在 q_0 处的切空间，$\{0\}$ 为这个空间的原点。

一阶固定要求在二维抓取中至少有 4 个无摩擦接触点，在三维抓取中至少有 7 个无摩擦接触点。下面的定理断言一阶固定抓取与抗力旋量抓取是对偶的（参见本章附录的证明）。

定理 6.3（等效安全抓取） 在无摩擦接触条件下，如果 k 指平衡抓取形成**一阶固定抓取**，那么它为**抗力旋量抓取**。

定理 6.3 的证明基于对偶锥的概念。令 W 为基于 B 的力旋量空间原点的力旋量凸锥。它的对偶锥 W^* 是切向量的锥：⊖

$$W^* = \{\dot{q} \in T_{q_0}\mathbb{R}^m : w \cdot \dot{q} \leq 0, w \in W\} \tag{6-6}$$

如附录所示，一阶自由运动的锥 $M_{1\cdots k}(q_0)$ 对偶于无摩擦接触条件下可影响 B 的负净力旋量锥，$M_{1\cdots k}(q_0) = -W^*$。由于 $W = T_{q_0}^*\mathbb{R}^m$ 处于抗力旋量抓取，因此对偶性意味着 $M_{1\cdots k}(q_0) = \{0\}$，这是根据式 (6-5) 的一阶固定。

示例：图 6-4a 描绘了椭圆的无摩擦两指抓取。世界坐标系和物体坐标系位于手指力线的交点。手指力旋量用 $w_1 = (f_1, 0)$ 和 $w_2 = (f_2, 0)$ 表示，其净力旋量锥形成图 6-4b 所示的二维水平扇形。它的对偶锥 $M_{1,2}(q_0) = -W^*$ 形成切向量的三维楔形，如图 6-4b 所示。接下来，考虑图 6-4c 所示的同一椭圆的四指抓取。净力旋量锥形成物体的整个力空间 $W = T_{q_0}^*\mathbb{R}^3$，这意味着物体 B 处于抗力旋量抓取状态（图 6-4d）。根据对偶性，$M_{1\cdots 4}(q_0) = -W^* = \{0\}$，表明物体 B 在四指抓取时被一阶几何效应固定。

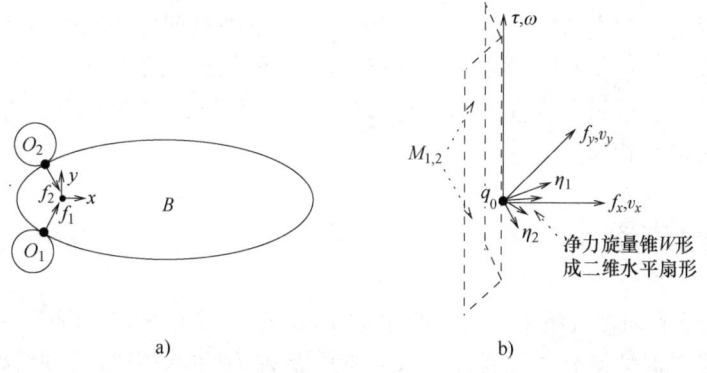

图 6-4 a) 和 b) 与两个无摩擦接触点相关的净力旋量锥 W 和关系式 $M_{1,2}(q_0) = -W^*$；
c) 和 d) 无摩擦四指平衡抓取，既为抗力旋量又为一阶固定

⊖ 对偶性是指一个力螺旋或向量在切向量上的作用，当 $\dot{q} \in T_{q_0}\mathbb{R}^m$ 时，$w(\dot{q}) = w \cdot \dot{q}$。

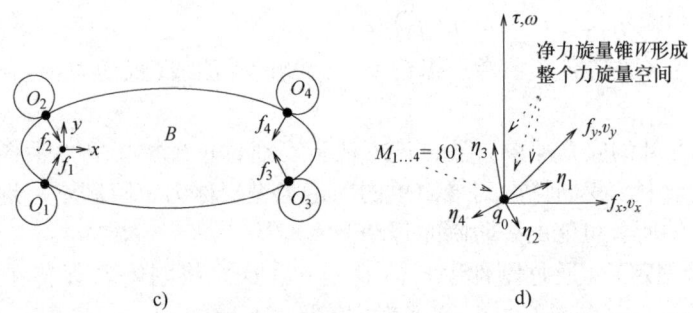

图 6-4 a)和 b)与两个无摩擦接触点相关的净力旋量锥 W 和关系式 $M_{1,2}(q_0) = -W^*$；
c)和 d)无摩擦四指平衡抓取，既为抗力旋量又为一阶固定（续）

下一章将确定一阶固定在二维抓取中至少需要四个无摩擦接触，在三维抓取中至少需要七个无摩擦接触。对于如此大量的接触，可以用两种等效方法验证候选无摩擦平衡抓取的安全性。一种方法是验证手指抵抗可能作用于 B 的所有外力旋量的能力，另一种方法是检查刚性手指体是否阻止了 B 的所有刚体速度。

6.4 展望

本节直观地概述了安全抓取的两种基本方法。本书此部分的其余章节将介绍分析工具，用来分析在给定的平衡抓取下的物体的机动性，然后说明如何使用这些工具来解决抓取力学中与无摩擦接触相关的其他重要问题。第 7 章将扩展一阶固定抓取的理论，该理论分析了由多个手指抓取的物体的自由运动的一阶特性或速度。第 8 章将延续第 7 章，以考虑自由运动的二阶特性并定义二阶固定抓取。根据第 7 章和第 8 章介绍的方法，第 9 章将解决以下基本问题：固定任意刚体所需的最少手指数是多少？对二维物体关于此问题进行详细分析，可以看到最小的手指数取决于指尖的几何形状。还将给出三维物体相应界限的范围。第 11 章将把固定分析扩展到包括重力效应。在这种情况下，抓取安全等于确保手指在重力作用下支撑物体处于局部稳定的平衡状态。局部稳定的手支撑姿态在将重力解释为作用于物体质心的虚拟手指的意义上，正是固定化抓取。因此，可以使用第 7 章和第 8 章介绍的固定工具来判断在重力影响下的手支撑姿态的安全性。最后，第 10 章将讨论围绕理想抓取的笼式结构的概念。使用笼式结构，可以在手指相对于物体的位置存在巨大不确定性的情况下，以鲁棒的方式执行关于期望固定抓取的手指闭合过程。本书此部分介绍的几何技术将为随后的本书第 3 部分中的摩擦抓取分析奠定基础。

6.5 参考书目注释

固定抓取的概念在机器人技术文献中被称为"形封闭"。该概念可追溯到 19 世纪 Reuleaux[1] 的著作。抗力旋量抓取的概念在机器人技术文献中被称为"力封闭"。虽然这个概念也被认为起源于 Reuleaux，但是关于力封闭概念的首次正式讨论可以在 20 世纪早期 Somoff[2] 的著作中找到。现代机器人中对形封闭抓取的研究始于 Lakshminarayana[3] 的工作，而对力封闭抓取的现代分析则始于 Roth 的工作以及 Salisbury[4] 和 Kerr[5] 的博士学位研究。

锥分析的基本概念可以在凸优化文本中找到，例如 Boyd 和 Vandenberghe[6] 以及 Ben-Tal

和 Nemirovski[7]。我们要感谢 Nemirovski,他在本章附录中提出了对偶锥论证,以得出无摩擦平衡抓取是固定抓取所必需的结论。

6.6 附录:证明细节

本附录包含有关固定和抗力旋量抓取的两个关键性质的证明。我们从以下性质开始,即每个固定抓取都必须形成无摩擦平衡抓取。

定理 6.1 一个刚体 B 被刚性手指体 $O_1, \cdots, O_k$ 固定的必要条件是,手指以一种可行的无摩擦平衡抓取的方式握住物体。

证明:回想一下,B 的构型空间是由 $\mathbb{R}^m (m = 3$ 或 $6)$ 参数化的。当物体 B 被手指体 $O_1, \cdots, O_k$ 保持在构型 q_0 处,点 q_0 位于第 k 个手指构型障碍边界的交点。令 $\eta_i(q_0)$ 是在 q_0 处的第 i 个手指构型障碍的外法线。在 x_i 处作用于 B 的法向力 f_i 引起的力旋量 $w_i = \lambda_i \eta_i(q_0)$,$\lambda_i \geq 0$。让我们证明当物体未处于无摩擦平衡抓取状态时,它可以脱离所有 k 个手指,因此,它不是固定不动的。k 个无摩擦手指接触作用于物体 B 的净力旋量锥具有如下形式:

$$W = \{w \in T_{q_0}^* \mathbb{R}^m : w = \lambda_1 \eta_1(q_0) + \cdots + \lambda_k \eta_k(q_0), \lambda_1, \cdots, \lambda_k \geq 0\}$$

由命题 4.1 可知,如果接触布置未形成可行的平衡抓取,则其净力旋量锥 W 不包含任何非平凡线性子空间。因此,W 必须形成一个尖锥——一个在其顶点处严格为凸的凸锥。W 的对偶锥,表示为 W^*,是切向量的凸锥:

$$W^* = \{t \in T_{q_0} \mathbb{R}^m : t \cdot w \leq 0, w \in W\}$$

以下是证明的一个关键论点。如果 W 形成一个尖锥,则其对偶锥 W^* 必须具有一个非空的内部。否则,$(W^*)^* = W$ 必须至少包含一个一维线性子空间,这意味着 W 不能是尖锥。因此,W^* 必须具有一个非空的内部。W^* 内部的每个切向量 t 都满足

$$t \cdot w < 0, \quad w \in W \tag{6-7}$$

令 t 为 W^* 内部的任意切向量,令 $\dot{q} = -t$ 表示 B 的一个特定的刚体速度,其始于 q_0。将 $\dot{q} = -t$ 代入式(6-7)。注意,对于 $\eta_i(q_0) \in W$,$i = 1, \cdots, k$,给出不等式

$$\eta_i(q_0) \cdot \dot{q} > 0, \quad i = 1, \cdots, k$$

由此可知,B 沿着构型空间轨迹 $q(t)$ 远离所有 k 个手指体,使得 $q(0) = q_0$ 且 $\dot{q}(0) = \dot{q}$,这表明在给定的抓取下物体没有被固定。因此,无摩擦平衡抓取对于物体的固定是必要的。

下一个定理涉及抗力旋量和一阶固定抓取之间的对偶性(此类抓取需要足够多的手指)。

定理 6.3 在无摩擦接触条件下,如果 k 指平衡抓取形成**一阶固定抓取**,那么它为抗力旋量抓取。

证明:由 k 个手指通过无摩擦接触产生的净力旋量锥为 $W = \{\lambda_1 \eta_1(q_0) + \cdots + \lambda_k \eta_k(q_0) : \lambda_1, \cdots, \lambda_k \geq 0\}$。因此,可以被手指抵挡的一组外力旋量 W_{ext} 由下式给出:

$$W_{\text{ext}} = \{-w : w \in W\} = \{\lambda_1(-\eta_1(q_0)) + \cdots + \lambda_k(-\eta_k(q_0)) : \lambda_1, \cdots, \lambda_k \geq 0\}$$

根据定义 6.6,通过与一阶自由半空间相交得到物体 B 的一阶自由运动集合:

$$M_{1 \cdots k}(q_0) = \bigcap_{i=1}^{k} M_i(q_0) = \{\dot{q} \in T_{q_0} \mathbb{R}^m : \eta_i(q_0) \cdot \dot{q} \geq 0, i = 1, \cdots, k\}$$

由于 $w_{\text{ext}} = \lambda_1(-\eta_1(q_0)) + \cdots + \lambda_k(-\eta_k(q_0))$,$w_{\text{ext}} \in W_{\text{ext}}$,得到 $M_{1 \cdots k}(q_0)$ 与 W_{ext} 的关系:

$$\forall w_{\text{ext}} \in W_{\text{ext}}, \quad \forall \dot{q} \in M_{1 \cdots k}(q_0), \quad w_{\text{ext}} \cdot \dot{q} = \sum_{i=1}^{k} \lambda_i(-\eta_i(q_0)) \cdot \dot{q} \leq 0$$

根据式(6-6)中对偶锥的定义：
$$(W_{\text{ext}})^* = \{\dot{q} \in T_{q_0}\mathbb{R}^m : w \cdot \dot{q} \leq 0, w \in W_{\text{ext}}\} = M_{1\cdots k}(q_0)$$

因此，一阶自由运动锥 $M_{1\cdots k}(q_0)$ 是外力旋量锥 W_{ext} 的对偶，后者可以通过 k 个无摩擦的手指接触来抵抗。特别地，如果 $M_{1\cdots k}(q_0) = \{0\}$，则 $W_{\text{ext}} = T_{q_0}^*\mathbb{R}^m$。因此，抗力旋量是一阶固定的对偶。

参考文献

[1] F. Reuleaux, *The Kinematics of Machinery*. Macmillan, 1876, republished by Dover, 1963.

[2] P. Somoff, "Ueber Gebiete von Schraubengeschwindigkeiten eines starren Koerpers bei verschiedener Zahl von Stuetzflaechen," *Zeitschrift fuer Mathematik und Physik*, vol. 45, pp. 245–306, 1900.

[3] K. Lakshminarayana, "Mechanics of form closure," ASME, Tech. Rep. 78-DET-32, 1978.

[4] J. K. Salisbury, "Kinematic and force analysis of articulated hands," PhD thesis, Dept. of Mechanical Engineering, Stanford University, 1982.

[5] J. R. Kerr and B. Roth, "Analysis of multi-fingered hands," *International Journal of Robotics Research*, vol. 4, no. 4, pp. 3–17, 1986.

[6] S. Boyd and L. Vandenberghe, *Convex Optimization*. Cambridge University Press, 2004.

[7] A. Ben-Tal and A. S. Nemirovski, *Lectures on Modern Convex Optimization: Analysis, Algorithms, and Engineering Applications*. MOS-SIAM Series on Optimization, 2001.

第7章 一阶固定抓取

固定抓取通过阻止被抓取物体相对于抓取机械手的任何运动来维持抓取安全。固定抓取广泛应用于工业夹具中,为机器人抓取和操作任务中保持抓取安全提供了一种简单可靠的方法。固定理论始于前一章的讨论,即只有在无摩擦平衡抓取下才能实现物体的固定。因此,考虑一个刚体 B 由静止手指体 $O_1, \cdots, O_k$ 以无摩擦平衡抓取的方式保持。当接触处存在摩擦时,抓取固定是基于刚性手指对物体自由运动施加的刚体约束来实现的。

本章重点介绍固定抓取的一阶几何。7.1 节描述了被抓取物体 B 相对于手指体的一阶自由运动。这些自由运动是构型空间的切向量,表示物体的速度,沿此方向物体 B 终止或保持与静止手指体的接触。7.2 节表明,物体在无摩擦平衡抓取下的一阶自由运动形成了切向量的线性子空间。该子空间的维数定义了抓取的一阶运动指数。我们将在 7.3 节中看到,当一阶运动指数为零时,物体被完全固定,因此,被抓取手指固定。此外,对于微小的手指放置误差,固定具有鲁棒性。7.4 节提供了给定抓取布置的一阶运动指数的图形解释。

7.4 节的图形解释将帮助我们认识到基于物体一阶几何性质的固定的重要局限性。抓取固定也可以通过一阶和二阶几何效应的组合来实现。当物体曲率被考虑在内时,一个具有正一阶运动指数的抓取(因此根据一阶理论是可动的)可以完全固定。这部分的抓取运动理论将在第 8 章中讨论,而最小固定抓取运动的整合技术将在第 9 章中讨论。

7.1 一阶自由运动

抓取运动分析基于物体 B 在给定抓取下的自由运动。当物体 B 与静止手指体 $O_1, \cdots, O_k$ 接触时,手指构型障碍约束了物体可能的运动。物体可以在自由构型空间 F 中自由运动,该空间为

$$F = \mathbb{R}^m - \bigcup_{i=1}^{k} \text{int}(CO_i), \text{二维抓取时}, m=3; \text{三维抓取时}, m=6$$

式中,$\text{int}(CO_i)$ 表示 c-障碍 CO_i 的内部。当 B 保持在构型 q_0 时,其自由运动是从 q_0 开始并局部位于 F 中的 c-space 路径。为了分析物体在 c-space 坐标系中的自由运动,让我们用以下第 i 个 c-障碍符号距离函数来对手指 c-障碍进行建模。

定义 7.1 令 CO_i 为手指 c-障碍,S_i 为其边界。**c-障碍距离函数** $d_i(q): \mathbb{R}^m \to \mathbb{R}$,测量构型点 q 到 S_i 的符号距离:

$$d_i(q) = \begin{cases} -\text{dst}(q, S_i), & q \in \text{int}(CO_i) \\ 0, & q \in S_i \\ \text{dst}(q, S_i), & q \in \mathbb{R}^m - CO_i \end{cases} \quad (7\text{-}1)$$

式中,$\text{dst}(q, S_i) = \min_{p \in S_i} \|q-p\|$ 是 q 与 S_i 的最小欧几里得距离。

手指构型障碍边界形成 d_i 的零水平集。假设 S_i 是一个光滑的 $(m-1)$ 维流形。当 B 和 O_i 具

有光滑的边界并保持点接触时，例如，当 B 为椭圆而 O_i 为圆盘时，此假设成立。一般情况下，例如当 B 是一个多边形时，S_i 是一个分段光滑流形，这种情况可以用附录 A 中描述的非光滑分析工具来解决。当 S_i 形成光滑流形时，∇d_i 在构型空间 $\mathbb{R}^m$ 中围绕 S_i 的局部邻域中可以很好地定义。根据结构，d_i 在 CO_i 内为负，在 S_i 上为零，在 CO_i 外为正。因此，$\nabla d_i(q)$ 与构型障碍外法线 $\eta_i(q)$ 共线（所有 $q \in S_i$）。此外，d_i 是根据欧几里得距离定义的，故 $\|\nabla d_i(q)\| = 1$（所有 $q \in S_i$）（参见参考书目注释）。因此，所有点 $q \in S_i$ 处 $\nabla d_i(q) = \hat{\eta}_i(q)$，其中 $\hat{\eta}_i(q)$ 是在 $q \in S_i$ 处的构型障碍单位外法线。

我们现在可以表述自由运动曲线的一阶性质，这将引出一阶运动理论。令 $\alpha(t)$ 为一条平滑的构型空间曲线，令 $\alpha(0) = q_0 \in S_i$，$\dot{\alpha}(0) = \dot{q}$。$d_i$ 沿 α 的一阶泰勒展开式为

$$d_i(\alpha(t)) = d_i(q_0) + (\nabla d_i(q_0) \cdot \dot{q})t + o(t^2), \quad t \in (-\varepsilon, \varepsilon)$$

式中，$\varepsilon > 0$ 是一个小参数。当泰勒展开式在 $q_0 \in S_i$ 处求值时，将 $d_i(q_0) = 0$ 和 $\nabla d_i(q_0) = \hat{\eta}_i(q_0)$ 代入，可得 d_i 的一阶近似为

$$d_i(\alpha(t)) = (\hat{\eta}_i(q_0) \cdot \dot{q})t + o(t^2), \quad t \in (-\varepsilon, \varepsilon) \tag{7-2}$$

一阶自由运动由式(7-2)的一阶近似表示如下：

定义 7.2（单指一阶自由运动） 让刚体 B 在构型 $q_0 \in S_i$ 处被一个静止的刚性手指体 O_i 接触。B 在 q_0 处的**一阶自由运动**是切向量的半空间：

$$M_i^1(q_0) = \{\dot{q} \in T_{q_0}\mathbb{R}^m : \hat{\eta}_i(q_0) \cdot \dot{q} \geq 0\}$$

半空间的边界 $T_{q_0}S_i = \{\dot{q} \in T_{q_0}\mathbb{R}^m : \hat{\eta}_i(q_0) \cdot \dot{q} = 0\}$，形成**一阶滚滑运动**。其 $\text{int}\{\dot{q} \in T_{q_0}\mathbb{R}^m : \hat{\eta}_i(q_0) \cdot \dot{q} > 0\}$ 是**一阶逃脱运动**的集合。

示例：图 7-1a 展示了一个被盘形手指 O_i 接触的椭圆 B。图 7-1b 显示了该抓取的构型空间几何形状，$q_0 \in S_i$ 为椭圆的接触构型。半空间 $M_i^1(q_0)$ 在 q_0 处形成对手指构型障碍 CO_i 外部的一阶逼近。该半空间的边界与构型障碍的切平面 $T_{q_0}S_i$ 重合。指向 $M_i^1(q_0)$ 内部的切向量表示一阶逃脱运动，而位于 $T_{q_0}S_i$ 的切向量表示一阶滚滑运动。

B 的一阶自由运动可作如下几何解释。当 $\dot{q} \in M_i^1(q_0)$ 是一阶逃脱运动时，$\alpha(0) = q_0$，$\dot{\alpha}(0) = \dot{q}$ 的任意路径 $\alpha(t)$ ($t \in [0, \varepsilon]$) 局部位于自由构型空间 F。无论 $d_i(q)$ 沿 α 的高阶导数的值如何，B 沿该路径的运动都会使其与 O_i 分离。另一方面，当 $\dot{q} \in M_i^1(q_0)$ 是一阶滚滑运动时，$\dot{q}$ 在 q_0 处与手指构型障碍边界相切。在这种情况下，不可能根据一阶情况来确定 α 是局部位于 F 中还是在 q_0 处局部位于 CO_i 内。下面的示例说明了这种不确定性。

示例：考虑图 7-1b 中描绘的两条构型空间曲线 α 和 β。两条曲线均始于 $q_0 \in S_i$，并且具有相同的初始切向量 $\dot{\alpha}(0) = \dot{\beta}(0) \in T_{q_0}S_i$。因此，这两条曲线在一阶时是等价的，表示物体 B 相对于 O_i 的相同的一阶滚滑运动。但是，α 局部位于自由构型空间 F 中，而 β 局部位于手指构型障碍物 CO_i 内。我们将在本章的后面看到，在无摩擦平衡抓取下，B 可执行的自由运动是一阶滚滑运动，就像图 7-1b 中描绘的两条曲线一样。

接下来，将一阶自由运动的定义扩展到物体 B 被多个手指体接触的情况。物体的一阶自由运动必须遵守所有接触手指施加的半空间约束，如下面定义所述。

定义 7.3（k 指一阶自由运动） 让刚体 B 在构型 $q_0 \in \bigcap_{i=1}^{k} S_i$ 处与静止的刚性手指体 $O_1, \cdots, O_k$ 接触。B 在 q_0 处的**一阶自由运动**集合，记为 $M_{1\cdots k}^1(q_0)$，有如下形式：

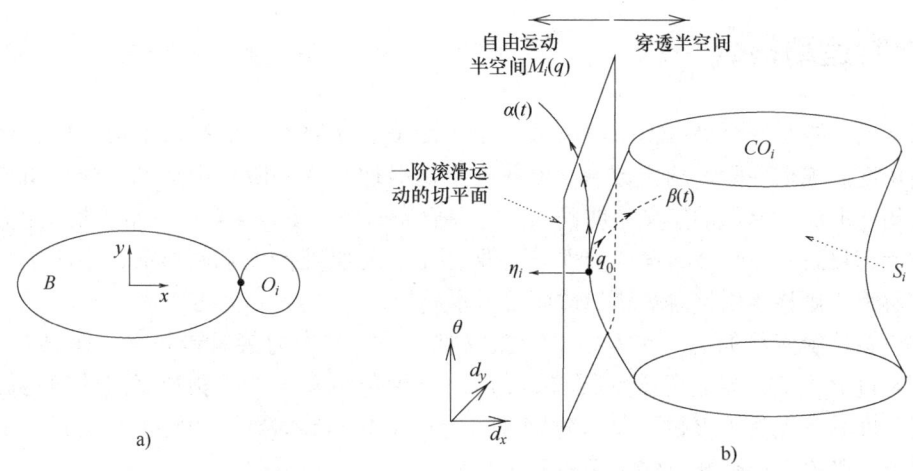

图 7-1 a）椭圆 B 与静止盘形手指 O_i 接触；b）半空间 $M_i^1(q_0)$ 在 q_0 处近似于 CO_i 的外部，当 α 和 β 是一阶滚滑运动时，α 局部位于 F 中，而 β 局部位于 CO_i 内

$$M_{1\cdots k}^1(q_0) = \bigcap_{i=1}^k M_i^1(q_0) = \{\dot{q} \in T_{q_0}\mathbb{R}^m : \hat{\eta}_i(q_0) \cdot \dot{q} \geq 0, i=1,\cdots,k\}$$

式中，$\hat{\eta}_i(q_0)$ 是 $i=1$, $\cdots$, k 时在 q_0 处的第 i 个手指构型障碍单位外法线。

回顾第 4 章，如果对于任何 v_1, $v_2 \in C$，λ_1, $\lambda_2 \geq 0$，线性组合 $\lambda_1 v_1 + \lambda_2 v_2$ 位于 C 中，则集合 C 形成凸锥。集合 $M_{1\cdots k}^1(q_0)$ 在 q_0 处形成切向量的凸锥。该性质来自以下观察结果：每个半空间 $M_i^1(q_0)$ 是基于 q_0 的凸锥，且以原点为基的凸锥的交集是一个以此点为基的凸锥。

集合 $M_{1\cdots k}^1(q_0)$ 是根据欧几里得内积定义的，通常坐标变换不保留内积。因此，我们必须验证在世界坐标系和物体坐标系的不同选择下 $M_{1\cdots k}^1(q_0)$ 是坐标不变的。任何合理的坐标变换都可以形成一个微分同胚——一个光滑的一一对应和满射映射，在其定义域的所有点上都有一个非奇异的雅可比矩阵。以下命题断定集合 $M_{1\cdots k}^1(q_0)$ 是坐标不变的（证明见附录）。

命题 7.1（坐标不变性） 令 q 和 $\bar{q}$ 是 B 的构型空间的两个参数，与坐标变换 $q = h(\bar{q})$ 有关。如果 h 是一阶微分同胚，则 B 的一阶自由运动集合是**坐标不变的**：

$$\dot{q} \in M_{1\cdots k}^1(q_0), \ \dot{\bar{q}} \in \bar{M}_{1\cdots k}(\bar{q}_0), \ q_0 = h(\bar{q}_0)$$

式中，$M_{1\cdots k}^1(q_0)$ 和 $\bar{M}_{1\cdots k}(\bar{q}_0)$ 是 q 和 $\bar{q}$ 坐标中的一阶自由运动的集合。

世界坐标系和物体坐标系的不同选择给出了 B 构型空间的不同参数化。如在练习题中所验证的那样，由不同参考系引起的坐标变换与一个标准的微分同胚有关。因此，物体的一阶自由运动可以在任意的世界坐标系和物体坐标系下进行分析。

命题 7.1 证明如下。构型障碍外法线 $\eta_i(q_0)$ 与在 x_i 处作用于 B 的法向手指力产生的力旋量共线。因此，内积 $\eta_i(q_0) \cdot \dot{q}$ 表示力旋量 $\eta_i(q_0)$ 施加到物体 B 上的功率（或瞬时功）。从这个角度来看，$\eta_i(q_0)$ 施加给 B 的功率的符号不应该取决于参考系的选择。为了阐明这一事实，回顾 3.2 节，一个余切向量（或力旋量）$w \in T_{q_0}^*\mathbb{R}^m$ 在切向量上表现为线性函数：$w(\dot{q}) = w \cdot \dot{q}$，$\dot{q} \in T_{q_0}\mathbb{R}^m$。当 B 的构型空间由不同的世界坐标系和物体坐标系进行参数化时，必须将 $w(\dot{q})$ 的值保留在不同的构型空间参数中。在微分同胚 $q = h(\bar{q})$ 下，切向量根据 $\dot{q} = Dh\dot{\bar{q}}$ 变换，而余切向量（或力旋量）通过 $\bar{w} = Dh^T w$ 变换。所以，$w \cdot \dot{q} = w^T(Dh\dot{\bar{q}}) = (w^T Dh)\dot{\bar{q}} = \bar{w} \cdot \dot{\bar{q}}$。因此，如果 $\bar{w} \cdot \dot{\bar{q}} \geq 0$，则 $w \cdot \dot{q} \geq 0$；如果 $\bar{w} \cdot \dot{\bar{q}} = 0$，则 $w \cdot \dot{q} = 0$。

7.2 一阶运动指数

抓取运动指数是一个坐标不变的整数,用于衡量在无摩擦平衡抓取下被抓取物体的运动或有效自由度。抓取一阶运动指数基于物体在平衡抓取时的一阶自由运动。当手指形成一个基本的平衡抓取时,指数的定义是明确的。让我们先回顾一下第4章中基本手指接触的概念。

基本手指接触: 设物体 B 被 k 指平衡抓取固定。若要维持该平衡抓取,相应手指必须产生非零接触力,则该手指接触对该抓取而言是本质的。

基本手指接触解释如下。在 k 指平衡抓取时,手指的净力旋量锥包含一个线性子空间,该子空间经过 B 的力旋量空间原点(命题 4.1)。当剩余的 $k-1$ 个手指所张成的净力旋量锥形成尖锥时,即其顶点位于 B 的力旋量空间原点处严格为凸锥时,一个特定的手指对于平衡抓取至关重要。基本 k 指平衡抓取定义如下。

定义 7.4(基本 k 指抓取) 让刚体 B 由刚性手指体 $O_1, \cdots, O_k$ 以无摩擦平衡抓取的方式保持。满足以下条件之一时,物体以**基本平衡抓取**方式保持:

(1) 有 $k \leq m+1$ 个手指,所有的 k 个手指都是保持抓取平衡的必要条件。

(2) 有 $k > m+1$ 个手指,k 指中的 $m+1$ 个平衡抓取至关重要,其中在二维抓取中 $m = 3$,在三维抓取中 $m = 6$。

基本平衡抓取在以下意义上是通用的。回想一下,接触空间参数化了沿被抓取物体边界的 k 个无摩擦接触点的位置(见第 5 章附录 Ⅱ),k 指平衡抓取在接触空间中形成一个子集 ε。当平衡抓取是基本的时,对平衡集 ε 内接触点的局部扰动也会形成基本平衡抓取。另一方面,非基本平衡抓取表示特殊的手指排列方式,这些手指排列可以局部地扰动为基本抓取。下面的示例说明了这些性质。

示例: 图 7-2a 中所示的矩形物体 B 由四个盘形手指通过无摩擦接触抓取。抓取由 (O_1, O_3) 和 (O_2, O_4) 两个对跖对组成,从而形成了非基本平衡抓取。然而,(O_1, O_3) 的任何逆时针扰动伴随着 (O_2, O_4) 的顺时针扰动都形成了基本平衡抓取(图 7-2b)。此外,在手指接触的所有足够小的扰动下,图 7-2b 所示的抓取仍然至关重要。

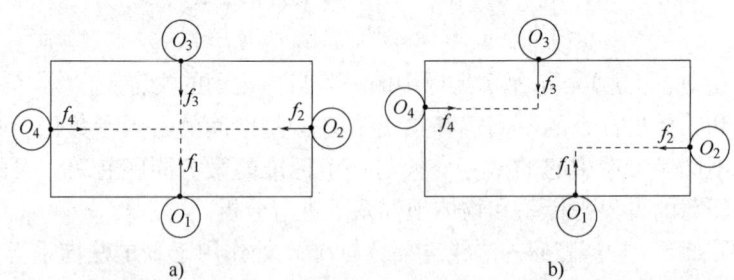

图 7-2 a) 一种非基本平衡抓取的俯视图;b) 手指接触的局部扰动形成基本平衡抓取,在手指接触的足够小的扰动下仍然保持基本平衡抓取

当物体 B 处于基本平衡抓取状态时,其一阶自由运动会张成一个与 c-障碍相切的线性子空间。一阶自由运动的基本性质在以下命题中进行了说明(有关证明,请参阅本章的附录)。

命题 7.2(子空间性质) 设刚体 B 在构型 q_0 处保持在基本 k 指平衡抓取状态下。B 的一阶自由运动 $M^1_{1 \cdots k}(q_0)$ 沿着手指 c-障碍形成一个**线性子空间**,其维数为

$$\dim(M^1_{1\cdots k}(q_0)) = \max\{m-k+1, 0\}$$

其中，在二维抓取时，$m=3$；在三维抓取时，$m=6$。

该命题证明如下。在基本 k 指平衡抓取下，净力旋量锥 W 在 B 的力旋量空间中形成了一个 $(k-1)$ 维线性子空间（见附录）。我们在第 6 章中已经看到，净力旋量锥 W 与一阶自由运动 $M^1_{1\cdots k}(q_0)$ 互为对偶。⊖ 当 W 作为 $(k-1)$ 维线性子空间嵌入 B 的切空间 $T_{q_0}\mathbb{R}^m$ 上时，其对偶锥可视为它在 $T_{q_0}\mathbb{R}^m$ 上的正交补。由此，$M^1_{1\cdots k}(q_0)$ 形成了一个线性子空间，其维数由 $\dim(M^1_{1\cdots k}(q_0)) = m-(k-1) = m-k+1$ 给出。

集合 $M^1_{1\cdots k}(q_0)$ 在 q_0 处形成了一个与手指构型障碍相切的线性子空间。因此，在无摩擦平衡抓取下 B 可利用的唯一的一阶自由运动是相对于每个手指体 $O_1, \cdots, O_k$ 的滚滑运动。子空间 $M^1_{1\cdots k}(q_0)$ 的维数定义了以下一阶运动指数。

定义 7.5（一阶运动指数） 让刚体 B 在构型 q_0 处以基本 k 指平衡抓取的方式保持。该物体的**一阶运动指数** $m^1_{q_0}$ 是其一阶自由运动张成的线性子空间的维数：

$$m^1_{q_0} = \dim(M^1_{1\cdots k}(q_0)) = \max\{m-k+1, 0\} \tag{7-3}$$

其中，在二维抓取时，$m=3$；在三维抓取时，$m=6$。

根据命题 7.1，集合 $M^1_{1\cdots k}(q_0)$ 是坐标不变的，所以一阶运动指数是坐标不变的。注意，指数的取值范围仅为 $0 \leqslant m^1_{q_0} \leqslant m$（$m=3$ 或 6），如下面的例子所示。

示例：图 7-3a 描绘了一个椭圆形物体 B，它由两个盘形手指以无摩擦平衡抓取的方式保持。该抓取的构型空间几何形状如图 7-3b 所示，其中 $q_0 \in S_1 \cap S_2$ 为物体的平衡抓取构型。将 $m=3$ 和 $k=2$ 代入式（7-3）可得

$$m^1_{q_0} = \max\{2, 0\} = 2$$

二维线性子空间 $M^1_{1,2}(q_0)$ 在 q_0 处构成 S_1 和 S_2 的切平面（图 7-3b）。基于 7.4 节中开发的图形技术，每个切向量 $\dot{q} \in M^1_{1,2}(q_0)$ 表示 B 绕两个接触点的中点瞬时旋转，以及 B 沿垂直 y 轴的瞬时移动。

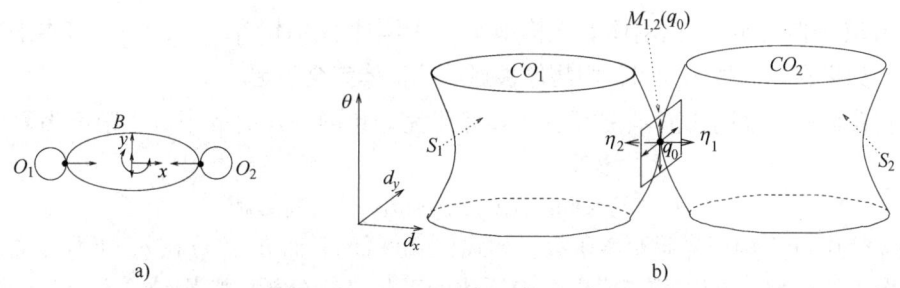

图 7-3　a）椭圆形物体的无摩擦两指平衡抓取俯视图；b）平衡抓取下的二维子空间 $M^1_{1,2}(q_0)$

示例：图 7-4 描绘了一个三角形物体 B，它由三个盘形手指以无摩擦平衡抓取的方式保持。该抓取的构型空间几何形状如图 7-4b 所示，其中 $q_0 \in \bigcap_{i=1}^{3} S_i$ 为物体的平衡抓取构型。将

⊖ 令 W 为基于 B 的力旋量空间原点的力旋量锥，其对偶锥 W^*，是由 $W^* = \{\dot{q} \in T_{q_0}\mathbb{R}^m : w \cdot \dot{q} \leqslant 0, w \in W\}$ 给出的切向量锥。

$m=3$ 和 $k=3$ 代入式(7-3)可得

$$m_{q_0}^1 = \max\{1,0\} = 1$$

线性子空间 $M_{1,2,3}^1(q_0)$ 在 q_0 处形成 S_1、S_2 和 S_3 的切平面的一维交点。基于7.4节中讨论的图解法，每个切向量 $\dot{q} \in M_{1,2,3}^1(q_0)$ 表示 B 绕手指接触法线交点的瞬时旋转。当世界坐标系和物体坐标系的原点位于该点时，$M_{1,2,3}^1(q_0)$ 形成了与构型空间 θ 轴平行的垂线，如图7-4b所示。

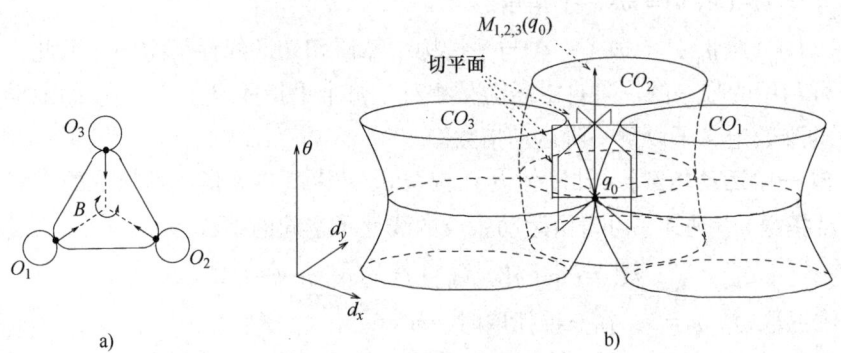

图7-4 a) 三角形物体的无摩擦三指平衡抓取俯视图；b) 平衡抓取下的一维子空间 $M_{1,2,3}^1(q_0)$

7.3 一阶固定

B 的构型空间的维数在二维抓取中为 $m=3$，在三维抓取中为 $m=6$。由于 m 是两个固定值中的其中一个，所以一阶运动指数 $m_{q_0}^1 = \max\{m-k+1, 0\}$ 仅取决于参数 k，k 表示抓取手指数。随着手指数量的增加，$m_{q_0}^1$ 的值(以及 B 可以进行的一阶自由运动的数量)减小。当 $m_{q_0}^1 = 0$ 时，物体没有一阶自由运动，因此被手指体完全固定。在以下定理中阐明了实现物体固定的这一重要方法。

定理7.3(一阶固定) 设刚体 B 在构型 q_0 处由刚性手指体 $O_1, \cdots, O_k$ 以基本平衡抓取的方式保持。如果在抓取处 $m_{q_0}^1 = 0$，则物体被抓取手指体**完全固定**。

证明：我们必须证明构型 q_0 被手指构型障碍完全包围。我们将用最小距离函数证明这一事实：

$$d_{\min}(q) = \min\{d_1(q), \cdots, d_k(q)\}, \quad q \in \mathbb{R}^m$$

式中，$d_i(q)$ 为第 i 个构型障碍距离函数，如式(7-1)所示。而 $d_{\min}(q)$ 在 q_0 处不可微，但它形成利普希茨连续函数，可以使用附录A中所述的工具进行分析。特别地，$d_{\min}$ 在 q_0 处具有广义梯度，表示为 $\partial d_{\min}(q_0)$，它是梯度 $\nabla d_i(q_0)$ $(i=1,\cdots,k)$ 的凸组合。梯度与构型障碍单位外法线共线，$\nabla d_i(q_0) = \hat{\eta}_i(q_0)$，$i = 1, \cdots, k$。因此，广义梯度可以表示为凸组合：

$$\partial d_{\min}(q_0) = \sum_{i=1}^{k} \sigma_i \hat{\eta}_i(q_0), \quad 0 \leq \sigma_1, \cdots, \sigma_k \leq 1, \quad \sum_{i=1}^{k} \sigma_i = 1 \tag{7-4}$$

广义梯度 $\partial d_{\min}(q_0)$ 在 B 的力旋量空间 $T_{q_0}^* \mathbb{R}^m$ 中形成一个凸集。根据附录A定理A.2，当 $\partial d_{\min}(q_0)$ 包含一个以 $T_{q_0}^* \mathbb{R}^m$ 原点为中心的 m 维小球体时，$d_{\min}(q)$ 在 q_0 处具有严格的局部极大值。由于 $m_{q_0}^1 = 0$ 时，$M_{1\cdots k}^1(q_0) = \{0\}$，所以对于任意 $\dot{q} \in T_{q_0}^* \mathbb{R}^m$，存在一个构型障碍外法线，使

得 $\hat{\eta}_i(q_0) \cdot \dot{q} < 0$。后一个不等式可以解释为 $\hat{\eta}_i(q_0)$ 位于力旋量半空间内的条件：

$$H_{\dot{q}} = \{w \in T_{q_0}^* \mathbb{R}^m : w \cdot \dot{q} < 0\}$$

它以通过 B 的力旋量空间原点的 $(m-1)$ 维平面为界。由于在 $T_{q_0}\mathbb{R}^m$ 中，$\hat{\eta}_i(q_0) \in \partial d_{\min}(q_0)$ 和 $\dot{q}$ 自由变化，$\partial d_{\min}(q_0)$ 与力旋量 $H_{\dot{q}}$ 的每个半空间的内部相交，其边界经过 B 的力旋量空间原点。由于 $\partial d_{\min}(q_0)$ 在 $T_{q_0}^* \mathbb{R}^m$ 中形成了一个凸集，因此仅当 $\partial d_{\min}(q_0)$ 包含一个以 B 的力旋量空间原点为中心的 m 维小球体时，才会发生后一种情况（参见练习题）。因此，函数 $d_{\min}(q)$ 在 q_0 处具有严格的局部极大值。

我们知道当 $q_0 \in \bigcap_{i=1}^{k} S_i$ 时，$d_{\min}(q_0) = 0$。因此，在以 q_0 为中心的 B 的构型空间的 m 维邻域中，$d_{\min}$ 必须严格为负。由于 $d_{\min}(q) = \min\{d_1(q), \cdots, d_k(q)\}$，在该邻域内的每一点 q 上，一定有一些 $d_i(q)$ 为负值，这意味着 q 位于构型障碍 CO_i 内。点 q_0 因此被手指构型障碍完全包围，这证明了 B 被手指体 $O_1, \cdots, O_k$ 完全固定。

定理 7.3 提供了以下物体固定技术。给定一个物体 B，构造一个无摩擦平衡抓取，在二维抓取中至少需要四个手指，在三维抓取中至少需要七个手指。当所有手指对于保持平衡抓取必不可少时，物体被手指体完全固定。此外，在所有足够小的手指放置误差下，物体仍保持固定。因此，一阶固定抓取具有鲁棒性，如以下推论所总结（见练习题）。

推论 7.4（固定鲁棒性） 让刚体 B 在 $\mathbb{R}^2$ 中由 $k \geq 4$ 个手指，在 $\mathbb{R}^3$ 中由 $k \geq 7$ 个手指以基本平衡抓取的方式保持。该物体已完全固定，并且对于较小的接触放置误差固定是**鲁棒**的。

示例： 图 7-2b 显示了一个固定鲁棒性的例子，该图展示了一个矩形物体 B 处于基本四指平衡抓取状态。该物体在此抓取方式下被固定，并在手指放置误差较小的情况下保持固定。

因此，一阶刚体约束可用于实现安全和鲁棒抓取。可以在二维抓取中使用不超过四个手指，在三维抓取中使用不超过七个手指来建立这种抓取。这是手指数量的严格上限，因为正如我们从第 6 章所知道的，在二维抓取过程中一阶固定至少需要四个手指，而在三维抓取过程中一阶固定至少需要七个手指。然而，我们将在随后的章节中看到，对于极简机器人手来说，这些上限很高且没必要，后者可以使用更少的手指来建立安全抓取。如下所述，一阶固定在工业夹具系统中很常见。

3-2-1 固定技术： 工业夹具系统通常缺乏复杂的感官反馈。因此，工件 B 的精确定位是固定过程的一部分。传统的 3-2-1 固定技术基于以下观察结果：当六个称为定位器的物体与 B 接触时，三维工件 B 的构型是唯一确定的。从 B 的构型空间角度来看，每个定位器在 B 的构型空间中诱发一个构型障碍。当六个定位器与 B 接触时，其构型位于六个构型障碍边界的离散点交集之一。3-2-1 技术首先将工件 B 放置在三个指向向上的定位器上，这些定位器提供抵抗重力的支撑。接下来，两个定位器沿水平 x 方向与 B 接触；然后一个定位器沿着水平 y 方向与 B 接触。根据定理 7.3，在此阶段通过一个附加的接触就可以实现一阶固定。然而，传统的工业夹具有三种：⊖第一种形成对三个指向向上的定位器的平衡抓取，第二种形成对两个 x 轴定位器的平衡抓取，第三种形成对单个 y 轴定位器的平衡抓取（图 7-5）。由此产生的夹具布置是一阶固定的，并且相对于较小的接触放置误差也具有鲁棒性。然而，该技术需要九个固定元件，而在一般情况下，七个固定元件就足以实现固定鲁棒性。

⊖ 一种夹紧装置由安装在高刚度丝杠上的刚性指尖组成，这些装置近似静止刚体预压在工件 B 上。

以下示例描述了 3-2-1 技术的平面模拟。

示例：3-2-1 技术的平面情形如图 7-5 所示。首先将物体 B 在重力的作用下放置在两个指向向上的定位器 O_1 和 O_2 上，然后使水平定位器 O_4 与 B 接触。在这一阶段，B 位于平面中的唯一位置，因为三个构型障碍表面在一组离散点处相交。为了确保工件在这种构型下，将夹具 O_3 向下压在向上的定位器上，然后将夹具 O_5 压在水平定位器上（图 7-5）。由此产生的夹具布置包括两个基本抓取：沿着垂直轴的三指抓取和沿着水平轴的两指抓取。使用图中所示的指标，与三指抓取相关的一阶自由运动的子空间 $M^1_{1,2,3}(q_0)$ 是一维的。与两指抓取相关的子空间 $M^1_{4,5}(q_0)$ 是二维的。这两个子空间在 B 的切空间中相交（请参见练习题）。因此，$M^1_{1\cdots5}(q_0) = M^1_{1,2,3}(q_0) \cap M^1_{4,5}(q_0) = \{0\}$，从而提供了 B 的一阶固定抓取。

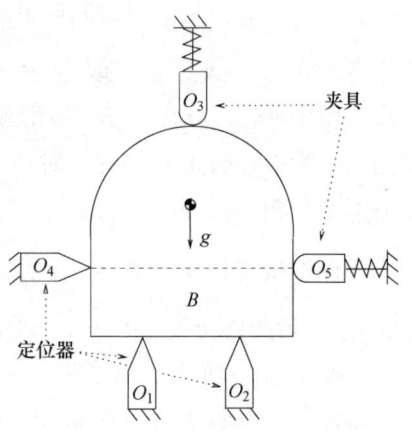

图 7-5 3-2-1 固定技术的平面情形包括三个定位器和两个夹具

定理 7.3 和推论 7.4 实现了基于一阶几何效应的安全抓取。但是，由于二阶几何效应的存在，它们不能排除物体 B 被较少的手指完全固定的可能性。下一章介绍的二阶运动指数就说明了这种可能性。

7.4 一阶运动指数的图形化解释

本节介绍了瞬时旋转中心技术，该技术可用于以图形化方式描绘由刚性手指体 $O_1, \cdots, O_k$ 保持的二维刚体 B 的一阶自由运动。我们将使用这种技术来确定保持在不同类型的无摩擦平衡抓取下的物体的一阶运动指数。

这个技术是基于第 3 章 Mozzi-Chasles 定理。根据这个定理，每个刚体 B 的速率，$\dot{q} \in T_{q_0}\mathbb{R}^3$，能被描述成 B 关于一个点 $p \in \mathbb{R}^2$ 的瞬时旋转。这个点 p 与 $\dot{q}$ 相关联，定义了物体的瞬时旋转中心。p 的位置作为 $\dot{q}=(v,\omega)$ 的函数，其中 v 和 ω 是 B 的线速度和角速度，其表达式为

$$p = -\frac{1}{\omega}Jv, \quad \dot{q}=(v,\omega), \quad J = \begin{bmatrix} 0 & 1 \\ -1 & 0 \end{bmatrix}$$

利用 $J^2 = -I$，则物体的线速度可以用 p 和 ω 表示为 $v = \omega Jp$。因此，在瞬时旋转中心方面，物体的切空间可以参数化为

$$T_{q_0}\mathbb{R}^3 = \left\{ \dot{q} = \omega \cdot \begin{pmatrix} Jp \\ 1 \end{pmatrix} : p \in \mathbb{R}^2, \omega \in \mathbb{R} \right\} \tag{7-5}$$

在式 (7-5) 中定义的参数化包含三个标量，$p \in \mathbb{R}^2$，$\omega \in \mathbb{R}$，这与 $T_{q_0}\mathbb{R}^3$ 是一个三维向量空间的事实是一致的。特别地，点 p 在无穷远处的瞬时旋转表示物体 B 的瞬时平移。

接下来，我们得到与单个手指体相关联的一阶自由运动的半空间：$M^1_i(q_0) = \{\dot{q} \in T_{q_0}\mathbb{R}^3 : \eta_i(q_0) \cdot \dot{q} \geq 0\}$，用瞬时旋转中心表示。第 i 个手指构型障碍的外法线由 $\eta_i(q_0) = (n_i, x_i \times n_i)$ 给出，其中 x_i 为接触点，n_i 为 B 在 x_i 处的单位内法线（第 2 章）。利用式 (7-5)，半空间 $M^1_i(q_0)$ 用不等式表示为

$$\eta_i(q_0) \cdot \dot{q} = \omega \begin{pmatrix} n_i \\ x_i \times n_i \end{pmatrix} \cdot \begin{pmatrix} Jp \\ 1 \end{pmatrix} = \omega(n_i \times (p - x_i)) \geq 0, \quad p \in \mathbb{R}^2, \omega \in \mathbb{R} \tag{7-6}$$

其中，$u \times v = u^T J v$，$J = \begin{bmatrix} 0 & 1 \\ -1 & 0 \end{bmatrix}$。基于式(7-6)，在这个点处，用 l_i 表示沿 B 的单位内法线经过 x_i 的有向线。如图 7-6 所示，半空间 $M_i^1(q_0)$ 由 l_i 左侧的瞬时逆时针旋转、l_i 右侧的瞬时顺时针旋转和 l_i 各点处的瞬时双向旋转组成(另见第 3 章)。

物体 B 在 k 指抓取下的一阶自由运动的图形化描述总结如下(见练习题)。

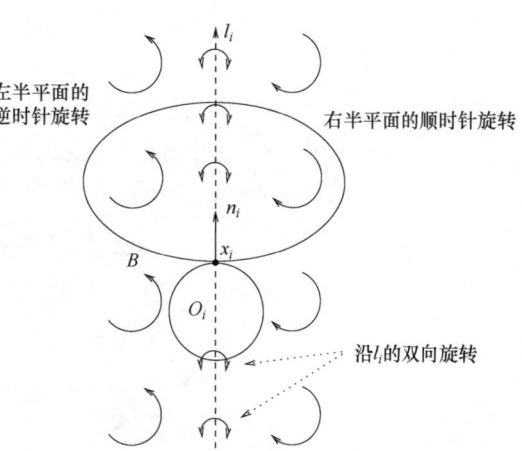

图 7-6 半空间 $M_i^1(q_0)$ 由左半平面的逆时针旋转、右半平面的顺时针旋转和沿接触法线的双向旋转组成

在二维抓取中一阶自由运动的图形化描述：考虑与固定手指体 $O_1, \cdots, O_k$ 相关的集合 $M_{1\cdots k}^1(q_0)$。手指接触法线 $l_1, \cdots, l_k$ 将平面分割成多边形。当 k 个接触点在某个特定多边形内关于 B 瞬时旋转方向达成一致时，该多边形内所有点都代表了 B 相对于所有 k 个手指的第一阶逃脱运动。当 k 个接触点在低维集合(直线或单点)上关于 B 瞬时方向达成一致时，该集合内所有点 p 表示 B 在给定抓取处的一阶滚滑运动。

接下来，图形技术应用于无摩擦平衡抓取(这是基本的物体固定)。集合 $M_{1\cdots k}^1(q_0)$ 在这样的抓取处形成一个线性子空间(命题 7.2)，该子空间由相对于抓取手指体的一阶滚滑运动组成。从图形上看，这些是 B 关于接触法线 $l_1, \cdots, l_k$ 的交点的瞬时旋转。因为这些瞬时旋转可以自由地乘以 ω，$\omega \in \mathbb{R}$，每一个点代表了一个一维子空间 $M_{1\cdots k}^1(q_0)$。由于 $M_{1\cdots k}^1(q_0)$ 形成了一个线性子空间，我们期望接触法线将相交于一个单向点(可能位于无穷远处)或位于 $\mathbb{R}^2$ 中的一条公共线上，如下面的例子所示。

两指抓取：图 7-7 所示为多个物体的两指平衡抓取。在每一个抓取中，接触法线都在公共线 l 上。根据图形技术，物体的一阶滚滑运动是相对于所有点 $p \in l$ 的瞬时旋转组成。此外，对于任何角速度 $\omega \in \mathbb{R}$，每个瞬时旋转都是一阶滚滑运动。当点 p 移动时，直线 l 从 $-\infty$ 到 $+\infty$，并且 ω 在 $\mathbb{R}$ 中变化，我们获得了瞬时旋转的两个参数族。这给出了一阶滚滑运动的二维线性子空间的图形表示，$M_{1,2}^1(q_0)$，这与我们之前的观察一致，即对于这些抓取 $m_{q_0}^1 = 2$。所描绘的物体都是一阶运动，因为在每一个抓取中 $m_{q_0}^1 > 0$。然而，直观地可以看出，图 7-7a 中的抓取是最具运动性的，而图 7-7d 中的抓取则是最不具运动性的，实际上是一个完全固定的抓取。这一直观的观察结果将在下一章进行详细说明。

三指抓取：图 7-8 显示了一个三角形物体 B，由三个盘形手指在两个基本平衡抓取中被保持住。接触法线相交于一点 p。基于图形技术，每个一阶滚滑运动可由 B 获得。对于 p 点是一个瞬时旋转，$\omega \in \mathbb{R}$。该单参数族用图形化表示了一阶滚滑运动的一维线性子空间 $M_{1,2,3}^1(q_0)$，这与基本三指平衡抓取的 $m_{q_0}^1 = 1$ 一致。同样，物体 B 是一阶可运动的，因为在两个抓取中 $m_{q_0}^1 > 0$。然而，从图上直观地可看出，在图 7-8b 所示的抓取中，这个三角形物体被完全固定住了，这将在下一章中被证明。

这些例子突出了一阶固定的两个重要局限性。首先，对于许多抓取应用来说，实现基于一阶几何全部物体固定效果所需的手指数量似乎过高。其次，一阶运动指数评估物体不运动的能力是相当粗糙的。特别地，它不能区分涉及相同数量的手指平衡抓取。下一章介绍的二阶运动理论将帮助我们来区分一阶等效的不同平衡抓取的选择。

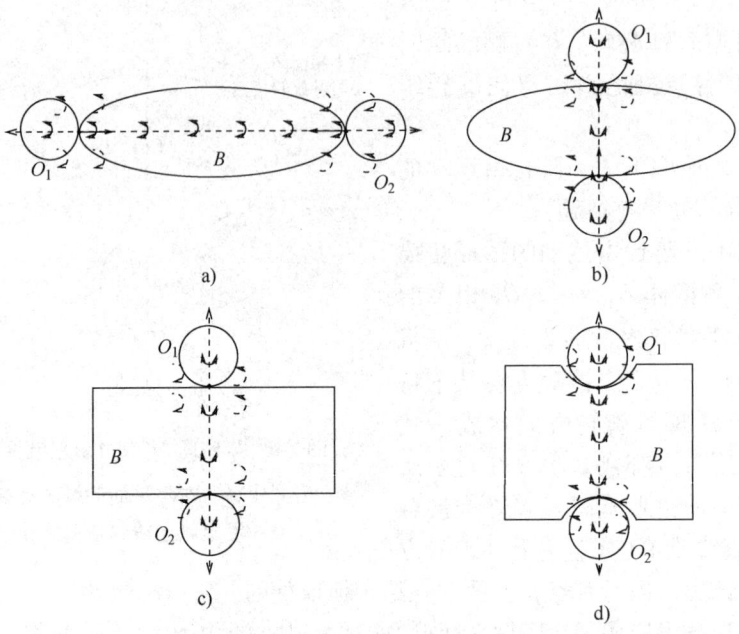

图 7-7 所有两指平衡抓取具有相同的一阶运动指数 $m_{q_0}^1 = 2$。a) ~ c) 物体 B 在这些抓取中是可运动的；d) 物体 B 在此抓取中是不动的

图 7-8 所有三指平衡抓取具有相同的一阶运动指数 $m_{q_0}^1 = 1$。a) 物体 B 在此抓取中是可运动的；b) 物体 B 在此抓取中是不动的

7.5 参考书目注释

构型障碍距离函数 $d_i(q)$ 是根据构型点 q 与第 i 个构型障碍边界的欧几里得距离定义的。该函数的梯度在第 i 个 c-障碍边界上的任意光滑点处具有单位大小，$\|\nabla d_i(q)\| = 1$。这一事实在 Clarke[1] 关于非光滑分析的文章中命题 2.5.4 进行了描述。

在经典的线几何中，一阶滚滑运动由互易旋量表示，而一阶逃脱运动由互斥旋量表示[2]。在现代机器人技术中，该术语与 B 的构型空间的参数化相关联，依据指数坐标[3-4]。本书使用混合坐标 $q = (d, \theta)$ 表示物体的构型空间。然而，一阶自由运动的概念在 B 的构型空间的任何参数化下都是有效的。如第 3 章所述，刚体 B 的一阶自由运动的描述可追溯到 Reuleaux[5]（1876）。在这里，我们将单体技术扩展到了物体 B 被多个手指体 O_1, …, O_k 保持平衡抓取的情况。

Duffy[6]通过实例讨论了验证包含切向量(代表瞬时运动)和余切向量(代表力旋量)内积的结构的坐标不变性的必要性。在此，我们确保在无摩擦下，k 指平衡抓取保持的刚性物体的一阶运动指数，在世界坐标系和物体坐标系的不同选择下是不变的。

最后，一阶固定理论扩展到相互连接的刚体的运动链。在参考文献[7]和[8]中讨论了该理论对铰链多边形的扩展。将一阶固定扩展到多个刚体的抓取是一个现行的研究领域。

7.6 附录：证明细节

本附录包含一阶自由运动的两个关键属性的证明。以下命题建立了一阶自由运动的坐标不变性。

命题 7.1 令 q 和 $\bar{q}$ 是 B 的构型空间的两个参数，与坐标变换 $q=h(\bar{q})$ 相关。如果 h 是一阶微分同胚，则 B 的一阶自由运动集合是**坐标不变的**：

$$\dot{q} \in M^1_{1\cdots k}(q_0),\ \dot{\bar{q}} \in \bar{M}_{1\cdots k}(\bar{q}_0),\ q_0 = h(\bar{q}_0)$$

式中，$M^1_{1\cdots k}(q_0)$ 和 $\bar{M}_{1\cdots k}(\bar{q}_0)$ 是 q 和 $\bar{q}$ 坐标中的一阶自由运动的集合。

证明：首先考虑单个半空间的坐标不变性，对于 $M^1_i(q)$，$i=1$, …, k。由于 $\bar{q}$ 和 q 参数化相同的构型空间，因此，$h(\bar{q})$ 必须将 $\overline{CO_i}$ 映射到 CO_i 并将 $\bar{S}_i$ 映射到 S_i，$i=1$, …, k。令 $\tilde{d}_i(\bar{q})$ 是 d_i 与 h 的组合，即 $\tilde{d}_i(\bar{q}) = d_i(h(\bar{q}))$（请注意 $\tilde{d}_i$ 不是 $\bar{q}$ 坐标中的欧几里得距离）。由于 $\tilde{d}_i$ 在 $\overline{CO_i}$ 内为负，在 $\bar{S}_i$ 上为零，而在 $\overline{CO_i}$ 外为正，因此梯度 $\nabla \tilde{d}_i(\bar{q})$ 在点 $\bar{q} \in \bar{S}_i$ 处形成在 CO_i 的外法线。令 $\bar{\alpha}(t)$ 为 $\bar{q}$ 空间中的路径，选择该路径使得 $\bar{\alpha}(0) = \bar{q}_0$，$\dot{\bar{\alpha}}(0) = \dot{\bar{q}}$，该路径被 h 映射到 q 空间中的路径 α 上，$\alpha(t) = h(\bar{\alpha}(t))$ 使得 $\alpha(0) = q_0$ 且 $\dot{\alpha}(0) = Dh(\bar{q}_0)\dot{\bar{q}} = \dot{q}$。接下来考虑下式：

$$(d_i \circ \alpha)(t) = (d_i \circ (h \circ \bar{\alpha}))(t) = ((d_i \circ h) \circ \bar{\alpha})(t) = (\tilde{d}_i \circ \bar{\alpha})(t) \tag{7-7}$$

式中，"∘"表示函数组合。将链式法则应用于式(7-7)得

$$\nabla d_i(q) \cdot \dot{q} = \nabla \tilde{d}_i(\bar{q}) \cdot \dot{\bar{q}},\ q = h(\bar{q}),\ \dot{q} = Dh(\bar{q})\dot{\bar{q}}$$

因此，对于各个半空间，$\dot{q} \in M^1_i(q_0)$ 当且仅当 $\dot{\bar{q}} \in \bar{M}_i(\bar{q}_0)$。

接下来考虑凸锥 $M^1_{1\cdots k}(q_0) = \bigcap_{i=1}^{k} M^1_i(q_0)$ 的坐标不变性。每个 $M^1_i(q_0)$ 是 $T_{q_0}\mathbb{R}^m$ 的半空间，并且对于 $i=1$, …, k，$M^1_i(q_0) = Dh(\bar{q}_0)(\bar{M}_i(\bar{q}_0))$。

这意味着

$$M^1_{1\cdots k}(q_0) = \bigcap_{i=1}^{k} M^1_i(q_0) = \bigcap_{i=1}^{k} Dh(\bar{q}_0)(\bar{M}_i(\bar{q}_0)) = Dh(\bar{q}_0)(\bar{M}_{1\cdots k}(\bar{q}_0))$$

一般地，当 g 是可逆函数时，$g(U_1 \cap U_2) = g(U_1) \cap g(U_2)$。在我们看来，$g = Dh(\bar{q}_0)$，因为 $Dh(\bar{q}_0)$ 是一个微分同胚，所以 $Dh(\bar{q}_0)$ 是可逆的。

下一个命题确立了在一个基本平衡抓取下，一阶自由运动形成了一个与手指构型障碍相切的线性子空间集合。

命题 7.2 设刚体 B 在构型 q_0 处保持在基本 k 指平衡抓取状态下。B 的一阶自由运动 $M^1_{1\cdots k}(q_0)$ 沿着手指 c-障碍形成一个**线性子空间**，其维数为

$$\dim(M^1_{1\cdots k}(q_0)) = \max\{m - k + 1, 0\}$$

其中，在二维抓取时，$m=3$；在三维抓取时，$m=6$。

证明： 由 k 个无摩擦手指接触产生的净力旋量锥为

$$W = \{w \in T_{q_0}^* \mathbb{R}^m : w = \lambda_1 \eta_1(q_0) + \cdots + \lambda_k \eta_k(q_0), \lambda_1, \cdots, \lambda_k \geq 0\}$$

其中，$\eta_i(q_0)$ 是在 $q_0 \in S_i$ 处的第 i 个手指 c-障碍的外法线。首先证明，当 B 保持在基本无摩擦平衡抓取时，净力旋量锥 W 在 $T_{q_0}^* \mathbb{R}^m$ 中形成线性子空间。根据基本抓取的定义，当 $k \leq m+1$ 时，所有手指都是必不可少的，或者当 $k > m+1$ 时，k 手指中的 $m+1$ 个是必不可少的。因此，关注涉及 $k \leq m+1$ 个基本手指的 k 手指抓取，其中 $m=3$ 或 6。手指力旋量在平衡抓取处呈正线性相关：

$$\lambda_1 \eta_1(q_0) + \cdots + \lambda_k \eta_k(q_0) = \vec{0}, \quad \lambda_1, \cdots, \lambda_k \geq 0, \quad k \leq m+1 \tag{7-8}$$

由于所有的 k 个手指都是必不可少的，因此在式(7-8)中系数 $\lambda_1, \cdots, \lambda_k$ 必须严格为正，否则，系数就得通过 $k-1$ 个手指的子集来维持平衡。由于 $\lambda_1, \cdots, \lambda_k > 0$，因此从式(7-8)得出每个负手指力旋量，$-\eta_i(q_0)$，都可以表示为剩余的 $k-1$ 个手指力旋量的正线性组合。因此，所有线性组合 $\sigma_1 \eta_1(q_0) + \cdots + \sigma_k \eta_k(q_0)$ 能使 $\sigma_1, \cdots, \sigma_k \in \mathbb{R}$ 可以表示为 $\eta_1(q_0), \cdots, \eta_k(q_0)$ 的半正定线性组合。因此，净力旋量锥 W 与 $\eta_1(q_0), \cdots, \eta_k(q_0)$ 生成的线性子空间重合。

接下来让我们证明集合 $M_{1 \cdots k}^1(q_0)$ 形成切向量的线性子空间。手指的净力旋量锥可以用负手指力旋量来表示：

$$W = \{w \in T_{q_0}^* \mathbb{R}^m : w = \lambda_1(-\eta_1(q_0)) + \cdots + \lambda_k(-\eta_k(q_0)) : \lambda_1, \cdots, \lambda_k \geq 0\}$$

（由于 W 形成力旋量的线性子空间，因此该表达式是合理的）。W 的对偶锥表示为 W^*，是由切向量构成的：

$$W^* = \{\dot{q} \in T_{q_0} \mathbb{R}^m : w \cdot \dot{q} \leq 0, \forall w \in W\}$$

由于 W 是 $-\eta_1, \cdots, -\eta_k$ 的正线性组合，因此其对偶锥可表示为

$$W^* = \{\dot{q} \in T_{q_0} \mathbb{R}^m : \eta_i(q_0) \cdot \dot{q} \geq 0, i = 1, \cdots, k\} = M_{1 \cdots k}^1(q_0)$$

通常，对偶锥的线性子空间是该子空间的正交补。因此，$M_{1 \cdots k}^1(q_0)$ 在 $T_{q_0} \mathbb{R}^m$ 中形成线性子空间，它是 W 的正交补。⊖ 子空间 $M_{1 \cdots k}^1(q_0)$ 与手指 c-障碍在 q_0 处相切，因为每个 $\dot{q} \in M_{1 \cdots k}^1(q_0)$ 满足 $\eta_i(q_0) \cdot \dot{q} = 0$，$i = 1, \cdots, k$。

最后，考虑 $M_{1 \cdots k}^1(q_0)$ 的维数。由于 $M_{1 \cdots k}^1(q_0)$ 是 W 的正交补，因此 $\dim(M_{1 \cdots k}^1(q_0)) = m - \dim(W)$。为了确定 W 的维数，需要考虑 $m \times k$ 矩阵 $W = [\eta_1(q_0) \quad \cdots \quad \eta_k(q_0)]$。在平衡抓取下 $k \leq m+1$ 且 $\lambda_1 \eta_1(q_0) + \cdots + \lambda_k \eta_k(q_0) = \vec{0}$，所以 W 的秩最大为 $k-1$。实际上，W 的秩确实为 $k-1$。如果 W 的秩小于 $k-1$，则 W 的零空间在坐标 $(\lambda_1, \cdots, \lambda_k) \in \mathbb{R}^k$ 中至少为二维。该零空间包含严格的正向量 $(\lambda_1, \cdots, \lambda_k)$，以及半正定向量 $(\lambda_1', \cdots, \lambda_k')$，使得 $\lambda_i' = 0$，$i \in \{1, \cdots, k\}$。但这与假设有关，即所有 k 个手指对于平衡抓取都是必不可少的。因此，矩阵 W 的秩必须为 $k-1$。所以说，净力旋量锥 W 形成 $k-1$ 维线性子空间，就意味着 $(M_{1 \cdots k}^1(q_0)) = m - (k-1) = m - k + 1$。

练 习 题

7.1 节

练习 7.1： 描述构型障碍距离函数的梯度 ∇d_i，以及在第 i 个构型障碍边界的非光滑点处

⊖ 正交性可以解释为向量 $w \in W$ 在切向量 $\dot{q} \in T_{q_0} \mathbb{R}^m$ 的零作用。

变为广义梯度∂d_i(请参阅附录A中提供的工具)。

练习7.2*:令(F_W, F_B)和$(\bar{F}_W, \bar{F}_B)$是世界坐标系和物体坐标系的两个选择。根据这两个坐标系的选择,令q和$\bar{q}$是B的构型空间的参数化。推导坐标转换公式$q=h(\bar{q})$。

练习7.3:证明前一练习的坐标变换形成一个微分同胚。

练习7.4:给出一个例子,说明两个切向量$\dot{q}_1, \dot{q}_2 \in T_q\mathbb{R}^m$的内积不被与不同世界坐标系和物体坐标系选择相关的坐标变换所保留(见参考文献[6]中的例子)。

7.2节

练习7.5:两指平衡抓取会自动形成基本抓取吗?

练习7.6*:考虑一个涉及$k \geq 3$个手指的基本平衡抓取。证明平衡集ε内所有接触的局部扰动仍然是基本抓取。

练习7.7:用四个盘形手指来考虑矩形物体B的非基本平衡抓取,如图7-2a所示。一阶自由运动集$M^1_{1\ldots 4}(q_0)$是否张成切向量的线性子空间?

练习7.8:描述一个非基本平衡抓取的示例,该抓取的一阶自由运动集张成一个凸锥而不是切向量的线性子空间。

练习7.9:解释为什么在一个k指抓取中,单一的非基本手指不会影响物体的一阶运动性。

7.3节

练习7.10:设$\mathbb{R}^m$中的一个凸集与通过原点的所有半空间的内部相交。证明该集合包含一个以原点为中心的m维小球体(这一事实是定理7.3证明中的关键组成部分)。

练习7.11:提供推论7.4的简证,该推论断言,一阶固定对于较小的接触点放置误差具有鲁棒性(提示:利用事实,基本平衡抓取在较小的接触扰动下仍然很重要)。

练习7.12:考虑图7-5所示的3-2-1固定技术的平面情形。说明一阶滚滑运动的两个子空间$M^1_{1,2,3}(q_0)$和$M^1_{4,5}(q_0)$为什么在B的切空间中相交。

练习7.13:图7-5中所描述的3-2-1技术的平面情形总共使用了六个固定元件。请解释为什么物体B只用四个固定元件就可以被牢牢地固定,如图7-9所示。

练习7.14:3-2-1固定技术使用沿相互正交的方向排列的三个基本平衡抓取固定三维物体。确定与各个抓取关联的一阶自由运动的子空间的尺寸。证明这些子空间在B的切空间中相交,从而得出对于3-2-1夹具有$M^1_{q_0}=0$。

练习7.15*:证明3-2-1固定技术对于较小的接触点放置误差是可靠的。

7.4节

练习7.16:当手指不能形成无摩擦平衡抓取时,构建集合$M^1_{1\ldots k}(q)$用于解决两指和三指的平面抓取。

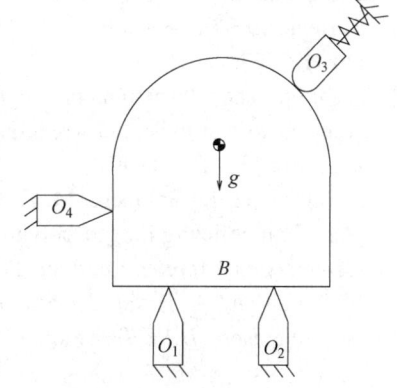

图7-9 四个固定元件足以牢牢地固定任何二维物体B

练习7.17:验证平面物体B的瞬时扭曲是围绕点$p \in \mathbb{R}^m$的纯旋转(提示:在平面物体旋转的情况下,请考虑螺距参数)。

练习7.18:让平面物体B位于构型q处。证明B的每一个瞬时运动$\dot{q}=(v,\omega)\in T_q\mathbb{R}^3$,均可以表示为$B$关于点$p=-\dfrac{1}{\omega}Jv\in \mathbb{R}^2$的瞬时旋转。

练习 7.19*：图 7-10a 显示了通过旋转关节连接的两个刚性多边形 B_1 和 B_2 的链条。证明该链条仅当处于无摩擦平衡抓取状态时才能被固定（此结果可推广到任意此类链条）。

练习 7.20：依据本章所描述的理论，确定能够对图 7-10a 所示两连杆链实现一阶固定的最少无摩擦手指数量。

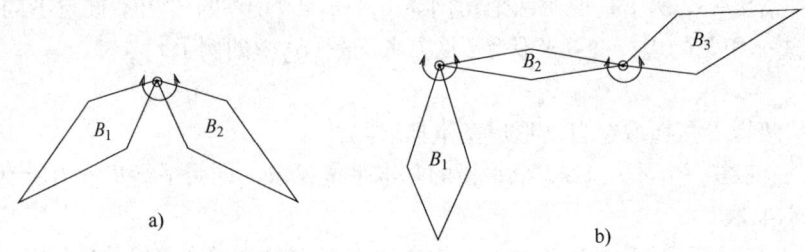

图 7-10 a) 通过旋转关节连接的两个多边形；b) 通过两个旋转关节连接的三个多边形的串联链

练习 7.21：对图 7-10b 所示的三连杆链重复前面的练习。

练习 7.22*：确定能使任意二维串联链状 n 边形实现一阶固定的最少无摩擦手指数量（请参见参考书目注释）。

参考文献

[1] F. H. Clarke, *Optimization and Nonsmooth Analysis*. SIAM, 1990.

[2] M. S. Ohwovoriole and B. Roth, "An extension of screw theory," *Journal of Mechanical Design*, vol. 103, pp. 725–735, 1981.

[3] K. M. Lynch and F. C. Park, *Modern Robotics: Mechanics, Planning, and Control*. Cambridge University Press, 2017.

[4] R. M. Murray, Z. Li and S. S. Sastry, *A Mathematical Introduction to Robotic Manipulation*. CRC Press, 1994.

[5] F. Reuleaux, *The Kinematics of Machinery*. Macmillan, 1876, republished by Dover, 1963.

[6] J. Duffy, "The fallacy of modern hybrid control theory that is based on orthogonal complements of twist and wrench spaces," *Journal of Robotics Systems*, vol. 7, no. 2, pp. 139–144, 1990.

[7] J.-S. Cheong, K. Goldberg, M. H. Overmars, E. Rimon and A. F. van der Stappen, "Immobilizing hinged polygons," *International Journal of Computational Geometry and Applications*, vol. 17, no. 1, 2007.

[8] E. Rimon and A. F. van der Stappen, "Immobilizing 2D serial chains in form closure grasps," *IEEE Transactions on Robotics*, vol. 28, no. 1, pp. 32–43, 2012.

第8章 二阶固定抓取

本章研究二阶几何效应在抓取运动性理论中的作用。一阶固定抓取依赖于一阶几何效应，并且至少需要 $m+1$ 个手指才能实现物体固定，其中二维抓取中的 $m=3$，而三维抓取中的 $m=6$。当考虑到二阶几何效应时，机械手可以使用较少的手指来实现固定抓取。这种抓取是一阶可运动的，但是对物体的自由运动的二阶分析将表明，该物体已完全被固定，因此可以通过抓取的手指固定。此外，组合的一阶和二阶几何效应提供了完整的抓取运动理论，因此无须考虑更高阶的几何效应(除了三维物体的两指抓取之外)。在接触点允许摩擦的情况下，固定的抓取器会根据抓取手指对物体自由运动施加的刚体约束来固定物体。

刚体 B 相对于刚性手指体 $O_1, \cdots, O_k$ 的二阶自由运动在8.1节中进行了描述。这些自由运动表示物体的速度和加速度对 $(\dot{q}, \ddot{q})$，物体沿着该方向分裂或保持与抓取手指的接触。8.2节中介绍的相对构型空间曲率形式，将确定在给定的平衡抓取下 B 的二阶运动。相对构型空间曲率形式的非负特征值的数量定义了抓取的二阶运动指数。我们将在8.3节中看到，当二阶运动指数为零时，该物体被完全固定，因此可以通过抓取来固定手指。8.4节描述了在各种抓取方式下保持的物体二阶运动的图形表示。

8.1 二阶自由运动

该部分描述了由刚性手指体 $O_1, \cdots, O_k$ 保持的刚体 B 在无摩擦平衡抓取下的二阶自由运动(请记住，这种抓取对于固定物体是必需的)。当物体保持在一个构型 q_0 时，其自由运动是从 q_0 开始并局部位于自由构型空间 F 中的构型空间曲线。为了研究自由运动曲线的二阶性质，考虑构型障碍距离函数 $d_i(q)$，该函数测量构型点 q 到构型障碍边界 S_i 的带符号距离(请参见第7章)。令 $\alpha(t)$ 为一条光滑的构型空间曲线，其满足 $\alpha(0)=q_0 \in S_i$，$\dot{\alpha}(0)=\dot{q}$ 和 $\ddot{\alpha}(0)=\ddot{q}$ (图8.1)。沿着 α 的 d_i 的二阶泰勒展开式为

$$d_i(\alpha(t)) = d_i(q_0) + (\nabla d_i(q_0) \cdot \dot{q})t + \frac{1}{2}(\dot{q}^T D^2 d_i(q_0)\dot{q} + \nabla d_i(q_0) \cdot \ddot{q})t^2 + O(t^3), \quad t \in (-\varepsilon, \varepsilon)$$

式中，$\varepsilon>0$ 是一个小参数。回顾可知，$\nabla d_i(q_0)$ 具有单位模长，并且与手指构型障碍的外法线共线，因此 $\nabla d_i(q_0) = \hat{\eta}_i(q_0)$，其中 $\hat{\eta}_i = \eta_i / \|\eta_i\|$。当泰勒展开式在 $q_0 \in S_i$ 处求值时，令 $d_i(q_0)=0$，$\nabla d_i(q_0) = \hat{\eta}_i(q_0)$，则 d_i 的二阶近似为

$$d_i(\alpha(t)) = (\hat{\eta}_i(q_0) \cdot \dot{q})t + \frac{1}{2}(\dot{q}^T D^2 d_i(q_0)\dot{q} + \hat{\eta}_i(q_0) \cdot \ddot{q})t^2 + O(t^3), \quad t \in (-\varepsilon, \varepsilon) \quad (8-1)$$

由于在一阶逃脱运动中 $\hat{\eta}_i(q_0) \cdot \dot{q} > 0$，故在式(8-1)中的线性项确定了在 $t=0$ 的一个小区间内 $d_i(\alpha(t))$ 的符号。式(8-1)中的二阶项仅沿着满足条件 $\hat{\eta}_i(q_0) \cdot \dot{q} = 0$ 的一阶滚滑运动确定 $d_i(\alpha(t))$ 的符号。二阶项沿一阶滚滑运动具有特殊的几何意义。回想一下，这些运动与第 i

个手指构型障碍相切,即 $\dot{q} \in T_{q_0}S_i$。由于在所有点 $q \in S_i$ 上,$\nabla d_i(q) = \hat{\eta}_i(q)$,则有 $\dot{q}^T D^2 d_i(q_0) \dot{q} = \dot{q}^T [D\hat{\eta}_i(q_0)] \dot{q}$,$\dot{q} \in T_{q_0}S_i$。因此,沿着一阶滚滑运动的 $d_i(\alpha(t))$ 的符号由第 i 个手指构型障碍曲率形式确定:$k_i(q_0, \dot{q}) = \dot{q}^T [D\hat{\eta}_i(q_0)] \dot{q}$(见第 2 章)。

B 的构型空间曲线的二阶性质取决于它们在 q_0 处的速度和加速度。B 在构型点 q 处的速度和加速度的合成空间定义如下:切空间 $T_q\mathbb{R}^m$ 包含路径 $\alpha(t)$ 的所有切线,并在 $\alpha(0) = q$ 处求值。双切空间 $T_{(q,\dot{q})}(T\mathbb{R}^m)$ 由路径 $(\alpha(t), \dot{\alpha}(t))$ 的所有切线组成,并在 $(\alpha(0), \dot{\alpha}(0)) = (q, \dot{q})$ 处求值。$T_{(q,\dot{q})}(T\mathbb{R}^m)$ 的元素是以 $(q, \dot{q})$ 为基的向量,指定为速度和加速度对 $(\dot{q}, \ddot{q}) \in \mathbb{R}^m \times \mathbb{R}^m$(请参阅本节末尾的其他讨论)。将使用以下更简单的符号。

双切空间:$\mathbb{R}^m$ 在 q 处的双切空间,表示为 $T_q^2\mathbb{R}^m$,形成以 q 为基的所有速度和加速度对 $(\dot{q}, \ddot{q}) \in \mathbb{R}^m \times \mathbb{R}^m$ 的集合。

回顾第 7 章,物体的固定只能通过无摩擦平衡抓取来实现。在无摩擦平衡抓取下 B 的自由运动是一阶滚滑运动。下面对二阶自由运动的定义集中于 B 相对于单个手指体 O_i 的一阶滚滑运动。

定义 8.1(单指二阶自由运动) 设刚体 B 在构型 q_0 处与静止的刚性手指体 O_i 接触。B 在 q_0 处的**二阶自由运动**是 $T_{q_0}^2\mathbb{R}^m$ 的子集:

$$M_i^2(q_0) = \{(\dot{q}, \ddot{q}) \in T_{q_0}^2\mathbb{R}^m : \hat{\eta}_i(q_0) \cdot \dot{q} = 0, \dot{q}^T[D\hat{\eta}_i(q_0)]\dot{q} + \hat{\eta}_i(q_0) \cdot \ddot{q} \geq 0\}$$

类似于一阶自由运动,$(\dot{q}, \ddot{q})$ 满足 $\hat{\eta}_i(q_0) \cdot \dot{q} = 0$,且 $\dot{q}^T[D\hat{\eta}_i(q_0)]\dot{q} + \hat{\eta}_i(q_0) \cdot \ddot{q} = 0$ 是二阶滚滑运动,而 $(\dot{q}, \ddot{q})$ 满足 $\hat{\eta}_i(q_0) \cdot \dot{q} = 0$,且 $\dot{q}^T[D\hat{\eta}_i(q_0)]\dot{q} + \hat{\eta}_i(q_0) \cdot \ddot{q} > 0$ 是**二阶逃脱运动**。

二阶自由运动将一阶滚滑运动的线性子空间 $M_i^1(q_0)$ 分为三个不相交的子集:二阶逃脱运动、二阶滚滑运动和它们的补集,后者包含二阶穿透运动。当 $(\dot{q}, \ddot{q}) \in M_i^2(q_0)$ 是二阶逃脱运动时,其对应的路径 $\alpha(t)$ 满足 $\alpha(0) = q_0$,$\dot{\alpha}(0) = \dot{q}$,$\ddot{\alpha}(0) = \ddot{q}$,$t \in [0, \varepsilon]$ 局部位于自由构型空间 F 内。在以下示例中说明了此类曲线。

示例:图 8-1a 显示了静止的盘形手指 O_i 接触的物体 B。图 8-1b 以示意图的形式描绘了在物体接触构型 $q_0 \in S_i$ 处的手指构型障碍 CO_i。图 8-1b 所示的曲线在 q_0 处与 S_i 相切,因此代表一阶滚滑运动。这些曲线局部地移动到自由构型空间 F 中,因此代表了二阶逃脱运动。物体 B 沿任何一阶滚滑运动远离 O_i,形成二阶逃脱运动。

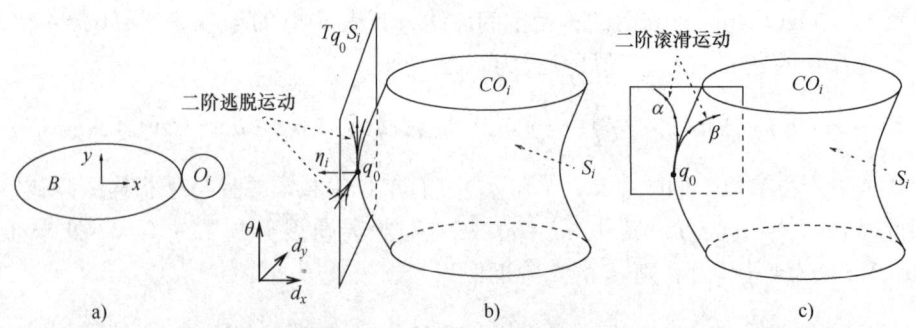

图 8-1 a)静止盘形手指 O_i 接触椭圆形物体 B 的俯视图;b)二阶逃脱运动;c)虽然 α 和 β 都是二阶滚滑运动,但 α 位于 F 自由 c-space 内,而 β 则会穿透 c-障碍 CO_i

当 $(\dot{q}, \ddot{q}) \in M_i^2(q_0)$ 是二阶滚滑运动时,仅依据式(8-1)无法判断曲线 $\alpha(t)$ 是局部位于自由

构型空间 F 内还是局部穿透构型障碍 CO_i。下面的示例说明了这种不确定性。

二阶滚滑运动的不确定性：图 8-1c 描绘了两条曲线 α 和 β，它们从 q_0 出发，并在 q_0 处具有与 S_i 相同的切线：$\dot{\alpha}(0) = \dot{\beta}(0) \in T_{q_0} S_i$。两条曲线位于图 8-1c 所示的同一垂直平面上，因此两条曲线在 q_0 处具有相同的曲率。两条曲线满足方程 $\dot{q}^T [D\hat{\eta}_i(q_0)] \dot{q} + \hat{\eta}_i(q_0) \cdot \ddot{q} = 0$，因此表示相同的二阶滚滑运动。然而，$\alpha$ 局部位于自由构型空间 F 中，而 β 局部穿透构型障碍 CO_i。

接下来，将二阶自由运动的定义扩展到多指抓取。物体的自由运动必须遵守所有接触的手指体施加的速度和加速度约束，如以下定义所述。

定义 8.2 (k 指二阶自由运动) 让刚体 B 与静止的刚性手指体 $O_1, \cdots, O_k$ 接触，其构型为 $q_0 \in \bigcap_{i=1}^{k} S_i$。$B$ 在 q_0 处的**二阶自由运动**的集合表示为 $M_{1 \cdots k}^2(q_0)$，其形式为

$$M_{1 \cdots k}^2(q_0) = \{(\dot{q}, \ddot{q}) \in T_{q_0}^2 \mathbb{R}^m : \eta_i(q_0) \cdot \dot{q} = 0 \text{ 且 } \dot{q}^T [D\hat{\eta}_i(q_0)] \dot{q} + \hat{\eta}_i(q_0) \cdot \ddot{q} \geq 0, i = 1, \cdots, k\}$$

式中，$\hat{\eta}_i(q_0)$ 是第 i 个手指构型障碍的单位外法线，而 $\dot{q}^T [D\hat{\eta}_i(q_0)] \dot{q}$ 是在 q_0 处的第 i 个手指 c-障碍曲率形式。

与一阶自由运动非常相似，集合 $M_{1 \cdots k}^2(q_0)$ 是根据欧几里得内积定义的，而通常坐标变换不会保留内积。因此，必须验证 $M_{1 \cdots k}^2(q_0)$ 与世界坐标系和物体坐标系的选择无关。以下命题的证明出现在本章的附录中。

命题 8.1 (坐标不变性) 设 q 和 $\bar{q}$ 是 B 的构型空间的两个参数，与坐标变换 $q = h(\bar{q})$ 相关。如果 h 是一个微分同胚，则 B 的二阶自由运动集是坐标不变的：

$$(\dot{q}, \ddot{q}) \in M_{1 \cdots k}^2(q_0) \text{ 当且仅当 } (\dot{\bar{q}}, \ddot{\bar{q}}) \in \bar{M}_{1 \cdots k}^2(\bar{q}_0), q_0 = h(\bar{q}_0)$$

式中，$M_{1 \cdots k}^2(q_0)$ 和 $\bar{M}_{1 \cdots k}^2(\bar{q}_0)$ 分别是 q 和 $\bar{q}$ 坐标中的二阶自由运动集。

因此可以在任何选择的世界坐标系和物体坐标系下分析二阶自由运动。命题 8.1 可以解释如下。第 i 个构型障碍的外法向量 $\eta_i(q_0)$ 可解释为作用在 B 上在 x_i 处的内接触法线上的力所产生的力旋量 $w_i(q_0)$，该力旋量施加到 B 上的功率（或瞬时功率）由内积给出：$w_i(q_0) \cdot \dot{q}$。考虑位于 S_i 中的路径 $\alpha(t)$，使得 $\alpha(0) = q_0$ 且 $\dot{\alpha}(0) = \dot{q} \in T_{q_0} S_i$。沿 α 传递到物体 B 的功率变化由以下导数给出：$\frac{d}{dt}(w_i(q) \cdot \dot{q}) = \dot{w}_i \cdot \dot{q} + w_i \cdot \ddot{q}$。力旋量导数 $\dot{w}_i$ 表示沿 α 的 w_i 的瞬时变化，且 $\alpha(0) = q_0$。它可以写成两个部分之和：$\dot{w}_i = \left(\frac{d}{dt} \|\eta_i\|\right) \hat{\eta}_i + \|\eta_i\| [D\hat{\eta}_i] \dot{q}$，其中 $\dot{\hat{w}}_i = \|\eta_i\| \dot{\hat{\eta}}_i$。当沿 α 求值时，传递到物体 B 的功率变化具有以下形式：

$$\dot{w}_i \cdot \dot{q} + w_i \cdot \ddot{q} = \|\eta_i\| (\dot{q}^T [D\hat{\eta}_i(q_0)] \dot{q} + \hat{\eta}_i(q_0) \cdot \ddot{q}) \tag{8-2}$$

当 $w_i \cdot \dot{q} = 0$ 时，式 (8-2) 确定了在 $t = 0$ 的小区间内传递到物体 B 的功率符号。后者的物理量不应取决于世界坐标系和物体坐标系的选择。由于式 (8-2) 的右侧定义了集合 $M_i^2(q_0)$，所以交集 $M_{1 \cdots k}^2(q_0) = \bigcap_{i=1}^{k} M_i^2(q_0)$ 必然与所选择的世界坐标系和物体坐标系无关。

切平面线束*：$\mathbb{R}^m$ 的切平面线束表示为 $T\mathbb{R}^m$，定义为切空间 $T_q \mathbb{R}^m$ 的不相交并集，因为基点 q 在 $\mathbb{R}^m$ 中变化 ($T\mathbb{R}^m$ 等于 $\mathbb{R}^m \times \mathbb{R}^m$)。双切空间 $T_{(q, \dot{q})} T\mathbb{R}^m$ 是多种 $T\mathbb{R}^m$ 在 $(q, \dot{q})$ 处的切空间。基于此观点，将双余切空间表示为 $T_{(q, \dot{q})}^* T\mathbb{R}^m$，定义为作用于 $(\dot{q}, \ddot{q}) \in T_{(q, \dot{q})} T\mathbb{R}^m$ 的线性函数的向量空间。$T_{(q, \dot{q})}^* T\mathbb{R}^m$ 的每个元素形成一个行向量：$(\dot{q}^T Dw(q), w(q))$，其由式 (8-2) 作用于 $(\dot{q}, \ddot{q})$，即 $\dot{q}^T Dw(q) \dot{q} + w(q) \cdot \ddot{q}$。这一作用的符号具有坐标不变性，从而为二阶自由运动

集的坐标不变性提供了形式上的依据。

8.2　二阶运动指数

二阶运动指数是一个整数，其数值不受坐标系选择的影响，用于衡量处于平衡抓取状态下的物体 B 所能实现的二阶自由运动的程度。我们可以假设物体被 $k \leq m+1$ 个手指（$m=3$ 或 6）抓取，因为涉及更多手指的平衡抓取通常基于一阶几何效应被固定（请参见第 7 章）。当物体 B 在无摩擦接触条件下由手指体 $O_1, \cdots, O_k$ 保持时，手指力旋量的形式为

$$w_i = \lambda_i \hat{\eta}_i(q_0), \quad i=1, \cdots, k$$

式中，$\hat{\eta}_i(q_0)$ 是在 q_0 处的第 i 个手指构型障碍的单位外法线，并且 $\lambda_i \geq 0$ 与在 x_i 处施加给物体 B 上的手指力的大小成比例。在平衡抓取下，手指力旋量满足平衡条件：

$$\lambda_1 \hat{\eta}_1(q_0) + \cdots + \lambda_k \hat{\eta}_k(q_0) = \vec{0}, \quad \lambda_1, \cdots, \lambda_k \geq 0 \tag{8-3}$$

系数 $\lambda_1, \cdots, \lambda_k$ 在定义二阶运动指数中起关键作用。为了确保在给定的情况下这些系数定义正确，假设所有手指对于保持平衡抓取都是必不可少的（请参见第 7 章）。当物体 B 处于基本平衡抓取状态时，系数 $\lambda_1, \cdots, \lambda_k$ 严格为正。否则，可以通过 $k-1$ 个手指的子集来保持平衡。此外，它们的值是由一个公共比例因子唯一确定的，如下面的引理所述（参见练习题）。

引理 8.2　使刚体 B 保持在无摩擦的 k 指平衡抓取状态。式 (8-3) 中的系数 $\lambda_1, \cdots, \lambda_k$ 严格为正，并且在一个公共比例因子下唯一，当且仅当所有手指体 $O_1, \cdots, O_k$ 都保持平衡抓取。

当物体 B 处于基本平衡抓取状态时，其一阶自由运动 $M^1_{1\cdots k}(q_0)$ 在 q_0 处张成一个线性子空间与手指构型障碍相切（第 7 章命题 7.2）。构型空间路径 $\alpha(t)$ 使得 $\alpha(0)=q_0$ 且 $\dot{\alpha}(0) \in M^1_{1\cdots k}(q_0)$，或者局部位于自由构型空间 F 中，或者局部穿透手指构型障碍 $CO_i, i=\{1, \cdots, k\}$。手指构型障碍曲率将确定哪些路径是局部自由的，哪些路径在物理上是不可行的。构型障碍边界的二阶几何 S_i，由其曲率形式得到：

$$k_i(q_0, \dot{q}) = \dot{q}^T D\hat{\eta}_i(q_0) \dot{q}, \quad \dot{q} \in T_{q_0} S_i$$

由式 (8-3) 指定的平衡抓取系数 $\lambda_1, \cdots, \lambda_k$ 确定以下手指构型障碍曲率形式的加权和。

定义 8.3（构型空间相对曲率形式）　使刚体 B 保持在一个基本的 k 指平衡抓取构型 q_0 处，且平衡抓取系数为 $\lambda_1, \cdots, \lambda_k$。在 q_0 处的**构型空间相对曲率形式**表示为 $k_{\text{rel}}(q_0, \dot{q})$，是切向量的二次型：

$$k_{\text{rel}}(q_0, \dot{q}) = \sum_{i=1}^{k} \lambda_i k_i(q_0, \dot{q}) = \dot{q}^T \left[\sum_{i=1}^{k} \lambda_i D\hat{\eta}_i(q_0) \right] \dot{q}, \quad \dot{q} \in M^1_{1\cdots k}(q_0) \tag{8-4}$$

式中，$k_i(q_0, \dot{q})$ 是在 q_0 处的第 i 个手指构型障碍曲率形式。

基于系数 $\lambda_1, \cdots, \lambda_k$ 的唯一性，在基本平衡抓取下很好地定义了构型空间相对曲率形式 $k_{\text{rel}}(q_0, \dot{q})$。$k_{\text{rel}}(q_0, \dot{q})$ 的半正定特征值的数量决定了抓取的二阶运动指数，其定义如下。

定义 8.4（二阶运动指数）　让一个刚体 B 保持在基本的 k 指平衡抓取构型 q_0 处。物体的**二阶运动指数** $m^2_{q_0}$，是与构型空间相对曲率形式 $k_{\text{rel}}(q_0, \dot{q})$ 在给定抓取处所关联的半正定矩阵的特征值的数量。

让我们强调一下二阶运动指数的重要性质。构型空间相对曲率形式 $k_{\text{rel}}(q_0, \dot{q})$ 被定义在切向量 $M^1_{1\cdots k}(q_0)$ 的线性子空间上。$M^1_{1\cdots k}(q_0)$ 的维数由一阶运动指数 $m^1_{q_0}$ 获得。当 $m^1_{q_0}=0$ 时，物体

B 被一阶几何效应完全固定,而二阶运动指数没有立即可用的信息。当 $m_{q_0}^1 > 0$ 时,二阶运动指数的取值范围为 $0, \cdots, m_{q_0}^1$。在这些抓取中,物体 B 不会被一阶几何效应固定住,可能会被二阶几何效应完全固定。因此,二阶运动指数对于涉及两个或三个手指的二维抓取和具有两个、三个、四个、五个或六个手指的三维抓取有用。下一章中将考虑使用少量手指形成极简抓取的可能性。

坐标不变性:在世界坐标系和物体坐标系的不同选择下,第 i 个手指的构型障碍曲率不变(见图 2-3)。然而,构型空间相对曲率形式 $k_{rel}(q_0, \dot{q})$,衡量了 q_0 处手指构型障碍的相对曲率。因此,二阶运动指数是坐标不变的,如本章附录中命题 8.7 所述。$m_{q_0}^2$ 的坐标不变性可以证明如下。当 $\nabla \varphi(q_0) = \vec{0}$ 时,光滑函数 $\varphi(q): \mathbb{R}^m \to \mathbb{R}$ 在 q_0 处具有临界点。φ 在 q 处的莫尔斯指数是在临界点 q_0 处的黑塞矩阵 $D^2\varphi(q_0)$ 的负特征值的数量。已知莫尔斯指数是坐标不变的。我们将在本章的后面看到,函数 $d_{min}(q) = \min\{d_1(q), \cdots, d_k(q)\}$ 在平衡抓取构型 q_0 处具有一个非光滑的极值点。此外,函数 $d_{min}(q)$ 在 q_0 处具有广义的黑塞矩阵(请参阅附录 A)。二阶运动指数 $m_{q_0}^2$,衡量函数 $d_{min}(q)$ 在 q_0 处的广义黑塞矩阵的半正定特征值的数量。由于莫尔斯指数是坐标不变的,因此必须为 $m_{q_0}^2$,它在 q_0 处衡量广义黑塞矩阵特征值的互补数。

8.3 二阶固定

当 $m_{q_0}^1 = 0$ 时,基于一阶几何效应,刚体 B 被抓取的手指完全固定,本节将得到两个结果。即当 $m_{q_0}^1 > 0$ 和 $m_{q_0}^2 = 0$ 时,抓取的手指将物体完全固定。相反,当 $m_{q_0}^1 > 0$ 和 $m_{q_0}^2 > 0$ 时,物体可以脱离抓取的手指。基于此见解,我们将能够得出结论,这两个运动指数 $m_{q_0}^1$ 和 $m_{q_0}^2$ 完全表征了所有一般平衡抓取排列的运动性。我们从二阶固定定理开始。

定理 8.3(二阶固定) 设刚体 B 在构型 q_0 处由刚性手指体 $O_1, \cdots, O_k$ 以基本平衡抓取的方式保持。如果一阶运动指数为正,即 $m_{q_0}^1 > 0$,而二阶运动指数为零,即 $m_{q_0}^2 = 0$,则抓取的手指将物体完全固定。

证明:我们必须证明物体的构型点 q_0 完全被手指构型障碍包围。考虑在第 7 章介绍的最小距离函数:

$$d_{min}(q) = \min\{d_1(q), \cdots, d_k(q)\}, \quad q \in \mathbb{R}^m$$

每个 $d_i(q)$ 在手指构型障碍 CO_i 内为负,在其边界 S_i 处为零,在 CO_i 外为正。当物体 B 由 k 个手指体保持时,$d_i(q_0) = 0$,$i = 1, \cdots, k$,于是,$d_{min}(q_0) = 0$。因此,当 $d_{min}(q)$ 在 q_0 处有一个严格的局部极大值时,即 $d_{min}(q) < 0$,在以 q_0 为中心的 m 维小球体中时,q_0 被手指构型障碍包围。

虽然 $d_{min}(q)$ 在 q_0 处是不可微的,但它在 q_0 处具有广义梯度(请参阅附录 A)。广义梯度表示为 $\partial d_{min}(q)$,是梯度 $\nabla d_i(q_0)$($i = 1, \cdots, k$)的凸组合。因此每个 $\nabla d_i(q_0)$ 与 q_0 处的构型障碍的位外单法线共线:

$$\partial d_{min}(q_0) = \sum_{i=1}^{k} \sigma_i \hat{\eta}_i(q_0), \quad 0 \leq \sigma_1, \cdots, \sigma_k \leq 1, \quad \sum_{i=1}^{k} \sigma_i = 1 \tag{8-5}$$

广义梯度 $\partial d_{min}(q_0)$ 在 B 的力旋量空间中形成一个凸集 $T_{q_0}^* \mathbb{R}^m$。当物体 B 处于平衡抓取状态时,

广义梯度 $\partial d_{\min}(q_0)$ 包含 B 的力旋量空间的原点。设 $\lambda_1, \cdots, \lambda_k$ 为表示该凸组合的原点的系数：

$$\lambda_1 \hat{\eta}_1(q_0) + \cdots + \lambda_k \hat{\eta}_1(q_0) = \vec{0}, \quad 0 \leq \lambda_1, \cdots, \lambda_k \leq 1, \quad \sum_{i=1}^{k} \lambda_i = 1 \quad (8\text{-}6)$$

如附录 A 所述，函数 $d_{\min}(q)$ 在 q_0 处具有广义黑塞矩阵。广义黑塞矩阵表示为 $\partial^2 d_{\min}(q_0, w)$，形成 $m \times m$ 矩阵的集合，每个矩阵均基于特定的力旋量 $w \in \partial d_{\min}(q_0)$：

$$\partial^2 d_{\min}(q_0, w) = \sum_{i=1}^{k} \sigma_i D^2 d_i(q_0), \quad w \in \partial d_{\min}(q_0)$$

式中，$D^2 d_i(q_0)$ 是构型障碍距离函数 $d_i(q)$ 的黑塞矩阵，而系数组合 $\sigma_1, \cdots, \sigma_k$ 则由与力旋量 w 相关的式(8-5)的凸组合确定。当广义黑塞矩阵在 $w = 0$ 求值时，得到 $m \times m$ 矩阵：

$$\partial^2 d_{\min}(q_0, \vec{0}) = \sum_{i=1}^{k} \lambda_i D^2 d_i(q_0) \quad (8\text{-}7)$$

式中，系数 $\lambda_1, \cdots, \lambda_k$ 由式(8-6)指定。回想 8.1 节，对于 $\dot{q} \in T_{q_0} S_i$，$\dot{q}^\mathrm{T} D^2 d_i(q_0) \dot{q} = \dot{q}^\mathrm{T} [D \hat{\eta}_i(q_0)] \dot{q}$。因此，式(8-7)表示二次型 $\dot{q}^\mathrm{T} [\partial^2 d_{\min}(q_0, \vec{0})] \dot{q}$ 是 $k_{\mathrm{rel}}(q_0, \dot{q}) = \dot{q}^\mathrm{T} \left[\sum_{i=1}^{k} \lambda_i D \hat{\eta}_i(q_0) \right] \dot{q}$ 的正整数倍。

根据定理 A.2，当将 $\partial d_{\min}(q_0)$ 嵌入线性子空间 V 中时，$d_{\min}(q)$ 在 q_0 处具有严格的局部极大值，使得 $\partial^2 d_{\min}(q_0, \vec{0})$ 沿正交补子空间 $V^\perp$ 为负定。即对于所有的 $q \in V^\perp$，$\dot{q}^\mathrm{T} [\partial^2 d_{\min}(q_0, \vec{0})] \dot{q} < 0$。在平衡抓取下，广义梯度 $\partial d_{\min}(q_0)$ 张成手指的净力旋量锥（请参见第 4 章）。净力旋量锥在基本的 k 指平衡抓取下形成 $(k-1)$ 维线性子空间（请参见第 7 章）。因此，子空间 V 对应于手指的净力旋量锥。它的正交补⊖是在 q_0 处一阶自由运动的子空间，即 $V^\perp = M^1_{1 \cdots k}(q_0)$。如果在给定的抓取下 $m^2_{q_0} = 0$，则对于所有 $\dot{q} \in M^1_{1 \cdots k}(q_0)$，均有 $k_{\mathrm{rel}}(q_0, \dot{q}) < 0$。由于 $k_{\mathrm{rel}}(q_0, \dot{q})$ 是 $\dot{q}^\mathrm{T} [\partial^2 d_{\min}(q_0, \vec{0})] \dot{q}$ 的正整数倍，因此 $d_{\min}(q)$ 的广义黑塞矩阵在 $V^\perp$ 上为负定。因此，函数 $d_{\min}(q)$ 在 q_0 处具有严格的局部极大值，这证明了 q_0 被手指构型障碍完全包围。

定理 8.3 给出了以下见解。当在 k 指抓取中 $m^2_{q_0} = 0$ 时，所有始于 q_0 处且 $\dot{\alpha}(0) = \dot{q} \in M^1_{1 \cdots k}(q_0)$ 的构型空间路径 $\alpha(t)$，将局部穿透在 q_0 处交汇的一个或多个手指构型障碍，而不考虑路径在 q_0 处的加速度：

$$\alpha(t) \in \mathrm{int}(CO_i), \quad i \in \{1, \cdots, k\}, \quad t \in (0, \varepsilon]$$

式中，$\mathrm{int}(CO_i)$ 是第 i 个手指构型障碍的内部。由于物体 B 和刚性手指体受到阻止，即使物体 B 在一阶运动中是可运动的，它也会被抓取的手指完全固定。以下示例说明了这种见解。

示例：图 8-2a 显示了一个三角形物体 B 由三个盘形手指保持在平衡抓取状态。该抓取的构型空间几何示意图如图 8-2b 所示，其中 q_0 为 B 的平衡抓取构型。一阶自由运动的集合 $M^1_{1,2,3}(q_0)$ 张成一维线性子空间，该空间与 q_0 处的三指构型障碍相切。因此，$m^1_{q_0} = 1$，并且在这种抓取下，物体可以运动到一阶。基于本章后面描述的图形技术，在此抓取下，$m^2_{q_0} = 0$。因此，在图 8-2b 中，手指构型障碍完全围绕在点 q_0 周围，在此抓取过程中，物体完全被固定。

为了完善抓取运动性理论，考虑在给定的抓取下 $m^1_{q_0}$ 和 $m^2_{q_0}$ 都为正的情况。当构型空间的相对曲率形式 $k_{\mathrm{rel}}(q_0, \dot{q})$ 仅具有非零特征值时（一般情况），它被称为非退化的。以下运动性定理补充了第一和第二个固定定理。

⊖ 正交性是指力旋量 w 在切向量上的零作用，$w(\dot{q}) = w \cdot \dot{q} = 0$，$\dot{q} \in M^1_{1 \cdots k}(q_0)$。

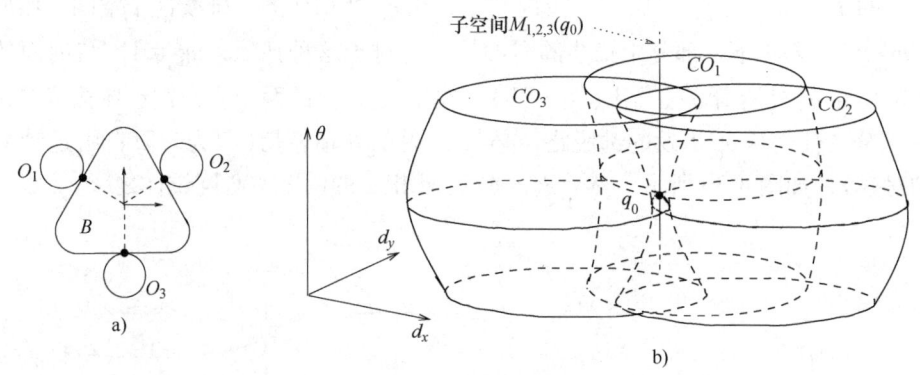

图 8-2 $m_{q_0}^1 = 0$ 和 $m_{q_0}^2 = 0$ 的固定三指平衡抓取

定理 8.4(抓取运动性) 使刚体 B 在 q_0 处通过手指体 O_1, $\cdots$, O_k 保持基本平衡抓取。如果 $k_{\text{rel}}(q_0, \dot{q})$ 非退化并且二阶运动指数为正,即 $m_{q_0}^1 > 0$ 和 $m_{q_0}^2 > 0$,则物体 B 可以**脱离**抓取的手指。

证明: 考虑最小距离函数 $d_{\min}(q) = \min\{d_1(q), \cdots, d_k(q)\}$。每个 d_i 在手指构型障碍 CO_i 内为负,在其边界 S_i 上为零,在 CO_i 外为正。由于 B 处于平衡抓取状态,因此原点可以表示为手指构型障碍单位外法线的凸组合:

$$\lambda_1 \hat{\eta}_1(q_0) + \cdots + \lambda_k \hat{\eta}_k(q_0) = \vec{0}, \quad 0 \leq \lambda_1, \cdots, \lambda_k \leq 1, \quad \sum_{i=1}^{k} \lambda_i = 1$$

在以下两个条件下,函数 $d_{\min}$ 在 q_0 处具有不平滑的鞍点(请参阅附录A)。首先,系数 $\lambda_1, \cdots, \lambda_k$ 必须唯一地指定并且严格为正。对于基本的平衡抓取确实如此。其次,构型空间相对曲率形式必须沿某些一阶滚滑运动严格为正:

$$k_{\text{rel}}(q_0, \dot{q}) > 0, \quad \dot{q} \in M_{1 \cdots k}^1(q_0) \tag{8-8}$$

当 $m_{q_0}^1 > 0$ 时,$M_{1 \cdots k}^1(q_0)$ 是非平凡子空间。当 $m_{q_0}^2 > 0$ 时,构型空间相对曲率形式 $k_{\text{rel}}(q_0, \dot{q})$ 在该子空间上至少有一个半正定特征值。由于假定 $k_{\text{rel}}(q_0, \dot{q})$ 是非退化的,因此它至少有一个正特征值,其特征向量满足式(8-8)。因此,函数 $d_{\min}(q)$ 在 $q = q_0$ 处具有鞍点。

考虑从 q_0 处出发的构型空间路径 $\alpha(t)$,使得 $\dot{\alpha}(0) = \dot{q} \in M_{1 \cdots k}^1(q_0)$ 和 $k_{\text{rel}}(q_0, \dot{q}) > 0$。由于 $d_{\min}$ 在 q_0 处有一个鞍点,因此沿着该特定路径 $d_{\min}(\alpha(t))$ 在 $t = 0$ 处具有严格的局部极小值,而与路径在 $t = 0$ 处的加速度无关。由于 $d_{\min}(q) = \min\{d_1(q), \cdots, d_k(q)\}$,使得 $d_i(q_0) = 0$,$i = 1, \cdots, k$,每个函数 $d_i(\alpha(t))$ 都有一个在 $t = 0$ 处的严格局部极小值。因此,对于 $t \in (0, \varepsilon]$ ($i = 1, \cdots, k$),$d_i(\alpha(t)) > 0$,这意味着对于 $t \in (0, \varepsilon]$,$\alpha(t)$ 是位于自由构型空间 F 中的一条逃脱路径。

定理 8.4 提供以下见解。当在 k 手指抓取下 $m_{q_0}^1 > 0$ 和 $m_{q_0}^2 > 0$ 时,存在从 q_0 出发并形成一阶滚滑运动的构型空间路径 $\alpha(t)$,此时 $\dot{\alpha}(0) = \dot{q} \in M_{1 \cdots k}^1(q_0)$,使得 $k_{\text{rel}}(q_0, \dot{q}) > 0$,对于任何这样的路径,都存在一个加速度 $\ddot{\alpha}(0) = \ddot{q}$,使得具有该加速度的路径 $\alpha(t)$ 局部位于自由构型空间中:

$$\alpha(t) \in F, \quad t \in (0, \varepsilon]$$

以下示例说明了这类逃脱路径的存在。

示例: 图 8-3a 显示了先前示例的三角形物体 B,现在该三角形物体 B 保持在不同的三指平衡抓取状态。图 8-3b 勾画了此抓取的构型空间几何形状,其中 q_0 是 B 的平衡抓取构型。一

阶自由运动的集合 $M^1_{1,2,3}(q_0)$，张成手指构型障碍在 q_0 处相切的一维线性子空间。因此，对于该抓取，$m^1_{q_0}=1$。基于下一部分中描述的图形技术，对于这种抓取，$m^2_{q_0}=1$。与前面的示例不同，手指障碍在 q_0 处沿着 θ 轴凸出（图8-3b）。在 q_0 处相交的两个实心圆锥体构成自由构型空间 F 的一部分。任何从 q_0 出发的逃脱路径必与 q_0 处的 θ 轴相切（因为一阶自由运动的子空间与这个轴对齐），如图8-3b所示，然后进入在 q_0 处相交的两个实心圆锥体之一。

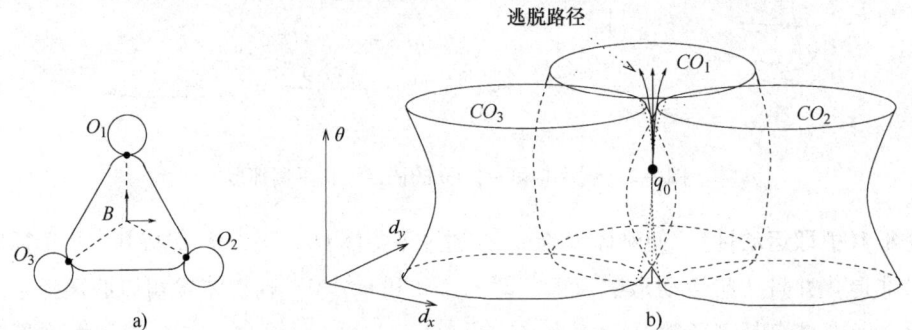

图 8-3　a) $m^1_{q_0}=1$ 和 $m^2_{q_0}=1$ 的非固定式三指平衡抓取；b) 一些始于 q_0 并进入构成自由构型空间 F 的实心圆锥体上部的逃脱路径

总之，当手指的数量超过物体的构型空间尺寸，在二维抓取中需 $k\geqslant 4$ 个手指，在三维抓取中需 $k\geqslant 7$ 个手指时，一阶运动指数通常为零，并且物体受一阶几何效应的影响被固定。对于较少数量的手指，在二维抓取中需 $k=2,3$ 个手指，在三维抓取中需 $k=2,\cdots,6$ 个手指时，一阶运动指数始终为正。在这些情况下，二阶运动指数决定了抓取的运动性。当二阶运动指数为零时，物体受二阶几何效应影响被固定。相反，当两个运动指数为正时，物体通常是可运动的，并且可以脱离抓取的手指。一个重要的观察是，两个运动指数涵盖了所有可能的手指数目。$m^1_{q_0}$ 和 $m^2_{q_0}$ 这两个运动指数完全表征了所有平衡抓取布置的运动性。

8.4　二阶运动指数的图形描述

本节利用图形技术确定在各种二维抓取中保持物体的二阶运动性。该图形技术基于第 i 个手指构型障碍切平面中切向量之间一一对应的关系 $T_{q_0}S_i$，以及物体 B 在手指接触法线上的所有点的瞬时旋转，表示为 l_i（见第 7 章）。基于此对应关系，当 $\dot{q}$ 在 $T_{q_0}S_i$ 中变化时，第 i 个手指构型障碍曲率形式 $k_i(q_0,\dot{q})$，可以用 B 的坐标原点在直线 l_i 上的位置来参数化。令 B 的坐标原点位于沿直线 l_i 与接触点 x_i 相距 ρ_i 处，使得当 B 的原点位于 x_i 的物体侧面时，$\rho_i>0$；而当 B 的原点位于手指的侧接触面时，$\rho_i<0$（图8-4a）。以下引理提供了一个公式，对于第 i 个构型障碍曲率形式，用 ρ_i 表示。

引理 8.5　令 B 的坐标原点位于沿直线 l_i 与接触点 x_i 相距 ρ_i 处。设 S_i 为第 i 个手指构型障碍边界，表示在构型空间坐标与这个物体坐标系分配相关联处。S_i 沿 B 的坐标原点的瞬时旋转的曲率为 $\dot{q}=(0,\omega)$，由下式给出：

$$k_i(q_0,(0,\omega))=\frac{(k_{B_i}\rho_i-1)(k_{O_i}\rho_i+1)}{k_{B_i}+k_{O_i}}\omega^2=\frac{(\rho_i-r_{B_i})(\rho_i+r_{O_i})}{r_{B_i}+r_{O_i}} \tag{8-9}$$

式中，k_{B_i}、k_{O_i}、r_{B_i} 和 r_{O_i} 是 B 和 O_i 在 x_i 处的曲率和曲率半径。

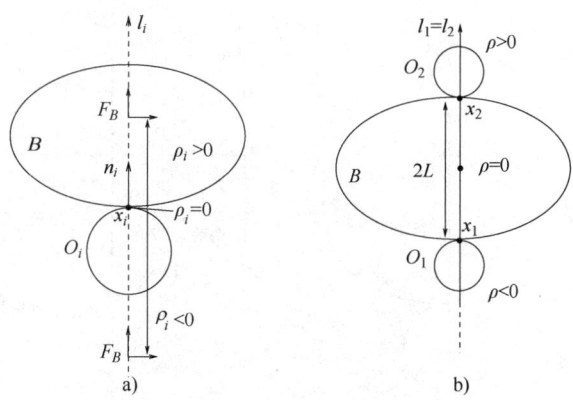

图 8-4 a) $T_{q_0}S_i$ 的参数化，用 B 在直线 l_i 上距离为 ρ_i 的点处的瞬时旋转表示；
b) $T_{q_0}S_1 = T_{q_0}S_2$ 的参数化依据一个共同的参数 ρ

证明：根据定理 2.7，第 i 个手指构型障碍表面的曲率形式为

$$k_i(q_0,\dot{q}) = \frac{1}{\|\eta_i(q_0)\|} \cdot \frac{1}{k_{B_i}+k_{O_i}}$$

$$\dot{q}^{\mathrm{T}}\begin{bmatrix} k_{B_i}k_{O_i}I & -k_{B_i}k_{O_i}JRb_{c_i} \\ -k_{B_i}k_{O_i}(JRb_{c_i})^{\mathrm{T}} & (k_{O_i}Rb_i-n_i)^{\mathrm{T}}(k_{B_i}Rb_i+n_i) \end{bmatrix}\dot{q},\ \dot{q}\in T_{q_0}S_i \tag{8-10}$$

式中，$\eta_i(q_0)$ 是在 q_0 处的第 i 个构型障碍的外法线，k_{B_i} 和 k_{O_i} 是 x_i 处 B 和 O_i 的曲率，b_i 是在 B 的坐标系中表示的接触点位置，b_{c_i} 是在 B 的坐标系中 B 的曲率中心，并且 η_i 是 B 在 x_i 处的单位内法线。式 (8-10) 中的 2×2 矩阵是 B 的方向矩阵 R、单位矩阵 I 和 $J = \begin{bmatrix} 0 & 1 \\ -1 & 0 \end{bmatrix}$。

出现在式 (8-10) 中的项 Rb_i 是从 B 的坐标原点到 x_i 的向量，用固定的世界坐标系表示。当 B 的坐标原点位于直线 l_i 上与 x_i 的距离为 ρ_i 时，可以得出 $Rb_i = -\rho_i n_i$。由于 $\eta_i = (n_i, Rb_i \times n_i)$（定理 2.5），所以当 $Rb_i = -\rho_i n_i$ 时，则有 $\|\eta_i(q_0)\| = 1$。将 $Rb_i = -\rho_i n_i$ 和 $\|\eta_i(q_0)\| = 1$ 代入式 (8-10)，可得出第 i 个手指构型障碍曲率形式的简单表达式：

$$k_i(q_0,\dot{q}) = \frac{1}{k_{B_i}+k_{O_i}}\dot{q}^{\mathrm{T}}\begin{bmatrix} k_{B_i}k_{O_i}I & -k_{B_i}k_{O_i}JRb_{c_i} \\ -k_{B_i}k_{O_i}(JRb_{c_i})^{\mathrm{T}} & (k_{O_i}\rho_i+1)(k_{B_i}\rho_i-1) \end{bmatrix}\dot{q},\ \dot{q}\in T_{q_i}S_i \tag{8-11}$$

沿切向量 $\dot{q}=(0,\omega)$ 求解 $k_i(q_0,\dot{q})$ 则得式 (8-9)。

为了采用图形技术，令 $k_i(q_0,\rho_i)$ 表示由引理 8.5 指定的第 i 个手指构型障碍曲率形式，该形式沿单位模长瞬时旋转 $\dot{q}=(0,\omega)$ 求得，其中 $|\omega|=1$。当 $\dot{q}$ 在 $T_{q_0}S_i$ 中变化时，$k_i(q_0,\dot{q})$ 可能取得的符号等同于当 ρ_i 在扩展实数线上变化时，$k_i(q_0,\rho_i)$ 所取得的符号，即 $-\infty \leq \rho_i \leq +\infty$。现在有两种情况要考虑。在第一种情况下，物体和手指体在接触点处凸出。在这种情况下，$r_{B_i} \geq 0$ 且 $r_{O_i} \geq 0$。根据式 (8-9)，在 B 和 O_i 的曲率中心在 x_i 处的区间中，$k_i(q_0,\rho_i)$ 为负，并且在第 i 个接触点的两侧，从曲率中心开始并延伸到无穷大的半无限区间中为正（图 8-5a）。在第二种情况下，一个接触体（例如 B）在接触点 x_i 处凹入。在这种情况下，当 $r_{O_i} \geq 0$ 时，$r_{B_i} < 0$，使得 $r_{O_i} \leq |r_{B_i}|$；否则，B 和 O_i 在 x_i 处相互穿插。假定物体在 x_i 处保持接触，因此可以假定 $r_{O_i} < |r_{B_i}|$。可知，分母 $r_{B_i}+r_{O_i}$ 在式 (8-9) 中为负。因此，$k_i(q_0,\rho_i)$ 在 x_i 处的物体曲率中心所界定的区间内为正，而在互补半无限区间内为负（图 8-5b）。接下来，将这种图形洞察应用于各

种两指和三指抓取中。

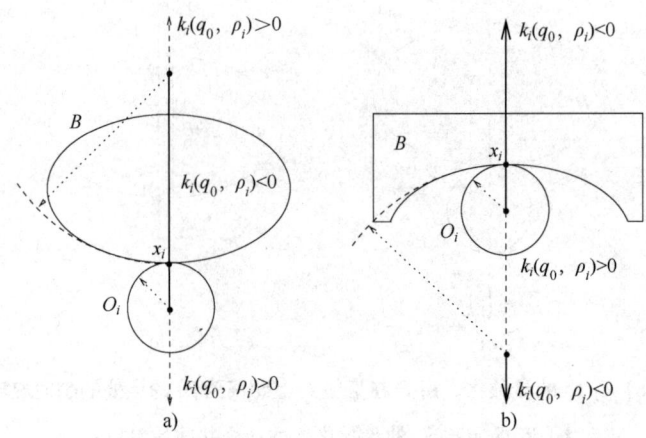

图 8-5 a) 当 B 和 O_i 在 x_i 处凸出时，在 x_i 处的物体曲率中心之间的区间中，$k_i(q_0,\rho_i)<0$；
b) 当 B 在 x_i 处凹入且 O_i 在 x_i 处凸出时，在 x_i 处的物体曲率中心之间的区间中，$k_i(q_0,\rho_i)>0$

两指抓取：一阶自由运动的子空间 $M_{1,2}(q_0)$ 是二维的，且由 B 关于直线 $l_1=l_2$ 的所有点的瞬时旋转组成。因此，在两指抓取处，$m_{q_0}^1=2$ 且 $0 \leqslant m_{q_0}^2 \leqslant 2$。设 ρ 通过到手指接触点中点的距离来参数化该直线上的点，使得 $\rho<0$ 在中点的 O_1 侧和 $\rho>0$ 在中点的 O_2 侧（图 8-4b）。如果接触点之间的距离为 $2L$，则 $\rho_1=L+\rho$，$\rho_2=L-\rho$。根据引理 8.5，代入 $k_1(q_0,\rho_1)$ 和 $k_2(q_0,\rho_2)$，则得构型空间相对曲率形式：

$$k_{\text{rel}}(q_0,\rho)=\frac{(\rho_1(\rho)k_{B_1}-1)(\rho_1(\rho)k_{O_1}+1)}{k_{B_1}+k_{O_1}}+\frac{(\rho_2(\rho)k_{B_2}-1)(\rho_2(\rho)k_{O_2}+1)}{k_{B_2}+k_{O_2}} \tag{8-12}$$

其中省略了平衡系数 $\lambda_1=\lambda_2=\frac{1}{2}$。式（8-12）中的每个被加数在 ρ 处都是二次方，所以具有两个实根。因此，每个被加数根据其符号将直线 $l_1=l_2$ 最多划分为三个区间。令 I_- 和 I_+ 分别为 $k_1(q_0,\rho)$ 的负区间和正区间。令 J_- 和 J_+ 分别为 $k_2(q_0,\rho)$ 的负区间和正区间。如下所示，这些区间的可能重叠决定了抓取的二阶运动指数（请参阅练习题）。

两指抓取的二阶运动性：让一个刚性物体 B 通过相同的手指体 O_1 和 O_2 保持在平衡抓取构型 q_0 处。

（1）当 B、O_1 和 O_2 在接触点处凸出时，$m_{q_0}^2 \geqslant 1$。如果 I_- 和 J_- 重叠，则 $m_{q_0}^2=1$。如果 I_- 和 J_- 不重叠并且 B 在接触点处具有相同的曲率，则 $m_{q_0}^2=2$。

（2）当 B 在接触点处凹入时，$0 \leqslant m_{q_0}^2 \leqslant 1$。如果 I_+ 和 J_+ 不重叠，并且 B 在接触点处具有相同的曲率，则 $m_{q_0}^2=0$ 且物体被固定。

（3）当 O_1 和 O_2 在接触点处凹入时，$0 \leqslant m_{q_0}^2 \leqslant 1$。如果 I_+ 和 J_+ 不重叠，并且 B 在接触点处具有相同的曲率，则 $m_{q_0}^2=0$ 且物体被固定。

以下示例说明了情况（1）和（2）的图形技术。

示例：图 8-6 说明了情况（1），其中 B、O_1 和 O_2 在接触点处凸出。有两种可能的情况。在图 8-6a 中，区间 I_- 和 J_- 重叠，因此 $m_{q_0}^2=1$。物体 B 可以通过纯水平平移脱离手指，但是被阻止绕 I_- 和 J_- 重叠的区间中的点旋转。在图 8-6b 中，区间 I_- 和 J_- 不重叠。物体 B 在接触点处具有相同的曲率，因此，在该抓取时，$m_{q_0}^2 = 2$。物体可以沿水平平移和旋转的任意组合，关于线 $l_1 = l_2$ 上的任何点脱离手指。

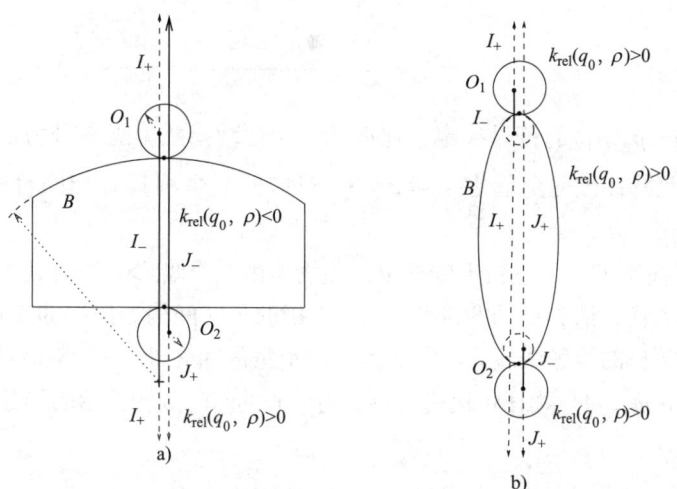

图 8-6　当 B、O_1 和 O_2 在接触点处凸出时：a) 当 I_- 和 J_- 重叠时，$m_{q_0}^2 = 1$；

b) 当 I_- 和 J_- 不重叠且 B 在接触点处具有相同的曲率时，$m_{q_0}^2 = 2$

示例：图 8-7 说明了情况（2），其中将凸手指体 O_1 和 O_2 放置在物体 B 的相对凹入处。在图 8-7a 中，两个手指朝着物体的边界向外推动，从而形成一个 I_+ 和 J_+ 重叠的区间段。结果在该抓取中，$m_{q_0}^2 = 1$。物体可以沿着关于 $I_+ \cap J_+$ 的区间中任意点瞬时旋转开始的路径局部脱离抓取手指。在图 8-7b 的示例中，两个手指对 B 施加压力，以使区间 I_+ 和 J_+ 不重叠。物体 B 在接触点处具有相同的曲率，因此在该抓取中，$m_{q_0}^2 = 0$。因此，该物体在这种抓取下完全固定。

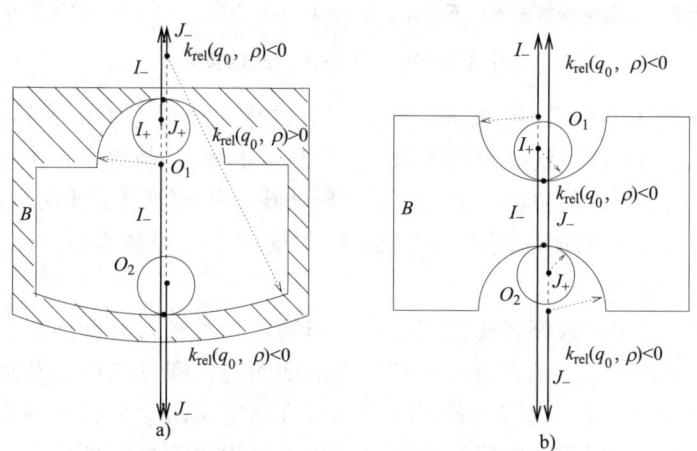

图 8-7　当 B 在接触点处凹入时：a) 当 I_+ 和 J_+ 重叠时，$m_{q_0}^2 = 1$；

b) 当 I_+ 和 J_+ 不重叠且 B 在接触点处具有相同的曲率时，$m_{q_0}^2 = 0$

三指抓取：当三指形成一个基本平衡抓取时（一般情况），一阶自由运动的子空间 $M_{1,2,3}^1(q_0)$ 是一维的。因此，在这样的抓取下，$m_{q_0}^1 = 1$，并且 $0 \leq m_{q_0}^2 \leq 1$。子空间 $M_{1,2,3}^1(q_0)$ 包含手指接触法线所基于的直线共同交点 p 的瞬时旋转，表示为 ρ。令 $\rho_i(p)$ 表示 p 距接触点 x_i

的带符号距离，其中 $i=1$，2，3。基于引理 8.5，构型空间相对曲率形式为

$$k_{\text{rel}}(q_0,\rho_1(p),\rho_2(p),\rho_3(p)) = \sum_{i=1}^{3} \lambda_i k_i(q_0,\rho_i(p))$$

$$= \sum_{i=1}^{3} \lambda_i \frac{(\rho_i(p)k_{B_i}-1)(\rho_i(p)k_{O_i}+1)}{k_{B_i}+k_{O_i}} \qquad (8\text{-}13)$$

p 处的 $k_{\text{rel}}(q_0,\rho_1,\rho_2,\rho_3)$ 的符号决定了抓取的二阶运动指数。当符号为正时，$m_{q_0}^2=1$；当符号为负时，$m_{q_0}^2=0$ 且物体被完全固定。当式 (8-13) 中的三个项具有相同符号时会出现图形可判定的情况，如下例所示。

示例：图 8-8a 描绘了一个三角形物体 B，该物体由三个盘形手指沿其指尖固定（有关该抓取的构型空间几何形状，请参见图 8-3b）。每个手指的负区间构型障碍曲率形式位于物体的曲率中心之间，沿着各自的接触法线 l_i。交汇点 p 位于负区间之外。式 (8-13) 中的三个被加数为正，并且在该抓取下 $m_{q_0}^2=1$。物体可以通过以 p 为中心的瞬时旋转开始的局部运动来脱离手指。

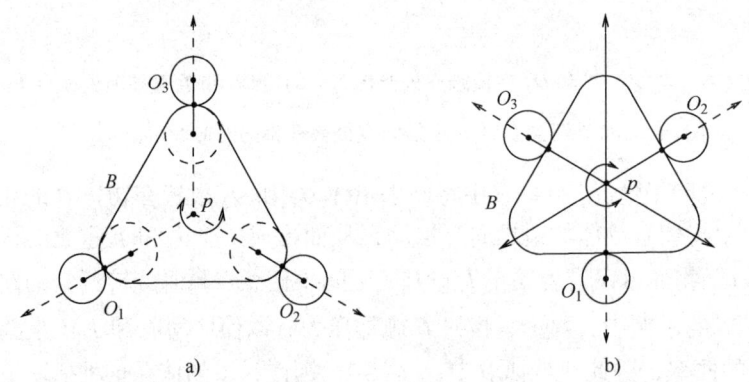

图 8-8 三指平衡抓取 a) 不固定，$m_{q_0}^2=1$；b) 固定，$m_{q_0}^2=0$。实线段表示各个手指构型障碍曲率形式的负号

图 8-8b 描绘了物体 B 的另一种抓取，现在该物体由三个盘形手指沿其扁平边固定（有关该抓取的构型空间几何形状，请参见图 8-2b）。当凸手指体 O_i 与 B 的平直边在 x_i 处接触时，每个手指构型障碍曲率形式的负区间沿相应的接触法线 l_i 从 x_i 延伸到无穷远。因此，汇交点 p 位于每个手指接触法线 l_i 的负区间内。式 (8-13) 中的三个被加数为负，此时 $m_{q_0}^2=0$。因此，该物体在这种抓取下被完全固定。

下一章将介绍二阶固定示例。我们将看到，当物体具有相对的凹面时，几乎所有的二维物体都可以用两个手指固定，而当物体没有这样的凹面时，则可以用具有足够光滑指尖的三个手指固定。以类似的方式，我们将看到曲率效应可以使用四个具有足够光滑指尖的手指固定几乎所有的三维物体。因此，极简机械手设计可以应用二阶固定理论，以便实现用最少的手指获得最广泛的抓取能力。

8.5 参考书目注释

Rimon 和 Burdick[1-3] 开发了基于二阶或基于曲率的固定方法，来解释无摩擦抓取布置中发生的一系列悖论。Featherstone[4] 和 Mason[5] 描述了这些悖论。例如，考虑由两个刚性手指体

O_1 和 O_2 使椭圆形刚体 B 保持平衡抓取，如图8-9所示。在无摩擦接触条件下，手指只能在接触点上施加水平力 f_1 和 f_2。如果物体保持在重力的作用下，则手指力不能与作用在 B 上的垂直重力 f_g 对抗。但是，当两个手指体在接触点处完全凹入时，物体 B 被完全固定。因此，手指应能够静态抵抗作用在 B 上的任何外部扰动。这种悖论可以用接触点处的局部材料变形来解释。

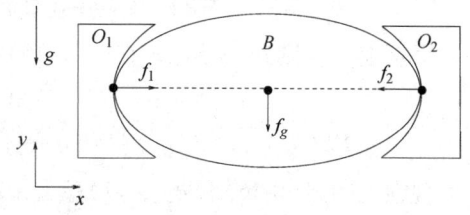

图8-9 在无摩擦接触条件下，二阶固定无法抵抗作用于 B 上重力的悖论的图示

然而，需要考虑局部材料变形突显了二阶固定理论中的缺失环节。在理想的刚体模型下，必须有一种方法来解释在二阶固定抓取中产生的约束力。我们做如下猜想。回顾6.3节，一阶固定抓取在无摩擦接触条件下与抗力旋量抓取互为对偶。同样，必然存在一个静态生成力旋量导数的概念，这种力旋量导数可以在无摩擦平衡抓取状态下由刚性手指静态实现。二阶固定抓取必须与能够通过在接触点处结合力旋量导数抵抗作用于 B 的外部扰动的二阶抗力旋量抓取互为对偶。

8.6 附录：证明细节

本附录包含有关二阶自由运动和二阶运动指数关键属性的证明。第一个引理是二阶自由运动的坐标不变性，它需要以下变换规则。

引理 8.6 令 B 的构型空间的两个参数化与微分同胚 $q = h(\bar{q})$ 相关。由 h 引起的速度和加速度映射，将 $(\dot{\bar{q}}, \ddot{\bar{q}}) \in T^2_{\bar{q}} \mathbb{R}^m$ 映射到 $(\dot{q}, \ddot{q}) \in T^2_q \mathbb{R}^m$，由下式给出：

$$\begin{pmatrix} \dot{q} \\ \ddot{q} \end{pmatrix} = \begin{pmatrix} [Dh(\bar{q})]\dot{\bar{q}} \\ [D^2h(\bar{q})](\dot{\bar{q}}, \dot{\bar{q}}) + [Dh(\bar{q})]\ddot{\bar{q}} \end{pmatrix} \tag{8-14}$$

式中，$Dh(\bar{q})$ 是 h 的雅可比行列式，而 $D^2h(\bar{q})$ 是作用于 $(\dot{\bar{q}}, \dot{\bar{q}})$ 上的向量值双线性映射。

证明：令 $T\mathbb{R}^m$ 和 $\overline{T\mathbb{R}^m}$ 表示 $\mathbb{R}^m$ 在 q 和 $\bar{q}$ 坐标上的切平面线束，等效于 $\mathbb{R}^m \times \mathbb{R}^m$。由 h 引起的切平面线束映射 $H: \overline{T\mathbb{R}^m} \to T\mathbb{R}^m$，其形式为

$$H(\bar{q}, \dot{\bar{q}}) = \begin{pmatrix} h(\bar{q}) \\ Dh(\bar{q})\dot{\bar{q}} \end{pmatrix}$$

$H(\bar{q}, \dot{\bar{q}})$ 的雅可比行列式形成 $2m \times 2m$ 矩阵 $DH(\bar{q}, \dot{\bar{q}})$，它提供了变换规则：

$$[DH(\bar{q}, \dot{\bar{q}})] \begin{pmatrix} \dot{\bar{q}} \\ \ddot{\bar{q}} \end{pmatrix} = \begin{bmatrix} Dh(\bar{q}) & O \\ D^2h(\bar{q})(\dot{\bar{q}}, \cdot) & Dh(\bar{q}) \end{bmatrix} \begin{pmatrix} \dot{\bar{q}} \\ \ddot{\bar{q}} \end{pmatrix} = \begin{pmatrix} [Dh(\bar{q})]\dot{\bar{q}} \\ [D^2h(\bar{q})](\dot{\bar{q}}, \dot{\bar{q}}) + [Dh(\bar{q})]\ddot{\bar{q}} \end{pmatrix}$$

式中，O 是一个 $m \times m$ 零矩阵。

以下命题建立了二阶自由运动的坐标不变性。

命题 8.1 令 q 和 $\bar{q}$ 是 B 的构型空间的两个参数，与坐标变换 $q = h(\bar{q})$ 相关。如果 h 是一个微分同胚，则 B 的二阶自由运动集是**坐标不变**的：

$$(\dot{q}, \ddot{q}) \in M^2_{1\cdots k}(q_0) \text{ 当且仅当 } (\dot{\bar{q}}, \ddot{\bar{q}}) \in \overline{M}^2_{1\cdots k}(\bar{q}_0), \quad q_0 = h(\bar{q}_0)$$

式中，$M^2_{1\cdots k}(q_0)$ 和 $\overline{M}^2_{1\cdots k}(\bar{q}_0)$ 是 q 和 $\bar{q}$ 坐标中的二阶自由运动集。

证明：首先考虑物体 B 被单指体 O_i 接触的情况。我们必须证明 $(\dot{q}, \ddot{q}) \in M^2_i(q_0)$，当且仅当 $(\dot{\bar{q}}, \ddot{\bar{q}}) \in \overline{M}^2_i(\bar{q}_0)$，其中 $q_0 = h(\bar{q}_0)$。令 $d_i(q)$ 和 $\bar{d}_i(\bar{q})$ 是两个构型空间坐标中，距第 i 个手指

构型障碍边界 S_i 和 $\bar{S}_i$ 的带符号距离函数。令 $(\dot{q},\ddot{q})$ 位于 $M_i^2(q_0)$ 中：

$$\nabla d_i(q_0) \cdot \dot{q}=0 \text{ 且 } \dot{q}^T[D^2 d_i(q_0)]\dot{q}+\nabla d_i(q_0) \cdot \ddot{q} \geq 0 \tag{8-15}$$

根据变换规则式(8-14)，在式(8-15)中代入 $(\dot{q},\ddot{q})$ 得到两个方程

$$\nabla d_i(q_0)^T Dh(\bar{q}_0)\dot{\bar{q}}=0 \tag{8-16}$$

$$\dot{\bar{q}}^T Dh(\bar{q}_0)^T[D^2 d_i(q_0)]Dh(\bar{q}_0)\dot{\bar{q}}+\nabla d_i(q_0)^T([D^2 h(\bar{q}_0)](\dot{\bar{q}},\dot{\bar{q}})+Dh(\bar{q}_0)\ddot{\bar{q}}) \geq 0 \tag{8-17}$$

现在证明式(8-16)和式(8-17)蕴含了 $(\dot{\bar{q}},\ddot{\bar{q}}) \in \bar{M}_i^2(\bar{q}_0)$。即 $\nabla \bar{d}_i(\bar{q}_0) \cdot \dot{\bar{q}}=0$，$\dot{\bar{q}}^T[D^2 \bar{d}_i(\bar{q}_0)]\dot{\bar{q}}+\nabla \bar{d}_i(\bar{q}_0) \cdot \ddot{\bar{q}} \geq 0$。随后的所有论证都是双向适用的，因此这也证明了单指情况。

考虑在 $\bar{q}$ 空间中的诱导距离函数：$\tilde{d}_i(\bar{q})=d_i(h(\bar{q}))$（请注意，$\tilde{d}_i$ 不是在 $\bar{q}$ 坐标中的欧几里得距离）。由于 q 和 $\bar{q}$ 参数化相同的构型空间，所以微分同胚 h 将 $\overline{CO_i}$ 的内部映射到 CO_i 的内部，将 $\bar{S}_i$ 映射到 S_i，并将 $\overline{CO_i}$ 的外部映射到 CO_i 的外部。因此，$\tilde{d}_i$ 在 CO_i 内为负，在 $\bar{S}_i$ 边界上为零，在 CO_i 外为正。特别地，在 $\bar{q} \in \bar{S}_i$ 处，$\nabla \tilde{d}_i(\bar{q})$ 与手指构型障碍的外法线共线。利用链式法则，$\nabla \tilde{d}_i$ 和 $D^2 \tilde{d}_i$ 的公式为

$$\nabla \tilde{d}_i(\bar{q})=[Dh(\bar{q})]^T \nabla d_i(h(\bar{q}))$$

$$D^2 \tilde{d}_i(\bar{q})=Dh(\bar{q})^T D^2 d_i(q)Dh(\bar{q})+\nabla d_i(q)^T D^2 h(\bar{q})$$

在式(8-16)和式(8-17)中，将项 $\nabla \tilde{d}_i(\bar{q})$ 和 $D^2 \tilde{d}_i(\bar{q})$ 替换成 $(\dot{\bar{q}},\ddot{\bar{q}})$，它们在 h 下映射到集合 $M_i^2(q_0)$，由下式给出：

$$\nabla \tilde{d}_i(\bar{q}_0) \cdot \dot{\bar{q}}=0, \quad \dot{\bar{q}}^T[D^2 \tilde{d}_i(\bar{q}_0)]\dot{\bar{q}}+\nabla \tilde{d}_i(\bar{q}_0) \cdot \ddot{\bar{q}} \geq 0 \tag{8-18}$$

最后一步是证明 $\nabla \tilde{d}_i(\bar{q}_0)$ 和 $D^2 \tilde{d}_i(\bar{q}_0)$ 可以由 $\nabla \bar{d}_i(\bar{q}_0)$ 和 $D^2 \bar{d}_i(\bar{q}_0)$ 代替，它们定义了集合 $\bar{M}_i^2(\bar{q}_0)$。由于 $\bar{d}_i(\bar{q})$ 是根据欧几里得距离定义的，其梯度具有单位模长。因此 $\nabla \bar{d}_i$ 和 $\nabla \tilde{d}_i$ 满足关系：

$$\nabla \bar{d}_i(\bar{q})=\frac{1}{\|\nabla \tilde{d}_i(\bar{q})\|}\nabla \tilde{d}_i(\bar{q}), \quad \bar{q} \in \bar{S}_i \tag{8-19}$$

从式(8-19)中可得，在点 $\bar{q} \in \bar{S}_i$ 处，$\nabla \tilde{d}_i(\bar{q}) \cdot \dot{\bar{q}}=0$，当且仅当 $\nabla \bar{d}_i(\bar{q}) \cdot \dot{\bar{q}}=0$。

$D^2 \bar{d}_i(\bar{q}_0)$ 的公式如下。在接近点 $\bar{S}_i$ 且沿与之正交的路径 $\bar{q}(t)$，$\nabla \bar{d}_i(\bar{q}(t))$ 是一个单位向量，与该正交方向对齐。因此，对于任何 $\dot{\bar{q}} \perp T_{\bar{q}_0}\bar{S}_i$，$[D^2 \bar{d}_i(\bar{q}_0)]\dot{\bar{q}}=0$。由式(8-19)并利用链式法则可得

$$D^2 \bar{d}_i(\bar{q})=D\left(\frac{1}{\|\nabla \tilde{d}(\bar{q})\|}\nabla \tilde{d}(\bar{q})\right)=\frac{1}{\|\nabla \tilde{d}(\bar{q})\|}[I-\nabla \bar{d}_i \nabla \bar{d}_i^T]D^2 \tilde{d}_i(\bar{q})$$

给定单位向量 $\hat{v}$，$[I-\hat{v}\hat{v}^T]\dot{\bar{q}}$ 是 $\dot{\bar{q}}$ 在与 $\hat{v}$ 正交的子空间上的映射。切向量 $\dot{\bar{q}} \in T_{\bar{q}}\bar{S}_i$ 满足：$\dot{\bar{q}}=[I-\nabla \bar{d}_i \nabla \bar{d}_i^T]\dot{\bar{q}}+(\nabla \bar{d}_i \cdot \dot{\bar{q}})\nabla \bar{d}_i$。由于 $D^2 \bar{d}_i(\bar{q}_0)$ 消除了与 $\nabla \bar{d}_i(\bar{q}_0)$ 共线的切向量，因此 $D^2 \bar{d}_i(\bar{q}_0)$ 的公式为

$$D^2 \bar{d}_i(\bar{q}_0)=\frac{1}{\|\nabla \tilde{d}(\bar{q}_0)\|}[I-\nabla \bar{d}_i \nabla \bar{d}_i^T]D^2 \tilde{d}_i(\bar{q}_0)[I-\nabla \bar{d}_i \nabla \bar{d}_i^T] \tag{8-20}$$

基于式(8-20)，我们得出结论：对于 $\dot{\bar{q}} \in T_{\bar{q}_0}\bar{S}_i$，有

$$\dot{\bar{q}}^T D^2 \bar{d}_i(\bar{q}_0)\dot{\bar{q}}+\nabla \bar{d}_i(\bar{q}_0) \cdot \ddot{\bar{q}}=\frac{1}{\|\nabla \tilde{d}(\bar{q})\|}\{\dot{\bar{q}}^T D^2 \tilde{d}_i(\bar{q}_0)\dot{\bar{q}}+\nabla \tilde{d}_i(\bar{q}_0) \cdot \ddot{\bar{q}}\}$$

在式(8-18)中，$\nabla \tilde{d}_i(\overline{q}_0)$ 和 $D^2 \tilde{d}_i(\overline{q}_0)$ 可以由 $\nabla \overline{d}_i(\overline{q}_0)$ 和 $D^2 \overline{d}_i(\overline{q}_0)$ 代替，得到在 $\overline{q}$ 坐标中，集合 $\overline{M}_i^2(\overline{q}_0)$ 被映射到 h 下的 q 坐标中的集合 $M_i^2(q_0)$ 上。

当物体 B 被手指体 $O_1, \cdots, O_k$ 保持在无摩擦平衡抓取状态时，在两个构型空间坐标中，一阶滚滑运动的子空间由下式给出：

$$M^2_{1\cdots k}(q_0) = \bigcap_{i=1}^{k} M_i^2(q_0), \quad \overline{M}^2_{1\cdots k}(\overline{q}_0) = \bigcap_{i=1}^{k} \overline{M}_i^2(\overline{q}_0)$$

令 $F_{\overline{q}}(\dot{\overline{q}}, \ddot{\overline{q}})$ 表示引理8.6中指定的速度和加速度映射：

$$F_{\overline{q}}(\dot{\overline{q}}, \ddot{\overline{q}}) = [D^2 h(\overline{q})](\dot{\overline{q}}, \dot{\overline{q}}) + [Dh(\overline{q})]\ddot{\overline{q}}$$

我们已经证明，对于每个手指体 O_i，$\overline{M}_i^2(\overline{q}_0)$ 在 $F_{\overline{q}}$ 下映射到 $M_i^2(q_0)$。通常，给定的映射 F 和两个集合 U_1、U_2 的关系为

$$F(U_1 \cap U_2) = F(U_1) \cap F(U_2) \tag{8-21}$$

当映射 F 可逆时成立。在我们的例子中，因为 h 是一个微分同胚，所以雅可比矩阵 $Dh(\overline{q}_0)$ 是非奇异的。因此，$F_{\overline{q}}$ 具有明确定义的逆：

$$\begin{pmatrix} \dot{\overline{q}} \\ \ddot{\overline{q}} \end{pmatrix} = F_{\overline{q}}^{-1}(\dot{q}, \ddot{q}) = \begin{pmatrix} [Dh(\overline{q})]^{-1}\dot{q} \\ [Dh(\overline{q})]^{-1}(\ddot{q} - [D^2 h(\overline{q})]([Dh(\overline{q})]^{-1}\dot{q}, [Dh(\overline{q})]^{-1}\dot{q})) \end{pmatrix}$$

由于 $F_{\overline{q}}$ 是可逆的，所以式(8-21)意味着在 $q_0 = h(\overline{q}_0)$ 处，$M^2_{1\cdots k}(q_0) = F_{\overline{q}_0}(\overline{M}^2_{1\cdots k}(\overline{q}_0))$。这证明了二阶自由运动的坐标不变性。

下一个命题建立了二阶运动指数的坐标不变性。

命题 8.7 设 q 和 $\overline{q}$ 是 B 的构型空间的两个参数，且 $m^2_{q_0}$ 和 $m^2_{\overline{q}_0}$ 是 B 在这些坐标下的 k 指抓取的二阶运动指数，那么 $m^2_{q_0} = m^2_{\overline{q}_0}$。

证明：设 $d_i(q)$ 和 $\overline{d}_i(\overline{q})$ 是在相应的构型空间坐标中，距第 i 个手指构型障碍边界 S_i 和 $\overline{S}_i$ 的距离函数。我们可以假设 q 和 $\overline{q}$ 通过微分同胚 $q = h(\overline{q})$ 相关，其中 $q_0 = h(\overline{q}_0)$ 是平衡抓取构型。在两个构型空间坐标中的平衡抓取条件具有以下形式：

$$\lambda_1 \nabla d_1(q_0) + \cdots + \lambda_k \nabla d_k(q_0) = \vec{0}, \quad \lambda_1, \cdots, \lambda_k \geq 0 \tag{8-22}$$

$$\overline{\lambda}_1 \nabla \overline{d}_1(\overline{q}_0) + \cdots + \overline{\lambda}_k \nabla \overline{d}_k(\overline{q}_0) = \vec{0}, \quad \overline{\lambda}_1, \cdots, \overline{\lambda}_k \geq 0 \tag{8-23}$$

使用式(8-22)和式(8-23)的平衡抓取系数，在两个构型空间坐标中的构型空间相对曲率形式为

$$k_{\mathrm{rel}}(q_0, \dot{q}) = \sum_{i=1}^{k} \lambda_i \dot{q}^{\mathrm{T}} D^2 d_i(q_0) \dot{q}, \quad \dot{q} \in M^1_{1\cdots k}(q_0)$$

$$k_{\mathrm{rel}}(\overline{q}_0, \dot{\overline{q}}) = \sum_{i=1}^{k} \overline{\lambda}_i \dot{\overline{q}}^{\mathrm{T}} D^2 \overline{d}_i(\overline{q}_0) \dot{\overline{q}}, \quad \dot{\overline{q}} \in \overline{M}^1_{1\cdots k}(\overline{q}_0)$$

第一步是用 λ_i 表示 $\overline{\lambda}_i$，$i = 1, \cdots, k$。考虑诱导距离函数：$\tilde{d}_i(\overline{q}) = d_i(h(\overline{q}))$。正如命题8.1的证明所指出的，$\nabla \tilde{d}_i(\overline{q})$ 与手指构型障碍外法线共线，因此，在点 $\overline{q} \in \overline{S}_i$ 处，$\nabla \overline{d}_i(\overline{q}) = \nabla \tilde{d}_i(\overline{q}) / \|\nabla \tilde{d}_i(\overline{q})\|$。使用链式法则，$\tilde{d}_i$ 的一阶和二阶导数是

$$\nabla \tilde{d}_i(\overline{q}) = [Dh(\overline{q})]^{\mathrm{T}} \nabla d_i(h(\overline{q})) \tag{8-24}$$

式中，Dh 是 h 的 $m \times m$ 雅可比矩阵，且

$$D^2 \tilde{d}_i(\overline{q}) = [Dh(\overline{q})]^{\mathrm{T}} D^2 d_i(h(\overline{q}))[Dh(\overline{q})] + \nabla d_i(h(\overline{q}))^{\mathrm{T}} D^2 h(\overline{q}) \tag{8-25}$$

式中，$D^2 h$ 是作用在 $(\dot{\overline{q}}, \dot{\overline{q}})$ 上的向量值双线性映射。将式(8-22)平衡抓取的两边同乘以

$[Dh(\bar{q}_0)]^T$,然后应用式(8-24),得

$$\lambda_1 \nabla \tilde{d}_1(\bar{q}_0) + \cdots + \lambda_k \nabla \tilde{d}_k(\bar{q}_0) = \vec{0}, \quad \lambda_1, \cdots, \lambda_k \geq 0 \tag{8-26}$$

由于 $\nabla \bar{d}_i(\bar{q}_0) = \nabla \tilde{d}_i(\bar{q}_0) / \|\nabla \tilde{d}_i(\bar{q}_0)\|$,$i = 1, \cdots, k$,所以由式(8-26)可知,$\bar{\lambda}_i = \|\nabla \tilde{d}_i\| \cdot \lambda_i$,$i = 1, \cdots, k$。

接下来用 $\bar{d}_i(\bar{q})$ 来表示 $\dot{\bar{q}}^T D^2 \bar{d}_i(\bar{q}_0) \dot{\bar{q}}$ 的二次型。基于命题8.1的证明:

$$D^2 \bar{d}_i(\bar{q}) = \frac{1}{\|\nabla \tilde{d}_i(\bar{q})\|} [I - \nabla \bar{d}_i \nabla \bar{d}_i^T] D^2 \tilde{d}_i(\bar{q}) [I - \nabla \bar{d}_i \nabla \bar{d}_i^T], \quad \bar{q} \in \bar{S}_i$$

由于 $[I - \nabla \bar{d}_i \nabla \bar{d}_i^T] \dot{\bar{q}} = \dot{\bar{q}}$,$\dot{\bar{q}} \in T_{\bar{q}} \bar{S}_i$,则在 $\bar{q}_0$ 处得到二次型:

$$\dot{\bar{q}}^T D^2 \bar{d}_i(\bar{q}_0) \dot{\bar{q}} = \frac{1}{\|\nabla \tilde{d}_i(\bar{q}_0)\|} \dot{\bar{q}}^T [D^2 \tilde{d}_i(\bar{q}_0)] \dot{\bar{q}}, \quad \dot{\bar{q}} \in T_{\bar{q}_0} \bar{S}_i$$

因此,$\bar{q}$ 空间相对曲率形式可以写成

$$k_{\text{rel}}(\dot{q}_0, \dot{\bar{q}}) = \sum_{i=1}^k \bar{\lambda}_i \dot{\bar{q}}^T D^2 \bar{d}_i(\dot{q}_0) \dot{\bar{q}}$$

$$= \sum_{i=1}^k \frac{\bar{\lambda}_i}{\|\nabla \tilde{d}(\dot{q}_0)\|} \dot{\bar{q}}^T [D^2 \tilde{d}_i(\dot{q}_0)] \dot{\bar{q}} = \dot{\bar{q}}^T \left[\sum_{i=1}^k \lambda_i D^2 \tilde{d}_i(\dot{q}_0) \right] \dot{\bar{q}}, \quad \dot{\bar{q}} \in T_{\bar{q}_0} \bar{S}_i \tag{8-27}$$

其中我们代入了 $\bar{\lambda}_i = \|\nabla \tilde{d}_i\| \cdot \lambda_i$。最后证明式(8-27)右边的二次型等于 $k_{\text{rel}}(q_0, \dot{q}) = \dot{q}^T \left[\sum_{i=1}^k \lambda_i D^2 d_i(q_0) \right] \dot{q}$。使用式(8-25)的变换规则为

$$\sum_{i=1}^k \lambda_i D^2 \tilde{d}_i(\dot{q}_0) = \sum_{i=1}^k \lambda_i \left([Dh(\dot{q}_0)]^T D^2 d_i(h(\dot{q}_0)) [Dh(\dot{q}_0)] + \nabla d_i(h(\dot{q}_0))^T D^2 h(\dot{q}_0) \right)$$

$$= [Dh(\dot{q}_0)]^T \left(\sum_{i=1}^k \lambda_i D^2 d_i(h(\dot{q}_0)) \right) [Dh(\dot{q}_0)] + \left(\sum_{i=1}^k \lambda_i \nabla d_i(q_0) \right)^T D^2 h(\dot{q}_0)$$

$$= [Dh(\dot{q}_0)]^T \left(\sum_{i=1}^k \lambda_i D^2 d_i(q_0) \right) [Dh(\dot{q}_0)]$$

由于在平衡抓取处,$q_0 = h(\bar{q}_0)$ 和 $\sum_{i=1}^k \lambda_i \nabla d_i(q_0) = \vec{0}$。将 $\sum_{i=1}^k \lambda_i D^2 \tilde{d}_i(\dot{q}_0)$ 代入式(8-27)中,然后使用变换规则 $\dot{q} = Dh(\bar{q}_0) \dot{\bar{q}}$,得

$$k_{\text{rel}}(\bar{q}_0, \dot{\bar{q}}) = \dot{\bar{q}}^T [Dh(\bar{q}_0)]^T \left(\sum_{i=1}^k \lambda_i D^2 d_i(q_0) \right) [Dh(\bar{q}_0)] \dot{\bar{q}}$$

$$= \sum_{i=1}^k \lambda_i \dot{q}^T D^2 d_i(q_0) \dot{q}, \quad q_0 = h(\bar{q}_0)$$

根据命题7.1,由于 $Dh(\bar{q}_0)$ 的子空间 $\bar{M}^1_{1 \cdots k}(\bar{q}_0)$ 映射到子空间 $M^1_{1 \cdots k}(q_0)$,因此从最后一个等式得出,两个相对曲率形式是等效的:对于 $q_0 = h(\bar{q}_0)$ 和 $\dot{q} = Dh(\bar{q}_0) \dot{\bar{q}}$,$k_{\text{rel}}(q_0, \dot{q}) = k_{\text{rel}}(\bar{q}_0, \dot{\bar{q}})$。因此,$m^2_{q_0} = m^2_{\bar{q}_0}$。

练 习 题

8.1节

练习8.1: 用 $k \leq m+1$ 个手指保持一个刚体 B 进行无摩擦平衡抓取($m = 3$ 或 6),因此所有

k 个手指对于保持抓取都是必不可少的。证明引理 8.2，该论述指出，在这样的抓取状态下，平衡抓取系数 $\lambda_1, \cdots, \lambda_k$ 为正数，并且除一个公共比例因子外，它们是唯一确定的。

解：正如在引理 8.2 之前的讨论中所指出的，对于一个基本平衡抓取，系数 $\lambda_1, \cdots, \lambda_k$ 均严格为正。这些系数是唯一的公共比例因子，当且仅当手指构型障碍单位法线 $\hat{\eta}_1, \cdots, \hat{\eta}_k$ 是仿射无关的。即 $\{\hat{\eta}_i - \hat{\eta}_j\}_{0 \le i \le k, i \ne j}$ 对于任何固定的 $j \in \{1, \cdots, k\}$，是线性无关的。因此，足以证明向量 $\{\hat{\eta}_i - \hat{\eta}_j\}_{i=1, \cdots, k, i \ne j}$ 是线性无关的，例如当所有手指对于保持平衡抓取都是必不可少的情况下，取 $j=1$。若假设相反，则向量 $\{\hat{\eta}_2 - \hat{\eta}_1, \cdots, \hat{\eta}_k - \hat{\eta}_1\}$ 线性相关。令 Δ 为 $\mathbb{R}^{k-1}$ 的集合，定义为该空间中坐标轴方向上距离原点单位长度的各点所构成的凸包：

$$\Delta = \left\{ \begin{pmatrix} \sigma_2 \\ \vdots \\ \sigma_k \end{pmatrix} \in \mathbb{R}^{k-1} : \sigma_i \ge 0, i=2, \cdots, k, \sigma_2 + \cdots + \sigma_k \le 1 \right\}$$

由于 $\lambda_1, \cdots, \lambda_k > 0$，所以可以将平衡抓取系数归一化，使得 $\sum_{i=1}^{k} \lambda_i = 1$，$0 \le \lambda_i \le 1$，$i = 1, \cdots, k$。因此归一化系数的向量 $\vec{\lambda} = (\lambda_2, \cdots, \lambda_k)$ 位于 Δ 中。式(8-3)平衡抓取表示 $\vec{\lambda}$ 在变量 $(\sigma_2, \cdots, \sigma_k)$ 中形成一个线性方程组的特定解：

$$[(\hat{n}_2 - \hat{n}_1) \cdots (\hat{n}_k - \hat{n}_1)] \vec{\sigma} = -\hat{n}_1, \quad \vec{\sigma} = (\sigma_2, \cdots, \sigma_k) \tag{8-28}$$

特定解 $\vec{\lambda} = (\lambda_2, \cdots, \lambda_k)$ 是解的仿射子空间的一部分，通过 $\vec{\lambda} + \vec{\mu}$ 生成，其中 $[(\hat{n}_2 - \hat{n}_1) \cdots (\hat{\eta}_k - \hat{\eta}_1)] \vec{\mu} = \vec{0}$。一般解 $\vec{\lambda} + \vec{\mu}$ 形成一个无界仿射子空间，而 Δ 是一个有界集合。因此式(8-28)有一个解，表示为 $\vec{\sigma}^*$，位于 Δ 的边界面上。Δ 的每个面是 $k-1$ 个顶点的凸组合。如果 $\vec{\sigma}^*$ 位于包含原点的 Δ 的一个平面上，则与该平面相对的 Δ 的顶点对应 $\vec{\sigma}^*$ 的第 j 项为零。在这种情况下，手指体 O_j 是不必要的。如果 $\vec{\sigma}^*$ 位于与原点相对的 Δ 的平面上，得到 $\sum_{i=2}^{k} \sigma_i^* = 1$，并且手指体 O_1 是不必要的。因此，至少一根手指是不必要的，这与所有手指都是必不可少的假设相矛盾。因此向量 $\{\hat{\eta}_2 - \hat{\eta}_1, \cdots, \hat{\eta}_k - \hat{\eta}_1\}$ 是线性无关的，所以 $\lambda_1, \cdots, \lambda_k$ 是唯一一个公共比例因子。

练习 8.2：通过四个盘形手指将一个矩形物体 B 保持在平衡抓取下，手指接触法线在物体中心处交汇（图 8-10）。尽管抓取是不必要的，但它的一阶自由运动集 $M^1_{1,2,3,4}(q_0)$ 张成线性子空间。确定子空间维数。在这种抓取下，二阶几何效应能否在此抓取状态下实现完全固定住物体？

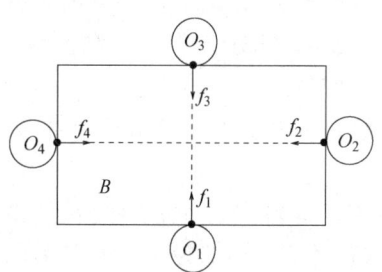

图 8-10 一个矩形物体被四个手指以同心的平衡方式抓取

练习 8.3*：功率的瞬时变化 $\dot{w} \cdot \dot{q} + w \cdot \ddot{q}$，可以解释为基于 $(q, \dot{q})$ 处的双余切向量 $(\dot{q}^T Dw(q), w(q))$ 同一基点处的双切向量空间 $(\dot{q}, \ddot{q}) \in \mathbb{R}^m \times \mathbb{R}^m$ 的作用。验证此操作不依赖于特定的构型空间参数化（提示：在微分同胚 $q = h(\bar{q})$ 下，切向量根据以下规则变换为 $\dot{q} = Dh\dot{\bar{q}}$，加速度向量根据以下规则变换为 $\ddot{q} = [D^2 h(\bar{q})](\dot{\bar{q}}, \dot{\bar{q}}) + [Dh(\bar{q})]\ddot{\bar{q}}$（引理 8.6），余切向量根据以下规则变换为 $\bar{w} = Dh^T w$，而力旋量导数根据以下规则变换为 $D\bar{w} = Dh^T Dw Dh + D^2 h(\cdot, \cdot)w$。

解：根据变换规则，必须验证 $\dot{q}^T Dw(q) \dot{q} + w(q) \cdot \ddot{q} = \dot{\bar{q}}^T D\bar{w}(\bar{q}) \dot{\bar{q}} + \bar{w}(\bar{q}) \cdot \ddot{\bar{q}}$，其中 $q = h(\bar{q})$：

$$\dot{q}^T Dw(q)\dot{q} + w(q) \cdot \ddot{q} = \dot{\bar{q}}^T Dh^T DwDh\dot{\bar{q}} + w^T([D^2h(\bar{q})](\dot{\bar{q}}, \dot{\bar{q}}) + [Dh(\bar{q})]\ddot{\bar{q}})$$
$$= \dot{\bar{q}}^T(Dh^T DwDh + D^2h(\cdot, \cdot)w)\dot{\bar{q}} + \bar{w}(\bar{q}) \cdot \ddot{\bar{q}}$$
$$= \dot{\bar{q}}^T D\bar{w}(\bar{q})\dot{\bar{q}} + \bar{w}(\bar{q}) \cdot \ddot{\bar{q}}$$

8.2节

练习 8.4：当 $m_{q_0}^1 > 0$ 并且 $m_{q_0}^2 = 0$ 时，满足 $\alpha(0) = q_0$，$\dot{\alpha}(0) = \dot{q} \in M_{1\cdots k}^1(q_0)$ 和 $\ddot{\alpha}(0) = \ddot{q} \in \mathbb{R}^m$ 的任意路径 $\alpha(t)$ 局部穿透在 q_0 处相交的手指构型障碍之一。请利用手指构型障碍距离函数的二阶泰勒展开式来验证这一事实。

练习 8.5：确定在三维物体 B 的两指平衡抓取下，二阶运动指数 $m_{q_0}^2$ 的可能值。

练习 8.6：在三维物体 B 的两指平衡抓取下，二阶运动指数 $m_{q_0}^2$ 可以为零吗？这是唯一的三阶几何效应决定固定抓取的情况。（如 2.4 节所述，第 i 个手指构型障碍沿 B 围绕接触法线的瞬时旋转具有零曲率。）

8.4节

练习 8.7：考虑引理 8.5 中指定的手指构型障碍曲率形式：

$$k_i(q_0, (0, \omega)) = \frac{(k_{B_i}\rho_i - 1)(k_{O_i}\rho_i + 1)}{k_{B_i} + k_{O_i}}\omega^2 = \frac{(\rho_i - r_{B_i})(\rho_i + r_{O_i})}{r_{B_i} + r_{O_i}}\omega^2$$

当 ρ_i 趋近 $\pm\infty$ 时，可得出

$$\lim_{\rho_i \to \pm\infty} k_i(q_0, (0, \omega)) = \lim_{\rho_i \to \pm\infty} \frac{k_{B_i} k_{O_i}}{k_{B_i} + k_{O_i}}\rho_i^2\omega^2 = \lim_{\rho_i \to \pm\infty} \frac{1}{r_{B_i} + r_{O_i}}\rho_i^2\omega^2 = +\infty$$

这是否意味着 $k_i(q_0, (0, \omega))$ 达到 $\rho_i \to \pm\infty$ 的任意大的值？（提示：B 绕无穷远处点的瞬时旋转表示 B 的瞬时平移，在 q_0 处沿瞬时平移的曲率是 $k_i(q_0, (v, 0)) = k_{B_i} k_{O_i}/(k_{B_i} + k_{O_i})$。）

练习 8.8：当 B 的平直边与静止的手指体 O_i 接触时，试判断手指构型障碍曲率形式 $k_i(q_0, \rho_i)$ 相对于 ρ_i 的符号特性。

解：手指构型障碍曲率形式对于 ρ_i 的所有值均为负，但 $\rho_i \to \pm\infty$ 时为零。与 $k_i(q_0, \rho_i)$ 相关的矩阵具有一个特征值为零的特征向量，该向量沿与物体平直边平行的 B 瞬时平移方向。

练习 8.9：B 的平直边与静止的手指体 O_i 接触。B 是否可能沿着从 $k_i(q_0, \rho_i)$ 为负的区间内点开始的局部运动断开接触？（提示：考虑 $\ddot{q}$ 在构型障碍距离函数 $d_i(q)$ 的二阶泰勒展开式中的作用。）

练习 8.10：对于多边形物体 B 的一个顶点接触固定的手指体 O_i 的情况，重复前面的习题。

练习 8.11：证明关于两指抓取的二阶运动性图形技术的情况 (1)。

解：情况 (1) 假设 B、O_1 和 O_2 在接触点处凸出。将 $\rho_1 = \pm\infty$ 和 $\rho_2 = \pm\infty$ 代入式 (8-12) 可得

$$k_{rel}(q_0, \pm\infty, \pm\infty) = \frac{k_{B_1}k_{O_1}}{k_{O_1} + k_{B_1}}(\rho_1|_{\pm\infty})^2 + \frac{k_{B_2}k_{O_2}}{k_{O_2} + k_{B_2}}(\rho_2|_{\pm\infty})^2 \geq 0 \quad (8\text{-}29)$$

因为当 B 和 $O_i(i=1,2)$ 在接触处凸出时，$k_{B_i} \geq 0$ 且 $k_{O_i} \geq 0$。根据 $m_{q_0}^2 \geq 1$，我们找到了一个测试方向 $\dot{q}$，其中 $k_{rel}(q_0, \rho_1, \rho_2)$ 是非负的。如果 I_- 和 J_- 重叠，则对于轴线位于重叠区域内的任何纯旋转，式 (8-12) 中的两个项均为负值。由此可知，$k_{rel}(q_0, \rho_1, \rho_2)$ 取到正负两种符号，因此 $m_{q_0}^2 = 1$。图 8-6a 说明了这种情况。

接下来，假设 B 在抓取点处具有相同的曲率，且 $I_- \cap J_- = \varnothing$。相反，假设对于 L 上的瞬时

旋转点的一些选择，$k_{rel}(q_0,\rho_1,\rho_2)$ 为负。旋转点必须位于 I_- 和 J_+ 重叠处或 I_+ 和 J_- 重叠处的区域。对称性意味着这种旋转必须发生在两个对称位置上。将 $\rho_i = 0$ 代入 $k_{rel}(q_0,\rho_1,\rho_2)$，可得 $k_i(q_0,0) < 0$，其中 $i = 1, 2$。因此，每个接触点位于其各自的负区间中。由于 $I_- \cap J_- = \varnothing$，接触点之间必须有一个正区间，为 I_+ 和 J_+ 重叠的区间。由于两个求和在重叠区间中均为正，因此 $k_{rel}(q_0,\rho_1,\rho_2)$ 在该区间中为正。因此，$k_{rel}(q_0,\rho_1(\rho),\rho_2(\rho))$ 是 ρ 的二次多项式，在四个不同的点相交于零是不可能的。我们得出结论：$k_{rel}(\rho_1,\rho_2)$ 不会为负，并且 $m_{q_0}^2 = 2$。图 8-6b 说明了这种情况。

练习 8.12：证明关于两指平衡抓取的二阶运动性图形技术的情况（2）。

解：情况（2）假设一个接触体比如 B，在两个接触点处凹入。如图 8-7 所示，在这种情况下，$k_{B_i} < 0$，$i = 1, 2$。$|k_{B_i}| \leq k_{O_i} (i = 1, 2)$ 一定是对的；否则，B 和 O_i 将在各自的接触点处穿插。因此，在 $\rho_i = \pm \infty$ 时，式（8-29）中的两个求和都是负的。因为 $k_{rel}(q_0,\rho_1,\rho_2)$ 沿瞬时平移为负，所以 $0 \leq m_{q_0}^2 \leq 1$。当 I_+ 和 J_+ 重叠时，其值恰好为 1，因为在这种情况下也存在使得 $k_{rel}(q_0,\rho_1,\rho_2)$ 为正的瞬时旋转。这种情况如图 8-7a 所示。当 B 在接触点处具有相同的曲率时，$I_+ \cap J_+ = \varnothing$，一个对称参数表明 $m_{q_0}^2 = 0$。这种情况如图 8-7b 所示。

练习 8.13：证明关于两指抓取的二阶运动性图形技术的情况（3）的第一部分，当手指体 O_1 和 O_2 在接触点处凹入时，$0 \leq m_{q_0}^2 \leq 1$。

练习 8.14：证明关于两指抓取的二阶运动性图形技术的情况（3）的第二部分，如果另外 I_+ 和 J_+ 不重叠且 B 在接触点处具有相同的曲率，则 $m_{q_0}^2 = 0$。

练习 8.15：如图 8-11a 所示，一个矩形物体 B 沿着平行边保持在两指平衡抓取下。确定该抓取的二阶运动指数 $m_{q_0}^2$。

练习 8.16：物体 B 能否沿着物体平行边的瞬时平移，以及关于直线 $l_1 = l_2$ 上某点的非零瞬时旋转的运动路径，从图 8-11a 所示的抓取中逃脱？

练习 8.17：如图 8-11b 所示，一个矩形物体 B 被放在对跖点处的两个盘形手指固定。确定此抓取的二阶运动指数 $m_{q_0}^2$。

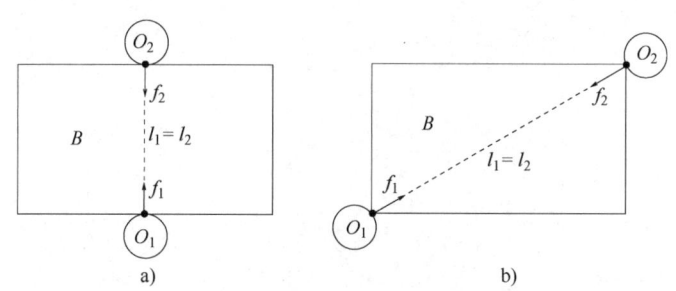

图 8-11 一个矩形物体保持在两指平衡抓取下，抓取方式有两种：
a）沿平行边；b）在对跖点处

练习 8.18：绘制一个参数，说明任何多边形物体 B 均可用置于其对跖点处的两个适当凹手指来固定。

练习 8.19：一个多边形物体 B 在一个压缩三指平衡抓取中，沿不平行边被固定（手指力向内指向接触点）。使用图形技术来证明在这种抓取下，B 被固定。

练习 8.20：一个多边形物体 B，在一个膨胀三指平衡抓取中，沿不平行边被固定（手指力向外指向接触点）。使用图形技术来证明在这种抓取下，B 不被固定。

参考文献

[1] E. Rimon and J. W. Burdick, "A configuration space analysis of bodies in contact – (I): 1st order mobility," *Mechanisms and Machine Theory*, vol. 30, no. 6, pp. 897–912, 1995.

[2] E. Rimon and J. W. Burdick, "A configuration space analysis of bodies in contact – (II): 2nd order mobility," *Mechanisms and Machine Theory*, vol. 30, no. 6, pp. 913–928, 1995.

[3] E. Rimon and J. W. Burdick, "Mobility of bodies in contact – I: A 2nd order mobility index for multiple-finger grasps," *IEEE Transactions on Robotics and Automation*, vol. 14, no. 5, pp. 696–708, 1998.

[4] R. Featherstone, "Dynamics of rigid body systems with multiple concurrent contacts," in *Robotics Research: The Third International Symposium*, O. D. Faugeras and G. Giralt, Eds., MIT Press, pp. 189–196, 1986.

[5] M. T. Mason, *Mechanics of Robotic Manipulation*. MIT Press, 2001.

第 9 章 最小固定抓取

要确保机器人手能够安全地抓取各种物体,最少需要多少根手指?这个问题的答案对机器人手的设计具有重要意义,可取决于以下几个因素:
- 安全抓取所需的类型:固定、抗力旋量或锁住;
- 物体表面的类型:光滑、分段光滑或者多面体的表面;
- 手指与物体之间的接触类型:无摩擦或摩擦接触;
- 指尖几何的类型:尖头、凸指尖或凹指尖。

本章分析了假设手指与物体之间无摩擦接触时实现固定抓取所需的最小手指数,对机器人手所需接触的物体表面做出了合理假设。这样,手指就可以被放置在物体表面任何想要接触的点上。本章将讨论最小手指抓取。

定义 9.1 最小固定抓取 部署最小数量的手指,以固定所有刚性物体,从而安全抓取。

应该知道,具有旋转或平移对称的物体不能通过无摩擦接触完全固定(见参考书目注释)。然而,最小固定抓取需要限制这样的物体使其达到对称。

在分析最小固定抓取时,我们可以选择要通过抓取来固定的类型。9.1 节分析了实现二维物体的一阶固定抓取所需的最小手指数。我们将会看到四个手指构成了二维物体的最小一阶固定抓取。然而,曲率效应可以使固定物体所需的手指数量变得更少。9.2 节介绍了最大内切圆,在 9.3 节和 9.4 节中使用它来构造最小二阶固定抓取。我们将会看到三个凸手指或两个适当的凹手指,形成了二维物体的最小二阶固定抓取。固定二维物体的基本原理可以扩展到三维物体。9.5 节讨论了多面体物体的最小二阶固定抓取。利用这些物体的内切球,四个指尖足够扁平的手指足以固定所有多面体物体。此外,本章还提供了证明细节的两个附录。

9.1 最小一阶固定抓取

本节讨论二维物体的最小一阶固定抓取,一阶固定要求每个手指 c-障碍 CO_i,在抓取构型 q_0 处具有一个明确的切平面。为了确保这一特性,我们将假定至少有一个接触体,物体 B 或手指体 O_i 在接触点 x_i 处是局部光滑的。基本 k 指平衡抓取的一阶运动指数通过 $m_{q_0}^1 = \max\{m-k+1, 0\}$ 给出,在二维抓取中 $m=3$(见第 7 章)。因此,$m_{q_0}^1 = 0$,B 在涉及至少四个手指的任意基本平衡抓取时被一阶效应所固定。此外,一阶固定对指尖的形状没有特殊要求,我们不妨假设手指是尖的。由于 $m_{q_0}^1 > 0$ 为两指抓取与三指抓取,如果我们能确定每个二维物体都能保持一个基本四指平衡抓取,则四指形成最小一阶固定抓取。

利用第 5 章的接触分裂技术,可以建立基本四指平衡抓取。回想一下,每个二维物体 B 在其边界上至少有两对对跖点,每对点构成一个两指平衡抓取。该技术适用于在对跖点上不具有圆对称性的物体,如以下定义所述。

定义 9.2 二维物体 B 若至少存在一对对跖点,其曲率圆不共心,则称 B **不具有圆对称性**。

为了说明接触分裂技术(并更新曲率圆的概念),考虑图 9-1 中所描述的椭圆的对跖点 x_1 和 x_2。为了构建一个基本四指平衡抓取,对椭圆进行固定抓取,在 x_1 的两侧,即 x_{11} 和 x_{12} 处放置两个手指接触点。同样,在 x_2 的两侧,即 x_{21} 和 x_{22} 处放置两个手指接触点。每一个接触对都是由一个对跖点局部分裂成两个接触点而产生的。对于图 9-1 所示的椭圆,任何对跖点的局部分裂都会产生一个基本四指平衡抓取。对于更一般的物体,该技术适用于对跖接触点是局部光滑的物体,如以下命题所述。

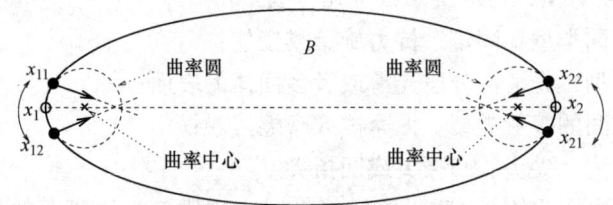

图 9-1 由两个对跖点 x_1 和 x_2 局部分裂为两对手指接触点 (x_{11}, x_{12}) 和 (x_{21}, x_{22}) 构成的基本四指平衡抓取

命题 9.1(四指抓取的存在性) 每个不具有圆对称性的二维物体 B 可以通过基本四指平衡抓取来保持。

证明: 令 x_1 和 x_2 是物体边界上的对跖点,记为 $\mathrm{bdy}(B)$。首先考虑 x_1 的局部分裂。令 $\alpha(s)$ 用弧长参数化物体边界,使得 $\alpha(s) = x_1$。因此,$\alpha'(s)$ 是 $\mathrm{bdy}(B)$ 在点 $\alpha(s)$ 处的单位切向量。用 $t(\alpha(s))$ 和 $n(\alpha(s))$ 分别表示在 $\alpha(s)$ 处垂直于 $\mathrm{bdy}(B)$ 的单位切向量和单位外法向量,物体在 $\alpha(s)$ 处的曲率由 $k_B(\alpha(s)) = \alpha''(s) \cdot n(\alpha(s))$ 给出,而物体的曲率半径由 $r_B(\alpha(s)) = \dfrac{1}{k_B(\alpha(s))}$ 给出。设 $t_1 = t(\alpha(0))$,$n_1 = n(\alpha(0))$ 分别表示物体在 x_1 处的切向量和法向量,令 k_{B_1} 表示物体在 x_1 处的曲率。$\alpha(s)$ 和 $n(\alpha(s))$ 的泰勒展开式由(见练习题)

$$\alpha(s) = x_1 + st_1 + \frac{1}{2} s^2 k_{B_1} n_1 + o(s^3)$$

$$n(\alpha(s)) = n_1 + s k_{B_1} t_1 + \frac{1}{2} s^2 (k'_{B_1} t_1 + (k_{B_1})^2 n_1) + o(s^3)$$

给出,式中,$k'_{B_1} = \left.\dfrac{\mathrm{d}}{\mathrm{d}s}\right|_{s=0} k_B(\alpha(s))$ 是物体在 x_1 处的曲率导数。注意,k'_{B_1} 是沿着光滑的物体边界获得的有限值。

根据命题 5.7,当(1)手指力相交于 $\mathbb{R}^2$ 的原点时,物体 B 处于基本四指平衡抓取状态;(2)每对手指力关于另一对手指接触力所在线的交点产生相反的力矩。

条件(1):对 x_1 进行任意局部分裂,使其位于 x_1 两侧的两点,对应于 $s = -\varepsilon_1$ 和 $s = \varepsilon_2$,其中 ε_1 和 ε_2 都是小的正参数。令 $x_{11} = \alpha(-\varepsilon_1)$,$x_{12} = \alpha(\varepsilon_2)$,$n_{11} = n(\alpha(-\varepsilon_1))$,$n_{12} = n(\alpha(\varepsilon_2))$,$n(\alpha(s))$ 的泰勒展开式满足关系式 $n(\alpha(s)) \cdot t_1 = s k_{B_1} + o(s^2)$。因此,对足够小的 ε_1 和 ε_2,$n_{11} \cdot t_1$ 和 $n_{12} \cdot t_1$ 的符号相反。由此可知,n_{11} 指向由 $(-\varepsilon_1 k_{B_1} t_1, n_1)$ 界定的象限,而 n_{12} 指向由 $(\varepsilon_2 k_{B_1} t_1, n_1)$ 界定的象限。同样,令 t_2 和 n_2 分别表示物体在点 x_2 处的单位切向量和单位外法向量,k_{B_2} 表

示物体在 x_2 处的曲率。由参数 ε_3 和 ε_4 对 x_2 进行任意充分局部分裂，接触法向量 n_{21} 指向由 $(-\varepsilon_3 k_{B_2} t_2, n_2)$ 界定的象限，而接触法向量 n_{22} 指向由 $(\varepsilon_4 k_{B_2} t_2, n_2)$ 界定的象限。由于 n_1 和 n_2 的方向相反，四条接触法线相交于 $\mathbb{R}^2$ 的原点，如条件(1)所要求的。

条件(2)：令 l 表示经过 x_1 和 x_2 的线。令 l_{11} 和 l_{12} 表示接触法线 n_{11} 和 n_{12} 所在的直线(图 9-2)。令 z_1 表示物体在 x_1 处的曲率中心(位于 l 上到 x_1 的距离为 r_{B_1} 的位置)，令 p_1 表示 l_{11} 和 l_{12} 的交点(图 9-2)。一般来说，p_1 位于 z_1 的任意小邻域中，对于 x_1 的充分局部分裂，在对跖点 x_2 处使用类似的表示法，直线 l_{21} 和 l_{22} 在位于 z_2 任意小邻域的 p_2 处相交。由于物体 B 在 x_1 和 x_2 处不具有圆对称性，曲率中心 z_1 和 z_2 被 L 分开(图 9-2)。

考虑基于 p_1 并由接触法线 n_{11} 和 n_{12} 覆盖的方向扇形区域。该扇形区域包含法线方向 n_1 对于任何 x_1 的充分局部分裂。在这个扇形区域内的任何一点都具有这样的性质：接触法线 n_{11} 和 n_{12} 会产生关于该点的相反力矩。以 p_1 为基点并由 $-n_{11}$ 和 $-n_{12}$ 张成的反扇形区域中的任何一点。如果两个扇形区域的并集在其内包含相反的曲率中心 z_2，则 n_{11} 和 n_{12} 在 z_2 足够小的邻域中的任意点产生相反力矩。类似地，n_{21} 和 n_{22} 在 p_1 附近产生相反力矩，以充分分裂 x_1 和 x_2(图 9-2)。

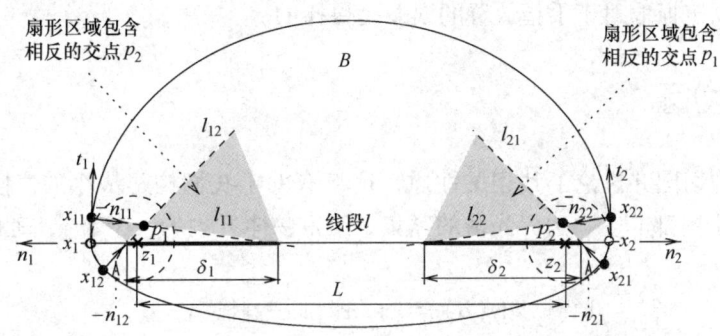

图 9-2 对于对跖点 x_1 和 x_2 的局部分裂，B 具有非零曲率导数。接触法线 (l_{11}, l_{12}) 和 (l_{21}, l_{22}) 在点 p_1 和 p_2 相交，这两个点位于物体的曲率中心 z_1 和 z_2 的局部邻域中。点 x_{11}、x_{12}、x_{21} 和 x_{22} 共同维持对 B 的基本四指平衡抓取

为了完成条件(2)的证明，我们必须证明物体的两个曲率中心 z_1 和 z_2 分别位于以 p_1 和 p_2 为基点的两扇形区域内。一个简单的计算即可确定直线 l 上哪一部分位于以 $p_i(i=1,2)$ 为基点的两扇形区域外(见练习题)。如图 9-2 所示，l 的这一部分形成了一条长度为 δ_i 的线段。当点 p_i 接近物体的曲率中心 z_i 时，长度 δ_i 接近于零。因此，x_1 和 x_2 的所有充分局部分裂都确保有 $\delta_i < L(i=1,2)$，这就完成了条件(2)的证明。

分段光滑物体的扩展：接触分裂技术也可用于构造分段光滑物体(如多边形)的基本四指平衡抓取。每个多边形至少有一对不在平行边上的对跖点。例如，图 9-3 所示的多边形 B 可以固定在顶点 x_1 和 x_2 处，它们的广义内法线包含相反的方向[⊖]，使用接触分裂，可以确定支持基本四指平衡抓取多边形的整个边界段，如图 9-3 所示。因此，我们得到了以下关于最小一阶固定抓取的结果。

定理 9.2(最小四指抓取) 所有非圆对称的分段光滑平面物体的最小一阶固定抓取需要四指。

⊖ 非光滑顶点处的广义内法线是单位内法线到在顶点处相交的 B 边的凸包。

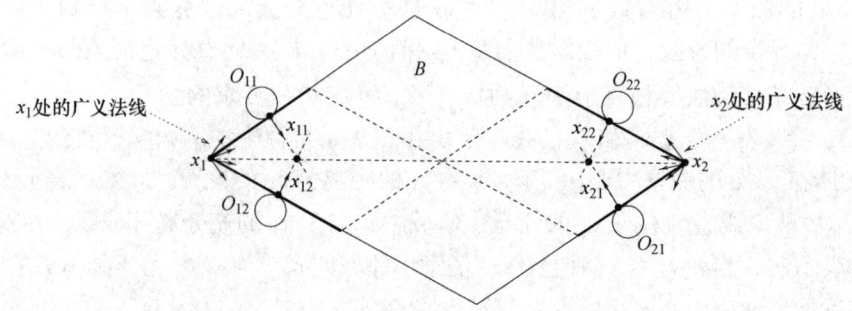

图 9-3 沿与对跖点 x_1 和 x_2 相邻的粗边放置任意四个手指，都会形成一个基本四指平衡抓取

让我们以一阶固定抓取的鲁棒性结束本节。第 5 章定理 5.18 描述了接触空间中无摩擦平衡抓集 ε 的维数。在四个手指抓取的情况下，接触空间可以被认为是 $\mathbb{R}^4$。在这个空间中，集合 ε 形成了一个内部非空的四维集合，因此，从 ε 内的任何四个手指抓取开始，四个手指接触中的每一个都可以沿着物体边界做少量的独立运动，同时保持物体 B 的基本四指平衡抓取。因此，最小一阶固定抓取对于手指放置的误差是鲁棒的。

9.2 最大内切圆

本节定义了内切圆并讨论了其相关性质，这将有助于我们构建最小的二阶固定抓取。任何刚体 B 都是一个内部非空、边界光滑的紧集。给定物体 B 内的一个点 y，考虑 y 到物体边界的最小距离：

$$\mathrm{dst}(y, \mathrm{bdy}(B)) = \min_{x \in \mathrm{bdy}(B)} \{\|x-y\|\}, \ y \in B$$

函数 $\mathrm{dst}(y,\mathrm{bdy}(B))$ 是利普希茨连续函数（见附录 A）。它在紧集上形成了一个连续函数，因此在物体 B 内至少达到一个最大值。由于 $\mathrm{dst}(y,\mathrm{bdy}(B))$ 在 $\mathrm{bdy}(B)$ 上恒为零，在 B 内严格为正，因此其局部极大值必然出现在 B 内。直观上，$\mathrm{dst}(y,\mathrm{bdy}(B))$ 的每个局部极大值都确定了一个局部最大内切圆，其定义如下。

定义 9.3（内切圆） 二维物体 B 的**局部极大内切圆**，表示为 $D(y)$，是以 y 为圆心位于 B 内的圆，其半径是 B 中所有圆心在 y 附近的圆中半径最大的。

内切圆有几个特性，对建立平衡抓取很有用。第一个是它在少量的点接触到物体的边界。下面引理的证明见附录 I。

引理 9.3 内切圆 $D(y)$ 接触物体边界的点集，表示为 $\tau(y)$，一般包含**两个或三个孤立点**。

当物体 B 具有圆对称性时，集合 $\tau(y)$ 包含更多的点。正多边形具有离散的圆对称性（图 9-5），而其边界包含同心圆弧的物体具有连续的圆对称性。在所有其他情况下，$\tau(y)$ 包含两个或三个点，见下面示例。

示例：图 9-4a 所示的椭圆 B 有一个内切圆，该圆在两个对跖点处相切于其边界。更一般地说，任何凸物体都有一个独特的内切圆，除非该物体的边界包含相反的平行边（见练习题）。图 9-4b 显示了一个非凸物体可以有几个内切圆。

内切圆有一个有用的性质，它自动确定物体 B 的一个平衡抓取。为了解释这一性质，回忆一下，集合 X 的凸包 $\mathrm{co}(X)$ 是指包含该集合的最小凸集。下面引理的证明见附录 I。

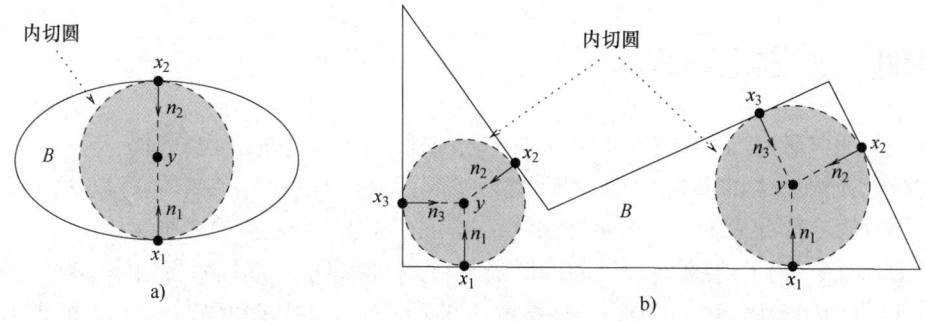

图 9-4　内切圆通常在两个或三个点处相切于物体的边界：a) 任何没有平行边的凸物体都有一个唯一的内切圆；b) 非凸物体可以有几个内切圆

引理 9.4(凸包性)　设 $D(y)$ 为物体 B 的内切圆，点 $x\in\tau(y)$ 处的单位内法线指向点 y，当位于一个共同原点处时，这些法线的凸包包含原点：$\vec{0}\in\mathrm{co}\{n(x):x\in\tau(y)\}$

如果 B 有一个分段光滑的边界，并且内切圆在一个非光滑点 $x\in\tau(y)$ 接触到它的边界，则法线 $n(x)$ 应取自该点的广义内法线。为了证明内切圆决定了 B 的可行平衡抓取，我们需要 Carathéodory 定理(见 5.4 节)。

Carathéodory 定理：如果点 p_0 位于 $\mathbb{R}^n$ 中点集 X 的凸包中，那么 p_0 位于该集合中至多 $n+1$ 个点所构成的凸包内。

基于 Carathéodory 定理，内切圆可以用来产生任何二维物体的两指平衡抓取或三指平衡抓取，如以下命题所述。

命题 9.5(内切圆抓取)　每个内切圆 $D(y)$，决定了物体 B 的**两指平衡抓取或三指平衡抓取** B 的可行性。

证明：让内切圆 $D(y)$ 在 $\tau(x)$ 处接触 $\mathrm{bdy}(B)$。基于引理 9.4，$\mathbb{R}^2$ 的原点位于 B 的单位内法线的凸包 $n(x)$，$x\in\tau(y)$ 上。如果 $\tau(y)$ 包含无限多个点，根据 Carathéodory 定理，原点位于两条或三条单位法线的凸包上。因此，在 $\tau(y)$ 中存在两个或三个点，使得 B 在这些点的单位内法线满足以下两个方程之一：$\lambda_1 n(x_1)+\lambda_2 n(x_2)=\vec{0}$ 或 $\lambda_1 n(x_1)+\lambda_2 n(x_2)+\lambda_3 n(x_3)=\vec{0}$，其中 $0\leq\lambda_1,\cdots,\lambda_k\leq 1$ 和 $\sum_{i=1}^{k}\lambda_i=1$。在这些点上施加大小为 $\lambda_1,\cdots,\lambda_k$ 的法向手指力，将产生 B 所需的零净力旋量，以达到平衡抓取状态。

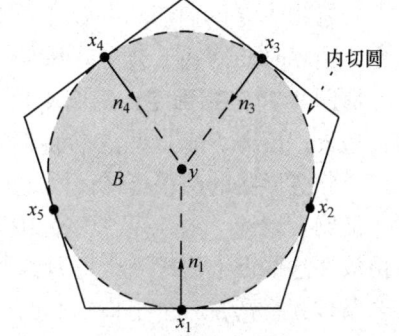

图 9-5　正五边形可由其内切圆确定的几个三指平衡抓取来保持

示例：图 9-5 所示的正五边形的内切圆相切于边界上的五个点。这五个点中任意三个点，其单位内法线相交于 $\mathbb{R}^2$ 的原点，从而形成对多边形的平衡抓取。

最小二阶固定抓取的构造将使用以下关系：内切圆的半径与 B 在点 $x\in\tau(y)$ 处的曲率半径之间的关系。

引理 9.6(内切圆半径)　设 B 的内切圆 $D(y)$ 与物体边界在局部凸点 $x\in\tau(y)$ 处相切。内切圆半径 $\mathrm{dst}(y,\mathrm{bdy}(B))$ 在该点形成物体的曲率半径 $r_B(x)$ 的下限：

$$r_B(x)\geq\mathrm{dst}(y,\mathrm{bdy}(B)),\quad x\in\tau(y)$$

当 B 在 x 处的曲率中心不在内切圆的圆心 y(一般情况下) 时，下限是严格的。

引理 9.6 是基于这样一个事实，即内切圆完全位于物体 B 内，它的证明被留作练习题。

9.3 最小二阶固定抓取

接下来的两节研究二维物体的最小二阶固定抓取。本节考虑光滑物体，下一节将考虑构成典型的分段光滑物体的多边形。本节的第一部分显示了三个凸手指体可以固定所有光滑的二维物体，第二部分显示了两个足够凹的手指可以固定所有光滑的二维物体。

回顾第 8 章中第 i 个手指 c-障碍曲率形式 $k_i(q_0,\dot{q})$ 的图示。该技术将物体相对于固定手指体 O_i 的一阶自由运动描述为 B 围绕延伸接触法线 l_i 上所有点的瞬时旋转。l_i 上的点由它们与接触点 x_i 的距离 ρ_i 来参数化，这样，在接触点的 B 侧 $\rho_i>0$，在接触点的 O_i 侧 $\rho_i<0$。使用此参数化，引理 8.5 为 $k_i(q_0,\dot{q})$ 指定以下公式。

手指 c-障碍曲率形式：假设 B 的坐标系原点位于沿着 l_i 线与 x_i 的距离 ρ_i 处。设 S_i 为第 i 个手指 c-障碍边界，该边界以与该物体坐标系分配相关的 c-space 坐标表示。S_i 的曲率沿着关于 B 的坐标系原点 q 的瞬时旋转 $\dot{q}=(0,\omega)$ 由下式给出：

$$k_i(q_0,(0,\omega))=\frac{(\rho_i-r_{B_i})(\rho_i+r_{O_i})}{r_{B_i}+r_{O_i}}\omega^2,\quad -\infty\leq\rho_i\leq+\infty \tag{9-1}$$

式中，r_{B_i} 和 r_{O_i} 分别为 B 和 O_i 在 x_i 处的曲率半径。

当刚体 B 由刚性手指体 $O_1,\cdots,O_k$ 在无摩擦平衡抓取状态下被固定（这是固定所必需的），且抓取的二阶运动指数 $m_{q_0}^2$ 为零时，物体会通过曲率效应而被固定。对于 $m_{q_0}^2$ 为零，相对 c-space 曲率 $k_{\text{rel}}(q_0,\dot{q})=\lambda_1 k_1(q_0,\dot{q})+\cdots+\lambda_k k_k(q_0,\dot{q})$，必须满足以下条件：

$$k_{\text{rel}}(q_0,\dot{q})<0,\quad \dot{q}\in M^1_{1\cdots k}(q_0)$$

式中，$M^1_{1\cdots k}(q_0)$ 是在 k 指抓取下一阶自由运动的线性子空间。让我们使用相对 c-space 曲率来确定光滑二维物体的最小二阶固定抓取。

9.3.1 使用三个凸手指进行最小固定

二维物体 B 的内切圆一般在两个或三个点接触其边界（引理 9.3）。当内切圆在三个点接触物体边界时，这些点会自动确定一个固定抓取，如以下命题所述。

命题 9.7（三指固定，案例 I） 设 $D(y)$ 为刚体 B 的内切圆。如果 $D(y)$ 在三个点相切于物体边界，使得 B 在这些点的曲率中心不都位于 y（一般情况），则物体 B 通过在这些点上放置三个任意形状的凸手指体而固定。

证明：设 $x_1,x_2,x_3\in\tau(y)$ 为内切圆 $D(y)$ 与物体边界相切的点。根据命题 9.5，将三个手指放在这些点上形成一个可行的平衡抓取。我们可以假设，三个手指都是保持平衡抓取的必要条件；否则，三个手指中的两个必须形成对跖抓取，这种情况如下所述。一阶自由运动的子空间 $M^1_{1,2,3}(q_0)$ 是一维的，由 B 在内切圆的圆心 y 上的瞬时旋转组成。对于 $m_{q_0}^2$ 为零，从而保证 B 的固定，我们必须验证

$$k_{\text{rel}}(q_0,\dot{q})=\lambda_1 k_1(q_0,\dot{q})+\lambda_2 k_2(q_0,\dot{q})+\lambda_3 k_3(q_0,\dot{q})<0,\quad \dot{q}\in M^1_{1,2,3}(q_0) \tag{9-2}$$

式中，$k_i(q_0,\dot{q})$ 是 q_0 处的第 i 个手指 c-障碍曲率形式，系数 λ_1、λ_2、λ_3 由平衡抓取条件确定。

首先考虑物体边界在三个接触点处局部凸的情况（图 9-6a）。在这种情况下，$r_{B_i}\geq 0$，$i=1,2,3$。根据引理 9.6，三点处 $r_{B_i}\geq\text{dst}(y,\text{bdy}(B))$。由于 B 的曲率中心并不都在 y 点，所以至少有一个接触点比如 x_1，满足严格不等式 $r_{B_i}\geq\text{dst}(y,\text{bdy}(B))$。因此，物体在该点的曲率中心

z_1 位于直线 l_1 上的内切圆的圆心之外(图 9-6a)。对于 $k_1(q_0,(0,\omega))$,由于式(9-1)中 $\rho_1 = \mathrm{dst}(y,\mathrm{bdy}(B))$,因此 $\rho_1 - r_{B_1}$ 严格为负,而式(9-1)中的其他项为正。因此,$k_1(q_0,(0,\omega)) < 0$,由于 $k_i(q_0,(0,\omega)) \leq 0$,$i = 2,3$,根据引理 9.6,$k_{\mathrm{rel}}(q_0,\dot{q}) < 0$,对于 $\dot{q} \in M^1_{1,2,3}(q_0)$,这意味着此时 $m^2_{q_0} = 0$。

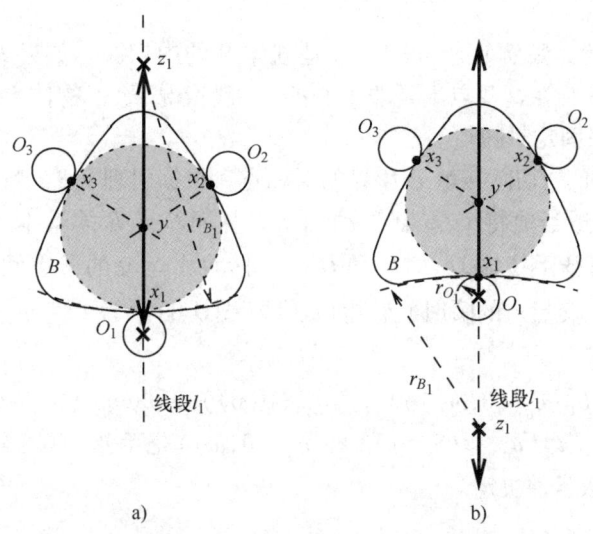

图 9-6 使用三个凸手指的二阶固定。a) 内切圆接触 B 的三个局部凸点;b) 内切圆接触 B 的两个局部凸点和一个局部凹点。粗线是 B 相对于手指体 O_1 的二阶穿透轴

接下来考虑物体边界在三个接触点之一处是凹的情况,比如在 x_1 处(图 9-6b)。在这种情况下,$r_{B_1} < 0$,而 $r_{B_i} \geq 0$,$i = 2,3$。在 x_1 处放置的凸手指 O_1 的曲率半径 $r_{O_1} \geq 0$,必须满足不等式 $r_{O_1} \leq |r_{B_1}|$;否则,两个物体将在接触点处相互穿透。通常 $r_{O_1} < |r_{B_1}|$,因此在式(9-1)中,对于 $k_1(q_0,(0,\omega))$,有 $r_{O_1} + r_{B_1} < 0$。由于 $\rho_1 = \mathrm{dst}(y,\mathrm{bdy}(B))$,因此 $\rho_1 - r_{B_1}$ 和 $\rho_1 + r_{O_1}$ 是正的,且 $k_1(q_0,(0,\omega)) < 0$。由于 $k_i(q_0,(0,\omega)) \leq 0 (i = 2,3)$,根据引理 9.6,$k_{\mathrm{rel}}(q_0,\dot{q}) < 0$,$\dot{q} \in M^1_{1,2,3}(q_0)$,这意味着此时 $m^2_{q_0} = 0$。

命题 9.7 断言,三个任意形状的凸手指都可以用来固定物体 B。指尖曲率在另一种情况下起着关键作用,即内切圆在两个点接触物体边界,以下引理断言这两个接触点可以局部转换为 B 的三指平衡抓取(见附录Ⅱ)。

引理 9.8(局部分裂) 若 B 的内切圆与其边界在两点 x_1 和 x_2 处相切,那么将 x_1 局部分裂为两点,并随之将 x_2 沿 B 的边界适当地局部移动至新点,即可形成对 B 的基本三指平衡抓取。

这个引理在下面的例子中说明。

考虑到图 9-7 描绘的对象 B 内的一个内切圆,该圆在两个对跖点 x_1 和 x_2 处与物体边界接触。为了获得一个基本三指平衡抓取,从 x_1 的任何局部分裂开始,分为 x_{11} 和 x_{12} 两个点。接触法线 n_{11} 和 n_{12} 所在的线相交于一点 p。当 B 在点 x_2 的曲

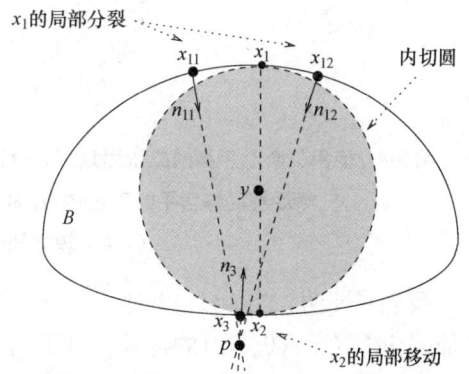

图 9-7 内切圆在对跖点 x_1 和 x_2 接触 B 的边界。B 的基本三指平衡抓取是通过将 x_1 局部分裂为 x_{11} 和 x_{12}(可以是不对称的),然后将 x_2 局部移动到 x_3

率中心不在 p 处时,可以将点 x_2 局部移动到新点 x_3,该点的接触法线也经过 p。接触法线 n_{11}、n_{12}、n_3 正向生成 $\mathbb{R}^2$ 的原点,因此它们任意两个不共线。故它们形成了一个 B 的基本三指平衡抓取。

下一个命题指出,当在接触点放置足够扁平的手指体时,由引理9.8所述方法获得的抓取一定是固定的。

命题 9.9(三指固定,案例 II) 设 $D(y)$ 是刚体 B 的内切圆。如果 $D(y)$ 在两个点接触物体边界,使得 B 的曲率圆在这些点上是非中心的(一般情况下),物体 B 通过在附近放置三个足够扁平的凸手指体来固定**对跖点**。

简证: 设 x_1 和 x_2 是内切圆接触 B 边界的对跖点。根据引理9.8,我们可以通过将 x_1 局部分裂为 x_{11} 和 x_{12},然后适当地将 x_2 局部移动到 x_3,从而获得 B 的基本三指平衡抓取。因此,让我们在这些点上放置凸手指体 O_1、O_2 和 O_3。一阶自由运动的子空间 $M^1_{1,2,3}(q_0)$ 是一维的,由于 B 关于接触点的汇交点 p 的瞬时旋转组成法线(图9-8)。为了使 $m^2_{q_0}$ 为零,从而确保 B 的固定化,我们必须验证

$$k_{\text{rel}}(q_0,(0,\omega)) = \lambda_1 k_{11}(q_0,(0,\omega)) + \lambda_2 k_{12}(q_0,(0,\omega)) + \lambda_3 k_3(q_0,(0,\omega)) < 0, \dot{q} \in M^1_{1,2,3}(q_0)$$

式中,$k_{11}(q_0,(0,\omega))$、$k_{12}(q_0,(0,\omega))$ 和 $k_3(q_0,(0,\omega))$ 是手指 c-障碍在 q_0 处的曲线形式,λ_1、λ_2、λ_3 由平衡抓取条件决定。

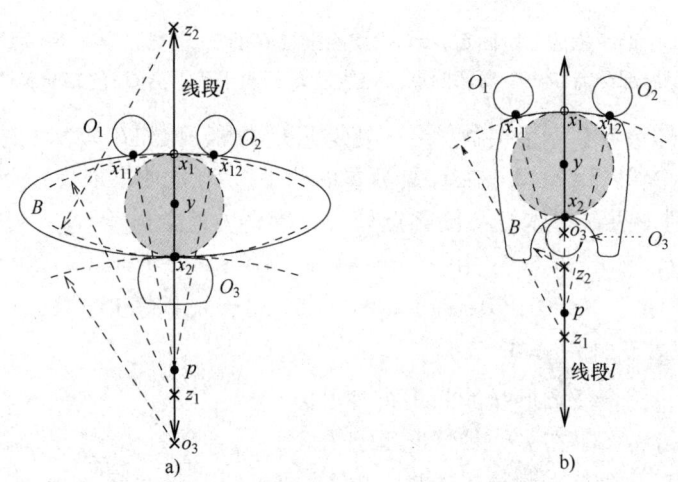

图 9-8 使用三个凸手指的二阶固定。在这两种情况下,将两个手指体 O_1 和 O_2 放置在 x_{11} 和 x_{12} 处;然后将足够扁平的手指体 O_3 放置在对跖点 x_2 处。当 p 位于 B 相对于 O_3 的二阶穿透轴之间时,物体被固定,标记为粗线

我们将证明,当 $j=1,2$ 时,$k_{1j}(q_0,(0,\omega))$ 可以任意小,而 $k_3(q_0,(0,\omega))$ 可以严格为负,从而确定 $k_{\text{rel}}(q_0,(0,\omega))$ 的符号。对于 x_1 的充分局部分裂,点 p 接近 B 的曲率中心 z_1。因此,对于 x_1 的充分局部分裂,p 到 x_{1j} 的距离,即式(9-1)中的参数 ρ_{1j} 接近物体的曲率半径 r_{B_1}。由于 $\text{bdy}(B)$ 在 x_1 处是局部光滑的,从而对于 x_1 的充分局部分裂,其在 x_{1j} 处的曲率半径为 $r_{B_{1j}}$,也趋近于 r_{B_1}。因此,式(9-1)中的项 $\rho_{1j} - r_{B_{1j}}$,以及 $k_{1j}(q_0,(0,\omega))(j=1,2)$ 可以任意小,以充分局部分裂 x_1。

其余部分证明了 $k_3(q_0,(0,\omega)) < 0$。我们可以假设 B 在一个对跖点,比如 x_1 处是凸的。为了简化证明,假设汇交点 p 沿着经过 x_1 和 x_2 的线 l(连续性参数将证明扩展到一般情况)。因

此，让我们在对跖点 x_2 处放置一个凸手指体 O_3，并考虑两种可能的情况。

首先考虑 B 在 x_2 处凸的情况(图 9-8a)。B 的二阶穿透轴形成一个区间，其位于物体的曲率中心 z_2 和指尖曲率中心 O_3 在直线 l 上的距离之间(图 9-8a)。根据式(9-1)，当 p 位于该区间内时，$k_3(q_0,(0,\omega))<0$。通过选择在 x_2 处足够扁平的手指体 O_3，其曲率中心 O_3 离接触点 x_2 足够远，使得二阶穿透区间在其内包含 z_1 点(图 9-8a)。由于对 x_1 的充分局部分裂，p 接近 z_1，因此点 p 也位于二阶穿透区间内。根据式(9-1)，这一观点可以转化为一个代数表述，即 $k_3(q_0,(0,\omega))<0$，表示 B 绕 p 的瞬时旋转。

接下来考虑 B 在 x_2 处凹的情况(图 9-8b)。B 的二阶自由轴位于物体的曲率中心 z_2 和手指的曲率中心 O_3 之间(图 9-8b)。然而，$r_{O_3} \leq |r_{B_2}|$，其中 r_{O_3} 是 O_3 在 x_2 处的曲率半径。因此，手指的曲率中心 O_3 位于线 l 的 x_2 和 z_2 之间(图 9-8b)。现在我们可以选择一个足够扁平的手指体 O_3，使得 O_3 任意靠近 z_2。也就是说，我们可以使二阶自由轴的区间长度任意缩短，并确保 z_1 位于此区间之外(图 9-8b)。因此，对于 x_1 的充分局部分裂，z_1 和 p 都将位于二阶穿透区间内。根据式(9-1)，这一见解转化为一个代数表述，即 $k_3(q_0,(0,\omega))<0$，表示 B 绕 p 的瞬时旋转。

示例：图 9-8 中描述的两个物体都有一个内切圆，在两个对跖点 x_1 和 x_2 处接触到它们的边界。通过将 x_1 分裂成两个点 x_{11} 和 x_{12} 开始固定两个物体。为了简单起见，这种分裂是对称的，因此接触法线 n_{11} 和 n_{12} 相交于直线 l 上的一点 p。接下来，两个凸手指体 O_{11} 和 O_{12} 放置在 x_{11} 和 x_{12} 处。在图 9-8a 中，物体 B 在 x_2 处是凸的。因此，在 x_2 处放置一个足够扁平的手指体 O_3 即可确保 B 的固定。在图 9-8b 所示的情况下，物体 B 在 x_2 处呈凹形。在这种情况下，即使在 x_2 处放置一个点状手指也能确保 B 在这个抓取状态下完全固定不动。

综上所述，当内切圆在三个点接触物体边界时，通过在这些点上放置三个任意形状的凸手指来固定物体(命题 9.7)。当内切圆在两个点接触物体边界时，这些点可以局部转化为三指平衡抓取，并通过在这些点上放置三个足够扁平的手指来固定物体(命题 9.9)。这将导致以下光滑二维物体的最小二阶固定。

定理 9.10(最小三指抓取) 所有不具有圆对称性的光滑二维物体的最小二阶固定抓取需要三个凸手指体，前提是手指体在接触点处足够扁平。

二阶效应所提供的手指数量较少，需要精确确定手指接触点，以形成无摩擦平衡抓取，这是固定物体所必需的。当手指不准确但离固定接触点足够近时，物体会被手指自动固定(见下一章)。此外，所有的接触都有一定的摩擦力。我们将在本书的第 3 部分看到，足够小的手指放置误差导致抗摩擦力旋量抓取。采用三个独立手指或两个独立手指加手掌设计的机器人手，能够提供一种极简设计方案可以完全抓取几乎所有的光滑二维物体。

9.3.2 使用两个凹手指进行最小固定

用三个凸手指的最小固定仅要求手指在接触处扁平。然而，在许多抓取应用中，手指或夹具的几何结构可以根据抓取系统要处理的物体类别预先选择。下面的定理断言，当允许手指预成形时，仅使用两个可能凹手指就可以实现所有二维物体的最小固定。

定理 9.11(最小两指抓取) 当允许手指在接触点处具有任意曲率时，对于不具有圆对称性的所有二维光滑物体，实现最小二阶固定抓取所需的最少手指可能为**两个凹手指体**。

证明见附录Ⅱ，从 B 在 x_1 和 x_2 处的对跖平衡抓取开始。抓取器的一阶运动指数为 $m_{q_0}^1 = m-k+1=2$，因为 $m=3$ 且有 $k=2$ 个接触点。一阶自由运动的子空间 $M_{1,2}^1(q_0)$ 是二维的，由 B

绕过 x_1 和 x_2 的延长线 l 的所有点的瞬时旋转组成。当抓取的二阶运动指数 $m_{q_0}^2$ 为零时,物体被固定。对于 $m_{q_0}^2$ 为零,相对 c-space 曲率必须满足以下条件:

$$k_{\text{rel}}(q_0, \dot{q}) = \lambda_1 k_1(q_0, \dot{q}) + \lambda_2 k_2(q_0, \dot{q}) < 0, \quad \dot{q} \in M_{1,2}^1(q_0)$$

式中,在两指平衡抓取状态下,$\lambda_1 = \lambda_2$。

为实现二阶固定,证明中设置了如下指尖曲率。当物体 B 在 x_i 处凹时,需在 x_i 处放置一个凸手指体 O_i,其曲率半径为 $r_{O_i} = |r_{B_i}| - \varepsilon$,其中 r_{B_i} 是 B 的曲率半径 x_i,ε 是一个小的正参数。当物体 B 在 x_i 处凸时,需在 x_i 处放置一个凹手指体 O_i,其负曲率半径 $r_{O_i} = -(r_{B_i} + \varepsilon)$。基于式(9-1)给出的 $k_i(q_0, (0, \omega))$,B 相对于 O_i 的二阶自由轴位于物体 B 和手指在 x_i 处的曲率中心之间(参见图9-9)。物体与手指接触处 δ 匹配使得自由轴间距任意短。由于 B 的曲率圆在抓取点处是非中心的,因此足够短的自由轴间距不会在 l 线上重叠(图9-9)。这一性质可以转化为一个代数表述,根据式(9-1),给出了所有 $\dot{q} \in M_{1,2}^1(q_0)$ 的 $k_{\text{rel}}(q_0, \dot{q}) < 0$。

示例:图9-9a 所示的椭圆由两个凹手指体 O_1 和 O_2 沿其主轴固定。当这些指尖曲率与接触点处物体的曲率紧密贴合时,椭圆相对于每个手指的二阶自由轴不在直线 l 上重叠,这意味着在抓取时椭圆完全固定。图9-9b 描述的物体在 x_1 处是凸的,在 x_2 处是凹的。为了固定这样的物体,在 x_1 处放置紧密贴合的凹手指体 O_1,而在 x_2 处放置紧密贴合的凸手指体 O_2。B 相对于每个手指的二阶自由轴位于物体曲率中心 z_i 和指尖曲率中心 O_i 之间。由于这些间隔是不重叠的,物体 B 在这个抓取处完全固定。

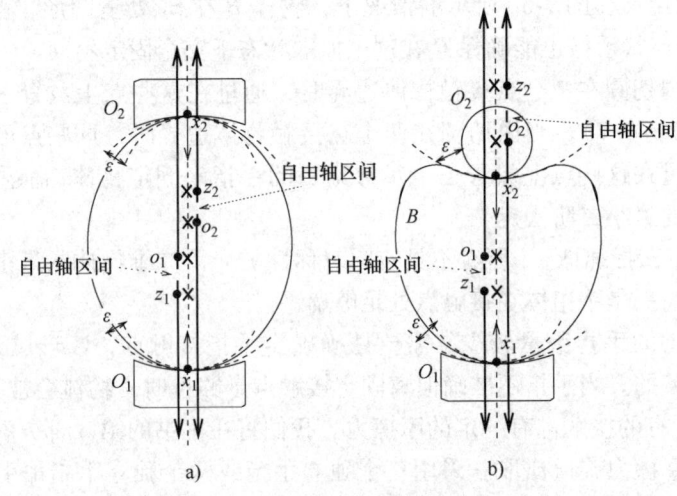

图9-9 a)两个紧密贴合的凹手指体 O_1 和 O_2 放置在凸体点 x_1 和 x_2 处;b)在凸体点 x_1 处放置紧密贴合的凹手指体 O_1,而在凹体点 x_2 处放置紧密贴合的凸手指体 O_2。在这两种情况下,当物体相对于每个手指的二阶自由轴区间(用虚线标记)在直线 l 上,而不重叠时,物体被固定

9.4 多边形的最小二阶固定化

本节讨论多边形物体的最小二阶固定,理解相似的原理适用于所有分段光滑物体。多边形 B 的内切圆一般在两个或三个孤立点接触其边界(只有当多边形具有平行边时才出现两个点)。如果这些点中的任何一个位于多边形的凹顶点处,则必须在该点处放置一个尖头指,如图9-10a 所示。因此,让我们描述由位于 B 的凹顶点处的尖头指(O_i)引起的 c-障碍。

多边形物体 B 可以局部地表示为两个子形状的并集，每个子形状都由满足凹顶点 x_i（见图 9-10b）处相交的 B 的两条边所界定。让 CO_{i1} 和 CO_{i2} 表示对应于 B 的两个子形状的 c-障碍。手指 c-障碍形成了组合体：$CO_i = CO_{i1} \cup CO_{i2}$（见第 2 章）。每个 c-障碍的边界 CO_{ij} 在物体的 q_0 处局部光滑，只要指尖与 B 保持点接触。因此，整个 c-障碍的边界 CO_i 由两个光滑表面组成，即 bdy(CO_{i1}) 和 bdy(CO_{i2})，这两个曲面沿着它们相交所形成的曲线相接合。后一条曲线包含点 q_0，沿着这条曲线的运动表示 B 绕着尖头指的局部旋转。

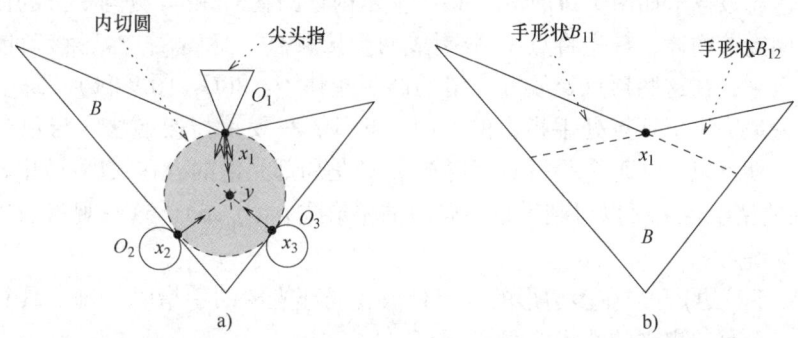

图 9-10 a) 内切圆在三个点接触多边形边界，因此 x_1 是 B 的凹顶点；b) 多边形物体可以在 x_1 处局部表示为两个子形状的并集，$B = B_{11} \cup B_{12}$，这给出了 $CO_i = CO_{i1} \cup CO_{i2}$ 的手指 c-障碍

B 相对于指尖的一阶自由运动集合 $M_i^1(q_0)$ 是与 CO_{i1} 和 CO_{i2} 相关的自由运动半空间的交集。因此，$M_i^1(q_0)$ 在切空间 $T_{q_0}\mathbb{R}^3$ 中形成一个凸状楔形区域。这一观点引出了以下命题，这一命题类似于先前关于光滑二维物体的命题。

命题 9.12（非平行边） 让多边形 B 的内切圆在三个点接触其边界，这样就没有两个点位于平行边上（一般情况下）。多边形通过在这些点上放置三个任意形状的凸手指体来**固定**，前提是在 B 的每个凹顶点上放置一个尖头指。

证明：首先，考虑内切圆与 B 的三条边接触的情况。由于没有两个点位于 B 的平行边上，因此放置在这些点上的三个凸指体构成了 B 的基本三指平衡抓取（命题 9.5）。一阶自由运动的子空间 $M_{1,2,3}^1(q_0)$ 是一维的，由 B 绕内切圆的圆心的瞬时转动组成。由于 B 在接触点处局部光滑，因此命题 9.7 的证明在这种情况下适用。因此，即使手指放在接触点，多边形物体 B 也会被二阶效应固定在这个抓取处。

接下来，考虑这样一种情况，即内切圆在 x_1 处至少接触到 B 的一个凹顶点。为简单起见，让点 x_2 和 x_3 为 B 的内边缘点（图 9-10a）。让我们在 x_1 处放置一个尖头指 O_1，在 x_2 和 x_3 处放置光滑的凸手指体。B 相对于 O_1 的一阶自由运动在切空间 $T_{q_0}\mathbb{R}^3$ 中形成凸状楔形区域。这个楔形物可以被认为是两个半空间的交集，其边界平面穿过 $T_{q_0}\mathbb{R}^3$ 的原点，与前面描述的 c-障碍 CO_{11} 和 CO_{12} 相关。平衡抓取时 B 的一阶自由运动表示为 $M_{11,12,2,3}^1(q_0)$，由四个半空间的交集给出：

$$M_{11,12,2,3}^1(q_0) = M_{11}^1(q_0) \cap M_{12}^1(q_0) \cap M_2^1(q_0) \cap M_3^1(q_0)$$

为了评估这种情形，回想一下每个 c-障碍法线与力旋量共线，力旋量是由沿着 B 的内接触法线作用的力产生的（第 2 章）。在 c-障碍 CO_{11} 和 CO_{12} 的情况下，接触力作用于 x_1 处的边内法线。由于所有四种接触力对等强度抓取都是必不可少的，因此 $M_{11,12,2,3}^1(q_0) = \{0\}$。物体 B 因此被一阶效应固定。

当指尖置于多边形物体的凹顶点时，三个手指能够基于一阶几何效应固定多边形（图 9-10a）。

这个结论似乎与一阶固定任何二维物体至少需要四个手指的原则相矛盾。但是，这种情况只有在指尖接触多边形的凹顶点时才会发生。这种接触可以解释为两条边接触，在一个共同的顶点重合，这解释了为什么一阶效应出现在这些抓取处。注意，这种抓取对于沿多边形的边的小的手指放置误差和多边形凹顶点的指尖的方向放置误差是鲁棒的。

接下来，考虑具有平行边的多边形的最小二阶固定化。为了简单起见，我们只考虑凸多边形。当内切圆接触到 B 的两条平行边时，三指固定可以通过稍微改变接触分裂技术来实现，如引理 9.8 所述。该技术如图 9-11 所示，该图显示内切圆在 x_1 和 x_2 处与矩形物体 B 的两条平行边接触。要固定该物体，首先将点 x_1 分裂成两个接触点 x_{11} 和 x_{12}；然后移动包含这些点的边的端点。接下来，在这些顶点处放置光滑的凸手指体 O_1 和 O_2（图 9-11）。每个顶点上手指边界的法线唯一地决定了顶点处手指力的方向。此外，只要手指接触法线与顶点处多边形的边法线不一致，就可以验证每个手指 c-障碍在 q_0 处是局部光滑的。在式(9-1)中，用 $r_{B_{1j}}=0$ 代替 B 在 x_{1j} 处的曲率半径，可以得到手指 c-障碍曲率形式 $k_{1j}(q_0,\dot{q})$。这一观点引出了下面的引理，其证明作为练习。

引理 9.13(平行边) 当在多边形的顶点处放置局部光滑的手指时，每个具有平行边的凸多边形可以由三个足够扁平的凸指体**固定**(图 9-11)。

当具有平行边的多边形非凸时，可以在平行边之间滑动内切圆，直到建立第三个接触点。在这个内切圆的位置，其中一条平行边上的接触点可以用多边形边界反方向上始终存在的新接触点来替换(详情见练习题)。

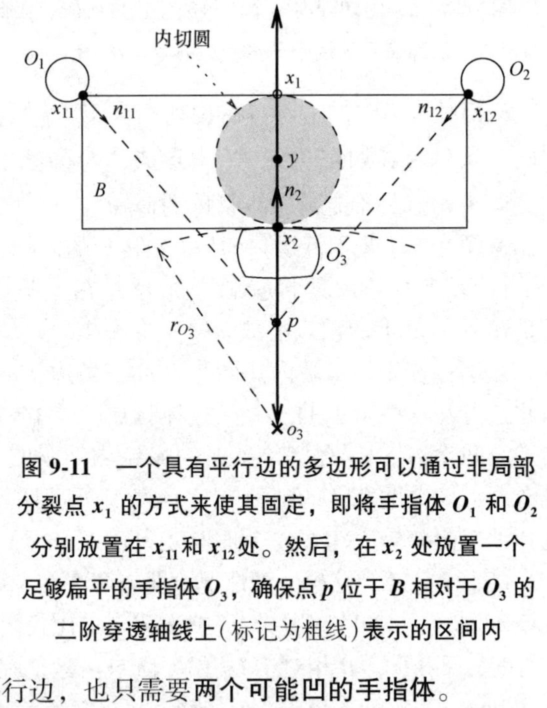

基于命题 9.12 和引理 9.13(及其对非凸多边形的扩展)，多边形物体的最小二阶固定抓取要求与光滑二维物体所需的手指数量相同，如以下定理所述。

定理 9.14(多边形的最小三指抓取) 所有多边形物体(即使具有平行边)的最小二阶固定抓取需要**三个足够扁平的凸手指体**。

最后，当手指可以根据多边形物体的类别进行预成形时，最小二阶固定抓取只需要两个可能凹的手指，如下面的定理所述。

定理 9.15(多边形的最小两指抓取) 所有多边形物体的最小二阶固定抓取，即使有平行边，也只需要**两个可能凹的手指体**。

图 9-11 一个具有平行边的多边形可以通过非局部分裂点 x_1 的方式来使其固定，即将手指体 O_1 和 O_2 分别放置在 x_{11} 和 x_{12} 处。然后，在 x_2 处放置一个足够扁平的手指体 O_3，确保点 p 位于 B 相对于 O_3 的二阶穿透轴线上(标记为粗线)表示的区间内

定理 9.15 的证明与定理 9.11 的证明稍有不同。与其给出定理的形式证明，不如考虑下面的例子。

示例：如图 9-12 所示，多边形 B 通过在凹顶点 x_1 处使用尖头指以及在对面内侧边点 x_2 处使用圆盘指，实现了两指平衡抓取状态。在 x_1 处的手指接触可以理解为两条边的接触点恰好重合在 x_1 这一点上。因此，有两个 c-障碍 CO_{11} 和 CO_{12}，与 x_1 处的尖头指相关，第三个 c-障碍 CO_2，与 x_2 处的圆盘指相关。由于 $m=3$，抓取的一阶运动指数为 $m_{q_0}^1=m-k+1=1$，并且在该抓取处有 $k=3$ 个手指接触。一阶自由运动的子空间 $M_{11,12,2}^1(q_0)$ 是一维的，由 B 绕凹顶点 x_1 的瞬时旋转组成。当相对 c-space 曲率形式满足以下条件时，多边形被固定：

$$k_{\text{rel}}(q_0,\dot q) = \lambda_{11}k_{11}(q_0,\dot q) + \lambda_{12}k_{12}(q_0,\dot q) + \lambda_2 k_2(q_0,\dot q) < 0, \quad \dot q \in M^1_{11,12,2}(q_0) \quad (9\text{-}3)$$

式中，$k_{1j}(q_0,\dot q)(j=1,2)$ 和 $k_2(q_0,\dot q)$ 是手指 c-障碍在 q_0 处的曲率形式，而 λ_{11}、λ_{12}、λ_2 是平衡抓取系数。尖头指 O_1 可以建模，其指尖曲率半径为零，因此 $r_{O_{1j}}=0$，$j=1$，2。将 B 在 x_1 处的平边的半径，$r_{O_{1j}}=0$ 和 $r_{B_{1j}}=\infty$ 代入式(9-1)可得 $k_{1j}(q_0,(0,\omega))=0$，$j=1$，2。因此，式(9-3)中 $k_{\text{rel}}(q_0,\dot q)$ 的符号由 $k_2(q_0,\dot q)$ 的符号确定。将 B 在 x_2 处的平边的半径 $r_{B_2}=\infty$ 代入式(9-1)，可得 $k_2(q_0,(0,\omega))=-(\rho_2+r_{O_2})$。参数 ρ_2 测量 B 的瞬时旋转轴在 x_1 与 x_2 之间的距离。参数 ρ_2 是正的，因为 x_1 位于 x_2 的 B 侧面上，圆盘指半径 r_{O_2} 也是正的。我们得到 $k_2(q_0,(0,\omega))<0$，并且因此对于所有 $\dot q \in M^1_{11,12,2}(q_0)$，$k_{\text{rel}}(q_0,\dot q)<0$ 于是，即使手指放在两个接触点上，多边形物体 B 也被二阶效应固定。

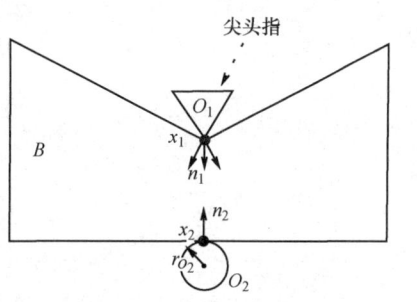

图 9-12 通过在点 x_1 处使用尖头指 O_1 和在对面内侧边点 x_2 处使用圆盘指 O_2，实现对多边形物体的固定。即使在接触点放置点状手指，也可以通过二阶效应实现物体的固定

9.5 多面体物体的最小二阶固定

我们将在本书的第 3 部分看到，在三维抓取的情况下，三个手指可以通过摩擦接触实现抗力旋量的另一种抓取安全标准。然而，接触处的摩擦力取决于多种因素，在实际抓取系统中，这些因素往往只能粗略地近似。为了提高抓取安全级别，假设一个三指机械手的手掌部位充当了第四个接触点。或者，考虑一个四指机器人手，四个独立的手指可以用来固定所有的三维物体吗？

仅用四个手指固定三维物体显然是基于二阶效应，因为一阶固定至少需要七根手指。这种固定抓取器的构造将使用 B 的内切球，它被定义为一个以 y 为中心的球，它位于 B 内，其半径在 B 所包含的所有球中最大，其中心在 y 的邻域内。B 的内切球与内切圆有许多共同的性质。特别地，它的中心 y 形成了利普希茨连续函数 $\text{dst}(y,\text{bdy}(B))$ 的局部极大值。因此，与二维物体相同，内切球接触多面体物体表面的点 $x \in \tau(y)$，可用于实现 B 的无摩擦平衡抓取。内切球一般在两个、三个或四个孤立点接触物体表面(见附录Ⅰ)。下面的例子说明了两点和三点的特殊情况，以及四点的一般情况。

示例：图 9-13a 描绘了长方体中的两个点与内切球接触的情况。只有当多面体具有平行面时，才会出现这种非一般情况。图 9-13b 所示的三棱柱内切球在三个点接触其表面。这也是一个非一般情况，因为多面体必须有三个共轴面。内切球在四个点接触多面体边界的一般情况如图 9-13c 所示。请注意，任何凸多面体的内切球只能接触内切面点。

非凸多面体 B 的内切球可以接触凹边和凹顶点。在 B 的凹边上，多面体局部形成了两个半空间的并集，每个半空间由在该边相交的两个面中的一个构成边界。在 B 的凹顶点处，多面体局部形成半空间的并集，每个半空间由相交于该顶点的一个面构成。运动分析通过将每个半空间视为产生各自对应的手指 c-障碍来进行。因此，B 的凹边具有双面接触的效果，而 B 的一般凹顶点具有三面接触的效果。为了证明四个凸手指足以固定所有多面体物体，我们总结了第 2 章中的手指 c-障碍曲率公式。

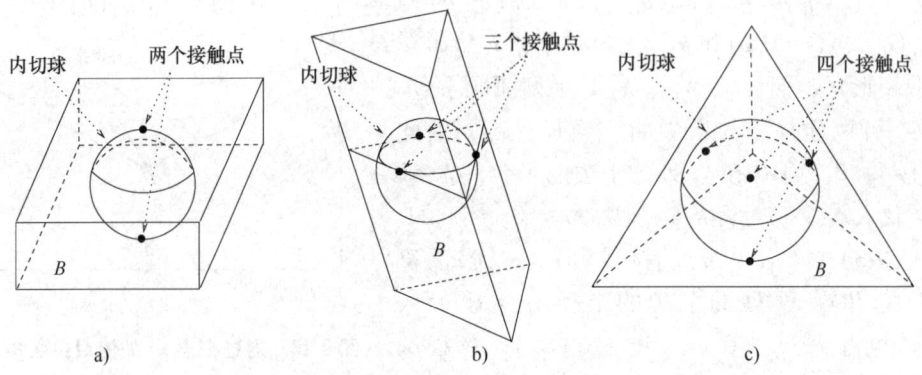

图 9-13　a) 长方体的内切球在两个点接触其边界，位于 B 的平行面上；
b) 三棱柱的内切球在三个点接触其边界，位于 B 的三个共轴面上；
c) 给出了一般情况，即内切球在四个点上接触多面体物体的边界

手指 c-障碍曲率：回想一下，三维物体的 c-space 是由 $\mathbb{R}^6$ 参数化的。每个手指 c-障碍 CO_i 在这个空间形成一个六维集合。因此，每个手指 c-障碍边界 S_i，在 $\mathbb{R}^6$ 中形成一个五维流形。令 $q_0 \in S_i$ 是物体的接触构型，它是一个静止的手指体 O_i，并令 x_i 为物体的接触点。假设 S_i 在 q_0 处是局部光滑的，令 $T_{q_0}S_i$ 表示 S_i 在 q_0 点处的五维切空间。在 q_0 处 S_i 的曲率形式表示为 $k_i(q_0, \dot{q})$，测量了手指 c-障碍单位外法线沿切向 $\dot{q} \in T_{q_0}S_i$ 的变化。S_i 的曲率取决于接触体 B 和 O_i 在 x_i 处的表面曲率，这些曲率由线性映射、L_{B_i} 和 L_{O_i} 决定，它们作用于各自的物体表面在 x_i 处的切线，并给出沿给定切线方向的表面法线的变化。S_i 的曲率形式由下式给出：

$$k_i(q_0,\dot{q}) = \frac{1}{\|\eta_i\|}\dot{q}^T \left(\begin{bmatrix} I & -[\rho_i \times] \\ O & [n_i \times] \end{bmatrix}^T \times \begin{bmatrix} L_B[L_{B_i}+L_{O_i}]^{-1}L_{O_i} & -L_{O_i}[L_{B_i}+L_{O_i}]^{-1} \\ -[L_{B_i}+L_{O_i}]^{-1}L_{O_i} & -[L_{B_i}+L_{O_i}]^{-1} \end{bmatrix} \begin{bmatrix} I & -[\rho_i \times] \\ O & [n_i \times] \end{bmatrix} + \begin{bmatrix} O & O \\ O & -([\rho_i \times]^T[n_i \times])_s \end{bmatrix} \right) \dot{q}, \quad \dot{q} \in T_{q_0}S_i$$

(9-4)

式中，ρ_i 是从 B 坐标系原点指向 x_i 在世界坐标系表示的向量，n_i 是 B 在 x_i 的单位内法线，$\eta_i = (n_i, \rho_i \times n_i)$ 为 q_0 时手指 c-障碍外法线，I 是 3×3 单位矩阵，O 是 3×3 零矩阵，并且 $([\rho_i \times]^T [n_i \times])_s = \frac{1}{2}([\rho_i \times]^T[n_i \times] + [n_i \times]^T[\rho_i \times])$。

示例：让静止的手指体 O_i 在 x_i 处接触多面体 B 的一个面。将式(9-4)中的 $L_{B_i} = O$ 代入，得到手指 c-障碍曲率形式，其中 O 是 3×3 零矩阵。将 c-space 切向量记为 $\dot{q} = (v, \omega) \in T_{q_0}S_i$，其中 v 和 ω 是 B 的线速度和角速度，与 B 的平面相关的 S_i 的曲率形式为

$$k_i(q_0, (v, \omega)) = ((v-\rho_i \times \omega)^T, (n_i \times \omega)^T) \begin{bmatrix} O & -I \\ -I & -L_{O_i}^{-1} \end{bmatrix} \begin{pmatrix} v-\rho_i \times \omega \\ n_i \times \omega \end{pmatrix} - \omega^T([\rho_i \times]^T[n_i \times])_s \omega$$

其中省略了 $\frac{1}{\|\eta_i\|}$，通过考虑 B，$\dot{q} = (v, \vec{0})$ 的瞬时平移，可以得到一些关于 $\dot{q} \in T_{q_0}S_i$ 的见解。这些平移是由与接触法线 n_i 正交的物体 B 的线速度所张成的。手指 c-障碍曲率沿 B 的这种瞬时平移为零。因此，当 B 沿着与静止手指体 O_i 保持接触的纯平移方向移动时，手指 c-障碍边界 S_i 呈现为平坦状态。S_i 的几何形状类似于直纹面，也就是说，每个固定方向的 S_i 在 B 的

c-space 中形成一个平面，S_i 是这些平面的并集。

接下来的三个命题根据三种不同的情况，考虑所有多面体物体的最小二阶固定。第一种情况涉及没有平行或共轴面的多面体物体。

命题 9.16（四指固定，案例 I） 让多面体 B 的内切球在四个点接触其表面。如果这四个点不在 B 的平行面或共轴面上（一般情况下），多面体通过在这些点上放置四个任意形状的凸指体来固定。

请注意以下事项。当手指体位于 B 的凸顶点或凸边时，手指体在接触点处必须局部光滑，以确保在 q_0 处手指 c-障碍边界局部光滑。当手指体置于 B 的凹顶点或凹边时，手指体必须在接触点处呈锐边或尖刃状。

证明： 首先考虑内切球接触 B 的四个点的情况。四个点不位于 B 的平行面或共轴面上。因此，放置在这些点上的四个凸指体构成 B 的基本四指平衡抓取（命题 9.5）。抓取的一阶运动指数由 $m_{q_0}^1 = m-k+1=3$ 给出，其中 $m=6$，$k=4$ 为手指接触的数量。因此，一阶自由运动的子空间 $M_{1,2,3,4}^1(q_0)$ 在这个抓取下是三维的。为了识别这个子空间，让 B 的坐标系原点位于内切球中心。第 i 个手指的 c-障碍外法线在 q_0 处由 $\eta_i=(n_i,\rho_i\times n_i)$ 给出，其中 n_i 是 B 在 x_i 处的单位内法线，而 ρ_i 是从 B 的坐标系原点到 x_i 的向量。由于 ρ_i 与 n_i 共线，则得 $\eta_i=(n_i,\vec{0})$，$i=1,2,3,4$。子空间 $M_{1,2,3,4}^1(q_0)$ 与 c-障碍法线 η_1、η_2、η_3、η_4 正交，由 B 关于内切球中心的瞬时旋转组成，$\dot{q}=(\vec{0},\omega)$，$\omega\in\mathbb{R}^3$。

当抓取的二阶运动指数 $m_{q_0}^2$ 为零时，物体 B 被固定。同样，必须证明

$$k_{\text{rel}}(q_0,\dot{q})=\lambda_1 k_1(q_0,\dot{q})+\cdots+\lambda_4 k_4(q_0,\dot{q})<0,\ \dot{q}=(\vec{0},\omega),\ \omega\in\mathbb{R}^3$$

式中，$k_i(q_0,\dot{q})$ 是在 q_0 处的第 i 个手指 c-障碍曲率形式，λ_1、λ_2、λ_3、λ_4 是平衡抓取系数。对于 B 坐标系原点选择在内切球中心的情况下，$\rho_i=-\rho_i n_i$，其中 ρ_i 测量内切球中心与接触点 x_i 的距离，使得当 B 的坐标系原点位于 x_i 的物体两侧时，$\rho_i>0$。在式(9-4)中代入 $L_{B_i}=O$、$\rho_i=-\rho_i n_i$ 和 $\|\eta_i\|=1$，得

$$k_{\text{rel}}(q_0,(\vec{0},\omega))=-\sum_{i=1}^{4}\lambda_i(n_i\times\omega)^{\text{T}}[\rho_i I+L_{O_i}^{-1}](n_i\times\omega),\ \omega\in\mathbb{R}^3 \quad (9\text{-}5)$$

由于接触面是面的顶点，我们也可以使用半径 $r_{O_i}\geqslant 0$ 的球形指，$i=1,2,3,4$。对于这样的手指 $L_{O_i}^{-1}=r_{O_i}I$。参数 ρ_i 等于内切球半径，记作 R，并且是正的，因为内切球中心位于每个接触点 x_i 的 B 侧。式(9-5)因此变成

$$k_{\text{rel}}(q_0,(0,\omega))=-\sum_{i=1}^{4}\lambda_i(R+r_{O_i})\|n_i\times\omega\|^2,\ \omega\in\mathbb{R}^3 \quad (9\text{-}6)$$

由接触法线 $[n_1,n_2,n_3,n_4]$ 形成的矩阵在基本四指平衡抓取中具有完整的行秩。因此，对于每个 $\omega\in\mathbb{R}^3$，式(9-6)中至少有一个求和必须严格为负。这意味着对于所有 $\omega\in\mathbb{R}^3$，$k_{\text{rel}}(q_0,(0,\omega))<0$ 如固定化所需。

下面考虑这样一种情况：内切球接触 B 的一个凹顶点或凹边（假设其中一个），而其他三个点接触 B 的面。凹顶点一般由 B 的三个面构成。因此，放置一个尖头指在顶点可以解释为一个三重面接触。当四个手指放置在接触点处时，由于 $m=6$ 且有 $k=6$ 个手指有效接触，一阶运动指数变为 $m_{q_0}^1=m-k+1=1$。子空间 $M_{1,2,3,4}^1(q_0)$ 由 B 在 $\mathbb{R}^3$ 中绕单轴的瞬时旋转组成。同样地，在 B 的凹边处放置尖头指可以解释为双面接触。当四个手指放在接触点上时，接触点

就会变大，一阶运动指数变为 $m_{q_0}^1 = m-k+1 = 2$，因为此时实际有效接触的手指数目为 $k=5$。子空间 $M_{1,2,3,4}^1(q_0)$ 包含了关于在三维欧几里得空间 $\mathbb{R}^3$ 中张成一个平面的所有轴线的刚体 B 的瞬时旋转。通过展示对于子空间 $M_{1,2,3,4}^1(q_0)$ 内所有 B 的瞬时旋转，相对曲率 $k_{rel}(q_0,q)<0$（见练习题），从而继续进行运动自由度分析。

示例：图 9-13c 中描绘的四面体物体 B 的内切球在其内部四个面顶点处与其表面相切。在此抓取状态下，即便使用任意形状（包括尖头形状）的四个凸手指体，也能完全固定住该四面体物体。

命题 9.16 中所考虑的一般多面体由四个任意形状的凸手指体固定，只要将尖头指放置在物体的凹陷处。当内切球与多面体表面在两点或三点接触时，指尖曲率就显得至关重要。第二个命题考虑了共轴面多面体的固定化问题。

命题 9.17（四指固定，案例 II） 让内切球接触多面体 B 的三个共轴面。通过沿三个面滑动内切球，球体确定了四个点，只要在这四个点放置四个足够扁平的凸手指体会使得球体 B 保持固定不动。

简证：考虑图 9-14 所示的三棱柱 B。内切球与 B 的三个侧棱相切。要固定该物体，首先将内切球向上滑动，直到它接触到 B 的上表面。令 y 表示内切球在向上位置时的球心。令 x_0、x_1、x_2 分别表示球在向上位置时与侧棱相切的点，而 x_3 表示内切球与上表面相切的点（图 9-14）。我们希望在物体表面上设置一个新点，这将允许我们从抓取中减少一个侧面切点。

存在一个由点 x_0、x_1、x_2 张成的平面 Δ。设 $d_y(x)$ 是在下述情况中位于 $\mathrm{bdy}(B)$ 且低于平面 Δ 的点 x 到内切球中心 y 的最小距离（图 9-14）。定义了 B 在非光滑点 $x \in \mathrm{bdy}(B)$ 处的广义内法线是 B 的面在 x 处相交的单位内法线的凸包。利用非光滑分析工具（见附录 A）以证明 $d_y(x)$ 至少有一个极值点在 Δ 下面。例如，B 右下边的 x_4 点就是这样一个极值点（图 9-14）。也可以证明，在 $d_y(x)$ 的极值点处，B 的广义内法线包含指向 y 的向量。因此，我们可以舍弃 x_0 点，并在 x_1、x_2、x_3 和 x_4 处建立 B 的基本四指平衡抓取（图 9-14）。

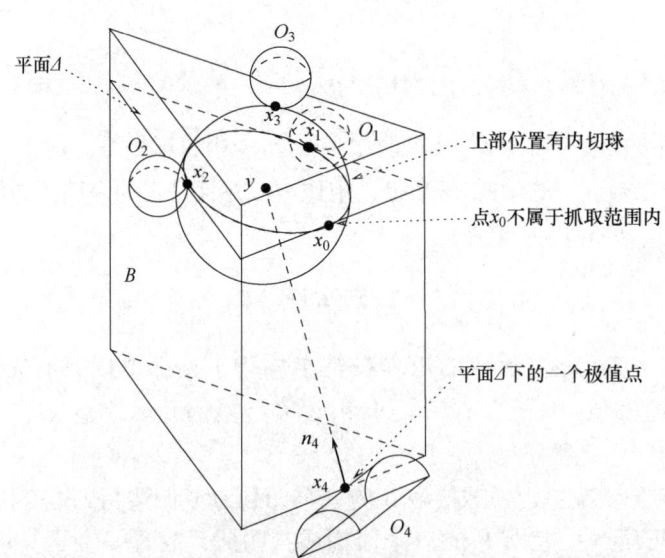

图 9-14 使用四个凸手指对三棱柱进行最小固定。点 x_4 是位于平面 Δ 下方 $\mathrm{bdy}(B)$ 部分 $d_y(x)$ 的极值点。固定需求包括在点 x_1、x_2 和 x_3 处设置足够扁平的球形指，以及在 x_4 处设置局部光滑的手指体

一阶自由运动的子空间 $M^1_{1,2,3,4}(q_0)$ 由 B 绕内切球中心的瞬时旋转组成（见命题 9.16 的证明）。二阶固定化要求 $k_{\text{rel}}(q_0,(0,\omega)) = \sum_{i=1}^{4}\lambda_i k_i(q_0,(0,\omega))<0$，$\omega\in\mathbb{R}^3$。让我们在点 x_1、x_2 和 x_3 处放置半径为 $r_O \geq 0$ 的相同球形指。将 B 的坐标系原点设置在内切球的中心处，$\boldsymbol{\rho}_i = -\rho_i \boldsymbol{n}_i$，$i=1$，2，3。而且，每个 ρ_i 等于内切球半径，即 $\rho_i = R$，$i=1$，2，3。将 ρ_i，$L_{O_i}^{-1}=r_O I$，$L_{B_i}=O$（3×3 零矩阵）和 $\|\eta_i\|=1$ 代入式(9-4)，得到 $k_i(q_0,(0,\omega))=-(R+r_O)\|n_i\times\omega\|^2$，$i=1$，2，3。

接下来考虑曲率形式 $k_4(q_0,(0,\omega))$，与位于 x_4 处的局部光滑手指体 O_4 相关。当 x_4 是 B 的顶点时，用式(9-4)中的 $L_{B_4}=\infty I$ 代替。当 x_4 是 B 的内边缘点，$n_4\times\omega$ 与边对齐时，用 $(n_4\times\omega)^T L_{B_4}(n_4\times\omega)=0$ 代替；当 $n_4\times\omega$ 是边的截线时，用 $(n_4\times\omega)^T L_{B_4}(n_4\times\omega)=\infty$ 代替。接下来我们将探讨 x_4 为 B 的一个顶点的情况下（边的情况可以类似处理）。由于 B 的坐标系原点位于内切球的中心，$\boldsymbol{\rho}_4=-\rho_4 n_4$。由式(9-4)中的 $L_{B_4}=\infty I$，$\boldsymbol{\rho}_4=-\rho_4 n_4$ 和 $\|\eta_i\|=1$，得到 $k_4(q_0,(0,\omega))=\rho_4(n_4\times\omega)^T[\rho_4 L_{O_4}+I](n_4\times\omega)$。因此，相对 c-space 曲率形式由下式给出：

$$k_{\text{rel}}(q_0,(0,\omega)) = -(R+r_O)\cdot\sum_{i=1}^{3}\lambda_i\|n_i\times\omega\|^2 + \lambda_4\rho_4(n_4\times\omega)^T[\rho_4 L_{O_4}+I](n_4\times\omega),\quad \omega\in\mathbb{R}^3$$

矩阵 $\sum_{i=1}^{3}\lambda_i[n_i\times]^T[n_i\times]$ 是正定的，因为 λ_1、λ_2、$\lambda_3>0$，接触法线 n_1、n_2、n_3 不是共面的（一般情况）。令 $\sigma_{\min}>0$ 表示后述矩阵的最小特征值。由于 x_4 是 B 的一个顶点，我们可以在该点放置一个扁平的手指（一个圆柱形手指可以放置在边缘点上，如图 9-14 所示）。$L_{O_4}=O$ 代入相对 c-space 曲率形式中得到 $k_{\text{rel}}(q_0,(0,\omega))\leq(-(R+r_O)\sigma_{\min}+\lambda_4\rho_4)\|\omega\|^2$。参数 ρ_4 是正数，因为内切球中心位于 B 的 x_4 这一侧。然而，ρ_4 被 B 的直径所限制⊖，而 r_O 则可以任意大。在 x_1、x_2 和 x_3 处选择足够扁平的球形指，半径满足不等式 $R+r_O>\lambda_4\rho_4/\sigma_{\min}$，得到所有 $\omega\in\mathbb{R}^3$ 的 $k_{\text{rel}}(q_0,(0,\omega))<0$，满足二阶固定化的要求。

第三个命题考虑了具有平行面的多面体固定化问题。

命题 9.18（四指固定，案例Ⅲ） 让内切球接触多面体 B 的两个平行面。通过在两个面之间滑动内切球，该球体确定了四个点，使得若在这四个点处放置足够扁平的凸手指体，B 就能被固定不动。

更确切地说，在给出命题 9.18 形式化证明的基础上，我们用一个例子来说明固定化技术。

示例：图 9-15 显示了一个长方体 B，内切球接触其前后两面。固定开始时，内切球向左滑动，直到接触到 B 的左侧面。接着，内切球向上移动，同时保持与 B 的三个面接触，直到接触到 B 的上表面。在此阶段，内切球接触四个点 x_0、x_1、x_2 和 x_3（图 9-15）。现在我们有了命题 9.17 证明过程中讨论的情况。也就是说，在 B 的下表面上存在一个新点，在顶点 x_4 处，它代替了点 x_0。在 x_4 处 B 的广义内法线包含一个向量 n_4，它指向内切球中心的左上角（图 9-15）。在 x_1、x_2、x_3、x_4 处放置四个凸指体构成了 B 的基本四指平衡抓取，该抓取的一阶自由运动子空间是三维的，由 B 绕内切球中心的所有瞬时旋转组成。二阶固定需要在 x_1、x_2、x_3 处有足够扁平的凸指体，在顶点 x_4 处有局部光滑的凸指体。这个陈述的代数细节与命题 9.17 证明过程中讨论的相同。

⊖ B 的直径是 $\text{bdy}(B)$ 上任意两点之间的距离。

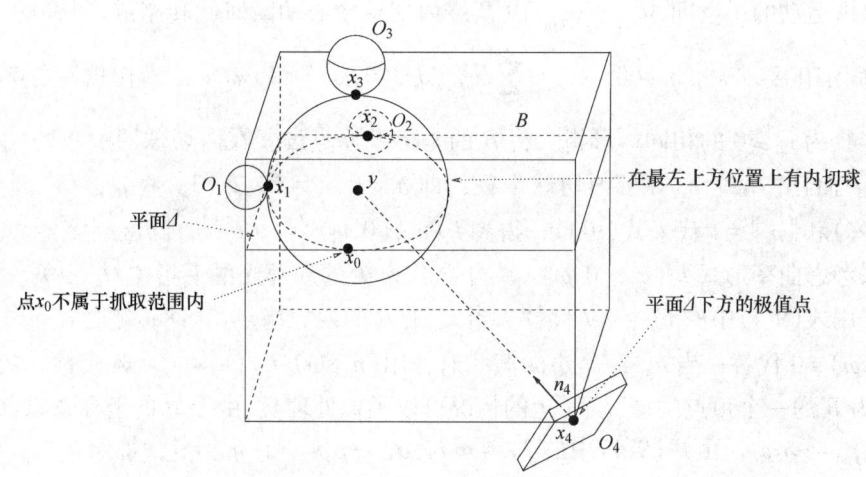

图 9-15 使用四个凸指体对长方体进行最小固定。顶点 x_4 是平面 Δ 下方 $\mathrm{bdy}(B)$ 部分 $d_y(x)$ 的极值点。固定需要手指体在点 x_1、x_2 和 x_3 处足够扁平，在 x_4 处局部光滑

总而言之，没有平行面或共轴面的多面体物体可以用四个任意形状的凸指体固定(命题 9.16)。具有平行面或共轴面的多面体物体可以用四个足够扁平的凸指体固定(命题 9.17 和命题 9.18)。由于较少数量的凸指体不能固定任意多面体物体(见练习题)，我们得出以下关于所有多面体物体最小二阶固定的结论。

定理 9.19 (多面体的最小四指抓取) 对于所有多面体物体，若保证接触点位于平行面或共轴面时手指体足够扁平，则实现最小二阶固定抓取所需的凸指体数量为四个。

二阶效应(一阶固定需要七根手指)所提供的手指数量较少，这是以精确放置手指为前提的，以确保物体固定所需的无摩擦平衡抓取。当在实现固定抓取的过程中出现小的手指放置误差时，手指将自动形成一个圈，从而将物体的自由运动限制在以抓取构型 q_0 为中心的小邻域(见下一章)。此外，我们将在本书的第 3 部分看到，当接触处存在摩擦时，小的手指放置误差会自动导致抗摩擦力旋量抓取，这为抓取安全性提供了补充措施。采用四个独立手指或三个手指加上手掌设计的机器人手提供了极简化的手部设计方案，可以安全地抓住几乎所有的三维多面体物体。

9.6 参考书目注释

Mishra、Schwartz 和 Sharir[1]首先考虑了需要多少根手指才能安全固定所有刚性物体的问题。他们指出，某些例外的物体如旋转体，不能通过无摩擦的手指接触完全固定。随后，Selig 和 Rooney[2]对特殊物体进行了分类。基于一阶效应，Markenscoff、Ni 和 Papadimitriou[3]表明，所有没有旋转对称性的三维物体都可以用七个无摩擦的手指固定。利用曲率效应，Czyzowicz、Stojmenovic 和 Urrutia[4]表明，三个无摩擦手指可以固定所有没有平行边的多边形，而四个无摩擦手指可以固定所有没有平行面或共轴面的多面体。用于描述最小固定抓取的构型空间的几何设置，以及它们对一般分段光滑的二维和三维物体的最小固定的扩展，出现在作者的论文中[5-6]。

当手指可以根据手中待操作物体的类型预成形时，可以进一步减少手指的数量。事实上，

只要凹手指在接触处适当弯曲,一个平面手指与一个球面凹手指和一个圆柱凹手指的组合可以完全固定所有多面体物体。这个结果是由 Seo、Yim 和 Kumar[7] 获得的。因此,当允许手指预成形时,所有多面体物体的最小二阶固定抓取仅涉及三个设计合适的凹手指。

最后,许多机器人手的设计都力求减少手指的数量。例如,Dollar、Howe 和 coworkers[8-9]。一个典型的例子是 Salisbury Hand,它由三个独立的手指机构连接到一个共同的手掌[10-11]。当具有三根手指的一只手抓住三维物体时,摩擦效应保证了抗力旋量,这一点我们将在本书的第 3 部分中介绍。本章建立了机器人手可以使用三个独立的手指和一个手掌来固定几乎所有的三维物体。因此,最小限度的机器人手设计可以利用摩擦效应和刚性约束之间的协同作用,摩擦效应可以确保抓取不易扭伤,而刚体约束则可以确保抓取固定。

9.7 附录

9.7.1 附录 I:关于内切圆的细节

附录 I 包含刚体 B 的内切圆或内切球的两个性质的证明。虽然这些性质适用于一般分段光滑的物体,但为了简单起见,我们假设 B 具有光滑边界,表示光滑实值函数的零值集合 $\text{bdy}(B) = \{x \in \mathbb{R}^n : f(x) = 0\}$,使得 $\nabla f(x)$ 在所有点 $x \in \text{bdy}(B)$ 处非零。内切圆或内切球由利普希茨连续函数 $\text{dst}(y, \text{bdy}(B))$ 的局部极大值确定(几乎处处可微)。这个函数的广义梯度表示为 $\partial \text{dst}(y, \text{bdy}(B))$,形成以下向量集(见附录 A)。如果 $\text{dst}(y, \text{bdy}(B))$ 在 $y \in B$ 处可微,则存在唯一的最近点 $x \in \text{bdy}(B)$,且 $\partial \text{dst}(y, \text{bdy}(B))$ 化为从 x 指向 y 的单位向量;如果 $\text{dst}(y, \text{bdy}(B))$ 在 $y \in B$ 处不可微,其广义梯度是由与点 y 距离最近的、位于边界 $\text{bdy}(B)$ 上的点 x 所对应的单位向量组成的凸包:

$$\partial \text{dst}(y, \text{bdy}(B)) = \text{co}\left\{\frac{1}{\|y-x\|}(y-x) : x \in \tau(y)\right\} \tag{9-7}$$

式中,co 表示凸包,$\tau(y)$ 是最接近 y 的点 $x \in \text{bdy}(B)$ 的集合。

让我们从引理 9.3 开始,它描述了内切圆或内切球接触刚体 B 边界点的数目。

引理 9.3 令 B 形成一个内部非空的紧凑 n 维物体,$n = 2$ 或 3。则 B 的内切圆或球在通常情况下会在 $2 \leq k \leq n+1$ 个孤立点接触其边界。

证明: 内切圆或内切球的中心位于一个内点 $y \in B$ 处,该点形成 $\text{dst}(y, \text{bdy}(B))$ 的局部极大值。$\text{dst}(y, \text{bdy}(B))$ 非光滑极值点的一个必要条件是 $\vec{0} \in \partial \text{dst}(y, \text{bdy}(B))$(见附录 A)。由于 $\partial \text{dst}(y, \text{bdy}(B))$ 是与点 $x \in \tau(y)$ 相关的向量的凸包,任何局部极大值点 y 都必须在 $\text{bdy}(B)$ 上有 $k \geq 2$ 个最近点,才能满足 $\vec{0} \in \partial \text{dst}(y, \text{bdy}(B))$。这给出了下限 $k \geq 2$。

为了确定上界,令 $\tau(y) = \{x_1, \cdots, x_k\}$ 为 $\text{bdy}(B)$ 上最近的点。对于 $x_1, \cdots, x_k \in \text{bdy}(B)$,可通过 k 个标量约束来体现:对于 $i = 1$ 到 k,有 $f(x_i) = 0$。假设在 B 边界上所有点 $x \in \text{bdy}(B)$,$\nabla f(x)$ 指向 B 的内部。由于每个点 $x_i \in \tau(y)$ 在 $\text{bdy}(B)$ 上局部最靠近 y,因此拉格朗日乘子规则意味着 $\nabla f(x_i)$ 必须与从 x_i 指向 y 的向量共线,从而得出

$$\frac{1}{\|\nabla f(x_i)\|}\nabla f(x_i) = \frac{1}{\|y-x_i\|}(y-x_i), \quad i = 1, \cdots, k \tag{9-8}$$

注意,式(9-8)规定了 $k \cdot (n-1)$ 个标量约束的总数。最后,内切圆或内切球中心点 y 与最近点 $x_1, \cdots, x_k$ 等距这一要求可以由标量方程表示:$\|y-x_1\| = \cdots = \|y-x_k\|$。

因此，在变量$(x_1,\cdots,x_k,y)\in\mathbb{R}^{(k+1)n}$中总共有$k+k\cdot(n-1)+(k-1)$个标量约束。由这些约束条件所决定的流形，一般情况下会以正交或交叉的方式互相相交。一般相交流形的维数为$(k+1)\cdot n-(kn+k-1)=n-k+1$。解集是非空的，因为$\text{dst}(y,\text{bdy}(B))$是一个连续函数，因此至少有一个极大值必然位于$B$内。因此，解空间的流形结构的维数要么为零（对应于一组孤立点），要么严格为正，其上界为$k\leq n+1$，其中$n=2$或3。

下一个引理描述了将一个刚体B固定在由其内切圆或内切球所决定的无摩擦随机抓取处的可行性。

引理9.4 设$D(y)$为物体B的内切圆或内切球。点$x\in\tau(y)$处的单位内法线指向点y，当位于一个共同原点处时，这些法线的凸包包含原点。

证明：设$y\in B$是$\text{dst}(y,\text{bdy}(B))$的局部极大值（注意$y$在$B$内是必要的）。我们将证明单位向量$(y-x_i)/\|y-x_i\|$表示$x_i\in\tau(y)$，与$B$的单位内法线共线。$n(x_i)$表示$x_i\in\tau(y)$。每一点$x_i\in\tau(y)$，在满足刻画物体边界的标量约束条件$f(x)=0$的情况下，使函数$\varphi_y(x)=\|x-y\|$局部达到极小值。使用拉格朗日乘子规则，$\varphi_y(x)$的局部极小值满足条件

$$\nabla\varphi(x_i)=\frac{1}{\|y-x_i\|}(y-x_i)=\sigma\nabla f(x_i),\ \sigma\in\mathbb{R}$$

由于$\nabla f(x_i)$正交于x_i处的物体边界，因此单位向量也必须是$(y-x_i)/\|y-x_i\|$。通过构造，连接x_i和y的线段在B内，否则它将在比x_i更靠近y的点处经过B的边界。因此，向量$y-x_i$在x_i处指向B内，因此

$$\frac{1}{\|y-x_i\|}(y-x_i)=n(x_i),\ x_i\in\tau(y)$$

将这些单位向量代入式(9-7)得到$\partial\text{dst}(y,\text{bdy}(B))=\text{co}\{n(x_1),\cdots,n(x_k)\}$。如引理9.3的证明中所述，任何不光滑的$\text{dst}(y,\text{bdy}(B))$的极值点满足条件$\vec{0}\in\partial\text{dst}(y,\text{bdy}(B))$。因此，$\vec{0}\in\text{co}\{n(x):x_i\in\tau(y)\}$，这是平衡抓取所必需的。

9.7.2 附录Ⅱ：关于二维物体最小二阶固定的详细信息

附录Ⅱ包含引理9.8和定理9.11的证明。以下引理考虑了对跖抓取转化为基本三指平衡抓取。

引理9.8 若B的内切圆与其边界在两点x_1和x_2处相切，那么将x_1局部分裂为两点，并随之将x_2沿B的边界适当地局部移动至新点，即可形成对B的基本**三指平衡抓取状态**。

证明：基本三指平衡抓取需满足两个条件。手指力方向正向生成$\mathbb{R}^2$的原点，手指力线相交于一点，因此没有两条线共线。下面证明在一般情况下，B在x_1和x_2处有非中心曲率圆。在这种情况下，B必须在对跖点之一有非零曲率，比如在x_1处；否则B的曲率圆在无穷远处是同心的。考虑将x_1局部分裂成两点x_{11}和x_{12}，位于x_1的两侧（图9-7）。设p表示法线$n(x_{11})$和$n(x_{12})$所在线的交点。首先证明对跖点x_2可以沿着$\text{bdy}(B)$局部移动到一个新点x_3，这样法线$n(x_3)$所在的线经过p。

考虑映射$\psi:\text{bdy}(B)\times\mathbb{R}\to\mathbb{R}^2$，由$\psi(x,\sigma)=x+\sigma n(x)$给出，其中$\sigma\in\mathbb{R}$，$n(x)$是$B$在$x\in\text{bdy}(B)$处的单位内法线。由于$x_1$和$x_2$是对跖点，对于某些$\sigma_1\in\mathbb{R}$，$B$在$x_1$处的曲率中心表示为$z_1$，可以写成$z_1=x_2+\sigma_1 n(x_2)$。因此，$z_1=\psi(x_2,\sigma_1)$。一般而言，$\psi$，$D\psi(x,\sigma)$的雅可比仅在点$(x,\sigma)$处是奇异的，其像$\psi(x,\sigma)$与$B$在$x\in\text{bdy}(B)$处的曲率中心重合。特别地，$D\psi(x_2,\sigma)$仅在$(x_2,\sigma_2)$处是奇异的，因此$z_2=x_2+\sigma_2 n(x_2)$是$B$在$x_2$处的曲率中心。因为根据

假设，$z_1 \neq z_2$，$D\psi(x,\sigma)$ 在 (x_2,σ_1) 处是非奇异的。根据反函数定理，ψ 是以 (x_2,σ_1) 为中心的小开邻域到 $\mathbb{R}^2$ 中以 z_1 为中心的开邻域 D_{z_1} 的局部微分同胚（即局部一一映射）。对于 x_1 的充分局部分裂，交点 p 位于 D_{z_1} 上。根据 ψ 的定义，每个点 $p \in D_{z_1}$ 对于某些 x_3 可以写成 $p = x_3 + \sigma_3 n(x_3)$，$x_3 \in \mathrm{bdy}(B)$ 接近 x_2 和一些 σ_3 接近 σ_1。也就是说，我们可以局部移动 x_2 到一个新点 $x_3 \in \mathrm{bdy}(B)$，在这个点上法线 $n(x_3)$ 所在的线与点 p 相交。

接下来，我们证明法线 $n(x_{11})$、$n(x_{12})$、$n(x_3)$ 正向生成 $\mathbb{R}^2$ 的原点。令 $\alpha(s)$ 用弧长参数化物体边界，使得 $\alpha(0) = x_1$。设 t_1 和 n_1 分别是 B 的切线和 x_1 处的内法线。在 x_1 附近 B 的单位内法线的一阶近似由 $n(\alpha(s)) = n_1 + sk_{B_1}t_1$ 给出，其中 k_{B_1} 是 B 在 x_1 处的曲率。对于小参数 ε_{11}，$\varepsilon_{12} > 0$，将 x_1 局部分裂为 x_{11} 和 x_{12}，其对应于 $s = -\varepsilon_{11}$ 和 $s = \varepsilon_{12}$。由于 $k_{B_1} \neq 0$，法线 $n(x_{11}) = n_1 - \varepsilon_{11} k_{B_1} t_1$，$n(x_{12}) = n_1 + \varepsilon_{12} k_{B_1} t_1$ 和 $n(x_2) = -n_1$ 正向生成 $\mathbb{R}^2$ 的原点，因此这些法线中没有两条线共线。该属性接下来扩展到法线 $n(x_{11})$、$n(x_{12})$ 和 $n(x_3)$。

当 B 处于三指平衡状态时，接触力的大小（或模）可通过一个公共的比例因子表示，对于 $i = 1, 2, 3$，计算公式为 $\lambda_i = n(x_{i+1}) \times n(x_{i+2})$，其中指数加法取模 3 进行（引理 5.6）。利用这个公式，考虑由 $\vec{\lambda}(x) = (n(x_{12}) \times n(x), n(x) \times n(x_{11}), n(x_{11}) \times n(x_{12}))$ 给出的映射 $\vec{\lambda}(x): \mathrm{bdy}(B) \to \mathbb{R}^3$。它将点 $x \in \mathrm{bdy}(B)$ 映射到与固定接触点 x_{11} 和 x_{12} 相关的平衡抓取系数 $\vec{\lambda} = (\lambda_1, \lambda_2, \lambda_3)$，以及一个可变接触点 $x \in \mathrm{bdy}(B)$。由于 $n(x_{11})$、$n(x_{12})$、$n(x_2)$ 正向生成 $\mathbb{R}^2$ 的原点，$\vec{\lambda}(x)$ 将点 x_2 映射到正系数向量 $\vec{\lambda}^*$。由于 $\vec{\lambda}(x)$ 是一个连续函数，在 $\vec{\lambda}(x)$ 下以 $\vec{\lambda}^*$ 为中心的开邻域的反像形成以 x_2 为中心的 $\mathrm{bdy}(B)$ 的开区间。x_1 的任何充分局部分裂使得 x_3 位于该区间，确保法线 $n(x_{11})$、$n(x_{12})$、$n(x_3)$ 正向生成 $\mathbb{R}^2$ 的原点，因此这些法线中没有两条线共线。

下一个定理考虑的是利用两个可能为凹手指对二维物体实现最小化的固定抓取。

定理 9.11 当允许手指在接触点处具有任意曲率时，对于所有不具有圆对称性的所有二维光滑物体，实现最小二阶固定抓取所需的最少手指可能为两个凹手指体。

证明：B 的固定化始于两个手指体 O_1 和 O_2，在对跖点 x_1，$x_2 \in \mathrm{bdy}(B)$，使得 B 在这些点上有非中心曲率圆。抓取的一阶运动指数为 $m_{q_0}^1 = m - k + 1 = 2$，因为 $m = 3$，并且有 $k = 2$ 个手指接触。一阶自由运动的子空间 $M_{1,2}^1(q_0)$ 是二维的，由 B 绕通过 x_1 和 x_2 的延长线 l 的所有点的瞬时旋转组成。当相对 c-space 曲率满足条件时，物体 B 被固定：

$$k_{\mathrm{rel}}(q_0,(0,\omega)) = \lambda_1 k_1(q_0,(0,\omega)) + \lambda_2 k_2(q_0,(0,\omega)) < 0, \quad \dot{q} = (0,\omega) \in M_{1,2}^1(q_0)$$

式中，在两指平衡抓握时 $\lambda_1 = \lambda_2$。

考虑一般情况，物体 B 在 x_1 和 x_2 处具有非零曲率。当 B 在 $x_i(r_{B_i} < 0)$ 处为凹面时，选择一个曲率半径为 $r_{O_i} = (-r_{B_i}) - \varepsilon > 0$ 的凸指体 O_i，使得当 B 为 0 时 $\varepsilon < |r_{B_i}|$ 选择凹曲率半径 $x_i(r_{B_i} > 0)$，$r_{O_i} = (-r_{B_i}) - \varepsilon < 0$（图 9-16）的凹指体 O_i。在这两种情况下，ε 都是一个小的正参数。将 $r_{O_i} = (-r_{B_i}) - \varepsilon$ 代入式（9-1）得

$$k_i(q_0,(0,\omega)) = -\frac{1}{\varepsilon}(\rho_i - r_{B_i})(\rho_i - r_{B_i} - \varepsilon) \cdot \omega^2, \quad i = 1,2 \tag{9-9}$$

参数 ρ_i 测量 B 的瞬时旋转轴与接触点 x_i 的距离，使得 x_i 的 B 侧 $\rho_i > 0$ 且 x_i 的 O_i 侧 $\rho_i < 0$（图 9-16）。参数 ρ_1 和 ρ_2 可以用一个公共变量表示如下。让 ρ 测量 B 的瞬时旋转轴与 x_1 和 x_2 的中点沿 l 的距离，使得 ρ 对 x_1 为负，对 x_2 为正（图 9-16）。设 $2L$ 为 x_1 和 x_2 之间的距离，则 $\rho_1 = L + \rho$，$\rho_2 = L - \rho$。将 ρ_1 和 ρ_2 代入式（9-9）中可得二阶固定条件

$$k_{\text{rel}}(q_0,(0,\omega)) = -\frac{1}{\varepsilon}((\rho+L-r_{B_1})(\rho+L-r_{B_1}-\varepsilon)) + (\rho-L+r_{B_2})(\rho-L+r_{B_2}+\varepsilon)) \cdot \omega^2 < 0, \quad \rho \in \mathbb{R} \quad (9\text{-}10)$$

令 z_i 表示 B 的曲率中心在 $x_i (i=1,2)$ 处的位置。z_i 的 ρ_i 坐标为 $\rho_i(z_i) = r_{B_i}$, $i=1, 2$。因此，z_1 和 z_2 的 ρ 坐标为 $\rho(z_1) = r_{B_1}-L$ 和 $\rho(z_2) = L-r_{B_2}$。将 $\rho(z_1)$ 和 $\rho(z_2)$ 代入式(9-10)可得固定条件：

$$k_{\text{rel}}(q_0,(0,\omega)) = -((\rho-\rho(z_1))^2 + (\rho-\rho(z_2))^2 + \varepsilon(\rho(z_1)-\rho(z_2)))<0, \quad \rho \in \mathbb{R} \quad (9\text{-}11)$$

我们省略了正因子 $1/\varepsilon$ 和 ω^2。式(9-11)是 ρ 的二次方。由这个多项式得到的最大值是 $-\left(\frac{1}{2}(\rho(z_1)-\rho(z_2))^2 + \varepsilon(\rho(z_1)-\rho(z_2))\right)$。由于 $z_1 \neq z_2$，因此 $\rho(z_1) \neq \rho(z_2)$，当 ε 根据不等式选择时，式(9-11)的条件成立：

$$\frac{1}{2}|\rho(z_1)-\rho(z_2)|^2 - \varepsilon|\rho(z_1)-\rho(z_2)| > 0$$

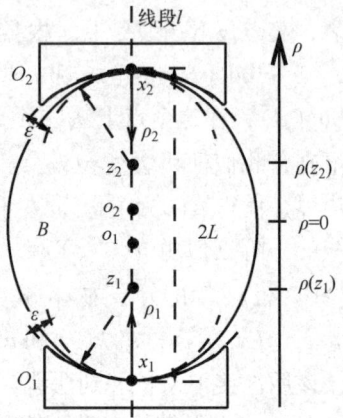

图 9-16 在两指平衡抓取时，相对 c-space 曲率形式变成 ρ 的二次多项式。两个紧密贴合的凹手指体 O_1 和 O_2 使 $\rho \in \mathbb{R}$ 的多项式严格为负，保证了 B 的二阶固定

或者 $\varepsilon < \frac{1}{2}|\rho(z_1)-\rho(z_2)| = \frac{1}{2}\|z_1-z_2\|$，等价地，如果根据 $r_{O_i} = (-r_{B_i})-\varepsilon$ 选择指尖曲率，则所有 $\rho \in \mathbb{R}$ 的相对 c-space 曲率严格为负，如二阶固定所需 $\varepsilon < |r_{B_i}|$ 和 $\varepsilon < \frac{1}{2}\|z_1-z_2\|$。

练 习 题

练习 9.1：以旋转表面为界的三维物体可以固定到通过无摩擦手指接触实现旋转对称。是否有其他特殊物体不能通过无摩擦接触点完全固定？

9.1 节

练习 9.2：让 $\alpha(s)$ 通过弧长参数化光滑二维物体 B 的边界。令 $n(\alpha(s))$ 为物体在 $\alpha(s)$ 处的单位外法线。由泰勒展开式得 $\alpha(s) = \alpha(0) + st_1 + \frac{1}{2}s^2 k_{B_1} n_1 + o(s^3)$ 和 $n(\alpha(s)) = n_1 + sk_{B_1}t_1 + \frac{1}{2}s^2(k'_{B_1}t_1 + (k_{B_1})^2 n_1) + o(s^3)$，其中 k_{B_1} 和 k'_{B_1} 是物体在 $\alpha(0)$ 处的曲率和曲率导数。

练习 9.3：考虑经过光滑二维物体 B 的两个对距点 x_1 和 x_2 的直线 l。根据 $\alpha(s)$ 和 $n(\alpha(s))$ 泰勒展开式，表明接触法线 $n(\alpha(s))$ 下的线与线 l 相交的距离为 $\sigma(s) = 1/(k_B(\alpha(s)) + \frac{1}{2}sk'_B(\alpha(s)))$。（注意当参数 s 趋近于零时 $\sigma(s)$ 趋近于物体的曲率半径 $r_B(\alpha(s)) = 1/k_B(\alpha(s))$。）

练习 9.4*：k 指机器人手抓取一个多边形物体 B，使用一个可以与 B 保持线接触的扁平指尖，而所有其他指尖保持与 B 的点接触。保持最小一阶固定不变仍需要四个手指吗？（考虑当一个扁平的指尖与 B 保持线接触时的 c-障碍边界。）

练习 9.5：每个多边形物体 B 都有一对对距点，其生成的内法线包含相反的方向(图 9-3)。从这样一对顶点开始，确定 B 的哪些边段支持 B 的基本四指平衡抓取。

9.2 节

练习 9.6：正 k 边多边形 B 的内切圆在 k 个孤立点与其边界接触(图 9-5)。说明为什么其中两点或三点必须具有正向生成 $\mathbb{R}^2$ 原点的内接触法线。

练习 9.7：多边形 B 的内切圆能接触到它的任何顶点吗？（考虑内切圆在两个或三个点与物体边界接触的一般情况。）

练习 9.8：证明没有相对平行边的任何凸二维物体 B 包含唯一的内切圆。（提示：当物体 B 是凸的时，可以在 B 内进行任意两个内切圆之间的线性平移。）

练习 9.9*：在上一练习的继续下，证明任何凸多边形 B 的内切圆都可以转化为凸优化问题进行计算。（因此，内切圆可通过非常有效的优化算法进行计算。）

练习 9.10：一个非凸多边形 B 能有一个独特的内切圆吗？

练习 9.11：一个二维物体的内切圆接触到一个点，在这个点上物体边界是局部光滑和凸的。证明内切圆的半径在这一点上形成物体曲率半径的下界。（这个练习证明了引理 9.6。）

练习 9.12：二维物体 B 的内切圆在两点 x_1 和 x_2 处接触其边界。解释为什么物体边界至少在其中一个点上必须严格凸。例如，B 不能同时在 x_1 和 x_2 处凹。

解梗概：内切圆可看作一个刚体 D，它可以在 B 内自由运动，因为 D 有局部极大值，所以它必须被 bdy(B) 完全固定；否则，D 可以局部脱离 bdy(B)，进入 bdy(B) 内。如果 B 在 x_1 和 x_2 处都是非凸的，则 D 被两个"手指""抓取"，一个是严格凸的(bdy(B))的凹部分围绕 x_1），而另一个是非凹的(bdy(B)的非凸部分围绕 x_2）。因此，基本上是在与连接 x_1 和 x_2 线段正交的方向上局部滑动。因此，在这种情况下，D 不能是 B 的最大内切圆。

9.3 节

练习 9.13*：让凸二维物体 B 的内切圆在平行边上的两个对跖点接触其边界。利用其中一个点的非局部分裂，证明 B 可以被三个足够扁平的凸手指体完全固定。

解梗概：令 B 的内切圆，在对跖点 x_1 和 x_2 接触两条平行边 e_1 和 e_2（图 9-17）。设 e_1 的端点表示为 x'_{11} 和 x'_{12}，使得 x_{12} 是其 e_2 上的投影落在 e_2 内的点。B 的固定开始于将凸手指体 O_1 放置在 x'_{11} 处，然后该手指沿着 bdy(B) 相对于 e_1 向外移动到附近的点 x_{11}（图 9-17）。让 l_{11} 表示接触法线 n_{11} 所在的线，设 l 表示与 e_1 正交的直线，该线经过 x_{12}。注意，l 经过了 e_2 内。线 l_{11} 与线 l 在某个点 p 相交。现在，在 x'_{12} 处放置第二个凸手指体 O_2，然后沿着 bdy(B) 相对于 e_1 向外移动到附近的点 x_{12}（图 9-17）。对于固定线 l_{11}，接触法线 n_{12} 所在的线（表示为 l_{12}）在靠近 p 的点 p' 处与 l_{11} 相交。由于 p 在 e_2 上的投影落在 e_2 内，所有距离 p 足够近的点 p 的投影也位于 e_2 内。因此，e_2 包含一点 x_3，其边缘法线生成一条与 p 处的 l_{11} 和 l_{12} 平行的线。在 x_3 处放置第三个凸手指体 O_3，可以对 B 进行基本三指平衡抓取。

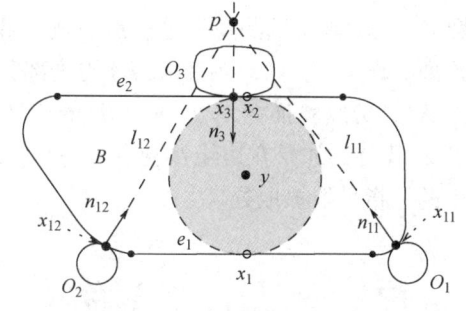

图 9-17 固定具有平行边 e_1 和 e_2 的光滑物体。点 x_1 被分裂为两个点 x_{11} 和 x_{12}，它们位于 e_1 的两端之外。点 x_2 随后沿 e_2 移到新点 x_3，接触法线 n_3 经过点 p，接触法线 n_{11} 和 n_{12} 所在的线相交

抓取点处一阶自由运动子空间 $M^1_{1,2,3}(q_0)$，由 B 在汇交点 p 上的瞬时旋转组成，如果 $m^2_{q_0} = 0$，或者等价地，如果所有 $\dot{q} \in M^1_{1,2,3}(q_0)$ 的 $k_{\mathrm{rel}}(q_0, \dot{q}) < 0$，则物体被固定。沿 $\dot{q} = (0, \omega)$ 的相对 c-space 曲率 $k_{\mathrm{rel}}(q_0, (0, \omega)) = \lambda_1 k_{11}(q_0, (0, \omega)) + \lambda_2 k_{12}(q_0, (0, \omega)) + \lambda_3 k_3(q_0, (0, \omega))$，其中 $\lambda_1, \lambda_2, \lambda_3 > 0$ 由平衡抓取条件决定。根据式(9-1)，$k_{11}(q_0, (0, \omega))$ 和 $k_{12}(q_0, (0, \omega))$ 具有有限值，由参数 ρ_1

和 ρ_2 确定，这些参数测量 p 与接触点 x_{11} 和 x_{12} 之间的距离。用 $r_{B_3}=\infty$ 代替式(9-1)中 B 在 x_3 处的曲率半径得到 $k_3(q_0,(0,\omega))=-(\rho_3+r_{O_3})$。现在可以推导出 r_{O_3} 的下限（即 O_3 的平整度要求），因此 $\dot{q}\in M^1_{1,2,3}(q_0)$ 变成一个大的负数，从而确保对所有 q 的 $k_{\text{rel}}(q_0,(0,\omega))<0$。

9.4 节

练习 9.14：为引理 9.13 提供一个简证，即每个具有平行边的凸多边形可以由三个足够扁平的凸手指体固定，前提是局部光滑的手指体位于多边形的顶点。

解梗概：让内切圆在对跖点 x_1 和 x_2 处接触多边形的两条平行边 e_1 和 e_2。首先，将两个光滑的凸手指体 O_1 和 O_2 放置在包含点 x_1 的边缘两端的顶点 x_{11} 和 x_{12} 处（图 9-11）。通过绕顶点旋转两个手指体，手指接触法线所在的线在点 p 相交，该点的水平投影可以位于 e_1 和 e_2 的水平重叠中的任何位置。因此，将第三个手指体 O_3 放在含有对跖点 x_2 的边缘上 p 的投影处，就可以用三个手指平衡抓取 B（图 9-11）。三个手指力是保持平衡抓取的关键。因此，抓取器的一阶运动指数为 $m^1_{q_0}=1$。一阶自由运动的一维子空间 $M^1_{1,2,3}(q_0)$ 由 B 绕点 p 的瞬时旋转组成（图 9-11）。

当 $k_{\text{rel}}(q_0,\dot{q})<0$ 时，对于所有 $\dot{q}\in M^1_{1,2,3}(q_0)$，多边形被固定。回想一下 $k_{\text{rel}}(q_0,(0,\omega))=\lambda_1 k_1(q_0,(0,\omega))+\lambda_2 k_2(q_0,(0,\omega))+\lambda_3 k_3(q_0,(0,\omega))$，其中 λ_1，λ_2，$\lambda_3>0$ 由平衡抓取条件决定。使用式(9-1)，$k_1(q_0,(0,\omega))$ 和 $k_2(q_0,(0,\omega))$ 具有由参数 ρ_1 和 ρ_2 确定的有限值，这些参数测量了 p 与接触点 x_{11} 和 x_{12} 之间的距离。将式(9-1)中的 $r_{B_3}=\infty$ 代入得 $k_3(q_0,(0,\omega))=-(\rho_3+r_{O_3})$。参数 ρ_3 测量了 p 与 x_3 之间的距离，为负值，因为 p 位于 x_3 的手指一侧（图 9-11）。然而，ρ_3 在给定抓取下是有限的。另一方面，手指在接触处的曲率半径 $r_{O_3}>0$，可以通过选择足够扁平的手指体 O_3 而任意增大。因此，$k_3(q_0,(0,\omega))$ 可以任意大且为负，从而确保所有 $\dot{q}\in M^1_{1,2,3}(q_0)$ 的 $k_{\text{rel}}(q_0,\dot{q})<0$。

练习 9.15：提供一个简证，只要将局部光滑的手指体放置在多边形的凸顶点处，则每个具有平行边的非凸多边形都可以由三个足够扁平的凸指体固定。

解梗概：考虑图 9-18 所示的非凸多边形。首先，在平行边之间向左滑动内切圆，直到建立新的接触。在此阶段，内切圆在点 x_0、x_1 和 x_2 处与多边形边界接触。接下来考虑最小距离函数 $d_y(x)$，该函数测量从这些点右侧 x_1 和 x_2 之间的 $\text{bdy}(B)$ 部分中点 x 到内切圆中心 y 的最小距离。设 x_3 为 $d_y(x)$ 在 $\text{bdy}(B)$ 的这部分达到全局最大值的顶点。使用非光滑分析工具（见附录 A），可以验证在 x_3 处 $\text{bdy}(B)$ 的广义法线包含经过 y 的方向。因此，点 x_0 可以被相对的顶点 x_3 代替。如果在边缘接触点 x_1 和 x_2 处放置足够扁平的凸手指体，则物体被固定在由此产生的三指平衡抓取处。

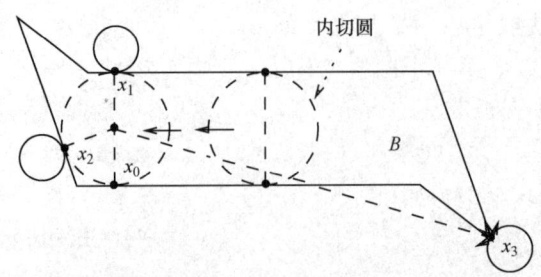

图 9-18　具有平行边的非凸多边形的内切圆。内切圆可以向左滑动，直到在 x_2 处建立新的接触。然后点 x_0 可以被相对的顶点 x_3 代替。如果在内边缘接触点 x_1 和 x_2 处放置足够扁平的凸手指体，则物体被固定在由此产生的三指平衡抓取处

练习 9.16：图 9-12 所示的多边形能否通过放置在多边形对应顶点的两个足够凹手指固定？（根据手指在顶点处的曲率半径调整答案。）

9.5 节

练习 9.17：三维物体的内切球一般在两个、三个或四个孤立点接触到它们的边界。证明一般多面体物体的内切球只在四个孤立点接触到它们的边界。

练习 9.18：让一个多面体的内切球在三个内切点和一个凹顶点上接触其表面。刻画四个手指体置于这些点上时一阶自由运动的子空间 $M^1_{1,2,3,4}(q_0)$。

解：子空间 $M^1_{1,2,3,4}(q_0)$ 是一维的，由 B 绕经过内切球中心和多面体凹顶点的轴的瞬时旋转组成。

练习 9.19：继续上一个练习，结果表明，内切点的三个球形指和凹顶点的一个尖头指固定了基于二阶效应的多面体。

练习 9.20：让一个多面体 B 的内切球在三个内切点和一个凹边点接触其表面。刻画四个手指体置于这些点上时一阶自由运动的子空间 $M^1_{1,2,3,4}(q_0)$。

练习 9.21：继续上一个练习，结果表明，内切点的三个球形指和凹顶点的一个曲刃指固定了基于二阶效应的多面体。

解梗概：首先，在内切点 x_1、x_2 和 x_3 处放置半径 $r_{O_i} \geq 0$ 的球形指。当 $i=1,2,3$ 时，$L^{-1}_{O_i} = r_{O_i} I$。接下来，在凹顶点 x_4 处放置一个曲刃指 O_4。式(9-5)中的参数 ρ_i 等于内切球半径 R，且在四个接触点处为正值。因此，式(9-5)变成

$$k_{rel}(q_0,(0,\omega)) = -\left(\sum_{i=1}^{3}\lambda_i(R+r_{O_i})\|n_i\times\omega\|^2 + \lambda_4(n_4\times\omega)^T[RI+L^{-1}_{O_4}](n_4\times\omega)\right)$$

手指体 O_4 有一个半径 $r_{O_4}>0$ 的圆形刃。这种手指沿刃的任意横截面方向都形成一个尖锐的平面指体，其在 x_4 处的曲率半径为零。因此，$(n_4\times\omega)^T L^{-1}_{O_4}(n_4\times\omega) = r_{O_4}\|n_4\times\omega\|^2$，使得 $r_{O_4}>0$ 或 $r_{O_4}=0$，根据向量 $n_4\times\omega$ 相对于手指刃方向。结果表明，$k_{rel}(q_0,(0,\omega))$ 中的每个和都是半负定的。由于由接触法线 $[n_1 \ n_2 \ n_3 \ n_4]$ 形成的 3×4 矩阵具有全行秩，所有 $\dot{q}=(0,\omega) \in M^1_{1,2,3,4}(q_0)$ 的 $k_{rel}(q_0,(0,\omega))<0$，这意味着二阶固定。

练习 9.22：考虑用四个手指抓取三棱柱 B，如图 9-14 所示。表明 B 可以通过放置在内切点 x_1、x_2、x_3 的三个点状手指和放置在 x_4 的合适手指体来固定。（x_4 处的凹手指体可以取代在内切点处足够扁平的凸手指体）。

练习 9.23：解释为什么三个凸手指体不能固定任意多面体物体。（考虑一个由三个凸手指体在无摩擦平衡抓取状态下握住凸多面体的瞬时平移运动）。

练习 9.24*：当手指体可以根据多面体物体进行预成形时，基于二阶效应，两个合适的凹手指体是否可以固定所有多面体物体？（考虑具有非球面接触表面的手指）。

参考文献

[1] B. Mishra, J. T. Schwartz and M. Sharir, "On the existence and synthesis of multifinger positive grips," *Algorithmica*, vol. 2, pp. 541–558, 1987.

[2] J. Selig and J. Rooney, "Reuleaux pairs and surfaces that cannot be gripped," *International Journal of Robotics Research*, vol. 8, no. 5, pp. 79–86, 1989.

[3] X. Markenscoff, L. Ni and C. H. Papadimitriou, "The geometry of grasping," *International Journal of Robotics Research*, vol. 9, no. 1, pp. 61–74, 1990.

[4] J. Czyzowicz, I. Stojmenovic and J. Urrutia, "Immobilizing a shape," *International Journal of Computational Geometry and Applications*, vol. 9, no. 2, pp. 181–206, 1999.

[5] E. Rimon and J. W. Burdick, "New bounds on the number of frictionless fingers required to immobilize planar objects," *Journal of Robotic Systems*, vol. 12, no. 6, pp. 433–451, 1995.

[6] E. Rimon, "A curvature based bound on the number of frictionless fingers required to immobilize three-dimensional objects," *IEEE Transactions on Robotics and Automation*, vol. 14, no. 5, pp. 709–717, 2001.

[7] J. Seo, M. Yim and V. Kumar, "A theory on grasping objects using effectors with curved contact surfaces and its applications to whole-arm grasping," *International Journal of Robotics Research*, vol. 35, pp. 1080–1102, 2016.

[8] A. M. Dollar and R. D. Howe, "The highly adaptive SDM hand: Design and performance evaluation," *International Journal of Robotics Research*, vol. 29, pp. 585–597, 2010.

[9] J. Borrs-Sol and A. M. Dollar, "Dimensional synthesis of a three-fingered dexterous hand for maximal manipulation workspace," *International Journal of Robotics Research*, vol. 34, no. 14, pp. 1731–1746, 2016.

[10] J. K. Salisbury and B. Roth, "Kinematic and force analysis of articulated mechanical hands," *Journal of Mechanisms, Transmissions and Automation in Design*, vol. 105, no. 1, pp. 35–41, 1983.

[11] J. K. Salisbury, "Kinematic and force analysis of articulated hands," PhD thesis, Dept. of Mechanical Engineering, Stanford University, 1982.

第10章 多指笼式抓取

前面的章节介绍了平衡抓取理论,然后是固定抓取理论。本章继续介绍笼式理论,该理论扩展了固定抓取的概念,以使物体 B 相对于周围的手指体有一定程度的移动性。笼式理论在抓取阶段特别有用,在该阶段机械手必须建立对物体 B 的安全平衡抓取。机器人首先将手指放在围绕物体的笼式结构中,然后在保持笼式结构的同时闭合手指,直到用机器人手牢牢抓住物体。以笼式结构预先打开手指,使手指可以在开始的时候放置在围绕物体的最大可能区域中,而随后闭合笼式结构则使机械手无须任何精确的手指定位即可抓住物体。

让我们从笼式结构的直观定义开始。

定义 10.1(笼式结构) 笼式结构是指静止的刚性手指体 $O_1, \cdots, O_k$ 围绕刚体 B 放置,这使得 B 不能在不穿透其中一个手指体的情况下从它的原始位置任意移动。

在抓取力学中,人们希望可以形成闭合的笼式结构,直到用手指牢牢抓住物体。机械手的模型是一组刚性手指体 $O_1, \cdots, O_k$,这些手指连接到一个叫作手掌的共同基础上。手掌被建模为在 $\mathbb{R}^n$ 中自由移动的刚体,当 $n=2$ 时为二维抓取,当 $n=3$ 时为三维抓取。刚体 B 具有已知的几何形状并且静止地放置在给定的位置。则笼式问题为:

给定刚性物体 B 所需的 k 指固定抓取,确定所有可以持续接近固定抓取的笼式结构,同时物体 B 被手指体所包围的状态。

对于所需的固定抓取的规范,我们依靠第6~8章的固定理论。请注意,任何固定抓取都必须形成对 B 的无摩擦平衡抓取(定理6.1)。在以下示例中说明了一些笼式结构。

示例: 图10-1a显示了具有两个凹形的物体 B。放置在凹形内的两个盘形手指最初围绕该物体形成了一个笼式结构,当手指保持固定时,物体无法逃脱到无限远。随后手指的闭合达到了固定抓取的程度,而物体仍被两个手指所固定。图10-1b显示了一个带有内部空腔的物体 B。放置在该空腔中的三个盘形手指最初形成一个笼式结构,当手指保持固定时,物体无法逃脱到无限远。随后手指的张开达到了固定抓取的程度,而物体仍然被三个手指固定着。请注意,有两种类型的笼式结构:挤压笼式结构,其手指向内闭合以固定物体(图10-1a);扩张笼式结构,其手指向外张开以固定物体(图10-1b)。

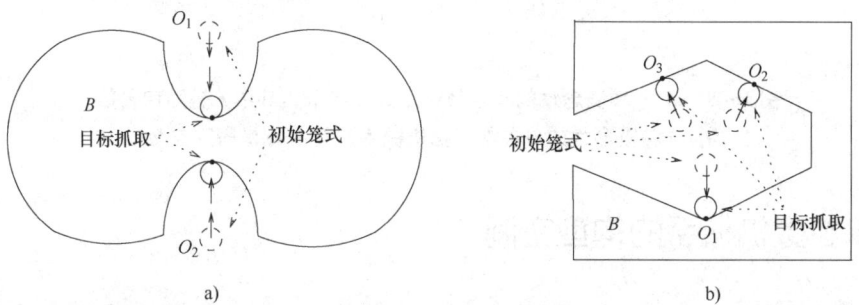

图10-1 导致固定抓取的两个笼式结构:**a)** 两指挤压的笼式结构;**b)** 三指扩张的笼式结构(未显示手掌)

本章以平面 k 指机器人的手指由标量参数控制为例，介绍笼式理论的概念。10.1 节和 10.2 节将介绍这类单参数机械手及其四维构型空间。10.3 节根据手的构型空间中的笼式集围绕给定固定抓取描述了笼式结构的集合。10.4 节建立了笼式理论的核心结果，即多指笼式结构中的任意分解都对应于 B 的无摩擦平衡抓取。为了提供关于如何识别笼式结构的直观见解，10.5 节描述了一种图形技术，该技术将多边形物体的两指笼式集作为围绕目标固定抓取的两个笼式区域。

10.1 标量形状参数控制的机械手

平面 k 指机器人手建模为二维刚性手指体 $O_1, \cdots, O_k$，通过连杆连接到一个普通的二维刚体，也就是手掌。手掌在 $\mathbb{R}^2$ 中自由移动，而手指相对于手掌沿单个自由度移动。换句话说，尽管手指的连接可能具有多个自由度，但我们将根据手掌构型和唯一确定手型的标量参数来研究笼式结构。这种单参数机械手的定义如下。

定义 10.2（单参数机械手） 平面 k 指机械手，其手掌在 $\mathbb{R}^2$ 中自由移动，而手指相对于手掌沿单个自由度 $\sigma \in \mathbb{R}$ 移动，形成了一个**单参数机械手**。

以下示例介绍了一些经典的单参数机械手。

示例：可以将工业平行夹持器建模为两个手指 O_1 和 O_2，它们沿着穿过手指中心的公共直线移动（图 10-1a）。手的张开参数定义为指间距离。可以按图 10-2a 所示对铰链式夹持爪进行建模，其中手指 O_1 和 O_2 沿以铰链为中心的圆弧运动。手指张开参数 σ 定义为盘形手指间的距离。另一个示例是图 10-2b 中的三指机械手。手指 O_1 相对于手掌保持静止，而手指体 O_2 和 O_3 根据共同的高度参数 σ 沿三角形边移动。注意，四个自由度允许在 $\mathbb{R}^2$ 中任意放置两个盘形手指。因此，两个可自由移动的盘形手指也可以解释为单参数机械手。

虽然本章考虑的是单参数机械手，但应注意笼式理论涉及一般的机械手（请参阅参考书目注释）。目前，请注意，手指张开参数 σ 的选择本身就是一个自由参数，可以为每次抓取操作重新设置。例如，图 10-2a 中的半径 r 和图 10-2b 中的角度 α 可以根据特定期望的抓取来设定。

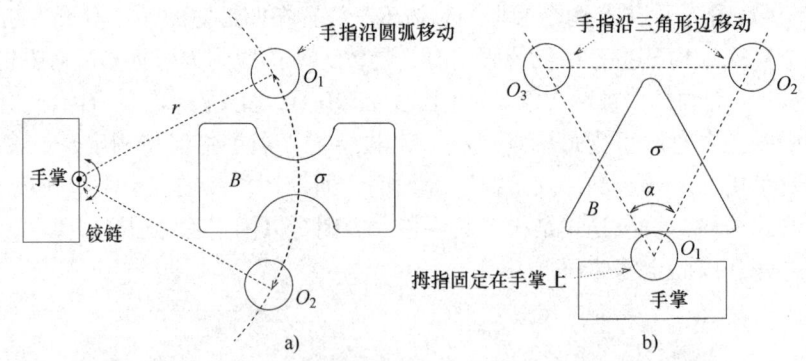

图 10-2　a）一种概念性的单参数铰链式夹持爪，其中 r 是固定参数；
b）一种概念性的单参数三指机械手，其中 α 是固定参数

10.2 单参数机械手的构型空间

单参数机械手的构型空间由手掌的位置和方向 $q \in \mathbb{R}^3$，以及手指张开参数 $\sigma \in \mathbb{R}$ 组成。因

此，手的构型空间由 $(q,\sigma) \in \mathbb{R}^4$ 参数化。从机械手的角度来看，物体 B 可以解释为静止的障碍。也就是说，虽然物体 B 可能会被闭合的手指干扰，但物体的移动不会破坏笼式结构，也不会影响机械手最终到达物体 B 所需的固定抓取程度(图 10-4)。

对应于静止物体 B 的 c-障碍(用 CB 表示)，被定义为一组手的构型，在该构型上，一个或多个手指体 $O_1,\cdots,O_k$ 与静止物体 B 相交。c-障碍组成了并集，即 $CB = \bigcup_{i=1}^{k} CB_i$，其中每个 CB_i 是手指 O_i 与静止物体 B 相交的一组手的构型。根据此解释，每个 CB_i 将被称为手指 c-障碍。第 6 章中的自由构型空间的概念现在变为手的自由 c-space(自由构型空间) F，定义为手指 c-障碍的补集：$F = \mathbb{R}^4 - \bigcup_{i=1}^{k} \text{int}(CB_i)$，其中 int 表示集合内部。

手的自由构型空间在 $\mathbb{R}^4$ 中形成一个分层集，由称为层的不相交流形的有限并集组成(请参阅附录 B)。F 的内部由 $\mathbb{R}^4$ 中的开集组成，这些开集形成 F 的四维层。在这些开集中，没有手指触摸到物体。F 的边界或等效地 $CB = \bigcup_{i=1}^{k} CB_i$ 的边界，由以下低维层组成。F 的三维层形成单指 c-障碍的边界，并且它们对应于与 B 的单指接触。F 的二维层形成了成对的三维层的交集，并且它们对应到与 B 的两指接触。当机械手至少有三个手指时，F 的一维层对应于与 B 的三指接触。当机械手至少有四个手指时，F 的零维层是与 B 的四指接触相对应的孤立点。

示例：图 10-3 的下部显示了两指机械手，它与静止的椭圆形物体 B 相互作用。手指张开参数 σ 定义为指间距离(未显示手掌)。手的自由构型空间 F 形成了一个二维分层集，可以用其固定 σ 切片来表示。F 的三个固定 σ 切片如图 10-3 所示。每个固定的 σ 切片包含三种类型的层：形成三维层的开集，构成二维层的单个手指 c-障碍切片的边界，以及构成一维层的手指 c-障碍对的相交曲线。手的自由构型空间 F 的实际层是沿着 σ 轴扫过各个层形成的。因此，它们的尺寸比图 10-3 所示的层尺寸大一倍。

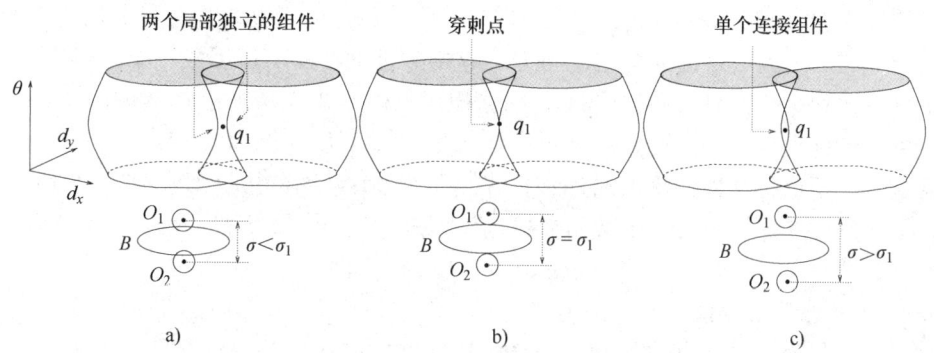

图 10-3　两指机械手的构型空间的三个 σ 切片，显示了两个交汇在穿刺点的局部不同的组件：
a) $F|_{\sigma_1-\varepsilon}$；b) $F|_{\sigma_1}$；c) $F|_{\sigma_1+\varepsilon}$，$\varepsilon > 0$

10.3　笼式结构的构型空间表示

本节描述了围绕 B 的固定抓取的笼式结构，即在手的构型空间的笼式集。令 $F|_\sigma$ 表示自由构型空间 F 的固定 σ 切片，而 $CB_i|_\sigma$ 表示手指 c-障碍 CB_i 的固定 σ 切片。在手指的构型空

间中定义 k 指笼式结构的形式如下。

定义 10.3(构型空间笼型) 当手掌构型 q 位于 $F|_\sigma$ 的有界路径连通分量中时，位于 (q,σ) 的单参数机械手围绕 B 形成笼型，该分量完全由手指 c-障碍切片 $CB_1|_\sigma, \cdots, CB_k|_\sigma$ 所包围。

当 $F|_\sigma$ 的一个路径连通分量完全被手指 c-障碍切片 $CB_1|_\sigma, \cdots, CB_k|_\sigma$ 所包围，则固定形状的手的任何运动都不能使其远离初始位置，除非它的一些手指与物体 B 碰撞。等效地，当手指体保持固定状态时，一个自由运动的物体 B 在被静止的手指包围时具有有限的移动性。为了更好地理解构型空间笼型的概念，请考虑固定抓取和笼式结构之间的以下关系。

定理 10.1(局部构型空间笼型) 让一个刚体 B 被位于 (q_0,σ_0) 的单参数机械手固定。在手的自由构型空间 F 中，所有足够接近 (q_0,σ_0) 的手的构型 (q,σ) 形成了关于 B 的笼型。

实际上，当单参数机械手固定物体 B 时，在挤压抓取的情况下任何轻微的手指张开，或者在扩张抓取的情况下任何轻微的手指闭合都会自动在该物体周围形成笼型。

简证：将 B 固定在 (q_0,σ_0) 意味着点 q_0 是 $F|_{\sigma_0}$ 的孤立点，被手指 c-障碍切片 $CB_1|_{\sigma_0}, \cdots, CB_k|_{\sigma_0}$ 所包围。因此，点 q_0 可以被一个以 q_0 为中心的半径为 δ 的小球体包围，从而使该球体位于并集 $\bigcup_{i=1}^{k} CB_i|_{\sigma_0}$ 内。该球面位于全 c-障碍内，$CB=\bigcup_{i=1}^{k}CB_i$。CB 的球面和边界是 $\mathbb{R}^4$ 中不相交的闭集，它们之间有一定的距离。因此，球体可以沿着 $\mathbb{R}^4$ 中的 σ 轴局部扫描，从而形成位于 CB 内的小型三维圆柱体集。圆柱体集形成了以 (q_0,σ_0) 为中心的 F 的四维邻域的外边界。该邻域中的每个手的构型 (q,σ) 都位于一个以 q_0 为中心的半径为 δ 的球体内(每个球体都是圆柱体集的固定 σ 切片)，使得该球体位于并集 $\bigcup_{i=1}^{k}CB_i|_\sigma$ 内。这些手的构型从而形成了一个关于 B 的笼型。

当单参数机械手的手指从 B 的固定抓取上移开时会发生什么？如果手在固定抓取位置的构型为 (q_0,σ_0)，则点 q_0 是 $F|_{\sigma_0}$ 的孤立点，该点完全被手指 c-障碍切片 $CB_1|_{\sigma_0}, \cdots, CB_k|_{\sigma_0}$ 包围。对于挤压抓取，c-障碍区 $CB_1|_\sigma, \cdots, CB_k|_\sigma$ 在 σ_0 以上的 σ 切片中分开，因为手指在物理空间中是分开的。因此，自由的构型空间 F 在这些邻近的切片中扩展成一个三维空腔。最终，张开的手指将达到一个临界的手指开口 σ_1，这使得物体几乎无法从手指形成的笼式结构中逃脱。这一事件的标志是在 $F|_{\sigma_1}$ 闭合腔的边界上出现一个穿刺点(图 10-3)。

分层莫尔斯理论将这种穿刺点的外观描述如下(有关术语请参见附录 B)。F 的固定 σ 切片的拓扑变化发生在标量值投影函数的临界点处，$\pi:F\to\mathbb{R}$，由下式给出：

$$\pi(q,\sigma)=\sigma, \quad (q,\sigma)\in\mathbb{R}^4$$

当 σ 在 π 的相邻临界值的开区间内变化时，水平集 $F|_c=\{(q,\sigma)\in F:\pi(q,\sigma)=c\}$ 彼此拓扑等价(同构)。特别地，这些水平集的路径连通性保持在 π 的临界值之间。在 F 的固定 σ 切片中，任何路径连通性的改变都必须局部发生在 F 中 π 的临界点上。在 $F|_{\sigma_1}$ 中空腔的边界上的穿刺点就是 π 的临界点，因为 $F|_{\sigma_1}$ 的两个局部不同连通分量在这一点相交。这种类型的临界点被称为建立了连接点，见下面的示例。

示例：考虑用两根手指抓住图 10-3 底部所示的椭圆。令 (q_1,σ_1) 标记手的构型，如图 10-3b 所示。切片 $F|_{\sigma_1-\varepsilon}$ 在 q_1 附近具有两个局部不同的分量(图 10-3a)。这两个连接的分量在切片 $F|_{\sigma_1}$ 中的 q_1 处相交(图 10-3b)，并在切片 $F|_{\sigma_1+\varepsilon}$ 中成为单个连接的分量(图 10-3c)。因此，点 (q_1,σ_1) 是 F 中 π 的水平集的连接点。

让我们利用分层莫尔斯理论提供的见解来描述围绕给定的固定抓取 B 的笼式集,假设它是一个挤压抓取。考虑 F 的子集,它从切片 $F|_{\sigma_0}$ 中的孤立点 q_0 开始,在切片 $F|_\sigma$ 中成为孤立的三维空腔,$\sigma_0 < \sigma < \sigma_1$,并以包含穿刺点的切片 $F|_{\sigma_1}$ 结束。当这些 F 的固定 σ 切片堆叠在一起时,孤立区域的并集会在手的构型空间中形成以下笼式集。

定义 10.4(笼式集) 设 (q_0, σ_0) 是刚体 B 的固定手构型。在所有 $\sigma > \sigma_0$ 的连接点中,**穿刺点** (q_1, σ_1) 是 σ 最小的点,且有可能沿 F 中的 σ 递减的方向达到 (q_0, σ_0)。**构型空间笼式集**用 K 表示,是并集 $\cup_{\sigma_0 \leq \sigma \leq \sigma_1} F|_\sigma$ 的路径连接分量,包含点 (q_0, σ_0)。笼式集的定义类似于扩张抓取。

因此,穿刺点 (q_1, σ_1) 是可以通过 σ 递减的方向路径连接到 (q_0, σ_0) 的第一个连接点。集合 K 被手指 c-障碍包围,并以经过穿刺点的 σ 切片为界。集合 K 构成了以下建立安全平衡抓取方法的基础。

笼-抓方法:将手指置于 K 中的任意初始手形上,同时确保在无摩擦接触条件下保持物体的刚度,不断减小手指张开参数 σ_0 确保手可以达到目标固定抓取,而物体 B 保证在整个手指闭合过程中保持笼中状态。

笼-抓方法在实际手指放置误差下具有鲁棒性。机械手只需要将手指放在固定目标抓取周围的笼式区域内,手指开口小于笼式集穿刺点所允许的最大手指开口。然后,就可以确保整个手指闭合过程以对固定物体 B 的安全固定抓取结束,具体见以下示例。

示例:图 10-4a 描绘了具有两个凹形的物体 B。根据本段后面画的图形,两个盘形手指最初位于目标固定抓取的笼式区域,如图 10-4a 所示。在最初的手指闭合过程中,手指 O_1 恰好与 B 建立接触(图 10-4a)。虽然这个手指随后移动了用虚线构成的物体,但物体仍然无法逃脱由两个手指形成的笼式区域。最终另一根手指 O_2 与 B 建立了接触(图 10-4b)。在无摩擦接触条件下,两指在将物体向右推的同时,继续沿着物体边界滑动,直到建立固定抓取(图 10-4c)。在构型空间笼式集中,所有初始的机械手构型保证了固定抓取的实现,并且在手指闭合过程中不受任何移动 B 的影响。

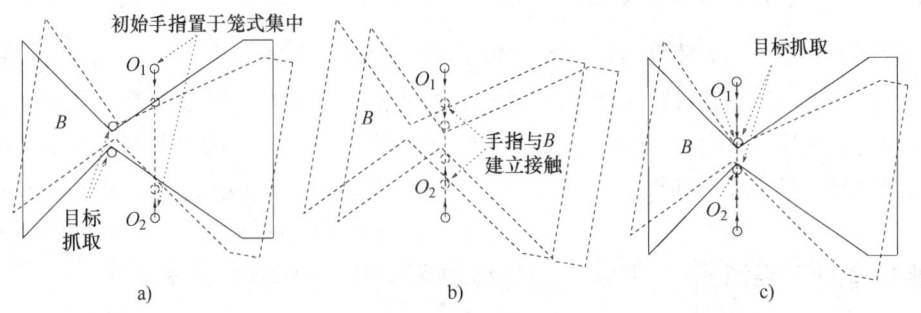

图 10-4 a) 盘形手指 O_1 和 O_2 在目标抓取周围笼式区域的初始位置;b) 闭合的手指与 B 建立接触;c) 沿着物体边缘滑动,直到达到对目标的抓取(中间物体的位置用虚线表示)

复合笼式集:单参数机械手的固定抓取发生在孤立的机械手构型中(见练习题)。因此,每个构型空间的笼式集 K 都与物体 B 的固定抓取相关联。但是,也有可能 K 的穿刺点将当前的笼式集与 F 的相邻区域连接起来,形成 B 的相邻固定抓取的笼式集。以这种方式继续下去,就有可能合成复合笼式结构,它缩回到几种固定抓取之一。注意每个复合笼型的上界都有一个最大的手指间隙,超过这个间隙,手(或等效解释中的物体)就可以自由移动到无限远。

我们总结两个注意事项来结束本节。某些二维物体具有圆对称性或平行边(图10-10)。这些物体只能在其圆或平行边对称的情况下被固定，并且笼型闭合过程可以达到这些条件固定抓取中的任何一个。另一个问题涉及接触点摩擦不可忽略的可能性。在笼型闭合过程中，摩擦效应可能会导致手指卡壳，从而使手指停止在摩擦平衡抓取状态。因此，必须采取某些措施，以避免在笼型闭合中手指卡壳(见参考书目注释)。

10.4 笼式集穿刺点

本节建立的穿刺点的构型空间笼式集 K，对物体 B 形成无摩擦平衡抓取，涉及部分或全部 k 手指。为简单起见，假设为挤压抓取，但扩张抓取也具有相同的性质。回想一下，K 的穿刺点是投影函数 $\pi: F \to \mathbb{R}$ 的水平集的连接点，F 的固定 σ 切片的两个局部不同的连通分量相交并成为一个单一的连通分量。让我们确定每个连接点对应于物体 B 的无摩擦平衡抓取。

设 p 表示 F 中 π 的任意临界点，并令 $c = \pi(p)$ 为 π 在这一点的值。根据 π 在 F 的两个互补子集上的特征，分层莫尔斯理论描述了给定临界点的类型(见附录B)。第一个集合是包含点 p 的 F 层，用 S 表示。另一个集合，F 在 p 点的法线切片，构造如下。设 $D(p)$ 是一个以 p 为圆心的小圆，它只在 p 处与 S 层相交，并垂直于 S 层。正常切片表示为 $E(p)$，其中集合 $E(p) = D(p) \cap F$。π 在 S 上的特征用莫尔斯指数表征，记为 ν。它被定义为黑塞矩阵 $D^2\pi(p)$ 的负特征值的个数，在 S 层进行评价。π 在 $E(p)$ 上的特征由下半链集决定，表示为 l^-。它被定义为 $E(p)$ 与临界值以下水平集 $F|_{c-\varepsilon} = \{(q,\sigma) \in F : \pi(q,\sigma) = c - \varepsilon\}$ 的交集。因此，$l^- = E(p) \cap F|_{c-\varepsilon}$，其中 $\varepsilon > 0$ 是一个小参数。根据附录B中的推论B.3，临界点 p 在以下两种情况之一形成 π 的连接点：

(1) 莫尔斯指数为一，$\nu = 1$，下半链 l^- 为空。
(2) 莫尔斯指数为零，$\nu = 0$，下半链 l^- 断开。

当物体 B 被笼罩并最终被 k 手指机械手抓取时，S 层代表了机械手的构型，即与物体 B 保持接触的 $r \leq k$ 个手指的子集。因此，S 层形成了几个手指 c-障碍边界的交集：$S = \bigcap_{i=1}^{r} \mathrm{bdy}(CB_i)$。这个性质可以用来确定当在临界点非空时，它必须形成一个连通集(见本章附录中的引理10.5)。因此，只有条件(1) $\nu = 1$，$l^- = \varnothing$，才可能保持在 F 中函数 π 的连接点处。

下一个引理说明了在什么条件下，在 F 中 π 的临界点 $l^- = \varnothing$。每个手指 c-障碍 CB_i，占据了手的构型空间中的一个四维集合。令 $\eta_i(p) \in T_p\mathbb{R}^4$ 表示 $p \in \mathrm{bdy}(CB_i)$ 处的手指 c-障碍单位外法线。

引理 10.2(下半链测试) 设 $f: F \to \mathbb{R}$ 为莫尔斯函数，使得 f 是光滑函数 $\tilde{f}: \mathbb{R}^4 \to \mathbb{R}$ 对 F 的限制。设 p 为 F 的 S 层中 f 的临界点，$S = \bigcap_{i=1}^{r} \mathrm{bdy}(CB_i)$，$1 \leq r \leq k$。在 p 处**下半链为空**，即 $l^- = \varnothing$ 的必要条件是

$$\nabla \tilde{f}(p) = \lambda_1 \eta_1(p) + \cdots + \lambda_r \eta_r(p), \quad \lambda_1, \cdots, \lambda_r \geq 0 \quad (10\text{-}1)$$

式中，$\lambda_1, \cdots, \lambda_r$ 不全为零。$l^- = \varnothing$ 的充分条件为 $\lambda_1, \cdots, \lambda_r$ 在式(10-1)中严格为正。

引理10.2的证明出现在本章的附录中，并基于以下论点。当 l^- 在 p 处为空时，函数 f 必须在任何构型空间路径上是非递减的，该路径从 p 开始，位于法线切片 $E(p)$。令 $\alpha(t)$ 是这样一个路径，有 $\alpha(0) = p$ 和 $\dot{\alpha}(0) = \dot{p} \in E(p)$。根据链式法则，对于所有的切向量 $\dot{p} \in E(p)$，

$\frac{\mathrm{d}}{\mathrm{d}t}\Big|_{t=0} f(\alpha(t)) = \nabla \tilde{f}(p) \cdot \dot{p} \geq 0$。由于 $E(p)$ 是 F 的子集，切向量 $\dot{p} \in E(p)$ 位于 p 的切锥中，定义为 $T(p) = \{\dot{p} : \eta_i(p) \cdot \dot{p} \geq 0, i = 1, \cdots, r\}$。取 $\eta_i(p) \cdot \dot{p}$ 与权重 $\lambda_i \geq 0$ 的加权和，得到所有对于 $\dot{p} \in T(p)$ 的 $\sum_{i=1}^{r} \lambda_i \eta_i(p) \cdot \dot{p} \geq 0$。接下来，考虑 $T_p\mathbb{R}^4$ 中的互补锥，由 p 处的手指 c-障碍外法线所张成：$N(p) = \left\{\sum_{i=1}^{r} \lambda_i \eta_i(p) : \lambda_i \geq 0, i = 1, \cdots, r\right\}$。对所有的 $\dot{p} \in T(p)$，每个向量 $\eta \in N(p)$ 都满足 $\eta \cdot \dot{p} \geq 0$。如附录中所示，$N(p)$ 包含在 p 处具有此性质的所有向量，因此如式 (10-1) 所规定的，$\nabla \tilde{f}(p) \in N(p)$。

引理 10.2 的一个直接结果是所有连接点的特征化，因此笼式集穿刺点，作为物体 B 的无摩擦平衡抓取。

定理 10.3（基本笼式理论） 设 F 是由手指张开参数 σ 控制的 k 指机械手的自由构型空间。设 $\pi : F \to \mathbb{R}$ 为投影函数 $\pi(q, \sigma) = \sigma$。然后 π 在 F 上通常构成莫尔斯函数，在这种情况下，F 中 π 的所有**连接点**都对应于 B 的 r 指无摩擦平衡抓取，其中 $2 \leq r \leq k$。

证明： 在连接点 $p_1 = (q_1, \sigma_1) \in F$，必须满足条件 $v = 1$，$l^- = \phi$。由于在 p_1 处 $l^- = \phi$，引理 10.2 的必要条件为

$$\nabla \pi(p_1) = \lambda_1 \eta_1(p_1) + \cdots + \lambda_r \eta_r(p_1), \quad \lambda_1, \cdots, \lambda_r \geq 0 \tag{10-2}$$

式中，$\lambda_1, \cdots, \lambda_r$ 不全为零。投影函数的梯度 $\pi(q, \sigma) = \sigma$，由 $\nabla \pi = (0, 0, 0, 1)$ 给出。因此，我们将重点证明式 (10-2) 的前三个分量对应于物体 B 的 r 指无摩擦平衡抓取。

k 指机械手在 F 的每个 σ 切片中作为固定形状的刚体移动。因此，可以将第 i 个手指的 c-障碍切片 $CB_i|_{\sigma_1}$ 解释为自由手指的 c-障碍与由静止的手指体 O_i 形成的障碍相互作用。因此，$CB_i|_{\sigma_1} = CO_i$，其中 CO_i 是由静止的手指体 O_i 在 B 的构型空间中引起的 c-障碍。在这个解释下，机械手的手掌构型 $q \in \mathbb{R}^3$ 可以用来表示物体 B 的构型，而手指体 $O_1, \cdots, O_r$ 保持静止。

用手指体 $O_1, \cdots, O_r$ 对刚性物体 B 的无摩擦平衡抓取，可以在 B 的构型空间中表示为如下形式（见第 4 章）。当 B 位于构型 q 时，旋量通过无摩擦接触作用的手指力影响 B，且 $w_i = \lambda_i \hat{\eta}_i(q)$，其中 $\lambda_i \geq 0$，$\hat{\eta}_i(q)$ 是 q 处的第 i 个 c-障碍单位外法线。当物体 B 保持无摩擦平衡抓取时，手指体施加在 B 上的净力旋量必须为零：

$$\lambda_1 \hat{\eta}_1(q) + \cdots + \lambda_r \hat{\eta}_r(q) = \vec{0}, \quad \lambda_1, \cdots, \lambda_r \geq 0 \tag{10-3}$$

式中，$\lambda_1, \cdots, \lambda_r$ 不全为零。

在式 (10-2) 中，每个手指 c-障碍外法线的前三个分量 $\eta_i(p_1) \in T_{p_1}\mathbb{R}^4$，是 c-障碍单位外法线的正倍数，$\hat{\eta}_i(q_1) \in T_{q_1}\mathbb{R}^3$，式中 $p_1 = (q_1, \sigma_1)$。因此，可以在式 (10-2) 中用向量 $\hat{\eta}_i(q_1)$ 代替 $\eta_i(p_1) (i = 1, \cdots, r)$ 的前三个分量，以及 $\nabla \pi$ 的前三个分量的零向量。在用 CO_i 识别 $CB_i|_{\sigma_1}$ 的情况下，我们得到了式 (10-3) 的平衡抓取条件。

因此，构型空间笼式集的穿刺点就形成了 B 的无摩擦平衡抓取。我们可以识别物体的无摩擦平衡抓取，并对这些平衡抓取中的哪一个形成了连接点进行分类，然后测试从每个候选连接点到目标固定抓取的 σ 递减路径的存在性。下一节将对两指机械手采用这种方法。

10.5 两指笼式结构的图形描述

本节以图形技术的形式为捕捉-抓取过程提供了一种直观的感觉，该技术确定了围绕多边

形物体 B 的目标固定抓取的两指笼式区域。该技术确定了穿刺点抓取，然后使用该技术将构型空间笼式集构建成围绕固定抓取的两个笼式区域。该技术假设两个点状或盘形手指在 $\mathbb{R}^2$ 中自由移动，总共有四个自由度。两个自由运动的点状或盘形手指可以理解为一个单参数机器人手：连接两个手指的线段构成手的手掌，其构型为 $q \in \mathbb{R}^2$，而指间距离定义了手指张开参数 σ。

图形技术在接触空间中寻找目标固定抓取的穿刺点。这个空间用两个参数 u_1 和 u_2 来参数化沿着物体边界的两个手指接触，这样 $[0,1] \to \text{bdy}(B)$ 描述了沿着物体边界的第 i 个手指的接触位置。每个单位区间的端点参数化物体边界上的同一点。接触空间定义为单位正方形 $U = \{(u_1, u_2) \in [0,1] \times [0,1]\}$，其周期规则为 $0 \times [0,1] = 1 \times [0,1]$，$[0,1] \times 0 = [0,1] \times 1$。

在寻找目标固定抓取的穿刺点时，检查指间距离函数 $d(u_1, u_2)$ 的局部极小点和鞍点，该函数在接触空间中定义如下。

定义 10.5 指间距离函数 $d(u_1, u_2): U \to \mathbb{R}$，测量所有与 U 存在两指接触的手指张开参数，对于 $(u_1, u_2) \in U$，$d(u_1, u_2) = \|x(u_1) - x(u_2)\|$。

让我们暂停一下，解释函数 $d(u_1, u_2)$ 与手指张开参数 σ 的关系。回想一下，两个自由运动的点状或盘形手指可以被建模为一个单参数机器人手，手的构型空间由 $(q, \sigma) \in \mathbb{R}^4$ 进行参数化。考虑手的构型空间的以下子流形。

定义 10.6 两指机械手的构型空间中的**双接触子流形**由所有的机械手构型 $(q, \sigma) \in \mathbb{R}^4$ 组成，此时两个手指都接触到物体 B：$S = \text{bdy}(CB_1) \cap \text{bdy}(CB_2)$，其中 $\text{bdy}(CB_1)$ 和 $\text{bdy}(CB_2)$ 是手指 c-障碍边界。

子流形 S 是二维的，完全由接触空间 U 参数化，指间距离函数 $d(u_1, u_2)$ 就是投影函数 $\pi(q, \sigma) = \sigma$ 对子流形 S 的限制，子流形依次由 $(u_1, u_2) \in U$ 参数化。

让我们回到图形技术。函数 $d(u_1, u_2)$ 具有无摩擦两指平衡抓取 B 在接触空间中形成该函数极值点的性质。这些抓取可以通过在 B 的顶点处使用广义内法线进行图形识别，理解为当手指接触 B 的凸顶点时，应在概念上将手指建模为接触顶点的小圆（图 10-5）。在这种解释下，多边形 B 的两指无摩擦平衡抓取可以分为三种类型。vertex-vertex 抓取：两个手指接触 B 的相对顶点；vertex-edge 抓取：其中一个手指接触一个顶点，另一个手指接触一个相对的边缘点；edge-edge 抓取：两个手指接触 B 的平行边的位置。下面的示例说明了前两种类型。

示例：图 10-5 所示的多边形 B 有六个 vertex-vertex 平衡抓取，顶点处有相反的广义内法线。多边形也有四个 vertex-edge 平衡抓取，在顶点处具有广义内法线，在边缘处具有相对的边缘内接触法线。这些抓取都是 $d(u_1, u_2)$ 的非光滑极值点，它们可以在接触空间 U 中形成局部极小值、鞍和局部极大值。

下面的引理给出了一个接触空间准则，用于识别给定物体 B 的候选穿刺点抓取。该引理用于挤压抓取，但对于扩张抓取存在类似引理。

引理 10.4（U 中的极小值和鞍） 令多边形物体 B 被两个点状或盘形手指抓取。B 的每个固定抓取都是 $d(u_1, u_2)$ 在 U 中的局部极小值，而每个连接点抓取是 $d(u_1, u_2)$ 在 U 中的鞍点。

引理 10.4 的证明出现在本章的附录中。B 的固定抓取有两种类型。vertex-edge 抓取，其中一个手指接触 B 的凹顶点，而另一个手指接触 B 的相对的边缘点（图 10-6a）。vertex-vertex 抓取，两个手指接触 B 的相对凹顶点（图 10-6b）。连接点抓取包括两种可能的类型：vertex-edge 抓取，其中一个手指接触 B 的凸顶点，而另一个手指接触 B 的相对的边缘点（图 10-6c）；vertex-vertex 抓取，其中一个手指接触 B 的凸顶点，而另一个手指接触 B 的相对的凹顶点（图 10-6d）。

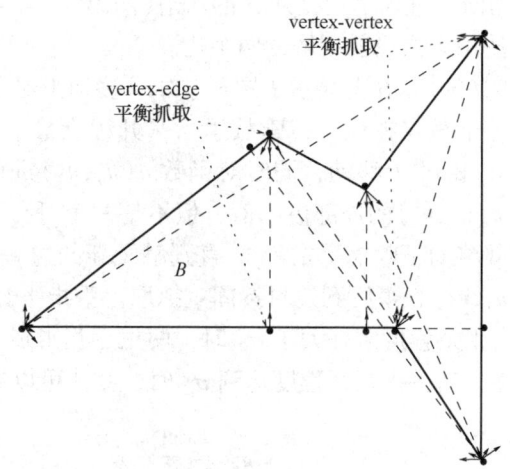

图 10-5 一个多边形物体，具有四个 **vertex-edge** 平衡抓取和六个 **vertex-vertex** 平衡抓取
（两个 vertex-vertex 抓取未显示）

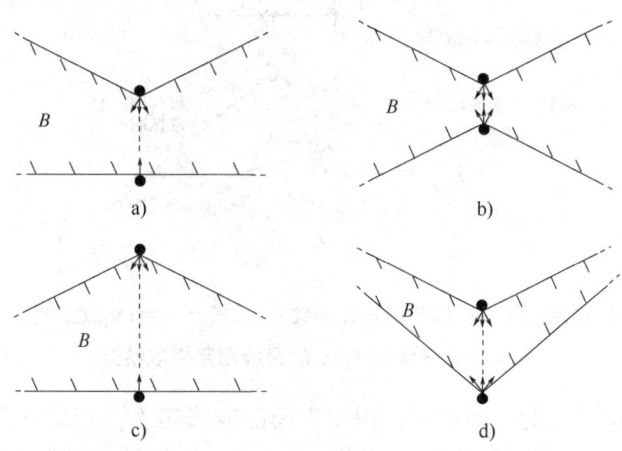

图 10-6 两种固定抓取包括 a) 凹顶点和边，或 b) B 的两个凹顶点。连接点抓取涉及
c) 凸顶点和边，或 d) B 的凸顶点和凹顶点

该图形技术以一个多边形 B 的目标固定抓取为输入，其手指张开参数 $\sigma=\sigma_0$，并确定笼式集的穿刺点。该技术被描述为挤压抓取，但可以很容易地应用于扩张抓取。

笼式集穿刺点的图形化检测：

1）当手指张开参数 $\sigma>\sigma_0$ 时，确定 B 的所有的两指平衡抓取。

2）保留那些平衡点，即 U 中 $d(u_1,u_2)$ 的鞍点，按 σ 的升序进行排列。

3）从满足 $\sigma>\sigma_0$ 值最小的鞍点开始，测试每个鞍点是否存在通向目标固定抓取的 σ 递减路径：

① 识别将每个手指从鞍点接触引导至固定抓取接触的物体边界段。

② 沿着物体边界段移动两个手指，同时最小化函数 $d(u_1,u_2)$（即挤压手指），直到达到局部极小值。

③ 如果局部极小值是目标固定抓取，则鞍点就是笼式集的穿刺点。

④ 如果局部极小值形成了一些其他的固定抓取，则在下一个鞍点上继续步骤 3）。

⑤ 如果局部极小值不是一个可行平衡抓取，则在保持另一个手指固定的同时，在局部极

小值处将一根手指从 B 处缩回,直到手指碰到 B 的新边(图 10-7)。

继续步骤 3)中的①,使用手指当前接触的两个边。

示例:在图 10-7 所示的多边形 B 上演示了图形技术。多边形必须固定在其中心,且手指张开参数为 σ_0。多边形有若干鞍点抓取,搜索从手指张开程度最小的鞍点开始,$\sigma_1 > \sigma_0$,位于 v_1 和 v_1'。手指最初在边 e_1 和 e_1' 上移动,同时对函数 $d(u_1, u_2)$ 进行最小化,直到到达顶点 v_2 和边缘点 v_2'。它是 U 中 $d(u_1, u_2)$ 的局部极小值,但不是一个可行平衡抓取。因此,搜索从步骤 3)中的⑤开始,该步骤将向下收缩手指 O_1,直到触及新的边 e_2。手指继续沿 e_2 和 e_1' 同时滑动,并最小化函数 $d(u_1, u_2)$,最终到达目标固定抓取。手指张开程度为 σ_1 的初始鞍点形成了笼式集穿刺点。在手指张开程度刚好大于 σ_1 时,两根手指形成一个复合笼型,缩回到 B 的两个固定抓取之一。最终,当手指张开程度达到 σ_2 时,物体可以逃脱到无限远。

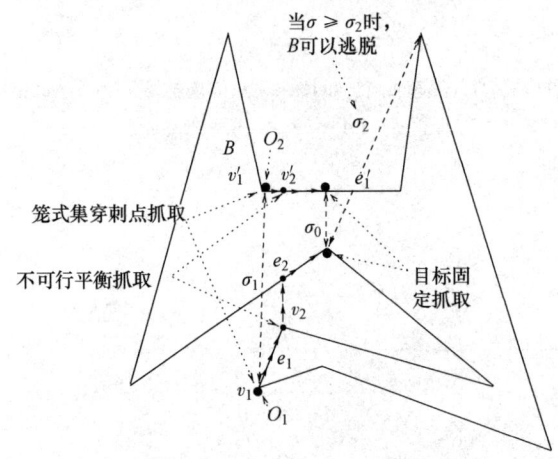

图 10-7 图形技术的示例,以手指张开参数 σ_1 从顶点 v_1 和 v_1' 处的鞍点抓取开始,到手指张开参数为 σ_0 的目标固定抓取结束

在计算了目标固定抓取的穿刺点后,构型空间的笼式集 K 可以表示为围绕固定抓取的两个笼式区域。设 (q_0, σ_0) 为目标固定抓取,设 (q_1, σ_1) 为其穿刺点抓取。首先,确定位于笼式区域内的物体边界段,如图 10-8 所示。将两个手指放在固定抓取处;然后沿物体边界移动两个手指,同时将手指张开程度从 σ_0 增加到 σ_1。在此过程中,标记手指接触到的物体边界,如 γ_1 和 γ_2(图 10-8)。接下来,沿着 γ_1 移动一根手指,同时在物体另一侧的垂直距离 σ_1 处标记曲线。用 γ_1' 表示该曲线中由 γ_2 的端点限定的部分。对曲线 γ_2 重复此过程,这一次生成曲线 γ_2',其端点位于 γ_1 的端点处。一个笼式区域由 γ_1 和 γ_2' 限定,而另一个笼式区域由 γ_2 和 γ_1' 限定,如下例所示。

示例:图 10-8 再次描述了上一个示例中的多边形物体。从目标固定抓取开始,当手指张开程度从 σ_0 增加到 σ_1、γ_1 和 γ_2 时所接触的边界段在图 10-8 中用粗曲线所示。在垂直距离 σ_1 处追踪 γ_1 得到曲线 γ_1',其端点与 γ_2 的端点重合。对 γ_2 进行类似的追踪得到曲线 γ_2',其端点与 γ_1 的端点重合。请注意,两条曲线轨迹都涉及物体顶点处垂直线段的旋转,旋转角度由顶点处的边法线确定。下笼式区域的禁闭区由 γ_1 和 γ_2' 以及物体边界的一部分边界限制,该边界部分延伸到该区域。上笼式区域由 γ_2 和 γ_1' 所限定。手指张开程度 $\sigma \leq \sigma_1$ 时,每次将两个手指放在笼式区域内,都会缩回到目标固定抓取。这两个限制区域,加上约束条件 $\sigma \leq \sigma_1$,表示构型空间的笼式集 K。

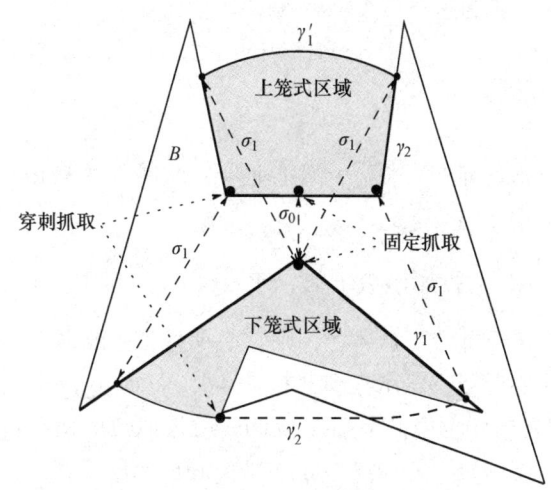

图 10-8 目标固定抓取周围的笼式区域图形构建。首先识别物体边界曲线 γ_1 和 γ_2；然后相对曲线 γ_1' 和 γ_2' 提供两个笼式区域的外边界

10.6 参考书目注释

最早的笼式问题是由 Kuperberg 在 1990 年提出的[1]：

设 B 是 $\mathbb{R}^2$ 中的多边形物体，P 是 B 内补集上的一组固定点。若物体 B 不能在至少有一个 P 中的点穿透 B 的内部的情况下任意远地移动其原始位置，则 P 中的点捕获了 B。设计了一个为 B 寻找一组捕获点的算法。

Kuperberg 的公式表明手指的放置和物体的运动是两个独立的过程。当笼式问题在手的构型空间中被描述时，这两个过程可以被描述为手的构型空间中的一个过程。

笼式理论首先由 Rimon 和 Blake 在单参数机器人手中描述[2]。Sudsang 等人[3]、Vahedi 和 van der Stappen[4] 以及 Allen 等人[5] 开发了计算多边形物体的所有两指笼式技术。给定一个有 n 条边的多边形 B，这些技术可以在 $O(n^2 \log n)$ 的时间复杂度内计算出所有的两指笼型。请注意，某些物体可能有 $n/2$ 个"齿"沿相对边排列。如果两个边之间的距离远离目标固定抓取点，可能会存在 $O(n^2)$ 的中间穿刺点，直到物体能够逃离手到无穷远。这些技术还构建了一个需要 $O(n^2)$ 空间的数据结构，该结构能够在 $O(\log n)$ 时间内回答给定的两指放置是否能形成多边形物体的笼型。三维物体的笼型算法的发展是机器人学中一个活跃的研究领域，见 Pipattana-somporn 等人的著作[6-7]。

将笼式理论推广到多参数机器人手是机器人学中另一个活跃的研究领域。Rodriguez 的工作[8]为此类笼式理论的潜在推广提供了洞察力。例如，给定一个物体 B 的目标固定抓取，可以寻求确定所有初始笼式结构，从笼式路径将手指引导到目标固定抓取。笼式理论还可以作为一种强大的物体操纵范式。例如，Pereira、Campos 和 Kumar[9] 讨论了如何使用多智能体笼式结构，通过自主移动机器人团队（取代了手指）在障碍物之间传递物体。

最后，成功地将多指笼型闭合到目标固定抓取上需要在接触点处产生可忽略不计的摩擦力。在笼型闭合过程中，摩擦力可能会导致手指卡壳，从而导致摩擦平衡抓取。可以防止手指卡壳的有效方法包括主动控制，该方法当手指沿着物体边界移动时，保持足够轻的负载水平，指尖可以根据卡壳到抓取的过程改变其摩擦特性。

10.7 附录：证明细节

本附录包含了三个引理的证明。第一个引理涉及机械手的自由构型空间 F 中投影函数 $\pi(q,\sigma)=\sigma$ 的临界点处的下半链 l^-。

引理10.5 设 $\pi: F\to\mathbb{R}$ 为投影函数 $\pi(q,\sigma)=\sigma$。设 p 是 F 中层 $S=\bigcap_{i=1}^{r}\mathrm{bdy}(CB_i)$ 上 π 的临界点。如果 p 处 π 的下半链非空，$l^-\neq\varnothing$，则它必须是一个**连通集**。

证明： 回想一下 $\eta_i(p)\in T_p\mathbb{R}^4$ 表示在 $\mathbb{R}^4$ 中 $p=(q,\sigma)\in\mathrm{bdy}(CB_i)$ 点处垂直于手指 c-障碍 CB_i 的单位外法线。手的自由构型空间 F 在 p 处的一阶近似值由切向量集组成：

$$T(p)=\{\dot{p}\in T_p\mathbb{R}^4:\eta_i(p)\cdot\dot{p}\geq 0, i=1,\cdots,r\} \tag{10-4}$$

由于 $T(p)$ 是半空间的交集，它在 $T_p\mathbb{R}^4$ 的原点处形成一个凸锥，称为 F 在 p 处的切锥。

在点 p 处的 F 的法向切片 $E(p)$ 是通过与合适尺寸的圆 $D(p)$ 相交得到的。对于一阶近似值，$E(p)=T(p)\cap D(p)$。因为 $T(p)$ 和 $D(p)$ 是凸集，所以 $E(p)$ 也是凸集。下半链 l^- 通过将 $E(p)$ 与水平集 $\pi^{-1}(c_0-\varepsilon)=\{(q,\sigma):\pi(q,\sigma)=c_0-\varepsilon\}$ 相交获得，其中 $c_0=\pi(p)$。因为 π 是一个线性函数，所以 l^- 是凸水平集 $\pi^{-1}(c_0-\varepsilon)$ 与法向切片 $E(p)$ 的交集。两个凸集的交集要么是空的，要么是一个凸集。因此，当 l^- 为非空时，它必须是一个始终形成连通集的凸集。

下一个引理描述了函数 f 的临界点的下半链 l^- 为空的条件。我们需要以下关于极锥的概念。设 C_1 和 C_2 是基于 $\mathbb{R}^m$ 原点的两个凸锥。如果每个向量 $v\in C_1$ 对所有向量 $w\in C_2$ 满足 $w\cdot v\leq 0$，则称 C_1 为 C_2 的极性。

引理10.2 设 $f: F\to\mathbb{R}$ 为莫尔斯函数，使得 f 是光滑函数 $\tilde{f}:\mathbb{R}^4\to\mathbb{R}$ 对 F 的限制。设 p 为 F 的 S 层中 f 的临界点，$S=\bigcap_{i=1}^{r}\mathrm{bdy}(CB_i)$，$1\leq r\leq k$。在 p 处**下半链为空**，即 $l^-=\varnothing$ 的必要条件是

$$\nabla\tilde{f}(p)=\lambda_1\eta_1(p)+\cdots+\lambda_r\eta_r(p),\ \lambda_1,\cdots,\lambda_r\geq 0 \tag{10-5}$$

式中，$\lambda_1,\cdots,\lambda_r$ 不全为零。$l^-=\varnothing$ 的充分条件为 $\lambda_1,\cdots,\lambda_r$ 在式(10-1)中严格为正。

证明： 假设 l^- 在 p 处为空。设 $T(p)$ 为切锥，在前述式(10-4)中定义。f 在 p 处的下半链由 $l^-=E(p)\cap f^{-1}(c_0-\varepsilon)$ 给出，其中 $E(p)$ 是 f 在 p 处的法线切片，$c_0=f(p)$。设 $T_p^{\perp}S$ 表示 $T_p\mathbb{R}^4$ 的线性子空间，由手指 c-障碍外法线 $\eta_1(p),\cdots,\eta_r(p)$ 所张成。它是 $T_p\mathbb{R}^4$ 中切空间 T_pS 的正交补。我们可以假设 $E(p)$ 是与 F 相交的包含在 $T_p^{\perp}S$ 中的一个小圆。由于 l^- 在 p 处为空，函数 f 沿着从 p 开始并位于 $E(p)$ 中的任何构型空间路径都是非递减的。

由 $T(p)\cap T_p^{\perp}S$ 给出的基于 p 并指向 $E(p)$ 的切向量集，形成 $T(p)$ 的子锥。对于任何从 p 开始并位于 $E(p)$ 中的构型空间路径 $\alpha(t)$，切线 $\dot{p}=\dot{\alpha}(0)$ 位于子锥 $T(p)\cap T_p^{\perp}S$ 中。由于 l^- 为空，因此对于所有 $\dot{p}\in T(p)\cap T_p^{\perp}S$，有 $\dfrac{d}{dt}\bigg|_{t=0}f(\alpha(t))=\nabla\tilde{f}(p)\cdot\dot{p}\geq 0$。这个条件等同于要求 $\nabla\tilde{f}(p)$ 位于子空间 $T_p^{\perp}S$ 中反锥 $-T(p)$ 的极锥内。$-T(p)$ 的极锥可以通过以下方式描述。考虑由手指 c-障碍的外法线正生成的圆锥体 $\eta_1(p),\cdots,\eta_r(p):N(p)=\left(\sum_{i=1}^{r}\lambda_i\eta_i(p):\lambda_i\geq 0, i=1,\cdots,r\right)$。设 $-N(p)$ 是由所有向量 $-\eta$ 组成的反锥，使得 $\eta\in N(p)$。一个关键特性是，在切空间中，$T(p)$

为$-N(p)$的极点。因此，子锥$T(p) \cap T_p^\perp S$在子空间$T_p^\perp S$内是$-N(p)$的极点。极锥到$T_P^\perp S$内的$-T(p)$是$N(p)$。由于$\nabla \tilde{f}(p)$位于$T_p^\perp S$内$-T(p)$的极锥中，$\nabla \tilde{f}(p)$必须属于$N(p)$，这给出了式(10-5)中规定的条件。

接下来考虑式(10-5)中的系数λ_1，…，λ_r严格为正的情况。因为$T_p^\perp S$是由$\eta_1(p)$，…，$\eta_r(p)$生成的，任意非零切向量$\dot{p} \in T_p^\perp S$满足$\eta_i \cdot \dot{p} \neq 0$，$i \in \{1,\cdots,r\}$。这个性质也适用于子锥$T(p) \cap T_n^\perp S$中的所有切向量$\dot{p}$。由于$T(p) \cap T_n^\perp S$是$T(p)$的子锥，子锥中的每个$\dot{p}$都满足$\eta_i(p) \cdot \dot{p} \geq 0$，$i=1$，…，$r$。后两个事实意味着每个向量$\dot{p} \in T(p) \cap T_p^\perp S$存在某些$i \in \{1,\cdots,r\}$使得$\eta_i(p) \cdot \dot{p} > 0$。由于$\dfrac{\mathrm{d}}{\mathrm{d}t}\bigg|_{t=0} f(\alpha(t)) = \nabla \tilde{f}(p) \cdot \dot{p} = \sum_{i=1}^{r} \lambda_i (\eta_i(p) \cdot \dot{p})$满足式(10-5)，所以$\dfrac{\mathrm{d}}{\mathrm{d}t}\bigg|_{t=0} f(\alpha(t)) > 0$一定成立。因此，对于从$p$开始且位于$E(p)$内的任何构型空间路径$\alpha$，$f$沿着该路径严格增加，这意味着$l^* = \varnothing$。

最后一个引理将固定点和连接点抓取描述为指间距离函数$d(u_1, u_2)$在接触空间U中的局部极小值和鞍点。

引理 10.4 令多边形物体B被两个点状或盘形手指抓取。B的每个固定抓取都是$d(u_1, u_2)$在U中的局部极小值，而每个连接点抓取都是$d(u_1, u_2)$在U中的鞍点。

证明：设$(q_0, \sigma_0) \in \mathbb{R}^4$是$B$的固定抓取，$(u_1^0, u_2^0)$是$U$中的对应点。固定意味着$q_0$完全被$F$的$\sigma_0$切片中的手指c-障碍切片$CB_1|_{\sigma_0}$和$CB_2|_{\sigma_0}$所包围。当$\sigma$在区间$[\sigma_0, \sigma_0+\varepsilon]$内增加时，c-障碍切片$CB_1|_{\sigma_0}$和$CB_2|_{\sigma_0}$彼此远离，并在$F$的每个$\sigma$切片中形成一个三维空腔。每个空腔的边界由手指c-障碍表面以及这些表面的相交曲线组成。对于足够小的ε，相交曲线形成一个闭合环。闭合环保持一个固定的σ值，因此，它表示了在向量U中的一个闭合轮廓，该轮廓是$d(u_1, u_2)$的函数。当参数σ值在区间$[\sigma_0, \sigma_0+\varepsilon]$内增加时，$d(u_1, u_2)$的对应闭合轮廓将围绕着$(u_1^0, u_2^0)$这一点，其中$u_1^0$和$u_2^0$是在$\sigma$值逐渐增加的情况下的初始值。因此，函数$d(u_1, u_2)$在$(u_1^0, u_2^0)$处具有局部极小值。

设$(q_1, \sigma_1) \in \mathbb{R}^4$是$B$的一个连接点，其中$(u_1^1, u_2^1)$是$U$中的对应点。首先考虑区间$[\sigma_1-\varepsilon, \sigma_1]$。当$\sigma$在这个区间内增加时，$F$的每个$\sigma$切片都包含一个三维空腔，它将在$\sigma=\sigma_1$处连接$F$的另一个连接分量。对于足够小的$\varepsilon$，手指c-障碍表面在$F|_\sigma$的$q_1$附近沿两条明显的曲线相交，一条来自空腔内部，另一条来自空腔外部。这两条曲线保持一个固定的σ值，因此表示了U中的局部不同轮廓段的$d(u_1, u_2)$。当σ在区间$[\sigma_1-\varepsilon, \sigma_1]$中增加时，$d(u_1, u_2)$的等高线段相应地接近点$(u_1^1, u_2^1)$。接下来，考虑区间$[\sigma_0, \sigma_0+\varepsilon]$。当$\sigma$在这个区间内增加时，函数$F$的每个$\sigma$切片在$F|_\sigma$中$q_1$的局部邻域中包含一个扩张的穿刺。每个切片$F|_\sigma$中的c-障碍表面在此局部邻域中沿着两条不同的曲线相交。这两条曲线保持一个固定的σ值，因此表示了U中与之前不同的两个局部等高线段的$d(u_1, u_2)$。当σ在区间$[\sigma_1, \sigma_1+\varepsilon]$中增加时，$d(u_1, u_2)$的相应等高线段从$(u_1^1, u_2^1)$中移除。因此，点$(u_1^1, u_2^1)$被两组等高线段包围。一组接近点$(u_1^1, u_2^1)$，$\sigma$在区间$[\sigma_1-\varepsilon, \sigma_1]$内增加；另一组远离点$(u_1^1, u_2^1)$，$\sigma$在区间$[\sigma_1, \sigma_1+\varepsilon]$内增加。因此函数$d(u_1, u_2)$在$(u_1^1, u_2^1)$处有一个鞍点。

练 习 题

10.1 节

练习 10.1：解释如何将世界坐标系中指定的二维物体B的目标固定抓取转化为单参数机

器人手的目标手指构型(q_0, σ_0)。

练习 10.2：$\mathbb{R}^2$ 中由三个自由移动的盘形手指组成的系统能否解释为多指手？在这样一个系统中，有多少参数用于描述手指相对于手掌的形状？

练习 10.3：假设在 $\mathbb{R}^2$ 中有一个由两个自由移动的点或手指组成的系统，识别图 10-9 中多边形物体 B 的两指挤压和扩张笼型(提供笼式集的定性简述)。

练习 10.4[*]：假设一个单参数的 k 指机器人手，在手的自由构型空间 F 中，挤压笼型和扩张笼型可以在形式上区分开吗？

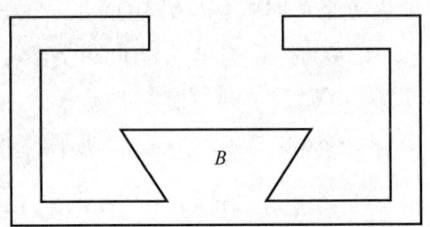

图 10-9 具有多个挤压和扩张笼型的多边形物体

解梗概：回想一下，$\eta_i(p) \in T_p \mathbb{R}^4$ 表示在 $p = (q, \sigma) \in$ bdy(CB_i) 时手指 c-障碍 CB_i 的单位外法线。边界 CB_i 可以表示为带符号距离函数的水平集 $d(q, \sigma)$，它衡量手指体 O_i 与静止物体 B 之间的距离。在正的比例因子下，$\eta_i(p)$ 表达式可以写成

$$\eta_i(p) = \begin{pmatrix} \frac{\partial}{\partial q} d(q, \sigma) \\ \frac{\partial}{\partial \sigma} d(q, \sigma) \end{pmatrix}, \quad p = (q, \sigma)$$

在挤压抓取中，$\frac{\partial}{\partial \sigma} d(q_0, \sigma_0) > 0$，$i = 1, \cdots, k$。在扩张抓取中，$\frac{\partial}{\partial \sigma} d(q_0, \sigma_0) < 0$，$i = 1, \cdots, k$。

10.3 节

练习 10.5：图 10-10 显示了一个初始的两指笼式结构，它不会缩回到 B 的唯一固定抓取。在这种特殊情况下，笼式结构会缩回到物体 B 的有界移动抓取位置吗？

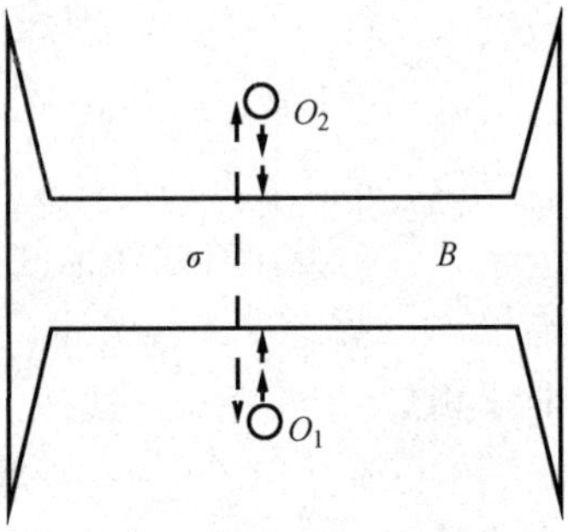

练习 10.6[*]：当机械手作为一个单参数系统进行操作时，B 的每个固定抓取都被笼式物体局部包围(定理 10.1)。这个结果可以推广到最初固定物体 B 的多参数机械手吗？

练习 10.7：设 $\pi: F \to \mathbb{R}$ 为投影函数 $\pi(q, \sigma) = \sigma$。证明 B 的每个 k 指平衡抓取是 F 中 π 的一个临界点。(提示：设 $S = \bigcap_{i=1}^{k} \text{bdy}(CB_i)$ 是 F 中含有平衡抓取构型的层，$p = (q, \sigma)$。如果对于所有切向量 $\dot{p} \in T_p S$ 有 $\nabla \pi \cdot \dot{p} = 0$，则 p 是 π 的临界点。)

图 10-10 不缩回至唯一固定抓取的笼式结构

练习 10.8：单参数机械手将物体 B 固定在 (q_0, σ_0) 处，因此所有手指都是保持抓取的关键。证明 $\pi(q, \sigma) = \sigma$ 的投影函数 $\pi: F \to \mathbb{R}$ 在 (q_0, σ_0) 处，在挤压固定抓取时有一个局部极小值，在扩张固定抓取时有一个局部极大值。

练习 10.9[*]：考虑一个在二维空间中自由移动的两个盘形手指系统。证明：围绕物体 B 的任何两指笼型要么收缩到 B 的固定抓取状态，要么在手指闭合或张开过程中保持笼型完整，没有任何破损。

练习 10.10：图 10-11a 描绘了一只单参数机械手，它的三个手指张开，同时保持等边三

角形的形状。这个手是否形成一个笼型,阻止物体 B 在图中指示的手指张开位置逃脱到无限远处?

练习 10.11:对同一只三指机械手重复上一个练习,这次将手指锁定在图 10-11b 所示的较大手指开口处。

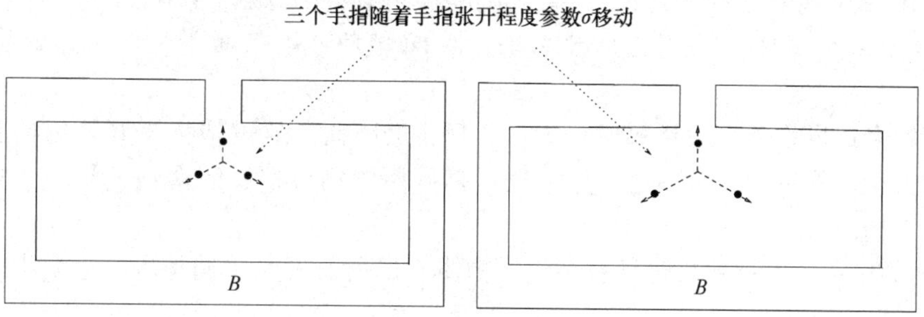

图 10-11 多边形物体 B 沿有界 σ 区间的三指笼型,与 B 的任意固定抓取无关

练习 10.12:确定形成 B 的三指笼型的手指张开程度。(该练习证明具有三个手指的单参数机械手不具有两指笼型保持抓取的单调性。)

10.4 节

练习 10.13:一个单参数机械手有三个点状或盘形手指。描述多边形物体 B 的固定抓取。

解:这些是所有的两指固定抓取,以及两种类型的通用三指固定抓取。在假设挤压抓取的情况下,第一种类型是 B 的三条不同边上的三指平衡抓取。第二种类型是三指平衡抓取,在其中一个手指位于 B 的凹顶点上,而其他两个手指位于 B 的两条(不一定是不同的)边上。

练习 10.14:一个单参数机械手有三个点状或盘形手指。描述多边形物体 B 的穿刺点抓取。

解:这些都是两指穿刺点抓取,以及一个通用类型的三指平衡抓取。在穿刺点,一个手指接触 B 的凸顶点,而另两个手指位于 B 的两条(不一定是不同的)边上。注意,在两指穿刺抓取中,剩余的手指可能会碰到物体,但不直接参与平衡抓取。

练习 10.15:图 10-12 中所示的三角形物体 B 最初被三个盘形手指固定住。如图所示,这三个手指由单个手指张开参数 σ 控制。确定与固定抓取相关的构型空间笼式集的穿刺点。(提示:这是 B 的一个三指平衡抓取)。

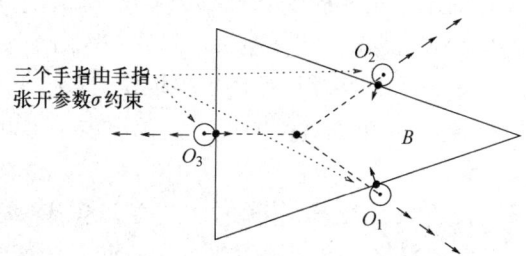

图 10-12　一个三指机械手,其手指在保持相似的三角形形状的同时张开。
　　　　　一个三指固定抓取,其穿刺点涉及所有三个手指。

练习 10.16:构型空间笼式集的穿刺点形成 B 的无摩擦平衡抓取(定理 10.3)。解释为什么对于二维抓取,穿刺点通常包括两个或三个手指,即使固定抓取可能涉及更多的手指。

10.5 节

练习 10.17：在图 10-7 所示的多边形物体 B 上执行图形技术，从手指张开参数 σ_2 的鞍点抓取开始。

练习 10.18：上一个练习确定了从 σ_2 的鞍点抓取到手指张开参数为 σ_0 的固定抓取的 σ 递减路径的存在。σ_2 抓取是否构成 σ_0 固定抓取的构型空间笼式集的穿刺点？

练习 10.19：解释如何使用图形技术来计算两个盘形手指而不是两个点状手指的笼式区域。

解梗概：多边形物体 B 可以被解释为一个静止的障碍。通过将物体 B 均匀扩展到与手指半径相等的大小，然后用一个多边形近似表示扩展后的物体，我们得到了与一个多边形交互的两个点状手指。

练习 10.20*：图形技术首先计算多边形物体 B 的所有两指平衡抓取。这个步骤能以准线性时间执行吗？

练习 10.21：图形技术在 3) 中的 ⑤ 中声称，当 $d(u_1,u_2)$ 在 U 的局部极小值不是 B 的可行平衡抓取时，一个手指可以从静止物体 B 缩回。请证明这个说法的正确性。

解梗概：U 中 $d(u_1,u_2)$ 的局部极小值也是双接触子流形 $S = \text{bdy}(CB_1) \cap \text{bdy}(CB_2)$ 中投影函数 $\pi(q,\sigma) = \sigma$ 的局部极小值。如果 U 中 $d(u_1,u_2)$ 的局部极小值不是 B 的一个可行平衡抓取，则目标构型点 q_0 不是自由构型空间 F 中 $\pi(q,\sigma)$ 的局部极小值。因此，在 F 中存在一条从 $(q_0,\sigma_0) \in S$ 开始并进入 F 内的 σ 递减路径。由于 $\nabla\pi(q,\sigma) = (0,0,0,1)$，这样的路径可以在保持固定手部坐标 $q = q_0$ 的同时沿平行于 $q = q_0$ 轴的方向移动。在物理空间中，手掌坐标保持不动，而其中一个手指沿着与物体 B 接触法线的方向远离静止物体 B 移动。

练习 10.22：解释为什么当多边形 B 是凸的时，接触空间 U 中 $d(u_1,u_2)$ 的局部极小值总是形成可行平衡抓取。

练习 10.23：考虑将构型空间约束集 K 构建为 $\mathbb{R}^2$ 中的两个笼式区域。在什么条件下，将两个手指放置在边界曲线 γ_1 和 γ_2 上，手指张开程度 $\sigma \leq \sigma_1$，就能保证向 (q_0,σ_0) 的固定抓取缩回？

解：设 I_1 和 I_2 为参数化边界曲线 γ_1 和 γ_2 的接触空间区间。也就是说，对于 $u_i \in I_i (i = 1,2)$，γ_i 由 $x(u_i) : I_i \to \mathbb{R}^2$ 参数化，则 $I_1 \times I_2$ 是接触空间 U 中的矩形区域，设 $(u_1^0, u_2^0) \in I_1 \times I_2$ 对应于固定抓取 (q_0,σ_0)。用 $\text{Basin}(u_1^0, u_2^0)$ 表示 (u_1^0, u_2^0) 处 σ 的局部极小值的吸引域。也就是说，$\text{Basin}(u_1^0, u_2^0)$ 是负梯度流 $(\dot{u}_1, \dot{u}_2) = -\nabla d(u_1,u_2)$ 吸引到局部极小值 (u_1^0, u_2^0) 的点 (u_1, u_2) 的集合。当矩形 $I_1 \times I_2$ 中所有点 (u_1, u_2) 的手指张开程度 $d(u_1, u_2) \leq \sigma_1$ 都属于 $\text{Basin}(u_1^0, u_2^0)$ 时，$I_1 \times I_2$ 对于 (u_1^0, u_2^0) 是容许的。当 $I_1 \times I_2$ 对于 (u_1^0, u_2^0) 是容许的时，只要将两个手指放置在边界曲线 γ_1 和 γ_2 上，并且手指张开程度 $\sigma \leq \sigma_1$，它们将缩回到固定抓取位置 (q_0,σ_0)。

练习 10.24*：将图形技术推广到单参数机器人手，其由三个点状或盘形手指组成，保持等边或类似三角形形态。

提示：考虑接触空间 $U_{i,i+1}$，$i = 1, 2, 3$，其中指数加法取模 3。每个接触空间 $U_{i,i+1}$ 沿物体边界对接触的手指 i 和 $i+1$ 进行参数化。每个接触空间 $U_{i,i+1}$ 包含障碍物，其中手指 $i+2$ 穿透物体。三个手指的全接触空间 U 由成对的空间 $U_{1,2}$、$U_{2,3}$、$U_{3,1}$ 组成，沿接触空间障碍边界粘在一起。

参考书目注释

练习 10.25：给定一组 k 个自主移动机器人和一个仓库物体 B，设计一个只需要局部交互距离测量的鲁棒物体转移策略。

参考文献

[1] W. Kuperberg, "Problems on polytopes and convex sets," in *DIMACS Workshop on Polytopes*, Rutgers University, pp. 584–589, 1990.

[2] E. Rimon and A. Blake, "Caging planar bodies by 1-parameter two-fingered gripping systems," *International Journal of Robotics Research*, vol. 18, no. 3, pp. 299–318, 1999.

[3] P. Pipattanasomporn and A. Sudsang, "Two-finger caging of convex polygons," in *IEEE Int. Conf. on Robotics and Automation*, pp. 2137–2142, 2006.

[4] M. Vahedi and A. F. van der Stappen, "Caging polygons with two and three fingers," *International Journal of Robotics Research*, vol. 27, no. 11–12, pp. 1308–1324, 2008.

[5] T. Allen, J. Burdick and E. Rimon, "Two-fingered caging of polygonal objects using contact space search," *IEEE Transactions on Robotics*, vol. 31, no. 5, pp. 1164–1179, 2015.

[6] P. Pipattanasomporn and A. Sudsang, "Two-finger caging of nonconvex polytopes," *IEEE Transactions on Robotics*, vol. 27, no. 2, 324–333, 2011.

[7] P. Pipattanasomporn, T. Makapunyo and A. Sudsang, "Multifinger caging using dispersion constraints," *IEEE Transactions on Robotics*, vol. 32, no. 4, pp. 1033–1041, 2016.

[8] A. Rodriguez, M. T. Mason and S. Ferry, "From caging to grasping," in *Robotics: Science and Systems (RSS)*, 2011.

[9] G. A. S. Pereira, M. F. M. Campos and V. Kumar, "Decentralized algorithms for multi-robot manipulation via caging," *International Journal of Robotics Research*, vol. 23, no. 7–8, pp. 783–795, 2004.

第 11 章　重力下无摩擦手支撑的实例

本章将抓取机动性理论扩展到无摩擦的平衡状态，一个刚性物体是由机械手的手掌和手指支撑来抵抗重力的。基于这种状态的构型空间(c-space)几何形状，姿态安全性的度量采用局部稳定性的形式，即在作用于支撑物体上的小扰动下仍能保持稳定。例如，图 11-1 所示的三指机械手通过无摩擦的手掌和指尖接触来支撑一个大的刚性物体以抵抗重力。机械手既不固定也不束缚物体，但是机械手以其重力势能的局部极小值支撑物体，在这种特定的姿态下具有相当大的稳定性。

本章通过将重力视为构成抓取系统一部分的虚拟手指来研究手支撑姿态的稳定性。当重力以这种方式结合时，受支撑物体的自由运动由刚体约束以及能量守恒决定。这一观点将导致分析测试，以评估手支撑姿态的稳定性，类似于前几章中开发的一阶和二阶固定测试。关于类似于固定抓取的重力笼型概念在参考文献中有所讨论。

11.1 节和 11.2 节描述了在重力影响下平衡状态的基本事实。当支撑的机械手形成固定地形时，物体自由构型空间 F 形成了一个分层集。在物体的自由构型空间 F 中，物体的平衡状态是其重力势能 $U(q)$ 的临界点。在 $U(q)$ 的局部极小值处的平衡状态是局部稳定的，并且对小

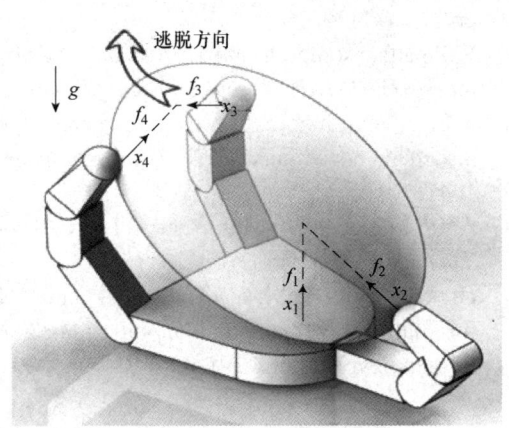

图 11-1　三指机械手通过无摩擦的手掌和指尖接触来支撑较大的刚性物体。机械手既不固定也不束缚物体，而是支撑着物体在小的干扰下保持局部稳定的姿态

力旋量扰动具有鲁棒性。基于这些事实，11.3 节和 11.4 节对自由构型空间 F 中 $U(q)$ 的局部极小值展开了分析测试，类似于前面章节讨论的一阶和二阶固定条件。11.5 节和 11.6 节将姿势稳定性测试应用于以下支撑问题：具有可变质心的刚性物体 B 通过一组无摩擦接触来抵抗重力；确定物体的中心或质心位置，以确保支撑触点的姿态稳定。

11.1　平衡姿态的构型空间表示

本节描述了刚性物体 B 的平衡状态，它由静止刚性手指体 $O_1, \cdots, O_k$ 支撑，代表机械手。当机械手保持静止时，物体的自由构型空间具有以下形式：

$$F = \mathbb{R}^m - \bigcup_{i=1}^{k} \text{int}(CO_i), \text{二维状态下 } m=3, \text{三维状态下 } m=6$$

式中，$\text{int}(CO_i)$ 表示由支撑体 O_i 引起的 c-障碍的内部。自由构型空间 F 形成一个分层集，该

分层集由可变维的微分流形组成。每个流形表示 B 与支撑体的一种可能的接触组合。例如，考虑与二维物体 B 相关联的 F 的分层，B 由二维物体 $O_1, \cdots, O_k$ 支撑。F 的三维分层是由 $\mathbb{R}^3$ 构型空间的开子集参数化的。F 的二维分层由 c-障碍边界的一部分组成，对应于与 B 的单体接触。F 的一维分层是 c-障碍表面的相交曲线，它们对应于与 B 的单个物体接触。零维分层是孤立点，对应于与 B 的三个物体接触。F 的分层如下例所示。

示例：图 11-2a 描绘了一个由两个静止刚体 O_1 和 O_2 支撑抵抗重力的刚体 B（图中未显示完整的机械手）。B 的构型空间中的支撑体形成的分层如图 11-2b 所示。三维分层是 $\mathbb{R}^3$ 中 c-障碍的补集。二维分层是 c-障碍表面的不相交部分。同时还存在两个一维分层，它们构成 c-障碍表面的相交曲线。

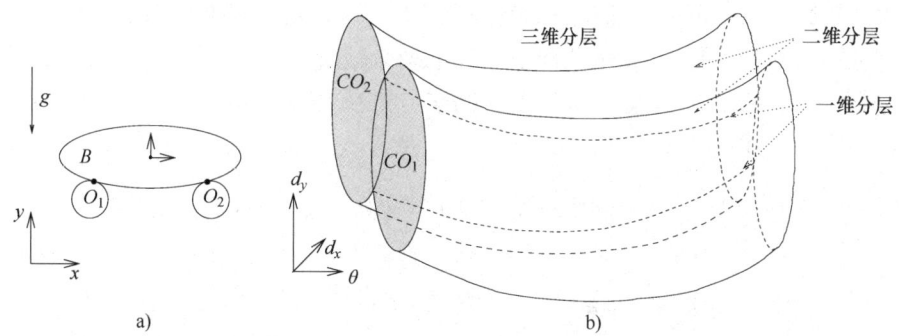

图 11-2　a) 刚性物体 B 由静止刚体 O_1 和 O_2 支撑抵抗重力（图中未显示完整的机械手）；
b) 自由构型空间 F 的 c-障碍和分层的示意图（θ 的周期为 2π）

为了描述物体的平衡状态，我们需要研究分层集 F 中物体重力势能 $U(q)$ 的临界点。设 b_{cm} 表示 B 的质心在物体参考系中的位置。当 B 位于构型 q 处时，其质心在固定世界坐标系中的位置由刚体变换给出，$x_{cm}(q) = R(\theta)b_{cm} + d$，其中 $q = (d, \theta) \in \mathbb{R}^m$ 是物体构型。使用此表示法，物体的重力势能具有以下形式。

重力势能：刚性物体 B 的重力势能为函数 $U(q): \mathbb{R}^m \to \mathbb{R}$，有
$$U(q) = mg(e \cdot x_{cm}(q)),\ x_{cm}(q) = R(\theta)b_{cm} + d,\ q = (d, \theta)$$
式中，m 是 B 的质量，g 是重力常数，e 是垂直向上方向：在二维状态 $e = (0, 1)$，在三维状态 $e = (0, 0, 1)$。

重力势能衡量的是 B 在固定世界坐标系中的质心的高度。它是 q 的一个光滑函数，可以使用分层莫尔斯理论的工具进行分析（请参阅附录 B）。在分层莫尔斯理论下，F 中的 $U(q)$ 的临界点是 F 的各个分层上的临界点的并集。令 S 表示 F 的某一特定分层，如某一特定的 c-障碍的表面。当 $U(q)$ 的梯度 $\nabla U(q)$ 与周围构型空间 $\mathbb{R}^m$ 中的分层 S 正交时，$U(q)$ 在 $q \in S$ 处具有临界点：

$$\nabla U(q) \cdot \dot{q} = 0,\ \dot{q} \in T_q S \tag{11-1}$$

注意，F 的每一个零维分层都会自动形成 $U(q)$ 的临界点。

当物体 B 在平衡状态下由物体 $O_1, \cdots, O_k$ 支撑时，由于重力和支撑接触力的作用，B 上的净力旋量必须为零。影响 B 的重力力旋量由 $\nabla U(q)$ 给出。在无摩擦接触条件下，支撑接触点沿 B 的内接触法线作用。这种力所引起的力旋量与 c-障碍的外法线共线（请参见第 3 章）。基于这些事实，可行平衡状态特征如下。

平衡状态条件：使刚性物体 B 与静止刚体 O_1, $\cdots$, O_k 在构型 q_0 处接触。在重力的影响下，物体以可行的平衡状态支撑：

$$\lambda_1 \hat{\eta}_1(q_0) + \cdots + \lambda_k \hat{\eta}_k(q_0) - \nabla U(q_0) = \vec{0}, \quad \lambda_1, \cdots, \lambda_k \geq 0 \tag{11-2}$$

式中，$\hat{\eta}_1(q_0)$, $\cdots$, $\hat{\eta}_k(q_0)$ 是 q_0 处支撑物体的 c-障碍单位外法向量，$U(q)$ 是 B 的重力势能。

由于重力对 B 施加非零力，所以支撑接触点中至少有一个必须在可行平衡状态下处于活动状态。因此，平衡状态条件仅在自由构型空间 F 边界的点上成立。由式(11-2)规定的条件可以等价地表述如下。支撑接触点的净力旋量锥定义为受支撑接触点对 B 施加的净力旋量集合：

$$W(q_0) = \{w \in T_{q_0}^* \mathbb{R}^m : w = \lambda_1 \hat{\eta}_1(q_0) + \cdots + \lambda_k \hat{\eta}_k(q_0), \quad \lambda_1, \cdots, \lambda_k \geq 0\}$$

根据式(11-2)，一个可行平衡状态的特征是 $\nabla U(q_0)$ 必须位于 $W(q_0)$ 处(图 11-3c)。这个条件意味着可行平衡状态是 $U(q)$ 的临界点，如下列命题所述。

命题 11.1 (平衡状态) 在重力影响下，刚体 B 在支撑刚体 O_1, $\cdots$, O_k 上的可行平衡状态是自由构型空间 F 中物体重力势能 $U(q)$ 的临界点。

证明：刚体 B 在构型 q_0 处由刚体 O_1, $\cdots$, O_k 支撑，位于 $S = \bigcap_{i=1}^{k} \mathrm{bdy}(CO_i)$ 处。S 在 q_0 处的切空间是

$$T_{q_0} S = \{\dot{q} \in T_{q_0} \mathbb{R}^m : \hat{\eta}_i(q_0) \cdot \dot{q} = 0, i = 1, \cdots, k\}$$

由此可知，线性组合 $\sum_{i=1}^{k} \lambda_i \hat{\eta}_i(q_0)$ 满足：

$$\left(\sum_{i=1}^{k} \lambda_i \hat{\eta}_i(q_0)\right) \cdot \dot{q} = 0, \quad \dot{q} \in T_{q_0} S \tag{11-3}$$

平衡状态条件的形式为 $\sum_{i=1}^{k} \lambda_i \hat{\eta}_i(q_0) - \nabla U(q_0) = \vec{0}$。将式(11-3)中的 $\sum_{i=1}^{k} \lambda_i \hat{\eta}_i(q_0)$ 代入，得 $\nabla U(q_0) \cdot \dot{q} = 0$, $\dot{q} \in T_{q_0} S$。这意味着根据式(11-1)，$U(q)$ 在 q_0 处有一个临界点。

示例：图 11-3a 显示了一个刚性物体 B 由静止刚体 O_1 和 O_2 支撑抵抗重力(图中未显示完整的机械手)。支撑体 c-障碍 CO_1 和 CO_2 在图 11-3b 中画出。物体构型点 q_0 位于一维分层 $S = \mathrm{bdy}(CO_1) \cap \mathrm{bdy}(CO_2)$ 中。支撑接触的净力旋量锥 $W(q_0)$，由 c-障碍的单位外法向量 $\hat{\eta}_1(q_0)$ 和 $\hat{\eta}_2(q_0)$ 构成。如图 11-3c 所示，由于 $\nabla U(q_0) \in W(q_0)$，所以点 q_0 是 $U(q)$ 的临界点。注意，$U(q)$ 还有两个附加的临界点 $q_0' \in \mathrm{bdy}(CO_1)$ 和 $q_0'' \in \mathrm{bdy}(CO_2)$，它们分别对应于 O_1 和 O_2 上的单支撑平衡状态。

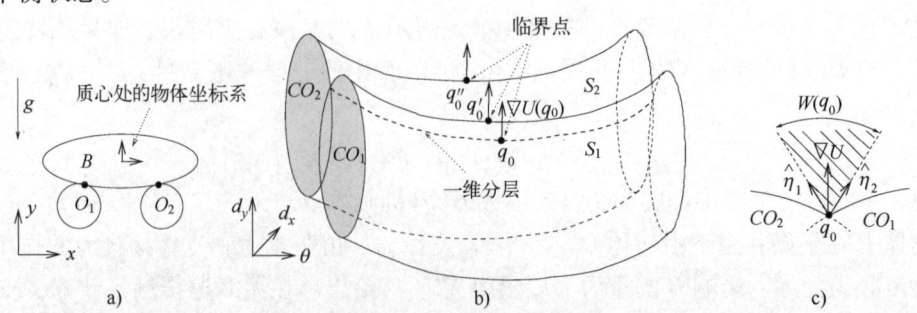

图 11-3 a) 刚体 B 由两个静止刚体 O_1 和 O_2 支撑抵抗重力(图中未显示完整的机械手)；b) F 中 $U(q)$ 临界点的示意图；c) 条件 $\nabla U(q_0) \in W(q_0)$ 确定 $U(q)$ 在 F 中的可行平衡状态为临界点

B 的可行平衡状态构成了 F 中 $U(q)$ 临界点的子集。其余的临界点对应于不可行的平衡状态，其中一些接触点沿接触法线施加附加力。虽然这种力在抓取力学（第 4 章）中的接触模型下不可行，但可以将它们并入支持这些力的其他抓取系统的构型空间坐标系中。

为了确定 $U(q)$ 的哪些临界点对应于局部稳定的状态，我们需要验证在什么条件下 $U(q)$ 形成莫尔斯函数，该函数在 F 中必须具有非退化的临界点（附录 B）。$U(q)$ 的临界点在满足两个条件时是非退化的。设 S 是包含临界点 q_0 的 F 分层。第一个条件要求 $\nabla U(q_0)$ 不得正交于 q_0 处的任何相邻分层。当 q_0 位于 S 层中与支撑体 $O_1, \cdots, O_k$ 对应时，相邻分层代表 B 由这些物体的子集合支撑的状态。非退化条件要求所有支撑体都不处于平衡状态，如图 11-4 所示。第二个条件要求 $U(q)$ 在 q_0 处沿分层 S 具有非退化二阶导数。也就是说，当在切空间 $T_{q_0}S$ 上求值时，黑塞矩阵 $D^2 U(q_0)$ 必须具有非零特征值。

示例： 图 11-4a 显示了一个物体 B，通过无摩擦接触点 x_1 和 x_2，由机器人手 O_1 和 O_2 提供支撑。物体的质心正好位于 x_2 上方，它提供了一个支撑力 f_2，而接触点 x_1 在此姿态下处于闲置状态。平衡状态构型 q_0 位于分层 $S = \mathrm{bdy}(CO_1) \cap \mathrm{bdy}(CO_2)$ 中，这是与 O_1 和 O_2 相关的 c-障碍表面的相交曲线。

虽然 $\nabla U(q_0)$ 在 q_0 处与分层 S 正交，但此时它也与相邻层 $S_2 = \mathrm{bdy}(CO_2)$ 正交。因此，$U(q)$ 在 q_0 处不能形成莫尔斯函数。然而，平衡状态一般形成 $U(q)$ 的非退化临界点。图 11-4b 显示，固定形状的机械手的任何微小向上倾斜都会形成一个包含两个接触点的平衡状态。

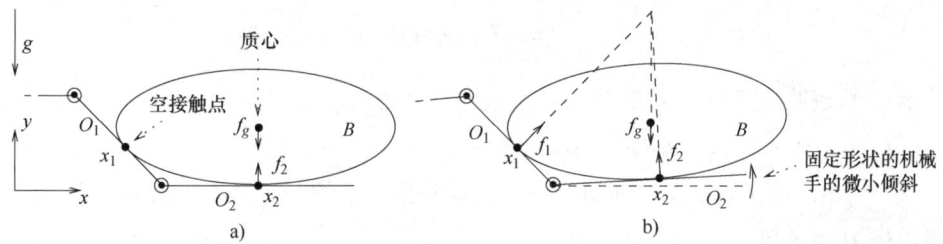

图 11-4 a）一种两个接触点的姿态，其中在 x_2 处于活动状态而在 x_1 处于闲置状态；
b）如果将机械手稍微向上倾斜，将导致两个接触点都处于活动状态的双接触姿态

本章假设物体的重力势能在自由构型空间 F 上形成莫尔斯函数，这是一般情况。

11.2 稳定的平衡姿态

本节确定在 F 中物体重力势能 $U(q)$ 的临界点（对应于平衡状态）中，$U(q)$ 的局部极小值关于位置和速度扰动是局部稳定的，并且对固定形状机械手的微小倾斜引起的扰动具有局部鲁棒性。局部稳定性是基于以下能量守恒原理。

总机械能： 刚性物体 B 在点 $(q, \dot{q})$ 处的总机械能为

$$E(q, \dot{q}) = U(q) + K(q, \dot{q}), \quad (q, \dot{q}) \in \mathbb{R}^m \times \mathbb{R}^m$$

式中，$U(q)$ 是 B 的重力势能，$K(q, \dot{q})$ 是 B 的动能，由二次型给出：

$$K(q, \dot{q}) = \frac{1}{2} \dot{q}^\mathrm{T} M(q) \dot{q}$$

式中，$M(q)$ 为 B 的 $m \times m$ 刚体质量矩阵，在二维状态下 $m = 3$，在三维状态下 $m = 6$。

因为刚体质量矩阵 $M(q)$ 是正定的，所以物体的动能 $K(q,\dot{q})$ 也是正定的。因此，当 $U(q)$ 在 q_0 处具有严格的局部极小值时，$E(q,\dot{q})$ 在零速平衡状态 $(q_0,\vec{0})$ 处也具有严格的局部极小值。当物体和支撑体是完全刚性的，并通过无摩擦接触与完全弹性碰撞相互作用时，我们有以下能量守恒性质。

能量守恒： 让刚性物体 B 在重力作用下运动，同时通过无摩擦接触和完全弹性碰撞与静止刚体 $O_1, \cdots, O_k$ 保持连续或间歇接触。然后，物体的总机械能 $E(q,\dot{q})$ 在运动过程中保持恒定。

在实践中，在接触点总是存在一定的摩擦，而当 B 弹回支撑体时，总是发生非弹性碰撞。因此，物体的总机械能在运动过程中是不增加的，而不是恒定的。系统的平衡状态是物体刚体动力学的零速平衡状态。这些平衡状态的局部稳定性定义如下。

定义 11.1（局部稳定性） B 的一个零速平衡状态 $(q_0,\vec{0})$ 在局部范围内稳定，如果对于 B 的状态空间中以 $(q_0,\vec{0})$ 为中心的每个局部邻域 V，$(q,\dot{q}) \in \mathbb{R} \times \mathbb{R}$，存在一个以 $(q_0,\vec{0})$ 为中心的较小邻域 $V' \subseteq V$，使得所有在 $t=0$ 时位于 V' 中的轨迹 $(q(t),\dot{q}(t))$ 在 $t \geqslant 0$ 时仍保持在 V 中。

物体重力势能的局部极小值形成了局部稳定的平衡状态，如下面定理所述。

定理 11.2（状态稳定性） 设刚性物体 B 在平衡状态构型 q_0 处由静止刚体 $O_1, \cdots, O_k$ 支撑。如果 q_0 是 $U(q)$ 的非退化局部极小值（一般情况下），则零速平衡状态 $(q_0,\vec{0})$ 是局部稳定的。

证明： 当 $U(q)$ 在 q_0 处具有非退化局部极小值时，物体的总机械能 $E(q,\dot{q})$ 在 $(q_0,\vec{0})$ 处具有严格的局部极小值。设 D 是在负梯度流下 $(q_0,\vec{0})$ 的吸引域：

$$\frac{d}{dt}\begin{pmatrix}q(t)\\\dot{q}(t)\end{pmatrix} = -\nabla E(q(t),\dot{q}(t))$$

即 D 是负梯度轨迹收敛于 $(q_0,\vec{0})$ 的初始状态集合。考虑有界能量集

$$U_c = \{(q,\dot{q}) \in F \times \mathbb{R}^m : E(q,\dot{q}) \leqslant c\}, \quad c \in [U(q_0), U(q_0)+\varepsilon]$$

式中，ε 是一个小的正参数。对于足够小的 ε，这些集合中的每一个都形成一个包含点 $(q_0,\vec{0})$ 并位于吸引域 D 内的单个连通分量。对于 $c \in [U(q_0), U(q_0)+\varepsilon]$ 的集合 U_c 在 $(q_0,\vec{0})$ 附近形成开邻域，当 ε 趋于 0 时，在 $(q_0,\vec{0})$ 附近收缩。因此，给定一个以 $(q_0,\vec{0})$ 为中心的局部邻域 V，存在一个足够小的 ε，使得对于所有 $c \in [U(q_0), U(q_0)+\varepsilon]$ 的 $U_c \subseteq V$。根据能量守恒，对于所有 $t \geqslant 0$，从 $V' = U_c$ 起始的任何轨迹在 $t \geqslant 0$ 时都会保持在该集合中（从而保持在 V 内）。

注意，局部稳定性不要求扰动物体状态在 q_0 处收敛回到零速平衡状态。实际上，在接触处会存在一定的摩擦。摩擦效应会减慢物体的轨迹，迫使其收敛到 q_0 附近的某些零速平衡状态。

示例： 图 11-5 描绘了一个由机械手 O_1 和 O_2 支撑的刚性物体 B。B 相对于支撑体 O_1 和 O_2 的瞬时自由运动如图 11-5 所示（请参见第 7 章）。观察到 B 的质心高度在其瞬时自由运动中要么增加，要么保持不变。基于这一观察以及本章后面开发的工具，该状态形成了 $U(q)$ 的局部极小值。因此，物体在其平衡

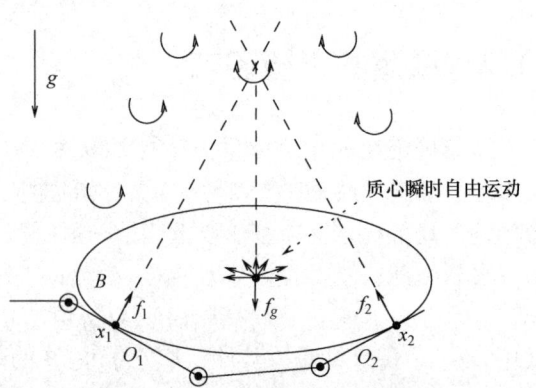

图 11-5 一个由手支撑的物体 B 的平衡状态，位于 $U(q)$ 的局部极小值，由物体的质心瞬时自由运动表示

状态的小扰动下是局部稳定的,这可能包括相对于支撑机械手的局部接触分裂。

物体重力势能的局部极小值具备另一种安全性措施,与物体对外部力旋量扰动的响应有关。

定义 11.2(局部鲁棒性) 刚体 B 在 q_0 处的局部稳定平衡状态是局部鲁棒的,如果存在一个以 q_0 为中心的局部邻域 U,使得作用于 B 的所有足够小的力旋量扰动都会引起位于 U 内的局部稳定平衡状态。

局部鲁棒性是指受支撑的物体 B 在足够小的力旋量扰动下可能达到附近的平衡状态,从而使新的平衡状态继承了不受干扰的平衡状态的局部稳定性。$U(q)$ 的局部极小值具有局部鲁棒性,如以下命题所述。

命题 11.3(状态鲁棒性) 假设刚体 B 在 q_0 处由静止刚体 $O_1,\cdots,O_k$ 支撑。如果 q_0 形成 $U(q)$ 的非退化局部极小值(一般情况),则零速平衡状态 $(q_0,\vec{0})$ 相对于足够小的外力旋量扰动具有局部稳定性和鲁棒性。

命题 11.3 的简证出现在本章的附录中。证明了小的力旋量扰动会引起新的平衡状态,这些状态与未扰动的平衡状态位于 F 的同一分层中。这个特性引出了以下见解。当有 $k \geq 3$ 个二维支撑接触点和 $k \geq 6$ 个三维支撑接触点时,F 层一般为零维。当平衡状态位于 F 的零维分层时,物体将在足够小的力旋量扰动下仍将保持静止,如下例所示。

示例:图 11-6 显示了一个刚性物体 B,它由机械手 O_1、O_2 和 O_3 支撑以抵抗重力。平衡状态构型 q_0 位于 F 的零维分层。根据 11.3 节中讨论的工具,q_0 点形成了 $U(q)$ 的非退化局部极小值。因此,对于足够小的力旋量扰动,该状态是稳健的。例如,在机械手的所有足够小的倾斜下,物体将以所示的状态保持静止。

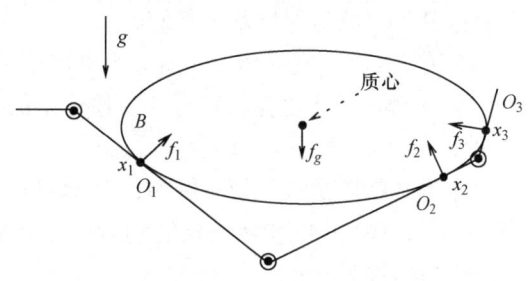

图 11-6 物体 B 通过三个无摩擦触点 x_1,x_2 和 x_3 被手部支撑的平衡状态。接触点能够抵抗足够小的力旋量扰动,而不会引起任何相对于机械手的运动

因此,物体重力势能的局部极小值形成了具有两种安全措施的平衡状态:相对于位置和速度扰动的局部稳定性,以及相对于小的外部小力旋量扰动的鲁棒性。接下来讨论确定 F 中 $U(q)$ 的局部极小值的几何条件。

11.3 姿态稳定性测试

刚性物体 B 的安全平衡状态位于物体自由构型空间 F 的 $U(q)$ 的局部极小值处。为了将这种见解转化为有用的综合工具,我们需要确定候选平衡状态何时在 F 中形成 $U(q)$ 的局部极小值。本节开发了这样一个局部极小值测试,这将形成状态稳定性试验。

分层莫尔斯理论根据 $U(q)$ 在 F 的两个互补子集上的特征来描述局部极小值(见附录 B)。设 $q_0 \in S$ 为物体平衡状态构型,其中分层 S 与支撑体 $O_1,\cdots,O_k$ 相关联。第一组是分层 S,另一组是 q_0 处 F 的法向切片,其构造如下。设 $D(q_0)$ 是一个仅在 q_0 处与分层 S 相交且与 S 垂直的小圆。法向切片记为集合 $E(q_0)$,且 $E(q_0) = D(q_0) \cap F$。$U(q)$ 在 S 上的特征由其在 q_0 处的莫尔斯指数表示,表示为 v。该数目被定义为黑塞矩阵 $D^2 U(q_0)$ 关于切空间 $T_{q_0} S$ 的约束的负特征值的数量。$U(q)$ 在 $E(q_0)$ 的特征由其下半链 l^- 确定。它被定义为 $E(q_0)$ 与 q_0 的水平集 $U^{-1}(c_0-\varepsilon) = \{q \in \mathbb{R}^m : U(q) = c_0 - \varepsilon\}$ 的交集。因此，$l^- = E(q_0) \cap U^{-1}(c_0-\varepsilon)$，其中 $c_0 = U(q_0)$，ε 是一个小的正参数。根据附录 B 的推论 B.2，当满足以下两个条件时，$U(q)$ 在 q_0 处的非退化临界点形成局部极小值：

（1）在 q_0 处的莫尔斯指数为零，即 $v=0$。
（2）在 q_0 处设置的下半链为空，即 $l^- = \varnothing$。

当 S 是 F 的零维分层时，满足 $v=0$ 的条件。当 S 至少是一维时，条件 $v=0$ 形成了沿分层 S 的局部极小值 $U(q)$ 的经典二阶导数检验。条件 $l^- = \varnothing$ 是一阶导数检验，验证 $U(q)$ 相对于相邻分层在 q_0 处存在局部极小值。接下来让我们为这两个局部极小值条件开发几何测试。

11.3.1 平衡姿态下的 $l^- = \varnothing$ 测试

$l^- = \varnothing$ 的几何检验基于以下基本平衡状态的概念，类似于第 7 章的基本平衡抓取的概念。

定义 11.3（基本平衡状态） 设刚体 B 在平衡状态下由静止刚体 $O_1, \cdots, O_k$ 支撑。在以下一种条件下，物体保持基本平衡状态：

（1）有 $k \leq m$ 个支撑体，所有 k 个支撑体都是保持平衡状态的必要条件；
（2）有 $k > m$ 个支撑体，且 m 个支撑体是保持平衡状态的必要条件；其中，在二维下 $m=3$，在三维下 $m=6$。

基本平衡状态是常见的。例如，图 11-3a、图 11-5 和图 11-6 所描述的状态都是基本平衡状态。相反，图 11-4a 所示的状态包含一个闲置接触点，因此是非必要的。以下命题陈述了 $l^- = \varnothing$ 的几何检验。

命题 11.4（下半链测试） 设 $q_0 \in S$ 是物体重力势能 $U(q)$ 的临界点，其中 S 是与支撑体 $O_1, \cdots, O_k$ 相关联的 F 的层次结构。$l^- = \varnothing$ 的必要条件是 q_0 形成一个可行的平衡姿态：

$$\nabla U(q_0) = \sum_{i=1}^{k} \lambda_i \hat{\eta}_i(q_0), \quad \lambda_1, \cdots, \lambda_k \geq 0 \tag{11-4}$$

式中，$\hat{\eta}_1(q_0), \cdots, \hat{\eta}_k(q_0)$ 是在 q_0 处支撑体 c-障碍的单位外法向量。$l^- = \varnothing$ 的充分条件是 q_0 形成基本平衡状态。

命题 11.4 的证明出现在本章的附录中，并基于以下论点。通过构造 $l^- = E(q_0) \cap U^{-1}(c_0-\varepsilon)$，其中 $E(q_0)$ 是 F 在 q_0 和 $c_0 = U(q_0)$ 处的法向切片。如果 l^- 为空，则 $U(q)$ 沿着构型空间路径 $q(t)$ 是非递减的，它从 q_0 开始，位于 $E(q_0)$ 中。设 $C(q_0)$ 表示基于 q_0 并指向 $E(q_0)$ 的切向量的凸锥。那么 $l^- = \varnothing$ 意味着对于所有的 $\dot{q} \in C(q_0)$，$\left.\dfrac{\mathrm{d}}{\mathrm{d}t}\right|_{t=0} U(q(t)) = \nabla U(q_0) \cdot \dot{q} \geq 0$。接下来，考虑接触点的净力旋量锥 $W(q_0) = \left\{\sum_{i=1}^{k} \lambda_i \hat{\eta}_i(q_0) : \lambda_1, \cdots, \lambda_k \geq 0\right\}$。对于所有的 $\dot{q} \in C(q_0)$，每个力旋量 $w \in -W(q_0)$ 都满足 $w \cdot \dot{q} \leq 0$。因此，负力旋量锥 $-W(q_0)$ 是 $C(q_0)$ 的对偶锥。由于 $-\nabla U(q_0)$ 满足相同的对偶条件，所以它必须位于 $-W(q_0)$ 中。同样地，$\nabla U(q_0)$ 必须位于 $W(q_0)$ 中，这是式（11-4）指定的条件。

当物体 B 由 $k \leq m$ 个接触点支撑时，平衡状态是必不可少的，并且当 $\nabla U(q_0)$ 位于净力旋量锥 $W(q_0)$ 内时，$l^- = \varnothing$，如下例所示。

示例：考虑图 11-7 所示的物体 B 的两点接触平衡状态。物体的构型 q_0 位于 F 的一维分层 S 中。净力旋量锥 $W(q_0)$ 在 B 的力旋量空间中形成一个二维扇形区域，由 q_0 处的 c-障碍外法向量所张成。由于 $\lambda_1 = \lambda_2 = \frac{1}{2}$ 的状态对称性，$\nabla U(q_0)$ 位于 $W(q_0)$ 内。因此，$l^- = \varnothing$ 是一个基本平衡状态。直观地说，$l^- = \varnothing$ 意味着 $U(q)$ 沿着从 q_0 开始并位于 F 的任何构型空间路径上严格增加，路径与 S 在 q_0 处相交。物体 B 会沿该路径至少断开一个接触点。

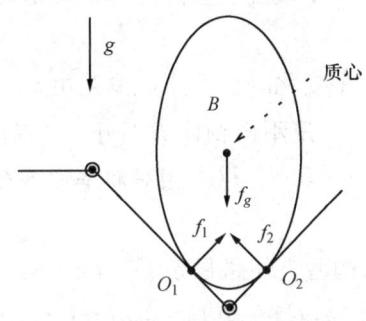

图 11-7　这是一个常见的两个接触点的姿态，这两个接触点对于保持平衡态是必要的。
在这个状态下，下半链集 l^- 为空

11.3.2　平衡姿态下 $v = 0$ 的测试

条件 $v = 0$ 要求 $U(q)$ 沿着 B 的运动具有局部极小值，保持与所有支撑体 $O_1, \cdots, O_k$ 接触。这样的运动位于层 $S = \bigcap_{i=1}^{k} \text{bdy}(CO_i)$ 内。因此，只有当 S 的维数至少为 1 时，v 可能为正。当与支撑体相关联的 c-障碍在 B 的构型空间横向相交时（一般情况），需要对 $1 \leq k < 3$ 个二维支撑接触点和 $1 \leq k < 6$ 个三维支撑接触点进行 $v = 0$ 的检验。

当分层 S 至少为一维时，条件 $v = 0$ 相当于二阶导数检验：

$$\frac{\mathrm{d}^2}{\mathrm{d}t^2}\bigg|_{t=0} U(q(t)) > 0, \ q(0) = q_0, \ q(t) \in S, \ t \in (-\varepsilon, \varepsilon)$$

这个条件包括 B 的速度和加速度，根据链式法则，有

$$\frac{\mathrm{d}^2}{\mathrm{d}t^2}\bigg|_{t=0} U(q(t)) = \frac{\mathrm{d}}{\mathrm{d}t}\bigg|_{t=0} (\nabla U(q(t)) \cdot \dot{q}(t)) = \dot{q}^{\mathrm{T}} D^2 U(q_0) \dot{q} + \nabla U(q_0) \cdot \ddot{q} \tag{11-5}$$

式中，$q(0) = q_0$，$\dot{q} = \dot{q}(0)$ 和 $\ddot{q} = \ddot{q}(0)$。由于 $S = \bigcap_{i=1}^{k} \text{bdy}(CO_i)$，位于 S 的构型空间路径也位于单个 c-障碍边界，则 $q(t) \in \bigcap_{i=1}^{k} \text{bdy}(CO_i)$，$i = 1, \cdots, k$。因此，物体沿 $q(t)$ 方向的加速度取决于 c-障碍的曲率形式。第 2 章给出了 q_0 处的第 i 个 c-障碍的曲率形式：

$$k_i(q_0, \dot{q}) = \dot{q}^{\mathrm{T}} D \hat{\eta}_i(q_0) \dot{q}, \ \dot{q} \in T_{q_0} \text{bdy}(CO_i)$$

式中，$\hat{\eta}_i(q_0)$ 是在 q_0 处的第 i 个 c-障碍的单位外法线。类似于与二阶固定抓取相关的相对构型空间曲率形式，下面的重力相对曲率形式将提供 $v = 0$ 的几何检验。

定义 11.4　假设刚体 B 由静止刚体 $O_1, \cdots, O_k$ 支撑，在基本平衡状态构型 $q_0 \in S$ 下，使得 $1 \leq k < m$。与 B 的重力势能 $U(q)$ 相关的重力相对曲率形式是加权和，即

$$k_U(q_0, \dot{q}) = \sum_{i=1}^{k} \lambda_i k_i(q_0, \dot{q}) - \dot{q}^{\mathrm{T}} D^2 U(q_0) \dot{q}, \ \dot{q} \in T_{q_0} S \tag{11-6}$$

式中，$\lambda_1, \cdots, \lambda_k \geq 0$ 由式(11-2)的平衡姿态条件确定。$k_i(q_0, \dot{q})$ 是在 q_0 处的第 i 个 c-障碍的曲率形式，$D^2U(q_0)$ 是 $U(q)$ 在 q_0 处的黑塞矩阵。

让我们验证定义 $k_U(q_0, \dot{q})$ 的正确性。系数 $\lambda_1, \cdots, \lambda_k$ 与平衡姿态下的接触力大小成正比。这些系数在涉及 $1 \leq k < m$ 个接触点的基本平衡姿态下由方程(11-2)唯一确定，每个 c-障碍曲率形式 $k_i(q_0, \dot{q})$ 在第 i 个 c-障碍的切空间上定义。切空间 $T_{q_0}S$ 被定义为 q_0 处支撑的 c-障碍切空间的交集。因此，对于 $\dot{q} \in T_{q_0}S$，每个 $k_i(q_0, \dot{q})$ 都是确定的，$k_U(q_0, \dot{q})$ 在切空间 $T_{q_0}S$ 上也是确定的。

下面命题指出，当 $\dot{q}$ 在 $T_{q_0}S$ 中变化时，条件 $v = 0$ 是由 $k_U(q_0, \dot{q})$ 所达到的符号决定的。

命题 11.5 (莫尔斯指数测试) 设刚性物体 B 处于一个基本 k 指平衡姿态，其中 $q_0 \in S$，使得 $1 \leq k < m$。如果对于所有的 $\dot{q} \in T_{q_0}S$，重力相对曲率形式在 $T_{q_0}S$ 上为负定：$k_U(q_0, \dot{q}) < 0$，则 $v = 0$。

证明：考虑一个位于 S 中的构型空间路径 $q(t), t \in (-\varepsilon, \varepsilon)$，使得 $q(0) = q_0$。由于 $q(t)$ 位于 S 中，其切向量 $\dot{q}(t)$ 满足 $\hat{\eta}_i(q(t)) \cdot \dot{q}(t) = 0, t \in (-\varepsilon, \varepsilon)$，其中 $\hat{\eta}_i(q)$ 是 q 处的第 i 个 c-障碍的单位外法线。取该表达式的导数：

$$\hat{\eta}_i(q(t)) \cdot \ddot{q}(t) + \dot{q}^T(t) D\hat{\eta}_i(q(t)) \dot{q}(t) = 0, t \in (-\varepsilon, \varepsilon) \tag{11-7}$$

接下来，考虑式(11-5)中规定的 $t = 0$ 时 $U(q(t))$ 的二阶导数。在该方程中，在平衡姿态构型 q_0 处，$\nabla U(q_0) = \sum_{i=1}^{k} \lambda_i \hat{\eta}_i(q_0)$。因此，有

$$\left.\frac{d^2}{dt^2}\right|_{t=0} U(q(t)) = \dot{q}^T D^2 U(q_0) \dot{q} + \sum_{i=1}^{k} \lambda_i \hat{\eta}_i(q_0) \cdot \ddot{q}$$

根据式(11-7)，将 $\hat{\eta}_i(q_0) \cdot \ddot{q}$ 代入得

$$\left.\frac{d^2}{dt^2}\right|_{t=0} U(q(t)) = \dot{q}^T \left(D^2 U(q_0) - \sum_{i=1}^{d} \lambda_i D\hat{\eta}_i(q_0)\right) \dot{q} = -k_U(q_0, \dot{q})$$

因此，当 $k_U(q_0, \dot{q}) < 0$ 时，$U(q(t))$ 在 $t = 0$ 处具有局部极小值，其中 $q(0) = q_0$ 且 $\dot{q} = \dot{q}(0)$。对于从 q_0 开始并位于 S 中的所有路径 $q(t)$，此条件必须成立。由于 $T_{q_0}S$ 是所有这些路径在 q_0 处的切线的集合，因此对于所有 $\dot{q} \in T_{q_0}S$，局部极小值由条件 $k_U(q_0, \dot{q}) < 0$ 给出。

重力作为虚拟手指：重力相对曲率形式 $k_U(q_0, \dot{q})$ 与第 8 章中定义的构型空间相对曲率形式惊人地相似：

$$k_{\text{rel}}(q_0, \dot{q}) = \sum_{i=1}^{k} \lambda_i k_i(q_0, \dot{q}), \quad \dot{q} \in M_{1 \cdots k}^1(q_0)$$

系数 $\lambda_1, \cdots, \lambda_k \geq 0$ 由平衡抓取条件确定，而 $M_{1 \cdots k}^1(q_0)$ 是给定抓取下一阶自由运动的线性子空间。考虑通过 q_0 的 $U(q)$ 的水平集：$S_U = \{q \in \mathbb{R}^m : U(q) = U(q_0)\}$。我们可以将水平集 S_U 解释为虚拟 c-障碍的边界，该 c-障碍是由一个虚拟手指施加在物体 B 的质心上的重力而形成的。根据能量守恒原理，所有以零速平衡姿态 $(q_0, \vec{0})$ 开始的物体 B 的构型空间中的轨迹都不能越过集合 S_U，以避免达到更高的 $U(q)$ 值。在 $k_U(q_0, \dot{q})$ 中，$\dot{q}^T D^2 U(q_0) \dot{q}$ 表示水平集 S_U 的曲率形式。因此，$k_U(q_0, \dot{q})$ 可以被视为衡量支撑 c-障碍和与重力相关的虚拟 c-障碍在构型空间中的相对曲率。

11.3.3 姿态稳定性测试总结

让我们根据物体 B 和支撑体 $O_1, \cdots, O_k$ 必须满足的几何条件来总结姿态稳定性测试。设 $q_0 \in S$ 是 B 的平衡姿态构型,其中 S 是与支撑体 $O_1, \cdots, O_k$ 相关的构型空间分层。该测试要求 q_0 是非退化的 $U(q)$ 的临界点。当物体以基本平衡姿态被支撑时(一般情况下),满足该条件,使得 $k_U(q_0, \dot{q})$ 的矩阵 $\sum_{i=1}^{k} \lambda_i D\hat{\eta}_i(q_0) - D^2 U(q_0)$ 在切空间 $T_{q_0}S$ 上具有非零特征值(一般情况下)。现在我们可以总结姿态稳定性测试。

定理 11.6(姿态稳定性测试) 假设刚体 B 在平衡姿态构型 $q_0 \in S$ 处被静止刚体 $O_1, \cdots, O_k$ 支撑,对于 $1 \leq k < m$ 的支撑接触点,如果以基本平衡姿态支撑物体,则平衡姿态是局部稳定的。例如,对于所有 $\dot{q} \in T_{q_0}S$,$k_U(q_0, \dot{q}) < 0$,其中 $k_U(q_0, \dot{q})$ 是与 $U(q)$ 相关的相对曲率形式。

对于 $k \geq m$ 个支撑接触点,如果以基本平衡姿态支撑物体,则平衡姿态是局部稳定的。

定理 11.6 包含局部极小值检验的两个分量 $l^- = \emptyset$ 和 $v = 0$,其证明省略。我们现在可以更充分地解释姿态稳定性测试的两个部分。分层 S 对应于 B 的运动,B 与所有支撑体保持接触。重力相对曲率形式 $k_U(q_0, \dot{q})$ 验证 $U(q)$ 在 q_0 处沿分层 S 有局部极小值。这是一个经典的二阶导数测试。然而,我们还必须考虑 B 可能与一些或所有支撑物体断开接触的可能性。在基本平衡姿态下,$U(q)$ 对于这种接触断裂运动有一个局部极小值。此一阶导数测试是对分层集合 F 上 $U(q)$ 局部极小值的二阶导数测试的补充。

本章的其余部分说明了如何通过考虑以下支撑问题来应用姿态稳定性测试。具有可变质心的物体 B 是由一组给定的无摩擦接触点来抵抗重力。描述 B 的质心位置,其中物体是由接触点稳定支撑。为此,我们首先总结了姿态稳定性测试的公式。

11.4 姿态稳定性测试公式

我们需要 $U(q)$ 的梯度和黑塞矩阵的公式、c-障碍单位外法线的表达式以及 c-障碍曲率形式的公式。回想一下,b_{cm} 表示 B 的质心在其体系结构中的位置。B 的质心的世界坐标表示为 x_{cm},由 $x_{cm}(q) = R(\theta)b_{cm} + d$ 给出,其中 $q = (d, \theta)$ 是 B 的构型。在固定世界坐标系中,$\rho_{cm}(\theta) = R(\theta)b_{cm}$ 表示从 B 的坐标系原点到质心的向量。$U(q)$ 的梯度和黑塞矩阵在下面的引理中给出,其证明将在本章的附录中给出。

引理 11.7(∇U 和 $D^2 U$) 设 $U(q) = mg(e \cdot x_{cm}(q))$ 为刚体 B 的重力势能。在三维状态下,$U(q)$ 的梯度具有下列形式:

$$U(q) = mg \begin{pmatrix} e \\ \rho_{cm}(\theta) \times e \end{pmatrix} = mg \begin{pmatrix} e \\ y_{cm} \\ -x_{cm} \\ 0 \end{pmatrix}, \quad q = (d, \theta) \in \mathbb{R}^6 \tag{11-8}$$

式中,$e = (0, 0, 1)$ 表示垂直向上的方向,而 $\rho_{cm} = (x_{cm}, y_{cm}, z_{cm})$。6×6 黑塞矩阵的形式为

$$D^2 U(q) = mg \begin{bmatrix} O & O \\ O & ([\rho_{cm}(\theta) \times][e \times])_s \end{bmatrix}, \quad q = (d, \theta) \in \mathbb{R}^6 \tag{11-9}$$

式中,O 是一个 3×3 零矩阵,$([\rho_{cm} \times][e \times])_s$ 是 3×3 对称矩阵:

$$([\rho_{cm}(\theta)\times][e\times])_S = \begin{bmatrix} -z_{cm} & 0 & \frac{1}{2}x_{cm} \\ 0 & -z_{cm} & \frac{1}{2}y_{cm} \\ \frac{1}{2}x_{cm} & \frac{1}{2}y_{cm} & 0 \end{bmatrix}, \rho_{cm}=(x_{cm},y_{cm},z_{cm})$$

式中，$([\rho_{cm}(\theta)\times][e\times])_s = \frac{1}{2}([\rho_{cm}(\theta)\times]^T[e\times]+[e\times]^T[\rho_{cm}(\theta)\times])$。[⊖]

$U(q)$ 的梯度只取决于 B 的质心的水平坐标 (x_{cm},y_{cm})。因此，当 B 在可行平衡姿态下承受重力时，物体的质心可以在 $\mathbb{R}^3$ 中的垂直线上变化，而不会影响平衡的可行性。黑塞矩阵 $D^2U(q)$ 还取决于 B 的质心 z_{cm} 的高度。

在二维状态下，$U(q)$ 的梯度具有下列形式：

$$\nabla U(q) = mg\begin{pmatrix} e \\ \rho_{cm}(\theta)\times e \end{pmatrix} = mg\begin{pmatrix} e \\ x_{cm} \end{pmatrix}, \quad q=(d,\theta)\in\mathbb{R}^3 \qquad (11\text{-}10)$$

式中，$\rho_{cm}=(x_{cm},y_{cm})$，$e=(0,1)$ 表示垂直向上的方向，而且 $\rho_{cm}\times e = \rho_{cm}^T Je$，其中 $J=\begin{bmatrix}0 & 1 \\ -1 & 0\end{bmatrix}$。黑塞矩阵 $U(q)$ 为 3×3 对称矩阵，即

$$D^2U(q) = -mg\begin{bmatrix} O & \vec{0} \\ \vec{0}^T & \rho_{cm}(\theta)\cdot e \end{bmatrix} = -mg\begin{bmatrix} O & \vec{0} \\ \vec{0}^T & y_{cm} \end{bmatrix}, \quad q=(d,\theta)\in\mathbb{R}^3 \qquad (11\text{-}11)$$

式中，O 是一个 2×2 零矩阵，$\rho_{cm}=(x_{cm},y_{cm})$。在这里，$\nabla U(q)$ 只取决于 B 的质心位置的横坐标 x_{cm}，而 $D^2U(q)$ 则取决于 B 的质心高度 y_{cm}。

$U(q)$ 的临界点满足条件 $\nabla U(q_0)\in W(q_0)$，其中净力旋量锥 $W(q_0)$ 由 c-障碍单位外法线 $\hat{\eta}_1(q_0),\cdots,\hat{\eta}_k(q_0)$ 所张成。在点 $q\in\text{bdy}(CO_i)$ 处第 i 个 c-障碍单位外法线的形式为(定理 2.5)

$$\hat{\eta}_i(q) = \frac{1}{c_i}\begin{pmatrix} n_i \\ \rho_i(\theta)\times n_i \end{pmatrix}, \quad q=(d,\theta)\in\mathbb{R}^m, \; m=3 \text{ 或 } 6 \qquad (11\text{-}12)$$

式中，n_i 是 B 在接触点 x_i 处的单位内法线，而 $\rho_i(\theta)=R(\theta)b_i$ 是从 B 的原点到 x_i 的向量，$c_i=\sqrt{1+\|\rho_i\times n_i\|^2}$ 为标准化因子。在二维状态下，$\rho_i\times n_i = \rho_i^T J n_i$，其中 $J=\begin{bmatrix}0 & 1 \\ -1 & 0\end{bmatrix}$。

重力相对曲率形式 $k_U(q_0,\dot{q})$，包含了 c-障碍曲率形式 $k_i(q_0,\dot{q})$ 的加权和，其中 $i=1,\cdots,k$。在二维状态下，我们有图形公式 $k_U(q_0,\dot{q})$(见第 8 章)。设 $S_i=\text{bdy}(CO_i)$，切向量 $\dot{q}\in T_{q_0}S_i$ 对应于物体 B 绕接触法线 l_i 上的点的瞬时旋转。设 B 的坐标系原点位于与 l_i 上的接触点 x_i 相距 ρ_i 处，使得 ρ_i 在点 x_i 的 B 侧大于 0，在点 x_i 的 O_i 侧小于 0。当 B 的坐标系原点位于与 l_i 上的接触点 x_i 相距 ρ_i 处时，沿瞬时旋转 $\dot{q}=(0,\omega)$ 的第 i 个 c-障碍曲率为

$$k_i(q_0,(0,\omega)) = \frac{(\rho_i-r_{B_i})(\rho_i+r_{O_i})}{r_{B_i}+r_{O_i}}\omega^2 \qquad (11\text{-}13)$$

式中，r_{B_i} 和 r_{O_i} 分别为 B 和 O_i 在接触点 x_i 处的曲率半径。因此，当 $\dot{q}$ 在第 i 个 c-障碍切空间内变化时，$k_i(q_0,\dot{q})$ 的符号可以通过式(11-13)中参数化为 $-\infty\leq\rho_i\leq+\infty$ 的瞬时旋转来确定。

[⊖] $A_s=\frac{1}{2}(A+A^T)$，且 $[u\times]$ 是满足 $[u\times]v=u\times v$，$u,v\in\mathbb{R}^3$ 的反对称矩阵。

在三维状态下，$k_i(q_0,\dot q)$ 的表达式取决于物体 B 和支撑体 O_i 在接触点 x_i 处的表面曲率。这些曲率由线性映射 L_{B_i} 和 L_{O_i} 表示，它们作用于 x_i 处各自表面的切平面，并给出了在给定切向量方向上表面法线的变化。第 i 个 c-障碍曲率形式由下式给出（见 2.4 节）：

$$k_i(q_0,\dot q) = \frac{1}{c_i}\dot q^T \left(\begin{bmatrix} I & -[\rho_i\times] \\ O & [n_i\times] \end{bmatrix}^T \begin{bmatrix} L_{B_i}[L_{O_i}+L_{B_i}]^{-1}L_{O_i} & -L_{O_i}[L_{O_i}+L_{B_i}]^{-1} \\ -[L_{O_i}+L_{B_i}]^{-1}L_{O_i} & -[L_{O_i}+L_{B_i}]^{-1} \end{bmatrix} \begin{bmatrix} I & -[\rho_i\times] \\ O & [n_i\times] \end{bmatrix} + \right.$$

$$\left. \begin{bmatrix} O & O \\ O & -([\rho_i\times]^T[n_i\times])_s \end{bmatrix} \right)\dot q, \quad \dot q \in T_{q_0}S_i, \ S_i = \mathrm{bdy}(CO_i) \tag{11-14}$$

式中，c_i，ρ_i 和 n_i 在先前已经指定，I 是一个 3×3 单位矩阵，O 是一个 3×3 零矩阵，并且 $([\rho_i\times]^T[n_i\times])_s = \frac{1}{2}([\rho_i\times]^T[n_i\times] + [n_i\times]^T[\rho_i\times])$。

11.5 二维姿态的稳定平衡区域

本节将姿态稳定性测试应用于二维支撑问题中。一个具有可变质心的二维刚体 B 通过静止刚体 $O_1,\cdots,O_k$ 在垂直平面上通过无摩擦接触来抵抗重力。对于给定的一组支撑接触点，确定物体的质心位置，以确保支撑接触点上的姿态稳定性。我们从计算可行姿态平衡区域的方案开始，记作 $\varepsilon(q_0)$；然后确定 $\varepsilon(q_0)$ 的子集，以确保支撑接触点上的姿态稳定性。

11.5.1 姿态平衡区域计算方案

使用式（11-10），可以将在 q_0 处作用于 B 的重力力旋量写成

$$\nabla U(q) = mg\begin{pmatrix} e \\ \rho_{cm}\times e \end{pmatrix} = mg\left\{\begin{pmatrix} 0 \\ 1 \\ 0 \end{pmatrix} + x_{cm}\begin{pmatrix} 0 \\ 0 \\ 1 \end{pmatrix}\right\} \tag{11-15}$$

式中，$e=(0,1)$，$x_{cm}=\rho_{cm}\times e$ 为 B 的质心在 B 坐标系下的横坐标。由于 x_{cm} 在式（11-15）中是一个自由参数，可能的重力力旋量在 B 的力旋量空间中形成一条仿射线，记为 L（图 11-8）。设 (f_x,f_y,τ) 表示物体的力旋量空间坐标，其中 (f_x,f_y) 和 τ 分别是力和力矩分量。直线 L 垂直于 (f_x,f_y) 平面，并经过 B 的力旋量空间中的 $(f_x,f_y,\tau)=(e,0)$ 点（图 11-8）。

平衡姿态的可行性要求重力力旋量 $\nabla U(q_0)$ 位于接触点的净力旋量锥 $W(q_0)$。因此，L 与 $W(q_0)$ 的每个交点确定一个 x_{cm} 值，在该值处的接触点以可行平衡姿态支撑物体 B。每个 x_{cm} 的值确定了 $\mathbb{R}^2$ 中属于平衡区域 $\varepsilon(q_0)$ 的一条垂直线。为了推导出 L 与 $W(q_0)$ 的交集的几何测试方法，让我们将重力力旋量缩放，使式（11-15）中的 $mg=1$（这种缩放相当于选择能量单位）。可以通过以下方式测试 L 与 $W(q_0)$ 的交集。

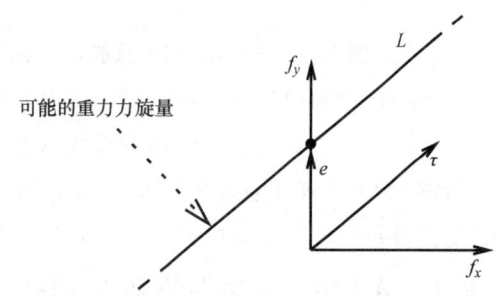

图 11-8 重力力旋量在 B 的力旋量空间中的仿射线 L。直线 L 垂直于 (f_x,f_y) 平面并经过点 $(e,0)$

引理 11.8（二维平衡姿态可行性） 在垂直向上的可行平衡姿态下，刚体 B 由静止刚体

$O_1, \cdots, O_k$ 支撑,垂直向上的方向 $e=(0,1)$ 必须位于 B 的内接触法线 $n_1, \cdots, n_k$ 的正向张成内。

证明: 仿射线 L 与 B 的力旋量空间中的 (f_x, f_y) 平面正交。因此,如果 L 和 $W(q_0)$ 的投影在 (f_x, f_y) 平面内相交,则 L 与 $W(q_0)$ 相交。在 (f_x, f_y) 平面上的投影是 $e=(0,1)$。由于 $W(q_0)$ 由 c-障碍单位外法线 $\hat{\eta}_1(q_0), \cdots, \hat{\eta}_k(q_0)$ 张成,其在 (f_x, f_y) 平面上的投影是 c-障碍单位外法线的投影的正向张成。式(11-12)指定公式 $\hat{\eta}_i(q_0)=(n_i, p_i \times n_i)/c_i$,其中 n_i 是 B 在第 i 个接触点的单位内法线。因此,$\hat{\eta}_i(q_0)$ 在 (f_x, f_y) 平面上的投影是 n_i 的正倍数。因此,当且仅当 e 位于 B 的内接触法线 $n_1, \cdots, n_k$ 的正向张成内时,L 与 $W(q_0)$ 相交。

当引理 11.8 中规定的几何检验在给定的姿态下成立时,姿态平衡区域表示为 $\varepsilon(q_0)$,在垂直平面中形成以下集合之一。

命题 11.9(区域 $\varepsilon(q_0)$) 姿态平衡区域 $\varepsilon(q_0)$ 在单接触点的姿态下形成一条垂直线;在具有非平行接触法线的双接触点的姿态下形成一条垂直线;在三个接触点的姿态下形成一条垂直线或半平面;在 $k \geq 4$ 个接触点支撑的姿态下形成一条垂直线、半平面或整个垂直平面。

证明: 由于 $W(q_0)$ 形成了一个基于 B 的力旋量空间原点的凸锥,所以交集 $L \cap W(q_0)$ 是单个点或单个区间。在单接触点的情况下,$W(q_0)$ 张成以 B 的力旋量空间原点为基的射线。如果 $L \cap W(q_0)$ 非空,则它必须是单点,如图 11-9a 所示。在这种情况下,$\varepsilon(q_0)$ 形成一条垂直线。在双接触点的情况下,$\varepsilon(q_0)$ 通常张成以 B 的力旋量空间原点为基的二维扇形区域。在三个接触点的姿态下,$W(q_0)$ 一般张成以 B 的力旋量空间原点为基的三维凸锥。如果 $L \cap W(q_0)$ 非空,则一般是有限或半无限的区间,如图 11-9c 所示。在这种情况下,$\varepsilon(q_0)$ 形成垂直线或垂直半平面。在 $k \geq 4$ 个接触点支撑的姿态下,如果 $W(q_0)$ 张成 B 的力旋量空间的一个子集,则 $\varepsilon(q_0)$ 与三个接触点支撑的姿态相同。如果 $W(q_0)$ 张成整个力旋量空间,则直线 L 位于 $W(q_0)$ 处,$\varepsilon(q_0)$ 是整个垂直平面。

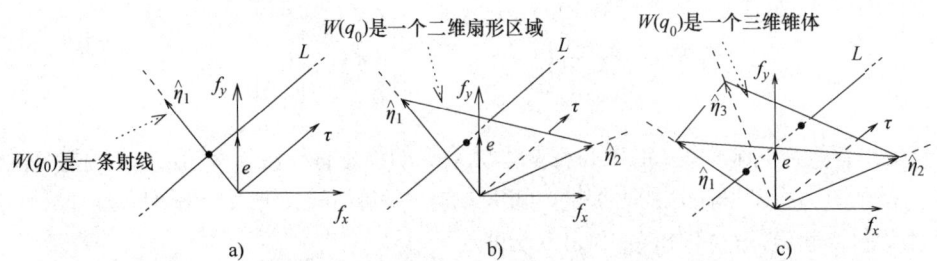

图 11-9 重力力旋量的直线 L 和净力旋量锥 $W(q_0)$,如 B 的力旋量空间所示。

a) 对于单接触点,$L \cap W(q_0)$ 最多是单个点;b) 对于双接触点,$L \cap W(q_0)$ 通常是一个点;

c) 对于三个接触点,$L \cap W(q_0)$ 一般是有限或半无限区间

命题 11.9 断言,姿态平衡区域 $\varepsilon(q_0)$ 总是形成一组相连的垂直线。稳定区域形成 $\varepsilon(q_0)$ 的子集,首先描述单点支撑姿态,然后是三个或更多接触点支撑的姿态。

11.5.2 单支撑二维姿态的稳定区域

这种姿态的稳定性不仅在机器人手臂中有应用,在支撑物体对抗重力时,通常需要多个手指和手掌的接触(图 11-1)。平衡姿态可行性要求 B 在接触处的单位内法线与垂直向上方向共线:$n_1 = e$。姿态平衡区域就是通过接触点的整个垂直线,记为 l_1。

接下来考虑单点支撑姿态的稳定区域。姿态稳定性测试的第一部分,$l^- = \varnothing$,在 $\varepsilon(q_0)$ 中任何质心位置都自然满足(参见练习题)。因此,我们主要关注姿态稳定性测试的第二部分,

即对于所有 $\dot{q} \in T_{a_0}S$，都有 $k_U(q_0, \dot{q}) < 0$，其中 $S = \text{bdy}(CO_1)$。利用式（11-11）和式（11-13），并注意到在单点支撑姿态下 $\lambda_1 = 1$，我们得到姿态稳定性测试：

$$k_U(q_0, (0, \omega)) = \frac{(\rho_1 - r_{B_1})(\rho_1 + r_{O_1})}{r_{B_1} + r_{O_1}} + y_{cm} < 0, \quad -\infty \leq \rho_1 \leq +\infty, \quad \omega = 1$$

式中，ρ_1 为 B 的坐标系原点到接触点 x_1 的带符号距离，y_{cm} 为 B 的质心在物体坐标系中的高度。设 h_{cm} 表示 B 的质心在接触点 x_1 上方的高度，参数 y_{cm} 可表示为 $y_{cm} = h_{cm} - \rho_1$，给出了等效姿态稳定性试验：

$$k_U(q_0, (0, \omega)) = \frac{(\rho_1 - r_{B_1})(\rho_1 + r_{O_1})}{r_{B_1} + r_{O_1}} + (h_{cm} - \rho_1) < 0, \quad -\infty \leq \rho_1 \leq +\infty, \quad \omega = 1 \qquad (11\text{-}16)$$

B 的质心高度 h_{cm} 是本次试验的一个自由参数。当物体 B 或支撑体 O_1 在接触点处为凹形时，分母 $r_{B_1} + r_{O_1}$ 为负号（见第 8 章）。

由于 $k_U(q_0, \rho_1)$ 在 h_{cm} 中呈线性，因此 $\varepsilon_S(q_0)$ 的支撑稳定区域要么为空，要么为 l_1 的下半部分。现在，确定哪些 h_{cm} 值满足式（11-16）中规定的条件是一个初等代数问题。表 11-1 总结了可能的情况。第一行指出，在单一凸支撑上，凸体 B 是不稳定的。第二行和第三行分别对应于凹体 O_1 支撑的凸体 B 和由凸体 O_1 支撑的凹体 B（图 11-10）。最后一行表述了一个经典理论：当 B 位于扁平的水平支撑上时，其重心必须位于曲率中心之下，以确保稳定性（见参考书目注释）。

示例：图 11-10a 展示了与表 11-1 第二行相关的平衡姿态，其中凸体 B 位于凹支撑上。图 11-10b 展示了与表 11-1 第三行相对应的平衡姿态，局部凹体 B 依赖于凸支撑。本例为一个圆柱形机器人手指试图通过手柄提起物体 B 的二维模型。两种姿态均满足稳定规则 $h_{cm} < r_{B_1}$，当 B 位于一个扁平的水平支撑上时，它也必须保持。

表 11-1 单接触点姿态的稳定区域

支撑	物体	曲率	稳定性
凸	凸	$k_{O_1} > 0$, $k_{B_1} > 0$	总是不稳定
凹	凸	$k_{O_1} < 0$, $k_{B_1} > 0$	当且仅当 $h_{cm} < r_{B_1}$ 时稳定
凸	凹	$k_{O_1} > 0$, $k_{B_1} < 0$	当且仅当 $h_{cm} < r_{B_1}$ 时稳定
凸	平	$k_{O_1} > 0$, $k_{B_1} = 0$	总是不稳定
平	凸	$k_{O_1} = 0$, $k_{B_1} > 0$	在纯平移作用下保持中性稳定，否则当且仅当 $h_{cm} < r_{B_1}$ 时稳定

注：$k_{O_1} = 1/r_{O_1}$ 和 $k_{B_1} = 1/r_{B_1}$ 是 O_1 和 B 在接触点的曲率。

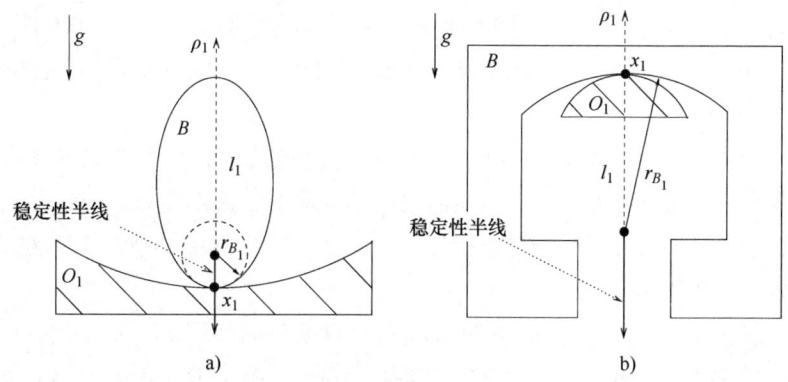

图 11-10 单支撑平衡姿态的稳定性半线：a) 一个凸体 B 依赖于一个凹支撑；b) 局部凹体 B 依靠凸支撑

11.5.3 涉及三个或更多个接触点的稳定二维姿态

当一个二维刚性物体 B 受到 $k \geq 3$ 个无摩擦接触点的支撑时，其姿态一般位于 F 的零维分层。在这种情况下，姿态稳定性仅由姿态稳定性测试的第一部分决定，$l^- = \varnothing$，因为在这样的姿态下，$v = 0$ 显然满足。让我们首先关注三接触点支撑的姿态，然后再将其推广到由更多接触点支撑的姿态。

三接触点姿态的仿射线 L 可以沿着有限或半无限区间与净力旋量锥 $W(q_0)$ 相交（图 11-9c）。在第一种情况下，$\varepsilon(q_0)$ 形成一个垂直条带，具有以下边界线。设 l_i 表示 x_i 处的接触法线 n_i 所在的一条线；设 p_{ij} 表示直线 l_i 与 l_j 的交点；令 l_{ij} 表示经过 p_{ij} 的垂直线（图 11-11）。当 e 位于 n_i 和 n_j 的正向张成区域内时，垂直线 l_{ij} 构成了 $\varepsilon(q_0)$ 的两条边界线之一。如图 11-11a 所示的两对接触法线都存在这种情况。当 L 与 $W(q_0)$ 沿半无限区间相交，e 正好位于一对接触法线 n_i 和 n_j 的正向张成区域内，如图 11-11b 所示。在这种情况下，$\varepsilon(q_0)$ 形成了以 l_{ij} 为界的垂直半平面，位于 l_{ij} 的一侧，不包含 p_{ik} 和 p_{jk} 点。

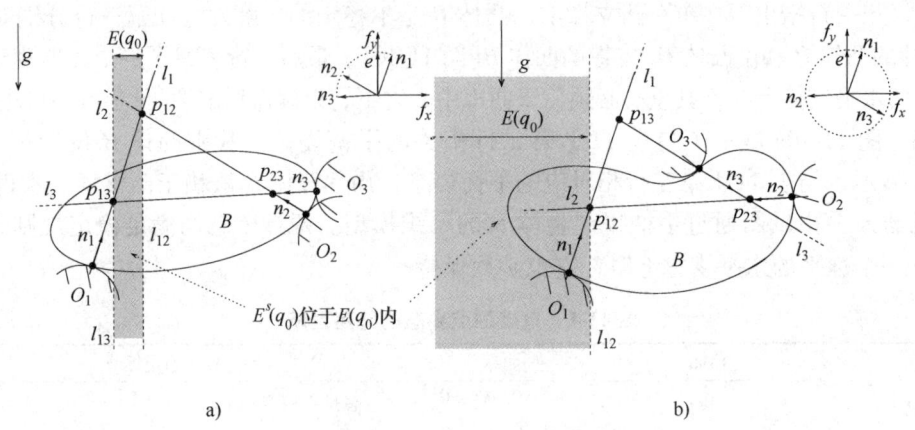

图 11-11 三接触点姿态的平衡区域。a) n_1、n_2、n_3 正向张成垂直面；
b) n_1、n_2、n_3 张成整个垂直面

示例：图 11-11a 描述了一个三接触点姿态，其接触法线正向张成垂直平面的一个子集。该姿态的平衡区域 $\varepsilon(q_0)$ 形成了图 11-11a 所示的垂直条带。由于 e 位于对偶组 (n_1, n_2) 和 (n_1, n_3) 的正向张成区域内，因此垂直条带以直线 l_{12} 和 l_{13} 为界。图 11-11b 描绘了一个三接触点姿态，其接触法线正向张成整个垂直面。该姿态的平衡区域 $\varepsilon(q_0)$ 形成了图 11-11b 所示的垂直半平面。由于 e 是 n_1 和 n_2 正向张成的，因此半平面以垂直线 l_{12} 为界，使得半平面位于 l_{12} 的一侧，而 l_{12} 不包含点 p_{13} 和 p_{23}。

接下来考虑三接触点姿态的稳定区域。姿态稳定性测试要求物体 B 以基本平衡姿态支撑。同理，重力力旋量 $\nabla U(q_0)$ 必须位于净力旋量锥 $W(q_0)$ 内。由于直线 L 表示可能的重力力旋量，所以在 $W(q_0)$ 内 L 的所有点都对应于稳定的姿态。因此三接触点姿态的稳定区域形成各自平衡区域的内部，如下例所示。

示例：姿态稳定区域 $\varepsilon_s(q_0)$ 位于图 11-11a 的垂直条带内和图 11-11b 的垂直半平面内。注意，两个稳定区域都由完全垂直的线组成。然而，接触点抵抗力旋量扰动的能力随着 B 质心的高度而降低。我们将在第 14 章中观察到类似的现象，即摩擦手支撑姿态的情况。

通过对所有接触三元组相关的平衡区域取凸包,可以计算由 $k\geq 4$ 个接触点支撑的姿态平衡区域(参见练习题)。凸包始终形成一组连通的垂直线:一个带状区域、一个半平面或整个垂直平面。与三接触点姿态类似,稳定区域形成了基本平衡姿态下的各自平衡区域的内部。

11.6 三维姿态的稳定平衡区域

本节将姿态稳定性测试应用于三维支撑问题。一个质心可变的三维刚性物体 B 由静止刚体 $O_1, \cdots, O_k$ 支撑,它通过无摩擦接触与物体 B 相互作用。确定物体的质心位置,以保证姿态稳定性,同时物体由一组给定的接触点支撑。我们从一个计算姿态平衡区域 $\varepsilon(q_0)$ 的方案开始,然后针对以下三种情况描述姿态稳定区域 $\varepsilon_s(q_0) \subseteq \varepsilon(q_0)$:①单支撑姿态,该姿态为模拟机器人手试图通过将手指插入手柄来搬运物体;②三接触点姿态,演示经典的三脚架法则不再适用于由机械手支撑形成的不平整地形;③六接触点姿态,即在抵抗外部力旋量干扰的情况下保持物体静止的最小支撑接触点数目。

11.6.1 姿态平衡区域计算方案

利用式(11-8),作用于 B 的重力力旋量可以写成下列形式:

$$\nabla U(q_0) = mg \begin{pmatrix} e \\ \rho_{cm} \times e \end{pmatrix} = mg \left\{ \begin{pmatrix} e \\ \vec{0} \end{pmatrix} - x_{cm} \begin{pmatrix} \vec{0} \\ 0 \\ 1 \\ 0 \end{pmatrix} + y_{cm} \begin{pmatrix} \vec{0} \\ 1 \\ 0 \\ 0 \end{pmatrix} \right\}, \quad (x_{cm}, y_{cm}) \in \mathbb{R}^2 \qquad (11\text{-}17)$$

其中,$e = (0,0,1)$,$\rho_{cm} = (x_{cm}, y_{cm}, z_{cm})$。$B$ 的质心的水平坐标 (x_{cm}, y_{cm}) 为式(11-17)中的自由参数。因此,可能的重力力旋量在 B 的力旋量空间中张成一个仿射平面,记为 L。设 $(f,\tau) \in \mathbb{R}^6$ 表示物体的力旋量空间坐标,其中 $f = (f_x, f_y, f_z)$ 和 $\tau = (\tau_x, \tau_y, \tau_z)$ 分别是力和力矩分量。然后 L 经过点 $(e, \vec{0})$,与 B 的力旋量空间中由 (f_x, f_y, f_z, τ_z) 张成的四维子空间正交。

平衡姿态的可行性要求仿射平面 L 与净力旋量锥 $W(q_0)$ 相交。作为初步步骤,在式(11-17)中对重力力旋量进行缩放,使得 $mg = 1$。L 与 $W(q_0)$ 的交集特征如下所示。

引理 11.10(三维平衡姿态可行性) 刚体 B 在可行的平衡姿态下由静止刚体 $O_1, \cdots, O_k$ 支撑,当且仅当垂直向上方向 $e = (0,0,1)$ 位于 B 内接触法线的正向张成内,则

$$e = \lambda_1 n_1 + \cdots + \lambda_k n_k, \quad \lambda_1, \cdots, \lambda_k \geq 0$$

这样支撑接触力施加净扭矩时,其 z 分量为零:

$$\tau_z = e \cdot \sum_{i=1}^{k} \lambda_i (\rho_i(\theta) \times n_i) = 0$$

式中,$\rho_i(\theta) = R(\theta) b_i$ 为从 B 坐标系原点到接触点 x_i 的向量,$i = 1, \cdots, k$。

证明: 作用在 B 上的重力力旋量总是有一个零分量 τ_z。因此,平衡可行性要求 B 上的接触力施加的净扭矩的分量 τ_z 为零。接下来考虑具有零分量 τ_z 力旋量的五维子空间:$Z = \{(\vec{f}, \vec{\tau}) \in \mathbb{R}^6 : \tau_z = 0\}$。$Z$ 与净力旋量锥 $W(q_0)$ 的交集形成以 B 的力旋量空间原点为基的凸锥。设 V 是 Z 的三维子空间,由净力组成:$V = \{(f, \tau) \in Z : f = (f_x, f_y, f_z) \in \mathbb{R}^3, \tau \neq \vec{0}\}$。由式(11-17)指定的仿射平面 L 与子空间 Z 中的 V 正交,因此,当且仅当它们在 V 上的投影相互交叉时,L 与 $W_z(q_0)$ 在 B

的力旋量空间中相交。L 在 V 上的投影是向量 $e=(0,0,1)$。使用类似于二维姿态的论证，$w_z(q_0)$ 在 V 上的投影是由接触点处的 B 内单位法线的正向张成的。因此，L 与 $W_z(q_0)$ 相交，当且仅当 e 位于 B 的内接触法线 n_1，…，n_k 的正向张成内。

当平衡姿态在给定的一组支撑接触点上可行时，平衡区域在 $\mathbb{R}^3$ 中形成以下一组垂直线。

命题 11.11（三维姿态平衡区域） 令刚体 B 在 q_0 处由静止刚体 O_1，…，O_k 支撑。姿态平衡区域 $\varepsilon(q_0)$，对于 $1 \leq k \leq 4$ 个接触点一般为垂直线；对于 $k=5$ 个接触点，则为垂直条带或半平面；对于 $k=6$ 个接触点，则为具有凸多边形横截面的垂直棱柱；对于 $k \geq 7$ 个接触点，则为具有凸多边形横截面的垂直棱柱或整个 $\mathbb{R}^3$ 空间。

证明：考虑仿射平面 L 与净力旋量锥 $W(q_0)$ 的可能交集，在单接触点姿态下，$W(q_0)$ 在 B 的力旋量空间中生成一条射线。如果 $L \cap W(q_0) \neq \varnothing$，则交集发生在单点处。在双接触点姿态下，$W(q_0)$ 生成一个二维扇形区域。如果 $L \cap W(q_0) \neq \varnothing$，则交集通常发生在单点处。类似地，对于三个和四个接触点，交集 $L \cap W(q_0)$ 通常发生在单点处。在所有这些情况下，$\varepsilon(q_0)$ 形成一条垂直线。在五个接触点姿态下，$W(q_0)$ 生成一个基于 B 的力旋量空间原点的五维凸锥体。如果 $L \cap W(q_0) \neq \varnothing$，则交集沿有界或半无限区间发生。因此，$\varepsilon(q_0)$ 在 $\mathbb{R}^3$ 中形成一个垂直条带或半平面。在六个接触点姿态下，$W(q_0)$ 生成一个基于 B 的力旋量空间原点的完整六维凸锥。如果 $L \cap W(q_0) \neq \varnothing$，则交集沿着一个凸二维多边形发生。因此，$\varepsilon(q_0)$ 在 $\mathbb{R}^3$ 中形成一个垂直棱柱，具有凸多边形横截面。当 B 由 $k \geq 7$ 个接触点支撑时，$W(q_0)$ 仍然生成一个完整的六维凸锥。当 $W(q_0)$ 生成 B 的力旋量空间的一个子集时，$\varepsilon(q_0)$ 与六个接触点姿态中的情况相同。

与支撑多边形的关系：命题 11.11 断言，支撑平衡区域 $\varepsilon(q_0)$ 总是形成一组连通的具有凸十字的垂直截线（点、区间或凸多边形）。在机械腿运动中，经典的支撑多边形被定义为支撑接触的水平投影所围成的凸区域。在无摩擦接触条件下，支撑多边形确定了在平坦水平地形或更一般地说，在具有垂直向上接触法线的地形上的姿态平衡区域。然而，在支撑机器人手通常形成不平整地形的情况下，姿态平衡区域与支撑多边形无关。

稳定区域构成了 $\varepsilon(q_0)$ 的子集，下面对由一个、三个和六个接触点支撑的三维姿态进行了特征化。

11.6.2 单支撑三维姿态的稳定区域

一个接触点的姿态在物体的内接触法线与垂直向上方向共线时形成可行的平衡：$n_1 = e$。在这种情况下，姿态平衡区域 $\varepsilon(q_0)$ 生成通过接触点的垂直线，表示为 l_1。接下来考虑姿态稳定区域。姿态稳定测试的第一部分，$\overline{\Gamma} = \varnothing$，在 $\varepsilon(q_0)$ 中的任何质心位置都会自动满足。因此，考虑姿态稳定测试的第二部分，对于所有的 $\dot{q} \in T_{q_0}S$，其中 $S = \mathrm{bdy}(CO_1)$，使得 $k_U(q_0, \dot{q}) < 0$。让我们对切空间 $T_{q_0}S$ 进行特征化，然后评估在这个子空间上的 $k_U(q_0, \dot{q})$ 的符号。

设 B 的坐标系原点在垂直线 l_1 上。在 B 的坐标系原点选择下，q_0 处的 c-障碍单位外法向量为 $\hat{\eta}_1(q_0) = (n_1, \vec{0}) \in \mathbb{R}^6$，切空间 $T_{q_0}S$ 的形式为

$$T_{q_0}S = \{\dot{q} = (v, \omega) \in \mathbb{R}^6 : (n_1, \vec{0}) \cdot (v, \omega) = n_1 \cdot v = 0\}$$

考虑 $k_U(q_0, \dot{q})$ 在切空间 $T_{q_0}S$ 上的符号。当 B 的坐标系原点位于线 l_1 上时，与接触点 x_1 的

带符号距离 ρ_1 由 $\rho_{cm}=(0,0,h_{cm}-\rho_1)$ 给出，其中 h_{cm} 为 B 的质心在接触点上方的高度。将 ρ_{cm} 代入式(11-9)中的 $D^2U(q_0)$，得

$$D^2U(q_0)=\begin{bmatrix} O & O \\ O & A \end{bmatrix}, \quad A=\begin{bmatrix} \rho_1-h_{cm} & 0 & 0 \\ 0 & \rho_1-h_{cm} & 0 \\ 0 & 0 & 0 \end{bmatrix} \tag{11-18}$$

式中，O 是一个 3×3 零矩阵。回顾第 2 章的内容，$k_1(q_0,\dot{q})=0$ 沿着切向量 $\dot{q}=(\vec{0},n_1)\in T_{q_0}S$，表示物体 B 绕接触法线的瞬时针旋转。由于沿着这特定的切向量 $\dot{q}^T D^2 U(q_0)\dot{q}=0$，我们得到 $k_U(q_0,\dot{q})=k_1(q_0,\dot{q})-\dot{q}^T D^2 U(q_0)\dot{q}=0$，沿着 $\dot{q}=(\vec{0},n_1)$。这个性质意味着 $k_U(q_0,\dot{q})$ 在任何单支撑姿态下至多是负半定的。

可能的单接触稳定区域总结见表 11-2。当接触点处的主曲率为正时，表面是凸的；当主曲率为负时，表面是凹的；当接触点处的主曲率有正有负时，表面是鞍状的。正如表 11-2 所示，稳定区域 $\varepsilon_s(q_0)$ 在以下情况下是非空的：其中一个接触表面是凸的而另一个是凹的，两个表面都是鞍状的，以及当凸体 B 静置在平坦水平支撑面上时，B 的质心高度 h_{cm} 在式(11-18)中呈线性形式。因此，稳定区域 $\varepsilon_s(q_0)$ 始终形成 $\varepsilon(q_0)$ 的下半线，由 $h_{cm}<\min\{r_{B_1},r_{B_2}\}$ 给定，其中 r_{B_1} 和 r_{B_2} 是接触点处物体的主曲率半径。凸体静置在光滑水平支撑面上的情况是一个经典的结果(见参考书目注释)。下面的例子说明了一个鞍状物体静置在鞍状支撑面上的情况。

表 11-2　单体支撑三维物体 B 的稳定性条件

支撑	物体	稳定性
凸	凸	总是不稳定
凹	凸	当且仅当 $h_{cm}<\min\{r_{B_1},r_{B_2}\}$ 时稳定
鞍	凸	总是不稳定
凸	凹	当且仅当 $h_{cm}<\min\{r_{B_1},r_{B_2}\}$ 时稳定
凹	凹	不可行表面接触
鞍	凹	不可行表面接触
凸	鞍	总是不稳定
凹	鞍	不可能
鞍	鞍	当且仅当 $h_{cm}<\min\{r_{B_1},r_{B_2}\}$ 时稳定
凸	平	总是不稳定
平	凸	在纯平移作用下保持中性稳定，否则当且仅当 $h_{cm}<\min\{r_{B_1},r_{B_2}\}$ 时稳定

示例：图 11-12 展示了一个 U 形物体 B 在受重力影响下平衡在倒置的 U 形支撑体 O_1 上。在这种情况下，物体 B 和支撑体 O_1 在接触点处具有鞍状表面。根据表 11-2 的第九行，当物体的质心位于其接触点处的最小曲率半径之下时，物体的稳定性得到保证。也就是说，在接触点处 $r_{B_1}>0$ 且 $r_{B_2}<0$，并且 $h_{cm}<r_{B_2}$ 以保持稳定。这个例子可以模拟一个机器人手试图通过将弯曲的手指 O_1 插入连接到物体 B 上的手柄来提起一个刚性物体 B 的情况。只要物体的质心位于单支撑姿态的稳定性半线之内，这个任务就可以以局部稳定的方式完成。

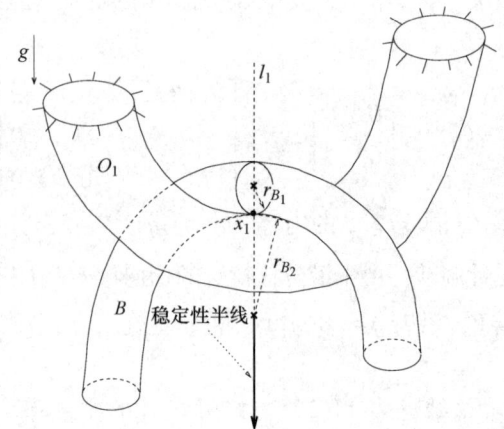

图 11-12　鞍状物体 B 静置在鞍状支撑 O_1 上的稳定性半线。注意，由于物体 B 在 x_1 处的鞍状形状，$r_{B_1}>0$，而 $r_{B_2}<0$

11.6.3　三接触三维姿态的稳定区域

在三接触姿态下，平衡的可行性要求接触法线正向生成垂直向上的方向：

$$e=\lambda_1 n_1+\lambda_2 n_2+\lambda_3 n_3, \quad \lambda_1, \lambda_2, \lambda_3 \geq 0 \tag{11-19}$$

因此，接触力 $f_i=\lambda_i n_i$，$i=1$，2，3，在 $\mathbb{R}^3$ 中对垂直轴施加零扭矩。零扭矩要求可以用图形表示如下。考虑一个一般的姿态，其接触法线 l_1、l_2 和 l_3 不在三个平行平面上。这样的姿态被称为具有不平行接触法线。水平平面 (x,y) 上 l_1、l_2 的投影相交于点 p。设 l 表示点 p 处的垂直线（图 11-13）。因为 l_1、l_2 均与 l 相交，接触力 f_1 和 f_2 在该线周围生成零扭矩。平衡可行性要求接触力 f_3 也在 l 周围生成零扭矩。只有当 l_3 在 (x,y) 平面中通过 p 时，才可能实现这一点。因此，平衡姿态的可行性要求三个接触法线正向生成垂直方向 e，使得线 l_1、l_2、l_3 交于一个公垂线 l（图 11-13）。

注：考虑沿垂直方向 e 经过 B 的质心的重力线 l_g。在三接触平衡姿态下，接触力线 l_1、l_2、l_3 和线 l_g 在 Plücker 坐标系中呈线性相关。正如第 5 章所讨论的，这四条线必须位于一个称为半二阶曲面的公共射线面上。定义半二阶曲面的一种方式如下：给定三条在 $\mathbb{R}^3$ 中称为基线的不平行线，由这些基线张成的半二阶曲面是所有与这三个基线相交的线的集合。因此，垂直线 l 是包含线 l_1、l_2、l_3 和 l_g 的半二阶曲面的一个基线。

根据命题 11.11，具有不平行接触法线的三接触姿态的平衡区域一般形成一条垂直线。设 B 的坐标系原点位于垂直线 l 上，设 h_i 表示接触法线 l_i 与 l 的交点的高度（图 11-13）。姿态平衡线的水平坐标 (x_{cm}, y_{cm}) 由平衡姿态方程的对称性分量 τ_x 和 τ_y 决定（见练习题）：

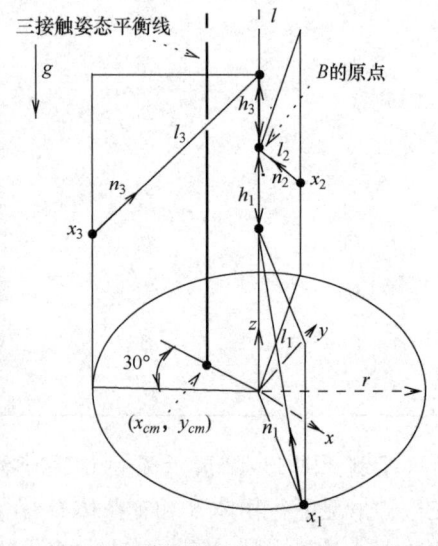

图 11-13　这种三接触姿态平衡线经过一个点，该点位于水平面 (x,y) 上，沿方向 $(-\cos 30°, \sin 30°)$ 距离垂直线 $lr/2\sqrt{3}$ 处（未显示支撑物体）

$$\begin{pmatrix} x_{cm} \\ y_{cm} \end{pmatrix} = -\sum_{i=1}^{3} h_i \lambda_i \cdot (n_i)_{xy} \tag{11-20}$$

式中，$(n_i)_{xy}$ 为接触法线 n_i 的水平投影，$i=1,2,3$，而系数 λ_1、λ_2、$\lambda_3 \geq 0$ 由式(11-19)中指定的力平衡确定。

示例：图 11-13 展示了一个三接触姿态，其接触点在半径为 r 的垂直圆柱体上以 $120°$ 角排列（不显示支撑物体）。接触点 x_1 和 x_3 位于中间接触点 x_2 下方的 $r/2$ 处。接触法线 n_1、n_2 和 n_3 指向圆柱体的中心轴 l，与水平面 (x, y) 形成向上的 $45°$ 角。三条接触法线正向生成垂直方向 e，因此，接触法线 l_1、l_2 和 l_3 与垂直线 l 相交。因此，该姿态具有非空的平衡线。选择 B 的坐标系原点在 l_2 与 l 的交点处（图 11-13），$h_1=-r/2$，$h_2=0$，$h_3=r/2$，则有 $\lambda_i=\sqrt{2}/3$，$i=1,2,3$。利用式(11-20)，姿态的平衡线穿过点 $(x_{cm}, y_{cm}) = r((n_1)_{xy}-(n_3)_{xy})/3\sqrt{2}$，在水平面 (x, y) 上沿方向 $(-\cos 30°, \sin 30°)$ 距离垂直线 l 的 $r/2\sqrt{3}$ 处（见图 11-13）。

具有不平行接触法线的三接触姿态的稳定区域 $\varepsilon_S(q_0) \subseteq \varepsilon(q_0)$，取决于物体和支撑体的曲率。当曲率允许稳定的质心位置（如当支撑体在接触处是凹的时），稳定区域 $\varepsilon_S(q_0)$ 形成平衡线 $\varepsilon(q_0)$ 的下半线。与单接触姿态类似，这一特性基于黑塞矩阵 $D^2U(q_0)$ 对 B 的质心高度的线性相关性，该高度沿着姿态平衡线测量。稳定性半线的计算需要评估重力相对曲率形式 $k_U(q_0, \dot{q})$，该形式在切空间 $T_{q_0}S$ 上进行，其中 $S = \bigcap_{i=1}^{3} \text{bdy}(CO_i)$ 是与支撑体 c-障碍相关联的层。

与支撑多边形的关系：假设一只机械手通过三个摩擦接触来支撑刚体 B，使摩擦锥包含垂直向上的方向 e。姿态平衡区域 $\varepsilon(q_0)$ 是由姿态支撑多边形延伸的垂直棱柱生成的。此属性称为三脚架规则。接下来考虑接触处摩擦系数的逐渐减小。只要所有的摩擦锥包含垂直向上的方向 e，姿态平衡区域保持不变。当一个或多个摩擦锥不再包含垂直方向 e 时，姿态平衡区域开始在支撑多边形延伸的垂直棱柱内收缩，始终形成一个连接的垂直线集合，其横截面是凸的。在无摩擦接触的极限情况下，当存在无摩擦的平衡姿态时，区域 $\varepsilon(q_0)$ 会收缩为一条垂直线。因此，在无摩擦接触条件下，除非支撑物偶然具有垂直接触法线，否则三脚架规则不成立。

11.6.4 六接触三维姿态的稳定区域

当一个刚体 B 由六个接触点支撑时，它的构型 q_0 一般位于 F 的零维分层中。根据命题 11.11，平衡区域 $\varepsilon(q_0)$ 形成具有凸多边形横截面的三维垂直棱柱。由于 q_0 位于 F 的零维分层中，姿态平衡区域 $\varepsilon_S(q_0) \subseteq \varepsilon(q_0)$ 仅由姿态稳定测试的第一部分决定，即 $l^- = \emptyset$。根据定理 11.6，当物体 B 以基本平衡姿态支撑时，$l^- = \emptyset$。等价地，$\nabla U(q_0)$ 必须位于接触点的净力旋量锥 $W(q_0)$ 内。后一个条件在 $\varepsilon(q_0)$ 内的所有质心位置都满足，因此 $\varepsilon_S(q_0)$ 形成了姿态平衡区域的内部。

六接触姿态的稳定区域有两个显著特性。第一个性质涉及它的稳健性。物体 B 可以在 $\varepsilon_S(q_0)$ 的任意点上局部移动质心，而不影响姿态的平衡可行性和局部稳定性。因此，当放置在支撑机器人手上时，即使存在小的接触放置误差，物体 B 也将保持静止并相对安全。第二个性质涉及由所有垂直线组成的区域 $\varepsilon_S(q_0)$ 的结构。当 B 的质心高度不影响六个接触点的局部稳定性时，它们抵抗力旋量扰动的能力随 B 的质心高度的增加而减小。我们将在第 14 章中观察到摩擦手支撑姿态的类似性质。

让我们描述如何计算六接触姿态的平衡区域的水平截面，称为**姿态平衡多边形**。当 $\nabla U(q_0) = (e, \rho_{cm} \times e) \in \mathbb{R}^6$ 时，在 q_0 处第 i 个 c-障碍外法线由 $\eta_i(q_0) = (n_i, \rho_i \times n_i) \in \mathbb{R}^6$ 给出。六接触姿态的平衡方程如下：

$$\begin{bmatrix} n_1 & \cdots & n_6 \\ \rho_1 \times n_1 & \cdots & \rho_6 \times n_6 \end{bmatrix} \begin{pmatrix} \lambda_1 \\ \vdots \\ \lambda_6 \end{pmatrix} = \begin{pmatrix} e \\ \rho_{cm} \times e \end{pmatrix}, \quad \lambda_1, \cdots, \lambda_6 \geq 0 \quad (11\text{-}21)$$

式中，系数 $\lambda_1, \cdots, \lambda_6$ 表示接触力的大小。物体质心位置 ρ_{cm} 是式（11-21）中的自由参数。一般六接触姿态在 q_0 处具有线性无关的 c-障碍法线。在这种情况下，解 $(\lambda_1, \cdots, \lambda_6)$ 由克拉默法则得到

$$\lambda_i = \frac{1}{D} \det \begin{bmatrix} n_1 & \cdots & e & \cdots & n_6 \\ \rho_1 \times n_1 & \cdots & \rho_{cm} \times e & \cdots & \rho_6 \times n_6 \end{bmatrix}, \quad i = 1, \cdots, 6$$

那么 $\nabla U(q_0) = (e, \rho_{cm} \times e)$ 占据第 i 列，而 $D = \det[\eta_1(q_0) \quad \cdots \quad \eta_6(q_0)]$，对于给定的一组支撑接触，姿态平衡多边形由以下不等式确定：$\lambda_1(\rho_{cm}), \cdots, \lambda_6(\rho_{cm}) \geq 0$。由于 $\rho_{cm} \times e = (y_{cm}, -x_{cm}, 0)$，六个约束中的每一个在 B 的水平质心坐标 (x_{cm}, y_{cm}) 中都是线性的。这六个不等式的交集定义了一个水平面 (x, y) 上的凸多边形，该多边形由最多六条边包围。每条边由五接触平衡姿态组成，其中六个接触中的一个处于闲置状态，而每个顶点对应于四接触平衡姿态，其中六个接触中的两个处于闲置状态。

可以利用这一见解来确定姿态平衡多边形的顶点，方法如下。对于每个力线四元组，检查四条接触法线是否正向生成垂直向上方向 e，使得四条接触法线的水平投影在 (x, y) 平面上形成一个可行的平衡。后一测试可以按照第 5 章的描述以图形方式进行。如果一个力线四元组形成了一个可行的平衡姿态，那么它的平衡线（姿态平衡多边形的一个顶点）可以用以下公式计算。

$$\begin{pmatrix} x_{cm} \\ y_{cm} \end{pmatrix} = J \cdot \sum_{i=1}^{4} \lambda_i (\rho_i \times n_i)_{xy}, \quad J = \begin{bmatrix} 0 & 1 \\ -1 & 0 \end{bmatrix} \quad (11\text{-}22)$$

式中，$(\cdot)_{xy}$ 表示水平面 (x, y) 上的水平投影。下面的示例说明了该技术。

示例：考虑图 11-14 中描述的不平行接触法线的六接触姿态（未显示支撑物体）。六个接触点在水平面 (x, y) 上以 120° 角排列在两个半径为单位长的圆上，圆心相距 1.25 个单位长。接触法线相切于垂直圆柱，并且以 45°角向上指向 (x, y) 平面上方。三条接触法线在左圆上指向逆时针方向，而其他三条接触法线在右圆上指向顺时针方向。为了确定这种姿态的平衡可行性，我们必须检查所有 15 个力线四元组的平衡可行性。在这个例子中，11 个四元组未能在 (x, y) 平面内形成可行的平衡，剩下的 4 个四元组正向生成垂直向上方向 e，并且在 (x, y) 平面内形成可行的平衡。它们是 (l_1, l_2, l_3, l_5)、(l_1, l_2, l_5, l_6)、(l_2, l_3, l_4, l_5) 和 (l_2, l_4, l_5, l_6)。4 个四元组决定了姿态平衡多边形的四个顶点。根据式（11-22）计算它们的位置，并且姿态平衡区域形成了图 11-14 中绘制的四棱柱。

与支撑多边形的关系：在被支撑的机器人手形成的地形上施加适度条件，称为温和地形，姿态平衡多边形位于姿态的支撑多边形内。然而，姿态平衡多边形只占据姿态支撑多边形的一个子集（图 11-14）。因此，支撑多边形不再适合评估手部支撑姿态的安全性。

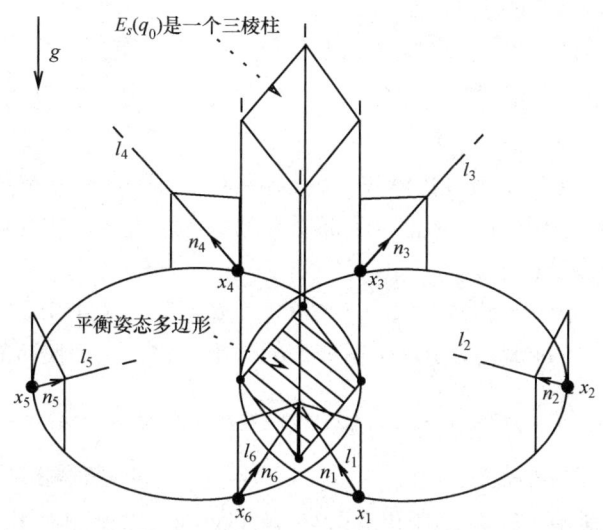

图 11-14 具有不平行接触法线的六接触姿态（未显示支撑物体）。姿态平衡多边形有四个顶点，由直线四元组 (l_1, l_2, l_3, l_5)、(l_1, l_2, l_5, l_6)、(l_2, l_3, l_4, l_5) 和 (l_2, l_4, l_5, l_6) 确定。姿态稳定区域是由平衡多边形构成的三棱柱的内部

11.7 参考书目注释

本章基于 Rimon、Mason 和 Burdick[1]，给出了多个无摩擦物体在重力作用下的平衡姿态分析原理。它专注于在不平整地形上的腿式机器人姿态，同样的原理也适用于机器人手，在支撑刚性物体对抗重力时形成不平整地形。姿态稳定性测试的一阶和二阶条件是由 Trinkle 等人[2]首先通过分层莫尔斯理论得到的稳定性单元。

单支撑姿态的稳定性与船舶、潜水器、飞艇、热气球等浮体的稳定性密切相关。浮体由其净浮力支撑，当其重心位于浮体浮力曲线的中心下方时，浮体处于稳定平衡状态（见参考文献[3]中的第 10 章）。稳定的姿态在计算机视觉中也很有用，可以在机器人手捡起物体之前识别出可能的物体姿态[4]。多点接触姿态的稳定性严格存在于机器人应用领域，如用机器人手搬运和操纵大型非感知物体。在重力的影响下，由机器人手携带的几个相互作用刚体的手部支撑姿态是一个巨大的挑战，见 Lynch 等人[5]。另一个挑战涉及由支撑体和与重力相关的虚拟手指形成的重力笼。第 10 章中的笼式抓取是否可以改编为深度测量候选手部支撑姿态安全性的重力笼？见 Mahler 等人[6]。

最后，本章重点关注具有固定接触点集和可变质心的姿态。当其他关键参数改变时，姿态稳定区域会发生什么变化？例如，了解一个物体在重力影响下，在具有固定质心但支撑接触不断变化的情况下的稳定区域，对于手持物体操作非常有用。这类问题属于分岔理论的一般框架，其中系统的稳定区域被映射为系统关键参数的函数[3,7]。

11.8 附录：证明细节

本附录包含了分层集 F 上引力势 $U(q)$ 的两个关键性质的证明。第一个性质涉及 $U(q)$ 局

部极小值对外部力旋量扰动的鲁棒性。

命题 11.3 假设刚体 B 在 q_0 处由静止刚体 O_1，$\cdots$，O_k 支撑。如果 q_0 形成 $U(q)$ 的非退化局部极小值（一般情况），则零速度平衡态$(q_0,\vec{0})$相对于足够小的外力旋量扰动具有局部稳定性和鲁棒性。

简证： 考虑外力旋量干扰是由物体质心的局部位移引起的。令 b_{cm}^0 表示 B 质心的初始位置，Δb_{cm} 表示 B 质心位置的微小变化，两者都用 B 的参考系表示。物体质心位置 b_{cm} 作为 B 的引力势 $U(q)$ 中的一个参数：

$$U(q,b_{cm}) = mge \cdot x_{cm}(q) = mge \cdot (R(\theta)b_{cm}+d), \quad q=(d,\theta) \in \mathbb{R}^m, \quad m=3,6$$

我们必须表明，较小的 Δb_{cm} 会引起平衡姿态的微小变化，从而使新的平衡姿态保持稳定。

物体的平衡姿态 q_0 位于 $S = \bigcap_{i=1}^{k} \text{bdy}(CO_i)$ 层，与支撑体 O_1，$\cdots$，O_k 相关。由于 $U(q,b_{cm}^0)$ 在 q_0 处具有非退化局部极小值，因此 $\nabla U(q_0,b_{cm}^0)$ 与 q_0 处的任何相邻分层都不正交。由于 $U(q,b_{cm})$ 在 b_{cm} 中变化缓慢，b_{cm} 的小变化会引起 ∇U 的小变化，因此，扰动梯度 $\nabla U(q_0,b_{cm}^0)$ 在 q_0 处仍然不与任何相邻层正交，所以，$\nabla U(q_0,b_{cm}^0+\Delta b_{cm})$ 的任何临界点必须在对于所有足够小的 b_{cm} 来说都位于同一层 S 中。当 S 为零维分层时，B 对 b_{cm} 保持在相同的构型 q_0 处。当 S 至少是一维时，B 对于 Δb_{cm} 移动到位于 S 内的新平衡构型。

因此，需要考虑 S 至少是一维的情况。我们必须证明 Δb_{cm} 诱导的新平衡点位于以 q_0 为中心的 S 的局部邻域内。未扰动平衡姿态满足条件：

$$\lambda_1^0 \hat{\eta}_1(q_0) + \cdots + \lambda_k^0 \hat{\eta}_k(q_0) - \nabla U(q_0, b_{cm}^0) = \vec{0}, \quad \lambda_1^0, \cdots, \lambda_k^0 \geq 0 \tag{11-23}$$

式中，$\hat{\eta}_1(q_0)$，$\cdots$，$\hat{\eta}_k(q_0)$ 是 q_0 处的 c-障碍单位外法线。Δb_{cm} 引起的扰动平衡姿态满足平衡条件：

$$\lambda_1 \hat{\eta}_1(q) + \cdots + \lambda_k \hat{\eta}_k(q) - \nabla U(q, b_{cm}^0+\Delta b_{cm}) = \vec{0}, \quad q \in S \tag{11-24}$$

将由 Δb_{cm} 引起的平衡姿态构型的变化表示为 Δq_0，将未受干扰的平衡姿态系数表示为 $\vec{\lambda}_0 = (\lambda_1^0, \cdots, \lambda_k^0)$，并将在新的平衡姿态下由 Δb_{cm} 引起的这些系数的变化表示为 $\Delta \vec{\lambda}_0$。对式(11-24)进行变量$(q,\vec{\lambda},b_{cm})$的隐式微分，然后将式(11-23)代入，得到一阶近似值：

$$\left[\sum_{i=1}^{k} \lambda_i^0 D\hat{\eta}_i(q_0) - D^2 U(q_0, b_{cm}^0)\right] \Delta q_0 + [\hat{\eta}_1(q_0) \quad \cdots \quad \hat{\eta}_k(q_0)] \Delta \vec{\lambda}_0 = \left[\frac{\partial}{\partial b_{cm}} \nabla U(q_0, b_{cm}^0)\right] \Delta b_{cm}$$

式中，Δq_0 在切空间 $T_{q_0}S$ 中变化，定义乘以 Δq_0 的矩阵为 $K_U(q_0,b_{cm}^0)$。

$$[K_U(q_0,b_{cm}^0)] \Delta q_0 + [\hat{\eta}_1(q_0) \quad \cdots \quad \hat{\eta}_k(q_0)] \Delta \vec{\lambda}_0 = \left[\frac{\partial}{\partial b_{cm}} \nabla U(q_0, b_{cm}^0)\right] \Delta b_{cm} \tag{11-25}$$

矩阵 $K_U(q_0,b_{cm}^0)$ 作用于 $\Delta q_0 \in T_{q_0}S$ 并表示黑塞矩阵 $-D^2 U(q_0,b_{cm}^0)$ 对切空间 $T_{q_0}S$ 的约束，因此，让我们确定该矩阵的维数。由于 B 在 q_0 处由 k 个物体支撑，因此 S 的尺寸通常为 $m-k$，其中 m 是 c-space 的维数。因此 $K_U(q_0,b_{cm}^0)$ 是 $m \times (m-k)$ 矩阵。由于 $U(q,b_{cm}^0)$ 在 q_0 处有一个非退化的局部极小值，$D^2 U(q_0,b_{cm}^0)$ 对 $T_{q_0}S$ 的约束具有全秩 $m-k$。因此，$K_U(q_0,b_{cm}^0)$ 具有满秩 $m-k$。

接下来考虑 $m \times m$ 复合矩阵：$[K_U(q_0,b_{cm}^0) \quad \hat{\eta}_1(q_0) \quad \cdots \quad \hat{\eta}_k(q_0)]$，它作用于向量$(\Delta q_0, \Delta \vec{\lambda}_0)$。我们可以假定 c-障碍外法线 $\hat{\eta}_1(q_0)$，$\cdots$，$\hat{\eta}_k(q_0)$ 在 q_0 处线性无关。此外，可以验证，$K_U(q_0,b_{cm}^0)$ 将切向量 $\Delta q_0 \in T_{q_0}S$ 映射到切空间 $T_{q_0}S$ 中。由 $\hat{\eta}_1(q_0)$，$\cdots$，$\hat{\eta}_k(q_0)$ 和切空间 $T_{q_0}S$ 构成的子空间是正交

补空间，矩阵$[K_U(q_0,b_{cm}^0) \quad \hat{\eta}_1(q_0) \quad \cdots \quad \hat{\eta}_k(q_0)]$的满秩为$m$，即$K_U\Delta q_0 + [\hat{\eta}_1(q_0) \quad \cdots \quad \hat{\eta}_k(q_0)]\Delta\vec{\lambda}_0 = \vec{0}$，当且仅当$(\Delta q_0, \Delta\vec{\lambda}_0) = (\vec{0},\vec{0})$时。复合变换$(\Delta q_0, \Delta\vec{\lambda}_0) \in \mathbb{R}^m$可以被表达为关于$\Delta b_{cm}$的连续函数：

$$\begin{pmatrix} \Delta q_0 \\ \Delta\vec{\lambda}_0 \end{pmatrix} = [K_U(q_0,b_{cm}^0) \quad \hat{\eta}_1(q_0) \quad \cdots \quad \hat{\eta}_k(q_0)]^{-1} \left[\frac{\partial}{\partial b_{cm}}\nabla U(q_0,b_{cm}^0)\right]\Delta b_{cm}$$

新的平衡姿态构型$q_0+\Delta q_0$，以及新的平衡系数$\vec{\lambda}_0+\Delta\vec{\lambda}_0$，随着$b_{cm}$连续变化。基于这种连续性，所有足够小的$\Delta b_{cm}$在以$q_0$为中心的$S$的局部邻域中诱导平衡态。

接下来证明，对于所有足够小的Δb_{cm}，$q_0+\Delta q_0$处的新平衡形成了$U(q,b_{cm}^0+\Delta b_{cm})$的局部极小值，从而形成了局部稳定姿态。如11.3节所述，当$U(q,b_{cm}^0+\Delta b_{cm})$满足$\nu=0$和$l^-=\varnothing$的条件时，在$q_0+\Delta q_0$处有一个局部极小值。条件$\nu=0$要求在$q_0+\Delta q_0$处将$D^2U(q_0+\Delta q_0,b_{cm}^0)$限制到$S$的切空间时，其具有正的特征值。这个条件在$(q_0,b_{cm}^0)$处成立，并且由于在$q$中$D^2U(q,b_{cm}^0)$的特征值连续变化，仍然在$(q,b_{cm}^0)$的局部邻域内成立。当$q_0+\Delta q_0$形成基本平衡状态时，条件$l^-=\varnothing$成立（命题11.4）。等价地，当$l^-=\varnothing$，$\hat{\eta}_1(q_0+\Delta q_0), \cdots, \hat{\eta}_k(q_0+\Delta q_0)$线性无关时，使得$\nabla U(q_0+\Delta q_0)$位于净力旋量锥$W(q_0+\Delta q_0)$内（命题11.4）。净力旋量锥$W(q)$由c-障碍单位外法线$\hat{\eta}_1(q), \cdots, \hat{\eta}_k(q)$所张成，在$q \in S$中连续变化。梯度$\nabla U(q,b_{cm})$在$q \in S$和$b_{cm}$中连续变化。由于$U(q,b_{cm}^0)$在$q_0$处有一个非退化的局部极小值，因此$\nabla U(q_0,b_{cm}^0)$位于$W(q_0)$内。通过连续性，对于所有足够小的$\Delta q_0 \in T_{q_0}S$和足够小的$\Delta b_{cm}$，$\nabla U(q_0+\Delta q_0, b_{cm}^0+\Delta b_{cm})$位于$W(q_0+\Delta q_0)$内。因此，在新的平衡点$\nu=0$和$l^-=\varnothing$，形成了$U(q,b_{cm}^0+\Delta b_{cm})$的局部极小值。

下一个命题提供了一个几何测试，用于确定在形成物体自由构型空间F的分层集上是否满足$l^-=\varnothing$。该命题使用了以下对偶锥的概念。设W是力旋量的凸锥，位于B的力旋量空间原点；C是基于B的切空间原点的凸锥。如果每个$w \in W$满足$w \cdot \dot{q} \leq 0$，$\dot{q} \in C$，则W称为C的对偶。

命题11.4 设$q_0 \in S$是物体重力势能$U(q)$的临界点，其中S是与支撑体$O_1, \cdots, O_k$相关联的F的层次结构。$l^-=\varnothing$的必要条件是q_0形成一个可行的平衡姿态：

$$\nabla U(q_0) = \sum_{i=1}^{k} \lambda_i \hat{\eta}_i(q_0), \quad \lambda_1, \cdots, \lambda_k \geq 0$$

式中，$\hat{\eta}_1(q_0), \cdots, \hat{\eta}_k(q_0)$是在$q_0$处的支撑体c-障碍的单位外法线。$l^-=\varnothing$的充分条件是$q_0$形成基本平衡姿态。

证明： 首先证明$l^-=\varnothing$的必要条件。下半链定义为$l^-=E(q_0) \cap U^{-1}(c_0-\varepsilon)$，其中$E(q_0)$是$F$在$q_0$和$c_0=U(q_0)$处的法向切片。我们可以假设$E(q_0)$是与$q_0$处$S$垂直的一个小$k$维圆与$F$的交集。如果$l^-$为空，则$U(q)$必须沿着从$q_0$开始并位于$E(q_0)$的任何c-space路径不递减。设$C(q_0)$表示基于$q_0$并指向$E(q_0)$的切向量集。这一系列的特征如下。物体在$q_0$处的一阶自由运动形成切向量的凸锥：

$$M_{1\cdots k}^1(q_0) = \{\dot{q} \in T_{q_0}\mathbb{R}^m : \hat{\eta}_i(q_0) \cdot \dot{q} \geq 0, i=1,\cdots,k\} \quad (11-26)$$

因此，$C(q_0) = M_{1\cdots k}^1(q_0) \cap \text{span}\{\hat{\eta}_1(q_0), \cdots, \hat{\eta}_k(q_0)\}$形成了$M_{1\cdots k}^1(q_0)$的子锥。

设$q(t)$是从q_0开始，位于$E(q_0)$的构型空间路径。它的切线$\dot{q}(0)=\dot{q}$位于$C(q_0)$中。由于l^-为空，根据链式法则$\dfrac{\mathrm{d}}{\mathrm{d}t}\bigg|_{t=0} U(q(t)) = \nabla U(q_0) \cdot \dot{q} \geq 0$，$\dot{q} \in C(q_0)$。因此得出$\nabla U(q_0)$位于与

取反锥$-C(q_0)$对偶的力旋量锥中。因此，需证明对于$-C(q_0)$的对偶锥是与支撑接触相关联的净力旋量锥 $W(q_0) = \left\{ \sum_{i=1}^{k} \lambda_i \hat{\eta}_i(q_0) : \lambda_1, \cdots, \lambda_k \geq 0 \right\}$。

每个力旋量 $w \in W(q_0)$ 作为切向量 $\dot{q} \in T_{q_0}\mathbb{R}^m$ 上的一个余向量。此外，对于所有 $\dot{q} \in T_{q_0}S$，所有力旋量 $w \in W(q_0)$ 满足 $w \cdot \dot{q} = 0$，因此 $W(q_0)$ 的力旋量可以解释为只作用于 $T_{q_0}\mathbb{R}^m$ 中 $T_{q_0}S$ 的正交补，这是一个表示 $T_{q_0}^\perp S$ 的子空间，切向量 $C(q_0)$ 的锥是 $T_{q_0}^\perp S$ 的一个子集。根据式(11-26)，切向量锥 $C(q_0)$ 与反力旋量锥 $-W(q_0)$ 是对偶的：

$$\forall w \in -W(q_0),\ w \cdot \dot{q} \leq 0,\ \dot{q} \in C(q_0)$$

由于 $C(q_0)$ 与 $-W(q_0)$ 是对偶的，当 $W(q_0)$ 的力旋量被解释为作用于子空间 $T_{q_0}^\perp S$ 上时，$-C(q_0)$ 与 $W(q_0)$ 是对偶的。由于已知 $\nabla U(q_0)$ 位于 $-C(q_0)$ 的对偶锥中，因此 $\nabla U(q_0)$ 位于 $W(q_0)$ 中，这证明了可行平衡姿态的必要性。

接下来证明 $l^- = \emptyset$ 的充分条件。为了简单起见，考虑 $k \leq m$ 接触的情况，其中 $m = 3$ 或 6。在这种情况下，所有系数 $\lambda_1, \cdots, \lambda_k$ 在基本平衡姿态下都是严格正的。由于 $T_{q_0}^\perp S$ 是切空间 $T_{q_0}\mathbb{R}^m$ 中 $T_{q_0}S$ 的正交补，对于某些 $i \in \{1, \cdots, k\}$，任何非零切向量 $\dot{q} \in T_{q_0}^\perp S$ 满足 $\hat{\eta}_i \cdot \dot{q} \neq 0$。由于 $C(q_0)$ 是 $T_{q_0}^\perp S$ 的子集，对于所有 $i = 1, \cdots, k$，每个 $\dot{q} \in C(q_0)$ 满足 $\hat{\eta}_i(q_0) \cdot \dot{q} \geq 0$。基于这两个事实，对于某些 $i \in \{1, \cdots, k\}$，每个 $\dot{q} \in C(q_0)$ 满足 $\hat{\eta}_i(q_0) \cdot \dot{q} \geq 0$。根据链式法则，由于 $\left. \dfrac{\mathrm{d}}{\mathrm{d}t} \right|_{t=0} U(q(t)) = \nabla U(q_0) \cdot \dot{q} = \sum_{i=1}^{k} \lambda_i (\hat{\eta}_i(q_0) \cdot \dot{q})$，$\left. \dfrac{\mathrm{d}}{\mathrm{d}t} \right|_{t=0} U(q(t)) > 0$ 必须为真。因此，$U(q)$ 是沿着从 q_0 开始并位于 $E(q_0)$ 中的任何构型空间路径严格递增，这意味着 $l^- = \emptyset$。

练 习 题

11.1 节

练习 11.1：验证引力势 $U(q)$ 在自由构型空间 F 内不能有临界点。

练习 11.2：解释为什么 F 的每个零维分层自动形成 U 的临界点(考虑 F 的零维分层的切空间)。

练习 11.3：解释为什么 $U(q)$ 在 F 中的所有临界点的全集对应于支撑接触在接触法线方向施加任意双向力组合的平衡姿态。

练习 11.4：考虑图 11-4b 中描述的扰动双接触姿态。接触力与向量 $n_1 = (0,1)$ 和 $n_2 = (\varepsilon, 1)$ 共线，其中 ε 是一个小的正参数。验证在这个姿态下，∇U 是 $S_1 \cap S_2$ 层次结构的法线，但对于所有足够小的正参数 $\varepsilon > 0$，它不是相邻层次结构 S_1 和 S_2 的法线。

11.2 节

练习 11.5：一个刚体 B 在可行的平衡姿态构型 q_0 下由静止物体 $O_1, \cdots, O_k$ 支撑，证明如果 q_0 是 F 中 $U(q)$ 的局部极小值点，只要不存在外部扰动，物体就必须保持在零速平衡姿态。

解：当 q_0 是 $U(q)$ 的局部极小值点时，$(q_0, \vec{0})$ 是物体的总机械能 $E(q, \dot{q}) = K(q, \dot{q}) + U(q)$ 局部极小值点。由此可知，任何从 $(q_0, \vec{0})$ 开始的可行状态空间轨迹 $(q(t), \dot{q}(t))$ 满足 $\dfrac{\mathrm{d}}{\mathrm{d}t} E(q(t),$ $\dot{q}(t)) \geq 0$，其中 $t \in [0, \varepsilon]$。然而，根据能量守恒，在这段时间间隔内 $\dfrac{\mathrm{d}}{\mathrm{d}t} E(q(t), \dot{q}(t)) \leq 0$。

第 11 章 重力下无摩擦手支撑的实例

因此，对于 $t \in [0, \varepsilon)$，有 $(q(t), \dot{q}(t)) = (q_0, \vec{0})$，这意味着对所有 $t \geq 0$，$(q(t), \dot{q}(t)) = (q_0, \vec{0})$。

练习 11.6：图 11-5 描述了物体 B 的双接触平衡姿态，其位于 $U(q)$ 的局部极小值点，因此局部稳定。结果表明，当 B 位于 $U(q)$ 的不稳定鞍点时，也会出现相同的瞬时自由运动。

11.3 节

练习 11.7：在物体的自由构型空间 F 中，基本平衡姿态是否构成引力势 $U(q)$ 的非退化临界点？

解：F 中 $U(q)$ 的非退化临界点必须满足两个条件。首先，$\nabla U(q_0)$ 不是在 q_0 处相交的 F 的任何相邻层的法线。这个条件由一个基本平衡姿态满足。其次，黑塞矩阵 $D^2 U(q_0)$ 必须在包含 q_0 的 F 层次结构上是非退化的，这个条件不是自动由基本平衡姿态满足的。

练习 11.8*：验证 $k \leq m$ ($m = 3$ 或 6) 个接触点支撑的平衡姿态是必要的，当且仅当 $\hat{\eta}_1(q_0), \cdots, \hat{\eta}_k(q_0)$ 是线性无关的，因此，平衡姿态条件 $\sum_{i=1}^{k} \lambda_i \hat{\eta}_i(q_0) - \nabla U(q_0) = \vec{0}$ 下的系数 $\lambda_1, \cdots, \lambda_k$ 严格为正。

练习 11.9：基于上一个练习，解释为什么基本平衡姿态是通用的。

练习 11.10：解释为什么在任何单支撑姿态有 $l^- = \varnothing$。

练习 11.11：考虑图 11-6 所示的三接触平衡姿态，解释为什么这种姿态中 $l^- = \varnothing$。

11.4 节

练习 11.12：令 $U(q) = mg(e \cdot x_{cm}(q))$ 是三维空间物体 B 的引力势，其中 $e = (0, 0, 1)$。获取引理 11.7 中指定的 $U(q)$ 和 $D^2 U(q)$ 的公式。

解：假设缩放参数 $mg = 1$。设 $q(t) = (d(t), \theta(t))$ 为 c-space 轨迹，$\dot{q}(t) = (v, \omega)$ 为其切向量。因为 $x_{cm}(q) = R(\theta)b_{cm} + d$，$\dot{x}_{cm} = \dot{R}b_{cm} + v$，因此 $\dot{U} = (e \cdot (\dot{R}b_{cm} + v))$。但是 $\dot{R}b_{cm} = \dot{R}R^T R b_{cm} = \omega \times R b_{cm} = \omega \times \rho_{cm}$，这里我们使用了矩阵 $\dot{R}R^T$ 的反对称矩阵以该矩阵定义 ω。因此，$\dot{U} = (e \cdot (\omega \times \rho_{cm} + v))$。利用三重标量积 $e \cdot (\omega \times \rho_{cm}) = (\rho_{cm} \times e) \cdot \omega$：

$$\frac{d}{dt} U(q(t)) = \begin{pmatrix} e^T & (\rho_{cm} \times e)^T \end{pmatrix} \begin{pmatrix} v \\ \omega \end{pmatrix} \quad (11\text{-}27)$$

根据链式法则 $\frac{d}{dt} U(q(t)) = \nabla U(q) \cdot \dot{q}$，且由式 (11-27)，可以得出 $\nabla U(q) = (e, \rho_{cm} \times e)$。为了计算黑塞矩阵 $D^2 U(q)$，考虑到 $\nabla U(q(t))$ 关于 t 的导数：

$$\frac{d}{dt} \nabla U(q(t)) = \begin{pmatrix} 0 \\ \dot{R} b_{cm} \times e \end{pmatrix} = \begin{pmatrix} 0 \\ (\omega \times \rho_{cm}) \times e \end{pmatrix} \quad (11\text{-}28)$$

根据链式法则 $\frac{d}{dt} \nabla U(q(t)) = D^2 U(q) \dot{q}$ 以及式 (11-28)，$\dot{q}^T D^2 U(q) \dot{q} = \dot{q}^T \frac{d}{dt} \nabla U(q(t)) = w \cdot ((\omega \times \rho_{cm}) \times e)$。利用三重标量积的恒等式，$\dot{q}^T D^2 U(q) \dot{q} = (\omega \times \rho_{cm}) \cdot (e \times \omega) = \omega^T [\rho_{cm} \times][e \times] \omega = \omega^T ([\rho_{cm} \times][e \times])_s \omega$，这给出了 $D^2 U(q)$ 在式 (11-9) 中的右下角项。

练习 11.13：获得二维刚体 B 的 $\nabla U(q)$ 和 $D^2 U(q)$ 的式 (11-10) 和式 (11-11)。

解：将式 (11-8) 中的 $\rho_{cm} = (x_{cm}, y_{cm}, 0)$ 和 $e = (0, 1, 0)$ 代入式 (11-10) 得 $\nabla U(q)$。用 $\vec{\omega}$ 表示 $\mathbb{R}^3$ 中的角速度向量，其轴垂直于平面，其大小为标量 ω。将 $\vec{\omega}$ 和 $e = (0, 1, 0)$ 代入式 (11-9) 可得 $\dot{q}^T D^2 U(q) \dot{q} = (\vec{\omega} \times \rho_{cm}) \cdot (e \times \vec{\omega}) = \rho_{cm} \cdot (\vec{\omega} \times (\vec{\omega} \times e))$。利用 $[a \times]^2 = aa^T - \|a\|^2 I$，可得 $\vec{\omega} \times (\vec{\omega} \times e) = [\vec{\omega} \times]^2 e = [\vec{\omega} \vec{\omega}^T - \omega^2 I]e$。由于 $\vec{\omega} \perp e$，$\vec{\omega} \times (\vec{\omega} \times e) = -\omega^2 e$，因此，$\dot{q}^T D^2 U(q) \dot{q} = -\omega^2 \rho_{cm} \cdot e$，这给出

了 $D^2U(q)$ 在式(11-11)中的右下角项。

11.5 节(二维姿态)

练习 11.14：对于支撑接触点数量为 $k=1$，2 的情况，姿态平衡区域 $\varepsilon(q_0)$ 通常是一条垂直线，而对于支撑接触点数量为 $k=3$ 的情况，通常是一个垂直条带或半平面。针对每种情况，描述相对于接触点的区域 $\varepsilon(q_0)$ 的特征。

练习 11.15：对于支撑接触点数量为 $k \geqslant 4$ 的情况，姿态平衡区域 $\varepsilon(q_0)$ 可以张成整个垂直平面。在这种情况下，支撑接触点是否形成一阶固定抓取？

练习 11.16：验证表 11-2 第一~第三行中列出的单支撑平衡位置的稳定性规则。

练习 11.17：一个二维刚体 B 由三个垂直接触法线支撑，$n_1 = n_2 = n_3 = e$。确定姿态平衡区域，基于仿射线 L 与净力旋量锥 $W(q_0)$ 的交集。

练习 11.18：一个二维刚体 B 在一个可行的三接触点平衡姿态下支撑，其中三个接触法线中有两个是反向平行的，即 $n_1 = -n_2$。确定这种姿态的平衡区域。

解：由于该姿态构成了一个可行的平衡，垂直方向 e 必须位于两个接触法线的正向张成空间内，假设为 n_1 和 n_3。用 l'_{13} 表示通过线 l_1 和 l_3 的交点的垂直线。那么 $\varepsilon(q_0)$ 是以 l'_{13} 为边界的垂直半平面，不包含线 l_2 和 l_3 的交点。

练习 11.19*：三接触姿态的可行平衡区域在什么条件下形成一个垂直半平面？

解：形成姿态平衡区域 $\varepsilon(q_0)$ 的垂直线对应于仿射线 L 与净力旋量锥 $W(q_0)$ 的交集。沿无限横截面的半横截面是无限的。仿射线 L 垂直于 B 空间中的 (f_x, f_y) 平面。因此，当且仅当接触扭矩在 (f_x, f_y) 平面上的投影正向张成整个 (f_x, f_y) 平面时，L 与 $W(q_0)$ 沿着一个半无限区间相交。接触力旋量在 (f_x, f_y) 平面上的投影是接触法线 n_1、n_2 和 n_3。因此，当三条接触法线正向张成 (f_x, f_y) 平面时，可行平衡区域形成一个垂直半平面。

11.6 节(三维姿态)

练习 11.20：当且仅当 e 位于物体内接触法线的正向张成空间内时，验证三维姿态是否形成可行平衡，以便接触力的水平投影在水平面 (x, y) 内形成可行平衡。

练习 11.21：解释为什么姿态稳定区域的水平横截面总是在 (x, y) 平面上形成一个凸多边形。

练习 11.22：三维物体 B 位于水平支撑上，不一定位于同一高度。支撑多边形是否形成姿态平衡区域的水平横截面？

提示：考虑经过两个接触点的线。如果其余的接触点在这条线上产生相同的力矩符号，物体的质心必须产生相反的力矩符号，平衡才能存在。

练习 11.23：姿态稳定区域的水平横截面多边形总是位于接触点的 (x, y) 投影的凸包内——对还是错？

练习 11.24*：三维物体 B 由具有不平行接触法线的两个接触支撑。如果姿态具有非空的平衡线，即 $\varepsilon(q_0) = \varnothing$，在什么条件下它会有一个非空的稳定半线 $\varepsilon_s(q_0)$？

解：如果 $\varepsilon(q_0) = \varnothing$，则接触法线 l_1 和 l_2 位于公垂面 P 上。由于 l_1 和 l_2 具有不平行接触法线，它们在 $p \in P$ 点相交，$\varepsilon(q_0)$ 是经过 p 的垂直线。为了确定稳定区域 $\varepsilon_s(q_0) \subseteq \varepsilon(q_0)$，我们必须给出切空间 $T_{q_0}S$，然后计算 $k_U(q_0, \dot{q})$ 这个子空间。在双接触姿态下，q_0 位于两个 c-障碍边界 S_1 和 S_2 相交形成的 F 层中。在 $\mathbb{R}^6$ 中，每个 c-障碍边界是一个五维流形。因此，S 在 $\mathbb{R}^6$ 中形成一个四维流形。切空间 $T_{q_0}S = T_{q_0}S_1 \cap T_{q_0}S_2$ 构成 $T_{q_0}\mathbb{R}^6$ 的四维线性子空间。当 B 的坐

标原点位于 p 时，切空间 $T_{q_0}S$ 具有以下基向量。设 v 是一个在 p 处垂直平面 P 的水平单位向量。考虑切空间 $T_q\mathbb{R}^6$ 中的四个向量：

$$u_1=(v,\vec{0}),\quad u_2=(\vec{0},v\times e),\quad u_3=(\vec{0},v),\quad u_4=(\vec{0},e)$$

向量 u_1 表示 B 在水平方向 v 上的瞬时平移，其他三个向量表示 B 绕通过 p 的三个正交轴的瞬时旋转。所有四个向量都与 c-障碍法线正交，$\eta_1(q_0)=(n_1,\vec{0})$ 和 $\eta_2(q_0)=(n_2,\vec{0})$，并且它们是线性无关的。因此，它们构成了切空间 $T_{q_0}S$ 的基，$B=[u_1\ \ u_2\ \ u_3\ \ u_4]$ 是 6×4 矩阵，其列是 $T_{q_0}S$ 的基向量。

我们的目标是推导在 $T_{q_0}S$ 上表示 $k_U(q_0,\dot q)$ 的 4×4 矩阵的表达式。重力相对曲率形式为

$$k_U(q_0,\dot q)=\lambda_1 k_1(q_0,\dot q)+\lambda_2 k_2(q_0,\dot q)-\dot q^T D^2 U(q_0)\dot q,\quad \dot q\in T_{q_0}S$$

式中，λ_1 和 λ_2 由式(11-2)的平衡条件确定。首先考虑黑塞矩阵 $D^2U(q_0)$。物体的质心位于经过 p 的垂直线 l 上，而 B 的坐标原点位于 p 处。因此，$\rho_{cm}=(0,0,z_{cm})$，使得在 l 上 p 下方的点处 $z_{cm}<0$。将 ρ_{cm} 代入黑塞公式(11-9)，于是 $D^2U(q_0)$ 对 $T_{q_0}S$ 的约束由下式给出：

$$B^T D^2 U(q_0)B=\begin{bmatrix}0 & 0 & 0 & 0\\ 0 & -z_{cm} & 0 & 0\\ 0 & 0 & -z_{cm} & 0\\ 0 & 0 & 0 & 0\end{bmatrix} \tag{11-29}$$

用 L_i 表示 c-障碍曲率形式 $k_i(q_0,\dot q)$ 的 6×6 矩阵，如式(11-14)所述。在 $T_{q_0}S$ 上表示 $k_U(q_0,\dot q)$ 的 4×4 矩阵，记作 C，则有

$$C=\lambda_1 B^T L_1 B+\lambda_2 B^T L_2 B+z_{cm}\begin{bmatrix}0 & 0 & 0 & 0\\ 0 & 1 & 0 & 0\\ 0 & 0 & 1 & 0\\ 0 & 0 & 0 & 0\end{bmatrix},\quad \lambda_1,\ \lambda_2\geq 0 \tag{11-30}$$

姿态稳定性要求矩阵 C 是负定的：对于所有的 $\dot q\in T_{q_0}S$，$\dot q^T C\dot q<0$。矩阵 C 在 u_1 和 u_4 张成的子空间上的行为仅取决于接触点处支撑体的曲率。如果在后者的子空间上矩阵 C 是负定的，那么 $\varepsilon_s(q_0)$ 将形成经过 p 的垂直线的下半线，因为 z_{cm} 在式(11-30)中是线性的，这导致在 l 上 p 下方的点处 $z_{cm}<0$。

练习 11.25：推导不平行接触法线情况下的三接触姿态平衡线的水平位置的公式(11-20)。

解：当物体 B 被接触力 $f_i=\lambda_i n_i$ 支撑时，其中 $i=1,2,3$，式(11-2)的平衡姿态条件中的扭矩部分为

$$\sum_{i=1}^{3}\lambda_i(\rho_i\times n_i)=\rho_{cm}\times e \tag{11-31}$$

令 B 的坐标系原点位于与直线 l_1、l_2 和 l_3 都相交的垂直线 l 上。那么 h_i 是接触线 l_i 与线 l 相交点相对于 B 的原点的高度。从 B 的原点到 x_i 的向量 ρ_i 可以写成 $\rho_i=h_i e+h'_i n_i$，其中 h'_i 是接触线 l_i 与 l 相交点沿接触线 l_i 从 x_i 到相交点的带符号距离。将 $\rho_i=h_i e+h'_i n_i$ 代入式(11-31)中得到 $e\times\left(\sum_{i=1}^{3}h_i\lambda_i n_i+\rho_{cm}\right)=0$。因此，净扭矩向量 $\sum_{i=1}^{3}h_i\lambda_i n_i+\rho_{cm}$ 是垂直的，并且其水平坐标必须为零，正如式(11-20)中所规定的那样。

练习 11.26：当一个三维物体 B 在一个可行的平衡姿态下由三个接触点支撑时，接触法线

l_1、l_2、l_3 和重力线 l_g 位于一个共同的半二阶曲面上。确定这个半二阶曲面的三个基线。

解：考虑与接触法线 l_1、l_2 和 l_3 相交的垂直线 l。由于 l 与 l_g 平行，它在无穷远处与重力线相交。因此，l 是半二阶曲面的一个基线。另外两个基线如下找到。假设不平行接触法线 l_1、l_2 和 l_3。考虑 l_2 和 l_3 在与 l_1 正交的平面上的投影。由于接触线不平行，l_1 和 l_2 的投影必须相交于一点。因此，存在一条与 l_1 平行的线，记为 l'_1，它与 l_2 和 l_3 相交。由于 l_1 平行于 l'_1，故它在无穷远处与 l_1 相交。在平衡姿态上，影响 b_1 的净扭矩必须为零。因此，重力线 l_g 也必须与线 l'_1 相交。因此，线 l'_1 是半二阶曲面的另一个基线。类似地，可以构造一条与 l_2 平行且与另外三条线相交的线 l'_2（或 l'_3）。线 l'、l'_1 和 l'_2 是半二阶曲面的三个基线。

练习 11.27*：三维物体 B 由具有垂直接触法线的三个接触点支撑，$n_1 = n_2 = n_3 = e$。姿态平衡区域是由三个接触点所张成的垂直三棱柱。证明姿态稳定区域 $\varepsilon_s(q_0)$ 形成 $\varepsilon(q_0)$ 的一个垂直子柱体。

解：物体的构型点 q_0 位于 F 的三维层面 S 上。切空间 $T_{q_0}S$ 是三维的，可以参数化如下。设 v 为水平单位向量。线性无关的切向量 $u_1 = (v, \vec{0})$，$u_2 = (v \times e, \vec{0})$ 分别表示 B 绕垂直方向 e 的瞬时水平平移和旋转。每个切向量 u_i 与三条共轴法线正交，$\eta_i(q_0) = (e, \rho_i \times e)$，$i = 1, 2, 3$。因此，$u_1$、$u_2$ 和 u_3 构成 $T_{q_0}S$ 的基，由黑塞矩阵表达式(11-9)，得

$$u_i^T D^2 U(q_0) u_j = 0, \quad i, j \in \{1, 2, 3\}$$

因此，$D^2 U(q_0)$ 在切空间 $T_{q_0}S$ 上为零。在平衡状态下，梯度 $\nabla U(q_0)$ 与切空间 $T_{q_0}S$ 正交，则有 $\nabla U(q_0) \cdot \dot{q} = 0$，$\dot{q} \in T_{q_0}S$。这意味着瞬时水平平移和绕 e 的瞬时旋转的任何组合都不会改变 B 的质心高度。$D^2 U(q_0)$ 在 $T_{q_0}S$ 上为零意味着任何速度和加速度对 $(\dot{q}, \ddot{q}) \in T_{q_0}S \times \mathbb{R}^6$，在 q_0 处也不会改变物体 B 质心的高度。由于 $D^2 U(q_0)$ 在 $T_{q_0}S$ 上为零，因此重力相对曲率形式为

$$k_U(q_0, \dot{q}) = \sum_{i=1}^{3} \lambda_i k_i(q_0, \dot{q}), \quad \dot{q} \in T_{q_0}S$$

根据式(11-14)，第 i 个 c-障碍曲率形式可以写成 $k_i(q_0, \dot{q}) = \dfrac{1}{c_i} \tilde{k}_i(q_0, \dot{q})$，其中 $c_i = \sqrt{1 + \|\rho_i \times n_i\|^2}$。因此，重力相对曲率形式可以写成

$$k_U(q_0, \dot{q}) = \sum_{i=1}^{3} \sigma_i \tilde{k}_i(q_0, \dot{q}), \quad \dot{q} \in T_{q_0}S$$

式中，$\sigma_i = \lambda_i / c_i (i = 1, 2, 3)$。系数 $\sigma_i (i = 1, 2, 3)$ 取决于物体 B 的质心的水平位置 (x_{cm}, y_{cm})，而不是 B 质心的高度 z_{cm}。因此，姿态稳定性条件可以写成

$$k_U(q_0, \dot{q}) = \sum_{i=1}^{3} \sigma_i(x_{cm}, y_{cm}) \tilde{k}_i(q_0, \dot{q}) < 0, \quad \dot{q} \in T_{q_0}S \tag{11-32}$$

物体 B 质心的高度 z_{cm} 不出现在式(11-32)中。因此，与三个水平支撑相关的姿态稳定区域通常形成 $\varepsilon(q_0)$ 的垂直子柱体。

练习 11.28：一个三维物体 B 放置在三个水平且局部平坦的支撑物上。这意味着在 $\varepsilon(q_0)$ 中的所有质心位置上，重力相对曲率形式满足 $k_U(q_0, \dot{q}) = 0$，对于所有 $\dot{q} \in T_{q_0}S$（因此表明在水平和局部平面支撑上对局部物体运动的中性稳定）。

解：黑塞矩阵 $D^2 U(q_0)$ 在 $T_{q_0}S$ 上为零。因此，$k_U(q_0, \dot{q}) = \sum\limits_{i=1}^{3} \lambda_i k_i(q_0, \dot{q})$，$\dot{q} \in T_{q_0}S$。考虑

单个 c-障碍曲率形式,$k_i(q_0,\dot{q})$,$i=1$,2,3。令 L_i 表示 $k_i(q_0,\dot{q})$ 对 $T_{q_0}S$ 约束的 3×3 矩阵。将 $k_i(q_0,\dot{q})$ 代入式(11-14)中的平坦支撑 $L_{0_i}=O$,得到

$$L_i = \frac{1}{c_i}[u_1 \ u_2 \ u_3]^T \left(\begin{bmatrix} O & O \\ O & -[\rho_i\times]^T[L_{B_i}]^{-1}[\rho_i\times] \end{bmatrix} + \begin{bmatrix} O & O \\ O & -([\rho_i\times]^T[e\times])_s \end{bmatrix} \right) [u_1 \ u_2 \ u_3] = O$$

式中,$u_1=(v,\vec{0})$,$u_2=(v\times e,\vec{0})$ 和 $u_3=(\vec{0},e)$ 表示 B 绕 e 的瞬时水平平移和旋转。为了解释 $k_i(q_0,\dot{q})$ 为零,假设支撑接触处存在小平面片。B 的任何局部运动(包括绕垂直轴的水平平移和旋转)保持与平面支撑的接触。因此,在 q_0 附近的每个点 $q\in S$ 处,切空间 T_qS 嵌入在 S 层中,S 层在 q_0 处局部平坦,这解释了在 q_0 处 c-障碍曲率为零的原因。因此,构成 $k_U(q_0,\dot{q})$ 的所有项在 $T_{q_0}S$ 上都为零。

练习 11.29:三维刚体 B 由位于同一水平面上的六个接触点支撑,使得接触法线向上,$e\cdot n_i\geq 0$,$i=1$,$\cdots$,6。证明姿态平衡多边形必须位于姿态区域多边形内。

练习 11.30[*]:三维刚体 B 由六个接触点支撑,在什么条件下平衡多边形是无界的?

解:形成姿态平衡区域 $\varepsilon(q_0)$ 的垂直线对应于仿射平面 L 与净力旋量锥 $W(q_0)$ 的交集。如果仿射平面 L 与 $W(q_0)$ 沿至少一个半无限直线相交,则姿态平衡多边形是无界的。设 V 是 B 的力旋量空间中 (f_x,f_y,f_z) 张成的子空间。仿射平面 L 位于由 $(f_x,f_y,f_z,\tau_x,\tau_y)$ 张成的五维线性子空间中,并在该子空间内与 V 垂直。因此,如果接触力旋量在 V 上的投影张成子空间 V(相当于 $\mathbb{R}^3$)时,那么 L 与 $W(q_0)$ 沿着一个半无限直线相交。支撑接触力旋量在 B 上的投影是接触法线 n_1,$\cdots$,n_6 的正整数倍。因此,姿态平衡多边形是无界的,当且仅当 B 的内接触法线在一个共同的原点处张成 $\mathbb{R}^3$。

参考文献

[1] E. Rimon, R. Mason, J. W. Burdick and Y. Or, "A general stance stability test based on stratified morse theory with application to quasistatic locomotion planning," *IEEE Transactions on Robotics and Automation*, vol. 24, pp. 626–641, 2008.

[2] J. C. Trinkle, A. O. Farahat and P. F. Stiller, "Second-order stability cells of a frictionless rigid body grasped by rigid fingers," in *IEEE International Conference on Robotics and Automation*, pp. 2815–2821, 1994.

[3] T. Poston and I. Stewart, *Catastrophe Theory and Its Applications*. Pitman, 1978.

[4] D. J. Kriegman, "Computing stable poses of piecewise smooth objects," *CVGIP: Image Understanding*, vol. 55, no. 2, pp. 109–118, 1992.

[5] J. Bernheisel and K. M. Lynch, "Stable transport of assemblies by pushing," *IEEE Transactions on Robotics*, vol. 22, no. 4, 740–750, 2006.

[6] J. Mahler, F. T. Pokorny, Z. McCarthy, A. F. van der Stappen and K. Goldberg, Energy-bounded caging: Formal definition and 2D energy lower bound algorithm based on weighted alpha shapes, *IEEE Robotics and Automation Letters*, pp. 508–515, 2016.

[7] J. Guckenheimer and P. Holmes, *Nonlinear Oscillations, Dynamical Systems, and Bifurcations of Vector Fields*. Springer-Verlag, 1983.

第 3 部分

摩擦刚体抓取和姿态

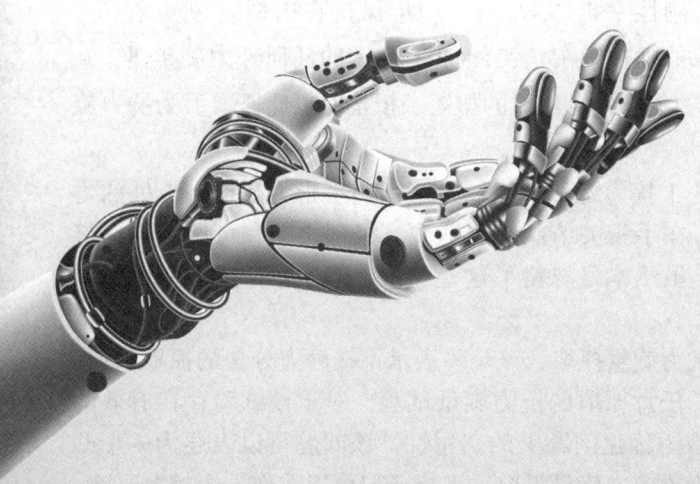

第 12 章 抗力旋量抓取

第 6 章介绍了两种基本类型的安全抓取方式：与无摩擦接触相关的固定抓取和与摩擦接触有关的抗力旋量抓取。固定抓取基于纯刚体约束，抗力旋量抓取取决于摩擦效果，涉及库仑摩擦模型提供的一组更大的接触力。本章重点介绍抗力旋量抓取的基本特性，在此重复其定义：

定义 12.1（抗力旋量） 令刚体 B 由刚性手指体 $O_1, \cdots, O_k$ 保持在构型 q_0 处，设 $L_G: C_1 \times \cdots \times C_k \to T^*_{q_0} \mathbb{R}^m$ ($m=3$ 或 6) 为给定抓取的抓取映射。当施加在 B 上的任何外力旋量 $W_{\text{ext}} \in T^*_{q_0} \mathbb{R}^m$ 都可以通过可行的手指力以及可能的关于接触法线的扭矩来抵抗时，此抓取力为抗力旋量抓取。

当任何可能作用于被抓取物体 B 上的干扰力旋量可以通过可行的手指力和接触点处的力矩来平衡时，多指抓取就是抗力旋量的。在手指关节制动器达到其极限之前，可以施加在接触点上的力和力矩的大小实际上有约束。虽然本章忽略了这些约束，但本章描述了一种抓取力优化技术，可以用于最小化手指力的大小。

12.1 节根据抓取矩阵的性质描述了抗力旋量抓取，该矩阵表示了接触力分量的抓取映射。12.2 节根据线性矩阵不等式（LMI）制定了任意抓取的抗力旋量试验，对于该试验存在有效的计算算法。12.3 节说明了 LMI 技术在抓取力优化问题上的实用性，该问题可以表述为一个凸优化问题。12.4 节从控制系统的角度分析了抗力旋量抓取。多指抓取可以看作一个控制系统，其可行的手指力提供了控制输入。当可行的手指力能够将被抓取物体引导到初始抓取的局部邻域中的任意期望构型时，抓取是局部可控的。我们将看到抗力旋量抓取是局部可控的，并且具有多种稳定的反馈控制定律。

12.1 抗力旋量和内抓取力

从第 6 章可知，所有抗力旋量抓取必须形成物体 B 的可行平衡抓取。现在将这一必要条件扩展为，评估给定抓取的抗力旋量能力的完整测试。让物体 B 被手指体 $O_1, \cdots, O_k$ 固定在结构 q_0 处。抓取矩阵基于附属于被抓取物体 B 的接触点的接触坐标的选择（见第 4 章）。使用这样的接触坐标，可以在独立分量 p 上参数化每一个手指力（或是关于接触法线的手指力矩）。所有 k 指力分量的合成向量由 $\vec{f} = (f_1, \cdots, f_k) \in \mathbb{R}^{kp}$ 给出。抓取矩阵是 $m \times kp$ 矩阵 $G(q_0)$，将手指接触力分量映射到净物体力旋量上：$w = G(q_0)\vec{f}$，其中二维抓取时 $m=3$，三维抓取时 $m=6$。$G(q_0)$ 的零空间由内抓取力组成，这些力在物体 B 上产生的净力旋量为零。

下面的定理描述了抗力旋量抓取的充要条件。非边缘平衡抓取的定义是：手指力位于各摩擦锥内，可以维持抓取的平衡。

定理 12.1（抗力旋量条件） 设一个刚体 B 被一个不光滑的 k 指平衡抓取。该抓取是抗力旋量的条件是：①抓取矩阵 $G(q_0)$ 在 B 的力旋量空间上是满射的；②抓取矩阵 $G(q_0)$ 具有位于复合摩擦锥 $C_1\times\cdots\times C_k$ 内的内抓取力。⊖

证明： 首先来验证条件①和②是否含有抗力旋量。条件①规定 $G(q_0)$ 将手指接触力以满射形式映射到 B 的力旋量空间上。因此，对于任何作用于 B 的外部力旋量 w_{ext}，存在一个特定的手指接触力向量 $\vec{f}_p\in\mathbb{R}^{kp}$，它满足平衡抓取条件：

$$G(q_0)\vec{f}_p+w_{\text{ext}}=\vec{0} \tag{12-1}$$

解式（12-1）的向量 $\vec{f}_p$ 不一定是可行的。条件②规定抓取具有一个内力向量 $\vec{f}_{\text{int}}\in\mathbb{R}^{kp}$，使得 $G(q_0)\vec{f}_{\text{int}}=\vec{0}$ 位于复合摩擦锥 $C_1\times\cdots\times C_k$ 内。让我们证明 $\vec{f}_{\text{int}}$ 可以用来实现形式为 $\vec{f}=\vec{f}_p+s\cdot\vec{f}_{\text{int}}$ 的接触力，使得对于足够大的正 s，$\vec{f}$ 位于 $C_1\times\cdots\times C_k$ 中。首先需注意

$$\lim_{s\to\infty}\frac{\vec{f}_p+s\cdot\vec{f}_{\text{int}}}{s}=\vec{f}_{\text{int}}\in\text{int}(C_1\times\cdots\times C_k)$$

式中，$\text{int}(\cdot)$ 表示集合内部。映射 $\vec{f}(s)=(\vec{f}_p+s\cdot\vec{f}_{\text{int}})/s:\mathbb{R}^+\to\mathbb{R}^{kp}$ 是 s 的连续函数。由于 $C_1\times\cdots\times C_k$ 内在 $\mathbb{R}^{kp}$ 中是开集，所以它在 $\vec{f}(s)$ 下的反像在 $\mathbb{R}^+$ 中是开集。可行接触力 $C_1\times\cdots\times C_k$ 在 $\mathbb{R}^{kp}$ 中形成一个凸锥。因此，在 $\vec{f}(s)$ 下 $C_1\times\cdots\times C_k$ 的反像在 $\mathbb{R}^+$ 中形成一个半无限区间，对于某些固定的 $s_{\min}$ 用 $s\geq s_{\min}$ 参数化。因此，手指接触力 $\vec{f}(s)=\vec{f}_p+s\cdot\vec{f}_{\text{int}}$ 形成了式（12-1）中所有 $s\geq s_{\min}$ 的可行解，即抗力旋量。

为了证明条件①和②的必要性，假设物体 B 被抗力旋量抓取。抓取矩阵 $G(q_0)$ 必须是满射的，以便式（12-1）对作用在 B 上的任意外部力旋量存在解。为了说明条件②的必要性，选择位于摩擦锥内的手指接触力 $\vec{f}_1\in\text{int}(C_1\times\cdots\times C_k)$。设 w 为 $\vec{f}_1$ 在 B 上生成的净力旋量 $w=G(q_0)\vec{f}_1$。由于假定抓取是抗力旋量的，因此存在可行的接触力 $\vec{f}_2\in C_1\times\cdots\times C_k$，有 $G(q_0)\vec{f}_2=-w$。因此，$G(q_0)(\vec{f}_1+\vec{f}_2)=w-w=\vec{0}$，意味着 $\vec{f}_1+\vec{f}_2$ 是内抓取力的向量。让我们证明 $\vec{f}_1+\vec{f}_2$ 在 $C_1\times\cdots\times C_k$ 内。由于 $\vec{f}_1\in\text{int}(C_1\times\cdots\times C_k)$，所有的向量 $\vec{f}_1+\Delta\vec{f}$，其中 $\|\Delta\vec{f}\|$ 足够小且也在 $\text{int}(C_1\times\cdots\times C_k)$ 中。由于 $\vec{f}_1+\Delta\vec{f}$ 和 $\vec{f}_2$ 位于凸锥 $C_1\times\cdots\times C_k$ 中，因此它们的和 $(\vec{f}_1+\Delta\vec{f})+\vec{f}_2=(\vec{f}_1+\vec{f}_2)+\Delta\vec{f}$ 也位于所有 $\Delta\vec{f}$ 的这个锥上。由于 $\Delta\vec{f}\in\mathbb{R}^{kp}$ 可以任意足够小，$\vec{f}_1+\vec{f}_2$ 位于 $C_1\times\cdots\times C_k$ 内，因此条件②对于抗力旋量是必要的。

显然，在任何抗力旋量抓取时都需要有一个满射抓取矩阵。当 $G(q_0)$ 为满射时，总是可以找到式（12-1）的解 $\vec{f}_p$，但接触力必须位于它们各自的摩擦锥上。让我们形象地描述条件②如何确保可行接触力的存在。对于给定的外部力旋量求解式（12-1），假设存在一个特定的接触力组合 $\vec{f}_p$，使得 $\vec{f}_p$ 不一定位于复合摩擦锥 $C_1\times\cdots\times C_k$ 中。如果抓取具有位于复合摩擦锥内的内力，即 $G(q_0)\vec{f}_{\text{int}}=\vec{0}$ 且 $\vec{f}_{\text{int}}\in\text{int}(C_1\times\cdots\times C_k)$，那么随着手指在内力子空间中施加更大的挤压力，法向接触力分量的大小相应增加，这使得抓取能够在接触处支撑更大的切向力分量（图 12-1）。对于足够大的挤压力，保证净接触力 $\vec{f}_{\text{net}}=\vec{f}_p+\vec{f}_{\text{int}}$ 位于 $C_1\times\cdots\times C_k$ 中，如下例所示。

⊖ $C_1\times\cdots\times C_k$ 的内部是开集 $\text{int}(C_1)\times\cdots\times\text{int}(C_k)$，其中 $\text{int}(\cdot)$ 表示集合内部。它由位于各个摩擦锥内的所有手指力组成。

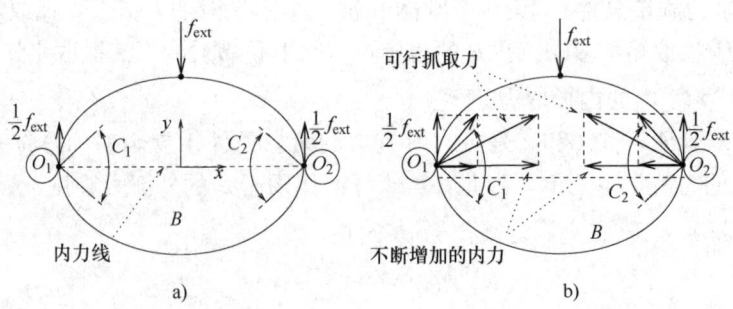

图 12-1 a) 施加的切向力是物理上不可实现的摩擦两指抓取；b) 随着内抓取力的增加，净手指力最终位于允许的摩擦锥内，因此是可行的

示例： 图 12-1 描绘了通过反向摩擦接触对物体 B 的两指平衡抓取。扰动力 f_{ext} 沿着与接触法线正交的负 y 轴作用。平衡抓取方程的一个特定解是沿着正 y 轴施加大小为 $\|f_{\text{ext}}\|/2$ 的切向手指力。然而，纯切向力在接触处的库仑摩擦约束下是不可行的。但这种抓取具有一个一维的内抓取力子空间，物理上对应于沿接触法线方向的等幅挤压。随着手指挤压力的增加，摩擦接触可以支撑越来越多的切向力，这些切向力是用来抵抗外力的。在足够大的挤压力 $\|f_{\text{ext}}\|/(2\mu)$ 下，其中 μ 是摩擦系数，接触点可以支持抵抗外力所需的切向力。

抓取矩阵 $G(q_0)$ 在以下的一般抓取中是满射的。在二维抓取中，除非所有的手指接触碰巧重合，否则对于 $k \geq 2$ 的摩擦接触，$G(q_0)$ 是满射的。在三维抓取中，$G(q_0)$ 对于 $k \geq 3$ 的摩擦硬点接触是满射的，除非所有的手指接触都在同一条线上。在具有软点接触的三维抓取中，除非所有手指接触碰巧重合，否则对于 $k \geq 2$ 的接触，$G(q_0)$ 为满射的。由于摩擦抓取中的抓取矩阵一般为满射矩阵，因此在给定抓取条件下，定理 12.1 中的条件②得证。换言之，抗力旋量抓取基本上与平衡抓取相对应，能够在接触处实现非边缘内抓取力的平衡抓取。

第 5 章中的平衡抓取描述了摩擦抓取相对于小的手指放置误差的鲁棒性。如下例所示，抗力旋量抓取继承了这个属性。

抗力旋量抓取的鲁棒性： 图 12-2 描绘了通过反向摩擦接触对物体 B 的抗力旋量抓取。抗力旋量需要一个满射抓取矩阵 $G(q_0)$，以及位于摩擦锥内的内抓取力。$G(q_0)$ 的满射性是摩擦平衡抓取的一般性质。因此，所有支撑非边缘内抓取力的手指位置共同形成了抗力旋量抓取。为了证明这种鲁棒性，将左手指体 O_1 固定在 x_1 处，右手指体 O_2 可以接触图 12-2 所示的对称边界线段上的任何点，同时仍然保持对物体 B 的抗力旋量抓取。

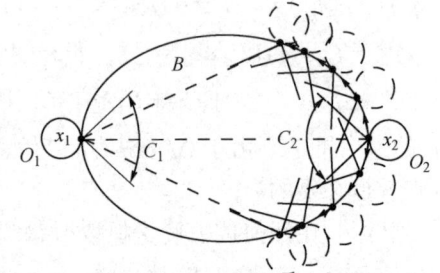

图 12-2 通过反向摩擦接触的初始抗力旋量抓取。在这个例子中，在相当大的手指放置误差下，抓取仍具有抗力旋量性质

使用下面讨论的凸分析工具，可以有效地进行抗力旋量的测试。

12.2 作为线性矩阵不等式的抗力旋量

根据定理 12.1，许多简单抓取的抗力旋量可以通过对抓取矩阵的简单分析得到。然而，通常需要一套计算程序来评估任意的摩擦抓取具有的抗力旋量能力。本节将说明如何将评估抗力旋量的问题转化为线性矩阵不等式（LMI）问题，该问题可以有效地作为凸优化问题来解决。为了简化 LMI 的表述，我们将假设接触处的摩擦系数略微减小。这样，B 的每个可行平衡抓取都形成了一个非边缘平衡抓取（因此在接触处的摩擦系数的真实值下是抗力旋量的）。

12.2.1 用半正定矩阵表示摩擦约束公式

确定摩擦抓取的抗力旋量的计算难度源于圆锥状的库仑摩擦模型的特性。幸运的是，圆锥状的约束可以在凸优化模型下得到。考虑一个硬点接触，第 i 个手指力可以表示为 $f_i=(f_i^s,f_i^t,f_i^n)$，使用接触点 x_i 处的参考坐标系。在库仑摩擦模型下，手指力受摩擦锥不等式的约束：

$$f_i^n \geq 0, \sqrt{(f_i^s)^2+(f_i^t)^2} \leq \mu_i f_i^n \tag{12-2}$$

式中，μ_i 是 x_i 处的摩擦系数。在软点接触模型下，接触法线上的扭矩分量同样以 f_i^n 为界。这些约束可以更一般地表示如下。

命题 12.2 设 $P(f_i)$ 为 3×3 对称矩阵

$$P(f_i)=\begin{bmatrix} \mu_i f_i^n & 0 & f_i^s \\ 0 & \mu_i f_i^n & f_i^t \\ f_i^s & f_i^t & \mu_i f_i^n \end{bmatrix}, f_i=(f_i^s,f_i^t,f_i^n)$$

式（12-2）的摩擦锥约束可用矩阵不等式表示为

$$P(f_i) \geq 0 \tag{12-3}$$

式中，$P \geq 0$ 表示矩阵 P 是半正定的。⊖

证明：由于 $P(f_i)$ 是实对称的，其特征值是实数，且

$$\lambda_1=\mu_i f_i^n$$
$$\lambda_2=\mu_i f_i^n+\sqrt{(f_i^s)^2+(f_i^t)^2}$$
$$\lambda_3=\mu_i f_i^n-\sqrt{(f_i^s)^2+(f_i^t)^2}$$

当 λ_1，λ_2，$\lambda_3 \geq 0$ 时，矩阵 $P(f_i)$ 是半正定的。要求 $\lambda_1 \geq 0$ 意味着 $f_i^n \geq 0$。由于 $f_i^n \geq 0$，特征值 λ_2 为半正定的。因此，当 $\lambda_3 \geq 0$ 时，$P(f_i) \geq 0$，意味着摩擦锥约束：$\sqrt{(f_i^s)^2+(f_i^t)^2} \leq \mu_i f_i^n$。

让我们来说明矩阵不等式约束 $P(f_i) \geq 0$，是如何被表示为线性矩阵不等式的。在无摩擦接触时，矩阵 P 降为标量，$P(f_i)=f_i^n$，摩擦锥约束减小为不等式 $f_i^n \geq 0$。在摩擦硬点接触时，约束矩阵 $P(f_i)$ 在手指接触力分量中是线性的。因此，可以将其分解为常系数对称矩阵的简单线性和：

$$P(f_i)=\begin{bmatrix} \mu_i f_i^n & 0 & f_i^s \\ 0 & \mu_i f_i^n & f_i^t \\ f_i^s & f_i^t & \mu_i f_i^n \end{bmatrix}$$

$$=f_i^s\begin{bmatrix} 0 & 0 & 1 \\ 0 & 0 & 0 \\ 1 & 0 & 0 \end{bmatrix}+f_i^t\begin{bmatrix} 0 & 0 & 0 \\ 0 & 0 & 1 \\ 0 & 1 & 0 \end{bmatrix}+f_i^n\begin{bmatrix} \mu_i & 0 & 0 \\ 0 & \mu_i & 0 \\ 0 & 0 & \mu_i \end{bmatrix}$$

$$=f_i^s S_s+f_i^t S_t+f_i^n S_n$$

⊖ 如果对所有 $v \in \mathbb{R}^n$，$v^T P v \geq 0$，则 $n \times n$ 对称矩阵 P 是半正定的。

软点接触模型的约束矩阵 P 在手指接触力和力矩分量中也是线性的(见练习题)。因此,可以将几种实用的刚体接触模型并入下式:

$$P(f_i) = \sum_{j=1}^{p} f_{ij} S_{ij} \geq 0, \quad f_i = (f_{i1}, \cdots, f_{ip}) \tag{12-4}$$

式中,p 是独立力和可能的力矩分量的数量,$S_{ij}(j=1,\cdots,p)$ 是与 f_i 的分量有关的 $p \times p$ 常数对称矩阵。式(12-4)形成线性矩阵不等式,定义如下:

定义 12.2(LMI) 变量 $\vec{z} \in \mathbb{R}^n$ 中的线性矩阵不等式采用以下形式:

$$Q(\vec{z}) = Q_0 + \sum_{i=1}^{n} z_i Q_i \geq 0, \quad \vec{z} = (z_1, \cdots, z_n) \tag{12-5}$$

式中,$Q_0, Q_1, \cdots, Q_n$ 是 $n \times n$ 常数对称矩阵。

不等式 $Q(\vec{z}) \geq 0$ 基于以下参数指定的凸锥约束。考虑 $n \times n$ 实对称矩阵的向量空间。给定两个对称半正定矩阵 Q_1 和 Q_2,它们的和 $s_1 Q_1 + s_2 Q_2$ 构成所有 $s_1, s_2 \geq 0$ 的对称半正定矩阵。因此,不等式 $Q \geq 0$ 在 $n \times n$ 对称矩阵的向量空间中指定了一个凸锥。由于 $Q(\vec{z})$ 是一个线性参数,它在变量 $\vec{z} \in \mathbb{R}^n$ 中保留了凸锥结构。凸锥约束 $Q(\vec{z}) \geq 0$ 可以表示各种线性约束、二次约束和矩阵范数不等式,如下例所示。

示例: 考虑一个矩阵范数约束的形式

$$\|A\vec{z} + \vec{a}\| \leq \vec{b} \cdot \vec{z} + c, \quad \vec{z} \in \mathbb{R}^n$$

式中,A 是一个 $n \times n$ 常数矩阵,$\vec{a}, \vec{b} \in \mathbb{R}^n$ 是常向量,c 是常数标量且 $\|\vec{a}\| \leq c$。这种约束可以表示为线性矩阵不等式

$$\begin{bmatrix} (\vec{b} \cdot \vec{z} + c)I & A\vec{z} + \vec{a} \\ (A\vec{z} + \vec{a})^T & \vec{b} \cdot \vec{z} + c \end{bmatrix} \geq 0$$

式中,I 是 $n \times n$ 单位矩阵。矩阵范数不等式和第 i 个摩擦锥约束 $P(f_i) \geq 0$ 构成二阶锥约束。

从计算的角度来看,LMI 问题主要有两种类型:

(1) LMI 可行性问题检验 $\vec{z}$ 的存在性使得,$Q(\vec{z}) \geq 0$。

(2) LMI 优化问题在 $\vec{z}$ 上最小化凸或拟凸代价函数 $\varphi(\vec{z})$,使得 $Q(\vec{z}) \geq 0$。

除了接下来要讨论的抗力旋量问题外,工程中的许多问题都可以用 LMI 来表示。多项式时间算法(如内点法)已经用于 LMI 问题,并且有效的数值工具也可用于此类问题。

12.2.2 作为 LMI 可行性问题的抗力旋量

让我们展示如何使用 LMI 公式来测试抗力旋量。复合摩擦锥约束 $(f_1, \cdots, f_k) \in C_1 \times \cdots \times C_k$,可表示为 $kp \times kp$ 的对角分块矩阵,其对角块由 k 接触处的摩擦锥约束决定:

$$P(\vec{f}) = \mathrm{diag}(P(f_1), P(f_2), \cdots, P(f_k)) \geq 0, \quad \vec{f} = (f_1, \cdots, f_k) \in \mathbb{R}^{kp} \tag{12-6}$$

由于对角分块矩阵在手指力分量中是线性的,所以式(12-6)的矩阵不等式可以写成线性组合

$$P(\vec{f}) = \sum_{i=1}^{k} \sum_{j=1}^{p} f_{ij} S_{ij} \geq 0, \quad \vec{f} = (f_1, \cdots, f_k) \in \mathbb{R}^{kp} \tag{12-7}$$

式中,f_{ij} 是接触力 f_i 的第 j 个分量,每个 S_{ij} 是一个 $kp \times kp$ 常数对称矩阵的形式

$$S_{ij} = \mathrm{diag}(O, \cdots, O, S_{ij}, O, \cdots, O)$$

式中,S_{ij} 是与 f_{ij} 相关的 $p \times p$ 常数矩阵,O 是 $p \times p$ 零矩阵。

定理 12.1 的抗力旋量测试现在可以表述为 LMI 可行性问题。定理 12.1 的条件①适用于一般的摩擦抓取。设 $N(G)$ 表示抓取矩阵 $G(q_0)$ 的零空间。定理 12.1 的条件②等价于 $\vec{f} \in N(G)$，使得 $P(\vec{f}) \geq 0$。通过对零空间的显式参数化，该条件可以进一步适应 LMI 框架。$G(q_0)$ 为 $m \times kp$ 抓取矩阵，其零空间为 $\mathbb{R}^{kp}$ 中的 $(kp-m)$ 维。设 N 为矩阵，其列构成零空间的基：$N(G) = N\vec{v}$，$\vec{v} \in \mathbb{R}^{kp-m}$。定理 12.1 的条件②可以表示为单个 LMI，通过将式（12-7）中的矩阵 $P(\vec{f})$ 参数化为零空间基向量：

$$P(\vec{v}) = \sum_{i=1}^{k} \sum_{j=1}^{p} (N\vec{v})_{ij} S_{ij} \geq 0, \quad \vec{v} \in \mathbb{R}^{kp-m} \tag{12-8}$$

式中，$(N\vec{v})_{ij}$ 是 $N\vec{v}$ 的第 l 个元素，其中 $l = (i-1)k+j$ 且 $l = 1, \cdots, kp$。下面的定理总结了这种 LMI 公式。

定理 12.3（LMI 抗力旋量试验） 刚性物体 B 的 k 指抓取是抗力旋量的条件是：① 抓取矩阵 $G(q_0)$ 为满射（一般情况）；② 存在一个非零向量 $\vec{v} \in \mathbb{R}^{kp-m}$，使得 $P(\vec{v}) \geq 0$ 符合式（12-8）。

测试 k 指抓取的抗力旋量形成了一个 LMI 可行性问题，因为我们只寻求至少一个零空间向量的存在，$\vec{v} \neq \vec{0}$，使得 $P(\vec{v}) \geq 0$。为了解决这一 LMI 可行性问题，我们制定以下辅助 LMI 优化问题。首先，注意不等式 $P(\vec{v}) \geq 0$ 是成立的，如果存在一个负的半定标量 $\sigma \leq 0$，则 $P(\vec{v}) + \sigma \cdot I \geq 0$。因此，LMI 可行性问题可以表述为

$$\min\{\sigma\}$$
$$\text{s.t.} \ P(\vec{v}) + \sigma \cdot I \geq 0, \ \vec{v} \in \mathbb{R}^{kp-m}, \ \sigma \in \mathbb{R}$$

当且仅当辅助问题的最优值为负半定时，原 LMI 是可行的（因此存在满足定理 12.1 条件②的内抓取力）。这样，为 LMI 优化开发的强大计算工具可以用来测试任意抓取的抗力旋量。

12.3 抓取力优化

凸优化模型不仅适用于测试任意 k 指抓取的抗力旋量。本节阐述了抓取力优化问题，以展示凸优化技术的实用性。让一个刚体 B 通过一组给定的摩擦接触点被一个 k 手指抓住，并抵抗外部力旋量 w_{ext}。抓取力优化问题寻求在抵抗 w_{ext} 的接触点处选择可行的手指力，同时优化手指接触力的代价函数 $\varphi(\vec{f})$：

$$\min\{\varphi(\vec{f})\}, \ \vec{f} \in \mathbb{R}^{kp}$$
$$\text{s.t.} \ \vec{f} \in C_1 \times \cdots \times C_k, \ G(q_0)\vec{f} + w_{\text{ext}} = \vec{0}$$

抓取力优化要求存在满足约束条件的可行手指力。抗力旋量抓取满足这一要求，因为这样的抓取可以改变其内部抓取，同时抵抗指定的 w_{ext}。当代价函数 $\varphi(\vec{f})$ 形成凸函数或拟凸函数时（见上一节），抓取力优化形成凸优化问题。也就是说，在定义凸集的等式和不等式约束下，最小化凸代价函数或拟凸代价函数。凸优化问题具有唯一的最优解（可能退化为凸最优解集）。这些问题包括许多物理意义上的抓取优化标准，我们将在第 13 章"抓取质量度量"中看到。为了将这个公式具体化，考虑以下例子。

- **最轻柔的抓取标准**：机械手损坏被抓取物体的可能性与接触处法向力分量的大小成正比。最轻柔的抓取试图将施加在接触点上的最坏情况下的法向力最小化。该目标可表示为二阶锥优化问题：

$$\min\max\{f_1^n, \cdots, f_k^n\}, \ \vec{f} \in \mathbb{R}^{kp}$$

$$\text{s.t. } P(\vec{f}) \geq 0, \ G(q_0)\vec{f} + \vec{w}_{ext} = \vec{0}$$

式中,$P(\vec{f}) \geq 0$ 模拟了摩擦锥约束,f_i^n 是手指力 f_i 和 $\vec{f} = (f_1, \cdots, f_k)$ 的法向分量。基于凸函数的逐点最大值是凸的这一事实,代价函数 $\varphi(\vec{f}) = \max\{f_1^n, \cdots, f_k^n\}$ 是凸的。

- **稳定的抓取标准**:法向力分量的最小化可能会将接触力推向摩擦锥的边界。这样的解是非稳定的,因为它依赖于接触摩擦系数的实际不确定值。或者,可以在不太依赖切向摩擦力的情况下最小化法向接触力分量。这一目标可以通过在代价函数中添加惩罚项或障碍函数来实现,以使手指接触力偏向摩擦锥的中心,从而最小化抓取对摩擦力的依赖。在这种情况下,自然势垒函数是 $-\log(\det(P(\vec{f})))$,其中 P 是模拟摩擦锥约束的半正定矩阵。势垒函数形成一个凸函数,当接触力向摩擦锥边界旋转时,其值接近无穷大。因此,可以将其添加到上一示例的代价函数中,形成二阶锥优化问题:

$$\text{最小化 } \max\{f_1^n, \cdots, f_k^n\} - \log(\det(P(\vec{f}))), \ \vec{f} \in \mathbb{R}^{kp}$$

$$\text{s.t. } P(\vec{f}) \geq 0, G(q_0)\vec{f} + \vec{w}_{ext} = \vec{0}$$

式中,$(f_1^n, \cdots, f_k^n)$ 是手指力的法向分量,$\vec{f} = (f_1, \cdots, f_k)$。

12.4 抓取的可控性

本节分析了一个 k 指抓取作为控制系统。抓取物体系统由被抓取物体 B 组成,其控制输入是施加在接触点上的可行手指力。当可行手指力 $\vec{f}(t) \in C_1 \times \cdots \times C_k$ 时,抓取系统被称为局部可控的,在有限时间 $t = T$ 内,将被抓取物体从 $t = 0$ 的起始结构点引导至任何附近的结构点。本节说明了抗力旋量抓取是局部可控的,然后描述了一种经典的控制方法,该方法能够使这种抓取在外部干扰下保持稳定。

12.4.1 被抓取物体动力学

为了将 k 指抓取作为一个控制系统进行建模,必须建立控制被抓取物体运动的动力学方程。用指尖握住物体 B,只要指尖在允许的摩擦锥内施加接触力,在保持抓取的局部运动中,它们将保持固定在物体表面上。让我们考虑物体动力学中的重力的影响。作用在 B 上的重力力旋量就是物体重力势能 $U(q)$ 的负梯度 $-\nabla U(q)$(见第 11 章)。被抓取物体状态由其 c-space 位置和速度组成,$(q, \dot{q}) \in \mathbb{R}^m \times \mathbb{R}^m$,其中二维抓取时 $m = 3$,三维抓取时 $m = 6$。考虑物体的动能,其由以下二次型给出:

$$K(q, \dot{q}) = \frac{1}{2}\dot{q}^T M(q)\dot{q}, (q, \dot{q}) \in \mathbb{R}^m \times \mathbb{R}^m$$

式中,$M(q)$ 是物体的 $m \times m$ 对称正定质量矩阵。在外部力旋量 w_{ext} 的影响下,被抓取物体的运动由动力传递方程确定:

$$\frac{d}{dt}K(q(t), \dot{q}(t)) = w_{ext} \cdot \dot{q}, \ (q, \dot{q}) \in \mathbb{R}^m \times \mathbb{R}^m \tag{12-9}$$

内积 $w_{ext} \cdot \dot{q}$ 表示外部力旋量 w_{ext} 对刚体速度 $\dot{q}$ 的瞬时功。应用式(12-9)左侧的链式法则,结合达朗贝尔原理(与虚功原理的动态模拟),给出了抓取物体的牛顿-欧拉动力学方程

$$M(q)\ddot{q} + \begin{pmatrix} \vec{0} \\ \omega \times J_B(q)\omega \end{pmatrix} = w_{ext}, \ \dot{q} = (v, \omega), \ \ddot{q} = \frac{d}{dt}\dot{q}(t) \tag{12-10}$$

式中，$J_B(q) = R(\theta)J_B R^T(\theta)$，因此 $R(\theta)$ 是物体的方向矩阵，J_B 是物体的惯性矩阵（见参考书目注释）。

式（12-10）中描述的被抓取物体动力学假设了指尖指向。应注意的是，当这个假设被放宽时，净指尖滚动变得可行，式（12-10）必须与滚动约束一起扩展（见参考书目注释）。作用在 B 上的外部力旋量 w_{ext} 由两部分组成：手指施加的净力旋量 $G(q)\vec{f}$，以及重力力旋量 $-\nabla U(q)$。将 $w_{ext} = G(q)\vec{f} - \nabla U(q)$ 及 $h(q,\dot{q}) = (\vec{0}, \omega \times J_B(q)\omega)$ 代入式（12-10）得出动力学方程：

$$M(q)\ddot{q} + h(q,\dot{q}) + \nabla U(q) = G(q)\vec{f}(t), \vec{f}(t) \in C_1 \times \cdots \times C_k \tag{12-11}$$

式（12-11）表示一个二阶非线性控制系统，其控制输入为可行的手指接触力，$\vec{f} \in \mathbb{R}^{kp}$，使得 $\vec{f}(t) \in C_1 \times \cdots \times C_k$，$t \geq 0$。我们知道，手指结构的活动决定了可以在接触点处实现的控制输入类型。我们假设接触力 $\vec{f}(t)$ 在 t 中是利普希茨连续的。然而，当接触力 $\vec{f}(t)$ 是分段连续的，在离散瞬间有限的不连续跳跃时，抓取可控性的概念成立，它可以模拟手指与物体 B 的断裂和重新建立接触。

12.4.2 多指抓取的局部可控性

对于控制分析，可以将式（12-11）的抓取系统写成一阶控制系统。定义状态变量 (z_1, z_2)，其中 $z_1 = q$，$z_2 = \dot{q}$。由于 $M(z_1)$ 是可逆的，被抓取物体由一阶控制系统控制：

$$\begin{cases} \dot{z}_1 = z_2 \\ \dot{z}_2 = M^{-1}(z_1)\left(-h(z_1,z_2) - \nabla U(z_1) + G(z_1)\vec{f}(t)\right), \vec{f}(t) \in C_1 \times \cdots \times C_k \end{cases} \tag{12-12}$$

式（12-12）采用仿射控制系统的形式。在这些系统中，控制输入 $u(t) \in U$，使得 $U \subset \mathbb{R}^l$ 以线性仿射的方式进入动力系统：

$$\begin{pmatrix} \dot{z}_1 \\ \dot{z}_2 \end{pmatrix} = \begin{pmatrix} z_2 \\ \vec{a}(z_1, z_2) + \vec{B}(z_1, z_2)u(t) \end{pmatrix}, u(t) \in U \tag{12-13}$$

式（12-13）的平衡状态满足以下条件：$z_2 = \vec{0}$，$\vec{a}(z_1, z_2) + \vec{B}(z_1, z_2)u(t) = \vec{0}$。设 V 是状态空间中的一个开邻域，$(z_1, z_2) \in \mathbb{R}^m \times \mathbb{R}^m$，以平衡状态为中心。当存在有限时间 $T > 0$ 时，从任意初始状态 $(z_1(0), z_2(0)) \in V$ 开始，系统可以通过可行的控制输入 $u(t)$：$[0, T] \to U$ 来驱动到平衡状态，则非线性系统（12-13）在平衡状态处是局部可控的，使得对于 $0 \leq t \leq T$，$(z_1(0), z_2(0)) \in V$ 保持在 V 内。这种系统被称为小局部可控，或 STLC。⊖

当独立控制输入的数量等于或超过状态变量的数量时，控制系统被完全启动。被抓取物体系统通常不是完全驱动的。例如，当一个三维刚体 B 通过三个摩擦点接触时，每个接触点有 $p = 3$ 个独立的手指力分量，给出 9 个独立的控制输入，而系统有 $2m = 12$ 个状态变量。然而，被抓取物体系统构成一个机械控制系统，其状态由结构变量及其速度组成。当独立控制输入的数量等于或超过结构变量的数量时，机械控制系统被称为全驱动结构。当一个刚体 B 被抗力旋量抓取时，抓取系统是全结构驱动的。例如，当三维刚体 B 通过三个摩擦点接触时，有 9 个独立的控制输入，$m = 6$ 个结构变量。

式（12-12）中描述的抓取系统的平衡状态由零速平衡抓取组成。当物体 B 保持在抗力旋量的平衡抓取时，抓取矩阵的满射性确保在保持抓取的局部手指运动过程中。因此，正如下面

⊖ STLC 还要求有限时间 T 对于平衡状态附近的适当小的邻域任意小。

的定理所述，抗力旋量抓取是局部可控的。

定理12.4（抗力旋量抓取的STLC） 让一个刚体B被一个摩擦k指平衡抓取，可能受重力等外部因素影响。如果是抗力旋量抓取，则由被抓取物体和可行的手指接触力作为控制输入所形成的系统在平衡抓取时是局部可控的。

定理12.4的证明是基于以下抓取系统的线性动力学。

线性抓取动力学：考虑一个形式为$\dot{z}=F(z,u)$的非线性控制系统。该控制系统的平衡由平衡状态z_0和平衡控制输入u_0组成，使得$F(z_0,u_0)=\vec{0}$。关于(z_0,u_0)的非线性控制系统的线性化基于一阶泰勒展开：

$$F(z,u) = \frac{\partial F(z,u)}{\partial z}\bigg|_{z_0,u_0} \cdot (z-z_0) + \frac{\partial F(z,u)}{\partial u}\bigg|_{z_0,u_0} \cdot (u-u_0)$$

在抓取系统中，$z_0=(q_0,\vec{0})$，而平衡抓取时的手指力$u_0=\vec{f}_0$提供平衡控制输入。线性化将使用状态变量$\tilde{z}=z-z_0$，表示与物体的零速平衡抓取的局部偏差，以及控制输入$\tilde{f}=\vec{f}-\vec{f}_0$，表示与平衡接触力的局部偏差。抓取系统(12-12)关于(z_0,u_0)的线性化形式如下：

$$\dot{\tilde{z}}(t) = \begin{bmatrix} O & I \\ A_c & O \end{bmatrix} \tilde{z}(t) + \begin{bmatrix} O \\ B_c \end{bmatrix} \tilde{f}(t), \quad \tilde{z}(t) \in \mathbb{R}^{2m}, \tilde{f}(t) \in \mathbb{R}^{kp} \quad (12\text{-}14)$$

式中，I是$m \times m$单位矩阵，O是第一个和的$m \times m$零矩阵，第二个和的$m \times kp$零矩阵。$m \times m$矩阵A_c和$m \times kp$矩阵B_c由下式给出：

$$A_c = M^{-1}(q_0)DG(q_0)\vec{f}_0, \quad B_c = M^{-1}(q_0)G(q_0)$$

式中，$DG(q_0)$是抓取矩阵$G(q)$在q_0处的导数，因此$DG(q_0)\vec{f}_0$是下面的$m \times m$矩阵。设ρ_i^0表示从物体坐标系原点到q_0处第i个接触点的向量。$DG(q_0)\vec{f}_0$有如下形式：

$$DG(q_0)\vec{f}_0 = \begin{bmatrix} O & O \\ O & Q \end{bmatrix}, \quad Q = \sum_{i=1}^{k} \rho_i^0 (f_i^0)^{\mathrm{T}} - (\rho_i^0 \cdot f_i^0)I \quad (12\text{-}15)$$

式中，在三维抓取中，O是一个3×3零矩阵。注意，在三维抓取中，Q形成了一个3×3非对称矩阵。

定理12.4的证明： 首先需要注意的是，线性化抓取系统中的手指力偏差$\tilde{f}(t) \in \mathbb{R}^{kp}$，不局限于摩擦锥内，因为根据定理12.1的条件②，抗力旋量抓取会形成非边缘平衡抓取。从控制理论出发，当$N \times N \cdot l$可控矩阵

$$[B \quad AB \quad A^2B \quad \cdots \quad A^{N-1}B]$$

满秩时，$\dot{\tilde{z}}=A\tilde{z}+B\tilde{u}$，$\tilde{z} \in \mathbb{R}^N$和$\tilde{u} \in \mathbb{R}^l$的线性控制系统是可控的（见参考书目注释）。由线性抓取系统(12-14)的可控矩阵可以得到

$$\begin{bmatrix} O & B_c & O & A_cB_c & \cdots & O & A_c^{N-1}B_c \\ B_c & O & A_cB_c & O & \cdots & A_c^{N-1}B_c & O \end{bmatrix}, N=2m, l=kp$$

式中，O是$m \times kp$零矩阵。当B_c的全行秩为m时，可控矩阵的满秩为$N=2m$。由于$B_c = M^{-1}(q_0)G(q_0)$，$M(q_0)$是可逆的，B_c的秩取决于抓取矩阵$G(q_0)$的秩。$m \times kp$抓取矩阵$G(q_0)$是满射的，因此在抗力旋量抓取（定理12.1的条件①）下具有m的全行秩。因此，线性系统式(12-14)是可控的。线性化控制系统的可控性是指原非线性系统在平衡状态下的局部可控性。因此，非线性抓取系统式(12-12)在任何抗力旋量抓取下都是局部可控的。

12.4.3 精确反馈线性化

局部可控性只决定被抓取物体系统是否可以通过给定的一组接触点进行局部控制；它没

有规定手指接触力的反馈控制律。在抓取力学中，人们寻求控制输入，以使保持在平衡抓取状态的物体不受外部力旋量干扰。这种反馈控制命令手指接触力可以作为传感器测量物体偏离平衡抓取的函数。当系统从任何附近的扰动状态（可能包括接触断裂）收敛到平衡状态时，受控抓取系统被称为局部渐近稳定的，同时保持在平衡状态的局部邻域中。

全驱动结构机械系统的标准控制方法（包括抗力旋量抓取）是精确反馈线性化的。这种方法在机器人领域中也称为计算转矩。当抓取抗力旋量时，可以根据反馈控制律选择手指接触力，有

$$G(q)\vec{f}(t) = -K_p(q-q_0) - K_d(\dot{q}-\vec{0}) + h(q,\dot{q}) + \nabla U(q), \vec{f}(t) \in C_1 \times \cdots \times C_k \quad (12\text{-}16)$$

式中，K_p 和 K_d 是由控制律选择的 $m \times m$ 对称正定矩阵。比例项 $-K_p(q-q_0)$ 可以解释为人工势能函数 $V(q) = \frac{1}{2}(q-q_0)^T K_p(q-q_0)$ 的负梯度，而不是由 $\nabla U(q)$ 抵消的重力势能。将式(12-16)代入非线性抓取系统(12-11)得到闭环误差系统

$$M(q)\ddot{e}(t) + K_d\dot{e}(t) + K_p e(t) = \vec{0}, e(t) = q(t)-q_0, \dot{e}(t) = \dot{q}(t), \ddot{e}(t) = \ddot{q}(t) \quad (12\text{-}17)$$

当误差系统在平衡状态下线性化时，$(e,\dot{e}) = (\vec{0},\vec{0})$，线性化的误差动态表现为二阶线性微分方程。任何正定反馈增益矩阵 K_p 和 K_d 的选择都将确保线性误差系统的全局渐近稳定性，从而保证零速平衡抓取的局部渐近稳定性（见参考书目注释）。也就是说，一旦干扰消除，受控手指力将引导被抓取物体回到原来的平衡抓取状态。

我们总结为以下三点。首先，注意由于质量矩阵 $M(q)$，式(12-17)中规定的误差系统不是完全线性的。全反馈线性化需要更高要求的控制律：$G(q)\vec{f}(t) = -M(q)(K_p(q-q_0)+K_d(\dot{q}-\vec{0})) + h(q,\dot{q}) + \nabla U(q)$。其次，控制方法可推广到任何形式的控制律

$$G(q)\vec{f}(t) = -\nabla V(q) - K_d(\dot{q}-\vec{0}) + h(q,\dot{q}) + \nabla U(q)$$

式中，$V(q)$ 是在以 q_0 为中心的 c-space 邻域中满足 $V(q_0) = 0$ 且 $V(q) > 0$ 的任何人工势能函数。即 $V(q)$ 在平衡点必须具有严格的局部极小值。此外，被抓取物体的总机械能 $E(q,\dot{q}) = \frac{1}{2}\dot{q}^T M(q)\dot{q} + V(q)$，可以用来评估平衡抓取周围的稳定性。最后，精确反馈线性化仅在理论上有效。它的实际有效性取决于对物体质量矩阵、物体几何形状和接触摩擦系数的合理准确了解，以及在稳定抓取过程中测量物体位置和速度偏差的精确传感器。

12.5 参考书目注释

在第 7 章的参考书目注释中讨论了关于抗力旋量或力封闭抓握的文献。定理 12.1 的抗力旋量试验由 Murray、Li 和 Sastry 提出[1]。利用凸优化技术对多指抓取的分析由 Kerr 和 Roth[2] 及 Cheng 和 Orin[3] 提出。基于摩擦锥的多面体近似，将力封闭的可行性表述为一个线性规划问题。精确的摩擦锥约束作为线性矩阵不等式的表述始于 Buss 等人[4]。Han、Trinkle 和 Li[5] 随后认识到，许多抗力旋量问题可以在 LMI 框架内解决。抓取力优化问题的二阶锥函数形式由 Lobo 等人提出[6]。

Brook、Shoham 和 Dayan 提出了抗力旋量与抓取可控性之间的关系[7]，这种关系考虑了抓取物体的动力学。Greenwood[8] 是这种刚体动力学的一个来源。二阶误差系统需要正定反馈增益矩阵 K_p 和 K_d，以保证误差系统的渐近稳定性。Shapiro[9] 讨论了这些矩阵的选择。将被抓取物体的动力学扩展到曲面指尖，引入了依赖于接触点处物体曲率的接触滚动约束[10]。参

考 Murray、Li 和 Sastry[1] 以及 Lynch 和 Park[11] 的文献，了解将这些约束纳入被抓取物体动力学的技术。

本章利用控制理论中的几个事实，建立了抗力旋量抓取的局部可控性。可控性矩阵在文献[12]和[13]中有描述。Lewis 和 Murray[14] 讨论了全驱动结构机械系统的局部可控性。Sussmann[15] 讨论了由非线性系统线性化动力学的可控性导出的局部可控性，这是 STLC 结果的最佳整体来源。一旦反馈控制律指令手指接触力，非线性系统的局部渐近稳定性便可从线性系统的渐近稳定性推导出来[16]。这一性质基于代数李雅普诺夫方程，该方程提供一个李雅普诺夫函数来证明非线性系统的稳定性，以及对围绕非线性系统稳定状态的吸引域的粗略估计。

练 习 题

12.1 节

练习 12.1：解释为什么刚体 B 的一阶固定抓取是抗力旋量的，即使在无摩擦接触条件下也是如此。

练习 12.2：刚体 B 的二阶固定抓取是否形成抗力旋量抓取？考虑抗力旋量是否是二阶效应的原因。

练习 12.3：证明与摩擦点接触相关的抓取矩阵在以下情况是满秩的：（1）涉及两个或更多非重合接触点的二维抓取；以及（2）涉及三个或更多非共线接触点的三维抓取。

解：首先考虑二维抓取。令 p_i 和 p_j 表示两个手指接触的位置。将目标坐标系原点指定在 p_i 处，其 x 轴从 p_i 指向 p_j。在这个坐标系中，$p_i=(0,0)$，而 $p_j=(x_j,0)$。因此，与两个摩擦接触相关的抓取矩阵部分具有以下形式：

$$G(q_0)=[\cdots \quad G_i \quad \cdots \quad G_j \quad \cdots], \quad [G_i \quad G_j]=\begin{bmatrix} 1 & 0 & 1 & 0 \\ 0 & 1 & 0 & 1 \\ 0 & 0 & 0 & x_j \end{bmatrix}$$

子矩阵 $[G_i \quad G_j]$ 的满行秩为 3，只要接触点是非连通的，$x_i \neq x_j$。在抓取矩阵中添加附加接触不会改变 $G(q_0)$ 的秩。

接下来考虑三维抓取。设 p_i 和 p_j 为两个手指接触的位置。将目标坐标系原点指定在 p_i 处，其 x 轴从 p_i 指向 p_j。确定 y 轴和 z 轴的方向以满足右手法则。第 j 个手指接触坐标系的基向量不一定与该参考坐标系对齐。然而，由于摩擦点接触模型下允许的接触力张成所有三个笛卡儿方向，在不丢失通用性的情况下，可以为这些力指定一个与位于 p_i 处的参考坐标系对齐的基点。在此坐标系选择下，$p_i=(0,0,0)$，而 $p_j=(x_j,0,0)$。与两个摩擦接触相关的抓取矩阵部分的形式如下：

$$G(q_0)=[\cdots \quad G_i \quad \cdots \quad G_j \quad \cdots]=\begin{bmatrix} \cdots & 1 & 0 & 0 & \cdots & 1 & 0 & 0 & \cdots \\ \cdots & 0 & 1 & 0 & \cdots & 0 & 1 & 0 & \cdots \\ \cdots & 0 & 0 & 1 & \cdots & 0 & 0 & 1 & \cdots \\ \cdots & 0 & 0 & 0 & \cdots & 0 & 0 & 0 & \cdots \\ \cdots & 0 & 0 & 0 & \cdots & 0 & 0 & -x_j & \cdots \\ \cdots & 0 & 0 & 0 & \cdots & 0 & x_j & 0 & \cdots \end{bmatrix}$$

子矩阵 $[G_i \quad G_j]$ 的秩最多为 5。在摩擦点接触模型下，两个手指不能围绕经过两个接触点的轴产生净扭矩。考虑将第三个手指放在点 $p_l=(x_l,y_l,z_l)$。p_l 处接触力的基本向量可以与位

于 p_i 处的参考坐标系的轴对齐。抓取矩阵的形式如下：

$$G(q_0) = [\cdots \quad G_i \quad \cdots \quad G_j \quad \cdots \quad G_l \quad \cdots]$$

$$= \begin{bmatrix} \cdots & 1 & 0 & 0 & \cdots & 1 & 0 & 0 & \cdots & 1 & 0 & 0 & \cdots \\ \cdots & 0 & 1 & 0 & \cdots & 0 & 1 & 0 & \cdots & 0 & 1 & 0 & \cdots \\ \cdots & 0 & 0 & 1 & \cdots & 0 & 0 & 1 & \cdots & 0 & 0 & 1 & \cdots \\ \cdots & 0 & 0 & 0 & \cdots & 0 & 0 & 0 & \cdots & 0 & z_l & y_l & \cdots \\ \cdots & 0 & 0 & 0 & \cdots & 0 & 0 & -x_j & \cdots & z_l & 0 & -x_l & \cdots \\ \cdots & 0 & 0 & 0 & \cdots & 0 & x_j & 0 & \cdots & y_l & -x_l & 0 & \cdots \end{bmatrix}$$

如果第三个手指接触位于经过 p_i 和 p_j 的线上，则 $y_l = z_l = 0$，抓取矩阵不是满秩的。否则，抓取矩阵的全行秩为 6。

12.2 节

练习 12.4：一种特殊的软点接触模型由以下接触力和力矩约束定义（见第 4 章参考书目注释）：

$$f_i^n \geq 0, \quad \frac{1}{\mu_i^2}((f_i^s)^2 + (f_i^t)^2) + \frac{1}{\gamma_i^2}(\tau_i^n)^2 \leq (f_i^n)^2 \tag{12-18}$$

式中，f_i^n 是法向力分量，(f_i^s, f_i^t) 是切向力分量，τ_i^n 是关于接触法向的扭矩。除了库仑摩擦系数 μ_i 外，系数 γ_i 还描述了接触所能承受的扭矩极限。证明式（12-18）等价于线性矩阵不等式

$$P(\vec{f}_i, \tau_i^n) = \begin{bmatrix} f_i^n & 0 & 0 & \mu_i^{-1} f_i^s \\ 0 & f_i^n & 0 & \mu_i^{-1} f_i^t \\ 0 & 0 & f_i^n & \gamma_i^{-1} \tau_i^n \\ \mu_i^{-1} f_i^s & \mu_i^{-1} f_i^t & \gamma_i^{-1} \tau_i^n & f_i^n \end{bmatrix} \geq 0 \tag{12-19}$$

解：式（12-19）中规定的 4×4 矩阵的特征值是关于 s 的特征方程的根：

$$(s - f_i^n)^2 (s^2 - 2s \cdot f_i^n + ((f_i^n)^2 - \psi^2)) = 0$$

式中，$\psi^2 = ((f_i^s)^2 + (f_i^t)^2)/\mu_i^2 + (\tau_i^n)^2/\gamma_i^2$。为了使特征值为正半定，两个条件必须满足。首先，$f_i^n \geq 0$，这是式（12-18）中规定的第一个约束条件。其次，$(f_i^n)^2 - ((\tau_i^n)^2/\gamma_i^2 + ((f_i^s)^2 + (f_i^t)^2)/\mu_i^2) \geq 0$，这是式（12-18）中规定的第二个约束条件。

练习 12.5：验证矩阵范数约束 $\|A\vec{z} + \vec{a}\| \leq \vec{b} \cdot \vec{z} + c$ 定义了 $\mathbb{R}^n$ 中的凸锥。这里需要附加条件 $\|\vec{a}\| \leq c$ 和 $\vec{b} \cdot \vec{z} \geq 0$。

练习 12.6：证明当存在一个负半定标量 $\sigma \leq 0$，使得 $P(\vec{v}) + \sigma \cdot I \geq 0$，定理 12.3 中规定的不等式 $P(\vec{v}) \geq 0$ 是满足的。

12.3 节

练习 12.7*：证明与鲁棒抓取优化问题相关的障碍函数，即 $-\log(\det(P(\vec{f})))$，其中矩阵 $P(\vec{f}) \geq 0$ 由式（12-7）给出，形成了手指力分量的凸函数。

解：$kp \times kp$ 矩阵 $P(\vec{f})$ 是块对角的。因此，可以证明第 i 个块代价函数 $-\log(\det(P(f_i)))$，在凸约束 $P(f_i) \geq 0$ 上是凸的。设 $X \in \mathbb{R}^{n \times n}$ 参数化 $n \times n$ 实对称矩阵的向量空间。为了检验函数 $f(x)$ 是凸的，只需验证 $f\left(\frac{1}{2}(x_1 + x_2)\right) \leq \frac{1}{2}(f(x_1) + f(x_2))$。因此，为了证明 $-\log(\det(X))$ 是凸的，只需验证关系：

$$-\log\left(\det\left(\frac{1}{2}(X_1 + X_2)\right)\right) \leq -\frac{1}{2}(\log(\det(X_1)) + \log(\det(X_2))), \quad X_1, X_2 \geq 0 \tag{12-20}$$

由于对数函数是单调递增的，式(12-20)中规定的不等式是由以下不等式得出的：

$$\det\left(\frac{1}{2}(X_1+X_2)\right) \geq (\det(X_1 X_2))^{1/2}, \quad X_1, X_2 \geq 0 \qquad (12\text{-}21)$$

式中，$\det(X_1 X_2) = \det(X_1) \cdot \det(X_2)$。当 X_1 或 X_2 具有零特征值时，不等式(12-21)得到满足。因此，我们假设 X_1 和 X_2 是严格正定的。每个矩阵 X_i 可以写成 $X_i = (X_i^{1/2})^T X_i^{1/2}$。平方根矩阵 $X_i^{1/2}$ 有一个明确定义的逆矩阵，表示为 $X_i^{-1/2}$。经过变换后，式(12-21)中的不等式可以写成

$$\det\left(\frac{1}{2}(I+X^T X)\right) \geq (\det(X))^{1/2}, \quad X = X_2^{1/2} X_1^{-1/2}$$

矩阵 X 和 $I + X^T X$ 具有相同的特征向量。因此，如果 $\sigma_i > 0$ 是 X 的第 i 个特征值，那么 $1+\sigma_i^2$ 是 $I + X^T X$ 的对应特征值。由于 $\frac{1}{2}(1+\sigma_i^2) \geq \sqrt{\sigma_i}$，$i = 1, \cdots, n$，特征值的乘积满足不等式(12-21)。

练习 12.8：不仅可以最小化最坏情况下的法向力分量，还可以最小化法向力分量的总和，$\varphi(\vec{f}) = \sum_{i=1}^{k} f_i^n$，或者手指力量的平方范数，$\varphi(\vec{f}) = \sum_{i=1}^{k} \|f_i\|^2$。验证两者都是凸函数，因此可以作为 LMI 问题进行优化。

练习 12.9：验证代价函数 $\varphi(\vec{f}) = \max\{\|f_1\|, \cdots, \|f_k\|\}$ 在手指接触力中是拟凸的，因此可以作为 LMI 问题进行优化。

12.4 节

练习 12.10：验证在式(12-12)中描述的抓取系统的平衡状态下，$q(t)$ 的所有高阶导数(如物体加速度)必须为零。

练习 12.11*：在指尖的假设下，得到式(12-12)描述的 (p_0, u_0) 处的非线性抓取系统的线性动力学。在 $p_0 = (q_0, \vec{0})$ 处的线性化中，$M(q)$ 在 $q = q_0$ 处的导数未出现。

练习 12.12：求 $m \times m$ 矩阵 $DG(q_0)\vec{f}_0$ 的公式，该公式出现在被抓取物体系统的线性化动力系统中，如式(12-15)所述。

解：设 $\vec{f}_0 = (f_1^0, \cdots, f_k^0)$ 表示平衡抓取时的接触力。让我们用抓取映射 $L_G : C_1 \times \cdots \times C_k \to T_{q_0}^* \mathbb{R}^m$ 得到 $DG(q_0)\vec{f}_0$ 的表达式，其中在三维抓取的情况下 $m = 6$。与摩擦硬点接触相关的抓取映射有以下形式(见第 4 章)：

$$L_G(q_0)\vec{f}_0 = \begin{bmatrix} I & \cdots & I \\ [\rho_1^0 \times] & \cdots & [\rho_k^0 \times] \end{bmatrix} \begin{pmatrix} f_1^0 \\ \vdots \\ f_k^0 \end{pmatrix} = \sum_{i=1}^{k} \begin{pmatrix} f_i^0 \\ \rho_i^0 \times f_i^0 \end{pmatrix}, \quad q_0 = (d_0, \theta_0)$$

式中，$\rho_i^0 = R(\theta_0) b_i$ 是从 B 的坐标系原点到第 i 个接触点的向量。考虑 $L_G(q(t))\vec{f}_0$ 沿 c-space 路径 $q(t)$ 的导数，使得 $q(0) = q_0, \dot{q}(0) = \dot{q}$。由链式法则，得

$$\frac{d}{dt}\bigg|_{t=0} L_G(q(t))\vec{f}_0 = \sum_{i=1}^{k} \begin{pmatrix} \vec{0} \\ (\omega \times \rho_i^0) \times f_i^0 \end{pmatrix}$$

$$= \sum_{i=1}^{k} \begin{bmatrix} O & O \\ O & \rho_i^0 (f_i^0)^T - (\rho_i^0 \cdot f_i^0) I \end{bmatrix} \begin{pmatrix} v \\ \omega \end{pmatrix}, \quad \dot{q} = (v, \omega)$$

式中，我们使用三向量乘积恒等式：$(\omega \times \rho_i^0) \times f_i^0 = [\rho_i^0 (f_i^0)^T - (\rho_i^0 \cdot f_i^0) I] \omega$。在这个表达式中，

O 是 3×3 零矩阵，I 是 3×3 单位矩阵。根据这一关系式，$\left.\dfrac{\mathrm{d}}{\mathrm{d}t}\right|_{t=0} L_G(q(t))\vec{f}_0 = [DL_G(q_0)\vec{f}_0]\dot{q}$，由一个 6×6 矩阵给出了 $DL_G(q_0)\vec{f}_0$ 的表达式：

$$DL_G(q_0)\vec{f}_0 = \sum_{i=1}^{k}\begin{bmatrix} O & O \\ O & \rho_i^0(f_i^0)^{\mathrm{T}} - (\rho_i^0 \cdot f_i^0)I \end{bmatrix}$$

练习 12.13*：考虑控制律，$G(q)\vec{f}(t) = -\nabla V(q) - K_d(\dot{q} - \vec{0}) + h(q,\dot{q}) + \nabla U(q)$，其中 $V(q)$ 是任何满足 $V(q_0) = 0$ 且在以 q_0 为中心的局部 c-space 邻域内 $V(q) > 0$ 的人工势能函数。证明该控制律能使被抓取物体系统稳定在平衡抓取状态。被抓取物体的总机械能为 $E(q,\dot{q}) = \dfrac{1}{2}\dot{q}^{\mathrm{T}}M(q)\dot{q} + V(q)$，构成闭环抓取系统的李雅普诺夫函数。

练习 12.14*：$h(q,\dot{q})$ 表示被抓取物体动力中的向心力矩和科氏力。在不影响平衡抓取的局部渐近稳定性的情况下，是否可以从式(12-16)的非线性控制律中删除该项？

参考文献

[1] R. M. Murray, Z. Li and S. S. Sastry, *A Mathematical Introduction to Robotic Manipulation*. CRC Press, 1994.

[2] J. R. Kerr and B. Roth, "Analysis of multi-fingered hands," *International Journal of Robotics Research*, vol. 4, no. 4, pp. 3–17, 1986.

[3] F. Cheng and D. Orin, "Efficient algorithm for optimal force distribution – The compact-dual *LP* method," *IEEE Transactions on Robotics and Automation*, vol. 6, no. 2, pp. 25–32, 1990.

[4] M. Buss, H. Hashimoto and J. Moore, "Dextrous hand grasping force optimization," *IEEE Transactions on Robotics and Automation*, vol. 12, no. 3, pp. 406–418, 1996.

[5] L. Han, J. C. Trinkle and Z. X. Li, "Grasp analysis as linear matrix inequality problems," *IEEE Transactions on Robotics and Automation*, vol. 16, no. 6, pp. 663–674, 2000.

[6] M. S. Lobo, L. Vandenberghe, S. Boyd and H. Lebret, "Applications of second-order cone programming," *Linear Algebra and Its Applications*, vol. 284, pp. 193–228, 1998.

[7] N. Brook, M. Shoham and J. Dayan, "Controllability of grasps and manipulations in multi-fingered hands," *IEEE Transactions on Robotics and Automation*, vol. 14, no. 1, pp. 185–192, 1998.

[8] D. T. Greenwood, *Advanced Dynamics*. Cambridge University Press, 2006.

[9] A. Shapiro, "Stability of second-order asymmetric linear systems with application to robot grasping," *ASME Journal of Applied Mechanics*, vol. 72, no. 6, pp. 966–968, 2005.

[10] D. J. Montana, "Contact stability for two-fingered grasps," *IEEE Transactions on Robotics and Automation*, vol. 8, no. 4, pp. 421–230, 1992.

[11] K. M. Lynch and F. C. Park, *Modern Robotics: Mechanics, Planning, and Control*. Cambridge University Press, 2017.

[12] K. J. Astrom and R. M. Murray, *Feedback Systems: An Introduction for Scientists and Engineers*. Princeton University Press, 2008.

[13] G. F. Franklin, J. D. Powell and A. Emami-Naeini, *Feedback Control of Dynamic Systems*. Pearson, 2018.

[14] A. D. Lewis and R. M. Murray, "Configuration controllability of simple mechanical control systems," *SIAM Journal on Control and Optimization*, vol. 35, no. 3, pp. 766–790, 1997.

[15] H. J. Sussmann, "A general theorem on local controllability," *SIAM Journal on Control and Optimization*, vol. 25, no. 1, pp. 158–194, 1987.

[16] H. K. Khalil, *Nonlinear Systems*. Prentice Hall, 2002.

第 13 章 抓取质量函数

在机器人抓取规划和执行过程中，常常需要一个抓取有效性的度量。量化抓取效果的函数称为抓取质量函数⊖。给定一个合适的抓取质量函数，抓取规划过程通常归结为一个约束优化问题。也就是说，最优抓取是指在抓取安全约束条件下对质量函数进行优化。基于机器学习技术的抓取规划自动逼近训练实例的抓取质量函数。抓取质量函数还可以指导反馈控制律，在抓取任务执行期间，控制机器人手关节。抓取质量函数是抓取力学基本原理与抓取规划和执行过程之间的重要环节。

我们期望一个有用的抓取质量函数满足一些基本标准。它应该以一种清晰而有意义的方式捕捉关键的物理参数。因此，大多数抓取质量函数都是使用手指接触位置、手指接触力和抓取任务说明等参数来制定的。抓取质量函数必须是可计算的，需要付出合理的努力实现快速的在线抓取规划。抓取质量函数最好是坐标系不变的。也就是说，单位、坐标和参考坐标系的选择不应影响此函数的值。

在设计或使用抓取质量函数时，必须记住使用该函数的问题的重要参数。例如，许多制造过程需要设计夹具，以便在加工和装配操作期间稳定地固定工件。工件在预期制造力作用下的最大挠度，或工件在制造过程中所经历的最大净力旋量等问题，是夹具设计优化的必要量。13.1 节简要概述了测量刚体位移或力旋量的质量函数。在机器人抓取系统中，典型的机器人手必须能够安全地抓住各种物体。13.2～13.4 节描述了指导选择目标表面上手指位置的抓取质量函数。实用的机器人手在接触点上可以实现的手指力的大小有限制。或者，当被抓取物体很容易损坏时，人们可能希望将接触力的大小最小化。13.5 节描述了抓取质量函数，该函数考虑了保持抓取所需的手指力大小。所有这些功能都是在可能作用于被抓取物体的一般干扰的情况下测量抓取的质量。13.6 节描述了为抓取任务而制定的质量函数，其中主要的外部力旋量将作用于被抓取物体。

13.1 基于刚体运动学的质量函数

这类抓取质量函数主要与制造和装配过程中的工件位移有关。工件通常可以被建模为一个刚体 B，具有 $q \in \mathbb{R}^m$ 的特性，其中 $m=3$ 或 6。物体速度 $\dot{q}=(v,\omega) \in T_q\mathbb{R}^m$，可以用来近似小物体的位移。欧几里得范数似乎是测量这种速度向量大小的一种自然方法。但是平移和旋转，以及它们的速度，有着不同的物理量单位。为了有意义地结合瞬时平移和旋转，对于刚体速度 $\dot{q}=(v,\omega)$，必须选择一个比例因子：$\|\dot{q}\| = \sqrt{\|v\|^2 + \|\alpha \cdot \omega\|^2}$。然而这种函数不是坐标系不变

⊖ 术语抓取度量也被用来代替抓取质量函数。然而，在拓扑空间中度量点之间的距离，许多抓取质量函数不是这个意义上的度量。

的(见附录Ⅱ)。刚体速度向量的大小取决于所选的测量单位,这显然是任何抓取质量函数的不理想特性。

类似地,我们希望设计一种夹具,能尽量减少物体 B 在制造过程中的净力旋量 $w=(f,\tau)\in T_q^*\mathbb{R}^m$。同样,我们可以选择使用欧几里得范数来测量力旋量的大小。使用这种范数需要一个比例系数,以便将力和扭矩联系起来:对于作用于 B 的力旋量 $w=(f,\tau)$,$\|w\|=\sqrt{\|f\|^2+\|\beta\cdot\tau^2\|}$。与速度欧几里得范数一样,力旋量欧几里得范数不是坐标系不变的,因此在计算抓取质量函数时需要谨慎使用。

复杂欧几里得范数将运动质量函数定义为刚体配置、速度和力旋量的实值函数,这些实值函数描述了转换过程中刚性物体的特性⊖。

定义 13.1(运动质量函数) 与抓取或固定的刚体 B 相关联的刚体运动质量函数的一般形式为

$$Q(q_1,\cdots,q_{k_1};\dot{q}_1,\cdots,\dot{q}_{k_2};w_1,\cdots,w_{k_3}):(\mathbb{R}^m)^{k_1}\times(T_q\mathbb{R}^m)^{k_2}\times(T_q^*\mathbb{R}^m)^{k_3}\to\mathbb{R} \tag{13-1}$$

式中,$q_1,\cdots,q_{k_1}\in\mathbb{R}^m$ 为刚体构型,$\dot{q}_1,\cdots,\dot{q}_{k_2}\in T_q\mathbb{R}^m$ 为刚体速度,$w_1,\cdots,w_{k_3}\in T_q^*\mathbb{R}^m$ 为刚体力旋量,$m=3$ 或 6。

虽然各种函数都可以符合式(13-1)的形式,但运动质量函数通常采用以下形式之一。有关度量和范数请参见附录Ⅰ。

1)距离度量:$Q(q_1,q_2)$ 形式的半正定度量函数,用于测量物体 B 的两个构型之间的位移。

2)速度和力旋量范数:$Q_q(\dot{q})$ 或 $Q_q(w)$ 形式的半正定函数,用于测量物体的刚体速度或力旋量的大小。

3)内积:形式为 $Q_q(\dot{q}_1,\dot{q}_2)$ 或 $Q_q(\dot{q},w)$ 的双线性函数,用来测量它们之间的相对角度或瞬时功。

以下示例描述形成刚体距离度量和刚体速度范数的质量函数。

示例:设 $\rho(b):B\to\mathbb{R}$ 为半正定函数,可以表示刚体 B 的质量密度。当 B 位于一个构型 $q=(d,\theta)$ 时,它的主体点在固定的世界坐标系中表示为 $X(q,b)=R(\theta)b+d$,$b\in B$。给定两个刚体构型 q_1 和 q_2,测量 B 从 q_1 到 q_2 的相对位移的函数可以定义为

$$d(q_1,q_2)=\int_B\rho(b)\cdot\|X(q_1,b)-X(q_2,b)\|\mathrm{d}V \tag{13-2}$$

函数 $d(q_1,q_2)$ 是 $\mathbb{R}^3$ 中任意范数 $\|\cdot\|$ 下的坐标系不变的距离度量。这个度量可以解释为目标点从 q_1 到 q_2 的加权平均位移。

示例:当刚体 B 以速度 $\dot{q}=(v,\omega)$ 运动时,它的主体点沿速度向量 $\frac{\mathrm{d}}{\mathrm{d}t}X(q(t),b)=\omega\times(R(\theta)b)+v$,$b\in B$ 移动。设 Ω_B 是物体 B 上的一组固定特征点。速度相关函数

$$\phi_q(\dot{q})=\max_{b\in\Omega_B}\{\|\omega\times(R(\theta)b)+v\|\},\quad q=(d,\theta),\quad \dot{q}=(v,\omega) \tag{13-3}$$

是一个坐标系不变的刚体速度范数,只要 Ω_B 在 $\mathbb{R}^3$ 中任何范数的选择下包含三个非共线点。函数 $\phi_q(\dot{q})$ 表示物体特征点在由 $\dot{q}=(v,\omega)$ 近似的沿 B 的小位移下的最坏情况位移,这个范数可用于选择在制造和装配操作期间最小化工件偏转的夹具布置。

⊖ 与运动质量函数相反,动力质量函数还依赖于刚体加速度。

13.2 基于抓取矩阵的质量函数

让一个刚体 B 保持在 k 指平衡抓取，使世界坐标系和物体坐标系在抓取构型 q_0 处重合。在这个假设下，在 x_i 处作用于 B 的手指力 f_i 产生的力旋量由 $w_i = (f_i, x_i \times f_i)$ 给出。抓取矩阵 $G(q_0)$ 将接触力分量的向量 $\vec{f} = (f_1, \cdots, f_k)$ 映射至净物体力旋量 $w = G(q_0)\vec{f}$（见第 4 章）。抓取矩阵为 $m \times kp$，其中 $m = 3$ 或 6，p 是每个接触点上独立的力和可能的力矩分量的数量。例如，在由摩擦硬点接触模型控制的三维抓取中，每个手指力随 $p = 3$ 个独立参数变化，$G(q_0)$ 构成 $6 \times 3k$ 矩阵

$$G(q_0) = \begin{bmatrix} G_1 & \cdots & G_k \end{bmatrix}, \quad G_i = \begin{bmatrix} s_i & t_i & n_i \\ x_i \times s_i & x_i \times t_i & x_i \times n_i \end{bmatrix}, \quad i = 1, \cdots, k \tag{13-4}$$

式中，$\{s_i, t_i, n_i\}$ 是一个参考坐标系，与 B 的单位切线和 x_i 处的单位内法线对齐。注意，接触力还必须满足与库仑摩擦模型有关的不等式约束，$f_i \in C_i, i = 1, \cdots, k$。

基于抓取矩阵的质量函数根据 $G(q_0)$ 的奇异值量化手指接触的选择程度。$G(q_0)$ 的奇异值分解将 $m \times kp$ 抓取矩阵分解为三个矩阵的乘积

$$G(q_0) = U \cdot \Sigma \cdot V^T$$

式中，U 和 V 是 $m \times m$ 和 $kp \times kp$ 正交矩阵，而 Σ 是 $m \times kp$ 块对角矩阵：

$$\Sigma = \begin{bmatrix} \sigma_1 & 0 & \cdots & 0 & & 0 \\ 0 & \sigma_2 & \cdots & 0 & & 0 \\ 0 & 0 & \cdots & 0 & \cdots & 0 \\ \vdots & \vdots & & \vdots & & \vdots \\ 0 & 0 & \cdots & \sigma_m & & 0 \end{bmatrix}, \quad \sigma_1, \cdots, \sigma_m \geq 0$$

将 $G(q_0)$ 的奇异值定义为 $\sigma_1, \cdots, \sigma_m$，其中 U 和 V 的选择使得 $\sigma_1, \cdots, \sigma_m \geq 0$。$G(q_0)$ 的奇异值平方是 $m \times m$ 矩阵 $G(q_0)G^T(q_0)$ 的特征值。

示例：在无摩擦二维抓取中，$G(q_0)$ 的奇异值可以很容易地确定，如下所示。与 $x_1, \cdots, x_k$ 处的无摩擦接触点相关的抓取矩阵的形式为

$$G(q_0) = \begin{bmatrix} n_1 & \cdots & n_k \\ x_1 \times n_1 & \cdots & x_k \times n_k \end{bmatrix}, \quad x_i \times n_i = x_i^T J n_i, \quad J = \begin{bmatrix} 0 & 1 \\ -1 & 0 \end{bmatrix}$$

3×3 矩阵的特征值

$$G(q_0)G^T(q_0) = \begin{bmatrix} \sum_{i=1}^{k} n_i n_i^T & \sum_{i=1}^{k} (x_i \times n_i) n_i \\ \sum_{i=1}^{k} (x_i \times n_i) n_i^T & \sum_{i=1}^{k} (x_i \times n_i)^2 \end{bmatrix}$$

是 $G(q_0)$ 的奇异值。任何一组手指接触决定了一个可分辨点 $x_0 \in \mathbb{R}^2$，称为抓取中心。当世界坐标系和物体坐标系设置在这一点上时，矩阵 $G(q_0)G^T(q_0)$ 将获得块对角形式（参见练习题）：

$$G(q_0)G^T(q_0) \cong \begin{bmatrix} \sum_{i=1}^{k} n_i n_i^T & & 0 \\ & & 0 \\ 0 & 0 & \sum_{i=1}^{k} (x_i \times n_i)^2 \end{bmatrix}$$

其中接触点是相对于抓取中心点表示的。在这种选择的参考系下，$G(q_0)$ 的奇异值对应于 2×2 矩阵 $\sum_{i=1}^{k} n_i n_i^T$ 和标量 $\sum_{i=1}^{k} (x_i \times n_i)^2$ 的特征值。

$G(q_0)$ 的奇异值可以用多种方式来表征抓取质量。下面是三个这样的经典质量函数。

抓取矩阵的最小奇异值：当刚体 B 被保持在 k 指平衡抓取时，抓取的抗力旋量是抓取矩阵的最小奇异值。如果给定的平衡抓取不是抗力旋量的，$G(q_0)$ 的最小奇异值必须为零（见练习题）。最小奇异值质量函数定义为

$$Q_{\text{MSV}}(G) = \min\{\sigma_1, \cdots, \sigma_m\}$$

当抓取安全的主要考虑因素是抗力旋量时，用 Q_{MSV} 函数估计抓取的安全边界。Q_{MSV} 的值越大，这种抓取的安全边界就越好。这个量也可以解释为抓取机械增益，它衡量了将接触力幅值最小放大到影响被抓取物体的净力旋量幅值所需的最小放大倍数。然而，在使用 Q_{MSV} 函数时应该谨慎，因为它的值取决于物体参考坐标系的选择，如下面的例子所示。

示例：图 13-1 所示为矩形物体 B，由四个盘形手指体通过位于 $x_1 = (4, -2)$，$x_2 = (3, -3)$，$x_3 = (-4, 2)$，$x_4 = (-3, 3)$ 处的无摩擦接触点固定。该物体被盘形手指体固定住，因此被抗力旋量抓取固定。假设固定的世界坐标系位于物体的中心，并考虑两个不同的物体坐标系 F_1 和 F_2，如图 13-1 所示。与 F_1 和 F_2 相关的抓取矩阵如下：

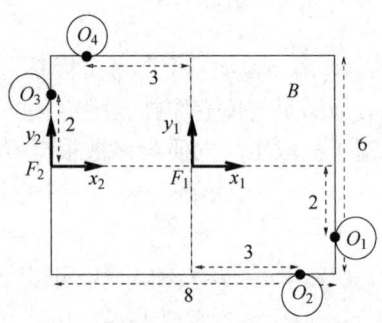

图 13-1 用四指无摩擦接触抓取刚体 B，物体参考坐标系有 F_1 和 F_2 两种选择

$$G_{F_1}(q_0) = \begin{bmatrix} -1 & 0 & 1 & 0 \\ 0 & 1 & 0 & -1 \\ -2 & 3 & -2 & 3 \end{bmatrix}, \quad G_{F_2}(q_0) = \begin{bmatrix} -1 & 0 & 1 & 0 \\ 0 & 1 & 0 & -1 \\ -2 & 7 & -2 & -1 \end{bmatrix}$$

要了解物体坐标系的选择如何影响 $G(q_0)$ 的奇异值，考虑矩阵乘积

$$G_{F_1}(q_0) G_{F_1}^T(q_0) = \begin{bmatrix} 2 & 0 & 0 \\ 0 & 2 & 0 \\ 0 & 0 & 26 \end{bmatrix}, \quad G_{F_2}(q_0) G_{F_2}^T(q_0) = \begin{bmatrix} 2 & 0 & 0 \\ 0 & 2 & 8 \\ 0 & 8 & 58 \end{bmatrix}$$

当选择坐标系 F_1 时，$Q_{\text{MSV}} = \sqrt{2}$。当选择坐标系 F_2 时，$Q_{\text{MSV}} \cong 0.94$。因此，当使用 Q_{MSV} 比较可替代的抓取时，物体坐标系的选择可能会影响最佳抓取的选择，这显然是一个不可取的特性。

抓取矩阵椭球体的体积：考虑手指接触力分量的单位球 $D = \{(f_1, \cdots, f_k) \in \mathbb{R}^{kp} : \sum_{i=1}^{k} \|f_i\|^2 \leq 1\}$。

这个单位球被 $G(q_0)$ 映射到 B 的力旋量空间中的 m 维椭球体，称为抓取矩阵椭球体。椭球体体积是主轴半长（乘以一个常数）的乘积。抓取矩阵椭球体的半长正是 $G(q_0)$ 的奇异值。忽略常数，则得抓取矩阵椭球体的体积为

$$\sigma_1 \sigma_2 \cdots \sigma_m = \sqrt{\det(\Sigma \cdot \Sigma^T)} = \sqrt{\det(G(q_0) G^T(q_0))}$$

其中我们用了 $V^T V = I$，$\det(AB) = \det(A) \cdot \det(B)$ 和 $|\det(U)| = 1$。力旋量椭球体的体积质量函数被定义为抓取矩阵椭球体的体积：

$$Q_{\text{EV}}(G) = \sqrt{\det(G(q_0)G^{\text{T}}(q_0))} \tag{13-5}$$

当 $m \times m$ 矩阵 $G(q_0)G^{\text{T}}(q_0)$ 变成奇异，或者等效地，当 $G(q_0)$ 失去其满秩时，函数 Q_{EV} 的值变为零。从第 12 章可知，抗力旋量具有满秩抓取矩阵。因此，在这种抓取中，Q_{EV} 取得严格正值。函数 Q_{EV} 估计了抓取手指对被抓取物体 B 的约束能力。随着手指接触位置的变化，Q_{EV} 取得更高的值，手指力的微小变化将被放大成更大的控制力旋量，从而在抵抗外部干扰的同时影响 B。此外，该质量函数在物体参考坐标系的不同选择下是不变的（见附录Ⅱ）。

抓取矩阵椭球体的各向同性：让 $\sigma_{\min}$ 和 $\sigma_{\max}$ 分别表示抓取矩阵 $G(q_0)$ 的最小和最大奇异值。抓取各向同性定义为比率

$$Q_{\text{GI}}(G) = \frac{\sigma_{\min}}{\sigma_{\max}}, \ 0 \leq \sigma_{\min} \leq \sigma_{\max}$$

函数 Q_{GI} 测量抓取矩阵椭球体的偏心率，这是一个在单位区间内变化的量。为了理解 Q_{GI} 的含义，假设被抓取物体 B 在其力旋量空间中受到 m 维扰动力旋量球的作用。当抓取矩阵为满射时，这些力旋量中的每一个都能受到手指抗接触力，其形式为 $\vec{f}_p + \vec{f}_{\text{null}} \in \mathbb{R}^{kp}$，使得 $\vec{f}_{\text{null}}$ 位于 $G(q_0)$ 的零空间中。阻力接触力 $\vec{f}_p$ 使得 $G(q_0)\vec{f}_p \neq \vec{0}$，张成 $\mathbb{R}^{kp}$ 中的一个 m 维线性子空间。当 Q_{GI} 接近于单位值一时，平衡扰动力旋量球所需的抗接触力近似于一个均匀的力分量球。因此，当抵抗可能作用于 B 的扰动力旋量球时，手指力的幅度变得更加均衡。然而，函数 Q_{GI} 的值取决于物体参考坐标系的选择。以下示例提供了三个抓取矩阵质量函数的数值比较。

示例：图 13-2a 显示了一个长度为 $2r$ 的刚性盒子 B，在重力作用下由两个手指握住。手指接触受软点接触模型控制，其中每个手指在各自的摩擦锥上施加力，并在各自的接触法线上施加扭矩。每个接触力和扭矩随 $p=4$ 个独立参数变化，从而得出 6×8 抓取矩阵：

$$G(q_0) = \begin{bmatrix} 0 & 1 & 0 & 0 & 1 & 0 & 0 & 0 \\ 0 & 0 & 1 & 0 & 0 & 0 & -1 & 0 \\ 1 & 0 & 0 & 0 & 0 & 1 & 0 & 0 \\ -r & 0 & 0 & 0 & 0 & r & 0 & 0 \\ 0 & 0 & 0 & 1 & 0 & 0 & 0 & -1 \\ 0 & r & 0 & 0 & -r & 0 & 0 & 0 \end{bmatrix} \tag{13-6}$$

请注意，两个软点接触就足以确保该抓取的抗力旋量。图 13-2b 以物体半长 r 为函数绘制了三个质量度量值。最小奇异值度量值 $Q_{\text{MSV}}(G)$ 最初描述了与较小的 r 值相关的相对较小的手指扭矩。这些扭矩随着 r 的增加而增加，直到 $G(q_0)$ 的最小奇异值与侧向手指力（以及扭矩）相关联，而这并不取决于 r。随着 r 的增加，体积度量值 $Q_{\text{EV}}(G)$ 呈单调递增趋势。这种行为反映了手指在物体的 x 和 z 轴周围产生更大扭矩的能力随着 r 的增加而增强。各向同性质量值 $Q_{\text{GI}}(G)$ 最初随着 r 的增加而增加，在 $r=1$ 时达到最大值 1。在这个物体尺寸下，作用在 B 上的单位扰动力旋量球可以通过平衡的手指力分量球来抵消。当 r 超过单位时，$\sigma_{\min}$ 与侧向手指力（以及扭矩）相关联，而 $\sigma_{\max}$ 与物体的 x 和 z 轴周围的手指扭矩相关联。由于 $\sigma_{\min}$ 保持不变，$\sigma_{\max}$ 随 r 线性增加，所以 $Q_{\text{GI}} = \sigma_{\min}/\sigma_{\max}$ 按比例减小到 $1/r$。这种行为表明，在这种抓取中，需要的手指力量级抵抗可能作用于 B 的单位扰动力旋量球之间的平衡减少了。

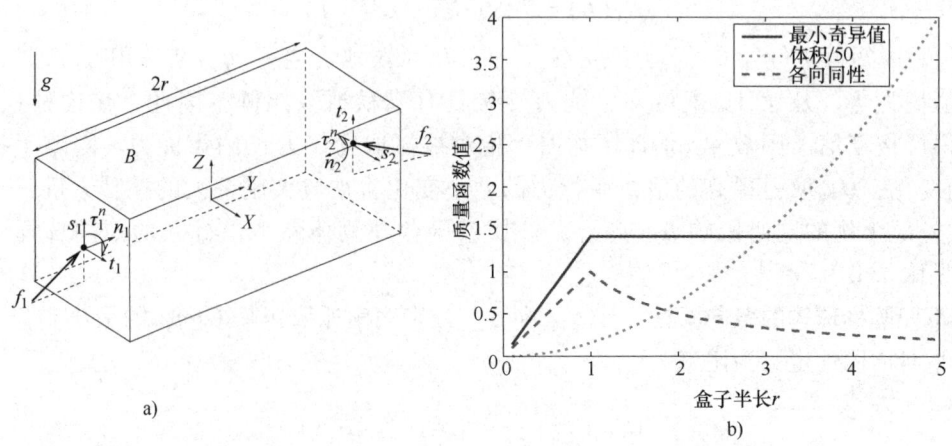

图 13-2　a) 在重力作用下通过软点接触用两个手指抓取一个刚性盒子(手指未显示);
b) 绘制最小奇异值 $Q_{\text{MSV}}(G)$、缩放抓取矩阵椭球体的体积 $Q_{\text{EV}}(G)$ 和
各向同性指数 $Q_{\text{GI}}(G)$ 作为物体半长 r 的函数

13.3　基于抓取多边形的质量函数

本节描述了一些简单的抓取质量函数,这些函数基于手指接触形成多边形(或三维抓取中的多面体)。针对二维抓取问题,将抓取多边形定义为顶点位于手指接触点 $x_1,\cdots,x_k$。它们沿着图 13-3 呈现在物体的边界上。

抓取多边形正则指数:直观上,选择手指接触均匀地分布在被抓取物体边界周围是具有吸引力的。均匀分布的手指接触很可能会均匀分布维持平衡抓取所需的接触力量级。基于这个论点,一个 k 指抓取的抓取多边形在理想情况下应该形成一个正 k 边形。抓取多边形的质量由手指接触与正 k 边形分布偏差的程度来衡量。让 θ_i 表示顶点 x_i 处抓取多边形的内角,在抓取多边形边与边之间测量(图 13-3)。正 k 边形具有相同的内角 $\gamma = \pi - 2\pi/k$。抓取多边形正则指数定义为归一化和:

$$Q_{\text{GPRI}}(\theta_1,\cdots,\theta_k) = \frac{1}{\theta_{\max}}\sum_{i=1}^{k}|\theta_i - \gamma|$$

式中,$\theta_{\max}$ 测量了正 k 边形与最糟糕情况的 k 边形之间的偏差,当一个 k 边形坍缩成具有内角 0 或 π 的线段时形成。

当一个 k 边形坍缩成这样的线段时,$\theta_1 = \theta_k = 0$,而 $\theta_i = \pi$, $i = 2,\cdots,k-1$。因此,$\theta_{\max} = |0-\gamma| + |\pi-\gamma|+\cdots+|\pi-\gamma|+|0-\gamma| = (k-2)(\pi-\gamma)+2\gamma$。特

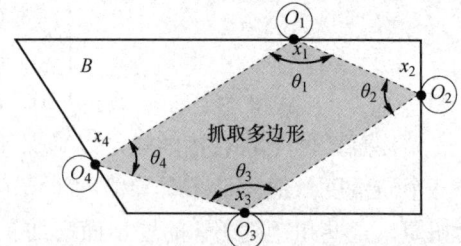

图 13-3　四个盘形手指所支撑的四边形
物体的抓取多边形

别是,在手指接触的最佳分布时,抓取多边形正则指数 $Q_{\text{GPRI}} = 0$,而在最糟糕的抓取情况下 $Q_{\text{GPRI}} = 1$。抓取多边形正则指数强调手指接触的均匀分布。但是,它可能在抓取安全性方面条件较差,如下面的例子所示。

示例:图 13-4 所示为用四个盘形手指交替抓住矩形物体 B。图 13-4a 所示的抓取是抗力旋量的,因此牢固。图 13-4b 中的抓取不是抗力旋量的,因此不牢固(见练习题)。两种情况下的抓

取多边形形成平行四边形。第一个抓取多边形的顶点位于 $x_1=(4,-2)$，$x_2=(3,-3)$，$x_3=(-4,2)$，$x_4=(-3,3)$ 处。对于该多边形，$\theta_1=80.5°$，$\theta_2=180°-\theta_1=99.5°$。在 $\gamma=\pi/2$ 和 $\theta_{\max}=2\pi$ 的情况下，这种抓取的正则指数为 $Q_{\text{GPRI}}=\dfrac{1}{360°}|2\cdot(80.5°-90°)|+|2\cdot(99.5°-90°)|=0.105$。第二个抓取多边形的顶点位于 $x_1=(4,2)$，$x_2=(3,-3)$，$x_3=(-4,-2)$，$x_4=(-3,3)$。对于该多边形，$\theta_1=87°$，$\theta_2=180°-\theta_1=93°$。该抓取的正则指数 $Q_{\text{GPRI}}=\dfrac{1}{360°}|2\cdot(87°-90°)|+|2\cdot(93°-90°)|=0.035$，反映了在这种非安全抓取时手指的延展性更好。

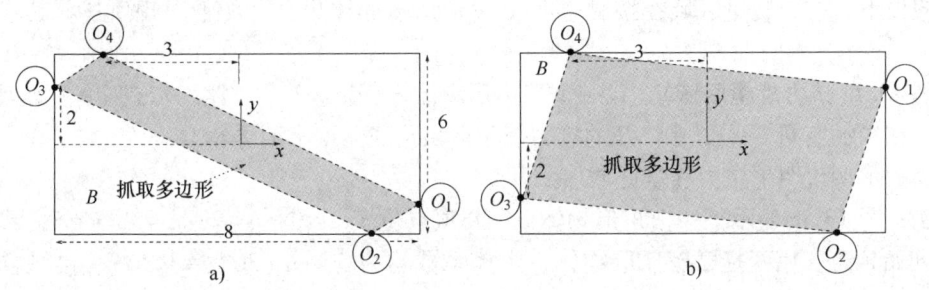

图 13-4 a）正则指数 $Q_{\text{GPRI}}=0.105$ 的安全抗力旋量抓取多边形；b）正则指数 $Q_{\text{GPRI}}=0.035$ 的非安全抓取的抓取多边形。这种抓取有更好的手指延展性，但不是抗力旋量的。

抓取多边形的质心：抓取多边形（或三维抓取中的抓取多面体）的几何中心称为抓取质心。当抓取多边形内部非空时，其质心 x_c 的位置由下式确定：

$$x_c=\frac{1}{A}\int x\cdot I_X(x)\,\mathrm{d}x$$

式中，A 是抓取多边形的面积，$I_X(x)$ 是一个指示函数，当 x 位于多边形内时，它将获得单位值，而在其他处则为零值。抓取点可以用多边形的质心公式计算，即

$$x_c=\frac{1}{6A}\sum_{i=1}^{k}(x_i\times x_{i+1})\cdot(x_i+x_{i+1}),\quad A=\frac{1}{2}\sum_{i=1}^{k}x_i\times x_{i+1}$$

式中，指数加法取模 k，$x_i\times x_{i+1}=x_i^{\mathrm{T}}Jx_{i+1}$，使得 $J=\begin{bmatrix}0 & 1\\ -1 & 0\end{bmatrix}$。当刚体 B 受重力作用时，抓取质心处的位移质量函数 Q_{GPCD} 定义为 x_c 与 B 在 x_{cm} 处质心的距离，即

$$Q_{\text{GPCD}}(x_1,\cdots,x_k)=d(x_c,x_{cm})$$

式中，$d(x_c,x_{cm})$ 是 $\mathbb{R}^2$ 中的距离度量。例如，在欧几里得范数下，$d(x_c,x_{cm})=\|x_c-x_{cm}\|$。当 Q_{GPCD} 接近零时，平衡重力所需的手指力大小减小（见练习题）。

13.4 基于接触点位置的质量函数

让我们回顾一下第 5 章中关于接触空间的概念。我们将在二维抓取的部分使用。抓取的物体边界由一个连续函数 $x(u):[0,L]\to\text{bdy}(B)$ 参数化，其中 L 是物体周长，$x(0)=x(L)$。第 i 个手指接触由 $x_i=x(u_i)$ 参数化。接触空间定义为 k 个接触位置的空间，$U=(u_1,\cdots,u_k)\in\mathbb{R}^k$，具有相应的周期性。向量 $\vec{u}=(u_1,\cdots,u_k)$ 因此确定了在被抓取物体边界上 k 指接触的特定排列。

基于接触点位置的抓取质量函数测量候选的 k 个接触排列在以下抗力旋量区域内的位置。

定义 13.2 与 k 指接触有关的刚体 B 的抗力旋量区域是 B 的所有抗力旋量抓取在接触空间 U 中的连通集。

在摩擦接触条件下，抗力旋量等同于在接触点处存在非边缘平衡抓取的可行性（第 12 章）。具有 $k \geq 2$ 个摩擦接触的二维抓取的抗力旋量区域在接触空间 U 中形成 k 维集合。例如，与两个摩擦接触相关联的抗力旋量区域在 (u_1, u_2) 平面上形成二维集合（图 13-5b）。在无摩擦接触的情况下，抗力旋量相当于物体 B 的一阶固定，在二维抓取的情况下，要求 $k \geq 4$ 个无摩擦接触（第 6 章）。与 $k \geq 4$ 无摩擦接触相关的抗力旋量区域也在接触空间 U 中形成 k 维集合。为了直观地理解在接触空间中衡量的抓取质量函数，考虑一个由点手指握持的多边形物体 B。在这个假设下，抗力旋量区域在接触空间 U 中形成多面体集合，如下引理所述，其证明见附录Ⅲ。

引理 13.1（抗力旋量区域） 设一个多边形刚体 B 由 $k \geq 2$ 个摩擦手指或 $k \geq 4$ 个无摩擦手指抓取。在接触空间 $U \cong \mathbb{R}^k$ 中，B 的抗力旋量区域形成 k 维多面体集合。

下面的示例说明了抗力旋量区域。

示例： 图 13-5a 显示了一个矩形物体 B，其顶点位于 $u=0$、$u=2$、$u=3$、$u=5$，然后回到 $u=6$ 的初始顶点。用两指摩擦抓取物体，摩擦系数均为 $\mu = \tan(30°) \cong 0.577$。接触空间形成了图 13-5b 所示的 (u_1, u_2) 矩形，周期性规则为 $u_1(0) = u_1(6)$ 和 $u_2(0) = u_2(6)$（拓扑环面）。接触空间中有四个抗力旋量区域，表示为 R_1、R_2、R_3 和 R_4。这些区域相对于对角线对称排列，$u_1 = u_2$，因为手指位置的排列不影响抓取的抗力旋量。虽然在本例中，抗力旋量区域对应于 B 的特定边，但这些区域通常可以贯穿抓取物体边界的几个相邻边。

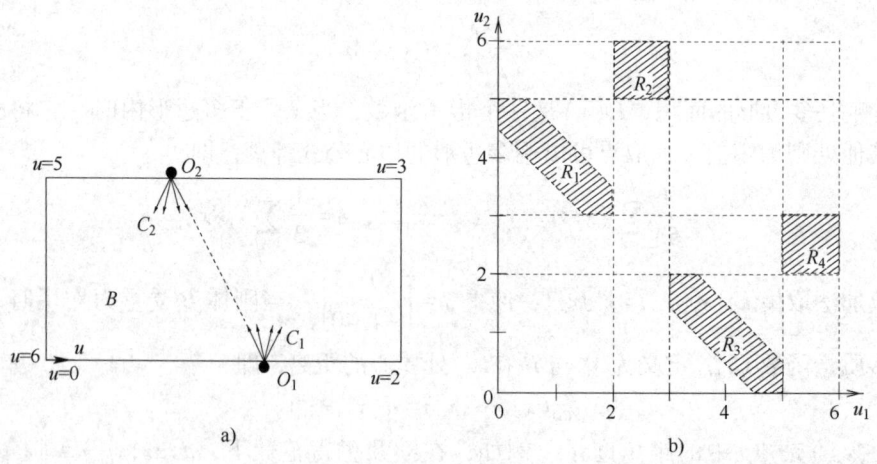

图 13-5　a) 由两指摩擦抓取的矩形物体；b) 接触空间包含四个对称排列的抗力旋量区域 R_1、R_2、R_3、R_4

实际的机器人手不能精确地将它们的指尖放在被抓取物体边界的指定点上。因此，对于较小的手指放置误差而言，具有鲁棒性的抓取提供了重要的抓取质量度量。接触空间为评估这种类型的鲁棒性提供了一种方便的方法，下面将讨论两种这样的测量方法。

手指接触位置稳健性质量函数： 衡量手指位置误差的抓取鲁棒性的一种方法是，基于给定的接触布置 $\bar{u} \in U$ 与包含该点的抗力旋量区域边界之间的最小距离。设 R 表示接触空间 U 中的抗力旋量区域，$\text{bdy}(R)$ 表示其边界。手指接触位置稳健性质量函数 Q_{FCPR} 衡量 $\bar{u}$ 与

bdy(R)之间的最小距离，即

$$Q_{\text{FCPR}}(\vec{u}) = \min_{\vec{r} \in \text{bdy}(R)} \{\|\vec{r} - \vec{u}\|\}$$

式中，$\|\cdot\|$是$\mathbb{R}^k$中的任何一个范数。质量函数Q_{FCPR}在R的边界上为零，对应于不再具有抗力旋量的抓取。Q_{FCPR}的值越高，表示手指放置误差的裕度越好，如下例所示。

示例：考虑图 13-5b 所示的抗力旋量区域R_2和R_4。函数$Q_{\text{FCPR}}(\vec{u})$在这些区域的中心达到最大值的$\frac{1}{4}$。因此，应使用对跖抓取物体B，手指接触点位于物体左右边缘的中心点。接下来考虑抗力旋量区域R_1和R_3。函数Q_{FCPR}在这些区域的对角轴对称线上达到最大值$\frac{1}{8}$。相应的手指接触点是对跖点，应该放置在物体B底部和顶部边缘上以单位长度为中心的线段内的任意位置。

接触无关区域：设T形成与接触空间轴对称的超矩形区域，使得T位于抗力矩区域R中。区域T是接触无关的，因为在相应的物体边界段内，每个手指接触的位置完全独立于其他手指的接触位置。考虑T的几何中心。T的半长度量化了手指可以从T的几何中心独立错位的程度，同时仍保持抗力旋量抓取。这个度量可以用来定义接触无关区域质量函数Q_{CIR}，作为T的最小尺寸，即

$$Q_{\text{CIR}}(T) = \min\{|I_1(T)|, \cdots, |I_k(T)|\}, \quad T \subseteq \mathbb{R}$$

式中，$|I_i(T)|$表示将T在U_i轴上投影形成的区间长度，其中$i = 1, \cdots, k$。$Q_{\text{CIR}}(T)$的值越大，表明对于独立的手指放置误差，抓取更加稳健。因此，我们可以确定哪个接触无关区域具有最高的Q_{CIR}值，然后选择该区域的几何中心作为最佳的手指放置位置。

示例：考虑用两个手指抓取图 13-6a 所示的矩形物体B。图 13-6b 显示了抗力旋量区域。R_2和R_4中包含的最大矩形区域占据了这些区域的全部，$T = R_2$和$T = R_4$，因此每个区域的$Q_{\text{CIR}}(T) = 1$。R_1和R_3中包含的最大矩形区域如图 13-5b 所示，具有较低值$Q_{\text{CIR}}(T) = 1/2$。因此，R_2和R_4中的接触无关区域更加具有鲁棒性。这些区域允许在B的左边缘和右边缘的任何处独立放置手指。R_1和R_3中的接触无关区域允许在位于B的下边缘和上边缘中间的较短部分上独立放置手指。

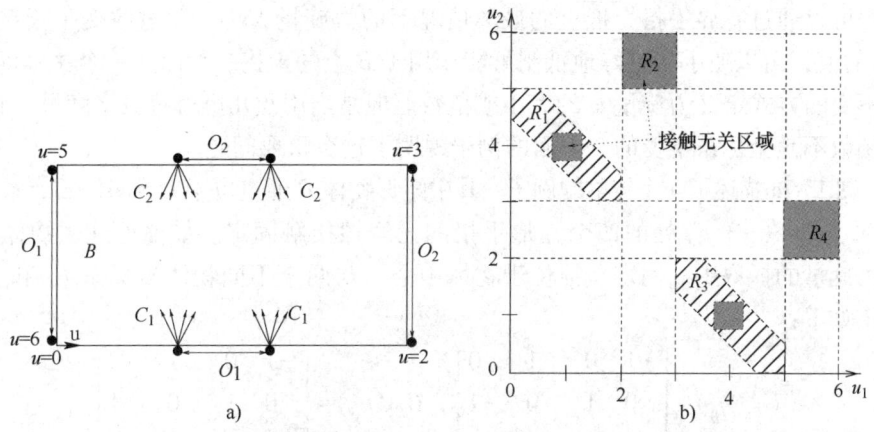

图 13-6　a）由两指摩擦抓住的矩形物体B；b）在抗力旋量区域内，最大的接触无关区域以实心灰色显示

13.5 基于接触力大小的质量函数

无论手指接触处的接触模型是什么类型，手指力的大小都受到机器人手臂执行机制的限制（见第 16 章）。这个实际考虑是衡量维持给定抓取所需的手指力大小的抓取质量函数的基础。对手指力大小实际限制进行建模的一个合理方法是假设每个法向手指力分量 f_i^n 在单位区间内有界：

$$0 \leqslant f_i^n \leqslant 1, \quad i=1,\cdots,k$$

对于摩擦点接触，切向力分量 (f_i^s, f_i^t) 也有界，即

$$\sqrt{(f_i^s)^2 + (f_i^t)^2} \leqslant \mu_i f_i^n, \quad i=1,\cdots,k$$

式中，μ_i 是 x_i 处的摩擦系数。这组有界手指力是由一个平行于接触点 x_i 的切平面沿接触法线 n_i 移动一个单位距离来截断摩擦锥 C_i。x_i 处的有界手指力在 B 的力旋量空间中产生有界手指力旋量锥：

$$\overline{W}_i = \{w_i = G_i f_i; 0 \leqslant f_i^n \leqslant 1 \text{ 且 } \sqrt{(f_i^s)^2 + (f_i^t)^2} \leqslant \mu_i f_i^n\}$$

式中，G_i 是抓取矩阵的第 i 个子矩阵，$G(q_0) = [G_1 \quad \cdots \quad G_k]$。基于接触力大小的质量函数最自然地以有界手指力旋量锥的凸包形式表达，定义如下。

定义 13.3（有界力旋量锥 $\overline{W}$） 设刚体 B 用手指抓取。手指的有界力旋量锥的凸包 $\overline{W} = \text{co}(\overline{W}_1, \cdots, \overline{W}_k)$，构成了抓取的有界力旋量锥。

有界力旋量锥 $\overline{W}$ 包括所有可能由可行手指力对 B 产生的净力旋量，其法向分量满足不等式 $\sum_{i=1}^{k} |f_i^n| \leqslant 1$。有许多方法可以根据有界力旋量锥 $\overline{W}$ 的特性来评估抓取质量。

最大内切球质量函数：在抗力旋量抓取时，$\overline{W}$ 包含一个 m 维球，中心位于 B 的力旋量空间原点，其中 $m=3$ 或 6。在 $\overline{W}$ 边界上的最小尺寸力旋量定义了该抓取的质量：

$$Q_{\text{MINW}}(\overline{W}_1, \cdots, \overline{W}_k) = \min_{w \in \text{bdy}(\overline{W})} \{\|w\|\}$$

函数 Q_{MINW} 衡量以 B 的力旋量空间原点为中心的最大 m 维球的半径，使得该球内切于 $\overline{W}$。它的值代表可以通过有界手指力抵抗的最坏情况下的力旋量大小。通过改变手指接触位置来增加 Q_{MINW} 的值，可以使手指更好地抵制可能作用于 B 上的干扰。然而，一个关键问题是如何以坐标系不变的方式定义力旋量 w 的大小或范数。但是当用欧几里得范数来度量 w 的大小时，这个质量函数不是坐标系不变的。下面的例子说明了这个重要问题。

示例：图 13-7a 描述了一个较早的例子，其中矩形物体 B 通过位于 $x_1 = (4,-2)$，$x_2 = (3,-3)$，$x_3 = (-4,2)$，$x_4 = (-3,3)$ 处的四个盘形手指的无摩擦接触固定。如前所述，物体 B 被固定在一个抗力旋量的抓取中。固定坐标位于物体中心，与两个不同物体坐标系 F_1 和 F_2 相关联的抓取矩阵如下：

$$G_{F_1}(q_0) = \begin{bmatrix} -1 & 0 & 1 & 0 \\ 0 & 1 & 0 & -1 \\ -2 & 3 & -2 & 3 \end{bmatrix}, \quad G_{F_2}(q_0) = \begin{bmatrix} -1 & 0 & 1 & 0 \\ 0 & 1 & 0 & -1 \\ -2 & 7 & -2 & -1 \end{bmatrix}$$

$G_{F_1}(q_0)$ 和 $G_{F_2}(q_0)$ 的列对应于受沿 B 接触内法线作用的手指力影响的力旋量。图 13-7b、c 显示了这些力旋量的四面体凸包 $\overline{W}$。注意，两个四面体内都包含原点，因此表示抓取的抗力

旋量。物体坐标系的选择对 $\overline{W}$ 的形状有明显的影响。图 13-7b、c 还显示了以原点为中心并与每个 $\overline{W}$ 内切的最大内切球。当选择坐标系 F_1 时, $Q_{MINW} = 0.28$。当选择坐标系 F_2 时, $Q_{MINW} = 0.42$。因此, 当使用 Q_{MINW} 比较替代抓取时, 物体坐标系的选择可能会影响最佳抓取的选择。

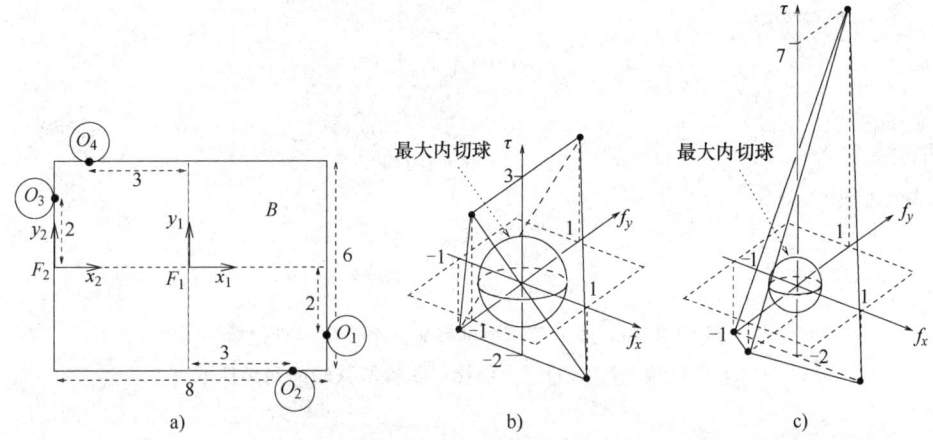

图 13-7 a) 用四指无摩擦抓取刚体 B, 物体坐标系 F_1 和 F_2 两种选择;
b)、c) 与 F_1 和 F_2 相关联的有界力旋量锥 $\overline{W}$, 以及以各自力旋量空间原点为中心的
最大内切球。F_1 的内切球实际上比 F_2 的内切球小

解耦内切球质量函数: 解决比较力和力矩的困难的一种方法是使用两阶段法将这些部件解耦。首先, 确定一组手指放置位置, 使抓取对纯力扰动最优化。这个阶段给出了一组候选抓取。接下来, 在力最优抓取中选择最佳的抗力旋量抓取。因此, 考虑受有界手指力影响在 B 上产生的净力:

$$\overline{W}_f = \left\{ f = \sum_{i=1}^{k} f_i : 0 \leq f_i^n \leq 1, \sqrt{(f_i^s)^2 + (f_i^t)^2} \leq \mu_i f_i^n, i = 1, \cdots, k \right\}$$

这些力可以看作由界净力旋量锥 $\overline{W}$ 在 B 的力旋量子空间中的投影。为了衡量候选抓取的有效性, 人们计算了在 $\overline{W}_f$ 边界上的最小尺寸力:

$$Q_{MinF} = \min_{f \in bdy(\overline{W}_f)} \{ \|f\| \}$$

函数 Q_{MinF} 测量可由有界手指力抵抗的最坏情况下的力干扰。其值代表了在以 B 的力旋量空间原点为中心的 $\overline{W}_f$ 中最大的内切圆 (二维抓取中) 或最大内切球 (三维抓取)。在所有手指放置位置上最大化函数 Q_{MinF} 可以得到一组力最优抓取。接下来, 可影响 B 的净扭矩如下:

$$\overline{W}_\tau = \left\{ \tau = \sum_{i=1}^{k} (x_i \times f_i) : 0 \leq f_i^n \leq 1, \sqrt{(f_i^s)^2 + (f_i^t)^2} \leq \mu_i f_i^n, i = 1, \cdots, k \right\}$$

式中, $x_1, \cdots, x_k$ 是手指抓取力的最佳位置。纯扭矩测量定义为 $\overline{W}_\tau$ 边界上的最小尺寸扭矩:

$$Q_{MinT} = \min_{\tau \in bdy(\overline{W}_\tau)} \{ \|\tau\| \}$$

函数 Q_{MinT} 衡量了有界手指力能够抵抗的最坏情况下的扭矩扰动。在所有力最优抓取上最大化函数 Q_{MinT} 在 T 中可以得到最优抓取。下面的示例说明了这种两阶段法。

示例: 考虑两个盘形手指通过摩擦点接触抓取椭圆 B, 如图 13-8 所示。净力集 $\overline{W}_f$ 是放置在一个公共原点处的截断摩擦锥体的凸包。当手指沿着椭圆边界运动时, $\overline{W}_f$ 改变了它的形状。$\overline{W}_f$ 中最大的内切圆是在椭圆的两个对跖抓取处获得的 (图 13-8a)。接下来, $\overline{W}$ 在 τ 轴上的投

影 $\overline{W}_\tau$ 形成一条线段。$\overline{W}_\tau$ 端点处的净力矩对应于两个对跖抓取。在一个公共的比例因子下，端点扭矩与椭圆的短轴和长轴的半长度成比例。因此，最优值 $(Q_{\text{Min}F}, Q_{\text{Min}T})$ 对应于沿椭圆长轴的对跖抓取（图 13-8b）。

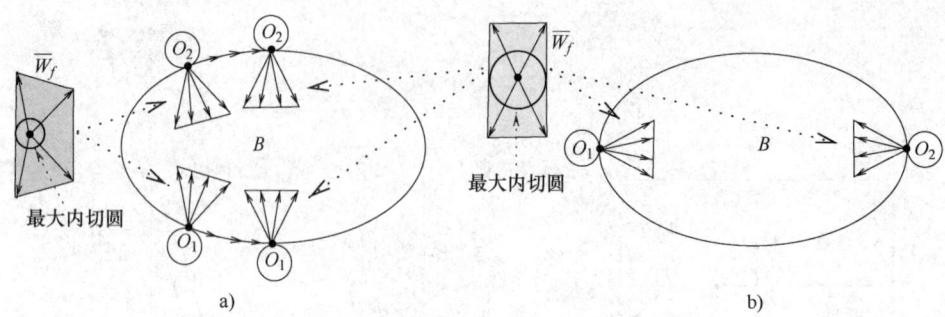

图 13-8　a）显示了两个具有最大净盘形手指位置；
　　　　　b）最优值 $(Q_{\text{Min}F}, Q_{\text{Min}T})$ 给出了沿椭圆长轴的对跖抓取

13.6　基于任务指定的手指力优化

许多机器人抓取任务都会受到一个主要的外部力旋量 w_{ext} 的影响，w_{ext} 在任务执行过程中会作用于被抓取物体 B。为了使物体在抓取手指内保持静止，手指力必须满足平衡抓取条件

$$G(q_0)\vec{f} + w_{\text{ext}} = \vec{0}, \quad \vec{f} = (f_1, \cdots, f_k) \in \mathbb{R}^{kp}$$

式中，$G(q_0)$ 是与手指接触相关的 $m \times kp$ 抓取矩阵。对于给定的任务，选择最合适的抓取可以归结为一个约束优化问题。最一般的表述是寻求在不同手指放置和不同手指力下计算最优抓取。让我们考虑抓取力优化问题，它寻求在一组固定的接触点上选择最优的手指力。设 $Q(f_1, \cdots, f_k)$ 是测量手指接触力的抓取质量函数。假设摩擦点接触，抓取力优化可以表述为约束最小化：

$$\begin{cases} \min Q(f_1, \cdots, f_k) \\ \text{s.t. } G(q_0)\vec{f} + w_{\text{ext}} = \vec{0} \\ f_i^n \geq 0, \sqrt{(f_i^s)^2 + (f_i^t)^2} \leq \mu_i f_i^n, i=1,\cdots,k \end{cases} \quad (13\text{-}7)$$

对于给定的接触集和任务力旋量，平衡抓取约束在接触力分量空间中指定一个仿射超平面。从第 12 章我们知道，摩擦锥约束可以表述为线性矩阵不等式。也就是说，对于 $i=1,\cdots,k$，存在半正定矩阵 $P(f_i)$，因此摩擦锥约束可以写成

$$P(f_i) = \begin{bmatrix} \mu_i f_i^n & 0 & f_i^s \\ 0 & \mu_i f_i^n & f_i^t \\ f_i^s & f_i^t & \mu_i f_i^n \end{bmatrix} \geq 0, f_i = (f_i^s, f_i^t, f_i^n), \ i=1,\cdots,k$$

式中，μ_i 是 x_i 处的摩擦系数。注意 $P(f_i) \geq 0$ 规定了手指力分量空间中的凸不等式。如果 $Q(f_1, \cdots, f_k)$ 是凸的或拟凸的，则式（13-7）规定了一个凸优化问题。也就是说，在凸等式和不等式约束条件下最小化一个凸或拟凸函数。利用凸优化技术可以有效地解决这类问题。

最轻柔的手指力质量函数：无论手指接触处的接触模型是什么类型的，手指力越大，手指的机械力就越大。此外，在抓取易碎或易碎物品时，减小手指力可能是必要的。因此，人们经常试图最小化抓取特定任务力旋量所需的手指力。一种方法是试图最小化平衡任务力旋

量所需的最坏情况下的手指力：
$$Q_{\max}(f_1,\cdots,f_k) = \max\{\|f_1\|,\cdots,\|f_k\|\}$$

在第 i 个手指力分量中，每一个手指力大小 $\|f_i\|$ 都是拟凸的。这些函数的最大值形成一个拟凸函数。因此，$Q_{\max}$ 在手指力分量中是拟凸的。在式(13-7)中规定的凸约束下，$Q_{\max}$ 的最小化就形成了一个凸优化问题。然而，$Q_{\max}$ 的最小化倾向于减少接触处的内抓取力，导致手指力倾向于与摩擦锥边缘更紧密地对齐。下面举例说明。

示例：图 13-9 描述了两个盘形手指试图通过位于 x_1 和 x_2 处的摩擦点接触来抵抗重力提起刚体 B。因此，任务力旋量就是作用在 B 上的重力。根据抓取的对称性，在 $Q_{\max}$ 的最小值处 $\|f_1\| = \|f_2\|$。平衡方程的力部分 $f_1 + f_2 + f_g = \vec{0}$，确定了手指力的垂直分量。沿 x_1-x_2 线段作用的水平手指力分量形成内抓取力。$Q_{\max}$ 的最小值对应于与上升边缘对齐的手指力 f_1^* 和 f_2^*（图 13-9）。这个例子表明，最轻柔的抓取在抓取安全性方面可能是不可靠的。

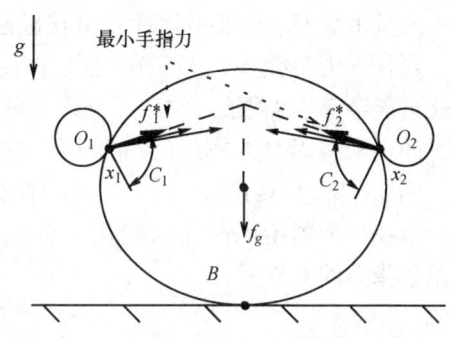

图 13-9 两个手指使用最小手指力举起刚体 B

最小摩擦依赖质量函数：接触处的库仑摩擦量通常事先不太清楚，在抓取任务时往往会波动。因此，在机器人手指试图平衡特定任务力旋量的过程中，尽量减少抓取力对摩擦力精度的依赖。为了尽量减少对摩擦力的依赖，手指接触力应尽可能与各自的接触法线对齐。等效地，切向力分量应尽量减小，以换取手指接触点处更大的法向力分量。当手指接触力 $f_i = (f_i^s, f_i^t, f_i^n)$ 趋近其摩擦锥的边界时，下列非负多项式的值趋近零：

$$\mu_i^2(f_i^n)^2 - (f_i^s)^2 - (f_i^t)^2 \to 0, \; f_i = (f_i^s, f_i^t, f_i^n) \in C_i$$

式中，C_i 是 x_i 处的摩擦锥。要获得仅取决于接触力方向的质量函数，考虑商⊖：

$$\frac{\mu_i^2(f_i^n)^2 - (f_i^s)^2 - (f_i^t)^2}{\mu_i^2(f_i^n)^2}, \; f_i = (f_i^s, f_i^t, f_i^n) \in C_i$$

当 f_i 与摩擦锥边界对齐时，商为零；当 f_i 趋近接触法线时，商单调增加至单位长。因此，当 f_i 在 C_i 中变化时，负对数

$$-\log\left(\frac{\mu_i^2(f_i^n)^2 - (f_i^s)^2 - (f_i^t)^2}{\mu_i^2(f_i^n)^2}\right), \; f_i = (f_i^s, f_i^t, f_i^n) \in C_i$$

在区间 $[0, +\infty]$ 内取值，当 f_i 与接触法线对齐时为零，当 f_i 与摩擦锥边界对齐时为 ∞。这一事实可用于定义力法线抓取质量函数：

$$Q_{\text{FN}}(f_1,\cdots,f_k) = \max_{i=1,\cdots,k}\left\{-\log\left(\frac{\mu_i^2(f_i^n)^2 - (f_i^s)^2 - (f_i^t)^2}{\mu_i^2(f_i^n)^2}\right)\right\}, \; f_i \in C_i, \; i=1,\cdots,k$$

函数 Q_{FN} 在手指力分量中是凸的（见练习题）。它在可行的手指力范围内取非负值，即 $f_i \in C_i$，其中 $i = 1, \cdots, k$，并且当所有手指力与接触法线对齐时，其全局最小值为零。其值表示在指定接触点处所有 k 个手指力中的最坏情况非正态性。Q_{FN} 的较低值与较少依赖摩擦的抓取相关

⊖ 当 $0 \leq \sigma \leq \mu_i$ 时，C_i 中的切向力分量可以写成 $(f_i^s)^2 + (f_i^t)^2 = \sigma^2 \cdot (f_i^n)^2$。因此，商变为 $(\mu_i^2 - \sigma^2)/\mu_i^2$，其在 $[0,1]$ 中随 σ 在 $[0, \mu_i]$ 中变化而变化。

联，如下例所示。

示例：图 13-10 所示为两个盘形手指试图通过位于 x_1 和 x_2 处的摩擦点接触，在重力作用下提升刚体 B。手指接触位于物体下侧，其中摩擦锥包含向上的接触法线。因此，函数 $Q_{\text{FN}}(f_1, f_2)$ 沿着与 x_1 和 x_2 处的接触法线对齐的手指力 f_1^* 和 f_2^* 达到其全局最小值（图 13-10）。

质量函数 Q_{FN} 的最小化寻求沿接触法线对齐手指力。当任务力旋量不能被接触法线平衡时，Q_{FN} 的最小化可能会产生无限的手指力（见练习题）。防止这种情况的一种实用方法是在允许的法向力分量上增加上界。例如，$0 \leq f_i^n \leq 1$，$i = 1, \cdots, k$。现在允许的接触力分量在一个紧凑的凸集内变化，而 Q_{FN} 的最小化将给出手指力的有界值。

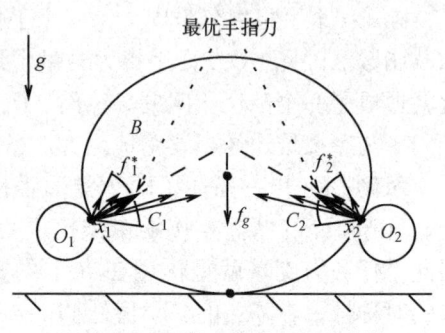

图 13-10 两个手指使用最小摩擦手指力举起一个刚体 B

13.7 参考书目注释

抓取质量函数大致可分为两类。第一类是质量函数，它量化了抗力旋量抓取的理想性能。例如，基于 Li 和 Sastry[1] 提出的抓取矩阵奇异值的质量函数，Kirpatrick、Mishra 和 Yap[2] 以及 Ferrari 和 Canny[3] 提出的抓取矩阵椭球体内的最大球半径。然而，这些质量标准取决于参考系的选择——在一个参考系下的最优抓取可能在其他参考系下不再是最优的。为了避免这个问题，Markenscoff 和 Papadimitriou[4] 以及 Mirtich 和 Canny[5] 建议按顺序对净力干扰抓取进行优化，然后在这些抓取中选择最能抵抗纯扭矩干扰的抓取。

第二类抓取质量函数量化给定抓取所提供的安全裕度。一个主要的例子是由 Nguyen[6] 提出的接触无关区域的概念，以确保与小的手指放置误差的安全余量。另一个例子是 Ji 和 Roth[7] 提出的最小摩擦依赖抓取质量函数。在相关研究中，Nakamura、Nagai 和 Yoshikawa[8] 认为接触点位置的最大允许动态扰动不会导致被抓取物体表面上的手指接触运动。对于特定的抓取任务，Trinkle[9] 提出了质量函数，制定了最小化所需任务的最坏情况下手指力的质量函数。

13.8 附录

13.8.1 附录 I：距离度量和范数综述

附录 I 回顾了距离度量和范数的标准概念。从距离度量开始，设 X 为一个刚体 B 的构型空间的集合。

定义 13.4（距离度量） X 上的度量是一个半正定函数 $d: X \times X \rightarrow \mathbb{R}$，具有以下性质：
1) $d(x_i, x_j) = d(x_j, x_i)$（对称性）；
2) $d(x_i, x_k) \leq d(x_i, x_j) + d(x_j, x_k)$（三角形不等式）；
3) $d(x_i, x_j) = 0$，$x_i = x_j$（严格正性），

则 (X, d) 形成一个度量空间。

当 X 代表刚体 B 的构型空间时，距离度量测量两个刚体构型之间的距离，例如式(13-2)中描述的函数 $d(q_1, q_2)$。

接下来考虑范数的概念。B 的每个构型点都有一个向量空间结构的切空间和余切空间。下面的范数量化了这些向量空间中切向量和余切向量的大小。

定义 13.5(向量范数)　设 V 是有限维实向量空间。向量范数是一个实值半正定函数 $\|\cdot\|: V \to \mathbb{R}$，对所有 $u, v \in V, a \in \mathbb{R}$ 满足以下性质：

1) $\|a \cdot u\| = |a| \cdot \|u\|$（同质性）；
2) $\|u + v\| \leq \|u\| + \|v\|$（三角不等式）；
3) $\|u\| = 0$ 表示 $u = 0$（严格正性），

则 $(V, \|\cdot\|)$ 形成一个范数向量空间。

示例：向量范数可以用来引入矩阵上的范数，如下所示。设 A 为 $r \times l$ 实矩阵，$l \leq r$。A 的矩阵范数定义为

$$\|A\| = \max_{\|v\| \leq 1} \|Av\| = \max_{\|v\| \leq 1} \sqrt{v^T A^T A v}, \ v \in \mathbb{R}^l$$

式中，$\|\cdot\|$ 是 $\mathbb{R}^l$ 中的任意向量范数。当 $A = G^T(q_0)$ 时，由欧氏向量范数导出的矩阵范数等于抓取矩阵 $G(q_0)$ 的最大奇异值。

力旋量范数：一些抓取质量函数依赖于余向量范数，这些范数可以从向量范数中归纳出来，如下所示。设 V 是有限维实向量空间，设 V^* 为其对偶向量空间，即作用于 V 的实值线性映射的向量空间，表示为 $\alpha: V \to \mathbb{R}$。如果 V 是元素 $v \in V$ 的赋范向量空间，则对偶向量空间 V^* 上的诱导范数可以通过下式得到：

$$\|\alpha\| = \max_{\|v\| \leq 1} \{|\alpha(v)|\}, \ \alpha \in V^*$$

式中，$\|\cdot\|$ 是 V 中的任意范数。

示例：设 $q \in \mathbb{R}^m$ 为刚体 B 的构型，$\dot{q} \in T_q \mathbb{R}^m$ 为刚体速度，$w \in T_q^* \mathbb{R}^m$ 为刚体力旋量。B 的动能由正定二次型 $K = \frac{1}{2} \dot{q}^T M(q) \dot{q}$ 得出，其中 $M(q)$ 是 B 的 $m \times m$ 质量矩阵。动能定义了刚体速度范数 $\|\dot{q}\|_{\text{rms}}$，由下式给出：

$$\|\dot{q}\|_{\text{rms}} = (\dot{q}^T M(q) \dot{q})^{\frac{1}{2}} \tag{13-8}$$

力旋量范数表示为 $\|w\|_{\text{rms}}$，可由 $\|\dot{q}\|_{\text{rms}}$ 导出，如下所示。利用欧几里得内积考虑力旋量 w 对刚体速度的作用：$w(\dot{q}) = w \cdot \dot{q}, \dot{q} \in T_q \mathbb{R}^m$。此公式表示力旋量 w 在 B 上以速度 $\dot{q}$ 移动时所做的瞬时功。可以看出，诱导力旋量范数具有以下形式（见练习题）：

$$\|w\|_{\text{rms}} = \max_{\|\dot{q}\|_{\text{rms}} \leq 1} \{|w \cdot \dot{q}|\} = (w^T M^{-1}(q) w)^{\frac{1}{2}}$$

13.8.2　附录Ⅱ：抓取矩阵在坐标变换下的特性

附录Ⅱ描述了与参考坐标系的不同选择相关的坐标变换，以及在这种变换下抓取矩阵的特性。我们重点关注抓取物体坐标 F_B 的变化，将与固定世界坐标系 F_W 的坐标变换留作练习。

因此，考虑将物体坐标系从 F_B 更改为 F_B'。这种变化由 (d_B, R_B) 来描述，它描述新坐标系 F_B' 相对于坐标系 F_B 的位置和方向。设 $q = (d, \theta)$ 和 $\bar{q} = (\bar{d}, \bar{\theta})$ 分别表示与坐标系 F_B 和 F_B' 相关联的物体 c-space 坐标，相对于一个固定的世界坐标系描述。设 $b \in B$ 描述物体点在 F_B 中的位置，$\bar{b} \in B$ 描述这些点在 F_B' 中的位置。两个参考坐标系 b 和 $\bar{b}$ 中每个物体点的位置通过刚体

变换关联：$b = R_B \bar{b} + d_B$。固定的世界坐标系 x 中每个物体点的位置必须与两个物体坐标系相匹配。该约束给出了以下关系：

$$x = R(\theta)b + d = R(\bar{\theta})\bar{b} + \bar{d}, \quad b = R_B \bar{b} + d_B$$

由此可知，c-space 坐标 (d, θ) 和 $(\bar{d}, \bar{\theta})$ 是通过变换关联起来的：

$$d = \bar{d} - R(\bar{\theta}) R_B^T d_B, \quad R(\theta) = R(\bar{\theta}) R_B^T \tag{13-9}$$

在这里我们使用了恒等式 $R_B R_B^T = I$。式 (13-9) 中描述的坐标变换形成了一个微分同胚 $q = h(\bar{q})$。沿着 c-space 轨迹 $q(t) = h(\bar{q}(t))$ 对两边同时求导，可以得到速度映射：$\dot{q} = Dh(\bar{q})\dot{\bar{q}}$。因此，$m \times m$ 雅可比矩阵 $Dh(\bar{q})$ 将被抓取物体的速度从切空间 $T_{\bar{q}} \mathbb{R}^m$ 映射到切空间 $T_q \mathbb{R}^m$，其中 $q = h(\bar{q})$，$m = 3$ 或 6。转置的雅可比矩阵 $Dh^T(\bar{q})$ 将被抓取物体力旋量从力旋量空间 $T_q^* \mathbb{R}^m$ 反向映射到力旋量空间 $T_{\bar{q}}^* \mathbb{R}^m$，其中 $\bar{q} = h^{-1}(q)$。后一条规则基于两个力旋量在两个 c-space 坐标系中所做的瞬时功必须匹配的原则。

假设物体 B 保持在一个平衡抓取构型 $q_0 = (d_0, \theta_0)$，使得在这个抓取时 $R(\theta_0) = I$。也就是说，在平衡抓取时，世界坐标系和物体坐标系具有平行轴。从 $T_{\bar{q}_0} \mathbb{R}^m$ 到 $T_{q_0} \mathbb{R}^m$ 的物体速度映射由 $m \times m$ 矩阵给出：

$$\begin{pmatrix} v \\ \omega \end{pmatrix} = \begin{bmatrix} I & [d_B \times] \\ O & I \end{bmatrix} \begin{pmatrix} \bar{v} \\ \bar{\omega} \end{pmatrix}, \quad \dot{q} = (v, \omega), \quad \dot{\bar{q}} = (\bar{v}, \bar{\omega}) \tag{13-10}$$

式中，在三维抓取的情况下，I 是 3×3 单位矩阵，O 是 3×3 零矩阵。转置雅可比矩阵，用于转换物体的力旋量，由以下给出：

$$\begin{pmatrix} \bar{f} \\ \bar{\tau} \end{pmatrix} = \begin{bmatrix} I & [d_B \times] \\ O & I \end{bmatrix}^T \begin{pmatrix} f \\ \tau \end{pmatrix}, \quad w = (f, \tau), \quad \bar{w} = (\bar{f}, \bar{\tau}) \tag{13-11}$$

请注意，物体坐标系方向的变化 R_B 不会出现在该变换中。

接下来让我们来研究抓取矩阵在物体参考坐标系不同选择下的变化。用 $G(q_0)$ 表示与物体坐标系 F_B 相关联的抓取矩阵，用 $\bar{G}(\bar{q}_0)$ 表示与物体坐标系 F_B' 相关联的抓取矩阵。从第 4 章开始，这两个抓取矩阵满足 $w = G(q_0)\vec{f}$，$\bar{w} = \bar{G}(\bar{q}_0)\vec{f}$，其中手指接触力分量 $\vec{f} = (f_1, \cdots f_k)$ 在固定世界坐标系中描述。将 $w = G(q_0)\vec{f}$ 代入式 (13-11) 中得

$$\begin{pmatrix} \bar{f} \\ \bar{\tau} \end{pmatrix} = \begin{bmatrix} I & [d_B \times] \\ O & I \end{bmatrix}^T G(q_0) \vec{f}$$

从而得到了抓取矩阵变换公式

$$\bar{G}(\bar{q}_0) = \begin{bmatrix} I & [d_B \times] \\ O & I \end{bmatrix}^T G(q_0) \tag{13-12}$$

示例：验证抓取矩阵椭球体的体积 $\det(G(q_0) G^T(q_0))$ 在不同的物体参考坐标系选择下是不变的。使用式 (13-12)：

$$\begin{aligned}
\det(\bar{G}(\bar{q}_0) \bar{G}^T(\bar{q}_0)) &= \det\left(\begin{bmatrix} I & [d_B \times] \\ O & I \end{bmatrix}^T G(q_0) G^T(q_0) \begin{bmatrix} I & [d_B \times] \\ O & I \end{bmatrix} \right) \\
&= \det\left(\begin{bmatrix} I & [d_B \times] \\ O & I \end{bmatrix}^T \right) \cdot \det(G(q_0) G^T(q_0)) \cdot \det\left(\begin{bmatrix} I & [d_B \times] \\ O & I \end{bmatrix} \right) \\
&= \det(G(q_0) G^T(q_0))
\end{aligned}$$

式中，我们使用了恒等式 $\det(AB) = \det(A) \cdot \det(B)$，并且三角形矩阵的行列式是其对角元素

的乘积。因此,抓取矩阵椭球体的体积形成一个坐标系不变的质量函数。

13.8.3 附录Ⅲ:抗力旋量区域

本附录包含引理 13.1 的简证,涉及接触空间 U 中的抗力旋量区域。

引理 13.1 设一个多边形刚体 B 由 $k\geq2$ 个摩擦手指或 $k\geq4$ 个无摩擦手指抓取。在接触空间 $U\cong\mathbb{R}^k$ 中,B 的抗力旋量区域形成 k 维多面体集合。

简证:设 f_i^+ 和 f_i^- 表示与二维摩擦锥 C_i 边缘共线的单位力[○],则 $C_i=\{\lambda_{i1}f_i^-+\lambda_{i2}f_i^+:\lambda_{i1},\lambda_{i2}\geq0\}$。相同的正数之和适用于可受 k 手指力作用于被抓取物体 B 上的净力旋量锥:

$$W=\left\{\sum_{i=1}^{k}\lambda_{i1}\binom{f_i^-}{x_i\times f_i^-}+\lambda_{i2}\binom{f_i^+}{x_i\times f_i^+}:\lambda_{i1},\lambda_{i2}\geq0,i=1,\cdots,k\right\}$$

当 $W=\mathbb{R}^3$ 时,或者等效地,当 W 包含一个以 B 的力旋量空间原点为中心的三维球时,k 指抓取是抗力旋量的(见第 12 章)。首先考虑抗力旋量区域 R 内的一点 $\bar{u}$。每对边缘力旋量构成以 B 的力旋量空间原点为基的二维扇形区域。这个扇形区域位于一个通过 B 的力旋量空间原点的平面 V 上。由于 $\bar{u}\in R$ 代表一个抗力旋量抓取,V 的两侧必须存在边缘力旋量。否则,V 将形成 W 的分离平面,W 就不能包含以 B 的力旋量空间原点为中心的三维球。

接下来考虑位于 R 边界上的点 $\bar{u}_0$。与此点对应的抓取不再具有抗力旋量特性。由于 W 形成一个凸锥,至少有一个力旋量扇形区域定义了一个分离平面,表示为 V_0,在抓取处对应于 $\bar{u}_0$。抓取时,所有的边缘力旋量都位于 B 的力旋量空间中 V_0 的同一侧。用 w_{i_0} 和 w_{j_0} 表示 V_0 中扇形的边缘力旋量。垂直于分离平面的力旋量由 $w_{i_0}\times w_{j_0}$ 给出。在与 $\bar{u}_0$ 相对应的手指位置处,存在第三个边缘力旋量 w_{k_0},$k_0\neq i_0,j_0$,位于平面 V_0 中。因此,$(w_{i_0}\times w_{j_0})\cdot w_{k_0}=0$。用 $w_i=(f_i^\pm,x_i\times f_i^\pm)$ 代替三个力旋量。单位力 f_{i_0},f_{j_0},f_{k_0} 在 B 的边缘上保持恒定,而接触点 x_{i_0},x_{j_0},x_{k_0} 则线性依赖于接触参数 u_{i_0},u_{j_0} 和 u_{k_0}。每个边界方程 $(w_{i_0}\times w_{j_0})\cdot w_{k_0}=0$,从而在接触参数 $u_1,\cdots,u_k$ 中形成一个线性约束。因此,在接触空间 U 中,抗力旋量区域被超平面所包围,从而形成多面体集合。

练 习 题

13.1 节

练习 13.1:设 $\rho(b):B\to\mathbb{R}$ 是一个非负函数,可以表示刚体 B 的质量密度。证明函数

$$d(q_1,q_2)=\int_B\rho(b)\cdot\|X(q_1,b)-X(q_2,b)\|dV$$

是 B 的 c-space 中的距离度量,其中,$\|\cdot\|$ 是 $\mathbb{R}^3$ 中的任意向量范数。

练习 13.2:设 Ω_B 是刚体 B 上的一组特征点,证明在特征点集 Ω_B 包含三个非共线点的条件下,函数

$$\phi_q(\dot{q})=\max_{b\in\Omega_B}\{\|\omega\times(R(\theta)b)+v\|\},\quad q=(d,\theta),\dot{q}=(v,\omega)$$

是刚体速度范数。

练习 13.3[*]:在测量刚体速度向量大小的过程中,必须选择一个比例因子:$\|\dot{q}\|=\sqrt{\|v\|^2+\|\alpha\cdot\omega\|^2}$。证明每次选择不同的比例因子 $\alpha\in\mathbb{R}$,就等于选择了不同的物体参考坐标

○ 在无摩擦接触的情况下,将力 $f_i^\pm$ 替换为与 B 的内接触法线共线的单位力。

系 F_α。

13.2 节

练习 13.4：证明一个满射抓取矩阵 $G(q_0)$ 将 $\mathbb{R}^{kp}$ 中手指接触力分量的单位球映射为 B 的力旋量空间中的 m 维椭球。

提示：m 维椭球由满足不等式的力旋量 $w \in T_{q_0}^* \mathbb{R}^m$ 组成，$(w-w_c) P^{-1}(w-w_c) \leq 1$，其中 P 是 $m \times m$ 正定矩阵。P 的特征向量定义了椭球的主方向，P 的特征值是主轴半长的平方。

练习 13.5：解释为什么椭球体体积质量函数 $Q_{\mathrm{EV}} = \sqrt{\det(G(q_0) G^\mathrm{T}(q_0))}$，在抗力旋量抓取时达到正值。

练习 13.6：考虑用四个手指抓住一个矩形物体，如图 13-4b 所示。解释为什么在无摩擦和摩擦接触模型（假设摩擦系数 μ 足够小）下，这种抓取不是抗力旋量的。

练习 13.7：证明矩阵 $G(q_0) G^\mathrm{T}(q_0)$ 的特征值是抓取矩阵 $G(q_0)$ 的奇异值平方。

练习 13.8：二维刚体 B 通过无摩擦接触保持在 k 指平衡抓取处。求抓取中心 $x_0 \in \mathbb{R}^2$ 处的公式，使 3×3 矩阵 $G(q_0) G^\mathrm{T}(q_0)$ 为块对角形式

$$G(q_0) G^\mathrm{T}(q_0) \cong \begin{bmatrix} \sum_{i=1}^{k} n_i n_i^\mathrm{T} & & 0 \\ & & 0 \\ 0 & 0 & \sum_{i=1}^{k} (x_i \times n_i)^2 \end{bmatrix}$$

其中，接触点是相对于抓取中心点表达的。

解：为了使 3×3 矩阵 $G(q_0) G^\mathrm{T}(q_0)$ 成为块对角矩阵，点 x_0 必须满足条件：$\sum_{i=1}^{k} ((x_i - x_0) \times n_i) n_i = \vec{0}$。或者，相当于

$$\sum_{i=1}^{k} (x_i \times n_i) n_i = \sum_{i=1}^{k} (x_0 \times n_i) n_i = -\left[\sum_{i=1}^{k} n_i n_i^\mathrm{T}\right] J x_0, \quad J = \begin{bmatrix} 0 & 1 \\ -1 & 0 \end{bmatrix}$$

求解 x_0 得到

$$x_0 = J \cdot \left[\sum_{i=1}^{k} n_i n_i^\mathrm{T}\right]^{-1} \sum_{i=1}^{k} (x_i \times n_i) n_i$$

式中，$J^2 = -I$。

13.3 节

练习 13.9：像锤子这样的工具被 k 指机器人手固定住。让手指接触沿工具的手柄移动，同时保持固定的抓取多边形。解释抓取多边形质心位移测量值 Q_{GPCD} 如何影响保持抓取所需的手指力大小。

解梗概：扭矩平衡方程由 $\sum_{i=1}^{k} x_i \times f_i + x_{cm} \times f_g = 0$ 给出，其中 $f_1, \cdots, f_k$ 是手指接触力，f_g 是作用在 x_{cm} 处 B 的重力。将手指接触位置表示为 $x_i = (x_i - x_c) + x_c$，扭矩平衡方程可以写成 $\sum_{i=1}^{k} (x_i - x_c) \times f_i - (x_c - x_{cm}) \times f_g = 0$，其中我们使用了力平衡方程 $f_1 + \cdots + f_k + f_g = \vec{0}$。当抓取多边形沿工具的手柄移动时，向量 $x_i - x_c$ 保持不变，当抓取多边形偏离物体的质心时，$\|x_c - x_{cm}\|$ 增加，因此保持扭矩平衡约束所需的手指力大小 $\|f_1\|, \cdots, \|f_k\|$ 也必须增加。

13.4 节

练习 13.10：解释为什么通过 $k \geq 2$ 个摩擦点接触保持的二维物体 B 的抗力旋量区域在接触空间 U 中形成 k 维子集。

练习 13.11：讨论在以圆盘而不是点手指（可能接触物体的凸顶点）固定的二维物体 B 的接触空间 U 的含义，然后描述接触空间中的抗力矩区域。

练习 13.12*：用四个无摩擦手指抓住一个长方形物体 B。确定在接触空间 U 中使接触位置稳健性度量 Q_{FCPR} 最大化的抓取。（注意，物体边缘中心点的四个手指位置代表抓取的抗力旋量区域边界上的一个点。）

练习 13.13*：用四个无摩擦手指抓住一个长方形物体 B。以 Q_{CIR} 的最大值确定接触无关区域，以及该区域几何中心对应的手指位置。

13.5 节

练习 13.14：证明 k 指抓取时的有界净力旋量锥 $\overline{W}$ 由所有受手指力作用的净力旋量锥组成，其法向分量满足约束 $\sum_{i=1}^{k} |f_i^n| \leq 1$。

练习 13.15：质量函数 Q_{MINW} 测量有界净力旋量锥 $\overline{W}$ 中最大球的半径。解释当手指力分量在 $0 \leq f_i^n \leq \delta$（δ 为正值）范围内变化时，该质量函数是如何缩放的。

练习 13.16*：图 13-7 说明了内切球质量函数 Q_{MINW} 对物体参考坐标系选择的依赖性。展示不同的物体坐标系选择如何导致不同的最优抓取。

练习 13.17：椭圆 B 由三个盘形手指通过水平面上的无摩擦接触抓取。基于解耦质量度量 $(Q_{\text{MinF}}, Q_{\text{MinT}})$，确定最优抓取。

提示：当这些力形成等边三角形的顶点时，单位手指力凸包中最大的内切圆出现。

练习 13.18：在前一个练习的条件下，当三个盘形手指通过摩擦接触握住 B 时，根据解耦质量度量 $(Q_{\text{MinF}}, Q_{\text{MinT}})$，确定最优抓取将如何变化？

练习 13.19*：考虑解耦质量度量 $(Q_{\text{MinF}}, Q_{\text{MinT}})$，证明力度量 Q_{MinF} 与物体坐标系的选择无关，证明纯扭矩度量 Q_{MinT} 在不同的物体坐标系选择下是保序的。

练习 13.20*：考虑最不依赖摩擦的抓取质量函数 Q_{FN}。证明在二维抓取的情况下，该函数 $-\log((\mu_i^2(f_i^n)^2 - (f_i^t)^2)/\mu_i^2(f_i^n)^2)$ 对手指力分量 (f_i^t, f_i^n) 是凸的。

提示：首先通过对黑塞矩阵的检验，证明商是关于 (f_i^t, f_i^n) 的凸函数。绘制函数的水平线有助于验证凸性。

13.6 节

练习 13.21：考虑用两个手指提起图 13-9 所示的物体 B。最小化最不依赖摩擦的质量函数 Q_{FN} 形成一个良好定义的问题吗？

练习 13.22：建议如何修改力优化问题，使得质量函数 Q_{FN} 对所有抓取排列都是良好定义的，确保任何附加约束保持问题的凸性。

练习 13.23：当任务力旋量 W_{ext} 由二维抓取时 $k \geq 4$ 个摩擦点接触或三维抓取中 $k \geq 7$ 个摩擦点接触平衡时，$Q_{\text{FN}} = 0$ 能否精确地获得最小摩擦依赖抓取？

附录 I

练习 13.24：考虑刚体速度范数 $\|\dot{q}\|_{rms} = (\dot{q}^T M(q) \dot{q})^{\frac{1}{2}}$。利用欧几里得内积 $w(\dot{q}) = w \cdot \dot{q}$，证明由 $\|\dot{q}\|_{rms}$ 引起的力旋量范数由 $\|w\|_{rms} = (w^T M^{-1}(q) w)^{\frac{1}{2}}$ 给出。你能提出一个对 $\|\dot{q}\|_{rms}$ 的物理解

释吗？

附录 II

练习 13.25：考虑将世界参考坐标系从 F_W 更改为 F'_W，而物体参考坐标系保持不变。(d_W, R_W) 描述了 F'_W 相对于 F_W 的位置和方向。证明这两个坐标系之间的抓取物体速度变换形式为

$$\begin{pmatrix} v \\ \omega \end{pmatrix} = \begin{bmatrix} R_W & R_W \\ O & R_W \end{bmatrix} \begin{pmatrix} \bar{v} \\ \bar{\omega} \end{pmatrix}, \quad \dot{q} = (v, \omega), \quad \dot{\bar{q}} = (\bar{v}, \bar{\omega})$$

式中，O 是在三维抓取情况下的 3×3 零矩阵。请注意，世界坐标系原点 d_W 的变化不会出现在该转换中。

参考文献

[1] Z. Li and S. S. Sastry, "Task oriented optimal grasping by multifingered robot hands," *IEEE Transactions on Robotics and Automation*, vol. 4, no. 1, pp. 32–44, 1988.

[2] D. G. Kirpatrick, B. Mishra and C. K. Yap, "Quantitative steinitz's theorems with applications to multifingered grasping," in *20th ACM Symposium on Theory of Computing*, pp. 341–351, 1990.

[3] C. Ferrari and J. F. Canny, "Planning optimal grasps," in *IEEE International Conference on Robotics and Automation*, pp. 2290–2295, 1992.

[4] X. Markenscoff and C. H. Papadimitriou, "Optimum grip of a polygon," *International journal of Robotics Research*, vol. 8, no. 2, pp. 17–29, 1989.

[5] B. Mirtich and J. F. Canny, "Easily computable optimum grasps in 2-D and 3-D," in *IEEE International Conference on Robotics and Automation*, pp. 739–747, 1994.

[6] V.-D. Nguyen, "Constructing force-closure grasps," *International Journal of Robotics Research*, vol. 7, no. 3, pp. 3–16, 1988.

[7] Z. Ji and B. Roth, "Direct computation of grasping force for three-finger tip-prehension grasps," *Journal of Mechanics, Transmissions, and Automation in Design*, vol. 110, pp. 405–413, 1988.

[8] Y. Nakamura, Nagai and T. Yoshikawa, "Dynamics and stability in coordination of multiple robotic mechanisms," *International Journal of Robotics Research*, vol. 8, no. 2, pp. 44–61, 1989.

[9] J. C. Trinkle, "On the stability and instantaneous velocity of grasped frictionless objects," *IEEE Transactions on Robotics and Automation*, vol. 8, no. 5, pp. 560–572, 1992.

第 14 章　重力作用下的手支撑姿态 I

接下来的两章研究机器人手支撑的刚性物体在重力作用下的平衡姿态。本章着重于二维姿态，下一章将讨论三维姿态。手支撑姿态与第 12 章中讨论的抗力旋量抓取不同。在抗力旋量抓取中，机器人手指可以抵抗任何作用在被抓取物体上的力旋量，包括重力力旋量。在手支撑的姿态下，机器人手只能抵抗包括重力力旋量在内的一组特定力旋量。这个重要的区别用下面一个例子来说明。

示例： 图 14-1a 所示为物体 B 在重力作用下通过摩擦接触被两个手指抓住。手指形成了一个抗力旋量抓取，可以主动对抗任何可能作用于 B 的外部力旋量，包括重力力旋量。当机械手以图 14-1b 所示的方式被动地支撑刚体 B 时，情况会发生变化。当物体不被一个抗力旋量抓住时，支撑接触点可以对抗一组可能作用于 B 的外部力旋量，包括重力力旋量。一般来说，用手支撑的姿态不像抗力旋量的抓取那样安全。然而，手动支撑的姿态可以安全地执行各种任务，如搬运大型物体和操作大型手持工具。

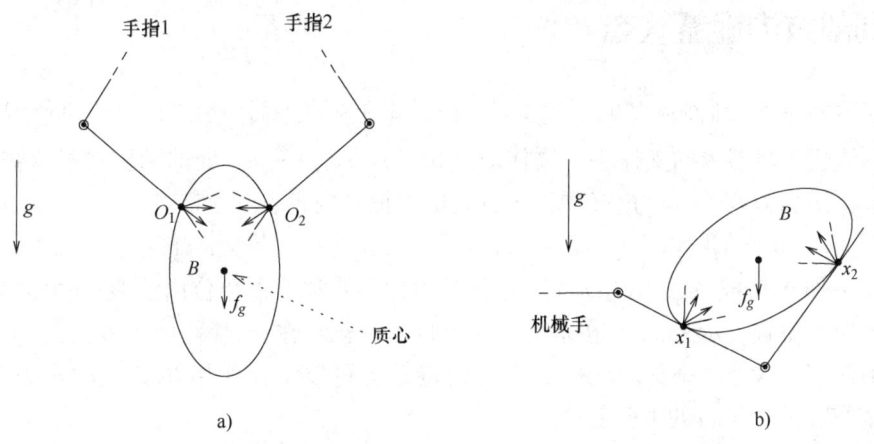

图 14-1　a）在抗力旋量抓取中，手指可以抵抗任何可能作用于 B 的外部力旋量；b）在手支撑的姿态中，支持接触点（允许手掌和中指接触）只能抵抗可能作用于 B 的特定力旋量

本章介绍了局部抗力旋量的概念，该概念形成了可通过手动支撑的姿态实现的有限安全措施。⊖我们将固定机器人手，并不是研究能够在静态平衡下支撑物体的手部姿势，而是考虑具有可变质心且由相同接触点支撑的刚性物体。本章研究了物体的质心位置，称为姿态平衡区，在该区域内，支撑接触点可以平衡作用在这些接触件所支撑物体上的重力力旋量。14.1 节介绍了局部抗力旋量状态的概念。14.2 节和 14.3 节讨论了姿态平衡区域的基本特性和图形

⊖　静态稳定性一词通常用来描述这种平衡状态。

构建。14.4节研究了一个更强的安全要求,即相对于可能作用在机器人手支撑的物体上的任务相关力旋量干扰邻域,必须保持平衡姿态。

与腿式机器人运动的关系:本章的建模方法对于腿式机器人的运动也是有用的。正如图14-2所示的示意图,一个具有可变质心的刚体形成了一个简化模型。用于描述由给定一组支撑点接触的腿式机器人受重力支撑的情况。姿态平衡区域描述了腿式机器人的安全质心位置,这可以用来规划腿式机器人在不平整地形上的安全准静态运动。

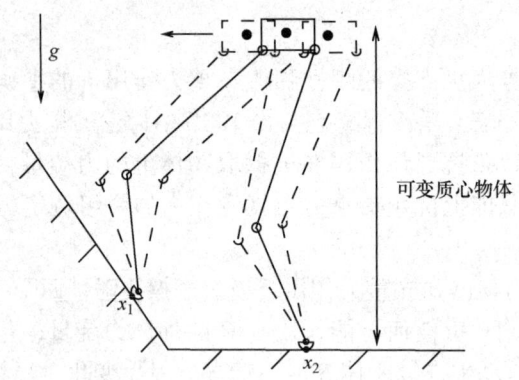

图14-2 在准静态运动中移动质心的双腿式机器人。腿式机器人的平衡姿态相当于具有可变质心并由相同接触件支撑的刚体的平衡姿态

14.1 局部抗力旋量状态

本节描述了一个二维刚体 B 的平衡姿态,该物体在垂直平面内由二维静止刚体 $O_1, \cdots, O_k$ 支撑,该刚体代表机器人的支撑手。物体通过位于点 $x_1, \cdots, x_k$ 处的摩擦接触支撑。在库仑摩擦模型下,接触力 $f_1, \cdots, f_k$ 必须位于各自的摩擦锥内,有

$$C_i = \{f_i \in \mathbb{R}^2 : f_i \cdot n_i \geq 0 \text{ 且 } |f_i \cdot t_i| \leq \mu_i |f_i \cdot n_i|\}, \quad i = 1, \cdots, k$$

式中,μ_i 是 x_i 处的摩擦系数,(t_i, n_i) 是 x_i 处的单位切线和 B 的单位内法线。物体质心在固定世界坐标系中的位置表示为 x_{cm},在垂直平面上自由变化。在 x_{cm} 处作用于 B 的重力表示为 f_g,沿垂直向下作用。就像平衡抓取一样,当可行接触力可以平衡作用在 B 上的重力力旋量时,刚体 B 被支撑在一个可行的平衡姿态上。

平衡姿态条件:二维刚体 B 在重力的影响下以可行的平衡姿态由静止刚体 $O_1, \cdots, O_k$ 支撑,当

$$\begin{pmatrix} f_1 \\ x_1 \times f_1 \end{pmatrix} + \cdots + \begin{pmatrix} f_k \\ x_k \times f_k \end{pmatrix} + \begin{pmatrix} f_g \\ x_{cm} \times f_g \end{pmatrix} = \vec{0}, \quad f_i \in C_i, \quad i = 1, \cdots, k \tag{14-1}$$

式中,$w_i = (f_i, x_i \times f_i)$ 是第 i 个接触力产生的力旋量,$w_g = (f_g, x_{cm} \times f_g)$ 是作用于 B 和 $x \times f = x^T J f$ 的重力力旋量,其中 $J = \begin{bmatrix} 0 & 1 \\ -1 & 0 \end{bmatrix}$。

对于一组固定的支撑接触和质心位置,式(14-1)规定了支撑接触力的三个线性约束,$(f_1, \cdots, f_k) \in \mathbb{R}^{2k}$。求解式(14-1),$f_i \in C_i$ 的可行接触力形成一个嵌入 $\mathbb{R}^{2k}$ 的 $(2k-3)$ 维仿射子空间中的凸集。例如,在两个接触姿态下,平衡力在 (f_1, f_2) 空间中形成一个线段(一个凸集)。

如图 14-1b 所示，当机器人手通过摩擦接触支撑一个刚性物体时，其姿态通常不具有抗力旋量性。然而，这种接触可以抵抗围绕在重力力旋量周围的物体力旋量的局部邻域。局部抗力旋量的概念定义如下。

定义 14.1（局部抗力旋量） 假设一个刚体 B 在可行的平衡姿态下由静止刚体 $O_1, \cdots, O_k$ 支撑。如果这些接触点能够用可行的力抵抗作用在 B 上的所有力旋量，而这些力旋量位于以 B 的力旋量空间中的重力力旋量 w_g 为中心的局部邻域内，则该姿态局部上是抗力旋量的。

局部抗力旋量形成了由手支撑的姿态所提供的有限的安全措施。一个实用的机器人手连接到一个可能安装在移动机器人平台上的机器人手臂上。局部抗力旋量确保物体在支撑机器人手上保持静态平衡，即使由机器人臂和移动机器人平台的局部运动产生的足够小的力旋量干扰下也是如此，这些干扰可以合并成围绕 B 的力旋量空间中的重力力旋量的邻域。当干扰很小时，局部抗力旋量提供了一个有用的安全标准。本章后面将讨论一种更强的安全度量，即确保姿态对于相关任务力旋量干扰的稳健性。

局部抗力旋量是手支撑平衡姿态的一个通用属性。为了证明这一点，考虑由支撑接触点产生的净力旋量锥：

$$W = \left\{ \sum_{i=1}^{k} \begin{pmatrix} f_i \\ x_i \times f_i \end{pmatrix} : f_i \in C_i, i = 1, \cdots, k \right\}$$

下一个引理描述了净力旋量锥的特性，将得到以下结论：局部抗力旋量是一个通用属性（参见练习题获得证明）。

引理 14.1（净力旋量锥） 净力旋量锥在一个支撑点处形成一个二维凸扇形，而在由 $k \geq 2$ 个非重合摩擦接触支撑的姿态下形成一个三维凸锥。

引理 14.1 意味着局部抗力旋量是这些姿态的一个通用属性，如下面的命题所述。非边缘平衡姿态被定义为其接触力位于各自摩擦锥内的姿态。

命题 14.2（局部抗力旋量） 假设一个二维刚体 B 被 $k \geq 2$ 个静止刚体 $O_1, \cdots, O_k$ 支撑。如果该物体处于非边缘平衡姿态（即一般情况），则该姿态具有局部抗力旋量性。

简证：回顾第 4 章的抓取映射 L_G，将可行接触力 $(f_1, \cdots, f_k) \in C_1 \times \cdots \times C_k$ 映射到 B 的力旋量空间中的净物体力旋量上。如果物体 B 被支撑在一个可行的平衡位置，则复合摩擦锥 $C_1 \times \cdots \times C_k$ 在 L_G 下的像包含了负重力力旋量 $-w_g$。与 $k \geq 2$ 个非重合摩擦接触相关的抓取映射是满射的（见第 12 章）。一般情况下，L_G 将 $\mathbb{R}^{2k}$ 中 $C_1 \times \cdots \times C_k$ 的内部映射到 B 的力旋量空间 $\mathbb{R}^3$ 中 W 的内部。基于这一拓扑事实，当接触力位于其各自摩擦锥内时，受这些力影响的 B 上的净力旋量位于净力旋量锥 W 内。根据引理 14.1，对于 $k \geq 2$ 个支撑接触，W 是完全三维的，因此这些接触可以抵抗以负重力力旋量 $-w_g$ 为中心的物体力旋量的局部开邻域，这提供了局部抗力旋量。

14.2 二维姿态的可行平衡区域

具有可变质心 x_{cm} 的刚体 B 在垂直平面上由一组给定的重力摩擦接触支撑。我们想知道物体在不失去平衡姿态的情况下，可以移动质心到多远。我们还想了解，一旦物体失去平衡姿态，在支撑接触处会产生哪些非静态运动模式。姿态平衡区域定义如下。

定义 14.2（区域 εR） 设一个二维刚体 B 由 k 个摩擦接触点支撑。姿态平衡区域 $\varepsilon R \subseteq \mathbb{R}^2$ 是存在可行接触力 $f_i \in C_i$, $i = 1, \cdots, k$, 的所有 B 的质心位置的集合，满足式(14-1)的平衡姿

态条件。

当 k 接触姿态的可行平衡区域为非空时,它会形成下面一组垂直线,与重力方向共线。

引理 14.3(εR 的形状) 当 B 由单个摩擦接触支撑时,姿态平衡区域 $\varepsilon R \subseteq \mathbb{R}^2$ 形成一条垂直线;当 B 由 $k \geq 2$ 个摩擦接触支撑时,姿态平衡区域形成一个垂直条带、半平面或整个垂直面。

简证:设 $e=(0,1)$ 表示 $\mathbb{R}^2$ 上的垂直向上的方向,与重力 f_g 共线。在任何质心点 $x_{cm} \in \varepsilon R$ 处,式(14-1)中的重力力旋量满足 $(x_{cm}+se) \times f_g = x_{cm} \times f_g$,$s \in \mathbb{R}$。因此整个垂直线 $\{x_{cm}+s \cdot e, s \in \mathbb{R}\}$ 位于 εR 内,这就是垂直线的集合。为了看出 εR 形成一组连接的垂直线,考虑 εR 中的两个点 x'_{cm} 和 x''_{cm}。设 f'_i,$f''_i \in C_i$,$i=1,\cdots,k$ 是与物体在 x'_{cm} 和 x''_{cm} 处的质心相对应的接触力。对于某些 $0 \leq s \leq 1$,连接 x'_{cm} 和 x''_{cm} 的线段上的任何点都可以写成 $x_{cm}(s)=sx'_{cm}+(1-s)x''_{cm}$,$0 \leq s \leq 1$。相应的接触力 $f_i=sf'_i+(1-s)f''_i$ 位于 C_i 中,$i=1,\cdots,k$,并且满足平衡姿态条件(14-1),且 $x_{cm}=x_{cm}(s)$。因此,εR 在 $\mathbb{R}^2$ 中形成一组连接的垂直线(单个垂直线、一个垂直条带、一个半平面或整个垂直平面)。

下面的例子说明了双接触姿态下的可行平衡区域。

示例:图 14-3a 描绘了由 35°刚性斜坡片支撑的双接触姿态,摩擦系数 $\mu_1=\mu_2=0.3$。基于下一节讨论的图形技术,区域 εR 形成由多边形 $C_1 \cap C_2$ 张成的垂直条带。图 14-3b 显示了相同姿态下的区域 εR——这一次摩擦系数更大,$\mu_1=\mu_2=2.0$。区域 εR 现在占据了整个垂直平面。连接支撑接触点的线段包含在摩擦锥 C_1 和 C_2 中,这意味着完全的抗力旋量(定理 12.1)。这种接触排列是一种抗力旋量抓取排列,从技术上讲,它不再是一种用手支撑的姿态。

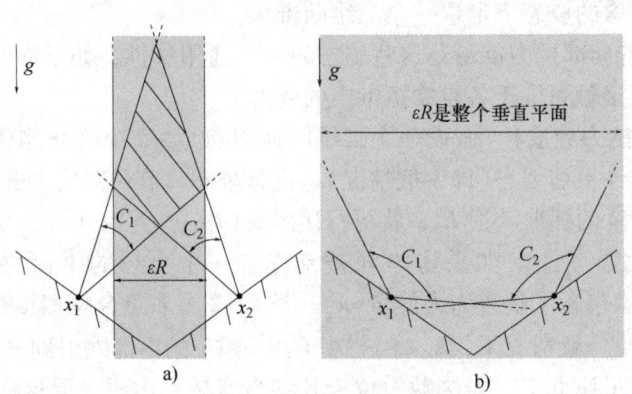

图 14-3 a) $\mu_1=\mu_2=0.3$ 的双接触姿态的区域 εR 形成由多边形 $C_1 \cap C_2$ 张成的垂直条带;
b) $\mu_1=\mu_2=2.0$ 的双接触姿态的区域 εR 占据整个垂直平面(未显示支撑物体 B)

当区域 εR 具有非空内部(一般情况下)时,物体的质心在 εR 内的任何位置都会形成局部抗力旋量的姿态。这种对于质心位置小误差的鲁棒性在以下命题中有所说明。

命题 14.4(εR 的鲁棒性) 设一个二维刚体 B 由 $k \geq 2$ 个摩擦接触支撑。如果区域 εR 有一个非空内部(一般情况下),εR 内的所有质心位置都会形成局部抗力旋量的姿态。

简证:考虑图 14-4a 中所示的双接触姿态。如第 11 章所述,当 B 的质心 x_{cm} 在给定的姿态下在 $\mathbb{R}^2$ 中变化时,作用于 B 的重力力旋量 $w_g=(f_g, x_m \times f_g)$ 在 B 的力旋量空间中张成一条仿射线,表示为 L。线 L 具有固定的力分量,并与净力旋量锥 W 一起在图 14-4b 中进行了描述。每个点 $x_{cm} \in \varepsilon R$ 决定了一个可行的平衡点。在 B 的力旋量空间中,每个可行的平衡姿态与 $L \cap W$

中的特定点相关联。当区域 εR 有一个非空的内部时，直线 L 与 W 的内部相交。由于 W 在 B 的力旋量空间中形成一个三维圆锥，用于 $k \geqslant 2$ 个摩擦接触(引理 14.1)，W 内 L 的每个点都可以被 W 内的一个小开球包围(图 14-4b)。每个球都形成了一个局部力旋量邻域，这个邻域可以由可行的接触力产生，从而产生局部的抗力旋量。

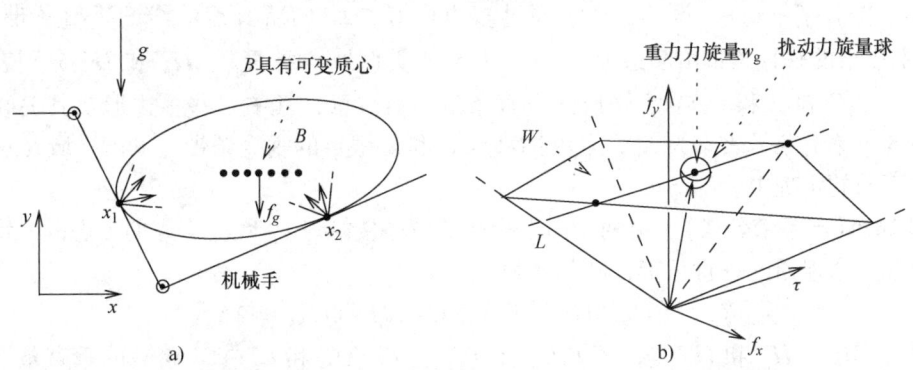

图 14-4　a) 具有可变质心的刚体 B，由中指触点 x_1 和 x_2 支撑；b) 姿态净力旋量锥 W 和重力力旋量的仿射线 L 沿着 B 的力旋量空间中的线段相交

命题 14.4 提出了关于局部抗力旋量状态的理解。当刚体 B 被 $k \geqslant 2$ 个摩擦接触以一个可行的平衡姿态支撑时，该接触将保持平衡姿态以抵抗可能作用于 B 的所有足够小的外部扰动。也就是说，物体在机器人手上将保持静止，而接触力的方向和大小会随着作用在 B 上的小扰动而改变。然而，这一阶段面临着理想刚体模型的一个基本局限性，可以概括如下。

接触方式模糊：当一个刚体 B 被多个摩擦接触件静平衡支撑时，任何接触反作用力的组合都会在摩擦锥内产生，以响应作用在 B 上的扰动力旋量。理想的刚体模型不能准确地预测接触处库仑摩擦锥内会产生哪些反作用力。局部抗力旋量确保了这些力的非空集内可以保持平衡姿态。然而；其他允许的接触反作用力可能会在接触处引发非静态运动模式。例如，物体可能会在一个接触点上滚动，而另一个接触点则会因扰动力旋量而断开。这种模糊性反映了摩擦接触条件下理想刚体模型的内在局限性(见参考书目注释)。

本章提出了一个实用的假设，即当物体的质心位于姿态平衡区域内时，在所有足够小的扰动下，物体将保持静止。

14.3　二维姿态平衡区域的图解构造

本节描述了一种计算由任意数量的摩擦接触支撑的二维姿态的可行平衡区域的图形技术。图形技术基于以下凸包特性。

命题 14.5(凸包性质)　设 $R_{ij} \subseteq \mathbb{R}^2$ 表示与两个支撑接触点 x_i 和 x_j 相关的可行平衡区域。与 $k \geqslant 2$ 的摩擦接触相关的可行平衡区域是对偶姿态平衡区域的凸包：$\varepsilon R = \mathrm{conv}\{R_{ij}, 1 \leqslant i,j \leqslant k\}$，其中 conv 表示凸包。

命题 14.5 的证明见本章附录。因此，可以根据对偶平衡区域来计算姿态平衡区域。由于这些都是垂直线的连接集，它们的凸包形成了一组垂直线的单一连通集合，由成对条带的最左边和最右边的边界限定。因此，我们可以把重点放在双接触姿态平衡区域的图形构造上。图形构造要求对给定姿态下的摩擦锥进行以下假设。

定义 14.3 当摩擦锥 C_i 中的所有力在 $\mathbb{R}^2$ 中沿垂直向上方向具有正分量时，称支撑接触为向上的。

与两个向上的接触相关的姿态平衡区域 R_{ij}，可以通过五个垂直条带的并集和交集来获得，每个垂直条带都有不同的几何解释，这五个条带如下。设 C_i^- 表示摩擦锥 C_i 关于其基点 x_i 的负反射 $C_i^- = \{-f_i : f_i \in C_i\}$。设 Π_{ij}^{++} 表示通过多边形 $C_i \cap C_j$ 的所有点的线的垂直条带。例如，图 14-3a 中描绘的垂直条带由多边形 $C_1 \cap C_2$ 张成。类似地，令 Π_{ij}^{+-}、Π_{ij}^{-+} 和 Π_{ij}^{--} 分别表示由多边形 $C_i \cap C_j^-$、$C_i^- \cap C_j$ 和 $C_i^- \cap C_j^-$ 张成的垂直条带。请注意，其中一些多边形及其关联的条带可能是空的。第五条带表示为 X_{ij}，是由接触点 x_i 和 x_j 限定的垂直条带。平衡区域 R_{ij} 的图解结构总结在下面的定理中。

定理 14.6（五条带公式） 由两个向上指向的摩擦接触点 x_i 和 x_j 支撑的姿态的二维可行平衡区域形成一个连通的垂直条带，其公式为

$$R_{ij} = ((\Pi_{ij}^{++} \cup \Pi_{ij}^{--}) \cap X_{ij}) \cup ((\Pi_{ij}^{+-} \cup \Pi_{ij}^{-+}) \cap \bar{X}_{ij}) \tag{14-2}$$

式中，Π_{ij}^{++}、Π_{ij}^{+-}、Π_{ij}^{-+} 和 Π_{ij}^{--} 是由 $C_i \cap C_j$、$C_i \cap C_j^-$、$C_i^- \cap C_j$ 和 $C_i^- \cap C_j^-$ 跨越的垂直条带，X_{ij} 是 x_i 和 x_j 边界的垂直条带，$\bar{X}_{ij}$ 是 $\mathbb{R}^2$ 中 X_{ij} 的共轭。

证明：重力 f_g 作用于 B 上的 x_{cm} 处，而接触力 f_i 和 f_j 作用于 B 上的支撑接触点 x_i 和 x_j。这些力产生的净扭矩必须在可行的平衡姿态时为零。如第 4 章所讨论的，零净扭矩要求支撑力 f_i、f_j 和重力 f_g 所对应的力线相交于一个点 $z \in \mathbb{R}^2$，当所有力平行时，该点位于无穷远处。由于 f_i 和 f_j 位于各自的摩擦锥 C_i 和 C_j 内，因此点 z 必须位于两个双锥的交集内，即 $(C_i \cup C_i^-) \cap (C_j \cup C_j^-)$。由于 x_{cm} 和 z 沿 $\mathbb{R}^2$ 中的一条公共垂直线，所以 x_{cm} 必须位于由交集 $(C_i \cup C_i^-) \cap (C_j \cup C_j^-)$ 所张成的无限垂直条带之一，这四个条带是 Π_{ij}^{++}、Π_{ij}^{+-}、Π_{ij}^{-+} 和 Π_{ij}^{--}。

接下来考虑平衡姿态方程的力部分，$f_i + f_j + f_g = \vec{0}$。两个向上的接触点总能平衡作用在 B 上的重力。因此，我们把注意力集中在平衡姿态接触力的水平分量上。用 u_i 和 u_j 表示从 x_i 和 x_j 指向 z 的单位向量。根据 z 在双锥 $C_i \cup C_i^-$ 和 $C_j \cup C_j^-$ 中的位置，有四种情况需要考虑。

考虑 $z \in C_i \cap C_j$ 的情况。在这种情况下，$u_i \in C_i$，$u_j \in C_j$。因此，对于某些 $\lambda_i, \lambda_j \geq 0$，$f_i = \lambda_i u_i$ 和 $f_j = \lambda_j u_j$，它们并不都是零。设 $h = (1,0)$ 表示 $\mathbb{R}^2$ 中的水平单位方向。将 $f_i + f_j + f_g = \vec{0}$ 乘以 h 得到 $\lambda_i(u_i \cdot h) + \lambda_j(u_j \cdot h) = 0$。如果 λ_i 和 λ_j 是严格正的，则 $u_i \cdot h$ 和 $u_j \cdot h$ 必须有相反的符号。这种情况的图形解释是 z 必须位于由 x_i 和 x_j 限定的垂直条带 X_{ij} 内。如果 $\lambda_i > 0$ 且 $\lambda_j = 0$，则点 z 位于经过 x_i 的垂直线上。如果 $\lambda_i = 0$ 且 $\lambda_j > 0$，则点 z 位于经过 x_j 的垂直线上。由于 x_{cm} 和 z 位于 $\mathbb{R}^2$ 中的一条公共垂直线上，因此 x_{cm} 必须位于交集 $\Pi_{ij}^{++} \cap X_{ij}$ 中。

接下来考虑 $z \in C_i \cap C_j^-$ 的情况。在这种情况下，$u_i \in C_i$，而 $u_j \in C_j^-$。因此 $f_i = \lambda_i u_i$ 且 $f_j = \lambda_j u_j$，$\lambda_i \geq 0$ 且 $\lambda_j \leq 0$。$\lambda_i(u_i \cdot h) + \lambda_j(u_j \cdot h) = 0$ 意味着 $u_i \cdot h$ 和 $u_j \cdot h$ 必须具有相同的符号。这个情况的图形解释是 z 必须位于垂直条带 X_{ij} 之外。因此 x_{cm} 位于 $\Pi_{ij}^{+-} \cap \bar{X}_{ij}$ 处。通过对其余两种情况 $z \in C_i^- \cap C_j^-$ 和 $z \in C_i^- \cap C_j$ 应用相似的参数，可以得到式(14-2)。

示例：考虑图 14-3a 中描述的双接触姿态。在这种情况下，只有多边形 $C_1 \cap C_2$ 是非空的。根据五条带公式，在这个姿态下，$R_{12} = \Pi_{12}^{++} \cap X_{12}$。

当 x_i 和 x_j 处的摩擦锥包含垂直向上方向时，双接触姿态的可行平衡区域包含以接触点 $R_{ij} \supseteq X_{ij}$ 为边界的条带。在这种姿态下，该区域的 R_{ij} 可能会溢出到接触点之外。例如，图 14-1b 中描述的姿态区域 R_{ij} 溢出到支撑接触点 x_2 的右侧（参见练习题）。

根据命题 14.5 所描述的凸包性质，可以计算出接触次数较多的二维姿态的可行平衡区

域。首先，利用每对接触的五条带公式，确定 $1 \leq i, j \leq k$ 的所有成对的可行平衡区域 R_{ij}。由于区域 εR 是成对平衡带的凸包，成对条带的最左边和最右边确定了完整平衡区域 εR（单个垂直条带）的左边和右边。当一个姿态涉及 $k \geq 4$ 个支撑接触时，姿态平衡区域最多由 k 个接触点中的 4 个完全确定，如下例所示（见练习题）。

示例：图 14-5 描绘了 $\mathbb{R}^2$ 中的一个六接触姿态，但未显示由这些接触支撑的物体 B。所有六个接触点的摩擦系数 $\mu = 0.4$。εR 的最左边是平衡带 R_{13} 的左边，而 εR 的最右边是平衡带 R_{56} 的右边。在这个例子中，$\varepsilon R = \mathrm{conv}\{R_{13}, R_{56}\}$，它完全由接触点 x_1、x_3、x_5 和 x_6 确定。

非静态运动模式的发展：当二维刚体 B 在平衡姿态下缓慢移动质心时，一旦 B 的质心越过平衡区域的边界，非静态运动模式就会产生。在手支撑的情况下，被支撑的物体将不再在支撑机器人的手上保持其静态平衡。为了了解接触处会产生哪些非静态模式，考虑形成区域 εR 边界的两条垂直线。这两条线对应于 B 的力旋量空间中的两点，其中重力力旋量的仿射线 L 与净力旋量锥 W 的边界相交（图 14-4b）。每一个交点都位于 W 的一个平面上，该平面以 B 的力旋量空间原点为基形成一个平面扇形区域。该区域的边缘由与两个摩擦锥边缘对齐的力产生，这些力可能属于相同或不同的摩擦

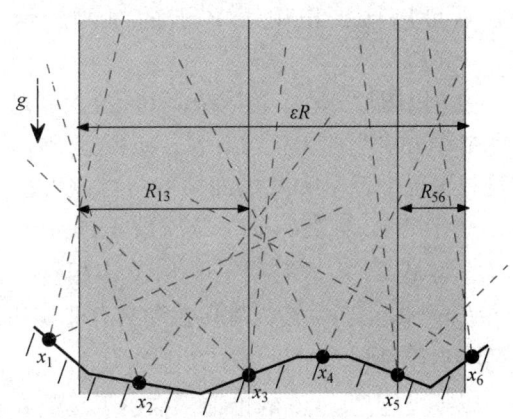

图 14-5 这种六接触姿态的可行平衡区域是平衡带 R_{13} 和 R_{56} 的凸包（未显示支撑物体）

锥。当一个交点位于 W 的由两个属于同一个摩擦锥的边缘构成的平面上时，物体将开始在相应的接触点处滚动，同时与其余的 $k-1$ 个接触点分离。当一个交点位于 W 的由两个属于不同摩擦锥的边缘构成的平面上时，物体将开始在这两个接触点处滑动，同时与其余的 $k-2$ 个接触点分离。

当支撑接触点并非全部向上时，可以使用第 4 章中的矩标签技术来确定这些姿态的可行平衡区域（见练习题）。

14.4 二维姿态平衡区域的安全裕度

二维姿态的可行平衡区域由无限高的垂直线组成。然而，直觉表明，任何给定的姿态都必须对物体安全质心位置的高度有一个实际的上限。下面的例子说明了这一点，该示例使用了一个攀岩者的类比情况，其中攀岩者移动的四肢被建模为一个具有可变质心的刚体。

示例：考虑人类在重力作用下爬上高梯，如图 14-6a 所示。攀岩者-梯子组合的质心 εR 的可行平衡区域是由梯子的地面接触所限定的无限长的垂直条带。然而，攀岩者的移动四肢会产生干扰力旋量。直觉表明，当攀岩者到达更高的海拔时，必须减少其活动肢体产生的干扰，以防止梯子翻倒。同样地，任何预先规定的攀爬模式都应该对 εR 中的点施加一个安全上限。根据本节后面开发的图形工具，攀岩者的安全区域示意图如图 14-6b 所示。

本节描述了 εR 的子集，它可以平衡预先指定的干扰力旋量邻域，这些干扰力旋量可能在给定的姿势下作用于 B。14.3 节的凸性论证仍然适用。因此，我们将集中讨论两种接触姿态，并在适当的情况下讨论 k 接触姿态。首先考虑物体 B 在受到重力作用和预先指定的干扰力旋

量 $w_d = (f_d, \tau_d)$ 的联合影响下得到支撑的情况。与干扰力旋量相关的可行平衡区域定义如下。

定义 14.4（区域 $R_{ij}(w_{ext})$） 设一个二维刚体 B 通过摩擦接触点 x_i 和 x_j 得到抵抗重力的支撑。扰动安全平衡区域 $R_{ij}(w_{ext}) \subseteq \mathbb{R}^2$，包括所有 B 的质心位置，在这些位置上支撑接触点可以抵抗作用于 B 上的净力旋量 $w_{ext} = w_g + w_d$。

为了以图形方式描述区域 $R_{ij}(w_{ext})$，首先考虑由净力引起的干扰力旋量，$w_d = (f_d, 0)$。在这种情况下，影响 B 的净力旋量可以表示为作用于通过 B 质心的一条直线上的净力

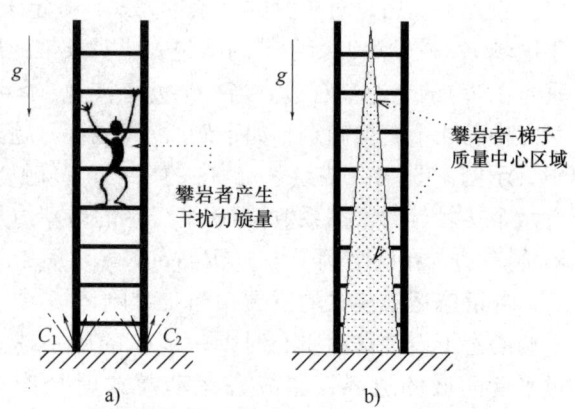

图 14-6 a) 攀岩者产生干扰力旋量；
b) 攀岩者-梯子质心安全区域示意图

$f_g + f_d$。区域 $R_{ij}(w_{ext})$ 是用定理 14.6 中相同的五条带公式构造的，只是现在五条带旋转以匹配净力 $f_g + f_d$ 的方向。当力旋量扰动具有非零扭矩分量时，$w_d = (f_d, \tau_d)$，使得 $\tau_d \neq 0$，作用在 B 上的净力旋量相当于作用在 B 上的力 $f_g + f_d$，该力沿平行于 B 的质心偏移 $\tau_d / \|f_g + f_d\|$。⊖

以下是定理 14.6 的推论，描述了区域 $R_{ij}(w_{ext})$ 的图形构造。

推论 14.7（旋转五条带公式） 在重力 $w_g = (f_g, x_{cm} \times f_g)$ 和干扰力旋量 $w_d = (f_d, \tau_d)$ 的共同作用下，用摩擦接触件 x_i 和 x_j 支撑一个二维刚体 B。设 Π_{ij}^{++}、Π_{ij}^{--}、Π_{ij}^{+-} 和 Π_{ij}^{-+} 是由多边形 $C_i^+ \cap C_j^+$、$C_i^+ \cap C_j^-$、$C_i^- \cap C_j^+$ 和 $C_i^- \cap C_j^-$ 组成的条带，并且设 X_{ij} 为由接触点限定的条带，这样五个条带平行于 $f_g + f_d$，并且平行偏移量为 $-\tau_d / \|f_g + f_d\|$。可行平衡区域 $R_{ij}(w_{ext})$ 是平行于 $f_g + f_d$ 的无限条带

$$R_{ij}(w_{ext}) = ((\Pi_{ij}^{++} \cup \Pi_{ij}^{--}) \cap X_{ij}) \cup ((\Pi_{ij}^{+-} \cup \Pi_{ij}^{-+}) \cap \overline{X}_{ij})$$

式中，$\overline{X}_{ij}$ 是 $\mathbb{R}^2$ 中 X_{ij} 的共轭。

推论 14.7 的证明与定理 14.6 的证明相似，因此省略。当刚体 B 由较多的接触点支撑时，首先计算每对接触点对应的可行平衡区域 $R_{ij}(w_{ext})$，$1 \leq i, j \leq k$，然后取这些条带的凸包：$\varepsilon R(w_{ext}) = \text{conv}\{R_{ij}(w_{ext}), 1 \leq i, j \leq k\}$。下面的示例说明了区域 $R(w_{ext})$ 的图形结构。

示例： 首先考虑图 14-7a 所示的无扰动双接触姿态。该姿态的可行平衡区域为垂直条带 $R_{ij} = \Pi_{ij}^{++} \cap X_{ij}$。接下来考虑干扰力旋量 $w_d = (f_d, \tau_d)$ 作用于 B，如图 14-7b 所示。区域 $R_{ij}(w_{ext})$ 可分两个阶段构建。第一次平行移动未受干扰的平衡带，偏移量为 $-\tau_d / \|f_g + f_d\|$。然后旋转条带，使其与净力 $f_g + f_d$ 的方向相匹配。图 14-7b 中的不平行条带中 B 的每个质心在 $w_{ext} = w_g + w_d$ 下形成一个可行的平衡姿态。

然后将区域 $R_{ij}(w_{ext})$ 的图形构造扩展到以重力力旋量为中心的邻域内干扰力旋量变化的情况。我们已经看到两个参数影响 $R_{ij}(w_{ext})$ 的形状：净力 $f_g + f_d$ 的方向和平行位移参数 $\tau_d / \|f_g + f_d\|$。力旋量邻域也根据两个参数进行类似定义。给定干扰力旋量 $w_d = (f_d^x, f_d^y, \tau_d)$，这两个参数是干扰力旋量的水平力分量 f_d^x 和扭矩分量 τ_d。

⊖ 这是第 3 章中的 Poinsot 定理：作用在 B 上的每个力旋量 $w = (f, \tau)$ 都可以表示为一条与 f 共线的有向力线，从 B 的坐标系原点平行移动，偏移量由 τ 决定。

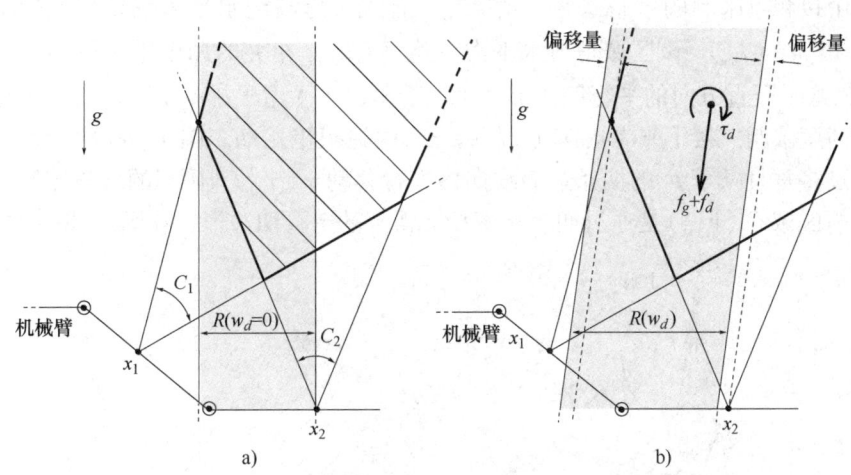

图 14-7 a) 零干扰力旋量和 b) 干扰力旋量 $w_d = (f_d, \tau_d)$（未显示支撑物体）的可行平衡区域 $R_{12}(w_{\text{ext}})$

定义 14.5 (局部力旋量邻域) 假设刚体 B 受到力旋量扰动 $|f_d^x| \leq f_{\max}$ 和 $|\tau_d| \leq \tau_{\max}$。由这些扰动确定的力旋量邻域 W_{ext} 定义为四个力旋量的凸包，即

$$W_{\text{ext}} = \text{conv}\{w_g + w_1, w_g + w_2, w_g + w_3, w_g + w_4\}$$

式中，w_g 是作用于 B 的重力力旋量，四个干扰力旋量为 $w_1 = (-f_{\max}, 0, 0)$，$w_2 = (f_{\max}, 0, 0)$，$w_3 = (0, 0, -\tau_{\max})$，$w_4 = (0, 0, \tau_{\max})$。

因此，力旋量邻域以重力力旋量 w_g 为中心，并由具有纯水平力或纯扭矩分量的力旋量张成。虽然 W_{ext} 形成了一个二维力旋量集，但它基于以下同质性扩展到力旋量的三维邻域。设 $(f_1, \cdots, f_k) \in \mathbb{R}^{2k}$ 为满足式(14-1)中平衡姿态条件的特定力旋量 $w_{\text{ext}} \in W_{\text{ext}}$ 的接触力。则力旋量的接触力 $(s \cdot f_1, \cdots, s \cdot f_k)$ 满足式(14-1)：$\{s \cdot w_{\text{ext}} : s \geq 0\}$。结果表明，关于 W_{ext} 的平衡可行性意味着关于力旋量三维邻域的平衡可行性：$\{s \cdot w_{\text{ext}} : w_{\text{ext}} \in W_{\text{ext}}, s \geq 0\}$。

接下来定义可以安全支撑力旋量邻域 W_{ext} 的可行平衡区域。

定义 14.6 (区域 $R_{ij}(W_{\text{ext}})$) 假设一个二维刚性物体 B 通过摩擦接触点 x_i 和 x_j 抵抗重力支撑。扰动安全平衡区域 $R_{ij}(W_{\text{ext}})$ 由所有 B 的质心位置组成，在这些位置上支撑接触能够抵抗整个力旋量邻域 W_{ext}。

在区域 $R(W_{\text{ext}})$ 的每个质心位置，接触点必须能够用可行的力抵抗整个力旋量邻域 W_{ext}。由于 W_{ext} 位于重力力旋量 w_g 处，扰动安全平衡区域 $R_{ij}(W_{\text{ext}})$ 位于姿态平衡区域 R_{ij} 内。扰动安全平衡区域的图解构造在下面的命题中描述。

命题 14.8 (扰动安全区域) 假设一个二维刚性物体 B 通过摩擦接触点 x_i 和 x_j 抵抗重力支撑。与力旋量邻域 W_{ext} 相关联的扰动安全平衡区域由以下交集给出：

$$R_{ij}(W_{\text{ext}}) = R_{ij}(w_1) \cap R_{ij}(w_2) \cap R_{ij}(w_3) \cap R_{ij}(w_4)$$

式中，$R_{ij}(w_1), \cdots, R_{ij}(w_4)$ 是与定义邻域 W_{ext} 的力旋量 $w_1, \cdots, w_4$ 相关联的可行平衡区域。

命题 14.8 的证明见本章附录。可行平衡区域 $R_{ij}(w_1), \cdots, R_{ij}(w_4)$ 在垂直面上形成不平行条带。这些条带沿着两个方向 $f_g - f_d$ 和 $f_g + f_d$ 定向，其中 $f_d = (f_{\max}, 0)$。由四个条带交集得到的扰动安全平衡区域形成一个有界平行四边形，如下例所示。

示例：图 14-8 描述了在 x_1 和 x_2 处摩擦系数 $\mu_1 = \mu_2 = 0.5$ 的双接触姿态（未显示支撑物体）。点 x_1 位于具有 45°斜率角的线段上，而 x_2 位于水平线段上。这个姿态的未扰动平衡区域

形成了由两个接触点限制的垂直条带，$R_{ij} = X_{ij}$。首先考虑与纯水平力扰动相关的扰动安全平衡区域，满足 $|f_d^x| \leq f_{max}$。该区域是与水平力干扰 $f_d^x = \pm f_{max}$ 相关的两个不平行条带的交集。在图 14-8a 中描绘了竖直方向的平行四边形。可以看出，水平力干扰 $||f_d^x| \leq f_{max}$ 对 B 的安全质心位置施加了高度限制。接下来考虑满足 $|\tau_d| \leq \tau_{max}$ 的纯扭矩扰动。图 14-8b 描绘了扰动安全平衡区域是通过将垂直条带 R_{ij} 的两条边界线向内平行移动 $\tau_{max}/\|f_g\|$ 得到的。与完整邻域相关的扰动安全平衡区域 $R_{ij}(W_{ext})$ 是通过四个条带相交得到的平行四边形，在图 14-8c 中描绘出来。

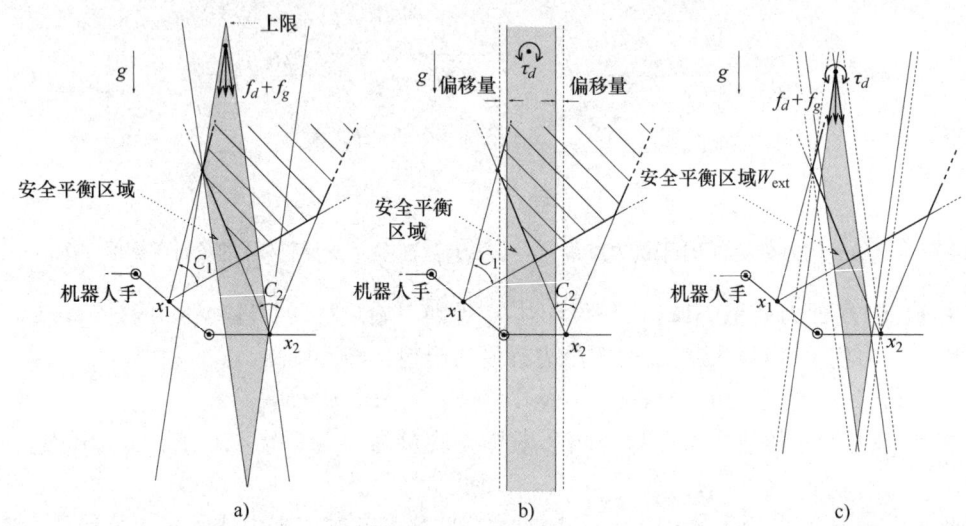

图 14-8 a) $|f_d^x| \leq f_{max}$，b) $|\tau_d| \leq \tau_{max}$ 和 c) 完整干扰力旋量集 W_{ext}
（未显示支撑物体）的扰动安全平衡区域

因此，两点接触姿态的扰动安全平衡区域形成了姿态平衡区域的有界高度子集 $R_{ij}(W_{ext}) \subseteq R_{ij}$。与更多接触点相关的扰动安全平衡区域，记为 $\varepsilon R(W_{ext})$，可以分两个阶段计算。首先，通过取所有接触对相关的不平行条带的凸包，为确定力旋量邻域的力旋量计算四个倾斜条带 $\varepsilon R(w_1)$、$\varepsilon R(w_2)$、$\varepsilon R(w_3)$、$\varepsilon R(w_4)$，然后取这四个不平行条带的交集：

$$\varepsilon R(W_{ext}) = \varepsilon R(w_1) \cap \varepsilon R(w_2) \cap \varepsilon R(w_3) \cap \varepsilon R(w_4)$$

这样就给出了满足关系 $\varepsilon R(W_{ext}) \subseteq \varepsilon R$ 的有界高度平行四边形。

14.5 参考书目注释

Or 和 Rimon[1] 描述了由多个摩擦接触支撑的姿态可行平衡区域的原理。参考文献[1]关注的是腿式机器人在不平坦地形上的姿态，同样的原理也适用于在重力作用下支撑刚性物体时形成不平坦地形的机器人手。Erdmann[2] 以及 Akella、Ponce 及其同事[3] 考虑了手支撑姿态在二维重力环境中的物体操作应用。

在理想刚体模型下，与摩擦接触相关的接触模式模糊是在单个滑动接触上观察到的。Painlevé[4] 通过一个刚性杆在重力作用下在斜面上滑动的例子，观察到杆的动力学会出现模糊解，以及动力学解与理想刚体模型不一致的瞬间[5-6]。Mason 和 Wang[7-8] 以及 Dupont[9] 讨论了机器人操作和腿部运动过程中的动态干扰的相关问题。

在手支撑姿态的情况下，当静态平衡和非静态运动模式同时在接触处产生时，接触模式模糊。Trinkle[10]讨论了不受任何接触模式模糊影响的手支撑姿态的强稳定性的概念。为了确保任务执行过程中完全的手支撑姿态，应该开发能够识别强稳定的手支撑姿态的技术。

14.6 附录：证明细节

本附录包含 14.3 节和 14.4 节中两个命题的证明。第一个命题认为 k 接触姿态的可行平衡区域可以计算为成对可行平衡区域的凸包。

命题 14.5 设 $R_{ij} \subseteq \mathbb{R}^2$ 表示与两个支撑接触点 x_i 和 x_j 相关的可行平衡区域。与 $k \geq 2$ 的摩擦接触相关的可行平衡区域是对偶姿态平衡区域的凸包：$\varepsilon R = \text{conv}\{R_{ij}, 1 \leq i,j \leq k\}$，其中 conv 表示凸包。

证明：与 $k \geq 2$ 个不重合的摩擦接触相关的净力旋量锥 W 在 B 的力旋量空间中是完全三维的。W 的边界由平面扇形区域组成，每个扇形区域在 B 的力旋量空间原点处具有一个顶点和两个边界边缘。特别是，与两个摩擦接触点 x_i 和 x_j（表示为 W_{ij}）相关联的净力旋量锥形成由四个平面扇形区域包围的三维圆锥体。

我们先证明 $\text{conv}\{R_{ij}, 1 \leq i,j \leq k\} \subseteq \varepsilon R$。通过在给定姿态下在 $\mathbb{R}^2$ 中变化 x_{cm}，可以获得作用于 B 的重力力旋量，它们在 B 的力旋量空间中形成一条仿射线 L。当 L 与 W_{ij} 的内部相交时，交集 $L \cap W_{ij}$ 形成有界线段、半无限线段或整条直线 L。由于 $W_{ij} \subset W$，我们得出结论：对于每对接触，$L \cap W_{ij} \subseteq L \cap W$。

由此可知，与所有接触对相关联的 $L \cap W_{ij}$ 段的凸包是 $L \cap W$ 的子集：

$$\text{conv}\{L \cap W_{ij}, 1 \leq i,j \leq k\} \subseteq L \cap W \tag{14-3}$$

$L \cap W_{ij}$ 的每个点决定了 $\mathbb{R}^2$ 中姿态平衡区域 R_{ij} 的一条垂直线。同样，$L \cap W$ 的每个点决定了完全平衡区域 εR 的一条垂直线。根据这一对应关系，由式(14-3)得出 $\text{conv}\{R_{ij}, 1 \leq i,j \leq k\} \subseteq \varepsilon R$。

下一步我们来证明 $\varepsilon R \subseteq \text{conv}\{R_{ij}, 1 \leq i,j \leq k\}$。首先考虑 $L \cap W$ 在 B 的力旋量空间中形成有界线段的情况。$L \cap W$ 的每个端点位于 W 的一个面上。W 的每个面都是一个由两条边包围的平面扇形区域。这些边界是由与可能属于不同摩擦锥的两个摩擦锥边对齐的接触力生成的。

让 $L \cap W$ 的第一个端点位于由以 x_i 和 x_j 为基的摩擦锥边生成的平面扇形区域上。让 $L \cap W$ 的另一个端点位于由以 x_k 和 x_l 为基的摩擦锥边生成的平面扇形区域上。包含第一个端点的 W 面也是力旋量锥 W_{ij} 的一个面，而包含另一个端点的 W 面也是力旋量锥 W_{kl} 的一个面。$L \cap W$ 的两个端点的凸组合给出了整个线段 $L \cap W$。因此可以得出结论

$$L \cap W \subseteq \text{conv}\{L \cap W_{ij}, L \cap W_{kl}\} \tag{14-4}$$

根据 $L \cap W$ 中的点与 εR 垂直线的对应关系，可以从式(14-4)中得出关系式

$$\varepsilon R \subseteq \text{conv}\{R_{ij}, R_{kl}\} \subseteq \text{conv}\{R_{ij}, 1 \leq i,j \leq k\}$$

当 $L \cap W$ 只有一个端点时，直线 L 沿半无限线段与两个接触力旋量锥（如 W_{ij}）中的一个相交。单端点位于由两个摩擦锥边（以 x_k 和 x_l 为基）生成的 W 面上，与两个接触力旋量锥 W_{kl} 相关联。因此我们得到关系 $L \cap W \subseteq \text{conv}\{L \cap W_{ij}, L \cap W_{kl}\}$。当 L 完全位于 W 内时，必须沿着半无限线段与两个接触力旋量锥 W_{ij} 和 W_{kl} 相交。这再次导致了一个结论：$L \cap W \subseteq \text{conv}\{L \cap W_{ij}, L \cap W_{kl}\}$。因此，$\varepsilon R \subseteq \text{conv}\{R_{ij}, 1 \leq i,j \leq k\}$。

下一个命题描述了与力旋量邻域 W_{ext} 相关的扰动安全平衡区域的图形构造。

命题 14.8 假设一个二维刚性物体 B 通过摩擦接触点 x_i 和 x_j 抵抗重力支撑。与力旋量邻域 W_{ext} 相关联的扰动安全平衡区域由以下交集给出：

$$R_{ij}(W_{\text{ext}}) = R_{ij}(w_1) \cap R_{ij}(w_2) \cap R_{ij}(w_3) \cap R_{ij}(w_4)$$

式中，$R_{ij}(w_1)$，$\cdots$，$R_{ij}(w_4)$ 是与定义邻域 W_{ext} 的力旋量 w_1，$\cdots$，w_4 相关联的可行平衡区域。

证明：让我们首先展示 $R_{ij}(w_1) \cap R_{ij}(w_2) \cap R_{ij}(w_3) \cap R_{ij}(w_4) \subseteq R_{ij}(W_{\text{ext}})$。当 $x_{cm} \in R_{ij}(w_1) \cap R_{ij}(w_2) \cap R_{ij}(w_3) \cap R_{ij}(w_4)$ 时，对于 w_1，w_2，w_3，w_4 四个力旋量中的每一个都有一个平衡态。设 $f_{l_1} \in C_i$，$f_{l_2} \in C_j$，$l = 1, 2, 3, 4$ 表示与四个力旋量 $w_g + w_1$，$w_g + w_2$，$w_g + w_3$，$w_g + w_4$ 相关的平衡姿态处的接触力：

$$\begin{pmatrix} f_{l_1} \\ x_i \times f_{l_1} \end{pmatrix} + \begin{pmatrix} f_{l_2} \\ x_j \times f_{l_2} \end{pmatrix} + w_g + w_l = \vec{0}, \quad l = 1, 2, 3, 4 \tag{14-5}$$

每个力旋量 $w \in W_{\text{ext}}$ 可表示为 $w = w_g + \sum_{l=1}^{4} s_l w_l$，即 $0 \leqslant s_1, \cdots, s_4 \leqslant 1$ 且 $\sum_{l=1}^{4} s_l = 1$。将式 (14-5) 的平衡态与这些系数相加得出

$$\sum_{p=1}^{4} s_l \cdot \left(\begin{pmatrix} f_{l_1} \\ x_i \times f_{l_1} \end{pmatrix} + \begin{pmatrix} f_{l_2} \\ x_j \times f_{l_2} \end{pmatrix} + w_g + w_l \right) = \vec{0} \tag{14-6}$$

考虑净接触力 $f_i = \sum_{l=1}^{4} s_l f_{l_1}$ 和 $f_j = \sum_{l=1}^{4} s_l f_{l_2}$。由于每个摩擦锥都是凸的，$f_i \in C_i$，$f_j \in C_j$。将式 (14-6) 中的 f_i，f_j 和 $w = w_g + \sum_{l=1}^{4} s_l w_l$ 代入，得出

$$\forall w \in W_{\text{ext}}, \quad \begin{pmatrix} f_i \\ x_i \times f_i \end{pmatrix} + \begin{pmatrix} f_j \\ x_j \times f_j \end{pmatrix} + w = \vec{0}, \quad f_i \in C_i, f_j \in C_j \tag{14-7}$$

式中，我们对 $s \in \mathbb{R}$ 使用恒等式 $s \cdot (x \times f) = x \times (s \cdot f)$。式 (14-7) 表明，对于每个质心位置 $x_{cm} \in R_{ij}(w_1) \cap R_{ij}(w_2) \cap R_{ij}(w_3) \cap R_{ij}(w_4)$，支撑接触对所有力旋量 $w \in W_{\text{ext}}$ 形成一个可行的平衡姿态。因此，x_{cm} 位于 $R_{ij}(W_{\text{ext}})$。

为了证明 $R_{ij}(W_{\text{ext}}) \in R_{ij}(w_1) \cap R_{ij}(w_2) \cap R_{ij}(w_3) \cap R_{ij}(w_4)$，请注意，力旋量 $w_g + w_1$，$w_g + w_2$，$w_g + w_3$，$w_g + w_4$ 位于力旋量邻域 W_{ext} 内。因此，在每个质心位置 $x_{cm} \in R_{ij}(W_{\text{ext}})$，接触点能够平衡这四个力旋量中的每一个。因此，$x_{cm}$ 位于单个成对区域 $R_{ij}(w_l)$，$l = 1, 2, 3, 4$。

练 习 题

练习 14.1：解释为什么图 14-1a 中描述的两指抓取是完全抗力旋量的，而图 14-1b 中描述的双接触姿态只是局部抗力旋量的。

14.1 节

练习 14.2：解释为什么在二维姿态下求解平衡姿态方程 (14-1) 的接触力构成了嵌入在 $\mathbb{R}^{2k}$ 的 $(2k-3)$ 维仿射子空间中的一个凸集。

解：可行接触反力集合 $C_1 \times \cdots \times C_k$ 是凸集的乘积，因此在 $\mathbb{R}^{2k}$ 中形成一个凸集，凸集的交集还是一个凸集。现在将 $C_1 \times \cdots \times C_k$ 与求解式 (14-1) 的接触力的 $(2k-3)$ 维仿射子空间进行交集运算，求解式 (14-1)。

练习 14.3：验证在二维姿态下的净力旋量锥 W，在单个摩擦接触处形成二维扇形区域，在由 $k \geqslant 2$ 个非重合摩擦接触支撑的姿态处形成三维凸锥（从而证明引理 14.1）。

提示：将 f_i^l 和 f_i^r 分别表示与摩擦锥 C_i 在 x_i 处边缘对齐的单位力，则 $C_i = \{\lambda_1 f_i^l + \lambda_2 f_i^r : \lambda_1, \lambda_2 \geqslant 0\}$。使用这种参数化方式，将净力旋量锥 W 表示为 (λ_1, λ_2) 空间中正象限在抓取映射 L_G

14.2 节

练习 14.4：解释为什么由两个摩擦接触支撑的三维姿态的可行平衡区域张成了 $\mathbb{R}^3$ 中的垂直条带（这与由两个摩擦接触在垂直平面中支撑的二维姿态的可行平衡条带相同）。

解：在由两个摩擦接触支撑的三维姿态中，x_1 和 x_2 处的接触力 f_1 和 f_2 在通过 x_1 和 x_2 的直线上产生零力矩。平衡姿态要求作用在 B 上的重力力旋量也会在这条直线上产生零力矩。因此，B 的质心必须位于包含通过 x_1 和 x_2 的线的垂直面上。因此，姿态平衡区域形成一个垂直条带，与由两个摩擦接触件支撑的二维姿态平衡带相同。

14.3 节

练习 14.5：使用五条带公式来确定位于水平线上的 $k \geq 2$ 个接触点所关联的姿态平衡区域。

解：当所有接触点位于公共水平线上时，只有多边形 Π_{ij}^{++} 和 Π_{ij}^{--} 是非空的。多边形 Π_{ij}^{++} 和 Π_{ij}^{--} 的水平投影张成整个水平线。区域 εR 只是由接触点界定的垂直条带，形成了支撑多边形的二维版本。

练习 14.6：解释为什么具有 $k \geq 4$ 个摩擦接触点的 k 接触姿态的二维可行平衡区域由最多四个 k 接触完全确定（见命题 14.5 的证明）。

练习 14.7：在图 14-1b 所示的两个接触姿态中，接触点相对于支撑机器人手的交点位于 $x_1 = (-1,1)$ 和 $x_2 = (2,2)$ 处。接触法线的方向与水平轴 x 分别成 $45°$ 和 $135°$ 角。确定在 $\mu_1 = \mu_2 = 0.4$ 和 $\mu_1 = \mu_2 = 0.8$ 两种情况下，姿态的可行平衡区域。

练习 14.8：确定摩擦系数 μ 的范围，在该范围内，图 14-1b 所示姿态的区域 εR_{ij} 形成一个半无限垂直平面。

练习 14.9：当摩擦锥 C_i 和 C_j 位于经过 x_i 和 x_j 的线上方时，由摩擦接触点 x_i 和 x_j 支撑的二维姿态被定义为可控姿态（类似的条件定义了三维地形上的可控姿态）。验证这些姿态是否满足关系 $R_{ij} \subseteq X_{ij}$。

练习 14.10：在可控姿态条件下，还有什么附加条件可以确保区域 R_{ij} 与垂直条带 X_{ij} 重合？

解：每个摩擦锥还应包含垂直向上的方向。在这种情况下，式（14-2）中 $\Pi_{ij}^{++} = \Pi_{ij}^{--} = \mathbb{R}^2$，而 $\Pi_{ij}^{+-} = \Pi_{ij}^{-+} = \varnothing$。因此，$R_{ij}$ 是由两个接触点包围的垂直条带，$R_{ij} = (\Pi_{ij}^{++} \cup \Pi_{ij}^{--}) \cap X_{ij} = X_{ij}$。注意，在平坦的水平地面上，$R_{ij} = X_{ij}$，因为这样的地形是良态的，并且在点 x_i 和 x_j 处包含了垂直向上的方向。

练习 14.11：确定当 B 的质心穿过 R_{ij} 的最左和最右边界线时，在图 14-5 所示的六接触点姿态下，将会发展出哪些非静态运动模式？（请指出每一种情况下六个接触点各自产生哪种运动模式）

练习 14.12*：说明第 4 章中的矩标签技术是如何确定支撑接触并非全部向上的二维姿态的可行平衡区域。

解：把重力看成是在垂直平面内对 B 施加的力。矩标签技术使用 $\mathbb{R}^2$ 中两个带有 M^- 和 M^+ 来表示由支撑接触点产生的净物体力旋量的集合。沿 M^- 和 M^+ 符号确定的方向经过这两个多边形之间的所有线构成了可行的净物体力旋量。在重力作用下，每一个双接触姿态平衡区域 R_{ij} 会在 M^- 和 M^+ 所限定的范围内形成一个垂直条带，基于凸包性质，可以利用这些双接触姿态平衡区域构建受重力影响的 k 接触姿态的完整平衡区域 εR。

14.4 节

练习 14.13：在图 14-1b 所示的双接触姿态中，B 的质心位于接触法线的交点处。除了单位大小的重力作用外，可变扰动力 f_d 作用于 B 的质心。假设接触处的摩擦系数 $\mu_1 = \mu_2 = 0.4$，确定 B 保持在可行平衡状态下的最大值 f_d。

练习 14.14：在图 14-1b 所示的双接触姿态中，B 的质心位于距离接触法线交点高度 h 处。绘制一张图形，展示当 $-5 \leqslant h \leqslant 5$ 时，安全的 f_d 最大值随 h 变化的关系曲线。并解释该图形的意义。

下面的练习支撑引理 14.1 的证明，关于净力旋量锥 W 的尺寸。回想一下 L 是作用在 B 上的重力力旋量的仿射线。

练习 14.15＊：二维刚体 B 在二维空间 $\mathbb{R}^2$ 中通过两个不重合摩擦接触点对抗重力维持稳定。解释为什么仿射线 L 和净力旋量锥 W 在 B 的力旋量空间中横向相交，而两个接触点没有垂直对齐。

练习 14.16＊：假设 W 和 L 在 B 的力旋量空间中横向相交，证明引理 14.1 中规定的可行平衡区域的维数。

练习 14.17＊：双接触姿态的干扰安全平衡区域可以计算为 $R_{ij}(W_{ext}) = R_{ij}(w_1) \cap R_{ij}(w_2) \cap R_{ij}(w_3) \cap R_{ij}(w_4)$（命题 14.8）。这个构造是否适用于包围作用于 B 上的重力力旋量的任何凸形扰动范围？

应用练习题

练习 14.18：图 14-9 描绘了一个概念上的双足机器人，它有扁平的脚垫，由线接触而不是点接触支撑。当接触处的摩擦系数 $\mu = 1.0$，且前段地形斜坡角度为 55°时，请描述该双足姿态的二维可行平衡区域。

提示：接触反作用力沿支撑段连续分布。这些力可以被认为是在所有接触的相同摩擦锥内变化的。在这种解释下，接触反作用力可以通过这些前端点处的接触反作用力的凸组合来表示。

练习 14.19：图 14-9 所示的双足机器人由直线段接触点处摩擦系数 $\mu = 0.5$ 的地形段支撑。描述这种双足姿态的可行平衡带。

练习 14.20：描述当双足机器人的质心缓慢经过可行平衡区域边界时，接触处将产生的非静态运动模式。

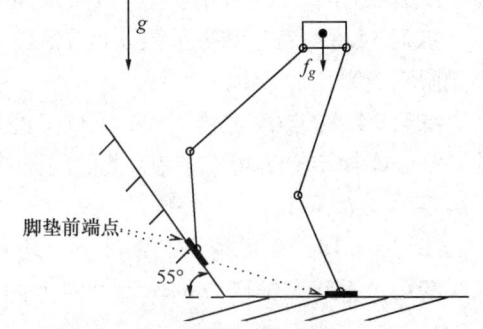

图 14-9 一种概念上有扁平脚垫的双足机器人，由两种地形支撑

解：当双足机器人保持刚体形状且关节角度固定时，每个脚垫端点将发展出非静态运动模式。第一种模式是一个脚垫在端点处滚动，而另一个脚垫脱离地形（表面）。在图 14-9 中，当机器人的质心 x_{cm} 穿过水平脚垫后端的 εR 边界线时，就会出现这种运动模式。此时，水平脚垫的后端点将开始向后滚动，而前脚垫将脱离地形。另一种运动模式是滑动两个脚垫端点。在图 14-9 中，当机器人的质心 x_{cm} 经过与两个脚垫前端点关联的多边形 Π_{ij}^{++} 顶点处的 εR 边界线时，会发生这种滑动模式，此刻，两个脚垫的前端点将在地形上向后滑动，同时每个脚垫的后部将从地形上脱离。这种运动模式会导致整个后脚垫在地形上滑动，而整个前脚垫则完全脱离地形。

练习 14.21：图 14-10 描绘了一个概念性的蛇形机器人，它由五个刚性圆盘组成，由旋转关节连接，并由刚性连杆连接。驱动圆盘的方式允许它们施加接触力，推动蛇形机器人沿着地形移动。对于接触处的摩擦系数 $\mu = 1.0$，确定图 14-10 所示的三个爬升阶段蛇形机器人的可行平衡区域。

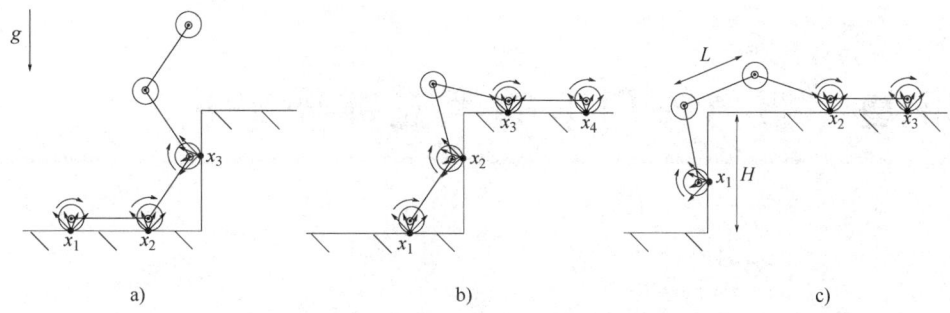

图 14-10 一个概念性的蛇形机器人尝试爬楼梯的过程：a）初始接近阶段；
b）双层支撑阶段；c）尾部抬起阶段

练习 14.22：假设蛇形机器人的质量集中在与地形接触的五个圆盘上。蛇形机器人能否缓慢地爬上图 14-10 所示的楼梯，同时在承受重力下持续保持静态平衡？

练习 14.23[*]：确定蛇形机器人可爬的最大楼梯高度 H，并作为刚性连杆长度 L 的函数（见图 14-10）。

参考文献

[1] Y. Or and E. Rimon, "Computation and graphical characterization of robust multiple-contact postures in two-dimensional gravitational environments," *International Journal of Robotics Research*, vol. 25, no. 11, pp. 1071–1086, 2006.

[2] M. A. Erdmann, "An exploration of nonprehensile two-palm manipulation," *International Journal of Robotics Research*, vol. 17, no. 5, pp. 485–503, 1998.

[3] S. J. Blind, C. C. McCullough, S. Akella and J. Ponce, "Manipulating parts with an array of pins: A method and a machine," *International Journal of Robotics Research*, vol. 20, no. 10, pp. 808–818, 2001.

[4] P. Painlevé, "Sur les lois du frottement de glissement," *Comptes Rendus de L'Acadamie des Sciences*, no. 121, pp. 112–115, 1895.

[5] F. Gnot and B. Brogliato, "New results on Painlevé paradoxes," *European Journal of Mechanics*, vol. A 18, no. 4, pp. 653–677, 1999.

[6] P. Lotstedt, "Coulomb friction in two-dimensional rigid body systems," *Zeitschrift fur Angewandte Mathematik und Mechanik*, vol. 61, pp. 605–615, 1981.

[7] M. T. Mason and Y. Wang, "On the inconsistency of rigid-body frictional planar mechanics," in *IEEE International Conference on Robotics and Automation*, pp. 524–528, 1988.

[8] Y. Wang and M. T. Mason, "Two-dimensional rigid body collisions with friction," *Journal of Applied Mechanics*, vol. 10, pp. 292–352, 1993.

[9] P. E. Dupont, "The effect of coulomb friction on the existence and uniqueness of the forward dynamics problem," *IEEE International Conference on Robotics and Automation*, pp. 1442–1447, 1992,

[10] J. S. Pang and J. C. Trinkle, "Stability characterizations of rigid body contact problems with Coulomb friction," *Zeitschrift fur Angewandte Mathematik und Mechanik*, vol. 80, no. 10, pp. 643–663, 2000.

第 15 章 重力作用下的手支撑姿态 Ⅱ

本章研究了机器人手支撑的刚性物体在三维重力作用下的平衡姿态。当物体保持静态平衡，且对小扰动具有鲁棒性时，在这种姿态下，安全性达到了有限的水平。静态稳定性一词通常用来描述这种平衡状态。例如，图 15-1 所示的两指机器人手通过三个摩擦接触以静态稳定的姿态支撑一个刚性物体。

与上一章中采用的建模方法非常相似，我们将固定机器人手，并将物体视为在机器人手支撑下具有可变质心。在物体的质心位置上接触可以支撑物体形成姿态平衡区域。我们将特别关注那些满足广义支撑多边形原则的可控姿态。这一特性使得它们的可行平衡区域可以作为稳定裕度的指标。

本章首先描述了三维摩擦姿态的基本特性，包括局部抗力旋量特性，这些特性构成了这种姿态所提供的安全性的度量；介绍了一般的多边形支撑定理和满足的一般性定理。15.3 节包含本章的核心内容。基于支撑接触点净力旋量锥的元胞分解方法，本节为通过摩擦接触点支撑的通用三维姿态开发了一个精确的代数表达式，用于描述其可行平衡区域。我们将看到，这个区域的水平横截面形成了一个有五种边界曲线的连通凸集。本章最后讨论了当物体的质心穿过每一条边界曲线时，接触处产生的非静态运动模式。在这些情况下，被支撑的物体失去了它的静态稳定性，并有可能脱离机器人手。

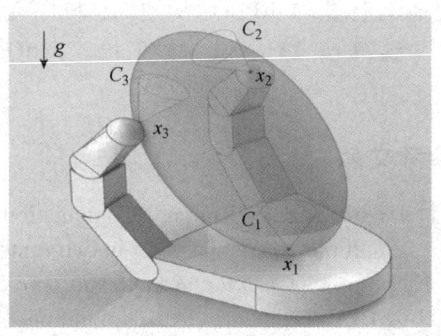

图 15-1 两指机器人手通过手掌和指尖的摩擦接触来支撑一个刚性物体，平衡姿态对足够小的扰动是鲁棒的

与腿式机器人运动的关系：本章的建模方法也适用于准静态腿部运动。像人形机器人这样的有腿机器人可以被建模为具有可变质心的刚体，并在脚点接触处支撑。可行平衡区域给出了腿式机器人安全质心位置的简洁描述，可用于规划腿式机器人在不平坦地形上的安全准静态运动。

15.1 三维平衡姿态的基本特性

本节描述了三维摩擦姿态的基本特性，并定义了姿态平衡区域，这是本章的重点。机器人手通过位于 $x_1, \cdots, x_k$ 处的摩擦点接触来支撑刚体 B。在库仑摩擦模型下，接触力 $f_1, \cdots, f_k$ 必须位于各自的摩擦锥上，有

$$C_i = \{f_i \in \mathbb{R}^3 : f_i \cdot n_i \geq 0, \sqrt{(f_i \cdot s_i)^2 + (f_i \cdot t_i)^2} \leq \mu_i |f_i \cdot n_i|\}, \quad i = 1, \cdots, k \quad (15\text{-}1)$$

式中，μ_i 是 x_i 处的摩擦系数，n_i 是物体在 x_i 处的单位内法线，(s_i, t_i) 是 x_i 处相互正交的单位切线。物体在固定世界坐标系中的可变质心位置表示为 $x_{cm} \in \mathbb{R}^3$。$\mathbb{R}^3$ 的垂直向上方向表示为

$e = (0,0,1)$。$\mathbb{R}^3$ 中的水平方向定义了水平投影矩阵：

$$E = \begin{pmatrix} 1 & 0 & 0 \\ 0 & 1 & 0 \end{pmatrix}$$

矩阵 E 只是将 $\mathbb{R}^3$ 中的向量投影到水平面上。接触点的水平投影、接触力和质心位置表示为 $\tilde{x}_i = Ex_i$，$\tilde{f}_i = Ef_i$，$\tilde{x}_{cm} = Ex_{cm}$。就像平衡抓取一样，当可行的接触力能够平衡作用在 B 上的重力力旋量时，刚体 B 根据以下条件被支撑在一个可行的平衡位置。

平衡姿态条件：刚体 B 在重力的影响下以一个可行的平衡姿态由 k 摩擦接触支撑，当

$$\begin{pmatrix} f_1 \\ x_1 \times f_1 \end{pmatrix} + \cdots + \begin{pmatrix} f_k \\ x_k \times f_k \end{pmatrix} + \begin{pmatrix} f_g \\ x_{cm} \times f_g \end{pmatrix} = \vec{0}, \quad f_i \in C_i, \quad i = 1, \cdots, k \quad (15\text{-}2)$$

式中，$w_i = (f_i, x_i \times f_i)$ 是第 i 个接触力产生的力旋量，$w_g = (f_g, x_{cm} \times f_g)$ 是作用于 B 的重力力旋量。所有力旋量都是 B 的力旋量空间 $T^*_{q_0}\mathbb{R}^6$ 中的向量，其中 q_0 是 B 的平衡姿态构型。

对于给定的一组支撑接触和质心位置，式（15-2）规定了支撑接触力的六个线性约束，$(f_1, \cdots, f_k) \in \mathbb{R}^{3k}$。求解式（15-2）的可行接触力形成嵌入 $\mathbb{R}^{3k}$ 的 $(3k-3)$ 维仿射子空间中的凸集。正如第 14 章中所讨论的，当机器人手在重力作用下支撑一个刚性物体时，抓取通常不具有抗力旋量。力旋量只包括一个能抵抗机器人手的专用力旋量。这种局部抗力旋量的概念在三维姿态的背景下在这里再表述一次。

局部抗力旋量：令一个刚体 B 由 k 个摩擦接触点支撑。假设一个三维刚体 B 通过 $k \geq 3$ 个非共线的摩擦接触点对抗重力保持稳定。若该物体处于非边缘平衡姿态（典型情况），则该姿态局部上具有抗力旋量能力。

局部抗力旋量为手支撑的姿态提供了一个有限的安全标准，并且对于支撑机器人手上物体的微小接触位置误差具有鲁棒性。局部抗力旋量稳定性是通过 $k \geq 3$ 个摩擦接触点支撑的平衡姿态的一般性质。为了证明这一点，考虑由支撑接触点产生的净力旋量锥：

$$W = \left\{ \sum_{i=1}^k \begin{pmatrix} f_i \\ x_i \times f_i \end{pmatrix} : f_i \in C_i, i = 1, \cdots, k \right\}$$

集合 W 在 B 的力旋量空间原点形成一个凸锥，其维数在下面的引理中描述（参见练习题以获得证明）。当支撑接触点不在公共线上时，称其为非共线。

引理 15.1（W 的尺寸） 三维摩擦状态下的净力旋量锥形成一个单接触的三维锥面、两个非重合接触的五维锥面和 $k \geq 3$ 个非共线接触的全六维锥面。

下一个命题应用引理 15.1 得出结论：局部抗力旋量是由 $k \geq 3$ 摩擦接触支撑的三维摩擦姿态的一个一般性质。非边缘平衡姿态定义为接触力位于各自摩擦锥内的姿态。

命题 15.2（局部抗力旋量） 假设一个三维刚体 B 通过 $k \geq 3$ 个非共线的摩擦接触点对抗重力保持稳定。若该物体处于非边缘平衡姿态（典型情况），则该姿态局部上具有抗力旋量能力。

该证明与二维摩擦姿态的证明相似（命题 14.2），因此证明从略。通常情况下，机器人手会连接在机器人臂上，而机器人臂又可能安装在移动机器人平台上。当物体 B 处于局部抗力旋量姿态时，在机器人臂及可能的移动机器人平台产生的一切足够小的力旋量扰动下，物体 B 将会保持静止不动，稳固地停留在机器人手上。

现在让我们固定机器人手，并将支撑物体 B 视为具有可变质心的刚体，由位于机器人手上的接触点支撑。我们的目标是描述物体的质心位置，在这个位置上，支撑接触点能够抵抗作用在 B 上的重力力旋量。

定义 15.1（区域 εR） 允许三维刚体 B 由 k 个摩擦接触支撑。姿态平衡区域 $\varepsilon R \subseteq \mathbb{R}^3$ 是所

有 B 的质心位置的集合，在这些位置上存在满足式(15-2)平衡姿态条件的可行接触力。

当区域 εR 为非空时，它形成了以下一组与重力方向共线的垂直线。

命题 15.3(εR 的形状) 当 B 由单接触支撑时，姿态平衡区域 $\varepsilon R \subseteq \mathbb{R}^3$ 是一条垂直线；当 B 由两个非重合接触支撑时，则是一个垂直条；当 B 由 $k \geq 3$ 个非共线摩擦接触支撑时，是一个具有凸截面的垂直三维棱柱㊀。

与其给出一个正式的证明，不如考虑以下直观的论点。式(15-2)中描述的平衡姿态条件仅包含 B 质心的水平坐标 $\tilde{x}_{cm}$。因此，区域 εR 在 $\mathbb{R}^3$ 中形成了一个垂直线的集合。对于单接触点，εR 通常是经过该接触点的垂直线。对于两个接触点，区域 εR 形成一个垂直条带，嵌入经过两个接触点的垂直平面中。对于 $k \geq 3$ 个接触点，区域 εR 基于以下论据形成一个具有凸横截面的垂直三维圆柱状集合。设 x'_{cm} 和 x''_{cm} 为 εR 中的两个质心点，设 f'_i，$f''_i \in C_i (i=1,\cdots,k)$ 为保持平衡姿态的相应接触力。当 $0 \leq s \leq 1$ 时，连接 x'_{cm} 和 x''_{cm} 的线段可以参数化为 $x_{cm}(s) = sx'_{cm} + (1-s)x''_{cm}$。相应的接触力 $f_i = sf'_i + (1-s)f''_i$ 位于 C_i，满足平衡姿态条件，B 的质心位于 $x_{cm}(s)$。因此，εR 在三维空间 $\mathbb{R}^3$ 中形成了一个由垂直线段组成的连通凸集。

从命题 15.3 可知，姿态平衡区域的水平横截面 $\varepsilon R \subseteq \mathbb{R}^3$ 形成一个平面凸集。因此，εR 的计算可以简化为 $\mathbb{R}^2$ 水平横截面的计算。从这一点开始，符号 εR 将用来指代三维可行平衡区域在二维水平面上的横截面，即 $\varepsilon R \subseteq \mathbb{R}^2$。

15.2 可控的手支撑姿态

本节介绍了一类可控的姿态及其所满足的广义支撑多边形原理。让我们从经典的支撑多边形开始，它是通过将接触点投影到一个公共水平面，然后在水平面内取投影接触点的凸包而得到的。

定义 15.2 k 接触姿态的支撑多边形 $P = \text{conv}\{\tilde{x}_1,\cdots,\tilde{x}_k\} \subseteq \mathbb{R}^2$，由接触点水平投影的凸包形成。

k 接触姿态的支撑多边形在 $\mathbb{R}^2$ 中形成一个有界凸集，其周围是连接投影接触对 $(\tilde{x}_i, \tilde{x}_j)$ 的线段闭合环(并非所有接触点都有助于边界 P)。支撑多边形形成了位于水平地面的可行平衡区域。然而，当机器人手在重力作用下支撑刚性物体时，几乎总会形成不平整的地形。在这种地形上，姿态平衡区域 $\varepsilon R \subseteq \mathbb{R}^2$ 与支撑多边形 P 之间的关系相当复杂。幸运的是，大量不平整地形(对应于大量机器人手的姿态)满足有用的包含关系 $\varepsilon R \subseteq P$。这类可控姿态分为两个阶段。首先考虑由三个接触点支撑的可控姿态。

定义 15.3(可控三接触点姿态) 令三维刚体 B 由 $\mathbb{R}^3$ 中的摩擦接触点 x_1、x_2、x_3 支撑。设 Δ 为经过 x_1、x_2、x_3 的平面。设 n 为垂直于 Δ 的单位法向量，使得 $e \cdot n \geq 0$。如果接触点处的摩擦锥严格位于平面 Δ 的上方，则三接触点姿态是可控的。也就是说，对于所有 $f_i \in C_i$，$f_i \cdot n \geq 0$，$i=1, 2, 3$。

推广到具有 k 个接触点的姿态时，要求每个由三个接触点组成的集合都满足下面给出的可控姿态定义。

定义 15.4(可控 k 接触点姿态) 如果每三组摩擦接触点 x_i，x_j，$x_p \in \mathbb{R}^3$，$1 \leq i,j, p \leq k$，形成一个可控的三接触点姿态，则 k 接触点姿态是可控的。

可控姿态可以等效地描述如下。当每对接触点 x_i 和 x_j 确定 $\mathbb{R}^3$ 中的一条线时，k 接触点姿

㊀ 当所有 k 接触点位于 $\mathbb{R}^3$ 中的一条公共线上时，εR 区域退化为经过这条线的二维垂直条带。

态是可控的，使得所有其他接触点处的摩擦锥相对于垂直向上方向 e 位于该线的上方。为了描述区域 εR 与支撑多边形 P 之间的关系，我们定义当接触点 x_i 的摩擦锥 C_i 包含垂直向上方向 e 时，称该接触点为准平面接触点。以下命题描述了可控姿态所遵循的广义支撑多边形原理。

命题 15.4（与支撑多边形的关系）　一个可控的 k 接触点姿态的可行平衡区域 $\varepsilon R \subseteq \mathbb{R}^2$ 完全包含在支撑多边形 $\varepsilon R \subseteq P$ 中。逆关系 $P \subseteq \varepsilon R$ 适用于具有准平面接触的 k 接触点姿态。

证明： 首先考虑关系式 $\varepsilon R \subseteq P$，我们必须证明每个水平质心位置 $\tilde{x}_{cm} \in \varepsilon R$ 都位于支撑多边形 P 中，支撑多边形由一个连接水平投影接触的直线段闭合环所包围。设 $\tilde{x}_i$ 和 $\tilde{x}_j$ 为支撑多边形边界上的两个相邻顶点，x_i 和 x_j 为相应的接触点（可能位于不同高度）。考虑在 $\mathbb{R}^3$ 中经过 x_i 和 x_j 的线 l。接触力 f_i 和 f_j 产生关于 l 的零扭矩。因此，式（15-2）的扭矩平衡部分要求重力和所有其他接触力产生的关于 l 的净扭矩为零。在可控姿态下，对于所有 $f_p \in C_p$，所有其他接触力均满足 $f_l \cdot n \geq 0$，其中 n 是由向量 x_i、x_j 和 x_p 张成的平面 Δ 的法线向量，且该法线指向垂直向上。关于 l 的力矩平衡意味着物体的质心 $x_{cm} \in \mathbb{R}^3$ 必须位于通过接触点 x_i 和 x_j 的垂直面所限定的 $\mathbb{R}^3$ 的半空间内，使得该半空间包含所有 $p \neq i,j$ 的点 x_p。对支撑多边形 P 边界上的每个线段 (x_i, x_j) 重复这一论点，我们得出结论，x_{cm} 必须位于由接触点构成的垂直棱柱内部，这意味着 $\varepsilon R \subseteq P$。准平面接触点能够平衡位于该接触点的垂直线上的任何物体质心。因此，通过准平面接触点的垂直线位于三维姿态平衡区域内。三维姿态平衡区域形成了一组垂直线的凸集（命题 15.3）。因此，它包含了由准平面接触点所界定的垂直棱柱，给出了准平面接触点状态的 $P \subseteq \varepsilon R$ 关系式。

通常情况下，只要机器人手形成的地形不太陡峭，其支撑姿态往往是可控的。然而如下例所示，可控姿态通常包含准平面接触点和非准平面接触点的混合。

示例： 图 15-2 描述了两指机器人手通过四个摩擦接触点支撑刚性物体 B（未显示支撑物体）。两个接触点位于指尖，另外两个接触点位于手掌上。在图 15-2a 中，手指向外伸展，物体由准平面接触点支撑。因此，在这个姿态下 $\varepsilon R = P$。接下来，考虑两个手指逐渐向内靠近手掌，同时指尖接触点轻微移动。在图 15-2b 中，物体仍由可控的姿态支撑，但指尖接触点已不再是准平面的。该姿态的可行平衡区域位于支撑多边形内的某个位置，即 $\varepsilon R \subseteq P$，这突显了明确知晓 εR 区域确切位置的必要性。

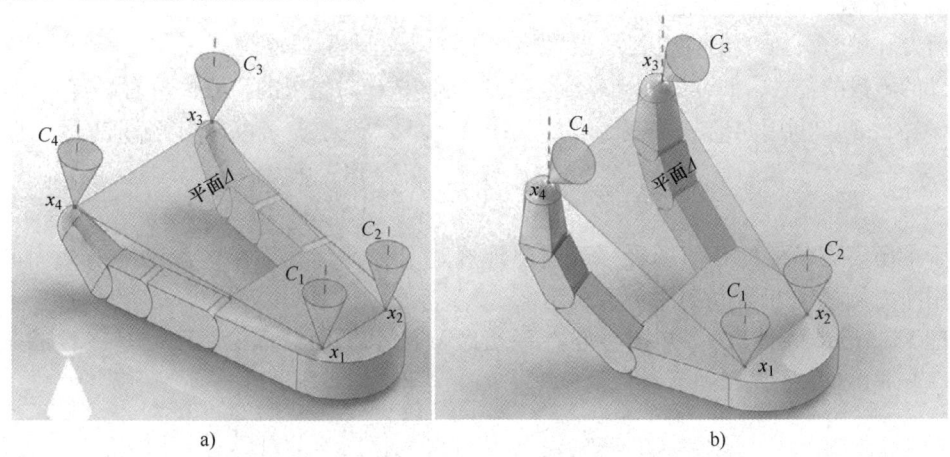

图 15-2　两指机器人手通过四个摩擦接触点支撑一个刚性物体（未显示支撑物体）。a）姿态是可控的，所有的接触都是准平面的。因此，在这个姿态下，$\varepsilon R = P$；b）姿态仍然很可控，但在指尖接触处不再是准平面的。因此，在这个姿态下，$\varepsilon R \subset P$

可控姿态具有其可行平衡区域位于经典支撑多边形 $\varepsilon R \subseteq P$ 范围内的有用性质。然而，在机器人手上选择安全的物体放置位置以及了解远离非静态运动模式的稳定裕度时，需要明确地描述区域 εR。这就引出了本章的核心内容。

15.3　一种计算姿态平衡区域的方法

本节将第 11 章确定无摩擦姿态可行平衡区域的方法推广为计算摩擦姿态可行平衡区域的方法。该方法基于式 (15-2) 中平衡姿态条件的几何解释，其可写成

$$\begin{pmatrix} f_1 \\ x_1 \times f_1 \end{pmatrix} + \cdots + \begin{pmatrix} f_k \\ x_k \times f_k \end{pmatrix} = -\begin{pmatrix} f_g \\ x_{cm} \times f_g \end{pmatrix}, \quad f_i \in C_i, \quad i = 1, \cdots, k \tag{15-3}$$

回顾一下，B 的力旋量空间形成一个六维向量空间，由力和力矩坐标 $(f, \tau) \in T_{q_0}^* \mathbb{R}^6$ 参数化。式 (15-3) 的左边表示所有通过接触点施加在 B 上的可行力所形成的净力旋量。它代表了净力旋量锥 W，对于 $k \geqslant 3$ 个摩擦接触的情况，W 在 B 的力旋量空间原点基础上形成了一个 6 维凸锥（引理 15.1）。

式 (15-3) 的右边表示在给定的姿态下，通过改变物体质心位置而作用于 B 的所有重力力旋量。作用在 B 上的重力是恒力，而作用在 B 上的重力力矩可以写成

$$x_{cm} \times f_g = \left(\begin{pmatrix} \tilde{x}_{cm} \\ 0 \end{pmatrix} + \begin{pmatrix} \vec{0} \\ x_{cm} \cdot e \end{pmatrix} \right) \times f_g = \begin{pmatrix} \tilde{x}_{cm} \\ 0 \end{pmatrix} \times f_g, \quad \tilde{x}_{cm} \in \mathbb{R}^2$$

由于重力 f_g 是常数，式 (15-3) 的右边仅取决于 B 的质心 $\tilde{x}_{cm} \in \mathbb{R}^2$ 的水平坐标，该坐标在 B 的力旋量空间中构成了一个仿射平面。

定义 15.5（仿射平面 L）　在给定的姿态下作用于可变质心物体 B 的重力力旋量的集合构成了一个仿射平面：

$$L = \left\{ \begin{pmatrix} f_g \\ \tilde{x}_m \times f_g \\ 0 \end{pmatrix} \in T_{q_0}^* \mathbb{R}^6 : \tilde{x}_{cm} \in \mathbb{R}^2 \right\} \tag{15-4}$$

式中，f_g 为常数，而 $\tilde{x}_{cm} = E x_{cm}$ 在 $\mathbb{R}^2$ 中变化。

任何力旋量 $(f, \tau) \in L$ 都对应着被支撑物体 B 的唯一水平质心位置 $\tilde{x}_{cm}$。为了得到 $\tilde{x}_{cm}$ 作为 $(f, \tau) \in L$ 的函数的公式，假设 $\|f_g\| = 1$。这种力单位的选择对结果的一般性没有影响，则 $f_g = -e$，$x_{cm} \times f_g = x_{cm} \times (-e)$。利用向量三重积：$e \times (x_{cm} \times e) = (x_{cm} \cdot e)e - x_{cm}$，可以得到 $\tilde{x}_{cm}$ 的表达式为

$$\tilde{x}_{cm} = -E(e \times \tau), \quad \begin{pmatrix} -e \\ \tau \end{pmatrix} \in L, \quad E = \begin{pmatrix} 1 & 0 & 0 \\ 0 & 1 & 0 \end{pmatrix} \tag{15-5}$$

基于平衡姿态条件的几何解释，下列定理规定了一种计算平衡区域水平横截面的方法，该方法用净力旋量锥 W 和仿射平面 L 表示。

定理 15.5（εR 的计算）　k 接触姿态平衡区域的水平横截面 $\varepsilon R \subseteq \mathbb{R}^2$ 是线性映射 $\tilde{x}_{cm} = -E(e \times \tau)$ 下 $W \cap L$ 的图像，即

$$\varepsilon R = \left\{ \tilde{x}_{cm} \in \mathbb{R}^2 : \tilde{x}_{cm} = -E(e \times \tau), \begin{pmatrix} -e \\ \tau \end{pmatrix} \in W \cap L \right\} \tag{15-6}$$

式中，力的比例因子为 $\|f_g\| = 1$，W 是该姿态处的净力旋量锥，L 是重力力旋量的仿射平面，可以在给定的姿态下作用于 B。姿态平衡区域边界 $\text{bdy}(\varepsilon R)$ 位于 $\text{bdy}(W) \cap L$ 的图像内，即

$$\text{bdy}(\varepsilon R) \subseteq \left\{ \tilde{x}_{cm} \in \mathbb{R}^2 : \tilde{x}_{cm} = -E(e \times \tau), \begin{pmatrix} -e \\ \tau \end{pmatrix} \in \text{bdy}(W) \cap L \right\} \quad (15\text{-}7)$$

式中，bdy(W)是净力旋量锥 W 的边界。

证明：根据式(15-3)的几何解释，每个力旋量 $(f, \tau) \in W \cap L$ 对应于 B 质心的唯一水平位置 $\tilde{x}_{cm} = -E(e \times \tau)$，这给出了区域 εR 的表达式(15-6)。接下来考虑 εR 的边界，线性映射 $\tilde{x}_{cm} = -E(e \times \tau)$ 将仿射平面 L 映射到水平面 $\mathbb{R}^2$ 上。作为满秩，它将仿射平面 L 内 $W \cap L$ 的内部映射到 $\mathbb{R}^2$ 中 εR 的内部。这意味着只有仿射平面 L 内 $W \cap L$ 的边界才可能映射到 εR 的边界。L 内 $W \cap L$ 的边界由力旋量空间中 W 的边界点组成。这给出了式(15-7)中给定的 bdy(W) $\cap L$。注意，bdy(W) $\cap L$ 形成了一组曲线，这些曲线被映射到 εR 中的一组曲线，使得这些曲线的某些部分形成了区域 εR 的外部边界。

定理15.5给出了一个计算 k 接触姿态可行平衡区域的方法。基于此方法，15.4节和15.5节将对净力旋量锥边界 bdy(W) 的胞状结构进行特征描述。15.6节将描述交集 bdy(W) $\cap L$ 的特征，并将其映射到姿态平衡区域的边界，即 $\mathbb{R}^2$ 中的 bdy(εR)。

εR 的多边形近似：对 bdy(εR) 的多边形内近似可按以下步骤高效地进行计算：首先通过平面构造摩擦锥 $C_1, \cdots, C_k$ 的内部近似，其数量是用户指定的参数。这给出了由 $\mathbb{R}^{3k}$ 中的凸多面体锥构成的复合摩擦锥 $C_1 \times \cdots \times C_k$ 的内部近似。交集 bdy(W) $\cap L$ 在接触力分量与物体水平质心位置的复合空间中形成一个凸多面体，$(f_1, \cdots, f_k, \tilde{x}_m) \in \mathbb{R}^{3k+2}$。这个多面体在水平面上的投影可以作为一系列线性规划问题来计算，这形成了 $\mathbb{R}^2$ 中 bdy(εR) 的多边形近似。然而，这种数值方法并未提供对姿态平衡区域的直观或解析理解。

15.4 净力旋量锥 W 的边界

本节描述了 k 接触姿态下净力旋量锥的边界 bdy(W)。首先，我们将复合摩擦锥中所有 $(f_1, \cdots, f_k) \in C_1 \times \cdots \times C_k$ 的接触力划分为接触力单元。然后，我们将识别出哪些接触力单元可能会为 W 边界的面做出贡献。

15.4.1 复合摩擦锥的单元分解

复合摩擦锥 $C_1 \times \cdots \times C_k$ 的单元分解将基于接触点的净力旋量锥 W 的解释，即抓取映射下的接触力 $(f_1, \cdots, f_k)$ 图像（见第4章）：

$$L_G(f_1, \cdots, f_k) = \begin{pmatrix} f_1 \\ x_1 \times f_1 \end{pmatrix} + \cdots + \begin{pmatrix} f_k \\ x_k \times f_k \end{pmatrix}, \quad (f_1, \cdots, f_k) \in C_1 \times \cdots \times C_k \quad (15\text{-}8)$$

集合 $C_1 \times \cdots \times C_k$ 在接触力空间 $(f_1, \cdots, f_k)$ 中形成一个分层集。也就是说，该集合可被分解为一组互不相交的单元，每个单元都是无边界的流形。这些单元的维数范围从零（单点流形）到 $3k$（接触力外围空间中的开集）。为了描述 $C_1 \times \cdots \times C_k$ 如何分解为单元，考虑将每个摩擦锥分解为三个子集，如图15-3a所示：

$$C_i = O_i \cup I_i \cup S_i, \quad i = 1, \cdots, k$$

式中，$O_i = \{0\}$ 是圆锥体的顶点，I_i 是圆锥体的内部，S_i 是圆锥体的边界曲面（不包括其顶点）。注意，I_i 和 S_i 只包含非零的力。利用这种表示法，集合 $C_1 \times \cdots \times C_k$ 可以分解成 3^k 个形式的单元，

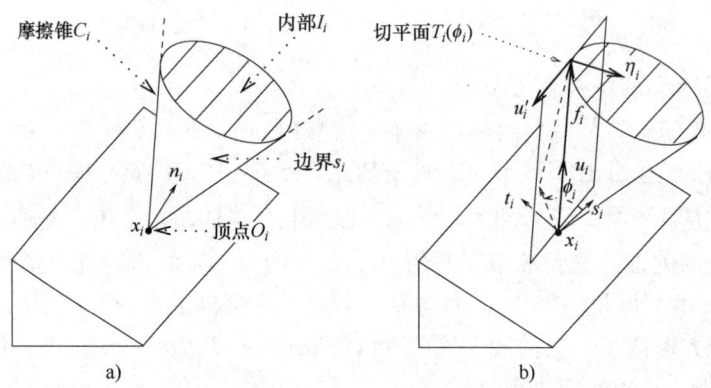

图 15-3 a) 将摩擦锥 C_i 划分为顶点 O_i、去心表面 S_i 和内部 I_i; b) 切平面 $T_i(\phi_i)$ 沿始于接触点 x_i 且沿着接触力 $f_i = \lambda_i u_i(\phi_i)$ 的方向接触摩擦锥边界 S_i

$$C_1 \times \cdots \times C_k = (O_1 \cup I_1 \cup S_1) \times \cdots \times (O_k \cup I_k \cup S_k) \tag{15-9}$$

$C_1 \times \cdots \times C_k$ 的每个单元表示从 $\{O_i, I_i, S_i\}$ 中选择一个分量,$i = 1, \cdots, k$。任何特定单元的维数等于其组成单元的维数之和。例如,单元 $O_1 \times S_2 \times S_3$ 是四维的,因为 O_1 是零维的,而 S_2 和 S_3 是二维曲面。还要注意,$O_1 \times \cdots \times O_k$ 是零维单元(单点流形),而 $I_1 \times \cdots \times I_k$ 是 $3k$ 维单元(接触力的外围空间中的开集)。

15.4.2 建立 W 边界面的接触力单元

在由 $k \geq 3$ 个非共线摩擦接触支撑的三维姿态下,净力旋量锥完全是六维的(引理 15.1)。因此,它的边界 $\mathrm{bdy}(W)$ 在 B 的力旋量空间中形成了一个五维集合。这个集合可以被分层成维数在 $0 \sim 5$ 之间的单元。由于 $\mathrm{bdy}(W)$ 是五维的,它完全被它的五维单元的并集捕获,因为低维的单元可以通过两个或多个五维边界单元的相交来获得。因此,让我们分析 $\mathrm{bdy}(W)$ 的五维单元,称为 $\mathrm{bdy}(W)$ 的面,帮助我们识别哪些接触力单元对 $\mathrm{bdy}(W)$ 的面是基于抓取映射的函数行列式矩阵。由于矩阵秩是本节的核心,让我们回顾一下它是如何定义的。

矩阵秩:设 A 为 $l \times r$ 实矩阵,$a_i \in \mathbb{R}^l$ 表示 A 的第 i 列,A 的值域空间称为 $R(A)$,是由 A 的列构成的 $\mathbb{R}^l$ 的线性子空间:

$$R(A) = \{v \in \mathbb{R}^l : v = s_1 a_1 + \cdots + s_r a_r; s_1, \cdots, s_r \in \mathbb{R}\}$$

A 的秩 $\mathrm{rank}(A)$ 是 A 的值域空间的维数。当 $\mathrm{rank}(A) = \min\{l, r\}$ 时,矩阵 A 具有满秩。

引理 15.6(秩准则) 设 K 为复合摩擦锥 $C_1 \times \cdots \times C_k$ 的单元。如果抓取映射 L_G 下的 K 图像包含 $\mathrm{bdy}(W)$ 的五维面,则它必须是 K 中满足秩亏条件的临界接触力图像

$$\mathrm{rank}(DL_G) = 5 \tag{15-10}$$

式中,DL_G 是抓取 L_G 到单元 K 的映射区域的函数行列式。

简证:在 $C_1 \times \cdots \times C_k$ 的五维单元中,条件 $DL_G = 5$ 意味着 DL_G 具有满秩。所有这些单元经由 L_G 映射后,在 B 的力旋量空间中形成可能构成 $\mathrm{bdy}(W)$ 五维面的五维集合。接下来考虑 $C_1 \times \cdots \times C_k$ 中的高维单元。当某个单元 K 具有六维或更高维时,根据子流形定理⊖,函数行列

⊖ 设 $f: \mathbb{R}^n \to \mathbb{R}^m$ 是一个可微函数 $y = f(x)$,$n \geq m$。如果函数行列式 $Df(x)$ 在 x 处具有满秩,则 f 将 $\mathbb{R}^n$ 中 x 的开邻域映射到 $\mathbb{R}^m$ 中 y 的开邻域上。

式具有满秩即 rank(DL_G) = 6 的点会被 L_G 映射到 W 内。因此，只有满足秩亏条件 rank(DL_G) ≤ 5 的接触力才可能映射到 bdy(W) 上。

引理 15.6 可以用于确定 $C_1 \times \cdots \times C_k$ 中的哪些单元可能对 bdy(W) 贡献五维面。要应用引理 15.6，必须为每个 d 维单元 K 选择一种使用 d 个参数的参数化方法，将抓取映射 L_G 限制在 K 上，然后计算 $6 \times d$ 的函数行列式矩阵 DL_G 并找出其秩亏的条件。单元 K 可以根据其 S_i 和 I_i 分量分配 d 个参数，具体如下。位于第 i 个摩擦锥内 I_i 中的接触力仅通过它们在固定世界坐标系中的笛卡儿坐标 $f_i \in \mathbb{R}^3$ 进行参数化。位于第 i 个摩擦锥边界的接触力 S_i 由 $(\lambda_i, \phi_i) \in \mathbb{R}^+ \times \mathbb{R}$ 参数化，其中 $\lambda_i > 0$ 是力的大小，ϕ_i 是力角，通过将力 f_i 投影到由接触点 x_i 处的单位切线张成的平面上来度量（图 15-3b）。因此力 $f_i \in S_i$ 由下式参数化：

$$f_i(\lambda_i, \phi_i) = \lambda_i u_i(\phi_i), \quad u_i(\phi_i) = \mu_i \cos(\phi_i) s_i + \mu_i \sin(\phi_i) t_i + n_i \quad (15\text{-}11)$$

式中，μ_i 是 x_i 处的摩擦系数，(s_i, t_i) 是 x_i 处的单位切线，n_i 是 B 在 x_i 处的单位内法线。单位向量 $u_i(\phi_i)$ 通过参数化方法确定，它表示由与 n_i 正交且距离 x_i 为单位长度的平面与曲面 S_i 相交所形成的圆。由于 $u_i(\phi_i)$ 的大小恒定，$u_i'(\phi_i) = -\mu_i \sin(\phi_i) s_i + \mu_i \cos(\phi_i) t_i$ 与 $u_i(\phi_i)$ 正交。因此，集合 $\{u_i(\phi_i), u_i'(\phi_i)\}$ 构成了 $f_i \in S_i$ 处的切平面，记作 $T_i(\phi_i)$（图 15-3b）。注意，$T_i(\phi_i)$ 与 S_i 相切，沿射线共线，接触力为 $f_i = \lambda_i u_i(\phi_i)$。最后，向量 $\eta_i(\phi_i) = u_i(\phi_i) \times u_i'(\phi_i) = -\mu_i \cos(\phi_i) s_i - \mu_i \sin(\phi_i) t_i - \mu_i^2 n_i$ 在点 $f_i = \lambda_i u_i(\phi_i)$ 处与 S_i 正交（图 15-3b）。

然后将复合摩擦锥 $C_1 \times \cdots \times C_k$ 的单元划分为单元类。

定义 15.6（单元类） 复合摩擦锥 $C_1 \times \cdots \times C_k = (O_1 \cup I_1 \cup S_1) \times \cdots \times (O_k \cup I_k \cup S_k)$ 的每个单元类与 S_i 分量的 n_s 选择、I_i 分量的 n_I 选择和 O_i 分量的 $k - n_S - n_I$ 选择有关。

$C_1 \times \cdots \times C_k$ 的每个单元类都可以用字母表 $\{S, I, O\}$ 中的 k 个字母组成的单词来表示，有 n_s 个字母 S，n_I 个字母 I 和 $k - n_S - n_I$ 个字母 O。为了便于记法，我们将使用指数为 $1 \cdots n_s$ 的接触力位于边界分量 S_i 中的约定，指数 $n_s + 1 \cdots n_s + n_I$ 的接触力位于内部构件 I_i 中，而指数 $n_s + n_I + 1 \cdots k$ 的其余接触力为零力。这种任意选择的接触力指数将代表任何给定单元类的所有其他指数排列。例如，对于 $k = 3$ 个接触点，SIO 单元类代表六个单元：$S_1 \times I_2 \times O_3$，$S_1 \times O_2 \times I_3$，$O_1 \times S_2 \times I_3$，$O_1 \times I_2 \times S_3$，$I_1 \times O_2 \times S_3$，$I_1 \times S_2 \times O_3$。字母 O 表示零接触力，因此将省略。例如，单元类 SIO 将表示为 SI。注意，一个特定类的所有单元都有相同的维数，由 $2n_s + 3n_I$ 给出。例如，对于 $k = 3$ 个接触点，所有维数为 5 或更高的单元类是 SI、II、SSS、SSI、SII 和 III。

下面的定理说明了复合摩擦锥 $C_1 \times \cdots \times C_k$ 的哪些单元类可能对 bdy(W) 提供五维面。

定理 15.7（bdy(W) 的单元类） 假设刚体 B 被至少 $k \geq 3$ 个非共线的摩擦点接触。当摩擦锥相对于接触点处于典型位置时，可能为净力旋量锥 W 提供五维边界面的 $C_1 \times \cdots \times C_k$ 的单元类，包括 SI/II、SSI、SSS、$SSSS$、$SSSSS$。

定理 15.7 的证明见本章附录。该证明确认了在定理 15.7 中未列出的所有 $C_1 \times \cdots \times C_k$ 单元类中，抓取映射 DL_G 的雅可比矩阵都具有满秩。当 DL_G 在维数为 6 或更高的单元 K 中具有满秩时，该单元被映射到 B 的力旋量空间中 W 内。例如，考虑定理 15.7 中未列出的 III 和 SII 单元类。在一个 III 单元类中，只要接触点不在三维空间中的同一直线上，DL_G 在整个单元中具有满秩。因此，整个单元被映射到 W 内。在 SII 单元类中，只有当位于 S 接触点处的摩擦锥与通过 I 接触点的直线相切时，DL_G 才变得秩亏。这种情况从来不会出现在可控的姿态中，并且在所有其他姿态下都是高度非典型的。因此，整个单元一般映射到 W 内。类似的参数适用于定理 15.7 中未列出的所有单元类。

让我们总结一下可能对 bdy(W) 有影响的接触力单元的列表。在三接触点状态下，

bdy(W)由 SI/II、SSI 和 SSS 面组成。在四接触点姿态下，bdy(W)还可以有 $SSSS$ 面。在 $k \geq 5$ 个接触点支撑的姿态下，bdy(W)可以具有所有五种类型的面。最后，当支撑姿态的接触点数量增加时，不会出现新的边界面类型。我们的下一个任务是确定这些单元类中的哪些接触力实际映射到 W 的边界面。

15.5 有助于 W 的边界面的临界接触力

本节描述满足秩亏条件 $\text{rank}(DL_G) = 5$ 的单元类 SI/II、SSI、SSS、$SSSS$ 和 $SSSSS$ 中的特定接触力。这些临界接触力由抓取映射 L_G 映射到 bdy(W) 的某个面，前提是它们满足本节末尾讨论的辅助条件。临界接触力的特征如下，其证明见本章附录。

命题 15.8（临界接触力） 对于定理 15.7 中列出的每个单元类，可能映射到 bdy(W) 的临界接触力满足以下条件：

1) 单元类 SI 和 II：整个单元由临界接触力组成。

2) 单元类 SSI：该类单元由 (λ_1, ϕ_1)、(λ_2, ϕ_2) 和 $f_3 \in \mathbb{R}^3$ 参数化。临界接触力角 (ϕ_1, ϕ_2) 满足标量方程

$$\eta_1(\phi_1) \cdot (x_1 - x_3) = 0, \quad \eta_2(\phi_2) \cdot (x_2 - x_3) = 0 \tag{15-12}$$

式中，$\eta_i(\phi_i)$ 是摩擦锥切平面 $T_i(\phi_i)$ 的法线，$i = 1, 2$。

3) 单元类 SSS：此类单元由 (λ_i, ϕ_i) 参数化，$i = 1, 2, 3$。设 $(\bar{s}, \bar{t}, \bar{n})$ 为由 x_1、x_2、x_3 确定的平面 Δ 的参考系。临界接触力角 (ϕ_1, ϕ_2, ϕ_3) 满足标量方程

$$\det \begin{bmatrix} \bar{s} \cdot v_1(\phi_1) & \bar{s} \cdot v_2(\phi_2) & \bar{s} \cdot v_3(\phi_3) \\ \bar{t} \cdot v_1(\phi_1) & \bar{t} \cdot v_2(\phi_2) & \bar{t} \cdot v_3(\phi_3) \\ \bar{n} \cdot (x_1 \times v_1(\phi_1)) & \bar{n} \cdot (x_2 \times v_2(\phi_2)) & \bar{n} \cdot (x_3 \times v_3(\phi_3)) \end{bmatrix} = 0 \tag{15-13}$$

式中，$v_i(\phi_i) = \bar{n} \times \eta_i(\phi_i)$，$\eta_i(\phi_i)$ 是 $T_i(\phi_i)$ 的法线，$i = 1, 2, 3$。

4) 单元类 $SSSS$：此类单元由 (λ_i, ϕ_i) 参数化，$i = 1, \cdots, 4$。令 $(\bar{s}_i, \bar{t}_i, \bar{n}_i)$ 表示由接触点 x_i、x_{i+1}、x_{i+2} 所张成平面的参考系，其中指数相加取模 4。临界接触力角 $(\phi_1, \phi_2, \phi_3, \phi_4)$ 满足标量方程

$$\det \begin{bmatrix} \bar{s}_i \cdot v_i(\phi_i) & \bar{s}_i \cdot v_{i+1}(\phi_{i+1}) & \bar{s}_i \cdot v_{i+2}(\phi_{i+2}) \\ \bar{t}_i \cdot v_i(\phi_i) & \bar{t}_i \cdot v_{i+1}(\phi_{i+1}) & \bar{t}_i \cdot v_{i+2}(\phi_{i+2}) \\ \bar{n}_i \cdot (x_i \times v_i(\phi_i)) & \bar{n}_i \cdot (x_{i+1} \times v_{i+1}(\phi_{i+1})) & \bar{n}_i \cdot (x_{i+2} \times v_{i+2}(\phi_{i+2})) \end{bmatrix} = 0, \quad i = 1, 2, 3 \tag{15-14}$$

式中，$v_i(\phi_i) = \bar{n}_i \times \eta_i(\phi_i)$，$\eta_i(\phi_i)$ 是 $T_i(\phi_i)$ 的法线，$i = 1, \cdots, 4$。

5) 单元类 $SSSSS$：此类单元的参数化为 (λ_i, ϕ_i)，$i = 1, \cdots, 5$。设 $(\bar{s}_i, \bar{t}_i, \bar{n}_i)$ 为由接触点 x_i、x_{i+1}、x_{i+2} 所张成平面的参考系，其中指数加法取模 5。临界接触力角 $(\phi_1, \cdots, \phi_5)$ 满足标量方程

$$\det \begin{bmatrix} \bar{s}_i \cdot v_i(\phi_i) & \bar{s}_i \cdot v_{i+1}(\phi_{i+1}) & \bar{s}_i \cdot v_{i+2}(\phi_{i+2}) \\ \bar{t}_i \cdot v_i(\phi_i) & \bar{t}_i \cdot v_{i+1}(\phi_{i+1}) & \bar{t}_i \cdot v_{i+2}(\phi_{i+2}) \\ \bar{n}_i \cdot (x_i \times v_i(\phi_i)) & \bar{n}_i \cdot (x_{i+1} \times v_{i+1}(\phi_{i+1})) & \bar{n}_i \cdot (x_{i+2} \times v_{i+2}(\phi_{i+2})) \end{bmatrix} = 0, \quad i = 1, \cdots, 5 \tag{15-15}$$

式中，$v_i(\phi_i) = \bar{n}_i \times \eta_i(\phi_i)$，$\eta_i(\phi_i)$ 是 $T_i(\phi_i)$ 的法线，$i = 1, \cdots, 5$。

让我们为每个单元类中的临界接触力提供一些直观的见解。在 SI 和 II 单元类中，临界接触力位于经过 SI/II 接触点的垂直面上。在 SSI 单元类中，式 (15-12) 可得出临界接触力

角 (ϕ_1^*, ϕ_2^*) 的四个离散解。对于每个解 (ϕ_1^*, ϕ_2^*)，摩擦锥切平面 $T_1(\phi_1^*)$ 和 $T_2(\phi_2^*)$ 沿经过 I 接触点的线相交（图 15-4a）。对于每个解 (ϕ_1^*, ϕ_2^*)，临界接触力 λ_1，$\lambda_2 > 0$，临界接触力 f_3 在 SSI 单元内自由变化。这些临界接触力被映射到 $\mathrm{bdy}(W)$ 的一个五维超平面上。

在 SSS 单元类中，式(15-13)确定了临界接触力角 (ϕ_1, ϕ_2, ϕ_3) 的二维解的集合，而临界接触力的大小 λ_1，λ_2，$\lambda_3 > 0$ 在 SSS 单元中自由变化。根据条件 $\mathrm{rank}(DL_G) = 5$ 的线性几何解释，在每个解 (ϕ_1, ϕ_2, ϕ_3) 处，摩擦锥切平面 $T_1(\phi_1)$、$T_2(\phi_2)$ 和 $T_3(\phi_3)$ 在一个公共点 $z \in \Delta$ 相交，其中 Δ 是由 x_1、x_2 和 x_3 张成的平面（图 15-4b）。将 SSS 单元中的临界接触力映射到 $\mathrm{bdy}(W)$ 的五维非线性面上。

在 $SSSS$ 单元类中，式(15-14)指定了接触力角 $(\phi_1, \phi_2, \phi_3, \phi_4)$ 中的三个标量约束。这些约束决定了 $(\phi_1, \phi_2, \phi_3, \phi_4)$ 空间中的一维解，而临界接触力的大小 λ_1，λ_2，λ_3，$\lambda_4 > 0$ 在 $SSSS$ 单元中自由变化。临界接触力的几何特征与 SSS 单元描述的相似。这些临界接触力也被映射到 $\mathrm{bdy}(W)$ 的五维非线性面上。在 $SSSSS$ 单元类中，式(15-15)指定了接触力角 $(\phi_1, \cdots, \phi_5)$ 中的五个标量约束。这些约束条件决定了有限数量的离散解 $(\phi_1^*, \cdots, \phi_5^*)$，而临界接触力的大小 $\lambda_1, \cdots, \lambda_5 > 0$ 在 $SSSSS$ 单元中自由变化。对于每个解 $(\phi_1^*, \cdots, \phi_5^*)$，临界接触力被映射到 $\mathrm{bdy}(W)$ 的一个五维超平面上。

下面的例子说明了临界接触力。

示例：图 15-4 显示了三接触点姿态的两个视图，接触处的摩擦系数 $\mu = 0.4$（未显示支撑物体）。接触点位于 $x_1 = (8, 0, 1)$，$x_2 = (4, 4\sqrt{3}, 1.2)$ 和 $x_3 = (0, 0, 1)$，在世界坐标系中表示。接触法线方向为 $n_i = (\sin\alpha_i \sin\beta_i, -\cos\alpha_i \sin\beta_i, \cos\beta_i)$，以使 $(\alpha_1, \beta_1) = (70°, -20°)$，$(\alpha_2, \beta_2) = (-15°, 34°)$ 和 $(\alpha_3, \beta_3) = (-70°, -10°)$。图 15-4a 绘制了单元 $S_1 S_2 I_3$ 中的三元组临界接触力 (f_1, f_2, f_3)。临界力 f_1 和 f_2 位于其摩擦锥的边界上，因此它们的摩擦锥切平面经过接触点 x_3。这些接触力的临界性可以通过以下事实来观察：沿摩擦锥切平面 f_1 和 f_2 的微小变化，伴随着 $f_3 \in I_3$ 的微小变化，不会导致两切平面相交线附近的接触净扭矩发生变化。

图 15-4b 绘制了单元 $S_1 S_2 S_3$ 中的三元组临界接触力 (f_1, f_2, f_3)。三个摩擦锥切平面相交于一个公共点 $z \in \Delta$，其中 Δ 是 x_1、x_2 和 x_3 所张成的平面。这些接触力的临界性可以解释如下。经过 z 和 x_i 的直线位于摩擦锥切平面 $T_i(\phi_i)$ 内，$i = 1, 2, 3$。因此，f_i 沿其摩擦锥切平面 $T_i(\phi_i)$ 的微小变化可以分为两个相互正交的分量。对于 $z - x_i$ 向量的变化和沿着正交补空间 $(z - x_i) \times \eta_i$ 的变化，其中 η_i 垂直于切平面 $T_i(\phi_i)$ 的法向量。f_1、f_2、f_3 沿着其指向 z 的分量的变化产生了一个二维的净力旋量子空间 V_1，由净力旋量组成，位于平面 Δ 中。f_1、f_2、f_3 沿着它们互补分量的变化产生了一个三维的净力旋量子空间 V_2。临界性可以通过接触力沿其摩擦锥切平面的所有微小变化产生一个五维的净力旋量子空间 $V_1 + V_2$，而 B 的力旋量空间是一个六维向量空间。相比之下，在任意非临界接触力选择下，接触力沿着其摩擦锥切平面的微小变化会在 B 的力旋量空间中生成一个完整的六维净力旋量邻域。

命题 15.8 中定义的临界接触力的条件仅对求 $\mathrm{bdy}(W)$ 的五维面是必要的。也就是说，单元 K 中的临界接触力可以由 L_G 映射到 W 内，而不是 W 的边界。下一个引理指定了一个符号条件，用于识别哪些临界接触力映射到 W 的实际边界。

引理 15.9（符号条件） 设 $\vec{f} = (f_1, \cdots, f_k)$ 为 $C_1 \times \cdots \times C_k$ 单元 K 中的临界接触力。当存在一个经过 w 的五维分离超平面 H，使得所有力旋量 $w \in W$ 在 B 的力旋量空间中位于 H 的同一侧时，净物体力旋量 $w = L_G(\vec{f})$ 位于 $\mathrm{bdy}(W)$ 中。即存在符号 $\sigma \in \{-1, +1\}$ 满足条件

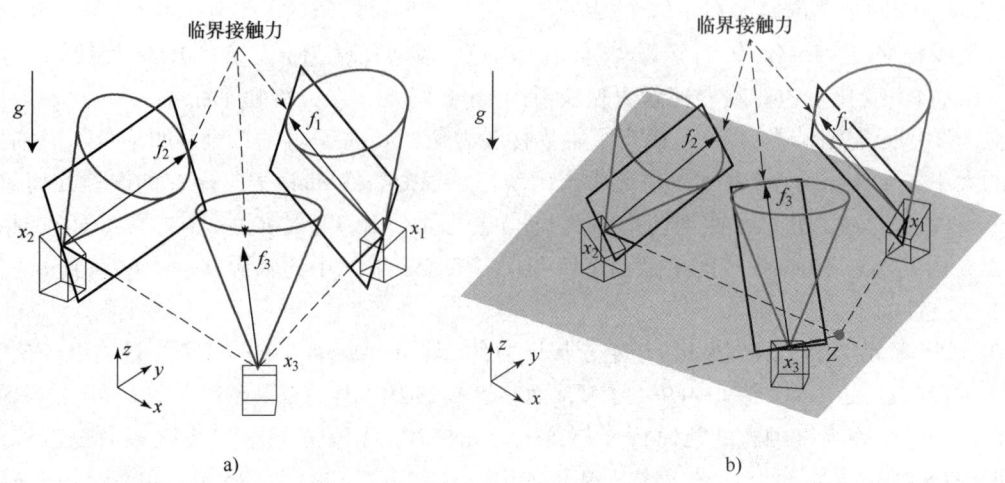

图 15-4 摩擦系数 $\mu=0.4$ 的三接触点姿态。a) SSI 的三元组临界接触力,其中 x_1 和 x_2 处的摩擦锥切平面在接触点 x_3 处相交;b) SSS 的三元组临界接触力,其中摩擦锥切平面在公共点 $z \in \Delta$ 相交,其中 Δ 是由 x_1、x_2 和 x_3 张成的平面

$$\sigma \cdot (w \cdot \eta_H) \geq 0, \quad w \in W \tag{15-16}$$

式中,$\eta_H \in \mathbb{R}^6$ 与超平面 H 正交⊖。

当一个单元 K 向 $\mathrm{bdy}(W)$ 提供一个五维面时,临界接触力一般在该单元内形成一个光滑的五维流形。这个流形在抓取映射 L_G 下的像形成 $\mathrm{bdy}(W)$ 的五维面。基于这一认识,设 $\vec{f} = (f_1, \cdots, f_k)$ 是 K 中临界接触力的特定组合。函数行列式 $DL_G(\vec{f})$ 的值域空间形成一个五维超平面 H,它在力旋量 $w = L_G(\vec{f})$ 处与 $\mathrm{bdy}(W)$ 的面相切。因此,我们可以简单地用 $DL_G(\vec{f})$ 的左核作为超平面的法向 η_H 来检验式(15-16)的分离条件。也就是说,η_H 由条件 $\eta_H^T DL_G(\vec{f}) = (\vec{0})^T$ 确定。

最后一个命题将引理 15.9 的分离条件改为确定 W 的边界面条件,这一命题的证明见本章附录。

命题 15.10(分离条件) 对于定理 15.7 中列出的每一个单元类,当存在满足下述不等式的 $\sigma \in \{-1, +1\}$ 时,临界接触力由抓取映射 $L_G(\vec{f})$ 映射到净力旋量锥 W 的实际边界面上:

$$\sigma \cdot (w_i \cdot \eta_H) \geq 0, \quad w_i = (f_i, x_i \times f_i), \quad f_i \in C_i, \quad i = 1, \cdots, k \tag{15-17}$$

其中 η_H 在每个单元类中具有以下形式。

1)单元类 SI/II:令原点为接触点 x_1,则 $\eta_H = (\vec{0}, x_2 - x_1)$,其中 x_1 和 x_2 是这些单元类中的活动接触点。

2)单元类 SSI:临界接触力 (f_1, f_2) 具有固定角 (ϕ_1^*, ϕ_2^*)。令原点为接触点 x_3,则 $\eta_H = (\vec{0}, v_{12}(\phi_1^*, \phi_2^*))$,其中 $v_{12}(\phi_1^*, \phi_2^*) = \eta_1(\phi_1^*) \times \eta_2(\phi_2^*)$ 与 $T_1(\phi_1^*) \cap T_2(\phi_2^*)$ 共线经过 x_3。

3)单元类 SSS、$SSSS$、$SSSSS$:设 (ϕ_1, ϕ_2, ϕ_3) 为临界接触力角。令原点为摩擦锥切平面的交点 $z \in \Delta$,其中 Δ 是由 x_1、x_2 和 x_3 张成的平面,则 $\eta_H = (\bar{n}, \bar{\tau})$,其中 $\bar{n}(\phi_1, \phi_2, \phi_3)$ 是垂直于平面 Δ 的单位法向量,$\bar{\tau}(\phi_1, \phi_2, \phi_3)$ 由下式得出:

$$\bar{\tau}(\phi_1, \phi_2, \phi_3) = [\eta_1(\phi_1) \eta_2(\phi_2) \eta_3(\phi_3)]^{-1} c$$

⊖ 向量 η_H 应解释为 B 的 c-space 中的切向量。内积 $w \cdot \eta_H$ 表示力旋量 w 沿物体的瞬时运动 $\dot{q} = \eta_H$ 对 B 所做的瞬时功。

式中，$\eta_i(\phi_i)$是切平面$T_i(\phi_i)$（$i=1,2,3$）的法线，$c=(c_1,c_2,c_3)$是摩擦锥切平面$T_1(\phi_1)$、$T_2(\phi_2)$、$T_3(\phi_3)$相对于平面Δ的方向余弦。

边界分离条件$\sigma \cdot (w_i \cdot \eta_H) \geq 0$，检查接触处单个摩擦锥产生的力旋量。这个更简单的测试依赖于净力旋量锥W的结构，即单个摩擦锥产生的力旋量总数。在SI/II单元类中，只需使用接触法线检查$w_i \cdot \eta_H$的符号。该测试方法用于确保在非活动接触点处的摩擦锥产生的关于通过活动SI/II接触点连线的力矩具有相同的符号。具体来说，在SSI单元类中，首先利用SS接触点处的接触法线来检查$w_i \cdot \eta_H$($i=1,2$)的符号。接下来对$w_i(\phi_i) \cdot \eta_H$进行数值计算，其中$w_i(\phi_i)$表示在每个非活动接触点处单位力$u_i(\phi_i) \in S_i$完全旋转所产生的力旋量。这两步测试确保了非活动接触点处的摩擦锥绕通过主动接触点I的线段$T_1(\phi_1^*) \cap T_2(\phi_2^*)$产生的力矩具有相同的符号，而在SSS、SSSS和SSSSS单元类中，针对k个接触点上的单位力$u_i(\phi_i) \in S_i$完整旋转确定了$w_i(\phi_i) \cdot \eta_H$的数值计算符号。这样做的目的是确保由这k个摩擦锥生成的所有力旋量都位于B的力旋量空间的同一个半空间内，该空间由一个通过力旋量$w=L_G(\vec{f})$并且法向量为η_H的超平面界定。

15.6 姿态平衡区域边界曲线

本节全面描述了在重力影响下，通用k接触点姿态下稳定平衡区域$\varepsilon R \subseteq \mathbb{R}^2$周围的边界曲线。接下来会通过一个实例说明，随着接触点摩擦系数的变化，这些边界曲线在可控姿态下是如何显现出来的。

根据定理15.5的方案，bdy(W)与引力力旋量的仿射平面L的交集映射到$\mathbb{R}^2$中的平衡区域εR的边界上。交集bdy(W)$\cap L$代表了式(15-3)中指定的平衡姿态条件的两个方面。这个方程可以分解为三个部分：①力的平衡方程；②关于垂直方向的力矩平衡方程；③关于水平方向的力矩平衡方程：

$$\begin{cases} ① f_1+\cdots+f_k=e \\ ② e \cdot (x_1 \times f_1+\cdots+x_k \times f_k)=0 \\ ③ E(x_1 \times f_1+\cdots+x_k \times f_k)=E(x_{cm} \times e) \end{cases} \quad (15\text{-}18)$$

式中，力按比例缩放，使$\|f_g\|=1$，e是$\mathbb{R}^3$的垂直向上方向，E是水平投影矩阵。B的质心位置x_{cm}，只出现在式(15-18)中的③。因此，交集bdy(W)$\cap L$将使用式(15-18)的①和②进行计算，然后通过式(15-5)中指定的线性映射将其映射到B质心的水平位置$\tilde{x}_{cm}$：$\tilde{x}_{cm}=-E(e \times \tau)$。也就是说，我们从式(15-18)的③可知$\tau=x_1 \times f_1+\cdots+x_k \times f_k$。将$\tau$代入$\tilde{x}_{cm}=-E(e \times \tau)$中得到bdy($W$)$\cap L$到水平平面的映射。

$$\tilde{x}_{cm}=-E(e \times (x_1 \times f_1+\cdots+x_k \times f_k))$$

式中，$(f_1,\cdots,f_k)$表示在SI/II、SSI、SSS、SSSS和SSSSS单元中的临界接触力。区域W的边界由与这些单元类相关的五种类型面组成。因此，将bdy(W)$\cap L$映射到水平面会产生区域εR的五种类型边界曲线，这些内容被总结在接下来的定理中，该定理使用了特定的接触力指数，其中S_i类型的接触力赋予最低指数值。然后是I_i类型的接触力，最后是O_i类型的接触力。然而，这种特定的指数分配实际上代表了所有可能的索引排列情况。

定理15.11（εR的边界曲线）k接触点姿态可行平衡区域的水平横截面$\varepsilon R \subseteq \mathbb{R}^2$形成了一个连通的凸集，其边界由五种曲线组成：SI/II线段、SSI线段、SSS凸弧、SSSS凸弧和SSSSS

线段，前提是摩擦锥位于相对于接触点的典型位置。

定理 15.11 的证明见本章附录。现在让我们描述如何通过图形方法或数值方法来确定 εR（可能是一个接触力分布区域）的每一条边界曲线。SI/II 边界段与满足命题 15.10 所述分离条件的两个非零接触力 $(f_1, f_2) \in S_1 \times I_2$ 或 $(f_1, f_2) \in I_1 \times I_2$ 相关联。这种线段可以通过第 14 章所述的五条带公式进行图形构建。SSI 边界段与三个非零接触力 $(f_1, f_2, f_3) \in S_1 \times S_2 \times I_3$ 相关联，使得 (f_1, f_2) 具有固定角度 (ϕ_1^*, ϕ_2^*)。满足命题 15.10 所述分离条件的解 (ϕ_1^*, ϕ_2^*) 形成 εR 的线性边界段。这个线段位于摩擦锥切平面 $T_1(\phi_1^*) \cap T_2(\phi_2^*)$ 的交线在水平投影下的图像上，这条交线通过 I 类接触点（参见图 15-4）。

接下来考虑 εR 的非线性 SSS 边界曲线的计算。这条曲线与三个非零接触力 $(f_1, f_2, f_3) \in S_1 \times S_2 \times S_3$ 相关，并且其角度 (ϕ_1, ϕ_2, ϕ_3) 满足式（15-13）给出的标量约束条件。根据式（15-18）的①和②，边界集合 $\mathrm{bdy}(W) \cap L$ 引入了一个附加标量约束条件：

$$\det \begin{bmatrix} Eu_1(\phi_1) & Eu_2(\phi_2) & Eu_3(\phi_3) \\ e \cdot (x_1 \times u_1(\phi_1)) & e \cdot (x_2 \times u_2(\phi_2)) & e \cdot (x_3 \times u_3(\phi_3)) \end{bmatrix} = 0 \quad (15\text{-}19)$$

式（15-13）和式（15-19）两个标量约束的角度 (ϕ_1, ϕ_2, ϕ_3) 一般在 (ϕ_1, ϕ_2, ϕ_3) 空间中形成一条曲线。满足命题 15.10 所述分离条件的解曲线部分映射到 εR 边界上的凸弧⊖。为了计算 SSS 边界曲线，在 (ϕ_1, ϕ_2, ϕ_3) 解曲线上的每个点，获取力的大小 $(\lambda_1, \lambda_2, \lambda_3)$ 是通过求解一个 3×3 线性方程组实现的：

$$\lambda_1 u_1(\phi_1) + \lambda_2 u_2(\phi_2) + \lambda_3 u_3(\phi_3) = e$$

满足 $\lambda_1, \lambda_2, \lambda_3 \geq 0$ 的每个解都有一个点 $\tilde{x}_{cm}$ 到 εR 的边界，位于 $\tilde{x}_{cm} = -E\left(e \times \left(\sum_{i=1}^{3} \lambda_i(\phi) x_i \times u_i(\phi_i)\right)\right)$，其中 $\phi = (\phi_1, \phi_2, \phi_3)$。类似的计算方法也适用于 εR 的非线性 SSSS 边界曲线（见练习题）。

最后，考虑计算 εR 的线性 SSSSS 边界段的情况。该段与五个非零接触力有关，$(f_1, \cdots, f_5) \in S_1 \times \cdots \times S_5$，其角度形成离散解。满足命题 15.10 中描述的分离条件的离散解 $(\phi_1^*, \cdots, \phi_5^*)$ 为 $\mathrm{bdy}(W)$ 提供了一个超平面。该平面嵌入净力旋量锥 W 的特定分离超平面 H 中。根据式（15-18）的①和②，$\mathrm{bdy}(W) \cap L$ 相当于 H 与仿射平面 L 的交集。交集 $H \cap L$ 在 B 的力旋量空间中给出一条仿射线，它映射到 $\mathbb{R}^2$ 中 εR 的线性 SSSSS 边界段所在的直线上。

本节剩余部分将举例说明如何计算图 15-5 所示三接触点姿态平衡区域 εR。只要接触处的摩擦系数 μ 满足不等式 $\mu \leq 0.7$，该姿态就是可控的。可控姿态满足 $\varepsilon R \subseteq P$ 的关系，我们将研究随着 μ 值的变化，εR 区域是如何在支撑多边形 P 内发生变化的。

计算示例：在图 15-5a 所示的三接触点姿态中，展示了支持接触点的位置但并未展示被支撑物体的具体形态。当摩擦系数 $\mu = 0.7$ 时，该姿态为可控状态，并且所有三个接触点均为准平面接触，因此，在图 15-5a 中，εR 区域与支撑多边形 P 相等，即 $\varepsilon R = P$。当 $\mu = 0.5$ 时，接触点 x_1 和 x_2 仍保持为准平面接触。因此，它们在水平面上的投影 $\tilde{x}_1$ 和 $\tilde{x}_2$ 仍然位于 εR 区域内（图 15-5b）。根据 εR 区域的凸性可知，整个线段 $\tilde{x}_1$ 和 $\tilde{x}_2$ 都位于 εR 内。此外，由于 $\tilde{x}_1 - \tilde{x}_2$ 位于支撑多边形 P 的边界上，并且对于可控姿态有 $\varepsilon R = P$，因此这一整条线段实际上位于 εR 的

⊖ 解曲线在 (ϕ_1, ϕ_2, ϕ_3) 空间中形成一个或多个环。每一个环都映射到 εR 内的一个环，其外段形成 εR 的凸边界弧。

边界上。然而，在图 15-5b 的俯视图中可以看出，接触点 x_3 已不再是平面接触。此时，$\tilde{x}_3$ 位于 εR 区域之外，只有 $\tilde{x}_1$-$\tilde{x}_3$ 和 $\tilde{x}_2$-$\tilde{x}_3$ 的部分线段，即分别终止于点 $\tilde{p}_1$ 和 $\tilde{p}_2$ 的片段位于 εR 的边界上。线段 $\tilde{x}_1$-$\tilde{p}_1$ 和 $\tilde{x}_2$-$\tilde{p}_2$ 分别对应于接触对 (x_1, x_3) 和 (x_2, x_3) 相关的垂直平衡带（参见第 14 章内容）。请注意，在点 $\tilde{p}_1$ 和 $\tilde{p}_2$ 之间，εR 区域的边界缺失了一段，这一点将在后续内容中进一步研究。

设 $\tilde{C}_i$ 表示摩擦锥 C_i 的水平投影，其在 $\mathbb{R}^2$ 中的投影接触点 $\tilde{x}_i$ 处形成一个扇形。当摩擦系数减小至 $\mu = 0.4$ 时，投影摩擦锥 $\tilde{C}_3$ 不再包含投影接触点 $\tilde{x}_2$（图 15-5c）。因此，在作用于物体 B 上的重力载荷下，仅凭接触点 x_2 和 x_3 无法达到垂直方向的平衡状态。它们对应的垂直平衡带变为空集，整个线段 $\tilde{x}_2$-$\tilde{x}_3$，除了其端点 $\tilde{x}_2$ 外，都位于区域 εR 之外（图 15-5c）。接触点 x_1 和 x_3 仍将线段 $\tilde{x}_1$-$\tilde{p}_1$ 连接到 εR 边界，但 $\tilde{p}_1$ 和 $\tilde{x}_2$ 之间有一个缺失部分（图 15-5c）。最后，我们将摩擦系数减小到 $\mu = 0.2$。如图 15-5d 所示，此时只有接触点 x_1 保持准平面状态，投影摩擦锥 $\tilde{C}_2$ 和 $\tilde{C}_3$ 仍然包含投影接触点 $\tilde{x}_1$。因此，εR 区域边界的构成包括线段 $\tilde{x}_1$-$\tilde{x}_2$ 和 $\tilde{x}_1$-$\tilde{x}_3$ 的部分，终止于点 $\tilde{p}_2$ 和 $\tilde{p}_3$，以及连接 $\tilde{p}_2$ 和 $\tilde{p}_3$ 的缺失部分（图 15-5d）。

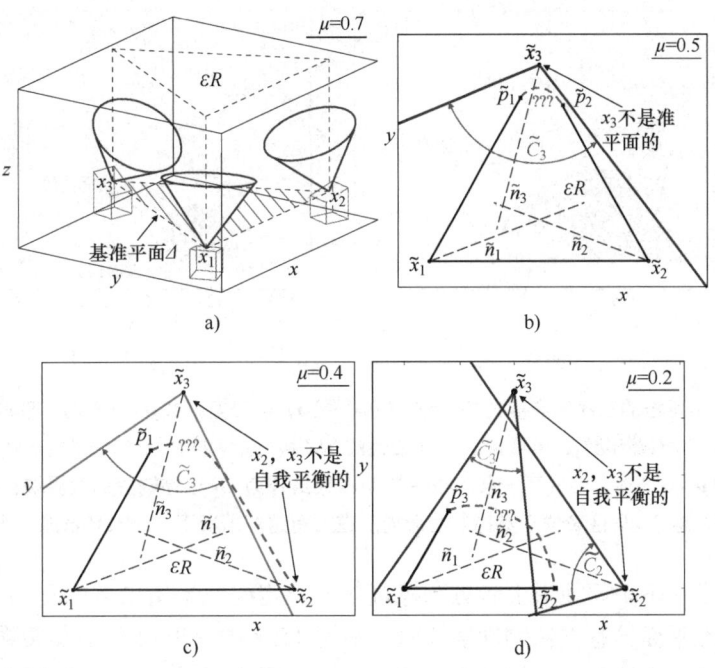

图 15-5 a）当摩擦系数 $\mu = 0.7$ 时，一种可控的且具有准平面接触的三接触点姿态；b）对于摩擦系数 $\mu = 0.5$ 时的姿态的俯视图，其中投影接触点 $\tilde{x}_3$ 位于 εR 区域之外；c）对于摩擦系数 $\mu = 0.4$ 时的姿态的俯视图，其中除端点 $\tilde{x}_2$ 以外，整个 $\tilde{x}_2$-$\tilde{x}_3$ 之间的线段均位于 εR 区域之外；d）对于摩擦系数 $\mu = 0.2$ 时的姿态的俯视图，此时 $\tilde{x}_2$ 和 $\tilde{x}_3$ 两个点均位于 εR 区域之外

接下来，让我们应用本章中开发的工具来完成姿态平衡区域的缺失部分。首先考虑 $\mu = 0.5$ 的区域 εR，这里在 $\tilde{p}_1$ 和 $\tilde{p}_2$ 之间留下了一个缺失的边界块（图 15-5b）。这块缺失部分是在 εR 边界上形成的非线性 SSS 曲线，如图 15-6a 所示。区域 εR 形成一个凸连通集，其边界由支撑多边形边缘的部分 SS/II 线段以及 SSS 边界曲线限定。当 $\mu = 0.4$ 时，我们在 $\tilde{p}_2$ 和 $\tilde{x}_3$ 之间留下了一个缺失的边界块（图 15-5c）。该段由 SSS 曲线和线性 SSI 段组成，如图 15-6b 中的虚线

所示。请注意，两个线段都位于支撑多边形内。接下来考虑 $\mu = 0.2$ 的区域 εR，在该区域中，我们在 $\tilde{p}_2$ 和 $\tilde{p}_3$ 之间留下了缺失的边界块（图 15-5d）。该部分包括图 15-6c 所示的 SSS 边界曲线，该曲线沿 εR 边界形成一个凸弧。最后，当 $\mu = 0.1$ 时，整个区域 εR 严格位于支撑多边形内（图 15-6d）。其边界由一条非线性的 SSS 曲线和一条在图 15-6d 中用虚线表示的线性 SSI 段共同构成。

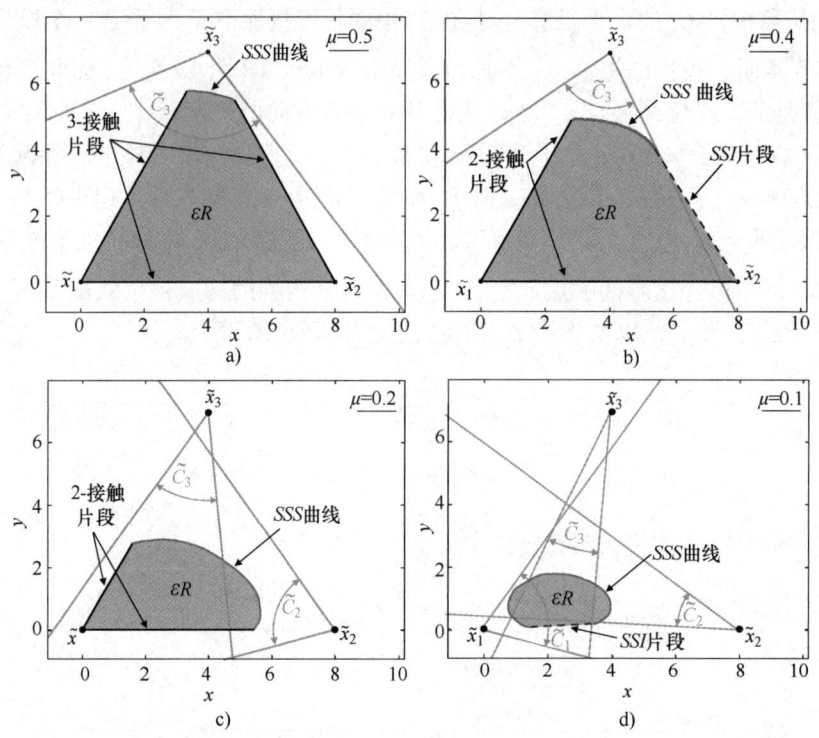

图 15-6 图 15-5 中可控的三接触点姿态的区域 εR（阴影）a) 当摩擦系数 $\mu = 0.5$ 时，形成了一条非线性的 SSS 边界曲线；b) 当摩擦系数 $\mu = 0.4$ 时，一条线性的 SSI 段（虚线表示）与非线性的 SSS 边界曲线相连接；c) 当摩擦系数 $\mu = 0.2$ 时，形成了一条非线性的 SSS 曲线作为 εR 区域缺失的边界块；d) 当摩擦系数 $\mu = 0.1$ 时，整个 εR 区域位于支撑多边形内。在所有这些情况下，$\varepsilon R \subseteq P$ 形成一个连通凸集

此例子说明了在不平坦地形上带有摩擦接触的稳定姿态平衡区域的复杂结构。大致来说，当机器人手通过准平面接触支撑刚性物体时，命题 15.4 中提出的 $P \subseteq \varepsilon R$ 关系证实了可以将支撑多边形用作局部抗力旋量并且因此是安全姿态的一个子集。然而，手部支撑的姿态通常会包含准平面接触和非准平面接触的混合情况。只要机器人手形成的地形不是过于陡峭，即满足 $\varepsilon R \subseteq P$ 关系，这样的姿态就可以被视为可控的。因此，εR 区域形成了支撑多边形 P 的一个严格且有时小得多的子集。所以，为了确保手部支撑姿态的局部抗力旋量能力以及安全性，通常必须采用真实的 εR 区域来进行判断。

15.7 接触点处出现非静态运动模式

考虑这样一个场景：在一个机器人手的控制下，一个刚性物体在重力作用下保持静态平衡状态。随着机器人手缓慢改变其姿态但保持形状不变，只要物体的质心位置仍在支撑接触点所允许的稳定平衡区域内，物体将会保持静止不动。然而，一旦物体的水平质心位置（记为 $\tilde{x}_{cm}$）位于支撑平衡区域的边界，静态平衡就无法继续保持，接触点上将会发展出非静态的运动模式。这些运动模式的具体类型取决于物体质心所在区域 εR 边界曲线的类型。

因此，考虑与复合摩擦锥 $C_1 \times \cdots \times C_k$ 单元 K 中的临界接触力有关的 εR 边界曲线。接触力 $(f_1, \cdots, f_k) \in K$ 与 n_S 个 S_i 分量的选择、n_I 个 I_i 分量的选择及 $K-n_S-n_I$ 个 O_i 分量的选择相关联。S_i 分量表示位于摩擦锥表面的接触力，I_i 分量表示位于摩擦锥内的接触力，O_i 分量表示零接触力。在接触点处形成的非静态运动模式取决于 K 的 O_i、S_i 和 I_i 分量。当单元 K 含有 O_i 分量时，物体在 x_i 处断开接触，接触力 f_i 在接触分离瞬间为零。当单元 K 包含 S_i 分量时，物体将在 x_i 处开始滑动，接触力 f_i 将在有限时间内保持在第 i 个摩擦锥表面上。当单元 K 包含 I_i 分量时，物体将在 x_i 处开始滚动，接触力 f_i 将在一定时间间隔内保持在第 i 个摩擦锥内。

基于这一认识，当平衡区域边界曲线相交时，物体会经历以下五种接触处的运动模式之一。首先考虑物体的质心与 εR 的 SI/II 边界段相交的情况。在这种情况下，物体将以连接两个 I 接触点的直线为中心开始翻滚运动，或者在 S 接触点开始滑动并在 I 接触点开始滚动，期间所有其他接触点都将分离。当物体的质心位于 εR 的 SSI 边界线段时，预期会发生 I 接触点开始滚动伴随两个 S 接触点的滑动现象，而在这种运动过程中所有其他接触点都会分离。当物体的质心位于 εR 的 SSS、$SSSS$ 或 $SSSSS$ 边界曲线时，预期会有三个、四个或五个 S 接触点开始滑动，而在此期间所有其他接触点也会分离。

注意： 我们应该记住，理想的刚体模型不能准确地预测在接触处的库仑摩擦锥内会产生哪些接触反作用力。当一个刚体被多个摩擦接触支撑在静态平衡时，局部抗力旋量确保一组非空的可行接触力能够在足够小的扰动下保持平衡姿态。本章提出了一个隐含的假设，即至少对于可控的姿态，当物体的质心位于姿态平衡区域内时，物体在足够小的扰动下将保持静止。

15.8 参考书目注释

Or 和 Rimon[1-2] 描述了多个摩擦接触的可行平衡区域的分析原理。参考文献[1]研究了由三个摩擦接触支撑的姿态。这些是可以用于实际应用的最简单的姿态，因为我们已经看到，在这些姿态下 W 是完全六维的。三个接触点的可行平衡区域由 SI/SS、SSI 和 SSS 曲线界定。参考文献[2]考虑了由更多接触点支撑的姿态，其可行平衡区域被所有五种类型的边界曲线包围。

由至少 $k \geq 4$ 个摩擦接触点支撑的稳定姿态的可行平衡区域可以通过计算这 k 个接触点中的每个四元组的可行平衡区域 $\varepsilon R_{j_1 j_2 j_3 j_4}$，然后取这些区域的凸包来获得：

$$\varepsilon R = \text{conv}\{\varepsilon R_{j_1 j_2 j_3 j_4} : 1 \leq j_1, j_2, j_3, j_4 \leq k\}, \quad k \geq 4 \tag{15-20}$$

这个特性可以解释如下。εR 的线性 $SSSSS$ 边界段的每个端点出现在质心位置，其中与 $SSSSS$ 段相关的五个接触力中的一个减小到零。因此，每个端点是 εR 的相邻 $SSSS$ 边界曲线的端点。利用 εR 的凸性，将 $SSSS$ 曲线的端点用直线段连接起来，就可以得到线性的 $SSSSS$ 段，这相当于式(15-20)中的凸包。

这一章的用处远远超过了用手支撑的姿态。对与多个摩擦接触有关的净力旋量锥的理解在任何抓取或操作应用中都是基本的，在这种应用中，物体只能由机器人手的手指推动。另一个重要的应用是涉及腿式机器人的行走。当腿式机器人以近静态的方式在不平坦地形上行走时，由机器人脚部接触点决定的可行平衡区域可用于选择静态稳定的姿态，前提是要确保机器人的质心保持在一个考虑了扰动力旋量安全裕度的有界高度范围内。三维姿态的扰动安全平衡区域类似于二维姿态的扰动安全平衡区域（第 14 章）。它是三维棱柱在三维空间 $\mathbb{R}^3$ 中的倾斜交集，形成了该姿态三维可行平衡区域内的一个有界高度子集[5]。

最后一个注释涉及零力矩点或 *ZMP* 原理[3]。该原理将平坦地形作用于机器人平坦脚垫上的净反作用力聚合成单一力，该力作用于脚垫区域内的一点 p，并伴随着关于点 p 处脚垫接触法线的净力矩。ZMP 原理被用于合成在平坦地形上安全双足机器人的行走步态[4]。然而，当腿式机器人支撑在不平坦地形上时，特别是由机器人手形成的复杂地形时，ZMP 原理不再适用了。

15.9　附录：证明和技术细节

本附录包含 15.4 节中定理 15.7、命题 15.8 和命题 15.10 的证明，以及 15.6 节中定理 15.11 的证明。这些证明依赖于线几何的以下事实（见第 3 章和第 5 章）。沿单位方向 $v \in \mathbb{R}^3$ 通过点 $p \in \mathbb{R}^3$ 的有向线 l 在 Plücker 坐标中用向量 $(v, p \times v) \in \mathbb{R}^6$ 表示。Plücker 坐标中的线性子空间代表了众所周知的线集合。在这些子空间中，我们将需要以下平面束和立体束。

定义 15.7　平面束是 $\mathbb{R}^6$ 中的二维线性子空间，由相交于 p 的两条直线 $(v_1, p \times v_1)$ 和 $(v_2, p \times v_2)$ 的 Plücker 坐标构成。立体束是 $\mathbb{R}^6$ 中的三维线性子空间，由相交于 p 处的三条线 $(v_1, p \times v_1)$、$(v_2, p \times v_2)$ 和 $(v_3, p \times v_3)$ 的 Plücker 坐标构成。

平面束表示通过公共点 $p \in \mathbb{R}^3$ 的线的集合，使得这些线嵌入由方向 $v_1, v_2 \in \mathbb{R}^3$ 张成的平面中。立体束表示沿着 $v \in \mathbb{R}^3$ 的所有方向通过公共点 $p \in \mathbb{R}^3$ 的线的集合。要了解这些线束是如何以手支撑的姿态出现的，请回想一下，每个摩擦锥被划分为三个子集：$C_i = O_i \cup I_i \cup S_i$。在单个力旋量的雅可比矩阵中出现了一个平面束，$w_i$ 是由摩擦锥边界上的接触力 $f_i \in S_i$ 产生的。在这种情况下，$f_i(\lambda_i, \phi_i) = \lambda_i u_i(\phi_i)$，$w_i = (f_i, x_i \times f_i)$ 相对于 (λ_i, ϕ_i) 的雅可比矩阵是 6×2 矩阵：

$$Dw_i(\lambda_i, \phi_i) = \begin{bmatrix} u_i(\phi_i) & \lambda_i u_i'(\phi_i) \\ x_i \times u_i(\phi_i) & \lambda_i x_i \times u_i'(\phi_i) \end{bmatrix} \quad (15\text{-}21)$$

$(u_i(\phi_i), u_i'(\phi_i))$ 张成了到摩擦锥边界 S_i 的切平面 $T_i(\phi_i)$。式 (15-21) 中的 Dw_i 张成了以接触点 x_i 为基的嵌入 $T_i(\phi_i)$ 的平面束。一个立体束出现在单个力旋量的雅可比矩阵中，w_i 由摩擦锥内的接触力 $f_i \in I_i$ 产生。在这种情况下，f_i 由其笛卡儿坐标 $f_i \in \mathbb{R}^3$ 参数化，$w_i = (f_i, x_i \times f_i)$ 相对于 f_i 的雅可比矩阵为 6×3 矩阵：

$$Dw_i(f_i) = \begin{bmatrix} I \\ [x_i \times] \end{bmatrix} \quad (15\text{-}22)$$

式中，I 是一个 3×3 单位矩阵，$[x_i \times]$ 是作为向量上起着执行叉乘运算的 3×3 矩阵，$[x_i \times] v = x_i \times v$ 表示 $v \in \mathbb{R}^3$（这个符号将在整个附录中使用）。式 (15-22) 中 Dw_i 的列张成了以接触点 x_i 为基的立体束。

接下来的引理提供了关于线性相关线束的一些有用性质（见参考书目注释）。

引理 15.12（线性相关线束）　设 $p_1, p_2, p_3 \in \mathbb{R}^3$ 是三个非共线点。以下关系适用于以这些点为基的线束。

1) 三个以点 p_1、p_2 和 p_3 为基的平面束线性相关，当且仅当它们在由这三点张成的平面上有一个公共交点。⊖

2) 如果两个平面束通过点 p_3，则以 p_1 和 p_2 为基的两个平面束和以 p_3 为基的一个立体束是线性相关的。

3) 以 p_1 为基的一个平面束和平面外以点 p_2 和 p_3 为基的两个立体束线性相关，当且仅当位于 p_1 的平面束与由这三个点张成的平面重合。

引理 15.12 表示 $\mathbb{R}^6$ 中向量的线性相关性，这些向量表示 $\mathbb{R}^3$ 中有向线的 Plücker 坐标。接下来让我们回顾一下，A 的 $l \times r$ 矩阵的零空间表示为 $N(A)$，是由 A 映射到原点的 $\mathbb{R}^r$ 的线性子空间：$N(A^T) = \{v \in \mathbb{R}^r : Av = \vec{0}\}$。$A$ 的左核是由 A^T 映射到原点的 $\mathbb{R}^l$ 的线性子空间：$N(A^T) = \{v \in \mathbb{R}^l : Av = \vec{0}\}$。

下面的定理列出了 $C_1 \times \cdots \times C_k$ 的单元类，这些单元类可能对净力旋量锥 W 的边界提供五维面。

定理 15.7 假设刚体 B 被至少 $k \geq 3$ 个非共线的摩擦点接触。当摩擦锥相对于接触点处于典型位置时，可能为净力旋量锥 W 提供五维边界面的 $C_1 \times \cdots \times C_k$ 的单元类，包括 SI/II、SSI、SSS、$SSSS$ 和 $SSSSS$。

证明： 基于后面讨论的浸入定理，在第 17 章中，当雅可比矩阵 DL_G 在该单元中具有满行秩时，用抓取映射 L_G 将 $C_1 \times \cdots \times C_k$ 的一个单元 K 映射到 W 内。因此，让我们确认在定理中未列出的每个六维及以上维数的单元类中，DL_G 具有全行秩。

1) 具有三个非零接触力的单元类：我们必须证明 DL_G 在 III 和 SII 单元类中具有全行秩。在 III 类的单元 K 中，接触力参数化为 $(f_1, f_2, f_3) \in \mathbb{R}^9$。利用这些参数，抓取映射 L_G 对单元 K 的限制形成一个线性映射 $L_K: \mathbb{R}^9 \to \mathbb{R}^6$，其雅可比矩阵为 6×9 矩阵：

$$DL_K = \begin{bmatrix} I & I & I \\ [x_1 \times] & [x_2 \times] & [x_3 \times] \end{bmatrix} \cong \begin{bmatrix} O & O & I \\ [(x_1-x_3) \times] & [(x_2-x_3) \times] & [x_3 \times] \end{bmatrix}$$

式中，I 和 O 分别是单位矩阵和 3×3 零矩阵（这个符号将在整个证明过程中使用）。只有当 x_2-x_1 和 x_3-x_1 在 $\mathbb{R}^3$ 中形成共线向量时，雅可比矩阵才有一个非平凡的左核，而这只发生在三个接触点共线时。因此，DL_K 在与三个非共线接触的任何 III 单元类中都具有全行秩。

接下来考虑 SII 类的单元 K，其形式为 $K = S_1 \times I_2 \times I_3$。接触力 $f_1 \in S_1$ 用 (λ_1, ϕ_1) 参数化，接触力 $(f_2, f_3) \in I_2 \times I_3$ 用 $\mathbb{R}^6$ 参数化。利用这些参数，抓取映射 L_G 对单元 K 的限制形成一个线性映射 $L_K: \mathbb{R}^8 \to \mathbb{R}^6$，其雅可比矩阵为 6×8 矩阵：

$$DL_K = \begin{bmatrix} u_1(\phi_1) & \lambda_1 u_1'(\phi_1) & I & I \\ x_1 \times u_1(\phi_1) & \lambda_1 x_1 \times u_1'(\phi_1) & [x_2 \times] & [x_3 \times] \end{bmatrix}$$

DL_K 矩阵的前两列与接触点 x_1 相关联，这两列所张成的是一个与 S_1 接触点相切的平面束，DL_K 矩阵剩下的六列则与接触点 x_2 和 x_3 相关联，这些列共同张成了基于 x_2 和 x_3 的两个立体束。设 Δ 是由 x_1、x_2 和 x_3 张成的平面。根据引理 15.12，在 $\mathbb{R}^6$ 空间中，只有当 x_1 处的平面束与平面 S_1 重合时，x_1 处的一个平面束与 x_2 和 x_3 处的两个立体束作为向量才是线性相关的。因此，仅当 x_1 处的摩擦锥 C_1 与平面 C 相切时，DL_K 矩阵才会出现秩亏。在可控姿态下，摩擦锥 C_1 严格高于平面 Δ。而在所有其他姿态下，要实现这样的相切，则需要摩擦锥 C_1

⊖ 在 $\mathbb{R}^3$ 中包含三条平行线的三个线束被认为在无穷远处相交。

与平面 Δ 之间存在一种非常特殊的一致对齐。

2) 具有四个非零接触力的单元类：我们必须证明 DL_G 在单元类 $SSSI$、$SSII$、$SIII$ 和 IIII 中具有全行秩。在 $SIII$ 和 IIII 单元类中，DL_K 在一般情况下具有全行秩，其中 I 接触点在 $\mathbb{R}^3$ 中不位于公共线上。$SSII$ 类的一个单元的形式为 $K = S_1 \times S_2 \times I_3 \times I_4$。抓取映射 L_G 对单元 K 的限制形成一个线性映射 $L_K: \mathbb{R}^{10} \to \mathbb{R}^6$，其雅可比矩阵为 6×10 矩阵：

$$DL_K = \begin{bmatrix} u_1(\phi_1) & \lambda_1 u_1'(\phi_1) & u_2(\phi_2) & \lambda_2 u_2'(\phi_2) & I & I \\ x_1 \times u_1(\phi_1) & \lambda_1 x_1 \times u_1'(\phi_1) & x_2 \times u_2(\phi_2) & \lambda_2 x_2 \times u_2'(\phi_2) & [x_3 \times] & [x_4 \times] \end{bmatrix}$$

DL_K 矩阵中与四个接触点中每一个 SII 三元组相关的列，在可控姿态下是线性无关的，而在所有其他一般状态下是线性无关的。因此，DL_K 在 $SSII$ 单元类中具有全行秩。$SSSI$ 类的单元 K 的形式为 $K = S_1 \times S_2 \times S_3 \times I_4$。其雅可比矩阵 DL_K 是 6×9 矩阵：

$$DL_k = \begin{bmatrix} u_1(\phi_1) & \lambda_1 u_1'(\phi_1) & u_2(\phi_2) & \lambda_2 u_2'(\phi_2) & u_3(\phi_3) & \lambda_3 u_3'(\phi_3) & I \\ x_1 \times u_1(\phi_1) & \lambda_1 x_1 \times u_1'(\phi_1) & x_2 \times u_2(\phi_2) & \lambda_2 x_2 \times u_2'(\phi_2) & x_3 \times u_3(\phi_3) & \lambda_3 x_3 \times u_3'(\phi_3) & [x_4 \times] \end{bmatrix}$$

如果 DL_K 秩亏，$\mathrm{rank}(DL_K) = 5$，则它在 $\mathbb{R}^9$ 空间中有一个四维的零空间。根据零空间的维数，与四个接触三元组关联的列子集必须同时失去它们的全行秩。因此考虑与接触三元组 $S_1 \times S_2 \times S_3$、$S_1 \times S_2 \times I_4$、$S_1 \times S_3 \times I_4$、$S_2 \times S_3 \times I_4$ 相关的列子集。令 Δ 为 x_1、x_2、x_3 张成的平面。依据引理 15.12，若 SSS 列线性相关，则要求它们的摩擦锥切平面在平面上的一个公共点 z 处相交，其中 $z \in \Delta$。引理 15.12 还指出，每个 SSI 列子集的线性相关性要求两个 S 接触点处的摩擦锥切平面通过 I 的接触点 x_4。这两个事实意味着只有当在 x_1、x_2 和 x_3 处的摩擦锥切平面都通过点 z 和 x_4 时，才可能出现 $\mathrm{rank}(DL_K) = 5$ 的情况。当接触点 x_4 位于 Δ 外（这是不平坦地形上的典型情况）时，这三个切平面必须沿一条经过 z 和 x_4 的共同直线相交。当 x_4 恰好位于平面 Δ 上时，可以视为 x_4 从外部接近 Δ 的极限情况，依然需要三个切平面沿经过点 z（此时 $z = x_4$）的共同直线相交。后者是一种高度非典型的情况，因此在 $SSSI$ 单元类中，DL_K 通常具有全行秩。

3) 具有五个非零接触力的单元类：我们需证明 DL_G 在单元类 $SSSSI$，$SSSII$，$\cdots$，IIIII 中具有全行秩。在含有至少三个 I 接触点的 K 单元中，当 I 接触点不共线时，DL_K 具有全行秩。在单元类 $SSSII$ 中，在可控姿态下，与任何 SII 三元组相关的 DL_K 矩阵的列都是线性无关的，并且在所有其他一般姿态下也是线性无关的。因此，DL_K 在 $SSSII$ 单元类中具有全行秩。在单元类 $SSSSI$ 中，与任何 $SSSI$ 四元组相关的 DL_K 的列已经被证明具有全行秩。因此，DL_K 在这个单元类中具有全行秩。

4) 具有六个非零接触力的单元类：除了 $SSSSSS$ 类外，所有这些单元类都包含先前已考虑过的单元类，其中 DL_G 具有全行秩。在 $SSSSSS$ 类的单元 K 中，雅可比矩阵 DL_K 形成一个 6×12 矩阵。如果 $\mathrm{rank}(DL_K) = 5$ 而不是全行秩，则 DL_K 在 $\mathbb{R}^{12}$ 中有一个七维的零空间。根据零空间的维数，与七个 SSS 接触三元组关联的列子集必须同时失去它们的全行秩。该条件由七个标量约束得到，与七个 SSS 接触三元组的秩亏有关。当六个接触点不在 $\mathbb{R}^3$ 空间中的一个公共平面上（这是手支撑姿态中常见的情况）时，可以验证这七个约束会在 $(\phi_1, \cdots, \phi_6)$ 空间中横向相交，由于约束数量超过了 $(\phi_1, \cdots, \phi_6)$ 的空间维数 6，$\mathrm{rank}(DL_K) = 5$ 的解集通常是空的，因此，DL_K 在 $SSSSSS$ 单元类中具有全行秩，当所有六个接触点都在一个公共平面上时，七个 SSS 接触三元组实际上只规定了四个独立的约束，在这种特殊情况中，DL_K 秩为 5 的情况在 $(\phi_1, \cdots, \phi_6)$ 空间中通过另外三个标量约束得以体现，这也同样得出结论：DL_K 在 $SSSSSS$ 单元类中具有全行秩。

5) 具有六个以上非零接触力的单元类：这些单元类涉及六个以上的活动接触点。它们包含先前已经考虑过的单元类，其中 DL_G 被显示为具有全行秩。因此，DL_G 在与六个以上非零接触力相关的所有单元类中具有全行秩。

下一个命题描述了定理 15.7 中列出的每个单元类别中的临界接触力。临界接触力可能映射到净力旋量锥 W 的边界，而所有其他接触力映射到 W 内。

命题 15.8 对于定理 15.7 中列出的每个单元类，可能映射到 bdy(W) 的临界接触力满足以下条件：

1) 单元类 SI 和 II：整个单元由临界接触力组成。

2) 单元类 SSI：该类单元由 (λ_1, ϕ_1)、(λ_2, ϕ_2) 和 $f_3 \in \mathbb{R}^3$ 参数化。临界接触力角 (ϕ_1, ϕ_2) 满足标量方程

$$\eta_1(\phi_1) \cdot (x_1 - x_3) = 0, \eta_2(\phi_2) \cdot (x_2 - x_3) = 0 \quad (15\text{-}23)$$

式中，$\eta_i(\phi_i)$ 是摩擦锥切平面 $T_i(\phi_i)$ 的法线，$i = 1, 2$。

3) 单元类 SSS：此类单元由 (λ_i, ϕ_i) 参数化，$i = 1, 2, 3$。设 $(\bar{s}, \bar{t}, \bar{n})$ 为由 x_1、x_2、x_3 确定平面 Δ 的参考系。临界接触力角 (ϕ_1, ϕ_2, ϕ_3) 满足标量方程

$$\det \begin{bmatrix} \bar{s} \cdot v_1(\phi_1) & \bar{s} \cdot v_2(\phi_2) & \bar{s} \cdot v_3(\phi_3) \\ \bar{t} \cdot v_1(\phi_1) & \bar{t} \cdot v_2(\phi_2) & \bar{t} \cdot v_3(\phi_3) \\ \bar{n} \cdot (x_1 \times v_1(\phi_1)) & \bar{n} \cdot (x_2 \times v_2(\phi_2)) & \bar{n} \cdot (x_3 \times v_3(\phi_3)) \end{bmatrix} = 0 \quad (15\text{-}24)$$

式中，$v_i(\phi_i) = n \times \eta_i(\phi_i)$，$\eta_i(\phi_i)$ 是 $T_i(\phi_i)$ 的法线，$i = 1, 2, 3$。

4) 单元类 $SSSS$：此类单元由 (λ_i, ϕ_i) 参数化，$i = 1, \cdots, 4$。令 $(\bar{s}_i, \bar{t}_i, \bar{n}_i)$ 表示由接触点 x_i、x_{i+1}、x_{i+2} 所张成平面的参考系，其中指数相加取模 4。临界接触力角 $(\phi_1, \phi_2, \phi_3, \phi_4)$ 满足标量方程

$$\det \begin{bmatrix} \bar{s}_i \cdot v(\phi_i) & \bar{s}_i \cdot v_{i+1}(\phi_{i+1}) & \bar{s}_i \cdot v_{i+2}(\phi_{i+2}) \\ \bar{t}_i \cdot v(\phi_i) & \bar{t}_i \cdot v_{i+1}(\phi_{i+1}) & \bar{t}_i \cdot v_{i+2}(\phi_{i+2}) \\ \bar{n}_i \cdot (x_i \times v(\phi_i)) & \bar{n}_i \cdot (x_{i+1} \times v_{i+1}(\phi_{i+1})) & \bar{n}_i \cdot (x_{i+2} \times v_{i+2}(\phi_{i+2})) \end{bmatrix} = 0, \quad i = 1, 2, 3 \quad (15\text{-}25)$$

式中，$v_i(\phi_i) = \bar{n}_i \times \eta_i(\phi_i)$，$\eta_i(\phi_i)$ 是 $T_i(\phi_i)$ 的法线，$i = 1, \cdots, 4$。

5) 单元类 $SSSSS$：此类单元的参数化为 (λ_i, ϕ_i)，$i = 1, \cdots, 5$。设 $(\bar{s}_i, \bar{t}_i, \bar{n}_i)$ 为由接触点 x_i、x_{i+1}、x_{i+2} 所张成平面的参考系，其中指数加法取模 5。临界接触力角 $(\phi_1, \cdots, \phi_5)$ 满足标量方程

$$\det \begin{bmatrix} \bar{s}_i \cdot v(\phi_i) & \bar{s}_i \cdot v_{i+1}(\phi_{i+1}) & \bar{s}_i \cdot v_{i+2}(\phi_{i+2}) \\ \bar{t}_i \cdot v(\phi_i) & \bar{t}_i \cdot v_{i+1}(\phi_{i+1}) & \bar{t}_i \cdot v_{i+2}(\phi_{i+2}) \\ \bar{n}_i \cdot (x_i \times v(\phi_i)) & \bar{n}_i \cdot (x_{i+1} \times v_{i+1}(\phi_{i+1})) & \bar{n}_i \cdot (x_{i+2} \times v_{i+2}(\phi_{i+2})) \end{bmatrix} = 0, \quad i = 1, \cdots, 5 \quad (15\text{-}26)$$

式中，$v_i(\phi_i) = \bar{n}_i \times \eta_i(\phi_i)$，$\eta_i(\phi_i)$ 是 $T_i(\phi_i)$ 的法线，$i = 1, \cdots, 5$。

证明：利用抓取映射 L_G，我们必须给出定理 15.7 所列的每个单元类满足秩亏条件 rank(DL_G) = 5 的临界接触力。

1) 单元类 SI 和 II：SI 类的所有单元都形成了五维集合。因此，在这些单元中，DL_G 的秩最多为 5。II 类的单元 K 由 $(f_1, f_2) \in \mathbb{R}^6$ 参数化。利用这些参数，L_G 对 K 的约束 $L_K: \mathbb{R}^6 \to \mathbb{R}^6$，具有 6×6 雅可比矩阵

$$DL_K = \begin{bmatrix} I & I \\ [x_1 \times] & [x_2 \times] \end{bmatrix} \cong \begin{bmatrix} I & O \\ [x_1 \times] & [(x_2 - x_1) \times] \end{bmatrix}$$

式中，I 是 3×3 单位矩阵，O 是 3×3 零矩阵。显然，整个 II 单元的 $\text{rank}(DL_K) = 5$。

2) 单元类 SSI：此类单元 K 的形式为 $K = S_1 \times S_2 \times I_3$。其接触力 (f_1, f_2) 用 (λ_i, ϕ_i) 参数化，$i = 1, 2$，而 f_3 用 $\mathbb{R}^3$ 参数化。利用这些参数，L_G 对 K 的约束 $L_K: \mathbb{R}^7 \to \mathbb{R}^6$，具有 6×7 雅可比矩阵

$$DL_K = \begin{bmatrix} u_1(\phi_1) & \lambda_1 u_1'(\phi_1) & u_2(\phi_2) & \lambda_2 u_2'(\phi_2) & I \\ x_1 \times u_1(\phi_1) & \lambda_1 x_1 \times u_1'(\phi_1) & x_2 \times u_2(\phi_2) & \lambda_2 x_2 \times u_2'(\phi_2) & [x_3 \times] \end{bmatrix} \quad (15\text{-}27)$$

DL_K 矩阵中的四列分别与坐标 x_1 和 x_2 相关联，并由此张成了两个平面束，这两组线束确定了两个切平面 $T_1(\phi_1)$ 和 $T_2(\phi_2)$。而与 x_3 关联的列向量则构成了一条以 x_3 为基的立体束。依据引理 15.12，在 $\mathbb{R}^6$ 空间中，若这些线束作为向量表现出线性相关性，则表明起始于 x_1 和 x_2 的两个平面束必须共同经过接触点 x_3。这一条件给出了标量方程(15-23)。

3) 单元类 SSS：此类单元 K 的形式为 $K = S_1 \times S_2 \times S_3$。其接触力 (f_1, f_2, f_3) 用 (λ_i, ϕ_i) 参数化，$i = 1, 2, 3$。利用这些参数，L_G 对 K 的约束 $L_K: \mathbb{R}^6 \to \mathbb{R}^6$，具有 6×6 雅可比矩阵

$$DL_K = \begin{bmatrix} u_1(\phi_1) & \lambda_1 u_1'(\phi_1) & u_2(\phi_2) & \lambda_2 u_2'(\phi_2) & u_3(\phi_3) & \lambda_3 u_3'(\phi_3) \\ x_1 \times u_1(\phi_1) & \lambda_1 x_1 \times u_1'(\phi_1) & x_2 \times u_2(\phi_2) & \lambda_2 x_2 \times u_2'(\phi_2) & x_3 \times u_3(\phi_3) & \lambda_3 x_3 \times u_3'(\phi_3) \end{bmatrix}$$

DL_K 的列张成三个平面束，形成了摩擦锥切平面 $T_1(\phi_1)$、$T_2(\phi_2)$ 和 $T_3(\phi_3)$。根据引理 15.12，这些线束相交于一点 z 时是线性相关的，z 位于由三个接触点张成的平面 Δ 上。设 $\bar{n}$ 表示垂直于平面 Δ 的单位向量，设 l_i 为交线 $l_i = \Delta \cap T_i(\phi_i)$，$i = 1, 2, 3$。$l_i$ 的 Plücker 坐标由 $(v_i, x_i \times v_i) \in \mathbb{R}^6$ 给出，其中 $v_i(\phi_i) = \bar{n} \times \eta_i(\phi_i)$ 是 l_i 的方向。令 $(\bar{s}, \bar{t}, \bar{n})$ 作为平面 Δ 的参考系。线几何状态的一个标准结果表明，三条共面直线相交于一点 $z \in \Delta$，如果它们的 Plücker 坐标与该平面有关，$(\bar{s} \cdot v_i, \bar{t} \cdot \bar{v}_i, \bar{n} \cdot (x_i \times v_i)) \in \mathbb{R}^3$，将在 $\mathbb{R}^3$ 中形成线性相关向量：

$$\det \begin{bmatrix} \bar{s} \cdot v_1(\phi_1) & \bar{s} \cdot v_2(\phi_2) & \bar{s} \cdot v_3(\phi_3) \\ \bar{t} \cdot v_1(\phi_1) & \bar{t} \cdot v_2(\phi_2) & \bar{t} \cdot v_3(\phi_3) \\ \bar{n} \cdot (x_1 \times v_1(\phi_1)) & \bar{n} \cdot (x_2 \times v_2(\phi_2)) & \bar{n} \cdot (x_3 \times v_3(\phi_3)) \end{bmatrix} = 0$$

给出了式(15-24)的成立条件。

4) 单元类 $SSSS$ 和 $SSSSS$：$SSSS$ 类的单元 K 具有 $K = S_1 \times S_2 \times S_3 \times S_4$ 的形式。其接触力 (f_1, f_2, f_3, f_4) 由 (λ_i, ϕ_i) 参数化，$i = 1, 2, 3, 4$。利用这些参数，L_G 对 K 的约束 $L_K: \mathbb{R}^8 \to \mathbb{R}^6$，是一个 6×8 雅可比矩阵。$DL_K$ 的列形成四个平面束，在接触处形成摩擦锥切平面。当 $\text{rank}(DL_K) = 5$ 时，表明雅可比矩阵在 $\mathbb{R}^8$（八维实数空间）中有一个三维零空间。零空间维数的这个要求意味着与三个不同的 SSS 接触三元组关联的 DL_K 的三个六列子集会同时失去它们的全行秩。这些接触三元组的零行列式给出了三个标量方程，这些方程被指定为条件(15-25)。最后，$SSSSS$ 类的单元 K 具有 $K = S_1 \times \cdots \times S_5$ 的形式。其接触力 $(f_1, \cdots, f_5)$ 由 (λ_i, ϕ_i) 参数化，$i = 1, \cdots, 5$。利用这些参数，L_G 对 K 的约束 $L_K: \mathbb{R}^{10} \to \mathbb{R}^6$，是一个 6×10 雅可比矩阵。当 $\text{rank}(DL_K) = 5$ 时，雅可比矩阵在 $\mathbb{R}^{10}$ 中有一个五维零空间。零空间维数的要求意味着与 5 个 SSS 接触三元组相关的 DL_K 矩阵中的五个六列子集将会同时失去它们的全行秩。这些接触三元组的零行列式给出了指定为式(15-26)的五个标量方程。

命题 15.8 确定了给定单元类中的临界接触力。但是，它不能确保这些接触力映射到净力旋量锥 W 的实际边界。下一个命题则指定了确定在每个单元类中那些贡献于 W 的实际边界的临界接触力所需的符号条件。

命题 15.10 对于定理 15.7 中列出的每一个单元类，当存在满足下述不等式的 $\sigma \in \{-1,+1\}$ 时，临界接触力由抓取映射 $L_G(\vec{f})$ 映射到净力旋量锥 W 的实际边界面上：

$$\sigma \cdot (w_i \cdot \eta_H) \geq 0, \quad w_i = (f_i, x_i \times f_i), \quad f_i \in C_i, \quad i = 1, \cdots, k \quad (15-28)$$

其中 η_H 在每个单元类中具有以下形式。

1) 单元类 SI/II：令原点为接触点 x_1，则 $\eta_H = (\vec{0}, x_2 - x_1)$，其中 x_1 和 x_2 是这些单元类中的活动接触点。

2) 单元类 SSI：临界接触力 (f_1, f_2) 具有固定角 (ϕ_1^*, ϕ_2^*)。令原点为接触点 x_3，则 $\eta_H = (\vec{0}, v_{12}(\phi_1^*, \phi_2^*))$，其中 $v_{12}(\phi_1^*, \phi_2^*) = \eta_1(\phi_1^*) \times \eta_2(\phi_2^*)$ 与 $T_1(\phi_1^*) \cap T_2(\phi_2^*)$ 共线经过 x_3。

3) 单元类 SSS、$SSSS$、$SSSSS$：设 (ϕ_1, ϕ_2, ϕ_3) 为临界接触力角。令原点为摩擦锥切平面的交点 $z \in \Delta$，其中 Δ 是由 x_1、x_2 和 x_3 张成的平面，则 $\eta_H = (\bar{n}, \bar{\tau})$，其中 $\bar{n}(\phi_1, \phi_2, \phi_3)$ 是垂直于平面 Δ 的单位法向量，$\bar{\tau}(\phi_1, \phi_2, \phi_3)$ 由下式得出：

$$\bar{\tau}(\phi_1, \phi_2, \phi_3) = [\eta_1(\phi_1) \quad \eta_2(\phi_2) \quad \eta_3(\phi_3)]^{-1} c$$

式中，$\eta_i(\phi_i)$ 是切平面 $T_i(\phi_i)$ ($i = 1, 2, 3$) 的法线，$c = (c_1, c_2, c_3)$ 是摩擦锥切平面 $T_1(\phi_1)$、$T_2(\phi_2)$、$T_3(\phi_3)$ 相对于平面 Δ 的方向余弦。

证明： 分离超平面法线 η_H 与雅可比矩阵 DL_K 的左核共线。因此，我们必须在定理 15.7 所列的每个单元类中确定 DL_K 的左核，其中 L_K 表示抓取映射 L_G 对单元 K 的约束。我们将使用命题 15.8 中描述的雅可比矩阵。

1) 单元类 SI 和 II：将原点设为 x_1，SI 单元类的 DL_K 为 6×5 矩阵，II 单元类的 DL_K 为 6×6 矩阵，即

$$DL_K = \begin{bmatrix} u_1(\phi_1) & \lambda_1 u_1'(\phi_1) & I \\ \vec{0} & \vec{0} & [(x_2 - x_1) \times] \end{bmatrix}, \quad DL_K = \begin{bmatrix} I & I \\ O & [(x_2 - x_1) \times] \end{bmatrix}$$

式中，I 和 O 分别是 3×3 单位矩阵和 3×3 零矩阵（这个符号将在整个证明中使用）。在任一单元类中，DL_K 的左核由 $\eta_H = (\vec{0}, x_2 - x_1)$ 确定。

2) 单元类 SSI：设原点为接触点 x_3，DL_K 是 6×7 矩阵，且

$$DL_K = \begin{bmatrix} u_1(\phi_1) & \lambda_1 u_1'(\phi_1) & u_2(\phi_2) & \lambda_2 u_2'(\phi_2) & I \\ (x_1 - x_3) \times u_1(\phi_1) & \lambda_1 (x_1 - x_3) \times u_1'(\phi_1) & (x_2 - x_3) \times u_2(\phi_2) & \lambda_2 (x_2 - x_3) \times u_2'(\phi_2) & O \end{bmatrix}$$

DL_K 的最后三列表示 $\eta_H = (\vec{0}, u)$，其中 u 待定。根据引理 15.12，切平面 $T_i(\phi_i)$ ($i = 1, 2$) 经过 x_3。因此，向量 $x_i - x_3$ 位于 $T_i(\phi_i)$ 中，而 DL_K 中的向量 $(x_i - x_3) \times u_i(\phi_i)$ 和 $(x_i - x_3) \times u_i'(\phi_i)$ 与切平面 $T_i(\phi_i)$ ($i = 1, 2$) 正交。因此，DL_K 的左核由向量 $\eta_H = (\vec{0}, v_{12})$ 张成，其中 $v_{12} = \eta_1(\phi_1) \times \eta_2(\phi_2)$ 与经过 x_3 的相交线 $T_1(\phi_1) \cap T_2(\phi_2)$ 共线。

3) 单元类 SSS：雅可比矩阵 DL_K 是 6×6 矩阵

$$DL_K = \begin{bmatrix} u_1(\phi_1) & \lambda_1 u_1'(\phi_1) & u_2(\phi_2) & \lambda_2 u_2'(\phi_2) & u_3(\phi_3) & \lambda_3 u_3'(\phi_3) \\ x_1 \times u_1(\phi_1) & \lambda_1 x_1 \times u_1'(\phi_1) & x_2 \times u_2(\phi_2) & \lambda_2 x_2 \times u_2'(\phi_2) & x_3 \times u_3(\phi_3) & \lambda_3 x_3 \times u_3'(\phi_3) \end{bmatrix}$$

每对 $\{u_i(\phi_i), u_i'(\phi_i)\}$ 张成摩擦锥切平面 $T_i(\phi_i)$ ($i = 1, 2, 3$)。根据引理 15.12，切平面 $T_1(\phi_1)$、$T_2(\phi_2)$ 和 $T_3(\phi_3)$ 在 $z \in \Delta$ 处相交，其中 Δ 是由 x_1、x_2 和 x_3 张成的平面。因此，$u_i(\phi_i)$ 和 $u_i'(\phi_i)$ 的适当线性组合给出了向量 $x_i - z$ ($i = 1, 2, 3$)。已知 $\eta_i(\phi_i)$ 垂直于切平面 $T_i(\phi_i)$。$u_i(\phi_i)$ 和 $u_i'(\phi_i)$ 的另一个线性组合给出向量 $(x_i - z) \times \eta_i(\phi_i)$，该向量在切平面 $T_i(\phi_i)$ ($i = 1, 2, 3$) 内与 $x_i - z$ 正交。设原点为 z，两个线性组合可将 DL_K 的列表示为

$$DL_K \cong \begin{bmatrix} x_1-z & (x_1-z)\times\eta_1(\phi_1) & x_2-z & (x_2-z)\times\eta_2(\phi_2) & x_3-z & (x_3-z)\times\eta_3(\phi_3) \\ \vec{0} & \|x_1-z\|\eta_1(\phi_1) & \vec{0} & \|x_2-z\|\eta_2(\phi_2) & \vec{0} & \|x_3-z\|\eta_3(\phi_3) \end{bmatrix}$$

DL_K 的左核由向量 $(\bar{n},\bar{\tau})$ 张成，其中 $\bar{n}$ 是垂直于平面 Δ 的单位向量，$\bar{\tau} = [\eta_1(\phi_1)\ \eta_2(\phi_2)\ \eta_3(\phi_3)]^{-1}c$，其中 $c=(c_1,c_2,c_3)$ 是切平面 $T_1(\phi_1)$、$T_2(\phi_2)$、$T_3(\phi_3)$ 相对于平面 Δ 的方向余弦：$c_i = \bar{n} \cdot ((x_i-z)\times\eta_i)/(\|x_i-z\|\cdot\|\eta_i\|)$，$i=1,2,3$。

4) 单元类 SSSS 和 SSSSS：SSSS 单元的雅可比矩阵 DL_K 为 6×8 矩阵，SSSSS 单元的 DL_K 为 6×10 矩阵。与任意 SSS 三元组相关的 DL_K 矩阵的列，在临界接触力状态下必须是线性相关的。因此，我们可以通过使用与接触点 x_1、x_2、x_3 相关的六列来计算 DL_K 的左核。这样做得到的左核与针对 SSS 单元类计算得出的左核相同，该左核表示为 $\eta_H = (\bar{n},\bar{\tau})$。

最后，考虑定理 15.11，该定理描述了围绕姿态平衡区域 $\varepsilon R \subseteq \mathbb{R}^2$ 的五种边界曲线。

定理 15.11 k 接触点姿态可行平衡区域的水平横截面 $\varepsilon R \subseteq \mathbb{R}^2$ 形成了一个连通的凸集，其边界由五种曲线组成：SI/II 线段、SSI 线段、SSS 凸弧、SSSS 凸弧和 SSSSS 线段，前提是摩擦锥位于相对于接触点的典型位置。

证明： 对于定理 15.7 列出的每一个单元类，我们需要在 B 的力旋量空间中描述集合 $\text{bdy}(W) \cap L$，并通过线性映射 $\tilde{x}_{cm} = -E(e\times\tau)$ 将这个集合映射到 $\mathbb{R}^2$ 空间，从而得到包含区域 εR 边界曲线的曲线族。

1) 单元类 SI 和 II：SI 和 II 单元类与两个非零接触力有关。只有当 B 的质心位于包含接触点 x_1 和 x_2 的垂直面时，这些力才有可能平衡重力。该垂直面的水平横截面形成一条经过投影接触点 $\tilde{x}_1$ 和 $\tilde{x}_2$ 的直线，其中包含 $\mathbb{R}^2$ 中 εR 的线性 SI/II 边界段。

2) 非零接触力可以通过 $f_i = \lambda_i u_i(\phi_i)$ 进行参数化，其中 $i=1,2$，而 $f_3 \in \mathbb{R}^3$。临界接触力 (f_1,f_2) 具有离散解 (ϕ_1^*,ϕ_2^*)，这些解在 $\lambda_1, \lambda_2 > 0$ 和 f_3 在单元内自由变化时保持不变。通过在未知数 $(\lambda_1,\lambda_2,\lambda_3)$ 中解式(15-18)的①和②，可以计算出交集 $\text{bdy}(W) \cap L$：

$$\begin{cases} \lambda_1 u_1(\phi_1^*) + \lambda_2 u_2(\phi_2^*) + f_3 = e \\ e \cdot (\lambda_1 x_1 \times u_1(\phi_1^*) + \lambda_2 x_2 \times u_1(\phi_1^*) + x_3 \times f_3) = 0 \end{cases} \quad (15-29)$$

式(15-29)的解在 $(\lambda_1,\lambda_2,f_3)$ 空间中形成一条仿射线。根据式(15-18)中的③，将该仿射线映射到水平面，有

$$\tilde{x}_{cm} = -E(e \times (\lambda_1 x_1 \times u_1(\phi_1^*) + \lambda_2 x_2 \times u_2(\phi_2^*) + \lambda_3 x_3 \times f_3))$$

这给出了 εR 在 $\mathbb{R}^2$ 中的线性 SSI 边界段的直线。

3) 单元类 SSS：非零接触力参数化为 $f_i = \lambda_i u_i(\phi_i)$，$i=1,2,3$。临界接触力在角 (ϕ_1,ϕ_2,ϕ_3) 满足标量约束(15-13)，而 $\lambda_1, \lambda_2, \lambda_3 > 0$ 在单元内自由变化。交集 $\text{bdy}(W) \cap L$ 可通过求解式(15-18)中的①②$(\lambda_1,\lambda_2,\lambda_3)$ 来计算：

$$\begin{cases} \lambda_1 E u_1(\phi_1) + \lambda_2 E u_2(\phi_2) + \lambda_3 E u_3(\phi_3) = \vec{0} \\ e \cdot (\lambda_1 x_1 \times u_1(\phi_1) + \lambda_2 x_2 \times u_2(\phi_2) + \lambda_3 x_3 \times u_3(\phi_3)) = 0 \end{cases} \quad (15-30)$$

系统由式(15-30)在 $(\lambda_1,\lambda_2,\lambda_3)$ 空间中定义，当相应的 3×3 矩阵的行列式为零时，该系统的解集非空：

$$\det \begin{bmatrix} Eu_1(\phi_1) & Eu_2(\phi_2) & Eu_3(\phi_3) \\ e \cdot (x_1 \times u_1(\phi_1)) & e \cdot (x_2 \times u_2(\phi_2)) & e \cdot (x_3 \times u_3(\phi_3)) \end{bmatrix} = 0 \quad (15-31)$$

这给出了角 (ϕ_1,ϕ_2,ϕ_3) 的第二个标量约束。式(15-13)和式(15-31)的约束解在 (ϕ_1,ϕ_2,ϕ_3)

空间中形成一条曲线。与该曲线上每个点对应的接触力大小由平衡姿态方程的①确定：$\lambda_1 u_1(\phi_1) + \lambda_2 u_2(\phi_2) + \lambda_3 u_3(\phi_3) = e$。根据式(15-18)中的③，将产生的接触力映射到水平面上：$\tilde{x}_{cm}(\phi) = -E\left(e \times \sum_{i=1}^{3} \lambda_i(\phi) x_i \times u_i(\phi_i)\right)$，其中$\phi = (\phi_1, \phi_2, \phi_3)$。当$\phi$在$(\phi_1, \phi_2, \phi_3)$空间中沿非线性解曲线变化时，其图像$\tilde{x}_{cm}(\phi)$包含了$\mathbb{R}^2$中$\varepsilon R$的非线性$SSS$边界段。

4) 单元类$SSSS$：非零接触力由$f_i = \lambda_i u_i(\phi_i)$ ($i = 1, 2, 3, 4$)参数化。临界接触力在$(\phi_1, \phi_2, \phi_3, \phi_4)$空间中形成非线性曲线。每个解$(\phi_1, \phi_2, \phi_3, \phi_4)$对应的力值由$(\lambda_1, \lambda_2, \lambda_3, \lambda_4)$中的4×4线性系统确定，该系统由式(15-18)的①②组成：

$$\begin{cases} \lambda_1 u_1(\phi_1) + \lambda_2 u_2(\phi_2) + \lambda_3 u_3(\phi_3) + \lambda_4 u_4(\phi_4) = e \\ e \cdot (\lambda_1 x_1 \times u_1(\phi_1) + \lambda_2 x_2 \times u_2(\phi_2) + \lambda_3 x_3 \times u_3(\phi_3) + \lambda_4 x_4 \times u_4(\phi_4)) = 0 \end{cases} \quad (15\text{-}32)$$

根据式(15-18)的①，将产生的接触力映射到$\mathbb{R}^2$：$\tilde{x}_{cm}(\phi) = -E\left(e \times \sum_{i=1}^{4} \lambda_i(\phi) x_i \times u_i(\phi_i)\right)$，其中$\phi = (\phi_1, \phi_2, \phi_3, \phi_4)$。当$\phi$在$(\phi_1, \phi_2, \phi_3, \phi_4)$空间中沿非线性解曲线变化时，其图像$\tilde{x}_{cm}(\phi)$包含了$\mathbb{R}^2$中$\varepsilon R$的非线性$SSSS$边界段。

5) 单元类$SSSSS$：非零接触力参数化为$f_i = \lambda_i u_i(\phi_i)$，$i = 1, \cdots, 5$。临界接触力具有离散解$(\phi_1^*, \cdots, \phi_5^*)$。通过求解$(\lambda_1, \cdots, \lambda_5)$中的4×5线性系统，可获得与每个离散解相关的力值，该系统由式(15-18)的①和②组成：

$$\begin{cases} \lambda_1 u_1(\phi_1^*) + \cdots + \lambda_5 u_5(\phi_5^*) = e \\ e \cdot (\lambda_1 x_1 \times u_1(\phi_1^*) + \cdots + \lambda_5 x_5 \times u_5(\phi_5^*)) = 0 \end{cases} \quad (15\text{-}33)$$

式(15-33)的解在$(\lambda_1, \cdots, \lambda_5)$空间中形成一条仿射线。根据式(15-18)的③，该仿射线映射到水平面：$\tilde{x}_{cm}(\lambda) = -E\left(e \times \sum_{i=1}^{5} \lambda_i \phi_i^* x_i \times u_i(\phi_i^*)\right)$，其中$\lambda = (\lambda_1, \cdots, \lambda_5)$。当$\lambda$在$(\lambda_1, \cdots, \lambda_5)$空间中沿仿射线变化时，其映像$\tilde{x}_{cm}(\lambda)$包含$\mathbb{R}^2$中$\varepsilon R$的线性$SSSSS$边界段。

练 习 题

15.1 节

练习 15.1：验证任意k接触点姿态下的净力旋量锥W是否在B的力旋量空间原点处形成凸锥。

解：为了验证这一说法，我们必须验证对于任意两个力旋量$w_1, w_2 \in W$，对于所有$s_1, s_2 \geq 0$，线性组合$s_1 \cdot w_1 + s_2 \cdot w_2$位于$W$上。令$f_i'$和$f_i''$表示与力旋量$w_1$和$w_2$相关的$x_i$处的接触力。线性组合$s_1 \cdot w_1 + s_2 \cdot w_2$可以写成

$$s_1 \cdot w_1 + s_2 \cdot w_2 = s_1 \cdot \sum_{i=1}^{k} \begin{pmatrix} f_i' \\ x_i \times f_i' \end{pmatrix} + s_2 \cdot \sum_{i=1}^{k} \begin{pmatrix} f_i'' \\ x_i \times f_i'' \end{pmatrix}$$

系数$s_1, s_2 \geq 0$可解释为调节接触力大小。因此，$s_1 \cdot w_1 + s_2 \cdot w_2 = \sum_{i=1}^{k}(f_i, x_i \times f_i)$，其中$f_i = s_1 f_i' + s_2 f_i''$，$i = 1, \cdots, k$。由于每个摩擦锥$C_i$是一个凸集，所以每个力$f_i$都位于各自的摩擦锥$C_i$中，从而确定$W$在$B$的力旋量空间中形成一个凸锥。

练习 15.2：解释为什么由两个接触点支撑的三维姿态的可行平衡区域生成$\mathbb{R}^3$中的垂直条带。

解：在由两个接触点 x_1 和 x_2 支撑的三维姿态下，净力旋量锥 W 在 B 的力旋量空间中是五维的，由于 f_1 和 f_2 无法在经过接触点 x_1 和 x_2 的直线上产生力旋量，在三维空间 $\mathbb{R}^3$ 中只要这两个接触点不是垂直对齐的，力旋量空间中的力旋量集合 W（代表可能的平衡力系）和 L（代表由两个接触点提供的反作用力所构成的力旋量集合）就是正交的。根据命题 15.3 证明中提到的交集公式，集合 W 与 L 的交集 $W \cap L$ 是一维的，因为 $\dim(W)+\dim(L)-m=5+2-6=1$，其中 m 是刚体 B 的力旋量空间维数。当 $W \cap L$ 是一个有限线段时，可控平衡区域 R_{ij} 在三维空间 $\mathbb{R}^3$ 中表现为一个嵌入过 x_1 和 x_2 两点的垂直平面上的垂直条带形状。而当 $W \cap L$ 是一个半无限线段或完整直线时，可控平衡区域 R_{ij} 则是在三维空间 $\mathbb{R}^3$ 中经过这两个接触点的一半无限垂直平面或完整的垂直平面。

练习 15.3*：验证净力旋量锥 W 在单个摩擦接触位置形成一个三维锥面，在两个非重合摩擦接触支撑的位置形成一个五维锥面，在 $k \geq 3$ 个非共线接触支撑的位置形成一个完整的六维锥面（这证明了引理 15.1）。

15.2 节

练习 15.4：考虑一个 k 接触姿态，其各个接触点在三维空间 $\mathbb{R}^3$ 中处于同一高度，使得所有摩擦锥都包含竖直向上的方向 e。解释为什么在这种情况下，该姿态的可行平衡区域的水平截面与支撑多边形 P 完全重合，即 $\varepsilon R = P$。

练习 15.5*：一个三维刚性物体 B 通过 $k \geq 3$ 个摩擦接触支撑抵抗重力。当重力力旋量可以由至少三个严格位于它们的摩擦锥内的接触反作用力平衡时，解释为什么 W 和 L 在 B 的力旋量空间中横向相交。

15.3 节

练习 15.6：基于三维摩擦锥的平面内近似，可以有效地计算 $\varepsilon R \subseteq \mathbb{R}^2$ 区域的多边形内近似。作为一系列线性规划问题，是否可以用三维摩擦锥的适当近似来计算可行平衡区域 εR 的多边形？

15.4 节

练习 15.7：考虑 SSI 单元中的临界接触力。解释为什么命题 15.8 的条件式（15-12）意味着摩擦锥切平面 $T_1(\phi_1^*)$ 和 $T_2(\phi_2^*)$ 必须沿着经过接触点 x_3 的线相交。

练习 15.8：解释为什么 SSI 单元中的临界接触力 $(f_1, f_2, f_3) \in S_1 \times S_2 \times I_3$，可以具有临界接触力 f_1 和 f_2 的四个离散角 (ϕ_1^*, ϕ_2^*)。

练习 15.9：验证在 SSI 单元中的临界接触力通过抓取映射 L_G 被映射到 B 物体的力旋量空间中的一个五维超平面。

提示：考虑由临界接触力相对于直线 $T_1(\phi_1^*) \cap T_2(\phi_2^*)$ 产生的力矩。

练习 15.10：考虑 SSS 单元中的临界接触力。解释为什么命题 15.8 的条件式（15-13）意味着摩擦锥切平面 $T_1(\phi_1)$、$T_2(\phi_2)$ 和 $T_3(\phi_3)$ 必须相交于一点 z，该点位于 x_1、x_2 和 x_3 所张成的平面 Δ 上。

解梗概：SSS 单元的形式为 $K = S_1 \times S_2 \times S_3$，其接触力由 $f_i = \lambda_i u_i(\phi_i)$（$i=1,2,3$）参数化。使用这些参数，$L_G$ 对 K 的约束 $L_K: \mathbb{R}^6 \to \mathbb{R}^6$ 是一个 6×6 雅可比矩阵

$$DL_K = \begin{bmatrix} u_1(\phi_1) & \lambda_1 u_1'(\phi_1) & u_2(\phi_2) & \lambda_2 u_2'(\phi_2) & u_3(\phi_3) & \lambda_3 u_3'(\phi_3) \\ x_1 \times u_1(\phi_1) & \lambda_1 x_1 \times u_1'(\phi_1) & x_2 \times u_2(\phi_2) & \lambda_2 x_2 \times u_2'(\phi_2) & x_3 \times u_3(\phi_3) & \lambda_3 x_3 \times u_3'(\phi_3) \end{bmatrix}$$

如本章附录所述，DL_K 的列张成三个平面束，其线形成摩擦锥切平面 $T_1(\phi_1)$、$T_2(\phi_2)$ 和

$T_3(\phi_3)$。根据引理 15.12，当这些平面束相交于一点 z 时，它们是线性相关的，这个公共点位于三个接触点所张成的平面 Δ 上。设 $\bar{n}$ 表示垂直于平面 Δ 的单位向量，l_i 为交线 $l_i = \Delta \cap T_i(\phi_i)$ $(i=1,2,3)$。l_i 的 Plücker 坐标由 $(v_i, x_i \times v_i) \in \mathbb{R}^6$ 给出，其中 $v_i(\phi_i) = \bar{n} \times \eta_i(\phi_i)$ 是第 i 条线的方向。设 $(\bar{s}, \bar{t}, \bar{n})$ 为平面 Δ 的参考系。若三条共面直线在同一个平面内相交于一点 $z \in \Delta$，当且仅当这三条直线相对于此平面的 Plücker 坐标，记作 $(\bar{s} \cdot v_i, \bar{t} \cdot v_i, \bar{n} \cdot (x_i \times v_i)) \in \mathbb{R}^3$，构成三维空间中的线性相关向量集：

$$\det \begin{bmatrix} \bar{s} \cdot v_1(\phi_1) & \bar{s} \cdot v_2(\phi_2) & \bar{s} \cdot v_3(\phi_3) \\ \bar{t} \cdot v_1(\phi_1) & \bar{t} \cdot v_2(\phi_2) & \bar{t} \cdot v_3(\phi_3) \\ \bar{n} \cdot (x_1 \times v_1(\phi_1)) & \bar{n} \cdot (x_2 \times v_2(\phi_2)) & \bar{n} \cdot (x_3 \times v_3(\phi_3)) \end{bmatrix} = 0$$

这个标量方程给出了命题 15.8 中指定的条件 (15-13)。

练习 15.11：考虑 SSSS 类单元 K 中的临界接触力，由命题 15.8 的条件 (15-14) 描述，求这些临界接触力的几何特征。

提示：考虑与四个接触点每个三元组相关的摩擦锥切平面。

练习 15.12*：考虑 SSSS 类单元 K 中的临界接触力。解释 $\mathbb{R}^3$ 中所有四个接触点位于同一平面时条件 (15-14) 的变化。

提示：条件 (15-14) 仅指定了两个独立的约束条件。然而，在这种情况下，临界接触力还需要满足一个附加的标量方程，并且依然形成一组一维的角度值 $(\phi_1, \phi_2, \phi_3, \phi_4)$。

练习 15.13*：一个类似的特殊情况发生在 SSSSS 单元中，当所有五个接触点都位于 $\mathbb{R}^3$ 的一个公共平面上时。解释在这种情况下，临界接触力的条件 (15-15) 是如何变化的。

提示：条件 (15-15) 仅指定四个独立约束。然而，临界接触力满足三个附加的标量方程，并且仍然形成一个离散角的解集 $(\phi_1^*, \cdots, \phi_5^*)$。

练习 15.14：验证临界接触力随每个单元类中的五个自由参数而变化，这些参数可能为 bdy(W) 提供一个五维面。（因此，这些力通常在各自的接触力单元中形成一个光滑的五维流形。）

练习 15.15：考虑计算 SSS、SSSS 和 SSSSS 单元类中式 (15-17) 的分离条件。设 $w_i(\phi_i)$ 为单位力 $u_i(\phi_i) \in S_i$ 完全旋转产生的力旋量。验证 $w_i(\phi_i)$ 的符号可以简化为检验三角函数 $a_i + b_i \cos\phi_i + c_i \sin\phi_i$ 的极值（可以用封闭形式计算）。

15.5 节

练习 15.16：区域 εR 的线性 SSI 边界段与接触力 $(f_1, f_2) \in S_1 \times S_2$ 的固定角 (ϕ_1^*, ϕ_2^*) 有关。解释为什么该段位于摩擦锥切平面相交线 $T_1(\phi_1^*) \cap T_2(\phi_2^*)$ 的水平投影上。

解：用 l 表示相交线 $T_1(\phi_1^*) \cap T_2(\phi_2^*)$。由于 l 经过接触点 x_3，三条接触力线与 l 线相交。因此，这三种接触力关于直线 L 产生的扭矩之和为零。为了在平衡状态下保持力矩平衡，作用于 B 的重力也必须关于直线 l 产生零扭矩。由此推断，B 的质心 x_{cm} 必须位于包含该直线的垂直平面内。这个垂直面的水平横截面包含了区域 εR 的线性 SSI 边界段。

练习 15.17：εR 区域的线性边界段起源于 SI/SS、SSI 和 SSSSS 单元类。验证与这些单元类相关联的 bdy(W) 的面是否嵌入 B 的力旋量空间的五维超平面中。

练习 15.18：在可控的 k 接触姿态下，验证 εR 区域的线性边界段位于支撑多边形 P 的边上当且仅当决定 P 边界的两个接触点具有非空的垂直平衡带。

练习 15.19：描述 $\mathbb{R}^2$ 中区域 εR 的非线性 SSSS 边界曲线的一种计算方法。

解： εR 的 SSSS 边界曲线与四个非零接触力 $(f_1, f_2, f_3, f_4) \in S_1 \times S_2 \times S_3 \times S_4$ 相关，其角 $(\phi_1, \phi_2, \phi_3, \phi_4)$ 满足式（15-14）中指定的三个约束条件。满足这些约束的角在这个空间中一般形成一条非线性曲线。满足命题 15.10 所述分离条件的部分解曲线对应于 εR 边界上的一个凸弧。为了计算这个弧度，对于每组解 $(\phi_1, \phi_2, \phi_3, \phi_4)$，通过求解由式（15-18）的①和②所确定的 4×4 线性系统，得到力的大小 $(\lambda_1, \lambda_2, \lambda_3, \lambda_4)$：

$$\lambda_1 u_1(\phi_1) + \lambda_2 u_2(\phi_2) + \lambda_3 u_3(\phi_3) + \lambda_4 u_4(\phi_4) = e$$

$$e \cdot (\lambda_1 x_1 \times u_1(\phi_1) + \lambda_2 x_2 \times u_2(\phi_2) + \lambda_3 x_3 \times u_3(\phi_3) + \lambda_4 x_4 \times u_4(\phi_4)) = 0$$

满足 $\lambda_1, \cdots, \lambda_4 \geq 0$ 的每一个解在 εR 的边界上提供一个点 $\tilde{x}_{cm}$，且 $\tilde{x}_{cm} = -E\left(e \times \sum_{i=1}^{4} \lambda_i(\phi) x_i \times u_i(\phi_i)\right)$，其中 $\phi = (\phi_1, \phi_2, \phi_3, \phi_4)$。

练习 15.20： 给定 $\eta_H = (\bar{n}, \bar{\tau})$ 是边界 $\mathrm{bdy}(W)$ 的 SSSSS 面元的法向量，该法向量是以命题 15.10 中描述的点 z 为原点表达的。验证包含 εR（可能是某种对象或区域）线性 SSSSS 边界段的直线满足隐式方程 $(\tilde{x}_{cm} - z) \cdot \tilde{\tau} = \tilde{n}$，其中 $\tilde{\tau} = E\bar{\tau}$ 是 $\bar{\tau}$ 在水平面上的投影，而 $\tilde{n} = \bar{n} \cdot e$ 是 $\bar{n}$ 沿垂直方向的投影。

练习 15.21*：在摩擦三接触点状态下，区域 εR 的边界由 SI/II 线性段，SSI 线性段以及非线性 SSS 曲线界定。解释为什么每个 SSS 曲线必须在其端点处连接 SI/II 或 SSI 段（εR 边界由单个非线性 SSS 闭合曲线组成的情况除外）。

15.6 节

练习 15.22： 考虑当 B 物体的质心穿过二维支撑姿态平衡带的垂直边界线时可能出现的两种非静态运动模式，即 SS 模式和 I 模式（参见第 14 章）。在三维支撑状态中，当 B 物体的质心穿过 εR 区域的任何边界曲线时，这些运动模式是否也会发展呢？

解梗概： 当物体 B 穿越 II 边界的某一段时，会发生关于经过两个 I 接触点直线的滚动运动。这种三维运动模式对应于二维姿态中的 I 运动模式，在此模式下，物体 B 在一个接触点开始滚动，而在滚动过程中所有其他接触点分离，在三维姿态中，SI/I 边界的端点对应于限制两个有效接触点相关联的可行平衡带的垂直线，这样的端点可能对应于位于两个可行接触点处摩擦锥表面上的接触力，当物体 B 的质心位于这样的端点时，物体将在两个可行接触点上发生滑动，这恰好与二维姿态下的 SS 运动模式相吻合。

与 ZMP 的关联

练习 15.23*：一个具有固定质心的三维刚体 B 在重力作用下由一组给定的摩擦接触支撑在一个可行的平衡位置。求解平衡姿态方程（15-2）的接触力不是唯一确定的。证明这些力的垂直分量与重力对齐，由 B 的质心位置唯一确定。

参考文献

[1] Y. Or and E. Rimon, "Analytic characterization of a class of three-contact frictional equilibrium postures in three-dimensional gravitational environments," *International Journal of Robotics Research*, vol. 29, pp. 3–22, 2010.

[2] Y. Or and E. Rimon, "Characterization of frictional multi-contact equilibrium stances and postures on 3-D uneven tame terrains," *International Journal of Robotics Research*, vol. 36, no. 1, pp. 105–108, 2017.

[3] M. Vukobratovic and B. Borovac, "Zero moment point – thirty five years of its life," *International Journal of Humanoid Robotics*, vol. 1, no. 1, pp. 157–173, 2004.

[4] S. Kajita, H. Hirukawa, K. Harada and K. Yokoi, *Introduction to Humanoid Robots*. Springer: Springer Tracts in Advanced Robotics, 2013.

[5] H. Audren and A. Kheddar, "3-D robust stability polyhedron in multicontact," *IEEE Transactions on Robotics*, vol. 34, no. 2, pp. 388–403, 2018.

第 4 部分

抓 取 机 构

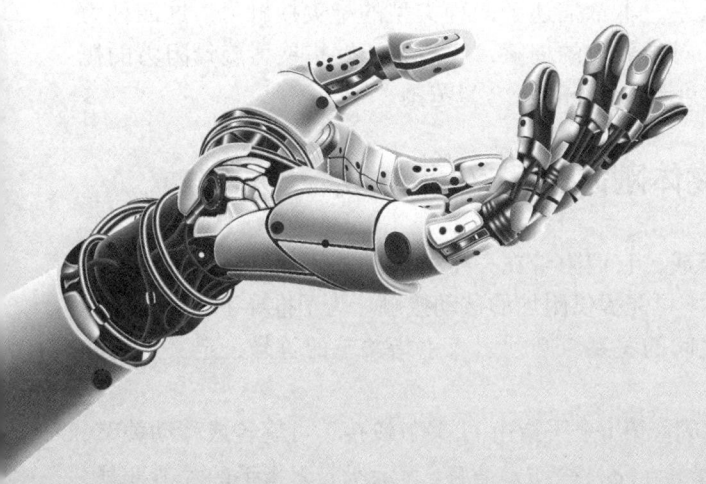

第 16 章 抓取机构的运动学和力学

前几章只包括了抓取分析和综合的指尖，抓取机构被抽象成一个可以在必要时产生指尖运动和力的装置。本章考虑了机器人手机构与被抓取物体的组合系统。本章首先阐述了支配手部机构和被抓取物体系统的两个基本关系。手关节的速度和指尖的运动之间的运动学关系，进而传递给被抓取物体以产生刚体速度，以及手关节的力矩或力和作用于被抓取物体的净力旋量之间的对偶关系。利用这些运动学关系，本章描述了四种类型的指尖接触力，这四种力可能由任何机器人的手指机构产生。基于对指尖力的理解，我们将能够扩展力旋量阻力的概念，从而将手部完整结构对该抓取安全性度量的影响纳入考量范围。

16.1 手指关节速度与被抓取物体刚体速度之间的关系

典型的机器人手由多个关节的手指组成，它们附着在一个共同的基座上，形成手掌。假设手通过指尖接触抓取一个刚体 B，而手掌可能提供附加的被动接触。为了推导手指关节速度与通过指尖传递的被抓取物体刚体速度之间的关系，必须引入手指关节的符号，定义手掌和手指机构的参考系。

机器人手由 k 个串联链式手指机构组成。第 i 个手指由 n_i 关节铰接，可旋转或移动关节，用向量 $\phi_i = (\phi_{i,1}, \cdots, \phi_{i,n_i})$ 表示。复合向量 $\phi = (\phi_1, \cdots, \phi_k) \in \mathbb{R}^N$ 表示所有 k 指手的关节变量，其中 $N = \sum_{i=1}^{k} n_i$ 是关节的总数。在手掌处建立一个坐标系，用 F_P 表示（图 16-1）。第 i 个手指被赋予一个基坐标系 F_{K_i}，固定在手掌的第 i 个手指上。每根手指末端都有一个刚性的指尖 O_i，它被分配一个指尖坐标系 F_{O_i}，附着在接触点 x_i 的指尖上（图 16-1）。被抓取物体 B 被分配一个中心物体坐标系 F_B，以及在接触点处与物体 B 相连的物体接触坐标系 $F_{C_1}, \cdots, F_{C_k}$。第 i 个接触坐标系 F_{C_i} 连接在物体 B 的接触点 b_i 处，其 z 轴在该点处 B 的单位内法线对齐。

当机器人手通过摩擦接触抓取一个刚体 B 时，在局部手指动作保持抓取的过程中，手指可以滚动而不滑动。本章假设每个手指的末端都是尖头指。当手指机构局部移动，同时与被抓取物体保持摩擦接触时，尖头指会与物体表面保持固定接触。注意，这种指尖接触有效地形成了机构关节，允许指尖和被抓取物体之间的相对角度运动（参见练习题）。

保持手掌固定，让手指机构局部移动同时保持与被抓取物体的接触。在这种局部运动中，为了维持这种抓取，必须使指尖和物体接触坐标速度的某些组件在接触点处匹配，以保持抓取。这些接触兼容性约束明显取决于假定在接触点上建立的接触模型。本章将讨论无摩擦和摩擦硬点接触模型，留下软点接触模型的情况作为练习题。

首先考虑接触兼容性约束与无摩擦接触点的关系。在手指机构局部运动的过程中，为了保持指尖与物体表面的接触，指尖和物体接触坐标系的法向速度必须在接触点处匹配。为了

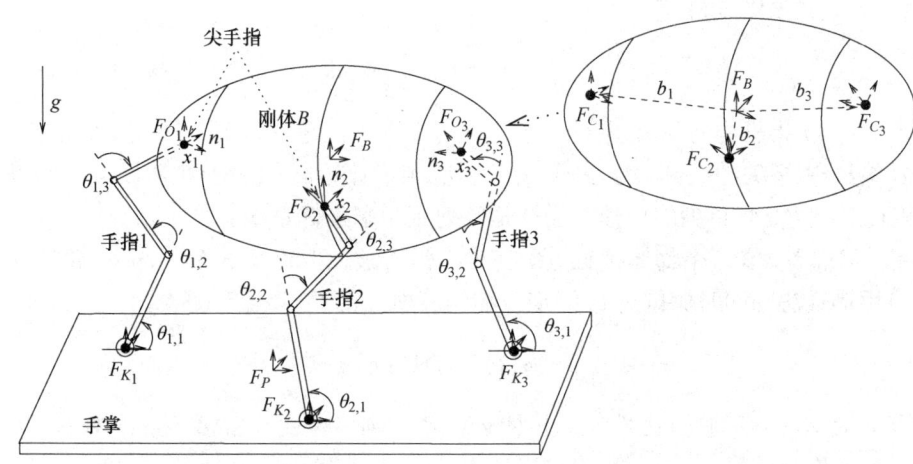

图 16-1 三指机器人手抓取刚体 B 的关键变量和参考坐标系，示意性地显示了手掌和手指机构，每个手指末端有尖头指

表示这一约束，令 $Y_i(\phi_i)$ 表示第 i 个指尖接触点在固定手掌坐标系中的位置，让 $X_{b_i}(q)$ 表示第 i 个物体接触点 b_i 在固定手掌坐标系中的位置。根据第 2 章的内容，我们知道 $X_{b_i}(q)$ 的表达式如下：

$$X_{b_i}(q) = R(\theta)b_i + d, \quad q = (d, \theta)$$

在手掌坐标系中，$X_{b_i}(q)$ 给出一个固定物体点 b_i 的位置作为一个抓取物体构型 q 的函数。这种接触兼容性约束必须在手指机构的局部运动中保持，并且可以由如下公式推出：

$$n_i^T(q)\frac{d}{dt}Y_i(\phi_i(t)) = n_i^T(q)\frac{d}{dt}X_{b_i}(q(t)), \quad i=1,\cdots,k \tag{16-1}$$

式中，$n_i(q)$ 是 B 在 x_i 处的单位内法线，用手掌坐标系表示，式(16-1)模拟了接触兼容性要求在指尖接触点沿着物体表面法线匹配速度的事实。

对于摩擦接触，假设物体处于非边缘平衡的抓取状态，具有指向各自摩擦锥内部的接触力。在这样的抓取中，摩擦效应确保手指在充分局部运动时不会沿物体表面滑动。因此，在接触点处，指尖和物体接触面的法向速度以及切向速度必须相匹配。然而，指尖接触坐标系与物体接触坐标系之间的相对角速度则不受约束。为了表述接触兼容性约束条件，令 $\{s_i(q), t_i(q), n_i(q)\}$ 表示第 i 个物体接触坐标系 F_{C_i} 的单位切向轴和法向轴，它们依赖于物体的状态构型 q。在手指的局部运动期间，接触兼容性约束必须要保持，并且可以由下式推出：

$$[s_i(q) \quad t_i(q) \quad n_i(q)]^T \frac{d}{dt}Y_i(\phi_i(t)) = [s_i(q) \quad t_i(q) \quad n_i(q)]^T \frac{d}{dt}X_{b_i}(q(t)), \quad i=1,\cdots,k \tag{16-2}$$

若将式(16-1)、式(16-2)转化为指关节速度与被抓取物体刚体速度的简洁关系，则需 $\frac{d}{dt}Y_i(\phi_i(t))$ 和 $\frac{d}{dt}X_{b_i}(q(t))$ 的表达式。

首先考虑沿着第 i 个手指关节路径 $\phi_i(t)$ 的手指关节速度 $Y_i(\phi_i)$。该点在于掌坐标系中的位置可以表示为

$$Y_i(\phi_i) = Z_{PK_i} + R_{PK_i}Y_{K_i}(\phi_i)$$

式中，(Z_{PK_i}, R_{PK_i}) 描述了第 i 个手指基坐标系相对于手掌坐标系的位置和姿态。因为 Z_{PK_i} 和

R_{PK_i} 是常数，由链式法则可得

$$\frac{d}{dt}Y_i(\phi_i(t))=R_{PK_i}J_i(\phi_i)\dot{\phi}_i \tag{16-3}$$

式中，$J_i(\phi_i)$ 为第 i 指机构的 $3\times n_i$ 雅可比矩阵。这个雅可比矩阵将第 i 个手指关节速度映射为它在基坐标系 F_{K_i} 中指尖的线速度。关于这个标准雅可比矩阵的一个快速回顾出现在附录 I 中。通过旋转矩阵 R_{PK_i} 将指尖的线速度循序地映射到手掌坐标系中。

接下来，可以考虑第 i 个物体接触点的速度，沿着被抓取物体 B 的 c-space 路径 $q(t)$。对 $X_{b_i}(q(t))$ 应用链式法则同时保持点 b_i 固定在物体表面上得

$$\frac{d}{dt}X_{b_i}(q(t))=DX_{b_i}(q)\dot{q} \tag{16-4}$$

式中，$DX_{b_i}(q)$ 是 $X_{b_i}(q)$ 的雅可比矩阵，并且 $\dot{q}$ 是 B 的刚体速度，由第 3 章可知 $X_{b_i}(q)$ 的雅可比矩阵为 3×6 矩阵

$$DX_{b_i}(q)=[I-[R(\theta)b_i\times]],\ q=(d,\theta)$$

式中，I 是一个 3×3 单位矩阵，$R(\theta)$ 是物体的 3×3 方向矩阵，$[R(\theta)b_i\times]$ 是一个 3×3 反对称矩阵。

为了得到手指关节速度和被抓取物体刚体速度之间的简洁关系，在无摩擦接触的情况下，定义第 i 个接触基坐标系为单列矩阵 $W_i(q)=[n_i(q)]$。在摩擦接触的情况下，定义第 i 个接触基坐标系为三列矩阵 $W_i(q)=[s_i(q)\ \ t_i(q)\ \ n_i(q)]$。代入式(16-1)和式(16-2)中所述接触兼容性约束中的速度 $\frac{d}{dt}Y_i(\phi_i(t))$ 和 $\frac{d}{dt}X_{b_i}(q(t))$，则可得手指关节速度和被抓取物体刚体速度之间的关系：

$$W_i^T(q)R_{PK_i}J_i(\phi_i)\dot{\phi}_i=W_i^T(q)[I-[R(\theta)b_i\times]]\dot{q},\ i=1,\cdots,k \tag{16-5}$$

将式(16-5)右边表示为 $6\times kp$ 抓取矩阵 $G=[G_1\ \cdots\ G_k]$，p 是指在每个接触点上独立力分量的数量(见第 4 章)，无摩擦接触 $p=1$ 下每个子矩阵 G_i 由下式推出：

$$G_i(q)=\begin{bmatrix}n_i\\R(\theta)b_i\times n_i\end{bmatrix},\ q=(d,\theta)$$

摩擦接触 $p=3$ 下每个子矩阵 G_i 可由下式推出：

$$G_i(q)=\begin{bmatrix}s_i & t_i & n_i\\R(\theta)b_i\times s_i & R(\theta)b_i\times t_i & R(\theta)b_i\times n_i\end{bmatrix},\ q=(d,\theta)$$

因此各子矩阵 G_i 都满足关系

$$G_i^T(q)=W_i^T(q)DX_{b_i}(q)=W_i^T(q)[I-[R(\theta)b_i\times]]$$

在保持抓取的过程中，局部运动时控制手指关节速度和被抓取物体速度的约束条件可以表示为某种特定的形式，即

$$\begin{bmatrix}W_1^T(q)R_{PK_1}J_1(\phi_1) & O & \cdots & O\\ \vdots & \vdots & & \vdots\\ O & O & \cdots & W_k^T(q)R_{PK_k}J_k(\phi_k)\end{bmatrix}\begin{bmatrix}\dot{\phi}_1\\ \vdots\\ \dot{\phi}_k\end{bmatrix}=\begin{bmatrix}G_1^T(q)\\ \vdots\\ G_k^T(q)\end{bmatrix}\dot{q}=G^T(q)\dot{q} \tag{16-6}$$

式中，O 是一个 $p\times n_i(i=1,\cdots,k)$ 零矩阵。式(16-6)左边的矩阵形成手部雅可比矩阵，定义如下：

定义 16.1（手部雅可比矩阵） 让定位在关节值 $\phi=(\phi_1,\cdots,\phi_k)\in\mathbb{R}^N$ 处的机器人手在构型

q 处保持一个刚体 B，让 p 为各接触点独立力分量的个数，手部雅可比矩阵用 $J_H(\phi,q)$ 表示，是 $kp \times N$ 矩阵

$$J_H(\phi,q) = \begin{bmatrix} W_1^T(q)R_{PK_1}J_1(\phi_1) & O & \cdots & O \\ \vdots & \vdots & & \vdots \\ O & O & \cdots & W_k^T(q)R_{PK_k}J_k(\phi_k) \end{bmatrix}, \phi = (\phi_1, \cdots, \phi_k)$$

式中，$W_i(q)$ 形成了第 i 个接触基坐标系，R_{PK_i} 将速度从第 i 个手指坐标系转换到手掌坐标系，$J_i(\phi_i)$ 是第 i 个手部雅可比矩阵。

手部雅可比矩阵的每个对角块由两部分组成。描述了在手掌保持固定的情况下，第 i 个手指使其指尖在物理空间中瞬间移动的能力，这部分取决于第 i 个手指机构的运动结构。第二部分 $W_i^T(q)$ 将第 i 个物体接触基坐标系描述为物体构型 q 的函数。手部雅可比矩阵在下面的例子中说明。

示例：图 16-2 显示了一个平行爪钳的二维版本。钳子形成一个简单的两指手，由两个有着线性位移 ϕ_1 和 ϕ_2 的移动关节驱动，沿着公共轴出现。每根手指末端有一个光滑的接触点或钳子。刚体 B 保持在构型 q 处，这样，在给定的抓取点上，物体和手掌坐标系的坐标轴是平行的。当夹持器与物体 B 保持摩擦接触时，在每个接触点上有 $p=2$ 个独立的力分量。因此，手部雅可比矩阵形成了 4×2 矩阵（见练习题）：

$$J_H(\phi,q) = \begin{bmatrix} 0 & 0 \\ 1 & 0 \\ 0 & 0 \\ 0 & 1 \end{bmatrix}, \phi = (\phi_1, \phi_2)$$

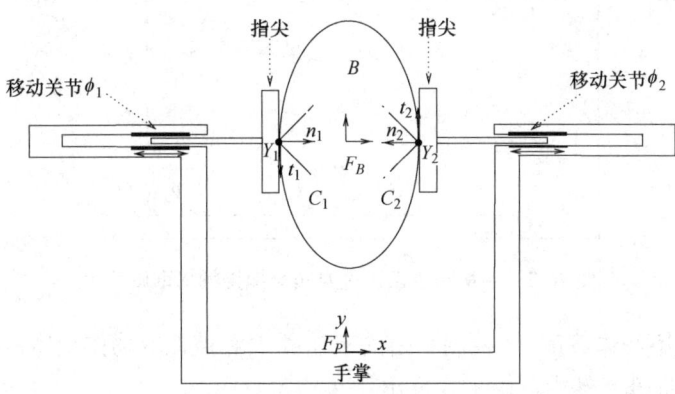

图 16-2 通过对跖摩擦接触抓取刚体 B 的平行爪钳

手部雅可比矩阵将关节速度 $(\dot{\phi}_1, \dot{\phi}_2)$ 映射到指尖接触点速度 $(\dot{Y}_1, \dot{Y}_2)$，根据链式法则得

$$\begin{pmatrix} \dot{Y}_1 \\ \dot{Y}_2 \end{pmatrix} = J_H(\phi,q) \begin{pmatrix} \dot{\phi}_1 \\ \dot{\phi}_2 \end{pmatrix} = \begin{bmatrix} 0 & 0 \\ 1 & 0 \\ 0 & 0 \\ 0 & 1 \end{bmatrix} \begin{pmatrix} \dot{\phi}_1 \\ \dot{\phi}_2 \end{pmatrix}$$

注意，指尖接触点速度 $\dot{Y}_1$ 和 $\dot{Y}_2$ 是根据物体接触基坐标系 $\{t_1(q), n_1(q)\}$ 和 $\{t_2(q), n_2(q)\}$ 来表示的。因此，在该抓取处，$\frac{d}{dt}Y_1 = \dot{\phi}_1 n_1(q)$ 和 $\frac{d}{dt}Y_2 = \dot{\phi}_2 n_2(q)$。

手部雅可比矩阵形成一个块对角矩阵，其块对应于保持抓取的独立手指机构。当抓取还需要另外的手掌接触时，手掌接触在 $J_H(\phi,q)$ 处没有对角块，见下面的例子。

手掌和手指的例子：在图 16-3 中，由两个转动关节 $\phi_{2,1}$ 和 $\phi_{2,2}$ 驱动的单个手指对手掌起作用。该抓取机构通过对跖摩擦接触来抓取刚体 B，这样，在给定的抓取点上，物体 B 与手掌坐标系的轴相互平行。在给定角度处此次抓取的 4×2 手部雅可比矩阵可由此推出（见练习题）：

$$J_H(\phi,q) = \begin{bmatrix} 0 & 0 \\ 0 & 0 \\ 0 & -\dfrac{\sqrt{3}}{4} \\ 0 & \dfrac{1}{4} \end{bmatrix} \tag{16-7}$$

$J_H(\phi,q)$ 的上两行与手掌接触有关，而下两行形成与手指机构相关联的 2×2 对角块。由于手掌是一个简单的无关节刚体，它与物体 B 的接触点在保持抓取的手指机构的局部运动中保持固定。当一个物体 B 被几个对抗手掌接触的手指关节握持时，$J_H(\phi,q)$ 的上两行形成一零矩阵，而 $J_H(\phi,q)$ 的下两行形成块对角矩阵。

当手部雅可比矩阵被引入接触兼容性约束中，我们就可以得到手指关节速度与被抓取物体速度之间的简洁关系。

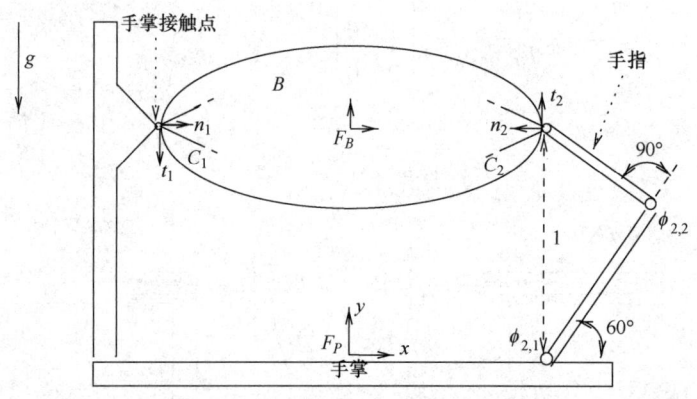

图 16-3　手指和手掌通过对跖摩擦接触抓取刚体 B

定理 16.1（手指-物体速度）　控制手指关节速度 $\dot{\phi}$ 和被抓取物体刚体速度 $\dot{q}$ 的接触兼容性约束在保持抓取的局部运动中可由下式推出：

$$J_H(\phi,q)\dot{\phi} = G^{\mathrm{T}}(q)\dot{q} \tag{16-8}$$

式中，$J_H(\phi,q)$ 是手部雅可比矩阵，$G(q)$ 是抓取矩阵。

式(16-8)右边的转置抓取矩阵 $G^{\mathrm{T}}(q)$ 进行了两种操作。首先，它将被抓取物体刚体速度映射到用手掌坐标系表示的物体接触点速度。接下来，它将这些速度投影到子空间上，这些子空间必须满足接触点处的兼容性约束。因此，式(16-8)的右边表示接触点处的被抓取物体速度的兼容分量。式(16-8)左边的手部雅可比矩阵 $J_H(\phi,q)$ 也进行了两种操作。首先，它将手指关节速度映射到用手掌坐标系表示的指尖接触点速度。然后这些速度被映射到子空间上，这些子空间必须满足接触点处的兼容性约束。因此，式(16-8)表示了在保持抓取的局部运动中指尖速度的兼容性分量。

注：当手指没有被理想化为尖头指时，接触兼容性约束必须包括摩擦接触时指尖滚动的影响。接触点的位置在某种程度上有所不同取决于在接触点处物体表面的曲率（见参考书目注释）。

16.2 手指关节扭矩与被抓取物体力旋量之间的关系

本节描述应用于手指关节的力矩或力与通过指尖接触作用于被抓取物体 B 上的净力旋量之间的对偶关系。假设机器人手的所有关节都被驱动。每个转动关节绕其旋转轴产生控制力矩，而每个移动关节沿其滑动轴产生控制力。为了简单起见，"关节扭矩"一词泛指关节扭矩或力。第 i 个手指机构的关节所产生的力矩用向量 $\tau_i = (\tau_{i,1}, \cdots, \tau_{i,n_i})$ 表示，所有 k 个手指的关节力矩的复合向量用 $T = (\tau_1, \cdots, \tau_k)$ 表示，T 作为余向量作用在手指关节速度上，因此 $T \in T_\Phi^* \mathbb{R}^N$。

为了推导对偶关系，我们将利用虚功原理。当一个机器人手以静止的手指抓取刚体 B 并在平衡状态下保持时，手指关节执行器执行的瞬时功完全传递给被抓取物体。手指关节执行器执行的瞬时功就是每个关节产生的功率之和：

$$T \cdot \dot{\Phi} = \sum_{i=1}^{k} \sum_{j=1}^{n_i} \tau_{i,j} \cdot \dot{\Phi}_{i,j}$$

内积 $T \cdot \dot{\Phi}$ 表示余向量 T 对平衡抓取处手指关节速度的作用。通过指尖接触传递给被抓取物体的功率满足类似的关系。用 w 表示手指作用在物体 B 上的净力旋量。通过指尖接触传递给 B 的功率由内积 $w \cdot \dot{q}$ 推出，其中 $\dot{q}$ 是物体的刚体速度，表示余向量 w 在平衡抓取点对 B 的刚体速度的作用。

为了将虚功原理应用于手部机构，首先假设手部机械元件是完全刚性的，使弹性变形能不能存储在抓取机构的连杆或关节中。在这种假设下，手指关节执行器产生的动能必须等于通过指尖接触传递给被抓取物体的动能。令 f_i 表示在给定抓取时作用于 B 的第 i 个指尖接触力，功率传递可表示为以下形式：

$$T \cdot \dot{\Phi} = \sum_{i=1}^{k} f_i \cdot \frac{\mathrm{d}}{\mathrm{d}t} Y(\phi_i(t)), \quad \dot{\Phi} = (\dot{\phi}_1, \cdots, \dot{\phi}_k) \tag{16-9}$$

同样地，假定指尖完全刚性，物体 B 完全刚性，以便弹性能不能通过指尖或被抓取物体的物质变形来存储。在这种假设下，指尖接触力产生的力必须等于传递给被抓取物体的力：

$$w \cdot \dot{q} = \sum_{i=1}^{k} f_i \cdot \frac{\mathrm{d}}{\mathrm{d}t} X_{b_i}(q(t)) \tag{16-10}$$

接触力接下来以物体接触基坐标系的形式表示。在无摩擦接触时，使用第 i 个接触基坐标系 $W_i(q) = [n_i(q)]$，在有摩擦接触时，使用 $W_i(q) = [s_i(q) t_i(q) n_i(q)]$，则有 $f_i = W_i(q) \bar{f}_i$，$\bar{f}_i \in \mathbb{R}^p$。令 $\vec{f} = (\bar{f}_1, \cdots, \bar{f}_k) \in \mathbb{R}^{kp}$ 表示所有指尖力分量的复合向量。下列命题描述了 $\vec{f}$ 怎样涉及手指关节扭矩 T 以及物体净力旋量 w。

命题 16.2（关节扭矩和物体力旋量） 假设一个具有 k 个手指的机器人手静止地抓取刚性物体 B，在一个平衡状态下，手指关节处产生的扭矩 T，以及机器人手作用于物体 B 上的净力旋量，满足以下关系：

$$T = J_H^T(\Phi, q) \vec{f}, \quad w = G(q) \vec{f}, \quad \vec{f} = (\bar{f}_1, \cdots, \bar{f}_k) \tag{16-11}$$

式中，$\vec{f} \in \mathbb{R}^{kp}$ 是指尖接触力组合，$J_H(\phi, q)$ 是 $kp \times N$ 手部雅可比矩阵，$G(q)$ 是在平衡抓取位置的 $6 \times kp$ 抓取矩阵。

证明：首先考虑手指关节产生的功率。根据式(16-3)，代入指尖速度推出

$$T \cdot \dot{\Phi} = \sum_{i=1}^{k} f_i \cdot R_{PK_i} J_i(\phi_i) \dot{\phi}_i$$

$$= \sum_{i=1}^{k} f_i^T W_i^T(q) R_{PK_i} J_i(\phi_i) \dot{\phi}_i, \quad \dot{\Phi} = (\dot{\phi}_1, \cdots, \dot{\phi}_k) \in T_\Phi \mathbb{R}^N$$

由于 T 在手指关节速度的切空间 $T_\Phi \mathbb{R}^N$ 中充当余向量，所以 $T = J_H^T(\Phi, q) \vec{f}$。同样地，根据式(16-4)，将物体接触点速度代入，则可得到

$$w \cdot \dot{q} = \sum_{i=1}^{k} f_i \cdot DX_{b_i}(q) \dot{q} = \sum_{i=1}^{k} f_i^T G_i^T(q) \dot{q}, \quad \dot{q} \in T_q \mathbb{R}^6$$

式中，$DX_{b_i}(q) = G_i^T(q)$ 是转置抓取矩阵的第 i 个子矩阵。由于 w 在 B 的刚体速度的切空间 $T_q \mathbb{R}^6$ 上起余向量的作用，所以 $w = G(q) \vec{f}$ 这个关系式实际上是用来定义第 4 章的抓取矩阵。

命题 16.2 指出，指尖力可以通过 $T = J_H^T(\phi, q) \vec{f}$ 映射到手指关节扭矩上。同样的指尖力会根据 $w = G(q) \vec{f}$ 产生物体上的净力旋量。值得注意的是，手部雅可比矩阵的转置 $J_H^T(\phi, q)$ 和抓取矩阵 $G(q)$ 都作用于相同的空间向量指尖力分量上。利用命题 16.2，可以通过求解线性系统 $w = G(q) \vec{f}$ 来获得手指关节扭矩与物体净力旋量之间的直接关系。当手指施加净力旋量 w 于物体 B 上时，指尖力向量 $\vec{f}$ 的解通常具有以下形式：

$$\vec{f} = G^\dagger(q) w + \vec{f}_{\text{null}} \tag{16-12}$$

式中，$\vec{f}_{\text{null}}$ 是来自 $G(q)$ 零空间中内抓取力的任何向量，矩阵 $G^\dagger(q)$ 是 $G(q)$ 的右伪逆。简而言之，$G^\dagger(q)$ 与 $G^T(q)$ 具有相同的维数。当 $G(q)$ 具有满行秩时(见第 12 章)，其右伪逆公式为 $G^\dagger = G^T (GG^T)^{-1}$。在这种情况下，$G^\dagger(q)$ 形成了 $G(q)$ 的右逆，因为它满足关系 $G(q) G^\dagger(q) = I$。下面的例子说明了在给定抓取中 $G^\dagger(q)$ 的作用。

示例：图 16-4 显示了两个手指通过一对对跖摩擦接触点抓取一个长半轴长度为 $2L$ 的刚性椭圆。每个手指机构由两个转动关节构成。在当前抓取状态下，物体坐标系和手掌坐标系的轴是平行的。3×4 抓取矩阵通过下式推出(见练习题)：

$$G(q) = \begin{bmatrix} 0 & 1 & 0 & -1 \\ -1 & 0 & 1 & 0 \\ L & 0 & L & 0 \end{bmatrix}$$

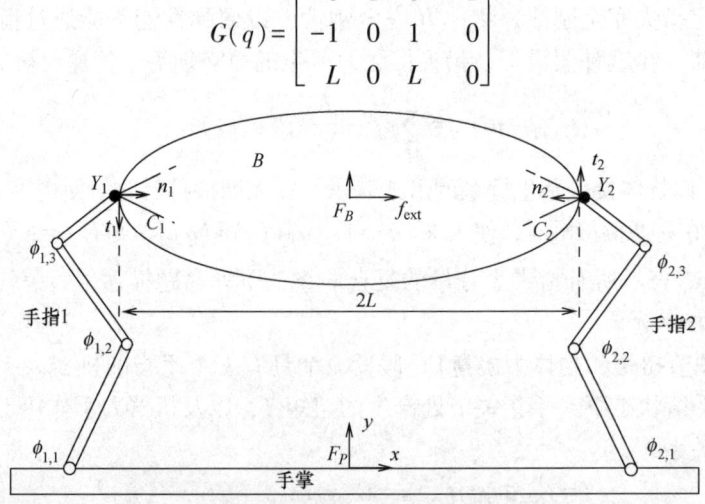

图 16-4　刚体是由两个手指结构通过对跖摩擦在无重力水平面上抓取。详见文中对该抓取右逆矩阵的计算

因为 $G(q)$ 满行秩，它的右逆是 4×3 矩阵：

$$G^\dagger(q) = G^T(GG^T)^{-1} = \begin{bmatrix} 0 & -1 & L \\ 1 & 0 & 0 \\ 0 & 1 & L \\ -1 & 0 & 0 \end{bmatrix} \begin{bmatrix} 2 & 0 & 0 \\ 0 & 2 & 0 \\ 0 & 0 & 2L^2 \end{bmatrix}^{-1} = \frac{1}{2} \begin{bmatrix} 0 & -1 & 1/L \\ 1 & 0 & 0 \\ 0 & 1 & 1/L \\ -1 & 0 & 0 \end{bmatrix} \quad (16\text{-}13)$$

注意，$G(q)G^\dagger(q) = I$，其中 I 是一个 3×3 单位矩阵。$G(q)$ 的零空间由相对于接触基坐标 $\{t_1, n_1\}$ 和 $\{t_2, n_2\}$ 表示的内抓取力组成。因此指尖接触力满足下列关系：

$$\vec{f} = G^\dagger(q)w + \vec{f}_{\text{null}} = \frac{1}{2}\begin{bmatrix} 0 & -1 & 1/L \\ 1 & 0 & 0 \\ 0 & 1 & 1/L \\ -1 & 0 & 0 \end{bmatrix} w + \begin{pmatrix} 0 \\ s \\ 0 \\ s \end{pmatrix}, s \in \mathbb{R} \quad (16\text{-}14)$$

式中，$\vec{f}$ 包含相对于物体接触基坐标系表示的力分量，求解式(16-14)的指尖接触力必须额外位于各自的摩擦锥内。例如，让一个纯水平力 f_{ext} 作用于物体 B 的中心，为了抵抗这个力，手指必须在物体 B 上产生一个相反的力旋量，即 $w = (-f_{\text{ext}}, 0)$。因此，指尖接触力可表示为

$$\vec{f} = \begin{pmatrix} f_1 \\ f_2 \end{pmatrix} = G^\dagger(q)w + \vec{f}_{\text{null}} = \begin{pmatrix} 0 \\ -\frac{1}{2}f_{\text{ext}}^x + s \\ 0 \\ \frac{1}{2}f_{\text{ext}}^x + s \end{pmatrix}, \quad f_{\text{ext}} = (f_{\text{ext}}^x, 0), \quad s \geq \frac{1}{2}|f_{\text{ext}}^x|$$

不等式 $s \geq |f_{\text{ext}}^x|/2$ 指定了保证指尖力可行性的内抓取力的大小，$f_1 \in C_1, f_2 \in C_2$。

手指关节扭矩与物体净力旋量之间简洁的关系是通过将 $\vec{f}$ 的一般解代入方程 $T = J_H^T(\Phi, q)\vec{f}$ 获得的，这引出了以下定理。

定理 16.3（双重手指-物体关系） 令一个 k 指机器人手以平衡抓取的方式抓取刚性物体 B，可能受到外部力旋量（如重力）的影响。手指关节扭矩 T 和物体净力旋量 W 之间满足以下方程：

$$T = J_H^T(\Phi, q)(G^\dagger(q)w + \vec{f}_{\text{null}}), \quad T \in \mathbb{R}^N \quad (16\text{-}15)$$

式中，$J_H(\Phi, q)$ 是手部雅可比矩阵，$G^\dagger(q)$ 是抓取矩阵 $G(q)$ 的右伪逆，$\vec{f}_{\text{null}}$ 是 $G(q)$ 的零空间中任意的内抓取力向量。

定理 16.3 描述了抓取机构与被抓取物体组合系统背后的三个物理过程之间的关系，这三个过程分别是手指关节扭矩、物体净力旋量以及内抓取力。下一节将分析这三部分关系的物理意义。

16.3 四种手动机构的抓取力

手部机构可以用于使被抓取物体产生运动或通过指尖力对物体施加力旋量。本节的分析将使用手部雅可比矩阵 $J_H(\phi, q)$ 和抓取矩阵 $G(q)$ 的线性代数性质。为此，让我们回顾一些关于矩阵的基本定义和事实。

矩阵的值域和零空间：设 A 为 $l \times r$ 实矩阵，$a_i \in \mathbb{R}^l$ 表示 A 的第 i 列。A 的值域空间记为 $R(A)$，是由 A 的列的线性组合张成的 $\mathbb{R}^l$ 中的线性子空间：

$$R(A) = \{v \in \mathbb{R}^l : v = s_1 a_1 + \cdots + s_r a_r; s_1, \cdots, s_r \in \mathbb{R}\}$$

A 的零空间记为 $N(A)$，是由 A 映射到原点的 $\mathbb{R}^r$ 中的线性子空间：

$$N(A)=\{v\in\mathbb{R}^r:Av=\vec{0}\}$$

A 的零空间与 A 的行正交，因此，$N(A)$ 和 $R(A^T)$ 在 $\mathbb{R}^r$ 中形成正交补。接下来，回顾一下矩阵秩的定义。

矩阵秩：设 A 为 $l\times r$ 实矩阵。A 的秩记为 $\text{rank}(A)$，是其值域空间的维数：$\text{rank}(A)=\dim(R(A))$。一般情况下，$\text{rank}(A)\leq\min\{l,r\}$。当 $\text{rank}(A)=\min\{l,r\}$ 时，矩阵 A 具有满秩。当 $l\leq r$ 时，矩阵 A 具有满行秩，且 $\text{rank}(A)=l$。

矩阵的秩满足恒等式 $\text{rank}(A)=\text{rank}(A^T)$。满行秩意味着 A 的列张成了向量空间 $\mathbb{R}^l$，在这种情况下，A 表示一个满射线性映射。下面的经典定理将 A 的秩与它的零空间的维数联系起来。

秩零度化定理：设 A 是一个 $l\times r$ 实矩阵，那么
$$\dim(N(A))+\dim(R(A))=r \tag{16-16}$$

式中，$\dim(N(A))$ 和 $\dim(R(A))$ 分别是 A 的零空间和值域空间的维数。

接下来回顾一下两个线性子空间的直和的概念。

直和：U 和 V 两个线性子空间的和为线性子空间 $U+V=\{u+v:u\in U,v\in V\}$，当 $U\cap V=\{0\}$ 时，形成一个直和，表示为 $U\oplus V$。

我们还需要 $\mathbb{R}^r$ 中向零空间 $N(A)$ 的向量的正交投影公式，它构成了 A^T 的范围空间。

正交投影：设 A 为 $l\times r$ 实矩阵，具有全行秩和右逆 $A^\dagger$。$\mathbb{R}^r$ 中的向量对 A 零空间的正交投影，记为 $L_{N(A)}$，其形式为
$$L_{N(A)}(v)=[I-A^\dagger A]v,\ v\in\mathbb{R}^r$$

为了识别在指尖接触时可能出现的各种力类型，设想一个机器人手在静止的手指状态下握持一个刚性物体 B，这个物体处于平衡抓取状态，可能是受到诸如重力等外部力旋量的影响。设 w 为手指对这些外部力旋量做出响应而施加于物体上的净力，考虑手指关节扭矩与物体净力旋量之间的关系，该关系在定理16.3 中的式（16-15）中有明确规定：
$$T=J_H^T(\varPhi,q)(G^\dagger(q)w+\vec{f}_{\text{null}})=J_H^T(\varPhi,q)(\vec{f}+\vec{f}_{\text{null}}),\ \vec{f}_{\text{null}}\in N(G(q)) \tag{16-17}$$

请注意，$G^\dagger(q)$ 的值域与 $G^T(q)$ 的值域相吻合，因此，我们将使用符号 $R(G^T(q))$ 来表示 $G^\dagger(q)$ 的值域。在式（16-17）中可能存在以下四种类型的指尖接触力：

- 抗抓取力 $\vec{f}\in R(G^T(q))$ 包含两种类型：
  1) 接触力 $\vec{f}=G^\dagger(q)w$ 位于转置后的雅可比矩阵 $N(J_H^T(\varPhi,q))$ 的零空间中。
  2) 接触力 $\vec{f}=G^\dagger(q)w$ 位于范围空间 $R(G^T(q))$ 的正交投影 $N(J_H^T(\varPhi,q))^\perp$ 上。
- 内抓取力 $\vec{f}_{\text{null}}\in N(G(q))$ 包含两种类型：
  1) 接触力 $\vec{f}_{\text{null}}$ 在转置后的雅可比矩阵 $N(J_H^T(\varPhi,q))$ 的零空间中。
  2) 接触力 $\vec{f}_{\text{null}}$ 位于零空间 $N(G(q))$ 的正交投影 $N(J_H^T(\varPhi,q))^\perp$ 上。

这四种类型的接触力各自张成了 $\mathbb{R}^{kp}$ 空间中的一个特定线性子空间，并具有不同的物理含义，接下来将进一步描述。前两种类型的接触力形成了抗抓取力。这些力产生必要的物体净力旋量，用以抵抗可能作用于 B 上的外部影响。主动控制的抗接触力如下。

定义 16.2（主动控制力） 设 k 指机器人手通过 $(J_H(\varPhi,q),G(q))$ 平衡抓取刚体 B。如果物体净力旋量由手的指尖接触力 w 生成，则称这种抓取为"主动控制"，满足下列条件：
$$\vec{f}=G^\dagger(q)w,\ \vec{f}=L_{R(G^T)}(\vec{g})\ (其中\ \vec{g}\in N(J_H^T(\varPhi,q))^\perp)$$

任何向量 $\vec{f}$ 代表主动控制的指尖接触力。

主动控制的接触力是通过适当协调手指关节在给定抓取姿态下的扭矩来产生的。这些接

触力构成$\mathbb{R}^{kp}$空间的一个线性子空间，记为U_{act}，它是正交投影$L_{R(G^T)}$作用下$N(J_H^T(\phi,q))^\perp$的垂直补空间像：

$$U_{act} = L_{R(G^T)}(N(J_H^T(\Phi,q))^\perp)$$

互补型的抵抗接触力是由机械手的刚性部件以被动方式产生的。这些力的定义如下。

定义16.3(被动控制力) 设k指机器人手通过$(J_H(\Phi,q), G(q))$平衡抓取刚体B。如果物体净力旋量通过手的指尖接触力w生成，则称这种抓取为"被动控制"，满足下列条件：

$$\vec{f} = G^\dagger(q)w, \quad \vec{f} \in N(J_H^T(\Phi,q))$$

任何向量$\vec{f}$代表被动控制的指尖接触力。

与结构相关的接触力构成$\mathbb{R}^{kp}$空间中的一个线性子空间，该子空间记作U_{sd}，它由两个线性子空间的交集给出：

$$U_{sd} = R(G^T(q)) \cap N(J_H^T(\Phi,q))$$

当刚体B在与结构相关抓取中保持时，存在一类抵抗接触力$\vec{f} \in U_{sd}$，它们满足关系式$T = J_H^T(\Phi,q)\vec{f} = \vec{0}$。这类接触力抵抗外部力旋量可能作用于$B$，不需要任意手指关节力矩。当机器人手使用手掌作为附加被动接触点时，或是当抓取涉及完全驱动的手指机构时，而这些手指处于奇异构型（即关节角度使得雅可比矩阵失去满秩）时，被动控制接触力就会出现。如以下例子所示。

示例： 图16-5展示了一个刚体B由两个手指机构通过摩擦接触来抵抗重力支撑。为了在平衡抓取状态下平衡重力f_g，必须有可行的指尖力。当手指机构如图16-5所示折叠时，接触力是由手指机构的刚性部件被动产生的。这些接触力属于被动控制接触力，因为接触力分量向量$\vec{f} = (f_1, f_2)$满足关系式$T = J_H^T(\phi,q)\vec{f} = \vec{0}$，这意味着为了维持平衡抓取状态，手指关节执行器不需要生成任何扭矩。需要注意的是，为了抵抗可能作用于B的外部扰动以稳定抓取，需要施加一定量的关节扭矩（参见练习题）。

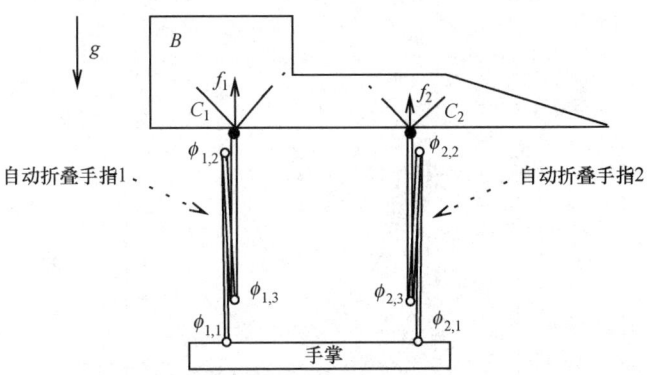

图16-5 刚体B被两个自动折叠手指机构以被动控制方式支持。这些手指能够抵抗重力而不需要任何关节扭矩

子空间U_{act}和U_{sd}表示纯类型的抗抓取力。这两种类型是互补的，它们一起张成了抗接触力的全集，形成了$G^T(q)$的范围空间。这个性质将在下面的引理中说明（参见附录Ⅱ的证明）。

引理16.4(抗力分解) 在k指抓取中，主动控制接触力子空间U_{act}和被动控制接触力子空间U_{sd}，在$\mathbb{R}^{kp}$空间中相互正交，并且满足关系式$U_{act} \oplus U_{sd} = R(G^T(q))$。

总之，任何抓取机制能够产生的抗接触力来源于两种不同的物理源。一种是由手指关节执行器主动产生的，另一种是由手部机械部件被动产生的。根据引理16.4，每一种抗抓取力向量都会形成一个由主动控制力和被动控制力的独特组合。

接下来的两种接触力是内抓取力。这些力有助于保持物体 B 的平衡，但是它们对 B 没有产生任何净力旋量。主动控制的内抓取力定义如下。

定义 16.4 (主动控制的内抓取力)　设一个 k 指机器人手在平衡抓取特征化 ($J_H(\Phi,q)$，$G(q)$) 下握住刚体 B，主动控制的内抓取力是接触力 $\vec{f}_{null} \in N(G(q))$，即位于零空间 $J_H^T(\Phi,q)$ 的正交补分量。

主动控制的内抓取力可以直接产生，且可以通过手指关节执行器调整。这些力张成 $\mathbb{R}^{kp}$ 的线性子空间，表示为 N_{act}，子空间 $N(J_H^T(\Phi,q))^\perp$ 在正交投影 $L_{N(G)}$ 下的映射为

$$N_{act} = L_{N(G)}(N(J_H^T(\Phi,q))^\perp)$$

互补型的内抓取力是刚性部分的手机构在被动方式产生的。这些力的定义如下。

定义 16.5 (预加载内力)　设一个 k 指机器人手在平衡抓取特征化 ($J_H(\Phi,q)$, $G(q)$) 下握住刚体 B。如果存在内抓取力 $\vec{f}_{null} \in N(G(q))$，位于 $J_H^T(\Phi,q)$ 的零空间，它们形成预加载内抓取力。

预加载内力张成 $\mathbb{R}^{kp}$ 的线性子空间，记为 N_{pre}，由两个线性子空间的交集给出：

$$N_{pre} = N(G(q)) \cap N(J_H^T(\Phi,q))$$

这些力位于 $J_H^T(\Phi,q)$ 的零空间，因此由手指关节执行器主动产生。若不是，则这种力一定是由其他物理过程预加载的。

示例：图 16-6 展示了一个非标准的平行颚式夹爪，它由两个沿夹爪颚口平行轴线滑动的直动关节 ϕ_1，ϕ_2 驱动。该夹爪最初通过安装在手掌的一个水平滑块预加载力。一旦滑块预加载完毕，夹爪就会对物体 B 施加大小相等的水平力。这些预加载的内抓取力位于转置手部雅可比矩阵 $J_H(\phi,q)$ 的零空间中，其中 $\Phi = (\phi_1, \phi_2)$。

夹爪关节不参与这些力的生成过程，而且一旦初始抓取建立之后，夹爪关节就不能改变施加在 B 上的内抓取力。

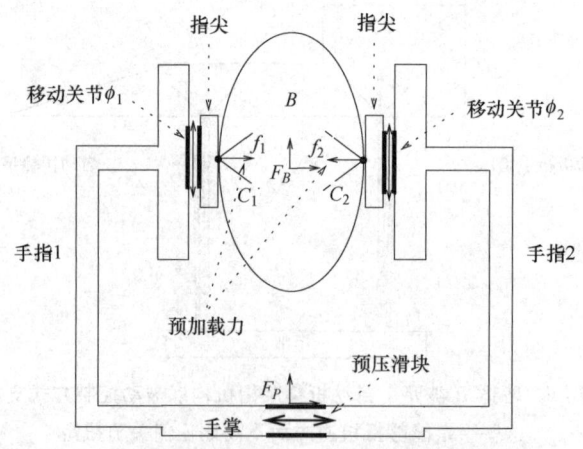

图 16-6　一个非标准的平行夹爪通过对跖摩擦抓取刚体 B。
抓取通过安装在手掌上的水平滑块预加载

子空间 N_{act} 和 N_{pre} 代表了纯粹类型的内抓取力。这两种类型是互补的并且一起张成了抓取矩阵的整个零空间，如下面的引理所述。

引理 16.5 (内力分解)　主动内抓取力和预加载内抓取力的子空间 N_{act} 和 N_{pre} 相互正交，满足以下性质：$N_{act} \oplus N_{pre} = N(G(q))$。

引理 16.5 的证明，类似于引理 16.4 的证明，留作练习。总而言之，任何抓取机制产生的内

抓取力主要包括两种类型。一种是由手部关节执行器主动产生的力，另一种则是由外部载荷通过手部刚性部件传递的力。对于四种类型接触力的物理意义的最后一点洞察基于以下定义。

定义 16.6（主动-被动接触力子空间） 在一个 k 指抓取机构中，主动和被动接触力是 $\mathbb{R}^{kp}$ 中的线性子空间，分别由下列式子给出：

$$A = U_{\mathrm{act}} + N_{\mathrm{act}}, \quad P = U_{\mathrm{sd}} + N_{\mathrm{pre}}$$

式中，U_{act} 和 U_{sd} 是抵抗抓取力的子空间，而 N_{act} 和 N_{pre} 是给定抓取状态下内部抓取力的子空间。

主动和被动接触力子空间 A 和 P，共同覆盖了一个抓取机构在任何给定抓取状态下所能实现的所有接触力集合。这一属性在下面的定理中有所陈述。

定理 16.6（主动-被动接触力） 用 k 指机器人手以平衡抓取的方式握住刚体 B。主动子空间和被动子空间互不相交，共同张成手接触力的整个空间：$A \oplus P = \mathbb{R}^{kp}$。

简证：假设我们拥有的是一些具有满射抓取矩阵的一般抓取（见第 12 章）。$G(q)$ 的零空间和 $G^{\mathrm{T}}(q)$ 的范围空间在 $\mathbb{R}^{kp}$ 中是正交补。则 $N(G(q)) \oplus R(G^{\mathrm{T}}(q)) = \mathbb{R}^{kp}$。根据引理 16.4，$R(G^{\mathrm{T}}(q)) = U_{\mathrm{act}} \oplus U_{\mathrm{sd}}$。根据引理 16.5，$N(G(q)) = N_{\mathrm{act}} \oplus N_{\mathrm{pre}}$。直和是可结合的，因此，$N(G(q)) \oplus R(G^{\mathrm{T}}(q)) = (U_{\mathrm{act}} \oplus N_{\mathrm{act}}) \oplus (U_{\mathrm{sd}} \oplus N_{\mathrm{pre}}) = A \oplus P = \mathbb{R}^{kp}$。

定理 16.6 提供了以下关于可以由任何抓取机构实现的接触力的见解。主动控制的抗接触力和主动控制的内抓取力共同构成了给定抓取时手部机构的主动接触力。这些力可以通过手指关节执行器来控制和调整。与结构相关的抗接触力和预加载内抓取力共同构成了给定抓取时手部机构的被动接触力。这些力源于不涉及手指关节执行器的物理源。它们在刚体模型中也不受手指关节执行器的影响。因为 $A \oplus P = \mathbb{R}^{kp}$，手部接触力在任意给定抓取下，都会形成主动接触力和被动接触力的独特组合。

16.4 机器人手对抗力旋量抓取的影响

本书前面章节介绍了关于刚性指尖的抗力旋量概念，当时忽略了机器人手对此类抓取效果的影响，现在，我们将这一概念称为指尖接触处的抗力旋量性。当作用于被抓取物体上的任何一个外部力旋量 w_{ext}，都可以通过某种可行的接触力组合来抵抗时，我们就称 k 指抓取在指尖接触处具有抗力旋量性：

$$G(q)\vec{f} + w_{\mathrm{ext}} = \vec{0}, \quad \vec{f} \in C_1 \times \cdots \times C_k$$

式中，$\vec{f} \in (f_1, \cdots, f_k)$ 为手部接触力分量，$C_1, \cdots, C_k$ 为接触点处的广义摩擦锥。在第 12 章，我们看到，当抓取矩阵 $G(q)$ 是满射时，抓取在指尖接触处是抗力旋量的，使得存在内抓取力 $\vec{f}_{\mathrm{null}}$，它们位于各自摩擦锥内。基于将手部接触力划分为四个不同的子空间，本节扩展了抗力旋量的概念，以包含手部实现安全抓取的能力。首先，请回忆一下关于矩阵的两个基本事实。

单线性映射：设 A 为 $l \times r$ 实矩阵，作用于子空间 $V \subseteq \mathbb{R}^r$。如果每个向量 $v \in V$ 都映射到 $\mathbb{R}^l$ 中唯一的向量，则 A 表示的线性映射是单射的或一一对应的。同样地，线性映射是单射的，如果 A 只有 V 中的一个平凡零空间。

满列秩：设 A 是一个 $l \times r$ 实矩阵。当 $\mathrm{rank}(A) = \min\{l, r\}$ 时，矩阵 A 具有满秩和 $r \leq l$ 时的满列秩，且 $\mathrm{rank}(A) = r$。

我们将研究涉及机器人手机构的两种抗力旋量。第一种类型包括完全主动的手指关节执行器，如下列定义中所述。

定义 16.7（主动抗力旋量） 当一个具有 k 个手指的机器人手能够通过一组可行的主动控

制接触力 $\vec{f} \in A$ 来抵抗作用在刚体 B 上的所有外部力旋量时,我们称该机器人手对物体 B 实施了主动抗力旋量抓取,则 $\vec{f} \in C_1 \times \cdots \times C_k$,其中 A 为主动接触力的子空间。

主动抗力旋量要求完全启动手指机构。也就是说,每个手指必须能够主动地产生由各接触点的摩擦锥所支持的全部接触力。为了开发一个测试判断手部机构是否具备主动抗力旋量能力,首先要注意的是,抓取必须在指尖接触点上具有抗力旋量性。特别是,接触点必须在没有任何外部影响的情况下,对物体 B 形成可行的平衡抓取。接下来考虑抓取机构。当一个外部力旋量 w_{ext} 作用于被抓取物体 B 时,两指必须产生一个相对的净力旋量 $w=-w_{ext}$,并且具有可行的接触力的形式 $\vec{f}=G^{\dagger}(q)w+\vec{f}_{null}$。向量 $G^{\dagger}(q)w$ 当手指关节执行器没有与结构相关的力元组时主动产生。类似地,当向量 $\vec{f}_{null}$ 不含预加载内力分量时,它可以被手指关节执行器主动控制。这些要求导致了以下针对主动抗力旋量抓取的测试标准。

定理 16.7(主动抗力旋量测试) 设 k 指机器人手以抓取特征 $(J_H(\Phi,q), G(q))$ 握住一个刚体 B。抓取是主动抗力旋量时,满足条件:

(1) 抓取矩阵 $G(q)$ 满足指尖接触点处的抗力旋量条件。
(2) 转置的手部雅可比矩阵 $J_H^T(\Phi,q)$ 在接触力空间 $\mathbb{R}^{kp}$ 上是单射的。

证明: 当一个抓取满足条件(1)时,作用在物体 B 上的每一个外力旋量都可以通过某些可行的接触力组合来对抗:

$$\vec{f}=G^{\dagger}(q)(-w_{ext})+\vec{f}_{null}, \quad \vec{f} \in C_1 \times \cdots \times C_k \tag{16-18}$$

首先考虑式(16-18)中的向量 $G^{\dagger}(q)(-w_{ext})$。由于 $J_H^T(\Phi,q)$ 在接触力空间 $\mathbb{R}^{kp}$ 上是单射的,所以在 $G^{\dagger}(q)$ 的值域空间上也是单射的。一个单线性映射具有平凡的零空间。因此,在该抓取中,与结构相关的接触力的子空间 U_{sd} 是空的。根据引理 16.4,$R(G^{\dagger}(q))=U_{act} \oplus U_{sd}$,于是向量 $\vec{f}=G^{\dagger}(q)(-w_{ext})$ 属于 U_{act},并且由手指关节扭矩主动生成,即 $T=J_H^T(\Phi,q)G^{\dagger}(q)(-w_{ext}) \neq \vec{0}$。

接下来考虑式(16-18)中的内抓取力向量 $\vec{f}_{null}$。因为 $J_H^T(\Phi,q)$ 在接触力空间 $\mathbb{R}^{kp}$ 上是单射的,在 $G(q)$ 的值域空间上也是单射的。因此,预加载的内抓取力的子空间 N_{pre} 在这个抓取处是空的。由于 $N(G(q))=N_{act} \oplus N_{pre}$,根据引理 16.5,$\vec{f}_{null}$ 在 N_{act} 作用下,由手指关节力矩主动产生,$T=J_H^T(\Phi,q)\vec{f}_{null} \neq \vec{0}$。结合 $\vec{f}=G^{\dagger}(q)(-w_{ext})+\vec{f}_{null}$,因此存在于主动接触力子空间 $A=U_{act}+N_{act}$。

定理 16.7 可用于识别一大类能够主动实现抗力旋量抓取的机器人手。转置的手部雅可比矩阵 $J_H^T(\Phi,q)$,当在给定抓取状态下其零空间 $N(J_H^T(\phi,q))$ 是平凡(或者说是一维)的时,该矩阵是单射的。$N \times kp$ 矩阵 $J_H^T(\Phi,q)$ 满足秩零度化定理,$\dim(N(J_H^T))+\dim(R(J_H^T))=kp$。因此,当 $\text{rank}(J_H^T(\Phi,q))=kp$ 时,$J_H^T(\Phi,q)$ 有一个平凡零空间。矩阵 $J_H^T(\Phi,q)$ 根据定义 16.1 由 $n_i \times p$ 个对角块组成。当手指处于非奇异构型时(一般情况),$J_H^T(\Phi,q)$ 的秩是

$$\text{rank}(J_H^T(\Phi,q))=\sum_{i=1}^{k} \min\{n_i, p\}$$

由此可知,在不形成退化的串行链机构的前提下,当每个手指由 $n_i \geq p$ 个关节连接时,$J_H^T(\Phi,q)$ 具有一个平凡零空间。例如,通过摩擦硬点接触抓取三维物体的机器人手在每个接触点上都有 $p=3$ 个独立的力分量。一般情况下,指尖处至少需要三个这样的接触点来抵抗力旋量。因此,任何手指数量至少为三且每个手指有 $n_i \geq 3$ 个执行关节的机器人手在任何非边缘平衡抓取时均具备主动抗力旋量。下面的例子展示了这种手的平面版本。

示例: 图 16-7 所示的一个刚性物体 B 通过两个手指机构以对跖摩擦接触方式保持。手指由转动关节 $(\phi_{1,1}, \phi_{1,2})$ 和 $(\phi_{2,1}, \phi_{2,2})$ 驱动。对于图 16-7 所示的关节值,手部雅可比矩阵形成

了 4×4 的块对角矩阵(参见练习题)：

$$J_H(\Phi, q) = \begin{bmatrix} 0 & -\sqrt{3}/4 & 0 & 0 \\ -1 & -1/4 & 0 & 0 \\ 0 & 0 & 0 & -\sqrt{3}/4 \\ 0 & 0 & 1 & 1/4 \end{bmatrix}$$

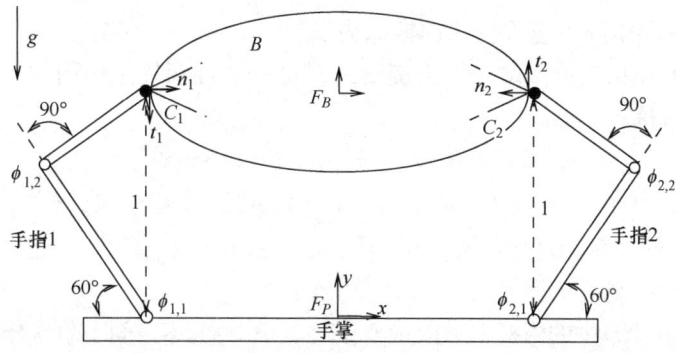

图 16-7 刚体 B 由两个手指机构通过对跖摩擦抓取。这种抓取是主动抗力矩的，意味着任何外部力矩(如重力)都可以通过手指关节执行器主动抵抗

该抓取在指尖接触处具有抗力旋量，符合定理 16.7 的条件(1)要求。由于在给定抓取时 $J_H^T(\Phi, q)$ 具有满秩，它在手部接触力空间上是单射的，即 $\vec{f} = (f_1, f_2)$，这给出了定理 16.7 的条件(2)。因此，该手保持着主动抗力旋量抓取。从物理上讲，作用在 B 上的任何外部力旋量，如重力等，均可以通过手指关节执行器产生的可行接触力来主动抵抗。

关于主动抗力旋量抓取行为的深入理解基于这样一个属性：手指关节扭矩的所有受控组合都会对被抓取物体 B 施加一个唯一的净力旋量。这一属性在以下引理(参见练习题)中有明确表述。

引理 16.8(指关节与握物动作) 假定一个具有 k 个手指的机器人手在一个主动抗力旋量状态下握持刚体 B。根据公式，每一个受控的手指关节扭矩向量 $T \in \mathbb{R}^N$，都会对 B 施加一个唯一的净力旋量：

$$w = G(q)[J_H^T(\Phi, q)]^{\dagger} T \tag{16-19}$$

式中，$G(q)$ 为抓取矩阵，$[J_H^T]^{\dagger}$ 为 $J_H^T(\Phi, q)$ 的左逆。

$J_H^T(\Phi, q)$ 的左逆定义得很好，因为根据定理 16.7，转置的手部雅可比矩阵是单射的。左逆由 $[J_H^T]^{\dagger} = [J_H J_H^T]^{-1} J_H$ 给出，它和 J_H 有相同的维数并且满足关系 $(J_H^T)^{\dagger} J_H^T = I$，其中 I 为 $N \times N$ 单位矩阵。因此，保持主动抗力旋量抓取的机器人手可以在操作任务中如零件插入过程中对被抓取物体施加精确的力旋量配置。这种特性正好解释了常用术语"精密抓取"来描述主动抗力旋量抓取。

一种互补的抗力旋量概念允许手部机构的刚性部件在给定抓取时被动地生成一些抗接触力。这种被动控制的抗力旋量概念可以导致更简单的手部设计，定义如下。

定义 16.8(结构抗力旋量) 如果每个作用在 B 上的外部力旋量都能被主动控制和被动控制的指尖力的可行组合所抵抗，机器人的 k 指手就可以被动控制的抗力旋量抓取方式握住刚体 B，即 $\vec{f} = A + P$，并且 $\vec{f} \in C_1 \times \cdots \times C_k$。

结构抗力旋量仍然要求在指尖接触处有抗力旋量。然而，一些抗接触力 $\vec{f} \in U_{act} \oplus U_{sd}$，可以通过手部机构的刚性部件被动产生。这种接触力位于转置的手部雅可比矩阵的零空间中，因此不需要手指关节力矩的主动作用。然而，$J_H^T(\Phi, q)$ 的零空间不应该包含任何内抓取力，因为这些力不能被手指关节执行器调节,以响应可能作用于 B 的外部力旋量。这些考虑导致以下测试被动控制的抗力旋量抓取。

定理 16.9(被动控制的抗力旋量试验) 在由 $(J_H(\Phi,q), G(q))$ 特征化的抓取处,让 k 指机器人手抓取刚体 B。当抓取满足以下条件时,抓取是被动控制的抗力旋量:

(1)抓取矩阵 $G(q)$ 满足指尖接触点处的抗力旋量条件。

(2)转置雅可比矩阵 $J_H^T(\Phi,q)$ 的零空间非空。

(3)$J_H^T(\Phi,q)$ 的零空间不包含任何内抓取力。

证明: 由于抓取在指尖的接触是抗力旋量的,每一个对 B 发生作用的 w_{ext} 都可以被一些可行的接触力组合所抵抗:

$$\vec{f} = G^\dagger(q)(-w_{ext}) + \vec{f}_{null}, \vec{f} \in C_1 \times \cdots \times C_k \qquad (16\text{-}20)$$

首先考虑式(16-20)中的向量 $G^\dagger(q)(-w_{ext})$。由引理 16.4 可知,$G^\dagger(q)$ 的值域空间满足 $R(G^\dagger(q)) = U_{act} \oplus U_{sd}$ 的关系。因此,向量 $G^\dagger(q)(-w_{ext})$ 存在于 $U_{act} \oplus U_{sd}$,这意味着 $G^\dagger(q)(-w_{ext})$ 包括被动控制和主动控制的接触力。

接下来考虑式(16-20)中的内抓取力向量 $\vec{f}_{null}$。$J_H^T(\Phi,q)$ 的零空间不包含任何内抓取力,预加载内抓取力 N_{pre} 的子空间在此抓取时是空的。根据引理 16.5,由于 $N(G(q)) = N_{act} \oplus N_{pre}$,$\vec{f}_{null}$ 在 N_{act} 中,这意味着它是由手指关节驱动器主动生成的,即 $T = J_H^T(\Phi,q)\vec{f}_{null} \neq \vec{0}$。因此,手部机构可以通过主动控制和被动控制的接触力的可行组合来对抗作用在 B 上的每个外部力旋量。

与完全主动的抗力旋量抓取器相比,被动控制的抗力旋量抓取器不需要完全驱动手指,这意味着手部设计更简单。一个简化版本的二维手部如下例所示。

示例: 图 16-8 所示的平行爪通过对跖摩擦接触抓取一个宽度为 $2W$ 的刚性椭圆 B。椭圆位于构型 q 处,使其坐标轴与手掌坐标轴平行。这种抓取在指尖接触点处具有抗力旋量能力。3×4 抓取矩阵及其零空间可以由下式推出:

$$G(q) = \begin{bmatrix} 0 & 1 & 0 & -1 \\ -1 & 0 & 1 & 0 \\ W & 0 & W & 0 \end{bmatrix}, N(G(q)) = \text{span}\left\{\begin{pmatrix} 0 \\ 1 \\ 0 \\ 1 \end{pmatrix}\right\}$$

式中,向量 $\vec{f}_{null} = (0,1,0,1)$ 是相对于接触坐标系基 $\{t_1, n_1\}$ 和 $\{t_2, n_2\}$ 表示的。

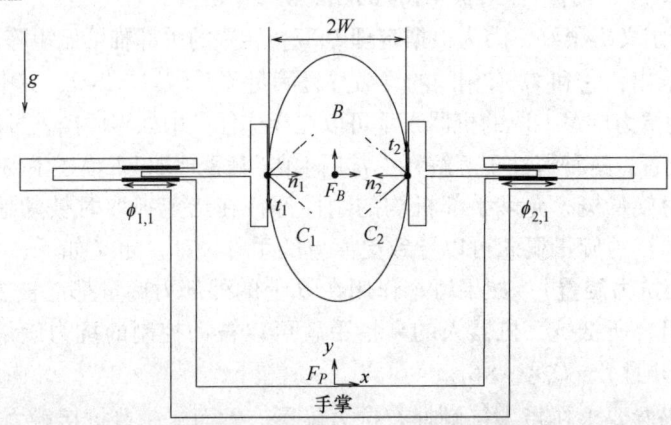

图 16-8 平行夹爪通过对跖摩擦抓取刚体 B。这种抓取是被动抗力矩的,意味着外部力矩(如重力)可以通过主动控制和被动控制的接触力的可行组合来抵抗

由于夹具由两个移动关节驱动,其手部雅可比矩阵为 4×2 矩阵。转置手部雅可比矩阵及其非空零空间可以由下式推出:

$$J_H^T(\Phi,q) = \begin{bmatrix} 0 & 1 & 0 & 0 \\ 0 & 0 & 0 & 1 \end{bmatrix}, \quad N(J_H^T(\Phi,q)) = \text{span}\left\{ \begin{pmatrix} 1 \\ 0 \\ 0 \\ 0 \end{pmatrix} \begin{pmatrix} 0 \\ 0 \\ 1 \\ 0 \end{pmatrix} \right\}$$

$G(q)$ 的零空间包括水平接触力,而 $J_H^T(\Phi,q)$ 的零空间包括沿着接触点切线 t_1 和 t_2 方向作用的垂直接触力。由此可知,$J_H^T(\Phi,q)$ 在零空间 $N(G(q))$ 上是单射的。因此,定理 16.9 的条件(3)得到满足,夹持器以被动控制的抗力旋量抓取方式握住所述物体。通过正确调整内抓取力,夹持器可以使用主动控制和被动控制的接触力的可行组合抵抗可能作用在 B 上的任何外部力旋量。

当机器人手实现被动控制的抗力旋量抓取时,它不能再对物体 B 施加唯一的净力旋量。相反,每个控制手指关节力矩向量 T 可以抵抗一组外部物体干扰。这种性质可以在前面例子中的平行爪夹持器中看到。对于夹持器关节施加的内抓取力的任何应用,一组被动控制的接触力可以在允许的摩擦锥中产生,从而使夹持器能够抵抗可能作用在 B 上的局部外部力旋量。这种性能是工业夹持器鲁棒性的基础。通过研究以下手部结构,可以进一步了解结构抗力旋量。

示例:图 16-9 中描绘的手由一个单独的手指组成,由两个旋转关节 $\phi_{2,1}$ 和 $\phi_{2,2}$ 驱动,它们可以反作用于手掌。这只手通过对跖摩擦接触抓取刚体 B。在所示的关节值处,转置手部雅可比矩阵及其零空间可以由下式推出:

$$J_H^T(\Phi,q) = \begin{bmatrix} 0 & 0 & 0 & 1 \\ 0 & 0 & -\sqrt{3}/4 & 1/4 \end{bmatrix}, \quad N(J_H^T(\Phi,q)) = \text{span}\left\{ \begin{pmatrix} 1 \\ 0 \\ 0 \\ 0 \end{pmatrix} \begin{pmatrix} 0 \\ 1 \\ 0 \\ 0 \end{pmatrix} \right\}$$

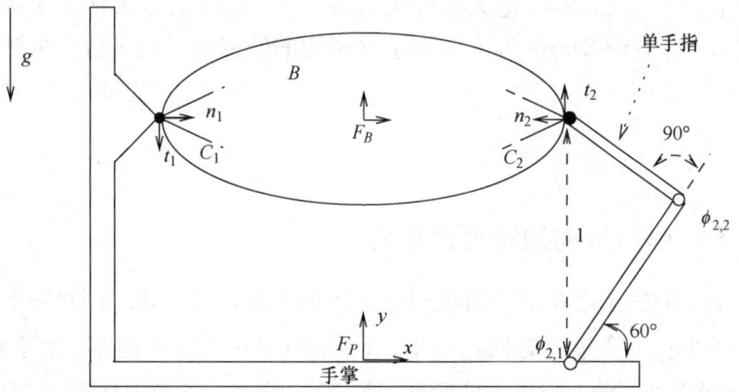

图 16-9 刚体 B 由单手指和手掌通过对跖摩擦抓取。这种抓取是被动抗力矩的

抓取在指尖接触处是抗力旋量的,即定理 16.9 的条件(1)。内抓取力由向量 $\vec{f}_{null} = (0,1,0,1)$ 张成,这代表相等大小的水平接触力。$J_H^T(\Phi,q)$ 的零空间在这里是非空的,即定理 16.9 的条件(2)。此外,$J_H^T(\Phi,q)$ 的零空间不包含任何内抓取力,这是定理 16.9 的条件(3)。因此,手掌和手指保持了物体 B 的被动控制的抗力旋量抓取。

让我们确定手的被动控制的接触力。单根手指可以主动施加符合接触处摩擦锥的任意接触力。由此,被动控制的接触力仅由可行的手掌接触力 $f_1 \in C_1$ 组成,使得 $f_2 = \vec{0}$。这些力抵抗

将物体 B 推向手掌接触点的外部力。作用在 B 上的所有其他外部力旋量都可以由主动控制和被动控制的接触力的可行组合来抵制。

连接到固定的抓块：当 k 指机器人通过无摩擦接触握住刚体 B 时，根据定理 16.7，主动抗力旋量需要满足两个要求。指尖必须以一阶固定抓取的方式握住物体，确保在指尖接触的抗力旋量。然后，一个可逆的手部雅可比转置保证了手部机构能够主动抵抗可能作用在固定物体 B 上的任何外部力旋量。然而，抗力旋量形成了一个一阶概念。我们知道弯曲效应使用较少的手指可以实现二阶固定。因此，手动机构应该能够保持二阶固定的抓取，这样手指关节执行器可以主动抵抗任何可能作用在固定物体 B 上的干扰力旋量。这种二阶主动抗力旋量的概念在抓取力学中仍然是一个开放的问题。

16.5 参考书目注释

首先用 Bicchi[1] 软件分析了指尖上任意手动机构所能产生的接触力。Bicchi 分析了柔性手指机构的接触力，指出接触力空间可以分解为三个标准子空间。Melchiorri[2] 随后表明柔性手指机构包含四个典型接触力子空间。希望进一步探索这个主题的读者可以参考《机器人学手册》[3] 中关于机器人手的章节。在本章考虑的机器人手中，出现了相同的标准接触力子空间。将机器人手的接触力分为主动控制力和被动控制力是由 Yoshikawa[4] 提出的。为了简化分析，本章假定了有指向的指尖。在此假设下，机器人手与被抓取物体的组合系统可以解释为一个并联链机构，这可以让我们有更深入的了解。希望探索这种解释的读者可以参考《机器人技术手册》[5] 中关于并行机器人的章节。当手指没有被理想化为尖头指时，接触兼容性约束必须扩展，以包括在指尖接触滚动的影响，参见 Mason[6] 及 Murray, Li 和 Sastry[7] 的文本。本章还假设了自由旋转的手指关节。然而，实际的关节在旋转上可能存在机械极限，或者它们可能不具备可逆性(作用在关节上的外力矩无法使关节运动)。这样的考虑增加了另一层被动控制，这次是在手指关节处。Haas-Heger 等人[8] 在手部机构的研究中讨论了这一主题。

16.6 附录

16.6.1 附录 I：单指机构的雅可比矩阵

本附录总结了一个关于串联链手指机构雅可比矩阵的著名公式。回想一下，$\phi_i = (\phi_{i,1}, \cdots, \phi_{i,n_i})$ 表示第 i 个手指关节变量同时回想一下，F_{K_i} 是固定在手掌上的第 i 个手指基坐标系，而 F_{O_i} 是位于与 B 接触点处的第 i 个指尖坐标系。F_{O_i} 的构型在手指基坐标系 F_{K_i} 中表达，用 $\mathbb{R}^m$ 参数化，其中在三维手指机构的情况下，$m=6$。手指的完整雅可比矩阵表示为 $J(\phi_i)$，是将第 i 个手指关节速度映射到第 i 个指尖接触坐标系速度的 $m \times n_i$ 矩阵：

$$\begin{pmatrix} v_i \\ \omega_i \end{pmatrix} = [J(\phi_i)] \dot{\phi}_i$$

式中，(v_i, ω_i) 是第 i 个指尖接触坐标系的线速度和角速度，用 F_{K_i} 表示。本章假设手指尖是尖锐的，因此只使用 $J(\phi_i)$ 的上半部分来获得手部雅可比矩阵。

接下来将 $J(\phi_i)$ 的公式写成其各列形式。令 $J(\phi_i) = [\vec{J}_{i,1} \cdots \vec{J}_{i,n_i}]$，我们需要两个依赖于 ϕ_i

的量，让 $p_{i,j}$ 表示第 i 个指尖坐标系原点相对于关节 $\phi_{i,j}$ 轴在 F_{K_i} 中的位置，令 $z_{i,j}$ 表示 F_{K_i} 中与关节 $\phi_{i,j}$ 轴共线的单位向量。单位向量 $z_{i,j}$ 与旋转关节的关节旋转轴共线，并与移动关节的关节移动轴共线。使用这个符号，雅可比矩阵的第 j 列为

$$\vec{J}_{i,j}(\phi_i) = \begin{cases} \begin{pmatrix} -p_{i,j}(\phi_i) \times z_{i,j}(\phi_i) \\ z_{i,j}(\phi_i) \end{pmatrix}, & \phi_{i,j} \text{ 为旋转关节} \\ \begin{pmatrix} z_{i,j}(\phi_i) \\ \vec{0} \end{pmatrix}, & \phi_{i,j} \text{ 为移动关节} \end{cases} \tag{16-21}$$

式中，对于平面手指机构的旋转关节，$z_{i,j} = (0,0,1)$。

示例：在图 16-5 所示的平面两指手中，每个手指由三个旋转关节连接，则 $\phi_i = (\phi_{i,1}, \phi_{i,2}, \phi_{i,3})$，$i = 1, 2$。假设第 i 个手指的连杆长度分别为 l_{i1}、l_{i2} 和 l_{i3}，使用式（16-21），第 i 个手指机构的 3×3 雅可比矩阵如下所示：

$$J(\phi_i) = \begin{bmatrix} -l_{i1}\sin(\phi_{i,1}) & -l_{i2}\sin(\phi_{i,1}+\phi_{i,2}) & -l_{i3}\sin(\phi_{i,1}+\phi_{i,2}+\phi_{i,3}) \\ l_{i1}\cos(\phi_{i,1}) & l_{i2}\cos(\phi_{i,1}+\phi_{i,2}) & l_{i3}\cos(\phi_{i,1}+\phi_{i,2}+\phi_{i,3}) \\ 1 & 1 & 1 \end{bmatrix}, i = 1, 2$$

请注意，当第 i 个手指的三个连杆发生自我折叠或完全伸展时，$J(\phi_i)$ 将失去满秩性质。

16.6.2 附录 Ⅱ：抗接触力分解

本附录包含了引理 16.4 的证明，其中描述了手的抵抗接触力按照 U_{act} 和 U_{sd} 子空间的分解。

引理 16.4 在 k 指抓取中，主动控制接触力子空间 U_{act} 和被动控制接触力子空间 U_{sd}，在 $\mathbb{R}^{kp}$ 空间中相互正交，并且满足关系式 $U_{\text{act}} \oplus U_{\text{sd}} = R(G^T(q))$。

简证：假设 $m \times kp$ 抓取矩阵 G 的一般抓取是满射的（见第 12 章）。在这种情况下，G^T 的值域空间形成了 $\mathbb{R}^{kp}$ 的 m 维线性子空间。首先，考虑 U_{act} 和 U_{sd} 的正交性。对于 $\vec{g} \in N(J_H^T)^\perp$，任何的向量 $\vec{f} \in U_{\text{act}}$ 都可由 $\vec{f} = L_{R(G^T)}(\vec{g}) = G^\dagger G \vec{g}$ 推出。可以写成 $\vec{f} = \vec{g} - [I - G^\dagger G]\vec{g}$。令 $\vec{h} = [I - G^\dagger G]\vec{g}$，因为 $GG^\dagger = I$，得到 $G\vec{h} = \vec{0}$。因此，$\vec{h}$ 位于 G 的零空间，同样，$\vec{h} \in R(G^T)^\perp$。因此，$\vec{f} = \vec{g} - \vec{h}$，$\vec{g} \in N(J_H^T)^\perp$ 和 $\vec{h} \in R(G^T)^\perp$。由于 $U_{\text{sd}} = R(G^T) \cap N(J_H^T)$，在 U_{sd} 的任何向量都与向量 $\vec{g}$（因为 $\vec{g} \in N(J_H^T)^\perp$）和 $\vec{h}$（因为 $\vec{h} \in R(G^T)^\perp$）正交。因此，子空间 U_{act} 和 U_{sd} 在 $\mathbb{R}^{kp}$ 中是相互正交的。

当 $\dim(U_{\text{act}}) + \dim(U_{\text{sd}}) = m$ 时，直和 $U_{\text{act}} \oplus U_{\text{sd}}$ 生成了 G^T 的整个值域空间。有两种情况需要考虑。在第一种情况下，$N(J_H^T)^\perp$ 的维数至少是 m。在这种情况下，$L_{R(G^T)}$ 将这个子空间映射到 G^T 的值域空间上，所以 $R(G^T) = U_{\text{act}}$，$U_{\text{sd}} = \{0\}$。在第二种情况下，$N(J_H^T)^\perp$ 的维数小于 m。映射 $L_{R(G^T)}$ 通常会保持其定义域空间的维数。因此，$\dim(U_{\text{act}}) = \dim N(J_H^T)^\perp < m$。从结构上看，$U_{\text{sd}} = R(G^T) \cap N(J_H^T)$。一般地，$R(G^T)$ 与 $N(J_H^T)$ 横向正交，在这种情况下，$\dim(U_{\text{sd}}) = \dim(R(G^T)) + \dim(N(J_H^T)) - kp$。代入 $\dim(R(G^T)) = m$ 和 $\dim(N(J_H^T)) = kp - \dim(U_{\text{act}})$ 得

$$\dim(U_{\text{sd}}) = m + (kp - \dim(U_{\text{act}})) - kp = m - \dim(U_{\text{act}})$$

因此，$\dim(U_{\text{act}}) + \dim(U_{\text{sd}}) = m$，这意味着 $U_{\text{act}} \oplus U_{\text{sd}} = R(G^T)$。

练 习 题

16.1 节

练习 16.1：一个具有尖头指的 k 指机器人手通过摩擦硬点接触抓取一个三维刚体。在保

持抓取状态的同时进行局部手指运动时,这些接触点是否可以被理解为标准的机械关节?

解:当指尖通过摩擦接触抓取刚体时,保持抓取状态下的足够局部的手指运动不会导致接触滑动。此时,手指接触点可以被视为球形关节,每个接触点有三个自由度。注意,手动机构和被抓取物体的组合系统形成了一个平行的链条机构(见参考书目注释)。

练习 16.2:一个具有尖头指的 k 指机器人手通过摩擦硬点接触抓取一个三维刚体。确定手指的最小数目和每个手指关节的最小数目,允许手指在 $\mathbb{R}^3$ 中以完整的六个自由度局部移动物体(假设相同的手指机构)。

解:手和被抓取物体的组合可以作为一个并联的链条机构进行分析。这样的链条必须至少有三个相同的手指,每个手指上至少有三个关节,以确保手和被抓取物体的组合系统拥有六个自由度。这样的手可以使被抓取物体产生任意的局部运动。请注意,经典的 Salisbury 手有三个相同的手指,每个手指有三个关节。

练习 16.3:通过摩擦软点接触物体的面,机器人手保持一个具有扁平指尖的三维多面体刚性物体。确定手指的最小数目和每个手指关节的最小数目,使得被抓取物体在 $\mathbb{R}^3$ 中可以局部移动并实现完整的六个自由度(假设相同的手指机构)。

练习 16.4*:将式(16-1)和式(16-2)中的关系式扩展到由软点接触模型控制的指尖接触,其中手指可以对各自的接触法向施加附加力矩。

练习 16.5:求图 16-2 中夹持器的平行爪的手部雅可比矩阵。

练习 16.6:获取图 16-3 所示的掌指式手爪在抓取状态下的手部雅可比矩阵。

16.2 节

练习 16.7:将命题 16.2 中描述的关系扩展到由软点接触模型控制的指尖接触。

练习 16.8:求图 16-4 所示两指抓取的抓取矩阵 $G(q)$。

练习 16.9:在图 16-4 中,重力作用在 B 的中心。确定可行的指尖力 $f_1 \in C_1$,$f_2 \in C_2$,在重力影响下保持平衡抓取。

16.3 节

练习 16.10:设 A 是一个 $l \times r$ 实矩阵。证明秩零度化定理,$\dim(N(A)) + \dim(R(A)) = r$。

提示:$R(A^T)$ 和正交补的 $\mathbb{R}^r$ 满足关系:$R(A^T) \oplus R(A^T)^\perp = \mathbb{R}^r$,其中 $\oplus$ 表示线性子空间的直和。

练习 16.11:验证线性映射 $L_{N(A)}(v) = [I - A^\dagger A]v$ 将向量 $v \in \mathbb{R}^r$ 映射到 A 的零空间,使 $v - L_{N(A)}(v) = A^\dagger A v$ 正交于 A 的零空间。

解:第一个条件意味着对于所有 $v \in \mathbb{R}^r$,$v - L_{N(A)}(v) = A^\dagger A v$。由于 $A^\dagger = A^T(AA^T)^{-1}$,$A[I - A^\dagger A] = A - A = O$,其中 O 为 $l \times r$ 零矩阵。因此,对于所有 $v \in \mathbb{R}^r$,$A \cdot L_{N(A)}(v) = A[I - A^\dagger A]v = \vec{0}$。如果 $v - L_{N(A)}(v) = A^\dagger A v$ 正交于 A 的零空间,它一定在 A^T 的值域空间内。由于 $A^\dagger$ 与 A^T 具有相同的值域空间,对于所有 $v \in \mathbb{R}^r$,向量 $A^\dagger A v$ 都位于 $R(A^T)$ 中。因此,对于所有 $v \in \mathbb{R}^r$,$v - L_{N(A)}(v)$ 正交于 A 的零空间。

练习 16.12:在串联系列手指机构处于奇异构型时,其手部雅可比矩阵 $J_i(\phi_i)$ 会失去满秩特性。请解释为什么仅当机器人手的某些手指处于奇异构型时,满足 $T = J_H^T(\phi, q)\vec{f} = \vec{0}$ 的被动控制的指尖接触力 $\vec{f} \in U_{sd}$ 才会存在。(在二维抓取中,每个手指由至少 $n_i \geq 2$ 个关节构成;在三维抓取中,每个手指由至少 $n_i \geq 3$ 个关节构成。)

练习 16.13:在图 16-5 所示的被动控制的抓取中,每个手指形成一个由三个旋转关节和单位长度的刚性连杆组成的串联链。如附录 I 所述,各手指机构的雅可比矩阵构成 3×3 矩阵:

$$J(\phi_i) = \begin{bmatrix} -\sin(\phi_{i,1}) & -\sin(\phi_{i,1}+\phi_{i,2}) & -\sin(\phi_{i,1}+\phi_{i,2}+\phi_{i,3}) \\ \cos(\phi_{i,1}) & \cos(\phi_{i,1}+\phi_{i,2}) & \cos(\phi_{i,1}+\phi_{i,2}+\phi_{i,3}) \\ 1 & 1 & 1 \end{bmatrix}, i=1,2$$

求出当 $\phi_{i,1}=90°$，$\phi_{i,1}+\phi_{i,2}=90°$ 和 $\phi_{i,1}+\phi_{i,2}+\phi_{i,3}=90°(i=1,2)$ 时的手部雅可比矩阵。验证指尖接触力 (f_1, f_2) 属于 $J_H^T(\Phi, q)$ 的零空间。

练习 16.14：当一个 k 指手抓取一个刚性物体 B 以平衡抓取且具有可行的内抓取力时，解释为什么当手部雅可比矩阵具有平凡的零空间时，抓取必须具有主动控制的内力。

练习 16.15：提供引理 16.5 的简证，即内抓取力 N_{act} 和 N_{pre} 的子空间是相互正交的，且满足 $N_{act} \oplus N_{pre} = N(G(q))$ 的性质（设满射抓取矩阵 $G(q)$）。

提示：首先，验证子空间 N_{act} 和 N_{pre} 在抓取矩阵 $G(q)$ 的零空间内相互正交。假设 $G(q)$ 是满射的，则得 $\dim(N_{act}) + \dim(N_{pre}) = kp - m$，它是 $G(q)$ 的零空间的维数。

16.4 节

练习 16.16：求图 16-7 所示的两指抓取的手部雅可比矩阵。

练习 16.17：考虑图 16-7 所示的主动抗力旋量抓取。确定手指关节力矩 $T = (\tau_{1,1}, \tau_{1,2}, \tau_{2,1}, \tau_{2,2})$，抵抗作用于被抓取物体中心的重力 f_g。

练习 16.18*：定理 16.7 规定了机器人手在给定的抓取条件下主动抵抗力旋量的充分条件。确定实现这种抓取所需的必要条件。

练习 16.19：证明引理 16.8，即在主动抵抗力旋量抓取时，手指关节扭矩的每一个组合对被抓取物体 B 施加唯一的净力旋量。

解：假设一个特殊的 $\tau \neq \vec{0}$ 抵抗两个不同的外部力旋量 $w_{ext,1}$ 和 $w_{ext,2}$。根据式（16-12），抵抗这些力旋量的接触力 $\vec{f}_1$ 和 $\vec{f}_2$ 满足下列关系：

$$T = J_H^T(\Phi, q)\vec{f}_1 = J_H^T(\Phi, q)(G^\dagger(q)(-w_{ext,1}) + \vec{f}_{null,1}), \vec{f}_1 \in C_1 \times \cdots \times C_k$$
$$T = J_H^T(\Phi, q)\vec{f}_2 = J_H^T(\Phi, q)(G^\dagger(q)(-w_{ext,2}) + \vec{f}_{null,2}), \vec{f}_2 \in C_1 \times \cdots \times C_k$$

从第一个方程中减去第二个方程得到

$$J_H^T(\Phi, q)(-G^\dagger(q)(w_{ext,1} - w_{ext,2}) + (\vec{f}_{null,1} - \vec{f}_{null,2})) = \vec{0} \quad (16-22)$$

式中，$\vec{0} \in \mathbb{R}^N$。由于 $J_H^T(\Phi, q)$ 在手指接触力空间上是单射的，$-G^\dagger(q)(w_{ext,1} - w_{ext,2}) + (\vec{f}_{null,1} - \vec{f}_{null,2}) = \vec{0}$，这里 $\vec{0}$ 是接触力空间 $\mathbb{R}^{kp}$ 的原点。向量 $(\vec{f}_{null,1} - \vec{f}_{null,2})$ 位于 $G(q)$ 的零空间中，而向量 $G^\dagger(q)(w_{ext,1} - w_{ext,2})$ 位于 $G^\dagger(q)$ 的值域空间内。由于 $\text{range}(G^\dagger) = \text{range}(G^T)$，因此，$G^\dagger(q)$ 的值域空间与 $G(q)$ 的零空间在 $\mathbb{R}^{kp}$ 中是正交的。故式（16-22）的每一项必须分别等于零：

$$G^\dagger(q)(w_{ext,1} - w_{ext,2}) = \vec{0}, \vec{f}_{null,1} - \vec{f}_{null,2} = \vec{0} \quad (16-23)$$

从第 12 章看，指尖处的抗力旋量要求物体 B 被保持在一个非边缘平衡的抓取中，这样抓取矩阵 $G(q)$ 在给定的抓取位置具有全行秩。当 $G(q)$ 具有全行秩时，根据秩零度化定理，转置抓取矩阵 $G^T(q)$ 是单射的。因此，$G^\dagger(q) = G^T(GG^T)^{-1}$ 是单射的，并且在式（16-23）中，$w_{ext,1} = w_{ext,2}$。这证明了 T 能够抵抗作用在 B 上的唯一外部力旋量。

练习 16.20：考虑图 16-8 中描述的被动控制的抗力旋量抓取。解释夹具如何抵抗被动和主动控制接触力的可行组合，任何垂直力可能在抓取的物体中心。

练习 16.21：考虑图 16-8 所示的被动控制的抗力旋量抓取。计算夹持器关节所需施加的力，以便抵抗作用在被抓取物体中心的重力。

练习 16.22：考虑图 16-9 中描述的手掌和手指示例。让作用于 B 的外部力旋量参数化为

$w_{ext} = (f_x, f_y, \tau)$,求解抵抗这些外部力旋量所需的接触力 $\vec{f} = (f_1, f_2)$。然后找出仅依靠被动控制的抗接触力所能抵抗的一系列外部力旋量。

解：利用式(16-13)求 $G^{\dagger}(q)$，可抵抗外力旋量的接触力 $\vec{f} = G^{\dagger}(q)(-w_{ext}) + \vec{f}_{null}$，采取形式：

$$\vec{f} = \begin{pmatrix} f_1 \\ f_2 \end{pmatrix} = -\frac{1}{2}\begin{bmatrix} 0 & -1 & 1/L \\ 1 & 0 & 0 \\ 0 & 1 & 1/L \\ -1 & 0 & 0 \end{bmatrix}\begin{pmatrix} f_x \\ f_y \\ \tau \end{pmatrix} + \begin{pmatrix} 0 \\ s \\ 0 \\ s \end{pmatrix} = \begin{pmatrix} \frac{1}{2}\left(f_y - \frac{\tau}{L}\right) \\ -\frac{1}{2}f_x + s \\ -\frac{1}{2}(f_y + \tau/L) \\ \frac{1}{2}f_x + s \end{pmatrix}, s \in \mathbb{R}$$

式中，s 参数化了内抓取力。条件 $f_2 = \vec{0}$ 给出了约束条件 $f_y + \tau/L = 0$ 和 $f_x/2 + s = 0$。因此，$s = -f_x/2$，要求 $f_1 \in C_1$ 形式上是在手掌接触处产生向左的力。$f_x \leq 0$ 使 $\left|\frac{1}{2}(f_y - \tau/L)\right| \leq \mu|f_x|$，其中，$\mu$ 为手掌接触处的摩擦系数。

练习 16.23：一个二维平行夹爪通过一个单一的移动关节驱动，该关节与刚性手掌相互作用。当夹爪通过一对对跖摩擦接触点抓取一个刚体物体时，它能否实现被动控制的抗力旋量抓取？

参考文献

[1] A. Bicchi, "On the problem of decomposing grasp and manipulation forces in multiple whole-limb manipulation," *International Journal of Robotics and Autonomous Systems*, vol. 13, no. 4, pp. 127–147, 1994.

[2] C. Melchiorri, "Multiple whole-limb manipulation: An analaysis in the force domain," *Robotics and Autonomous Systems*, vol. 20, pp. 15–38, 1997.

[3] C. Melchiorri and M. Kaneko, "Robot hands," in *Springer Handbook of Robotics*, Springer Verlag, 463–480, 2016.

[4] T. Yoshikawa, "Passive and active closure by constraining mechanisms," *Journal of Dynamic Systems, Measurement, and Control*, vol. 121, no. (3–4), pp. 418–424, 1999.

[5] J.-P. Merlet, C. Gosselin and T. Huang, "Parallel mechanisms and robots," in *Springer Handbook of Robotics*, Springer Verlag, 443–462, 2016.

[6] M. T. Mason, *Mechanics of Robotic Manipulation*. MIT Press, 2001.

[7] R. M. Murray, Li and S. S. Sastry, *A Mathematical Introduction to Robotic Manipulation*. CRC Press, 1994.

[8] M. Haas-Heger, Iyengar and M. Ciocarlie, "Passive reaction analysis for grasp stability," *IEEE Transactions on Automation Science and Engineering*, vol. 15, no. 3, pp. 955–966, 2018.

第 17 章 抓取可操控性

抓取可操控性描述机器人手通过指尖接触给予被抓取物体任意局部运动的能力。抓取可操控性是机器人手在保持抓取的同时对物体进行局部操作的能力与基本抓取力学原理之间的重要联系。抓取可操控性的概念用图 17-1 所示的三指手来说明。每根手指由三个转动关节连接,末端有一个尖头指。当这只手通过摩擦接触握住一个刚体 B 时,我们可以断言物体 B 在局部可操控处被握持。

本章首先研究了机器人手对被抓取物体进行任意瞬时运动的能力。基于瞬时可操控性,本章描述了如何评估机器人手在给定的抓取下给予被抓取物体任意局部运动的能力。本章最后对局部可操控性和多指抓取可操控性之间的联系进行了简短的评论。

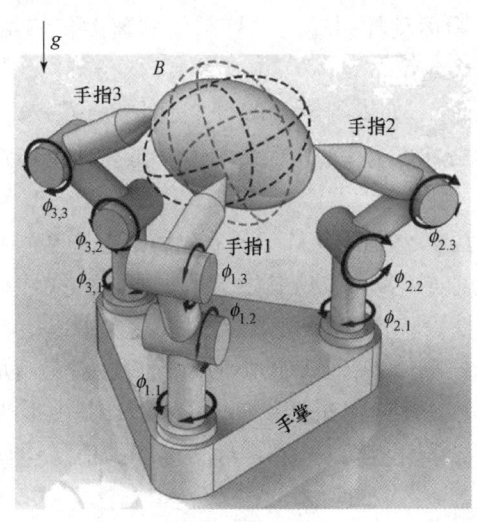

图 17-1 一个配备尖头指的三指机械手,通过摩擦接触(此处未显示摩擦锥)抓取一个刚性物体。在这个抓取状态下,物体局部是可以操控的

17.1 瞬时可操控性

本节研究机器人手对被抓取物体 B 做出任意瞬时动作的能力。我们使用前一章介绍的符号和假设。特别是,假设每个手指机构的末端都有一个尖头指,这样在保持抓取的手指运动过程中,接触处不会发生纯滚动。本章依赖于前一章中提到的接触兼容性约束。这些约束条件描述了在保持抓取的手指局部运动过程中,手指关节速度和被抓取物体刚体速度之间的运动学关系。接触兼容性约束以手部雅可比矩阵为基础,在此重复其定义:$\Phi = (\Phi_1, \cdots, \Phi_k) \in \mathbb{R}^N$ 表示 k 指机器人手各关节变量的复合向量(图 17-1)。

手部雅可比矩阵：让定位在关节值 ϕ 处的机器人手在构型 q 处保持一个刚体 B，让 p 为各接触点独立力分量的个数，手部雅可比矩阵，用 $J_H(\Phi,q)$ 表示，是 $kp \times N$ 矩阵：

$$J_H(\Phi,q) = \begin{bmatrix} W_1^T(q) R_{PK_1} J_1(\phi_1) & 0 & \cdots & 0 \\ \vdots & \vdots & & \vdots \\ 0 & 0 & \cdots & W_k^T(q) R_{PK_k} J_k(\phi_k) \end{bmatrix}, \Phi = (\phi_1, \cdots, \phi_k)$$

式中，$W_i(q)$ 形成了第 i 个接触基坐标系，R_{PK_i} 将速度从第 i 个手指坐标系转换到手掌坐标系，$J_i(\phi_i)$ 是第 i 个手部雅可比矩阵。

当 k 指手位于关节值 $\phi \in \mathbb{R}^N$ 时，关节速度在向量空间 $T_\Phi \mathbb{R}^N$ 内，同理，当一个刚体 B 保持在构型 $q \in \mathbb{R}^m$ 处时，其刚体速度在向量空间 $T_q \mathbb{R}^m$ 内，其中二维抓取时 $m=3$，三维抓取时 $m=6$。根据定理 16.1，在保持抓取的局部手指运动中控制速度 $\dot{\Phi}$ 和 $\dot{q}$ 的接触兼容性约束可以由下式推出：

$$J_H(\Phi,q)\dot{\Phi} = G^T(q)\dot{q}, \quad \dot{\Phi} \in T_\Phi \mathbb{R}^N, \quad \dot{q} \in T_q \mathbb{R}^m \tag{17-1}$$

式中，$G(q)$ 为 $m \times kp$ 抓取矩阵。满足式(17-1)的 $(\dot{\Phi},\dot{q})$ 代表着手部机构和被抓取物体保持抓取的动态可实现瞬时运动。

当被抓取物体的每一个瞬时运动 $\dot{q} \in T_q \mathbb{R}^m$ 都满足式(17-1)且具有一组唯一的手指关节速度时，应用手指关节速度作为运动控制输入，将期望的速度传递给被抓取物体，使其保持抓取状态。瞬时可操控性的概念定义如下。

定义 17.1（瞬时可操控性） 如果刚体 B 的每个速度 $\dot{q} \in T_q \mathbb{R}^m$，都可以通过一组唯一的满足接触兼容性约束的手指关节速度 $\dot{\Phi} \in T_\Phi \mathbb{R}^N$ 来实现，那么对刚体 B 的 k 指抓取就具有瞬时可操控性。

由手部雅可比矩阵 $J_H(\Phi,q)$ 和抓取矩阵 $G(q)$ 的性质可以建立抓取的瞬时可操控性，如以下定理所示。已知矩阵 A 的值域空间 $R(A)$ 是由 A 的列张成的线性空间。

定理 17.1（瞬时可操控性检验） 假设一个 k 指机器人手以由 $(J_H(\Phi,q), G^T(q))$ 这一对参数所描述的抓取方式来抓取刚体 B。抓取的瞬时可操控性需要满足以下条件：

（1）转置抓取矩阵 $G^T(q)$ 在刚体 B 的速度向量空间 $T_q \mathbb{R}^m$ 上形成了一个单射。

（2）$G^T(q)$ 的值域空间与手部雅可比矩阵 $J_H(\Phi,q)$ 的值域空间满足关系：$R(G^T(q)) \subseteq R(J_H(\Phi,q))$。

这两个条件对于在可能受到外力（如重力）影响的情况下，使物体处于预加载平衡抓取状态时的瞬时操控能力是充分的。

简证：瞬时可操控性要求对于被抓取物体 B 的每个速度 $\dot{q} \in T_q \mathbb{R}^m$，都存在一个手指关节速度的向量，$\dot{\Phi} \in T_\Phi \mathbb{R}^N$，它能够满足式(17-1)。对于给定的 $\dot{q} \in T_q \mathbb{R}^m$，式(17-1)的形式为 $Ax=b$，其中 $A=J_H(\Phi,q)$，$x=\dot{\Phi}$，$b=G^T(q)\dot{q}$。只有当 $b \in R(A)$ 时才存在解 x。随着 $\dot{q}$ 在向量空间 $T_q \mathbb{R}^m$ 中变化，向量 $G^T(q)\dot{q}$ 构成了 $G^T(q)$ 的整个值域空间。因此，条件(2)，$R(G^T(q)) \subseteq R(J_H(\Phi,q))$ 对于存在解决式(17-1)的 $\dot{\Phi}$ 是必要且充分的。

此外，瞬时可操控性还要求，对于被抓取物体 B，每一个速度 $\dot{q} \in T_q \mathbb{R}^m$，都存在一组唯一的手指关节速度，它能够满足式(17-1)。如果在某个给定的抓取过程中不满足唯一性属性，那么存在一个手指关节速度的向量 $\dot{\Phi} \in T_\Phi \mathbb{R}^N$，它能够满足式(17-1)对于被抓取物体 B 的两个不同速度的情况：B：$J_H(\Phi,q)\dot{\Phi} = G^T(q)\dot{q}_1$，$J_H(\Phi,q)\dot{\Phi} = G^T(q)\dot{q}_2$。由此可得 $G^T(q)(\dot{q}_1 - \dot{q}_2) = \vec{0}$，这

意味着 $G^T(q)$ 具有一个非平凡的零空间。因此，条件（1）对于瞬时可操控性是必要的。

当 $G^T(q)$ 在 B 的刚体速度向量空间 $T_q\mathbb{R}^m$ 上形成一个单射时，它有一个明确定义的左逆，由 $(G^T)^\dagger = [GG^T]^{-1}G$ 推出。矩阵 $(G^T)^\dagger$ 与 G 同维，满足 $(G^T)^\dagger G^T = I$，其中 I 为 $m \times m$ 单位矩阵。因此，式(17-1)的接触兼容性约束可以求解 $\dot{q}$，用 $\dot{\Phi}$ 表示为

$$\dot{q} = (G^T(q))^\dagger J_H(\Phi, q)\dot{\Phi} \tag{17-2}$$

条件（1）和（2）表明在式(17-2)中，$m \times N$ 矩阵 $(G^T)^\dagger J_H$ 是满射的。因此，每个刚体速度 $\dot{q} \in T_q\mathbb{R}^m$ 都可以通过一个唯一的手指关节速度在 $T_\Phi\mathbb{R}^N$ 的仿射子空间来实现，这表明了抓取的瞬时可操控性。

要求 $G^T(q)$ 在 B 的刚体速度向量空间上是单射的，确保了 B 的每一个瞬时运动都会在物体表面上诱导出一组唯一的接触点速度组合，这些速度按照它们各自的接触坐标系基分量表示。相反的情况是当 $G^T(q)$ 具有非平凡零空间时发生。例如，当三维刚体 B 通过两个摩擦硬点接触被固定时，绕过两个接触点轴线的瞬时旋转会在两个接触点处产生零速度分量。显然，这种关于 B 的瞬时旋转无法通过指尖接触由抓取手指来实现。

定理 17.1 可以用来识别一类能够实现瞬时可操控抓取的手部机构。定理 17.1 的条件（1）要求抓取矩阵的转置 $G^T(q)$ 是单射的。同理，$m \times kp$ 抓取矩阵 $G(q)$ 必须具有满行秩 m，因此，手指的数量 k 应该满足下界 $kp \geq m$。在具有摩擦硬点接触的三维抓取情况下，只要指尖接触点不共线，当使用 $k \geq 3$ 个手指抓住物体 B 时，$G(q)$ 就会具有满行秩。如果物体是通过无摩擦接触方式被抓取，则需要更多的手指（参见练习题）。接下来考虑每个手指机构中的关节数量。一个 k 指手的雅可比矩阵构成一个块对角矩阵：

$$J_H(\Phi, q) = \begin{bmatrix} H_1(\phi_1, q) & 0 & \cdots & 0 \\ \vdots & \vdots & & \vdots \\ 0 & 0 & & H_k(\phi_k, q) \end{bmatrix}, \quad \Phi = (\phi_1, \cdots, \phi_k)$$

第 i 个对角块 $H_i(\phi_i, q)$ 的尺寸为 $p \times n_i$，其中 n_i 为第 i 个手指的关节数。抓取矩阵可以写成 $G(q) = [G_1(q) \cdots G_k(q)]$ 的形式，其中每个子矩阵 $G_i(q)$ 为 $m \times p$。因此式(17-1)的接触兼容性约束可以写成

$$H_i(\phi_i, q)\dot{\phi}_i = G_i^T(q)\dot{q}, \quad i = 1, \cdots, k$$

由此可知，定理 17.1 的条件（2）可以写成 $R(G_i^T(q)) \subseteq R(H_i(\phi_i, q))$, $i = 1, \cdots, k$。由于在所有接触模型下 $p \leq m$，每个子矩阵 $G_i^T(q)$ 都具有满行秩 p，因此其值域空间的维数为 p 维。因此，当手部雅可比矩阵的每个对角块 $H_i(\phi_i, q)$ 是满射的时，$R(G_i^T(q)) \subseteq R(H_i(\phi_i, q))$。当第 i 个手指机构具有非退化结构（见第 16 章）时，$H_i(\phi_i, q)$ 具有最小秩 $\min\{p, n_i\}$。为了满足满射条件，每个对角块必须具有满行秩，这就意味着为了确保抓取的瞬时可操控性，每个手指机构至少需要拥有 p 个关节。例如，在通过摩擦硬点接触抓取三维物体的机器人手中，每个接触点都有 $p = 3$ 个独立的力分量。因此，机器人手应当至少拥有三个手指，每个手指都由至少 $n_i \geq 3$ 个关节驱动，正如图 17-1 所示。下一个例子将展示瞬时可操控抓取并不一定要具备抗力旋量能力。

示例：图 17-2 所示的手由两个相同的手指组成，每个手指由两个转动关节连接。手指通过摩擦接触支撑刚体 B 来抵抗重力。3×4 抓矩阵 $G(q)$ 具有满行秩。因此，$G^T(q)$ 在 B 的刚体速度的向量空间上是单射的，这就是定理 17.1 的条件（1）。直观地说，物体 B 上的任何瞬时运动都会在物体边界上产生一组唯一相对应的接触点速度组合。接下来，子矩阵 $G_1^T(q)$ 和

$G_2^T(q)$ 的值域空间在每个接触点上是二维的。手部雅可比矩阵的对角块 $H_1(\phi_1,q)$ 和 $H_2(\phi_2,q)$ 的值域空间在每个接触点上同样是二维的。因此定理 17.1 的条件（2）满足 $R(G_i^T(q)) = R(H_i(\phi_i,q))$，$i = 1, 2$。因为物体在预加载的平衡姿态下对抗重力而被支撑，所以它具有瞬时可操控性，需要注意的是，接触点并未支持内抓取力，这表明瞬时可操控的抓取并不一定需要具备抗力旋量能力。

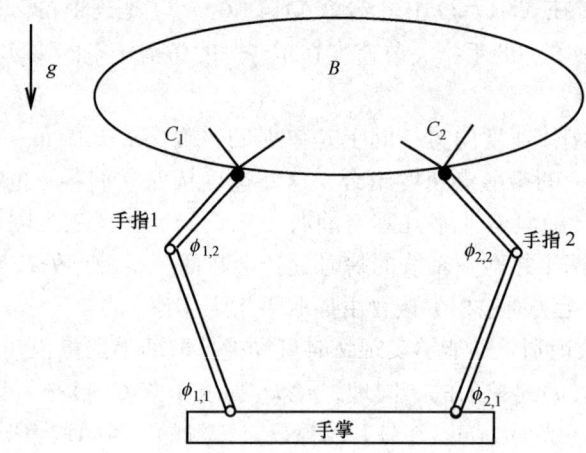

图 17-2 由两个手指通过摩擦接触来支撑刚体。在这个姿态下，物体具有瞬时可操控性，但抓取并不具有抗力旋量能力

下一个例子表明，瞬时可操控性要求每个手指机构中至少有 p 个关节，其中 p 是每个接触处独立力分量的数量。

示例：图 17-3 中描绘的手由不同的手指组成。左手指由一个转动关节铰接，而右手指由两个转动关节铰接。手通过一对相对的摩擦接触点抓取一个长轴为 $2L$ 的刚性椭圆体 B。转置抓取矩阵及其左逆由下式推出：

$$G^T(q) = \begin{bmatrix} 0 & -1 & L \\ 1 & 0 & 0 \\ 0 & 1 & L \\ -1 & 0 & 0 \end{bmatrix}, \quad (G^T(q))^\dagger = \frac{1}{2}\begin{bmatrix} 0 & 1 & 0 & -1 \\ -1 & 0 & 1 & 0 \\ 1/L & 0 & 1/L & 0 \end{bmatrix}$$

定理 17.1 的条件（1）满足，由于 $G^T(q)$ 在 B 的刚体速度向量空间上是一一映射（即满射），接下来考虑当手指关节角度取值为 $\phi_{1,1} = 90°$ 和 $(\phi_{2,1}, \phi_{2,2}) = (60°, 90°)$ 时的手部雅可比矩阵。忽略一个小的偏移量 δ，并假设图 17-3 所示单位长度条件，此时，手部雅可比矩阵构成一个 4×3 块对角矩阵（其中左上角块为 2×1，右下角块为 2×2）：

$$J_H(\Phi, q) = \begin{bmatrix} 0 & 0 & 0 \\ -1 & 0 & 0 \\ 0 & 0 & -\sqrt{3}/4 \\ 0 & 1 & 1/4 \end{bmatrix}$$

定理 17.1 的条件（2）不满足，抓取不具有瞬时可操控性。为了验证这一表述，考虑在此抓取时可以实现的被抓取物体速度，利用具有式（17-2）和速度坐标 $\dot{q} = (v_x, v_y, \omega)$，这些被抓取物体的速度就可以由下式推出：

$$\begin{pmatrix} v_x \\ v_y \\ \omega \end{pmatrix} = \frac{1}{2}(\dot{\phi}_{1,1}+\dot{\phi}_{2,1})\begin{pmatrix} -1 \\ 0 \\ 0 \end{pmatrix} - \frac{1}{2}\dot{\phi}_{2,2}\begin{pmatrix} 1/4 \\ \sqrt{3}/4 \\ \sqrt{3}/4L \end{pmatrix}$$

我们看到，手部只能实现被抓取物体刚体速度的一组子集。例如，B绕物体坐标系原点的纯瞬时旋转，$\dot{q}=(0,0,\omega)$不能通过手指关节速度的任意组合来实现。

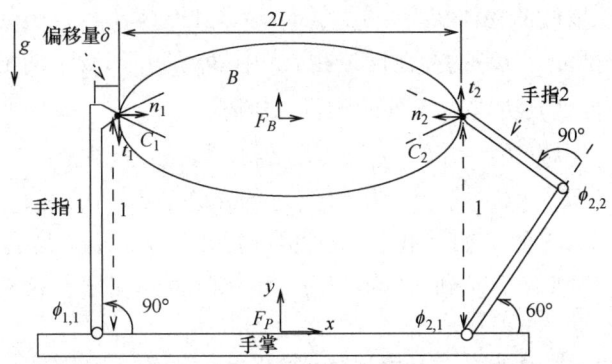

图17-3 通过一对对跖摩擦接触点用两个手指抓取一个刚体。左侧手指指夹速度的值域范围不足，因此在这种抓取状态下，物体不具备瞬时可操控性

17.2 局部可操控性

本节研究机器人手在给定的抓取下给予被抓取物体任意局部运动的能力。局部可操控性的概念定义如下。

定义 17.2（可操控抓取） 如果B的每个局部运动都可以通过一组唯一的保持抓取的手指关节轨迹来实现，则k指机器人手在局部可操控抓取中握住一个刚体B。

为了开发一个检验局部可操控性的方法，我们需要利用分析中的经典浸入定理。现在让我们用将用于描述局部可操控可抓取的空间术语来总结这个定理。

浸入：设$f: \mathbb{R}^N \rightarrow \mathbb{R}^m$为$C^{(1)}$函数，$N \geq m$⊖，如果雅可比矩阵$Df(\Phi): T_\Phi \mathbb{R}^N \rightarrow T_{f(\Phi)} \mathbb{R}^m$是满射的，则函数$f$是在$\Phi \in \mathbb{R}^N$处的浸入。

当函数f形成浸入时，它满足下列性质（见参考书目注释）。

浸入定理：如果$f: \mathbb{R}^N \rightarrow \mathbb{R}^m$是$\Phi$处的浸没，它将$\mathbb{R}^N$上$f(\Phi)$的一个开邻域映射到$\mathbb{R}^m$上$f(\Phi)$的一个开邻域。

下面的定理断言瞬时可操控性意味着抓取的局部可操控性。

定理 17.2（局部可操控性测试） 如果k指机器人手在瞬间可操控抓取状态下握住一个刚体B，则该抓取是局部可操控的。相反地，k指抓取如果不能瞬间操控，一般来说是不能局部操控的。

基于第16章的接触兼容性约束，定理17.2的证明出现在本章的附录中。回想一下，$Y_i(\phi_i)$描述的是第i个指尖在手掌坐标系中的位置，而$X_{b_i}(q)$描述的是物体表面第i个接触点

⊖ $C^{(1)}$函数是带有一阶连续导数的微分函数。

在手掌坐标系中的位置。接触兼容性约束的局部情形采用这种形式：

$$F(\Phi,q) = \begin{pmatrix} W_1^T(q)(Y_1(\phi_1)-X_{b_1}(q)) \\ \vdots \\ W_k^T(q)(Y_k(\phi_k)-X_{b_k}(q)) \end{pmatrix} = \vec{0}, \ \Phi=(\phi_1,\cdots,\phi_k) \in \mathbb{R}^N, \ q \in \mathbb{R}^m \quad (17\text{-}3)$$

式中，零向量有 kp 分量。式(17-3)给出了 $F(\Phi,q)=\vec{0}$ 的隐式方程。设 $\Phi_0=(\phi_{01},\cdots,\phi_{0k})$ 为手指关节值，q_0 为给定抓取时的物体构型，则 $Y_i(\phi_{0i})=X_{b_i}(q_0)$，$i=1,\cdots,k$。利用定理 17.1 的条件(1)证明了一个函数 $q=f(\Phi)$ 的存在性，在 $\mathbb{R}^N$ 中 Φ_0 的开邻域中满足方程 $F(\Phi,f(\Phi))=\vec{0}$。该方程的隐式微分得到 $f(\Phi)$ 在 Φ_0 处的雅可比矩阵：

$$Df(\Phi_0) = (G^T(q_0))^\dagger J_H(\Phi_0,q_0), \ q_0=f(\Phi_0)$$

式中，$G(q_0)$ 为抓取矩阵，$(G^T(q_0))^\dagger$ 为 $G^T(q_0)$ 的左逆，$J_H(\Phi_0,q_0)$ 为给定抓取处的手部雅可比矩阵。从定理 17.1 的证明，我们知道雅可比矩阵 $Df(\Phi_0)$ 是满射的。函数 $f(\Phi)$ 将 $\mathbb{R}^N$ 中以 Φ_0 为中心的开邻域映射到 $\mathbb{R}^m$ 中以 q_0 为中心的开邻域，这意味着抓取的局部可操控性。

下面的示例演示了两种类型的局部可操控抓取。

示例：图 17-4 所示的手由两个相同的手指组成，每个手指由两个转动关节连接。首先考虑图 17-4a 所示的摩擦平衡抓取。在该抓取状态下，物体具有瞬时可操控性，因此也具备局部可操控性。这种抓取是主动抗力旋量的(参见第 16 章)。因此，手指可以调整它们的关节力矩，以确保在这样的局部运动中物体保持一个平衡抓取。现在假设这两个手指通过对抗重力来支撑物体 B，如图 17-4b 所示。该物体是瞬时可操控的，因此在这个位置上具有局部可操控性。虽然该位置不具有抗力旋量性，但支撑手满足第 14 章所述的局部抗力旋量性能，这使得手在物体 B 的局部运动中保持平衡位置。

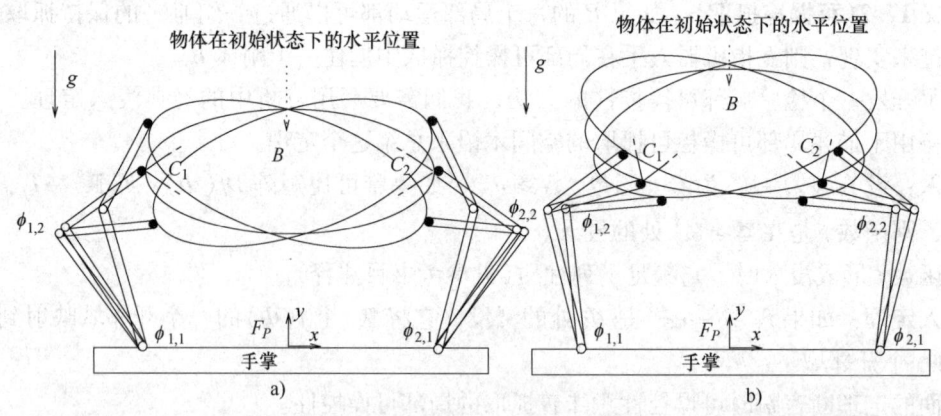

图 17-4 a) 描述的是在具有主动抗力旋量能力的局部可操控抓取状态下，物体的局部运动情况；
b) 当物体在一个仅具有局部抗力旋量能力且能抵抗重力的局部可操控姿态下得到支撑时，类似的局部运动同样可以实现

当抓取缺乏瞬时可操控性时，机器人手一般无法向被抓取物体传递任意的局部运动。下面的示例演示了该属性。

示例：图 17-5 所示的手由三个相同的手指组成，每个手指由两个转动关节连接。手指末端的指尖通过摩擦接触握住三维刚体 B。每个接触点有 $p=3$ 个独立的力分量。因此，瞬时可

操控性要求每个手指至少有三个关节。然而，每个手指仅包含两个关节，因此在与物体 B 接触点处只能实现二维指尖速度集，因此，抓取不能瞬时操控，这通常意味着缺乏局部操控能力。从图 17-5 可以看出，这只手无法实现 B 的垂直上下运动。

本节确定了瞬时可操控性一般意味着抓取的局部可操控性。当瞬时可操控性测试成功时，手可以对被抓取物体以与指尖接触模型一致的方式给予任意的局部运动。当测试失败时，手一般不能对被抓取物体进行任意的局部运动。

与局部可控性的连接：我们从第 12 章知道，在指尖接触处具有抗力旋量能力的抓取是局部可控的（STLC）。这意味着通过形成控制输入的可行接触力，可以将被抓取物体引导到任何附近的物体构型。同样地，当一个物体在非边缘平衡状态下依靠重力支撑时，该抓取状态是局部可控的，考虑整个手部机构的情况下，利用手指关节扭矩作为控制输入，能够实现对物体施加主动抗力旋量抓取，使其具有局部可控性。因此，当被解释为以接触点速度或手指关节速度作为控制输入的运动学控制系统时，我

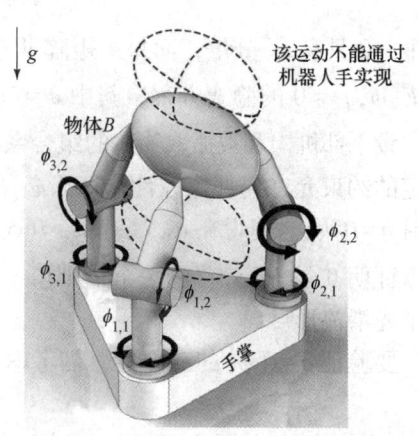

图 17-5　三个手指用指尖通过摩擦接触握住刚体（未显示摩擦锥）。抓取不能在局部进行操控，这可以从机器人手无法在局部垂直上下移动物体看出

们可以得到一个抓取的局部可控性和同一个抓取的局部可操控性之间的平行。此连接表示机器人掌握了运动学控制系统（见参考书目注释）。

17.3　参考书目注释

抓取可操控性的概念是由 Yoshikawa[1] 提出的。Li、Hsu 和 Sastry[2] 以及 Murray[3] 的博士论文中都有对机器人手可操控性的全面分析。Mason[4]、Murray、Li 和 Sastry[5] 也讨论了抓取可操控性的话题。这些文献中还考虑了在局部可操控抓取中指尖滚动的净效应。

运动控制系统集合了各种受控机械系统，在这些系统中，系统位置和速度状态空间中的受控轨迹可以通过系统构型空间中的运动控制轨迹来复制。这种体系以 Lewis[6] 为特征，并由 Murphey 和 Burdick[7] 对此进行了进一步讨论。最后，浸入定理的一个好的分析来源是 Guillemin 和 Pollack[8] 的文章。

17.4　附录：局部可操控性定理的证明

本附录包含定理 17.2 前面部分的证明，即抓取的瞬时可操控性意味着该抓取的局部可操控性。

定理 17.2　如果 k 指机器人手在瞬间可操控抓取状态下握住一个刚体 B，则该抓取是局部可操控的。相反地，k 指抓取如果不能瞬间操控，一般来说是不能局部可操控的。

证明：已知 $Y_i(\phi_i)$ 表示手掌坐标系中第 i 个指尖的位置，而 $X_{b_i}(q)$ 表示手掌坐标系中物体表面第 i 个接触点的位置。当手执行保持抓取的局部运动时，接触兼容性约束采用局部形式：

$$\begin{pmatrix} W_1^T(q)(Y_1(\phi_1)-X_{b_1}(q)) \\ \vdots \\ W_k^T(q)(Y_k(\phi_k)-X_{b_k}(q)) \end{pmatrix} = \vec{0} \qquad (17\text{-}4)$$

式中，$\vec{0}$ 具有 kp 分量，而每个矩阵 $W_i(q)$ 的列构成第 i 个接触基坐标系。式(17-4)指定了形式为 $F(\phi,q)=\vec{0}$ 的隐式方程，其中 $\phi=(\phi_1,\cdots,\phi_k)\in\mathbb{R}^N$，$q\in\mathbb{R}^m$。

设手部机构和被抓取物体的组合系统位于 (ϕ_0,q_0) 处，使得 $F(\phi_0,q_0)=\vec{0}$。如果由式(17-4)指定的约束允许局部操控性，那么必须存在一个从手指的关节空间到被抓取物体构型空间的映射 $q=f(\phi)$，使得在 ϕ_0 处有 $q_0=f(\phi_0)$。函数 $F(\phi,q)$ 在 ϕ 和 q 区间显然是 $C^{(1)}$ 函数。此外，可以证明 $\vec{0}$ 是 $F(\phi,q)$ 的一个正则值，因此，$F(\phi,q)=\vec{0}$ 的解集在复合向量空间 $\mathbb{R}^N\times\mathbb{R}^m$ 中形成了光滑流形。

要验证 $q=f(\phi)$ 的存在性，需考虑 $F(\phi,q)$ 关于 q 的偏导数：

$$\frac{\partial}{\partial q}F(\phi,q)=\begin{pmatrix} W_1^T(q)DX_{b_1}(q) \\ \vdots \\ W_k^T(q)DX_{b_k}(q) \end{pmatrix}$$

其中省略了与 $Y_i(\phi_i)-X_{b_i}(q)$ 成比例的项（因为这些项在 (ϕ_0,q_0) 处为零）。由第3章可知，每个 $DX_{b_i}(q)$ 都满足 $W_i^T(q)DX_{b_i}(q)=G_i^T(q)$，其中 $G_i(q)$ 是与第 i 个接触点关联的 $G(q)$ 的子矩阵，因此，$\frac{\partial}{\partial q}F(\phi_0,q_0)=G^T(q_0)$。假设抓取是即时可操控的，那么根据定理17.1的条件(1)，$G^T(q_0)$ 在向量空间 $T_{q_0}\mathbb{R}^m$ 上是单射的，由此可知，$G^T(q_0)$ 具有由 $(G^T)^{\dagger}=[GG^T]^{-1}G$ 给出的明确定义的左逆，所以导数 $\frac{\partial}{\partial q}F(\phi_0,q_0)$ 是可逆的。因此根据隐函数定理，存在一个 $C^{(1)}$ 函数 $q=f(\phi)$，使得 $q_0=f(\phi_0)$ 局部满足式(17-4)的接触兼容性约束。

为完成证明，我们必须表明函数 $f(\phi)$ 将 $\mathbb{R}^N$ 中 ϕ_0 的开邻域映射到 $\mathbb{R}^m$ 中 q_0 的开邻域。$F(\phi,f(\phi))=\vec{0}$ 关于自变量的隐式微分为

$$\frac{d}{d\phi}F(\phi,f(\phi))=\frac{\partial}{\partial\phi}F(\phi,q)+\frac{\partial}{\partial q}F(\phi,q)\cdot\frac{d}{d\phi}f(\phi)=\vec{0},\quad q=f(\phi)$$

将该公式应用于式(17-4)中指定的 $F(\phi,q)$ 得到

$$\begin{pmatrix} W_1^T(q)\left(\frac{d}{d\phi_1}Y_1(\phi_1)-DX_{b_1}(q)\frac{d}{d\phi}f(\phi)\right) \\ \vdots \\ W_k^T(q)\left(\frac{d}{d\phi_k}Y_k(\phi_k)-DX_{b_k}(q)\frac{d}{d\phi}f(\phi)\right) \end{pmatrix}=\vec{0} \qquad (17\text{-}5)$$

注意，我们省略了在 (ϕ_0,q_0) 处为零与 $Y_i(\phi_i)-X_{b_i}(q)$ 成比例的项。由16.1节可知，$W_i^T(q)\frac{d}{d\phi_i}Y_i(\phi_i)=H_i(\phi_i,q)$，其中 $H_i(\phi_i,q)$ 是手部雅可比矩阵的第 i 个对角块 $J_H(\phi,q)$。令 $m\times N$ 雅可比矩阵 $Df(\phi_0)$ 表示在 ϕ_0 处的导数 $\frac{d}{d\phi}f(\phi)$。利用关系式 $G_i^T(q_0)=W_i^T(q)DX_{b_i}(q)$ $(i=1,\cdots,k)$，式(17-5)可以简写为

$$J_H(\phi_0,q_0) - G^T(q_0) \cdot Df(\phi_0) = \vec{0} \tag{17-6}$$

式中，$G(q_0) = [G_1 \cdots G_k]$。式(17-6)的两边同时乘以$(G^T(q_0))^\dagger$得

$$Df(\phi_0) = (G^T(q_0))^\dagger J_H(\phi_0,q_0), \quad q_0 = f(\phi_0)$$

式中，我们使用了恒等式$(G^T(q_0))^\dagger G^T(q_0) = I$。由定理17.1的条件(1)可知，抓取矩阵$G(q_0)$是满射的。左逆矩阵$(G^T(q_0))^\dagger$具有与$G(q_0)$相同的值域空间，所以$(G^T(q_0))^\dagger$也是满射的。由定理17.1的条件(2)可知，$R(G^T(q_0)) \subseteq R(J_H(\phi_0,q_0))$，因此，全雅可比矩阵$Df(\phi_0) = (G^T(q_0))^\dagger J_H(\phi_0,q_0)$按照浸入定理的要求是满射的。根据浸入定理，函数$f(\phi)$将$\mathbb{R}^N$中$\phi_0$的开邻域映射到$\mathbb{R}^m$中$q_0$的开邻域，这表明了抓取的局部可操控性。

练 习 题

17.1 节

练习 17.1：瞬时可操控性的概念能否应用于依靠不平整地形上的足部接触点支撑以抵抗重力的腿式机器人中央机体上？

练习 17.2：定理17.1为抓取的瞬时可操控性指定了两个必要条件，验证在这些条件下$m \times N$矩阵$(G^T(q))^\dagger J_H(\phi,q)$是满射的。

练习 17.3：用两根手指通过摩擦硬点接触握住三维刚体B，手指无法使刚体B绕经过接触点的轴旋转。当物体B处于平衡抓取状态时，手掌的适当运动能否实现这种旋转？

练习 17.4：机器人手通过无摩擦接触点来握住刚体B，求出手指的最小数目和每个手指的最小关节数目，以确保抓取的瞬时可操控性。

解：为确保瞬时可操控性，物体B必须保持无摩擦的平衡抓取。接下来我们考虑定理17.1的两个必要条件。无摩擦接触只有一个力分量，当抓取矩阵$G(q)$是满射时，其转置矩阵$G^T(q)$在刚体B的速度向量空间上形成一个单射。在无摩擦平衡抓取的情况下，当物体B被保持在一个一阶固定抓取状态时，这个条件得到满足。进一步来说，在无摩擦接触的情况下，每个子矩阵$G_i^T(q)$构成一个单行矩阵，因此，当每个手指机构至少有一个关节时，条件$R(G_i^T(q)) \subseteq R(H_i(\phi_i,q))$成立。因此，最少的手指数目在二维抓取中为$m+1=4$，在三维抓取中为$m+1=7$，且每根手指至少有一个关节。

练习 17.5：图17-2描绘了一个刚体B通过摩擦接触由两个手指支撑以抵抗重力。描述能够作用于B且由手指关节扭矩通过支撑接触主动抵抗的外部力和力矩。(第14章中的图形技术在这里可能很有用。)

17.2 节

练习 17.6：比较图17-4中描述的两个局部可操控抓取对可能作用于被抓取物体B的外部干扰的鲁棒性。

练习 17.7：指定必须在图17-4所示的手指关节上施加的关节扭矩$T(t)$，这样一来，即使在保持抓取状态下的局部运动中，物体也能维持在平衡抓取状态。

解：用w_g表示作用在B上的重力力旋量，手指关节力矩由下式得到：

$$T = J_H^T(\phi,q)(G^\dagger(q)(-w_g) + \vec{f}_{null})$$

式中，$G^\dagger = G^T(GG^T)^{-1}$是$G(q)$的右逆。需选择内抓取力$\vec{f}_{null}$，以使净接触力$\vec{f} = G^\dagger(q)(-w_g) + \vec{f}_{null}$位于各自的摩擦锥中。

练习 17.8：一个三指机器人手，每根手指有三个旋转关节，可以通过摩擦接触实现对三

维物体的局部可操控抓取。当手用只有两个旋转关节的无名指握住三维物体时，一些局部物体运动可能会导致无名指指尖断开接触点。在被抓取物体的局部运动期间，是否可以扩展局部可操控性，以允许接触点断裂和重建？

练习 17.9：机器人手由四个相同的手指组成，每根手指由两个旋转关节铰接，手通过摩擦的指尖来抓取三维物体。描述一下这只手如何赋予被抓取物体任意的局部运动，尽管这样的手不满足对局部可操控抓取的正式定义。

练习 17.10*：证明每个作为运动控制系统的局部可操控抓取都是局部可控的，该运动控制系统的控制输入为手指关节角度或位移。

参考文献

[1] T. Yoshikawa, "Manipulability of robotic mechanisms," *International Journal of Robotics Research*, vol. 4, no. 2, pp. 3–9, 1985.

[2] Z. Li, P. Hsu and S. Sastry, "Grasping and coordinated manipulation by a multi-fingered robot hand," *International Journal of Robotics Research*, vol. 8, no. 4, pp. 33–50, 1989.

[3] R. M. Murray, "Robotic control and nonholonomic motion planning," PhD thesis, Dept. of Electrical Engineering and Computer Science, University of California, Berkeley, 1990. Available online.

[4] M. T. Mason, *Mechanics of Robotic Manipulation*. MIT Press, 2001.

[5] R. M. Murray, Z. Li and S. S. Sastry, *A Mathematical Introduction to Robotic Manipulation*. CRC Press, 1994.

[6] A. D. Lewis, "When is a mechanical control system kinematic?" In *IEEE International Conf. on Decision and Control*, pp. 1162–1167, 1999.

[7] T. D. Murphey and J. W. Burdick, "The power dissipation method and kinematic reducibility of multiple-model robotic systems," *IEEE Transactions on Robotics*, vol. 22, no. 4, pp. 694–710, 2006.

[8] V. Guillemin and A. Pollack, *Differential Topology*. Prentice-Hall, 1974.

第 18 章　手动机构柔度

前几章将机器人抓取的所有机械部件建模为理想刚体。这些部件包括指尖、手指机构的链接和被抓取物体。然而，柔度是一种材料在力的作用下发生弹性变形的特性，在机器人抓取过程中起着重要的作用，包括柔顺关节、柔软指尖或由柔软材料制成的被抓取物体。柔度效应可以表现为接触点处的材料变形、手指结构中内部的挠度或作为手部机构控制律的一部分。本章考虑如何基于柔度的手部控制律产生的抓取机制对基本的柔度现象进行建模。

18.1 节回顾了理想化的线性弹簧模型。常见的机器人手部控制算法在机构关节处实现了类似弹簧的特性，从而使得整个手部呈现出整体的柔顺特性。基于这些简单的弹簧模型，18.2 节研究了机器人手抓取带有柔性手指关节的刚体时的抓取刚度矩阵，该矩阵描述了被抓取物体的微小运动与柔性机器人手应用于物体施加的恢复力矩之间的关系。18.3 节研究了抓取刚度矩阵的解耦性质及其在抓取刚度任务规划中的潜在作用。18.4 节分析了柔性抓取器的局部稳定性，并描述了掰硬币现象，这表明增加手指负荷的情况下，抓取稳定性下降。

18.1　一维刚度和柔度

本节提供了两种弹簧所引入的柔度的基本背景知识。理想化的线性弹簧如图 18-1 所示，弹簧的一端固定，另一端沿 x 轴自由移动。当没有外力作用于弹簧时，其自由端停在一个空载位置 x_0。当外力 f_{ext} 沿 x 轴负方向作用于弹簧的自由端时，弹簧压缩直到达到一个平衡位置，在这个位置上弹簧压缩所产生的回复力与施加的力相平衡。在理想化的线性弹簧模型下，弹簧遵循胡克定律，即弹簧回复力 f_R 与弹簧自由端的位移呈线性关系：

$$f_R(x) = -k \cdot (x - x_0) \tag{18-1}$$

式中，$k>0$ 是弹簧刚度常数。当外力拉动弹簧时，弹簧在张力作用下拉伸到一个平衡位置，根据式(18-1)，弹簧回复力(指向负 x 轴)与外力相平衡。弹簧常数是弹簧的材料性能及其几何的函数。当 k 大时弹簧会变硬，k 小时弹簧会变软。

刚度常数的倒数 $c=1/k$ 是弹簧的柔度，弹簧柔度的值决定了弹簧在外力作用下的挠度：

$$x - x_0 = c \cdot f_{\text{ext}} \tag{18-2}$$

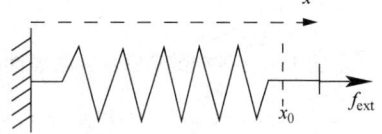

图 18-1　理想化的线性弹簧

当弹簧在外力作用下压缩或拉伸时，能量就存储在弹簧材料的变形中，如果假设在变形过程中能量没有损失(例如，由于弹簧位移或弹簧材料的永久塑性变形产生的热量)，那么外力压缩或拉伸弹簧所做的工作都作为势能存储在弹簧中。当移除弹簧上的外力时，所存储的能量被释放以做有用的功。

在线性弹簧理想化的情况下，通过计算外力以准静态方式从弹簧的空载长度压缩或拉伸弹簧所消耗的总能量，可以求得弹簧的势能。在弹簧变形过程中的每个瞬间，弹簧以反作用力 $f_R(x)$ 推动外力。存储在弹簧中的势能 $U(x)$ 的值由下式给出：

$$U(x) = \int_{x_0}^{x} f_{ext}(x)\,dy = -\int_{x_0}^{x} f_R(y)\,dy = \int_{x_0}^{x} k(y-x_0)\,dy = \frac{1}{2}k(x-x_0)^2$$

势能也可以用弹簧柔度表示。根据式（18-1）和 $c=1/k$ 将 $x-x_0$ 代入 $U(x)$ 的表达式得到

$$U(f_R) = \frac{1}{2}c \cdot f_R^2 \tag{18-3}$$

下面的简单观察可以推广到高维类似物。首先，弹簧刚度可以解释为回复力相对于弹簧位置变化的微分值 Δx：

$$\lim_{\Delta t \to 0}\frac{f_R(x+\Delta x)-f_R(x)}{\Delta t}=\lim_{\Delta t \to 0}-k\frac{\Delta x}{\Delta t} \Rightarrow \frac{d}{dt}f_R = -k\frac{dx}{dt}$$

下一节将广泛使用这一性质来定义抓取刚度矩阵。

图 18-2 显示了两个具有不同弹簧常数 k_1 和 k_2 的弹簧，以串联和并联的方式组合排列，这些组合均可从概念上被替换为具有以下等效弹簧常数的单个等效弹簧：

$$k_{series}=(k_1^{-1}+k_2^{-1})^{-1}, \quad k_{parallel}=k_1+k_2 \tag{18-4}$$

需要注意的是，串联弹簧的柔度 $c_1=1/k_1$ 和 $c_2=1/k_2$ 是可相加的，而并联的柔度则起到了串联刚度的作用：

$$c_{series}=c_1+c_2, \quad c_{parallel}=(c_1^{-1}+c_2^{-1})^{-1} \tag{18-5}$$

一个理想化旋转弹簧如图 18-3a 所示，这种类型的弹簧可以绕转动关节的轴起作用，如图 18-3b 所示。该弹簧的作用由其转动位移 ϕ 和回复力矩 τ_R 之间的线性关系控制：

$$\tau_R = -k \cdot (\phi - \phi_0)$$

式中，ϕ 是旋转弹簧远端的角度，而 ϕ_0 是弹簧未受负载时的自然旋转角度（图 18-3a）。

由于理想化的旋转弹簧线性响应，因此相同定律适用于旋转弹簧的串联和并联组合。在柔性多指机器人中，增加手指的数量只能使机器人手的抓取更加僵硬，而增加每个手指机构中的弹簧关节的数量只能使抓取更加柔软。

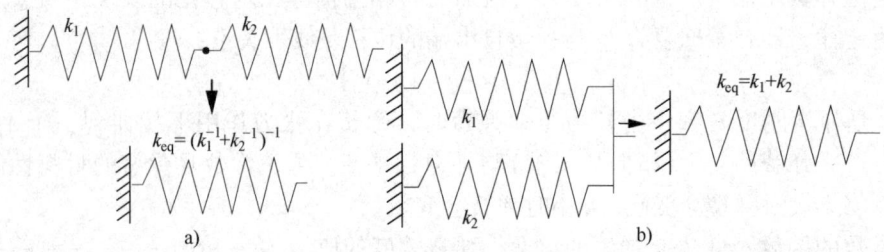

图 18-2　理想的串联和并联线性弹簧排列及其等效弹簧。a）串联等效弹簧；b）并联等效弹簧

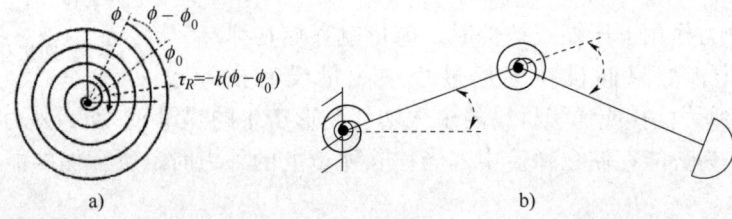

图 18-3　a）由线性刚度关系控制的旋转弹簧的理想几何形状；b）具有两个柔性旋转关节的平面机器人手

18.2 关于柔度对抓取刚度的影响

本节在以下假设下研究柔性机器人抓取的建模。手指机构通过指尖握住一个刚体 B，如图 18-4 所示，虽然手指连杆和指尖假定是完全刚性的，但每个手指关节的运动都受到上一节所描述的柔性弹簧的影响。当手指关节从标称位置移开时，弹簧施加回复力矩或回复力以抵抗关节位移。虽然具有这样关节的手部机构在实际中并不实用，但由于机器人抓取中常用的反馈控制律的性质，实际中会出现这种情况。在主动控制的手部机构中，反馈控制算法应用关节力矩或力来保持每个手指关节在指定位置。通常，关节级控制是通过比例-积分-微分（PID）控制算法实现的。PID 控制中的积分项主要用于消除关节期望位置持续稳态误差，在短时间内，其影响可以忽略不计，我们可以关注比例微分（PD）控制下如何导致柔顺的手部动作行为。

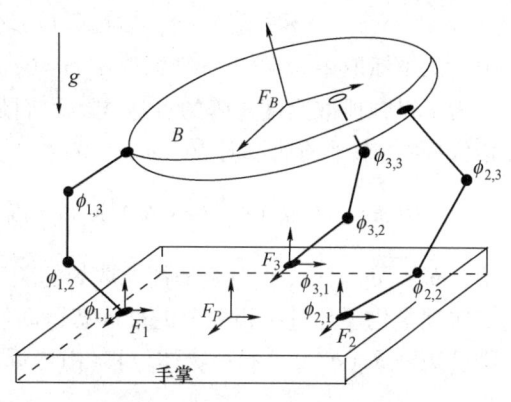

图 18-4　多指手机构的几何形状

回顾第 16 章，$\phi_i = (\phi_{i,1}, \cdots, \phi_{i,n_i})$ 表示第 i 个手指机构的关节值，其中 n_i 是第 i 个手指中关节的数量，虽然分析同时适用于旋转和移动关节，但我们将对两种类型的关节都使用关节角和力矩。已知 $\phi = (\phi_1, \cdots, \phi_k) \in \mathbb{R}^N$ 是 k 指手的所有关节的向量，其中 $N = \sum_{i=1}^{k} n_i$，令 $\phi_{i,j}^0$ 表示第 i 个手指的第 j 个关节角的期望值。反馈控制算法对该关节施加的关节力矩通常为

$$\tau_{i,j}(t) = \tau_{i,j}^0 - k_{i,j} \cdot (\phi_{i,j}(t) - \phi_{i,j}^0) - \eta_{i,j} \cdot \dot{\phi}_{i,j}(t) \tag{18-6}$$

式中，$\tau_{i,j}^0$ 是保持平衡抓取所需的关节力矩，系数 $k_{i,j}$ 和 $\eta_{i,j}$ 是用户指定的关节反馈增益。比例控制项 $k_{i,j} \cdot (\phi_{i,j}(t) - \phi_{i,j}^0)$ 表现完全像旋转弹簧一样。当关节偏离标称值 $\phi_{i,j}^0$ 时，将施加回复力矩。速度反馈项 $\eta_{i,j} \cdot \dot{\phi}_{i,j}$ 在关节运动期间，提供了一种阻尼形式有效地帮助关节在零转速下稳定运动。当关节控制系统执行上述 PD 控制律时，第 i 个手指关节的刚度矩阵为常数 $n_i \times n_i$ 矩阵：

$$K_{\phi_i} = \begin{bmatrix} k_{i,1} & 0 & \cdots & 0 \\ 0 & k_{i,2} & \cdots & 0 \\ \vdots & \vdots & & \vdots \\ 0 & 0 & \cdots & k_{i,n_i} \end{bmatrix}$$

为了实现特定的抓取目标，可能需要对每个手指机构内关节的运动进行耦合。例如，在人的手中，远端手指骨的运动通过肌腱与中间骨的运动相耦合，在这种耦合的关节运动中，第 i 个手指关节的刚度矩阵可以具有非零的非对角项。每根手指（而不是跨手指机构）内的关节耦合将向组合 k 手指关节的刚度矩阵引入块对角结构，即常数 $N \times N$ 矩阵：

$$K_{\phi} = \begin{bmatrix} K_{\phi_1} & 0 & \cdots & 0 \\ 0 & K_{\phi_2} & \cdots & 0 \\ \vdots & \vdots & & \vdots \\ 0 & 0 & \cdots & K_{\phi_k} \end{bmatrix}$$

我们假设比例增益矩阵 $K_{\phi_i}(i=1,\cdots,k)$ 是对称且满秩的,如果要实现控制不同手指关节之间的耦合,以实现复杂的抓取刚度行为,则 K_ϕ 的非对角块可以完全填充。

接下来介绍抓取刚度矩阵,作为柔性机器人抓取的模型。

定义 18.1(抓取刚度矩阵) 设一个 k 指机器人的手关节在平衡点 (q_0,ϕ_0) 上握住一个刚体 B。$m\times m$ 抓取刚度矩阵 $K_G(q_0,\phi_0)$ 将刚体速度近似的小物体位移映射为物体净力旋量的变化:

$$\dot{w} = -[K_G(q_0,\phi_0)]\dot{q}(t),\ \dot{q}\in T_{q_0}\mathbb{R}^m,\ \dot{w}\in T_{(q_0,\vec{0})}^*(T_{q_0}^*\mathbb{R}^m)$$

式中,二维抓取中 $m=3$,三维抓取中 $m=6$。

为了得到抓取刚度矩阵的表达式,我们从柔性手指关节和被抓取物体组成的系统的势能开始(注意,在平衡抓取时 $\nabla U(\phi_0) = \vec{0}$):

$$U(\phi) = U(\phi_0) + \frac{1}{2}(\phi-\phi_0)^T K_\phi(\phi-\phi_0) = U(\phi_0) + \frac{1}{2}\sum_{i=1}^{k}(\phi_i-\phi_{i,0})^T K_{\phi_i}(\phi_i-\phi_{i,0})$$

式中,$\phi_0 = (\phi_{1,0},\cdots,\phi_{k,0})$ 是平衡抓取处的关节角,也是 PD 控制律中所需的关节角。$U(\phi)$ 中的二次项量化了通过手指关节的准静态运动使关节偏离 ϕ_0 所需的能量。我们的目标是通过抓取刚度矩阵 $K_G(q_0,\phi_0)$ 和小物体位移(由 $\dot{q}$ 近似表示)来表达抓取力的势能:

$$U(\dot{q}) = U(\phi_0) + \frac{1}{2}\dot{q}^T K_G(q_0,\phi_0)\dot{q},\ \dot{q}\in T_{q_0}\mathbb{R}^m$$

可以通过找到被抓取物体 B 的微小运动与 ϕ 的微小变化之间的关系来获得该表达式。第 16 章介绍了这些关键变量之间的关系:$G^T(q)\dot{q} = J_H(\phi,q)\dot{\phi}$,其中 $G(q)$ 是抓取矩阵,$J_H(\phi,q)$ 是手部雅可比矩阵,然而 $\dot{q}$ 在这种关系中没有简单的解,因此,$U(\phi)$ 到 $U(\dot{q})$ 的转换将使用一系列关系式完成,包括手指关节力矩,通过这些力矩,手指接触力以及合成力旋量施加到物体 B 上。

回顾第 16 章引入的符号,如图 18-4 所示,参考系 F_P 附在手掌上,而参考系 F_{K_i} 附在第 i 个手指根部。被抓取物体 B 附有参考系 F_B,而在第 i 个接触点 x_i 处物体 B 附有接触坐标系 F_{C_i},F_{C_i} 的 z 轴在 x_i 点与 B 的单位内法线对齐。向量 b_i 描述了物体坐标系 F_B 中第 i 个接触点的位置,而 $x_i = X_{b_i}(q)$ 描述了手掌坐标系 F_P 中的该接触点。向量 $Y_i(\phi_i)$ 描述了手掌坐标系中第 i 个指尖的位置。

从第 16 章开始,第 i 个手部雅可比矩阵 $J_i(\phi_i)$ 根据下式将第 i 个手指关节速度映射为其指尖的线速度:

$$\frac{\mathrm{d}}{\mathrm{d}t}Y_i(\phi_i) = R_{PK_i}J_i(\phi_i)\dot{\phi}_i$$

式中,常数矩阵 R_{PK_i} 将线速度从第 i 个手指的基坐标系旋转到手掌坐标系。回想一下,指尖与被抓取物体之间的接触易受接触兼容性约束影响,这限制了指尖与物体之间在保持抓取的局部运动期间的相对运动。对于无摩擦点接触,接触兼容性约束采用以下形式:

$$n_i^T(q)\frac{\mathrm{d}}{\mathrm{d}t}Y_i(\phi_i) = n_i^T(q)\frac{\mathrm{d}}{\mathrm{d}t}X_{b_i}(q),\ i=1,\cdots,k$$

式中,$n_i(q)$ 是物体 B 在第 i 个接触点处的单位内法线,对于摩擦点接触,接触兼容性约束采用以下形式:

$$W_i^T(q)\frac{\mathrm{d}}{\mathrm{d}t}Y_i(\phi_i) = W_i^T(q)\frac{\mathrm{d}}{\mathrm{d}t}X_{b_i}(q),\ i=1,\cdots,k$$

式中,$W_i(q) = [s_i(q)\ \ t_i(q)\ \ n_i(q)]$ 由 B 的第 i 个接触点处的单位切线和单位内法线组成。

对于无摩擦接触，我们使用符号 $W_i(q) = [n_i(q)]$，而对于摩擦接触，我们使用符号 $W_i(q) = [s_i(q) \quad t_i(q) \quad n_i(q)]$。

从第 16 章开始，转置手部雅可比矩阵 $J_H^T(\phi,q)$ 将指尖接触力分量 $\vec{f} \in \mathbb{R}^{kp}$ 映射到手指关节力矩 $T \in \mathbb{R}^N$：

$$T = [J_H^T(\phi,q)]\vec{f} \tag{18-7}$$

式中，$J_H(\phi,q)$ 的形式为 $J_H(\phi,q) = \text{diag}(W_i^T(q) R_{PK_i} J_i(\phi_i))$。我们将使用更简洁的表示方式 $H_i(\phi_i,q) = W_i^T(q) R_{PK_i} J_i(\phi_i)$ 用于 $J_H(\phi,q)$ $(i=1,\cdots,k)$ 的第 i 个对角块。

以下命题给出了在空载平衡抓取时抓取刚度矩阵的表达式。预抓取的抓取刚度矩阵将在下一节中讨论（请参见掰硬币现象）。回想一下，物体的第 i 个接触点位置的雅可比矩阵 $X_{b_i}(q)$ 的形式为 $DX_{b_i}(q) = [I - [R_{PB}(\theta) b_i \times]]$，其中 $R_{PB}(\theta)$ 在手掌坐标系中描述了被抓取物体的位置。注意，$R_{PB}(\theta)$ 与前面章节中的矩阵 $R(\theta)$ 是相同的。

命题 18.1（抓取刚度矩阵） 令 k 指机器人手在空载平衡抓取处 (q_0,ϕ_0) 用柔性手指关节接触刚体 B。第 i 个手指的 $m \times m$ 刚度矩阵 $K_{G,i}(q_0,\phi_0)$ 由下式给出：

$$K_{G,i}(q_0,\phi_0) = DX_{b_i}^T(q_0) W_i(q_0) [H_i(\phi_{i,0},q_0) K_{\phi_i}^{-1} H_i^T(\phi_{i,0},q_0)]^{-1} W_i^T(q_0) DX_{b_i}(q_0)$$

式中，K_{ϕ_i} 是第 i 个手指关节刚度矩阵，$H_i(\phi_{i,0},q_0)$ 是手部雅可比矩阵的第 i 个对角块。柔性手-物系统的抓取刚度矩阵是对称的 $m \times m$ 矩阵，由 k 指刚度矩阵的线性组合给出：

$$K_G(q_0,\phi_0) = \sum_{i=1}^{k} K_{G,i}(q_0,\phi_0)$$

式中，二维抓取时 $m=3$，三维抓取时 $m=6$。

本章的附录给出了命题 18.1 的证明。在摩擦接触的情况下，抓取刚度矩阵可以简化，在这些抓取中，第 i 个接触坐标系矩阵 $W_i(q)$ 是可逆的，因此得出简化的抓取刚度矩阵：

$$K_G(q_0,\phi_0) = \sum_{i=1}^{k} DX_{b_i}^T(q_0) [R_{PK_i} J_i(\phi_{i,0}) K_{\phi_i}^{-1} J_i^T(\phi_{i,0}) R_{PK_i}^T]^{-1} DX_{b_i}(q_0)$$

对于其他接触模型，已知接触基矩阵 $W_i(q)$ $(i=1,\cdots,k)$ 具有 p 列，其中 p 是接触点处独立的力和可能的力矩分量的数量。在这些接触模型下，抓取刚度矩阵公式需要第 i 个指尖的坐标位置和可能关于相应接触法向的对应 $p \times n_i$ 雅可比矩阵，其中 n_i 是第 i 个手指机构中的关节数。

下面的分步示例说明了对摩擦接触情况下的抓取刚度矩阵的推导。

示例：考虑图 18-5 所示的两指手，通过摩擦接触，手用指尖握住宽度为 $2L$ 的刚性椭圆体，该物体被放置在没有重力的水平面上，因此我们可以研究无重力抓取的柔性特性。所有手指连杆的长度均为 l，每根手指由两个旋转关节 $(\phi_{i,1},\phi_{i,2})$ 铰接，$i=1,2$。物体坐标系的原点位于椭圆的中心，而手掌坐标系位于手指基关节之间的中点。手指关节的刚度是对称的，因此 $k_{1,1} = k_{2,1} = k_1$ 和 $k_{1,2} = k_{2,2} = k_2$，且关节之间没有耦合。我们计算下当 $(\phi_{1,1},\phi_{1,2}) = (135°,-90°)$ 且 $(\phi_{2,1},\phi_{2,2}) = (45°,90°)$ 时与物体

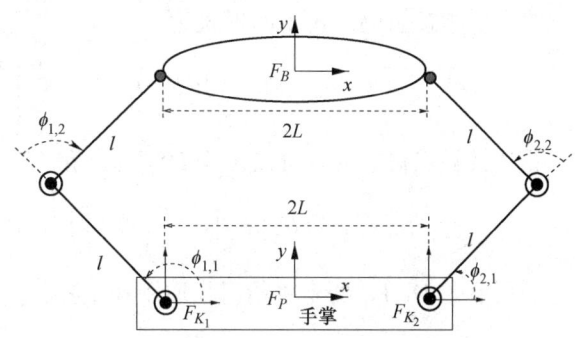

图 18-5 带有柔性手指关节的两指手的俯视图

小位移相关的 3×3 抓取刚度矩阵。

如第 16 章所述，2×2 手部雅可比矩阵形式为

$$J_i = \begin{bmatrix} -(l\sin\phi_{i,1}+l\sin(\phi_{i,1}+\phi_{i,2})) & -l\sin(\phi_{i,1}+\phi_{i,2}) \\ l\cos\phi_{i,1}+l\cos(\phi_{i,1}+\phi_{i,2}) & l\cos(\phi_{i,1}+\phi_{i,2}) \end{bmatrix}, \quad i=1,2$$

当 $(\phi_{1,1},\phi_{1,2})=(135°,-90°)$ 和 $(\phi_{2,1},\phi_{2,2})=(45°,90°)$ 时，手部雅可比矩阵形式为

$$J_1 = \begin{bmatrix} -\sqrt{2}l & -\dfrac{\sqrt{2}}{2}l \\ 0 & \dfrac{\sqrt{2}}{2}l \end{bmatrix}, \quad J_2 = \begin{bmatrix} -\sqrt{2}l & -\dfrac{\sqrt{2}}{2}l \\ 0 & -\dfrac{\sqrt{2}}{2}l \end{bmatrix}$$

接触基矩阵为 $W_1 = \begin{bmatrix} 0 & 1 \\ -1 & 0 \end{bmatrix}$ 和 $W_2 = \begin{bmatrix} 0 & -1 \\ 1 & 0 \end{bmatrix}$，从手指基坐标系到手掌坐标系的速度转换是单位矩阵，即 $R_{PK_1}=R_{PK_2}=I$，利用这些表达式，手部雅可比矩阵的对角块为

$$H_1 = W_1^T R_{PK_1} J_1 = \begin{bmatrix} 0 & -1 \\ 1 & 0 \end{bmatrix}\begin{bmatrix} 1 & 0 \\ 0 & 1 \end{bmatrix}\begin{bmatrix} -\sqrt{2}l & -\dfrac{\sqrt{2}}{2}l \\ 0 & \dfrac{\sqrt{2}}{2}l \end{bmatrix} = \begin{bmatrix} 0 & -\dfrac{\sqrt{2}}{2}l \\ -\sqrt{2}l & -\dfrac{\sqrt{2}}{2}l \end{bmatrix}$$

$$H_2 = W_2^T R_{PK_2} J_2 = \begin{bmatrix} 0 & 1 \\ -1 & 0 \end{bmatrix}\begin{bmatrix} 1 & 0 \\ 0 & 1 \end{bmatrix}\begin{bmatrix} -\sqrt{2}l & -\dfrac{\sqrt{2}}{2}l \\ 0 & -\dfrac{\sqrt{2}}{2}l \end{bmatrix} = \begin{bmatrix} 0 & -\dfrac{\sqrt{2}}{2}l \\ -\sqrt{2}l & \dfrac{\sqrt{2}}{2}l \end{bmatrix}$$

第一手指接触刚度矩阵(见命题 18.1 的证明)由下式给出：

$$[H_1 K_1^{-1} H_1^T]^{-1} = \left(\begin{bmatrix} 0 & -\dfrac{l}{\sqrt{2}} \\ -\sqrt{2}l & -\dfrac{l}{\sqrt{2}} \end{bmatrix}\begin{bmatrix} k_1^{-1} & 0 \\ 0 & k_2^{-1} \end{bmatrix}\begin{bmatrix} 0 & -\dfrac{l}{\sqrt{2}} \\ -\sqrt{2}l & -\dfrac{l}{\sqrt{2}} \end{bmatrix}^T\right)^{-1}$$

$$= \dfrac{1}{2l^2}\begin{bmatrix} 4k_2+k_1 & -k_1 \\ -k_1 & k_1 \end{bmatrix}$$

第二手指接触刚度矩阵的形式为

$$[H_2 K_2^{-1} H_2^T]^{-1} = \dfrac{1}{2l^2}\begin{bmatrix} 4k_2+k_1 & k_1 \\ k_1 & k_1 \end{bmatrix} \tag{18-8}$$

物体接触点位置的雅可比矩阵 $DX_{b_1}(q_0)$ 和 $DX_{b_2}(q_0)$ 由下式给出：

$$DX_{b_1}(q_0) = \begin{bmatrix} 0 & -1 & -L \\ 1 & 0 & 0 \end{bmatrix}, \quad DX_{b_2}(q_0) = \begin{bmatrix} 0 & 1 & -L \\ -1 & 0 & 0 \end{bmatrix}$$

利用命题 18.1，两个手指对抓取刚度矩阵的贡献为

$$K_{G,1} = DX_{b_1}^T W_1 [H_1 K_1^{-1} H_1^T]^{-1} W_1^T DX_{b_1} = \dfrac{1}{2l^2}\begin{bmatrix} k_1+4k_2 & -k_1 & -Lk_1 \\ -k_1 & k_1 & Lk_1 \\ -Lk_1 & Lk_1 & L^2 k_1 \end{bmatrix}$$

$$K_{G,2} = DX_{b_2}^T W_2 [H_2 K_2^{-1} H_2^T]^{-1} W_2^T DX_{b_2} = \frac{1}{2l^2}\begin{bmatrix} k_1+4k_2 & k_1 & -Lk_1 \\ k_1 & k_1 & -Lk_1 \\ -Lk_1 & -Lk_1 & L^2k_1 \end{bmatrix}$$

抓取刚度矩阵 $K_G(q_0,\phi_0) = K_{G,1}+K_{G,2}$ 是对称的 3×3 矩阵：

$$K_G(q_0,\phi_0) = K_{G,1}+K_{G,2} = \frac{1}{l^2}\begin{bmatrix} k_1+4k_2 & 0 & -Lk_1 \\ 0 & k_1 & 0 \\ -Lk_1 & 0 & L^2k_1 \end{bmatrix} \tag{18-9}$$

抓取刚度矩阵的形式有助于我们解释其柔性行为。式(18-9)中 2×2 左上块是对角形的。因此，物体在 x 方向上的小运动不会在 y 方向上产生回复力，反之亦然。式(18-9)中的抓取刚度矩阵也包含 x 和 θ 方向之间的耦合项。这意味着小物体的旋转会在 x 方向产生一个反作用力和一个回复力矩。同样地，物体沿 x 方向的小运动除了会产生沿物体 x 方向的回复力之外，还会产生反作用力矩。

18.3 抓取刚度中心

一个柔性抓取的刚度矩阵捕捉了机器人手在操作任务中的许多方面行为。本节研究与理解被抓取物体（如工具）与环境之间相互作用相关的抓取行为。首先，让我们研究在不同的物体参考坐标系选择下抓取刚度矩阵的结构如何变化。为了便于表示，我们将抓取刚度矩阵的块结构标记如下：

$$K_G(q_0,\phi_0) = \begin{bmatrix} K_{tt} & K_{tr} \\ K_{tr}^T & K_{rr} \end{bmatrix} \tag{18-10}$$

式中，下标 t 和 r 是指平移和旋转。我们探讨一下当物体坐标系 F_B 的位置更改为新位置 F'_B 时会发生什么。设 (d_B,R_B) 表示 F_B 相对于 F'_B 的位置和方向。根据第13章附录Ⅱ中讨论的变换规则，手掌坐标系 $\bar{q}$ 中的速度 F'_B 与手掌坐标系 $\dot{q}$ 中的速度 F_B 有关：

$$\dot{\bar{q}} = \begin{bmatrix} I & [d_B\times] \\ 0 & I \end{bmatrix}\dot{q}$$

这种坐标变换会得到以下形式的抓取刚度矩阵：

$$\bar{K}_G(\bar{q}_0,\phi_0) = \begin{bmatrix} I & [d_B\times] \\ 0 & I \end{bmatrix}^T K_G(q_0,\phi_0)\begin{bmatrix} I & [d_B\times] \\ 0 & I \end{bmatrix} = \begin{bmatrix} \bar{K}_{tt} & \bar{K}_{tr} \\ \bar{K}_{tr}^T & \bar{K}_{rr} \end{bmatrix} \tag{18-11}$$

式中，$\bar{K}_{tt}=K_{tt}$，$\bar{K}_{tr}=K_{tt}[d_B\times]+K_{tr}$，$\bar{K}_{rr}=K_{rr}+K_{tr}^T[d_B\times]+[d_B\times]^T K_{tr}+[d_B\times]^T K_{tt}[d_B\times]$。

该变换表明，抓取刚度矩阵不是坐标系不变的，此类坐标变换在抓取刚度的任务规划中可能会很有用，下面用一个例子来描述。

假设一个机器人手拿着一个工具，比如油漆滚轮，为了让机器人能够正确地粉刷墙壁，所握住的滚轮应和垂直于墙壁的方向一致，以便它可以适应墙壁纹理的细微变化。握住的工具应在与壁面相切的平动方向上以适度的刚度响应，以便滚轮可以跟踪规定的轨迹。平动刚度和旋转刚度应解耦，以使在平动方向上的扰动不会导致滚轮旋转离开壁面。最后，手的旋转自由度应具有适度的刚度，以便滚轮可以顺应墙壁的方向。因此，我们希望对机器人手的刚度进行规划，使其具有与给定任务协同的行为。抓取刚度的任务规划提出了两个相关的问题：

- 物体参考系位置的变化如何改变抓取刚度矩阵的结构？在油漆滚轮示例中，所握住的滚轮刚度应近似解耦在位于滚轮中心的坐标系中。
- 为了实现任务目标，我们能否选择节点刚度和节点耦合因子？在油漆滚轮示例中，是否可以选择给定机器人的手指关节刚度，从而使油漆滚轮的刚度可以实现先前描述的解耦行为？

可以通过系统地研究刚度矩阵解耦问题来解决这些问题，其定义如下。

定义 18.2(刚度矩阵解耦) 如果满足以下条件，则抓取刚度矩阵解耦：

（1） B 的小位移会产生纯回复力，而不产生回复力矩。

（2） B 的小转动会产生纯回复力矩，而不产生回复力。

因此，解耦的抓取刚度矩阵的非对角块必须为零。是否存在物体参考系的选择，使抓取刚度矩阵解耦？如果存在如下这样一个向量 d_B，则这样的解耦就会发生：

$$\bar{K}_{tr} = K_{tt}[d_B \times] + K_{tr} = O \tag{18-12}$$

式中，在三维抓取中，O 是 3×3 零矩阵；在二维抓取中，O 是两个零向量。抓取刚度中心被定义为导致解耦的物体坐标系的原点。当被抓取物体的位移根据满足式（18-12）的物体坐标系定义时，柔性手-物系统表现为解耦。同样地，如果存在选择的物体坐标系可将柔性矩阵（抓取刚度矩阵的逆）解耦，则该坐标系的原点定义了抓取柔度中心。

我们考虑下可能找到刚度解耦中心的条件。首先考虑二维抓取，然后再考虑三维抓取。

平面刚度矩阵：对于二维柔性抓取，3×3 抓取刚度矩阵的形式为

$$K_G(q_0, \phi_0) = \begin{bmatrix} K_{tt} & K_{tr} \\ K_{tr}^T & K_{rr} \end{bmatrix} = \begin{bmatrix} k_{xx} & k_{xy} & k_{x\theta} \\ k_{xy} & k_{yy} & k_{y\theta} \\ k_{x\theta} & k_{y\theta} & k_{\theta\theta} \end{bmatrix} \tag{18-13}$$

式中，$K_{tt} \in \mathbb{R}^{2\times 2}$，$K_{tr} \in \mathbb{R}^2$ 和 K_{rr} 为标量，将式（18-12）中的条件应用于抓取刚度矩阵，得到未知数 $d_B = (d_x, d_y)$ 的两个线性方程：

$$K_{tt} \cdot \begin{pmatrix} -d_y \\ d_x \end{pmatrix} + K_{tr} = \begin{pmatrix} 0 \\ 0 \end{pmatrix}, \quad d_B = (d_x, d_y)$$

当 2×2 矩阵 K_{tt} 满秩时（一般情况），有可能找到唯一的物体坐标系原点，从而得到解耦的抓取刚度矩阵。解耦坐标系 F_B' 的原点位置相对于 F_B 由下式给出：

$$d_x = \frac{k_{xy}k_{x\theta} - k_{xx}k_{y\theta}}{k_{xy}^2 - k_{xx}k_{yy}}, \quad d_y = \frac{k_{yy}k_{x\theta} - k_{xy}k_{y\theta}}{k_{xy}^2 - k_{xx}k_{yy}} \tag{18-14}$$

这些公式表明，人们可以潜在地选择关节刚度（反过来通过命题 18.1 来决定抓取刚度矩阵），来规划抓取刚度中心的期望位置，如以下例子所示。

示例：考虑图 18-5 所示的两指手，其复制于图 18-6 中，式（18-9）给出了其 3×3 抓取刚度矩阵的表达式，我们找到这种抓取刚度中心，将式（18-9）的刚度矩阵代入式（18-14）得到抓取刚度中心的位置：

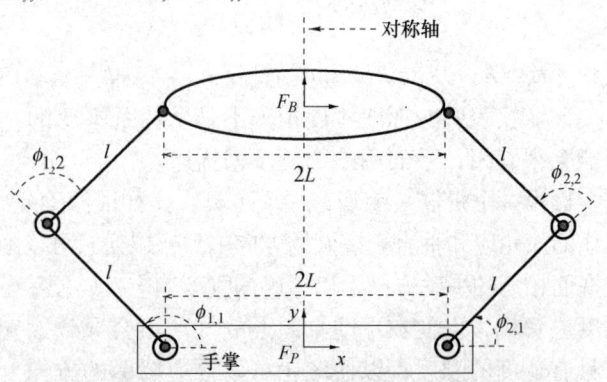

图 18-6 带有柔性手指关节的两指手的俯视图

$$d_x = 0, \quad d_y = L\frac{k_1}{k_1+4k_2}$$

该抓取刚度中心位于手掌坐标系的 y 轴上,这是在给定抓取时手部左右对称的轴。d_y 的表达式规定了沿 y 轴的抓取刚度中心的可能位置,由于 L、k_1 和 k_2 均为正,因此 $d_y > 0$。如果 $k_1 \gg k_2$,那么 $d_y \to L$;如果 $k_2 \gg k_1$,那么 $d_y \to 0$。因此,通过选择关节刚度 k_1 和 k_2 的值,可以将抓取刚度中心规划为沿 y 轴位于 $0 < y < L$ 范围内的任何位置。

空间刚度矩阵:三维抓取中 6×6 抓取刚度矩阵的解耦更为精细。回想式(18-12)即 $\bar{K}_{tr} = K_{tt}[d_B \times] + K_{tr} = O$ 的解耦要求。当 3×3 矩阵 K_{tt} 满秩时(一般情况),可以通过 K_{tt} 倒置,以找到解耦物体坐标系原点的位置:$[d_B \times] = -K_{tt}^{-1}K_{tr}$。但是,$[d_B \times]$ 必须是 3×3 反对称矩阵,这种简单的解决方案通常不能保证得到一个反对称解,除非在非常特殊的条件下。虽然通常不可能找到物体坐标系位移 d_B,使得表达式 $\bar{K}_{tr} = K_{tt}[d_B \times] + K_{tr}$ 为零而实现解耦,但存在一种坐标变换可以简化这个项,一般来说,3×3 矩阵 $\bar{K}_{tr}$ 是不对称的。但是,如以下引理所示,总是可以选择一个物体坐标系原点,将非对角块 $\bar{K}_{tr}$ 和 $\bar{K}_{tr}^T$ 转换为对称矩阵。

引理 18.2(对称的非对角块) 通常存在一个选择的物体坐标系原点,在该物体坐标系上,抓取刚度矩阵 $\bar{K}_G(\bar{q}_0, \phi_0)$ 的 3×3 非对角块是对称的:$\bar{K}_{tr} = \bar{K}_{tr}^T$。

引理 18.2 的证明出现在本章的附录中。要研究空间抓取刚度矩阵的进一步解耦,请考虑将手掌参考系 F_P 更改为新位置 F_P'。设 (d_P, R_P) 表示 F_P' 相对于 F_P 的位置和方向,在新的手掌坐标系中,6×6 抓取刚度矩阵采用以下形式(请参阅练习题):

$$\bar{K}_G(\bar{q}_0, \phi_0) = \begin{bmatrix} R_P^T K_{tt} R_P & R_P^T K_{tr} R_P \\ R_P^T K_{tr}^T R_P & R_P^T K_{rr} R_P \end{bmatrix} \quad (18\text{-}15)$$

假设选择物体参考系来使 K_{tr} 对称。由于对称矩阵可以通过正交矩阵对角化,因此式(18-15)表明,对称矩阵 K_{tr} 可以通过改变手掌坐标系方向而进一步对角化,从而得到以下解耦形式。

标准解耦形式:令 k 指机器人手使用柔性手指关节握住刚体 B,存在一个物体坐标系原点 d_B,使 $\bar{K}_{tr}$ 形成一个对称矩阵。另外还存在一个手掌坐标系方向 R_P,使得 $R_P^T \bar{K}_{tr} R_P$ 形成对角矩阵。在这些参考坐标系的选择下,6×6 抓取刚度矩阵采用以下形式:

$$K_G(q_0, \phi_0) = \begin{bmatrix} k_{xx} & k_{xy} & k_{xz} & k_{x,\phi_x} & 0 & 0 \\ k_{xy} & k_{yy} & k_{yz} & 0 & k_{y,\phi_y} & 0 \\ k_{xz} & k_{yz} & k_{zz} & 0 & 0 & k_{z,\phi_z} \\ k_{x,\phi_x} & 0 & 0 & k_{\phi_x,\phi_x} & k_{\phi_x,\phi_y} & k_{\phi_x,\phi_z} \\ 0 & k_{y,\phi_y} & 0 & k_{\phi_x,\phi_y} & k_{\phi_y,\phi_y} & k_{\phi_y,\phi_z} \\ 0 & 0 & k_{z,\phi_z} & k_{\phi_x,\phi_z} & k_{\phi_y,\phi_z} & k_{\phi_z,\phi_z} \end{bmatrix} \quad (18\text{-}16)$$

式中,ϕ_x、ϕ_y 和 ϕ_z 表示绕手掌坐标系的 x、y 和 z 轴的旋转。

考虑当抓取刚度矩阵采用式(18-16)的解耦形式时,由物体纯绕手掌坐标系 x 轴在 $\mathbb{R}^3$ 中旋转而产生回复力矩。被抓取物体应该绕所有三个轴产生回复力矩,但回复力限制在 x 轴上。类似的行为发生在绕手掌坐标系的 y 轴和 z 轴旋转的物体上。当被抓取物体沿手掌坐标系的 x 轴移动时,反作用力将沿三个方向发生,但物体只会在 x 轴产生回复力矩,类似的行为是由物体沿手掌坐标系的 y 轴和 z 轴的位移而引起的。

示例:回想一下本节开头所述的油漆滚轮的应用,与解耦形式相关的物体坐标系可以使其 z 轴与沿墙壁的来回滚动运动切线共线。物体坐标系的 y 轴指向墙壁，而其 x 轴与滚轮的旋转轴对齐。抓住滚轮的机器人手必须将滚轮压到墙壁上，才能可靠地涂抹油漆。让我们考虑一下通用的机器人手和通用的关节刚度选择会发生什么情况，如果抓取刚度矩阵根据式(18-16)进行解耦当机器人手将滚轮推到墙壁时，滚轮将围绕垂直于墙壁的方向发生旋转，这将使滚轮偏离其首选的 z 方向运动。为了尽量减少这种不必要的行为，必须选择具有对称机构几何形状和特殊关节刚度值的手。如图 18-6 所示，这些设计选择允许更完整的抓取刚度解耦。

18.4 柔性抓取的稳定性

当最初保持在平衡抓取状态的被抓取物体受到干扰时，柔性关节将产生反作用力矩，这些关节力矩将在被抓取物体上产生净力旋量。如果对被抓取物体的所有扰动都导致回复力旋量，一旦扰动消除，便会将被抓取物体引导回平衡抓取位置，那么该柔性抓取在局部是渐近稳定的。从 18.2 节中，我们知道如果物体从其平衡抓取中受到少量干扰 δq，则由于柔性手指关节通过以下抓取刚度矩阵控制而引起物体上的力旋量：

$$\delta w = -[K_G(q_0, \phi_0)]\delta q$$

为了通过这种小位移移动，被抓取物体以抵抗手指力，干扰因素必须将负力旋量 $-\delta w$ 施加到物体 B 上。因此，通过小位移 δq 移动物体所需的瞬时功由下式给出：

$$(-\delta w) \cdot \delta q = \delta q^T [K_G(q_0, \phi_0)]\delta q$$

这个功与柔性手-物系统的势能有关。如果抓取刚度矩阵 $K_G(q_0, \phi_0)$ 是正定的，则空载平衡抓取位于抓取势能函数的局部极小值处。因此，如果在一个具有正定关联刚度矩阵的柔性手部内，一个被抓取物体受到扰动，则沿着任意方向移动物体需要做正功。

考虑抓取刚度矩阵为正定的情况，如果手-物系统中没有势能损耗，那么一旦释放扰动，物体将无限振荡。在实际抓取中，损失源于由关节控制引入的阻尼，比如式(18-6)中的速度反馈项。因此，直观上期望随着存储能量的耗散，物体将停止在其原始平衡位置，这提供了抓取的局部渐近稳定性。我们可以通过引用开尔文关于在势场影响下演化的有阻尼机械系统行为的一个经典结果来形式化这一观察(参见参考书目注释)。被抓取物体的动量可以写成

$$\frac{d}{dt}\left[\frac{\partial}{\partial \dot{q}} K(q, \dot{q})\right] - \frac{\partial}{\partial q} K(q, \dot{q}) = w(t) \tag{18-17}$$

式中，$K(q, \dot{q})$ 是被抓取物体的动能：$K(q, \dot{q}) = \frac{1}{2}\dot{q}^T M(q)\dot{q}$，其中 $M(q)$ 是物体的 $m \times m$ 质量矩阵。当作用于 B 上的外部力旋量为 $w(t) = -\nabla U(q) + f_d(q, \dot{q})$ 时(其中，$U(q)$ 是一个势能函数，$f_d(q, \dot{q})$ 是一个耗散向量场)，式(18-17)的系统就形成了一个受势能函数控制的阻尼力学系统。如果向量场 $f_d(q, \dot{q})$ 的作用是减少系统的总机械能，即 $E(q, \dot{q}) = U(q) + K(q, \dot{q})$，则它是耗散性的。也就是说，沿着系统轨迹有 $\frac{d}{dt}E(q(t), \dot{q}(t)) < 0$。在柔性抓取情况下，$U(q)$ 是与手部关节刚度相关联的势能。

以下定理将成为抓取稳定性判据的基础。

开尔文稳定性定理：考虑一个动力学形式为式(18-17)的力学系统，且 $w(t) = -\nabla U(q) + f_d(q, \dot{q})$，其中 $U(q)$ 是势能函数，$f_d(q, \dot{q})$ 是一个严格耗散的向量场。$U(q)$ 的局部极小值点，

在零速度下是系统轨迹的局部吸引子。

为了将开尔文稳定性定理应用于柔性抓取，我们必须假设在抓取机构的运动中有阻尼源或能量损耗。尽管手指关节中的轻微摩擦过程会耗散能量，但请注意，式(18-6)的 PD 控制律包含一个阻尼项 $\tau_{i,j}=-\eta_{i,j}\dot{\phi}_{i,j}$。由于当被抓取物体移动时必须有一个或多个指关节移动，因此很容易证明，只要每个关节控制律都有一个阻尼项，PD 控制的导数项总是会导致严格的阻尼。这些观察结果得出以下稳定性定理，其正式证明被省略。

定理 18.3(柔性抓取稳定性) 令机器人手在空载平衡抓取 (q_0,ϕ_0) 处用指尖握住刚体 B。假设 η_i 个关节中的每个关节都受形式为式(18-6)的 PD 控制律控制，如果抓取刚度矩阵 $K_G(q_0,\phi_0)$ 是正定的，则平衡抓取是局部渐近稳定的。

下面的例子说明局部渐近稳定性相对于关节刚度的选择是鲁棒性的。

示例：考虑图 18-5 中描述的两指柔性抓取，这种抓取在什么条件下是稳定的？3×3 抓取刚度矩阵的特征值为

$$\lambda_1=\frac{k_1}{l^2}$$

$$\lambda_{2,3}=\frac{(k_1+L^2k_1+4k_2)\pm\sqrt{(k_1+L^2k_1+4k_2)^2-16L^2k_1k_2}}{2l^2}$$

因为 $k_1>0$ 且 $k_2>0$，所以三个特征值均为正。因此，图 18-5 所示的抓取在所有关节刚度 $k_1>0$ 且 $k_2>0$ 下是局部渐近稳定的。

让我们以对预加载抓取稳定性行为的讨论结束这一部分。抓取刚度矩阵简单地是由柔性手指关节和被抓取物体组成的系统的势能的黑塞矩阵。然而，与预压接触力相关的新的项会引起如下所示的复杂现象。

掰硬币现象：柔性抓取的稳定性会以非直观的方式表现，在掰硬币现象中，当手指接触力的大小超过临界值时，最初稳定的柔性抓取会突然失去稳定性。由于这种抓取稳定性的突然丧失，被抓取物体在失去稳定性的瞬间，会因手指接触力产生的大力矩而剧烈旋转。这种现象可以通过柔性抓取的平衡解作为调节手指接触力大小的标量函数来进行形式分析。稳定的平衡支线与不稳定支线相交，并在一个折叠分叉处停止存在，或者在一个叉状分叉处与两个不稳定支线合并为一个不稳定支线(参见参考书目注释)。

即使是简单的平面手部也可以展示这种效应。考虑这样一种情况：柔性两指手在对跖点通过摩擦接触抓取一个盘状物体("硬币")，抓手和物体位于一个水平面上，每个手指机构均由两个相互正交的移动关节组成，一个关节轴与接触法线对齐，并具有线性刚度 k_1；另一关节轴与接触处的切线对齐，并具有线性刚度 k_2。抓手沿接触法线预加力，也就是说，手施加相反的法向力 $f_{1,0}+f_{2,0}=\vec{0}$，该力沿着圆盘的直径挤压圆盘。我们将研究抓取稳定性如何随着预压水平的增加而变化。

令 $x_{0,1}$ 和 $x_{0,2}$ 表示手指触头在平衡抓取点的位置。如果预加载手指力的大小被一个公共因子 $s\geq1$ 缩放，则各指尖施加的力为

$$f_i(q)=-K_{G,i}\cdot(x_i(q)-x_{0,i})+s\cdot f_{0,i},\ s\geq1,i=1,2$$

式中，$K_{G,1}=K_{G,2}=\mathrm{diag}(k_1,k_2)$ 是手指刚度矩阵。手指接触位置由 $x_i(q)=R_{PB}(\theta)b_i+d$ 给出，其中 $q=(d,\theta)$ 是物体的构型。相对于平衡抓取构型的微小位移，该柔性抓取的势能由下式给出：

$$U(q)=\frac{1}{2}\sum_{i=1}^{2}(x_i(q)-x_{0,i})^{\mathrm{T}}K_G,i(x_i(q)-x_{0,i})-sf_{0,i}\cdot(x_i(q)-x_{0,i}),\ s\geq1$$

$U(q)$ 中的第一项是由于手指关节对物体运动的响应而产生的柔性偏转的势能。$U(q)$ 中的第二项,即 $-sf_{0,i} \cdot (x_i(q) - x_{0,i})$ 表示移动物体抵抗预加载力所需的能量,需要注意的是,在压缩抓取中,即手指力向内作用于物体 B 时,此项是正的。已加载的抓取刚度矩阵 $\widetilde{K}_G(q_0, \phi_0)$ 只是平衡抓取处的抓取势能的黑塞矩阵,该刚度矩阵是未加载抓取刚度矩阵和由于预加载效应的项的总和。假设物体坐标系位于圆盘状物体的中心,那么抓取刚度矩阵为

$$\widetilde{K}_G(q_0, \phi_0) = D^2 U(q_0) = K_G(q_0, \phi_0) + \sum_{i=1}^{2} \begin{bmatrix} O & & 0 \\ & & 0 \\ 0 & 0 & sf_{0,i} \cdot \rho_i(\theta_0) \end{bmatrix} \tag{18-18}$$

式中,O 是 2×2 零矩阵,$\rho_i(\theta_0) = R_{PB}(\theta_0) b_i$ 是从 B 的坐标系原点到第 i 个接触点的向量,且 $K_G(q_0, \phi_0)$ 是在命题 18.1 中指定的未加载抓取刚度矩阵。对于压缩抓取,项 $sf_{0,1} \cdot \rho_1(\theta_0)$ 和 $sf_{0,2} \cdot \rho_2(\theta_0)$ 都是负的,表明随着手指加载增加,它们具有破坏稳定性的效应。

要看到硬币断裂效应,让我们找出一个 $\widetilde{K}_G(q_0, \phi_0)$ 的显式公式。手部雅可比矩阵的 2×2 对角块由下式给出:

$$H_1(\phi_{1,0}, q_0) = W_1^T R_{PK_1} J_1 = \begin{bmatrix} 0 & -1 \\ 1 & 0 \end{bmatrix}, \quad H_2(\phi_{2,0}, q_0) = W_2^T R_{PK_2} J_2 = \begin{bmatrix} 0 & 1 \\ 1 & 0 \end{bmatrix}$$

此外,有

$$DX_{b_1}(q_0) = \begin{bmatrix} 0 & 1 & 0 \\ -1 & 0 & -L \end{bmatrix}, \quad DX_{b_2}(q_0) = \begin{bmatrix} 0 & -1 & 0 \\ -1 & 0 & L \end{bmatrix}$$

各手指对无载荷抓取刚度矩阵所做的功为

$$K_{G,1} = DX_{b_1}^T(q_0) W_1 (H_1 K_1^{-1} H_1^T)^{-1} W_1^T DX_{b_1} = \begin{bmatrix} k_2 & 0 & Lk_2 \\ 0 & k_1 & 0 \\ Lk_2 & 0 & L^2 k_2 \end{bmatrix}$$

$$K_{G,2} = DX_{b_2}^T(q_0) W_2 (H_2 K_2^{-1} H_2^T)^{-1} W_2^T DX_{b_2} = \begin{bmatrix} k_2 & 0 & -Lk_2 \\ 0 & k_1 & 0 \\ -Lk_2 & 0 & L^2 k_2 \end{bmatrix}$$

无载荷抓取刚度矩阵为前两项的和:

$$K_G(q_0, \phi_0) = K_{G,1} + K_{G,2} = 2 \begin{bmatrix} k_2 & 0 & 0 \\ 0 & k_1 & 0 \\ 0 & 0 & L^2 k_2 \end{bmatrix}$$

接下来我们计算预压项。平衡抓取处 $f_{0,1} \cdot \rho_1(\theta_0) = -s\|f_{0,1}\|L$,$f_{0,2} \cdot \rho_2(\theta_0) = -s\|f_{0,2}\|L$。因此,加载抓取刚度矩阵的形式如下:

$$\widetilde{K}_G(q_0, \phi_0) = 2 \begin{bmatrix} k_2 & 0 & 0 \\ 0 & k_1 & 0 \\ 0 & 0 & L(k_2 L - s\|f_0\|) \end{bmatrix}, \quad s \geq 1$$

式中,$\|f_0\| = \|f_{0,1}\| = \|f_{0,2}\|$ 为初始抓取时手指力的大小。

由于 $k_1 > 0$ 和 $k_2 > 0$,因此 $\widetilde{K}_G(q_0, \phi_0)$ 的前两个特征值始终为正,与此相反,第三个特征值的符号 $\lambda_3 = 2L(k_2 L - s\|f_0\|)$ 取决于挤压力的大小 s。对于小挤压力,λ_3 为正,抓取是稳定的。当 s 增加时,特征值 λ_3 最终在临界加载水平 $s = k_2 L / \|f_0\|$ 处变为负值。在这一瞬间,抓取变得

不稳定，对应于不稳定特征值的特征向量表示圆盘状物体绕其中心的纯旋转，这形成了抓取中心的柔度。一旦抓取变得不稳定，圆盘状物体将从其平衡位置剧烈旋转，并脱离手指。读者可以通过用拇指和食指夹住一个适度大小或大硬币，直到硬币在足够高的加载水平下断裂，来体验这种异常行为。

18.5 参考书目注释

Hanafus、Asada[1]和Salisbury[2]是第一批对由柔性手指关节控制的机器人手部的抓取刚度效应进行建模的学者。Cutkoskey、Kao及其同事[3-5]在机器人手的刚度矩阵推导方面开展了早期工作，并对抓取刚度矩阵的性质及其坐标转换进行了研究。

Loncaric[6]、Ciblak和Lipkin[7-8]分析了空间刚度矩阵的结构。Selig[9]给出了平行弹簧系统刚度矩阵的显式表达式。Huang和Schimmels[10-11]考虑了利用简单的线性弹簧实现特定任务的空间刚度矩阵，这可以通过指关节PD控制律的"刚度规划"来实现。Huang和Schimmels[12]、Patterson和Lipkin[13]也探索了空间刚度矩阵的特征螺旋，这些特征螺旋形成了空间抓取刚度矩阵的自然不变量。Zefron和Kumar[14]使用微分几何的方法表明空间抓取刚度矩阵取决于仿射联络的选择。

Kelvin的稳定性结果出现在Koditschek的著作中[15]。有关抓取稳定性的其他方法，请参见Shapiro等人的著作[16]。Shapira等人对硬币掰断现象（包括其分叉图）进行了分析[17]。

18.6 附录：抓取刚度矩阵的推导

本附录给出了命题 18.1 的证明，推导出了抓取刚度矩阵的表达式。附录还包含引理 18.2 关于抓取刚度矩阵的解耦特性的证明。

命题 18.1　令 k 指机器人手在空载平衡抓取处 (q_0, ϕ_0) 用柔性手指关节接触刚体 B。第 i 个手指的 $m \times m$ 刚度矩阵 $K_{G,i}(q_0, \phi_0)$ 由下式给出：

$$K_{G,i}(q_0, \phi_0) = DX_{b_i}^T(q_0) W_i(q_0) [H_i(\phi_{i,0}, q_0) K_{\phi_i}^{-1} H_i^T(\phi_{i,0}, q_0)]^{-1} W_i^T(q_0) DX_{b_i}(q_0)$$

式中，K_{ϕ_i} 是第 i 个手指关节的刚度矩阵，$H_i(\phi_{i,0}, q_0)$ 是手部雅可比矩阵的第 i 个对角块。柔性手-物系统的抓取刚度矩阵是对称的 $m \times m$ 矩阵，由 k 指刚度矩阵的线性组合给出：

$$K_G(q_0, \phi_0) = \sum_{i=1}^{k} K_{G,i}(q_0, \phi_0)$$

式中，二维抓取时 $m=3$，三维抓取时 $m=6$。

简证：我们忽略常数项 $U(\phi_0)$，以使抓取势能由 $U(\phi) = \frac{1}{2}(\phi-\phi_0)^T K_\phi (\phi-\phi_0)$ 得出。我们首先将势能转换为包含关节力矩的等价表达式。基于式(18-3)，由于关节轴上的力矩 $\pi_{i,j}$ 产生的每个关节弹簧中的能量可以表示为关节柔度的函数，即 $\frac{1}{2} k_{i,j}^{-1}(\tau_{i,j}-\tau_{i,j}^0)^2$。因此，可将 k 指手的柔性关节中存储的总能量表示为

$$U(T) = \frac{1}{2}\sum_{i=1}^{k}(\tau_i-\tau_{i,0})^T K_{\phi_i}^{-1}(\tau_i-\tau_{i,0}) = \frac{1}{2}(T-T_0)^T K_\phi^{-1}(T-T_0) \tag{18-19}$$

式中，τ_i 是第 i 个指关节力矩的向量，$T=(\tau_1, \cdots, \tau_N)$ 是所有关节力矩的向量，T_0 是平衡抓取

处的关节力矩。

接下来，我们用手指接触力的微小变化 $\vec{f} = (f_1, \cdots, f_k)$ 来表示势能 $U(T)$，让我们将分析限制在 $\delta T = T - T_0$ 远离平衡抓取力矩的微小变化的情况。从式（18-7）即 $T = [J_H^T(\phi, q)] \vec{f}$ 得

$$\delta T = \delta([J_H^T(\phi, q)\vec{f}]) = J_H^T(\phi_0, q_0)\delta\vec{f} + [DJ_H^T(\phi_0, q_0)]\vec{f}_0$$

式中，$\delta \vec{f} = (\delta f_1, \cdots, \delta f_k)$ 和 $DJ_H^T(\phi_0, q_0)$ 是 $J_H^T(\phi, q)$ 关于其参数 (ϕ_0, q_0) 处的全导数，且 $\vec{f}_0$ 是平衡抓取时的接触力的向量，将 δT 的表达式代入式（18-19）得

$$U(\delta f_1, \cdots, \delta f_k) = \frac{1}{2} \delta T^T K_\phi^{-1} \delta T$$

$$= \frac{1}{2} \sum_{i=1}^{k} (H_i^T(\phi_{i,0}, q_0)\delta f_i + DH_i^T(\phi_{i,0}, q_0)f_{i,0})^T K_{\phi_i}^{-1} (H_i^T(\phi_{i,0}, q_0)\delta f_i + DH_i^T(\phi_{i,0}, q_0)f_{i,0})$$

式中，$H_i(\phi_{i,0}, q_0)$ 是手部雅可比矩阵的第 i 个对角块，通常为了在平衡抓取处施加预压接触力，需要有非零的关节力矩。在这里，我们假设抓取时是空载的，以使 $\vec{f}_0 = \vec{0}$。在此假设下，柔性关节中存储的势能可简化为

$$U(\delta f_1, \cdots, \delta f_k) = \frac{1}{2} \sum_{i=1}^{k} (\delta f_i)^T [H_i(\phi_{i,0}, q_0) K_{\phi_i}^{-1} H_i^T(\phi_{i,0}, q_0)] \delta f_i \quad (18\text{-}20)$$

让我们通过直观地解释这个表达式中的运动和力来分析式（18-20）。乘积 $H_i^T(\phi_{i,0}, q_0)]\delta f_i$ 给出了第 i 个手指关节力矩，来支持第 i 个手指接触力变化 δf_i 余向量。由于 $K_{\phi_i}^{-1}$ 是柔性关节矩阵，因此它与关节力矩的乘积 $K_{\phi_i}^{-1} H_i^T(\phi_{i,0}, q_0)]\delta f_i$ 由第 i 个手指关节的角位移组成。乘积 $H_i(\phi_{i,0}, q_0) K_{\phi_i}^{-1} H_i^T(\phi_{i,0}, q_0)\delta f_i$ 表示较小的接触点位移，如此小的位移近似为满足局部接触兼容性约束的接触点速度 $(v_1, \cdots, v_k)$：

$$v_i = W_{b_i}^T(q_0) \frac{\mathrm{d}}{\mathrm{d}t} X_{b_i}(q_0) = W_{b_i}^T(q_0) DX_{b_i}(q_0) \dot{q}, \quad i = 1, \cdots, k$$

基于这一解释，式（18-20）中势能 $U(\delta f_1, \cdots, \delta f_k)$ 的梯度表示余向量 $\delta f_1, \cdots, \delta f_k$ 对接触点速度 $v_1, \cdots, v_k$ 的作用，因此，由式（18-20）可知

$$v_i = [H_i(\phi_{i,0}, q_0) K_{\phi_i}^{-1} H_i^T(\phi_{i,0}, q_0)] \delta f_i, \quad i = 1, \cdots, k$$

v_i 与 δf_i 之间的这种关系可以做逆运算：

$$\delta f_i = [H_i(\phi_{i,0}, q_0) K_{\phi_i}^{-1} H_i^T(\phi_{i,0}, q_0)]^{-1} v_i, \quad i = 1, \cdots, k \quad (18\text{-}21)$$

式（18-21）描述了第 i 个手指机构在接触兼容性约束条件下相对于其指尖瞬时位移的刚度。

现在可以根据满足接触兼容性约束的接触点速度来表示抓取势能。根据式（18-21）将 δf_i 代入式（18-20），同时定义 $v_i = W_{b_i}^T(q_0) DX_{b_i}(q_0) \dot{q}$，$i = 1, \cdots, k$，得出势能函数

$$U(\dot{q}) = \frac{1}{2} \dot{q}^T \sum_{i=1}^{k} DX_{b_i}^T(q_0) (W_i(q_0) [H_i(\phi_{i,0}, q_0) K_{\phi_i}^{-1} H_i^T(\phi_{i,0}, q_0)]^{-1} W_i^T(q_0)) DX_{b_i}(q_0) \dot{q}$$

其形式为 $U(\dot{q}) = \frac{1}{2} \dot{q}^T K_G(q_0, \phi_0) \dot{q}$。

以下术语和辅助引理将用于描述抓取刚度矩阵的解耦特性。

反对称矩阵：3×3 反对称矩阵 Z 的形式为

$$Z = \begin{bmatrix} 0 & -z_z & z_y \\ z_z & 0 & -z_x \\ -z_y & z_x & 0 \end{bmatrix}$$

对应于 Z 的向量 $z=(z_x,z_y,z_z)$ 表示为 $z=Z^V$。令 Q 为 3×3 实矩阵，$Q_{as}=\frac{1}{2}(Q-Q^T)$ 为其反对称部分，Q 的轴向向量定义为 $\mathrm{axis}(Q)=(Q_{as})^V$。

引理 18.4 令 $z\in\mathbb{R}^3$，且 Z 为 3×3 反对称矩阵，使得 $Z=[z\times]$，任何具有 3×3 实矩阵 A 都满足以下定义：

$$\mathrm{axis}(Z\cdot A)=\frac{1}{2}(Z\cdot A-(Z\cdot A)^T)^V=\frac{1}{2}[\mathrm{tr}(A)I-A]z$$

式中，$\mathrm{tr}(A)$ 是 A 的迹，I 是 3×3 单位矩阵。

证明：令 a_{ij} 表示矩阵 A 的项，且 $z=(z_1,z_2,z_3)$。乘积 $Z\cdot A$（其中，$Z=[z\times]$）的形式为

$$Z\cdot A=\begin{bmatrix} -a_{21}z_3+a_{31}z_2 & -a_{22}+a_{32}z_2 & -a_{23}z_3+a_{33}z_2 \\ a_{11}z_3-a_{31}z_1 & a_{12}z_3-a_{32}z_1 & a_{13}z_3-a_{33}z_1 \\ -a_{11}z_2+a_{21}z_1 & -a_{12}z_2-a_{32}z_2 & a_{13}z_2+a_{23}z_1 \end{bmatrix}$$

我们可以利用这个乘积来求 $Z\cdot A$ 的轴向量的表达式

$$(Z\cdot A)_{as}^V=\frac{1}{2}(Z\cdot A-(Z\cdot A)^T)^V=\frac{1}{2}\begin{pmatrix} (a_{22}+a_{33})z_1-a_{12}z_2-a_{13}z_3 \\ (a_{11}+a_{33})z_2-a_{21}z_1-a_{23}z_3 \\ (a_{11}+a_{22})z_3-a_{31}z_1-a_{32}z_2 \end{pmatrix}$$

$$=\frac{1}{2}\begin{bmatrix} a_{22}+a_{33} & -a_{12} & -a_{13} \\ -a_{21} & a_{11}+a_{33} & -a_{23} \\ -a_{31} & -a_{32} & a_{11}+a_{22} \end{bmatrix}\begin{pmatrix} z_1 \\ z_2 \\ z_3 \end{pmatrix}=\frac{1}{2}[\mathrm{tr}(A)I-A]z$$

引理 18.4 引出了以下空间抓取刚度矩阵的解耦特性。

引理 18.2 通常存在一个选择的物体坐标系原点，在该物体坐标系上，抓取刚度矩阵 $\bar{K}_G(\bar{q}_0,\phi_0)$ 的 3×3 非对角块是对称的：$\bar{K}_{tr}=\bar{K}_{tr}^T$。

证明：我们单独将 $\bar{K}_{tr}$ 分为对称和反对称部分：

$$\bar{K}_{tr}=(\bar{K}_{tr})_s+(\bar{K}_{tr})_{as}=\frac{1}{2}(\bar{K}_{tr}+\bar{K}_{tr}^T)+\frac{1}{2}(\bar{K}_{tr}-\bar{K}_{tr}^T)$$

$\bar{K}_{tr}$ 的反对称部分的形式为

$$(\bar{K}_{tr})_{as}=\frac{1}{2}(K_{tt}[d_B\times]-[d_B\times]^T K_{tt}^T)+\frac{1}{2}(K_{tr}-K_{tr}^T)$$

根据引理 18.4，$\bar{K}_{tr}$ 的轴向量 $(\bar{k}_{tr}\in\mathbb{R}^3)$ 由下式给出：

$$\bar{k}_{tr}=\frac{1}{2}(K_{tt}-\mathrm{tr}(K_{tt})I)d_B+\frac{1}{2}(K_{tr}-K_{tr}^T)^V \tag{18-22}$$

如果 $\mathrm{tr}(K_{tt})$ 不在 K_{tt} 的频谱范围内（一般情况），则式（18-22）可以显式求解出使 $\bar{K}_{tr}$ 对称的物体坐标系原点 d_B 的位置。同样地，当 $d_B=-(K_{tt}-\mathrm{tr}(K_{tt})I)^{-1}(K_{tr}-K_{tr}^T)^V$ 时，矩阵 $(\bar{K}_{tr})_{as}$ 为零。

练 习 题

18.1 节

练习 18.1：推导式（18-4）、式（18-5）中描述的等效弹簧关系。

练习 18.2：考虑两个串联的空间弹簧。设 K_1 为第一弹簧的空间刚度矩阵，K_2 为第二弹簧的空间刚度矩阵，证明串联弹簧的等效刚度为

$$K_{eq} = (K_1^{-1} + K_2^{-1})^{-1}$$

18.2 节

练习 18.3*：考虑 k 指关节刚度矩阵 K_ϕ 完全填充的情况（即不一定是块对角矩阵），也就是说，所有 k 指关节之间允许有耦合。证明抓取刚度矩阵为

$$K_G(q_0, \phi_0) = A_{CO}^T W(q_0) [W^T(q_0) J_H(\phi_0, q_0) K_\phi^{-1} J_H^T(\phi_0, q_0) W(q_0)]^{-1} W^T(q_0) A_{CO}$$

式中，$W(q_0)$ 是块对角矩阵，其形式为 $W(q_0) = \mathrm{diag}(W_i(q_0))$。矩阵 A_{CO} 为

$$A_{CO} = \begin{bmatrix} T_{C_1 B} \\ \vdots \\ T_{C_k B} \end{bmatrix}$$

式中，$T_{C_i B}$ 将刚体速度从物体坐标系 F_B 转换到物体的第 i 个接触坐标系 F_{C_i}，对于 $i = 1, \cdots, k$。

练习 18.4*：求软点接触模型（假设有指尖）下的抓取刚度矩阵的公式。

练习 18.5*：当手指接触点在抓取平衡构型（假定有指尖）处受力时，求抓取刚度矩阵的公式。

18.3 节

练习 18.6：如果式(18-14)中的 2×2 矩阵 K_{tt} 不是满秩的，平面柔性抓取的刚度矩阵能否解耦？

练习 18.7：证明如果 3×3 非对角块 $\bar{K}_{tr} = K_{tt}[d_B \times] + K_{tr} = O$，则式(18-11)中的抓取刚度矩阵为

$$\bar{K}_G(\bar{q}_0, \phi_0) = \begin{bmatrix} K_{tt} & O \\ O & (K_{rr} + [d_B \times]^T K_{tt} [d_B \times]) \end{bmatrix}$$

式中，O 是 3×3 零矩阵。

练习 18.8：考虑将手掌坐标系 F_P 更改为新的位置 F_P'。设 (d_P, R_P) 表示 F_P' 相对于 F_P 的位置和方向。证明在新的手掌坐标系中，6×6 抓取刚度矩阵为

$$\bar{K}_G(q_0, \phi_0) = \begin{bmatrix} R_P^T K_{tt} R_P & R_P^T K_{tr} R_P \\ R_P^T K_{tr}^T R_P & R_P^T K_{rr} R_P \end{bmatrix}$$

练习 18.9：抓取柔度矩阵被定义为抓取刚度矩阵的逆矩阵。在二维抓取情况下，通过适当选择物体坐标系原点，这个矩阵可以解耦成块对角形式吗？

练习 18.10：在二维抓取的情况下，解耦抓取刚度矩阵的物体坐标系原点（抓取刚度中心）是否与解耦抓取柔性矩阵的物体坐标系原点（抓取柔度中心）重合？

参考文献

[1] H. Hanafusa and H. Asada, "Stable prehension by a robot hand with elastic fingers," in *Proceedings of the 7th International Symposium Industrial Robots*, pp. 384–389, 1977.

[2] J. K. Salisbury, "Kinematic and force analysis of articulated hands," PhD thesis, Dept. of Mechanical Engineering, Stanford University, 1982.

[3] M. Cutkosky and I. Kao, "Computing and controlling the compliance of a robotic hand," *IEEE Transactions on Robotics and Automation*, vol. 5, no. 2, pp. 151–165, 1989.

[4] S.-F. Chen and I. Kao, "Conservative congruence transformation for joint and cartesian stiffness matrices of robotic hands and fingers," *International Journal on Robotics Research*, vol. 19, no. 9, pp. 835–847, 2000.

[5] I. Kao and C. Ngo, "Properties of the grasp stiffness matrix and conservative control strategies," *International Journal on Robotics Research*, vol. 18, no. 2, pp. 159–167, 1999.

[6] J. Loncaric, "Normal forms of stiffness and compliance matrices," *IEEE Journal on Robotics and Automation*, vol. 3, no. 6, pp. 567–572, 1987.

[7] N. Ciblak and H. Lipkin, "Asymmetric cartesian stiffness for the modeling of compliant robotic sytems," in *ASME Design Engineering Division*, vol. 72, pp. 197–204, 1997.

[8] N. Ciblak and H. Lipkin, "Design and analysis of remote center of compliance structures," *Journal of Robotic Systems*, vol. 20, no. 8, pp. 415–427, 2003.

[9] J. Selig, "The spatial stiffness matrix from simple stretches springs," in *Proceedings of the IEEE International Conference on Robotics and Automation*, pp. 3314–3319, 2000.

[10] S. Huang and J. Schimmels, "The bounds and realization of spatial stiffnesses achieved with simple springs connected in parallel," *IEEE Transactions on Robotics and Automation*, vol. 14, no. 3, pp. 466–475, 1998.

[11] S. Huang and J. Schimmels, "The bounds and realization of spatial compliances achieved with simple serial elastic mechanisms," *IEEE Transactions on Robotics and Automation*, vol. 16, no. 1, pp. 99–103, 2000.

[12] S. Huang and J. Schimmels, "The eigenscrew decomposition of spatial stiffness matrices," *IEEE Transactions on Robotics and Automation*, vol. 6, no. 2, pp. 146–156, 2000.

[13] T. Patterson and H. Lipkin, "Structure of robot compliance," *Journal of Mechanical Design*, vol. 115, no. 3, pp. 576–580, 2003.

[14] M. Zefron and V. Kumar, "Affine connections for the cartesian stiffness matrix," in *Proceedings of the IEEE International Conference on Robotics and Automation*, pp. 1376–1381, 1997.

[15] D. Koditschek, "The application of total energy as a lyapunov function for mechanical control systems," *Contemporary Mathematics*, vol. 97, pp. 131–157, 1989.

[16] A. Shapiro, E. Rimon and A. Ohev-Zion, "On the mechanics of natural compliance in frictional contacts and its effect on grasp stiffness and stability," *International Journal on Robotics Research*, vol. 32, no. 4, pp. 425–445, 2013.

[17] T. Shapira, E. Rimon and A. Shapiro, "Investigation of the coin snapping phenomenon in linearly compliant robot grasps," *IEEE Transactions on Robotics*, vol. 34, no. 3, pp. 794–804, 2018.

附录

附录 A 非光滑分析的介绍

这个附录介绍了一些有用的非光滑函数分析工具。我们将集中讨论下面一类的利普希茨连续函数。

定义 A.1（利普希茨函数） 如果存在局部利普希茨常数 $c>0$，则函数 $f(x)：\mathbb{R}^m \to \mathbb{R}$ 在 x 处为利普希茨连续，那么

$$|f(x_1)-f(x_2)| \leq c \cdot \|x_1-x_2\|$$

对于 x 的一个小开邻域中的所有 x_1 和 x_2，利普希茨连续条件也同样定义为向量值函数。

利普希茨连续函数位于连续函数和可微函数之间。根据 Rademacher 定理，每个利普希茨连续函数在其定义域内几乎是处处可微的。在分段可微函数中，利普希茨连续函数在可微点处具有有界导数，在不可微点处具有有界方向导数。下面的示例说明了该属性。

示例：图 A-1a 给出了函数 $\text{dst}(x,O)=\min_{y \in O}\{\|x=y\|\}$ 的图像，其中 O 为半无限区间：$O = \{y \in \mathbb{R}: y \leq 0\}$，这个函数是分段可微、利普希茨连续的。当该函数在 $x=0$ 处不可微时，它在 $x=0$ 的两边都有有界斜率，因此该函数在这一点上是利普希茨连续的。相比之下，图 A-1b 所示的函数 $f(x)$ 在 $x=0$ 的左侧的斜率为无穷大。函数 $f(x)$ 是分段可微的，但在 $x=0$ 处不是利普希茨连续的。

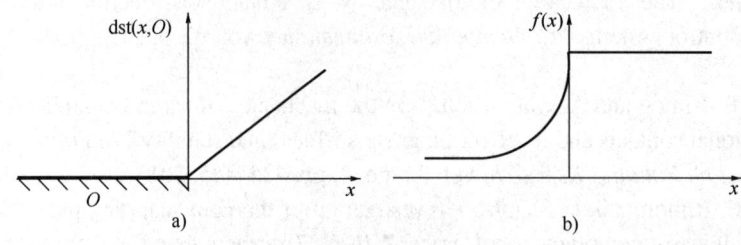

图 A-1 a) 函数 $\text{dst}(x,O)$ 是分段光滑且利普希茨连续的；b) 函数 $f(x)$ 是分段光滑的，但在 $x=0$ 处不是利普希茨连续的

点到集合的距离：设函数 $\text{dst}(x,O)：\mathbb{R}^m \to \mathbb{R}$，度量点 $x \in \mathbb{R}^m$ 到一个封闭集合 O：$\text{dst}(x,O)=\min_{y \in O}\{\|x-y\|\}$ 的最小距离。我们验证 $\text{dst}(x,O)$ 是利普希茨连续的，且全局利普希茨常数 $c=1$。必须表明 $|\text{dst}(x_1,O)-\text{dst}(x_2,O)| \leq \|x_1-x_2\|$，$x_1$，$x_2 \in \mathbb{R}^m$。给定任意两点 x_1 和 x_2，假设 $\text{dst}(x_1,O) \geq \text{dst}(x_2,O)$，$y_2 \in O$ 是一个最接近 x_2 的点，那么 $\text{dst}(x_2,O)=\|x_1-y_2\|$。$x_1$、$x_2$ 和 y_2 这三个点满足三角不等式：$\|x_1-y_2\| \leq \|x_1-x_2\|+\|x_2-y_2\|$。由于 $\text{dst}(x_1,O) \leq \|x_1-y_2\|$ 且 $\text{dst}(x_2,O) \leq \|x_2-y_2\|$，三角不等式表明 $\text{dst}(x_1,O) \leq \|x_1-x_2\|+\text{dst}(x_2,O)$，因此 $\text{dst}(x_1,O)-$

$\mathrm{dst}(x_2, O) \leq \|x_1 - x_2\|$，这表明函数 $\mathrm{dst}(x, O)$ 在利普希茨常数 $c=1$ 下是利普希茨连续的。

利普希茨连续函数的一些重要性质如下：

1) 任何可微函数 $f(x): \mathbb{R}^m \to \mathbb{R}$ 都是利普希茨连续的，$c = \|\nabla f(x)\|$。

2) 两个利普希茨连续函数的组合是利普希茨连续的。

为了证明这一点，令 $g(y): \mathbb{R}^n \to \mathbb{R}$ 和 $h(x): \mathbb{R}^m \to \mathbb{R}^n$ 为利普希茨连续函数，分别具有利普希茨常数 c_g 和 c_h，且 $f(x) = g(h(x))$，于是

$$|f(x_1) - f(x_2)| = |g(h(x_1)) - g(h(x_2))| \leq c_g \|h(x_1) - h(x_2)\| \leq c_g c_h \|x_1 - x_2\|$$

从而证明 $f(x) = g(h(x))$ 是利普希茨连续的。

3) 设 $F(x) = \min_{t \in T} \{f_t(x)\}$ 为参数化的利普希茨连续函数族上的逐点最小值，其中 T 是离散或连续集合。如果函数 $f_t(x)$ 在其利普希茨常数上有一个共同的上界，则 $F(x)$ 是利普希茨函数。

为了证明这一点，取 x 的一个小开邻域中的两点 x_1 和 x_2，令 $F(x_1) = f_{t_1}(x_1)$，使 f_{t_1} 有一个利普希茨常数 c_{t_1}。我们必须证明某些 $c > 0$ 的情况下，$|F(x_1) - F(x_2)| = |f_{t_1}(x_1) - f_{t_2}(x_2)| \leq c\|x_1 - x_2\|$。有两种情况需要考虑：如果 $f_{t_1}(x_1) \geq f_{t_2}(x_2)$，$|f_{t_1}(x_1) - f_{t_2}(x_2)| \leq |f_{t_2}(x_1) - f_{t_2}(x_2)| \leq c_{t_2}\|x_1 - x_2\|$（由于 $f_{t_1}(x_1) \leq f_{t_2}(x_1)$）；如果 $f_{t_1}(x_1) < f_{t_2}(x_2)$，$|f_{t_2}(x_2) - f_{t_1}(x_1)| \leq |f_{t_1}(x_2) - f_{t_1}(x_1)| \leq c_{t_1}\|x_1 - x_2\|$（由于 $f_{t_2}(x_2) \leq f_{t_1}(x_2)$）。那么 $|F(x_1) - F(x_2)| \leq \max\{c_{t_1}, c_{t_2}\} \cdot \|x_1 - x_2\|$。因此，在 T 集合内，$F(x)$ 是利普希茨连续的，利普希茨常数 $c = \max\{c_t\}$。

体间距离函数：令 $B(q)$ 表示位于构型 q 的刚体 B 在 $\mathbb{R}^m$ 中的点集，$B(q)$ 与固定障碍物 O 之间的最小距离由 $\mathrm{dst}(B(q), O) = \min_{x \in B(q)} \{\mathrm{dst}(x, O)\}$ 给出。在每个无碰撞构型 $q \in F$ 中，$B(q)$ 与 O 之间的最小距离通常在物体边界上的一组离散点处获得。即 $\mathrm{dst}(B(q), O) = \mathrm{dst}(x_1, O) = \cdots = \mathrm{dst}(x_N, O)$，其中 $x_1, \cdots, x_N$ 是 B 边界上最接近 O 的点。成员函数 $\mathrm{dst}(x_i, O)$ 具有共同的利普希茨常数 $c = 1$，根据性质 3)，$\mathrm{dst}(B(q), O)$ 在 q 上是利普希茨连续的，利普希茨常数 $c = 1$。

虽然利普希茨连续函数在不可微点处不具有梯度向量，但它们具有广义梯度，可用于分析其在不可微点处的性态。广义梯度的定义如下：

定义 A.2(广义梯度) 设 $f: \mathbb{R}^m \to \mathbb{R}$ 是一个利普希茨连续函数，令 $x \in \mathbb{R}^m$，在开集 $U_1, \cdots, U_N$ 内，包含两者的公共边界点，使 f 在每一个开集中都是可微的。

f 在点 x 处的广义梯度是凸组合，表示为 $\partial f(x)$：

$$\partial f(x) = \sum_{i=1}^{N} \lambda_i \cdot \min_{x_j \to x, x_j \in U_i} \nabla f(x_j), \quad 0 \leq \lambda_1, \cdots, \lambda_N \leq 1 \quad \sum_{i=1}^{N} \lambda_i = 1$$

因此，广义梯度是极限向量 $\lim_{x_j \to x} \nabla f(x_j)$ 的凸组合，每个极限向量沿 $\{x_j\}$ 序列逼近 $U_1, \cdots, U_N$ 中的一个开集内的 x 点。当 $\nabla f(x_j)$ 存在时，可以解释为 $T_x \mathbb{R}^m$ 中的切向量。同样地，广义梯度在 $T_x \mathbb{R}^m$ 中可以解释为切向量的凸集。$\partial f(x)$ 的计算如下例所示。

示例：考虑绝对值函数：$f(x) = |x|$，$x \in \mathbb{R}$。该函数除去 $x = 0$ 点是可微的。利普希茨常数 $c = 1$ 时，该函数在 $x = 0$ 处是利普希茨连续的。我们来计算一下 f 的广义梯度，显然，$x < 0$ 时，$f'(x) = -1$，$x > 0$ 时，$f'(x) = 1$。根据定义 A.2，$\partial f(0)$ 是 -1 和 1 的凸组合，区间为 $[-1, 1]$。因此，我们得到

$$\partial f(x) = \begin{cases} -1 & x < 0 \\ [-1, 1] & x = 0, \\ +1 & x > 0 \end{cases} \quad f(x) = |x|$$

广义梯度的一些重要性质如下(见参考书目注释):

1) 当$\partial f(x)$是单个向量时,函数f在x处是可微的,且$\partial f(x) = \nabla f(x)$。

2) 广义梯度满足以下广义链式法则。设$g(y): \mathbb{R}^n \to \mathbb{R}$是利普希茨连续的,$h(x): \mathbb{R}^m \to \mathbb{R}^n$是可微的。复合函数$f(x) = g(h(x))$是利普希茨连续的,当雅可比矩阵$Dh(x)$满秩时,$f$的广义梯度形式为

$$\partial f(x) = \partial g(h(x)) \cdot Dh(x) = \{w \cdot Dh(x) : w \in \partial g(h(x))\}$$

3) 当f在x处可微时,其广义方向导数为$\nabla f(x) \cdot v$;当f在x处不可微但利普希茨连续时,其广义方向导数为$\partial f(x) \cdot v$。

为了证明这一点,取一段光滑路径$\alpha(t): (-\varepsilon, \varepsilon) \to \mathbb{R}^m$,使得$\alpha(0) = x$和$\dot\alpha(0) = v$。如果$f(x)$在$x$内利普希茨连续,$f(\alpha(t))$在$t$内利普希茨连续,那么根据广义链式法则,$\partial f(\alpha(0)) = \partial f(\alpha(0)) \cdot \dot\alpha(0) = \partial f(x) \cdot v$。

接下来我们定义利普希茨连续函数的极值点的概念。

定义A.3(极值点) 如果每个切向量$v \in T_x \mathbb{R}^m$都满足以下两个条件中的一个,则利普希茨连续函数$f: \mathbb{R}^m \to \mathbb{R}$在$x$处有一个极值点:

1) 对于所有的$w \in \partial f(x)$,f沿v方向的广义方向导数为零,即$w \cdot v = 0$。

2) 沿着与v共线的直线,f在x处有一个非光滑的局部极小值或极大值。

当f在x处可微时,对于所有$v \in T_x \mathbb{R}^m$,极值条件变为$\nabla f(x) \cdot v = 0$。这给出了可微函数的一般极值条件$\nabla f(x) = \vec{0}$。

示例: 函数$f(x, y) = |x| + ay^2$是利普希茨连续的,它在原点处的广义梯度$\partial f(0, 0) = [-1, 1] \times 0$,形成一个与$x$轴对齐的区间。如图A-2a所示,当$a > 0$时,该函数在$(0, 0)$点处沿$y$轴方向上有一个光滑的局部极小值,并在$y$轴上有一个零方向导数。因此原点是$f$的极值点。

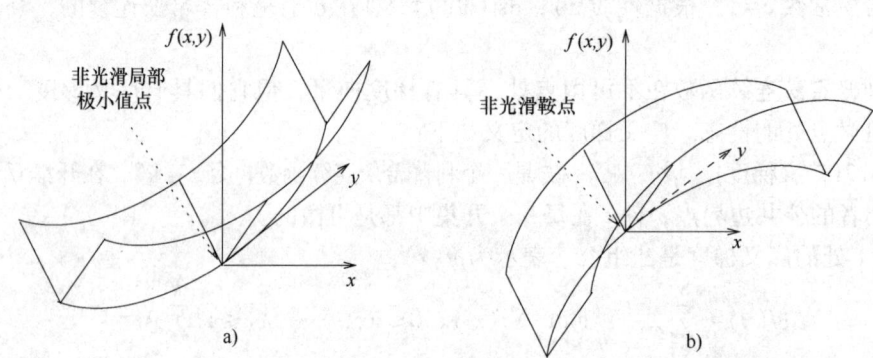

图A-2 a) 当$a > 0$时,函数$f(x, y) = |x| + ay^2$在原点处有一个非光滑的局部极小值;
b) 当$a < 0$时,同一函数在原点处有一个非光滑的鞍点

下面的定理给出了极值点上广义梯度的一个重要性质。

定理A.1(非光滑极值) 如果利普希茨连续函数$f: \mathbb{R}^m \to \mathbb{R}$在$x$处有一个极值点,那么必然存在$\vec{0} \in \partial f(x)$。

简证: 考虑f在x处有一个局部极大值的情况,回想一下,x被开集$U_1, \cdots, U_N$包围,使得f在每一个集合中都是可微的。设集合U_i内的趋向于x的一个光滑路径$\alpha(t): (-\varepsilon, 0] \to \mathbb{R}^m$,使得$\alpha(0) = x$和$\dot\alpha(0) = v$。由于$f(\alpha(t))$在$t = 0$处有一个局部极大值,所以$\dfrac{d}{dt} f(\alpha(t)) \geq 0$,

$t \in (-\varepsilon, 0)$，结果表明 $\lim_{t\to 0} \frac{d}{dt} f(\alpha(t)) \geq 0$。根据广义链式法则，对于某些 $w \in \partial f(x)$，$\lim_{t\to 0} \frac{d}{dt} f(\alpha(t)) = w \cdot v \geq 0$。由于 x 被 $U_1, \cdots, U_N$ 包围，我们可以对所有的 $v \in T_x \mathbb{R}^m$ 方向重复使用这个参数，因此，对于每个 $v \in T_x \mathbb{R}^m$，$\exists w \in \partial f(x)$ 使得 $w \cdot v \geq 0$。这个条件意味着 $\partial f(x)$（解释为 $T_x \mathbb{R}^m$ 中的一个集合）与通过该空间原点的 $T_x \mathbb{R}^m$ 的每一个半闭空间相交。由于 $\partial f(x)$ 是一个凸集，后一种情况只能当 $\vec{0} \in \partial f(x)$ 时发生。

下面的例子表明，非光滑极值点可以形成局部极小值点、鞍点和局部极大值点（这可以通过下面的局部极小值点例子来说明）。

示例： 考虑图 A-2 所示的利普希茨连续函数 $f(x,y) = |x| + ay^2$，它在原点处的广义梯度由 $\partial f(0,0) = [-1,1] \times 0$ 给出。由于 $\partial f(0,0)$ 形成了一个包含原点的开区间，因此 f 满足定理 A.1 的必要条件。因为 f 在 x 轴上有一个非光滑的极小值，在 y 轴上有一个零方向的导数，所以原点形成了一个光滑的极值点。当 $a > 0$ 时，函数 f 在原点处有一个非光滑的极小值点（图 A-2a），当 $a < 0$ 时，函数 f 在原点处有一个非光滑的鞍点（图 A-2b）。

本附录的其余部分着重于逐点最小函数，该函数用于描述被抓取物体当被多个手指握住时的自由运动。

定义 A.4 逐点最小函数 $f_{\min}: \mathbb{R}^m \to \mathbb{R}$ 的形式为 $f_{\min}(x) = \min\{f_1(x), \cdots, f_N(x)\}$，其中每个成员函数 $f_i(x): \mathbb{R}^m \to \mathbb{R}$ 都是利普希茨连续的。

根据这些函数的性质3）可知，函数 $f_{\min}(x)$ 是利普希茨连续的，它的广义梯度 $\partial f_{\min}(x)$ 是由在 x 处获得最小值的函数决定的。设 $L(x)$ 为在 x 处取最小值的函数的索引集，即 $f_{\min}(x) = f_i(x)$，$i \in L(x)$。简单起见，假设这些是可微函数，根据定义 A.2，$\partial f_{\min}(x)$ 为凸组合：

$$\partial f_{\min}(x) = \sum_{i \in L(x)} \lambda_i \nabla f_i(x), \quad 0 \leq \lambda_i \leq 1, \quad i \in L(x), \quad \sum_{i \in L(x)} \lambda_i = 1$$

当 $f_{\min}(x)$ 的一个极值点与单个成员函数相关联时，即 $f_{\min} = f_i(x)$，该极值点是一个满足 $\nabla f_i(x) = \vec{0}$ 的可微的极值。当 $f_{\min}(x)$ 的一个极值点与多个成员函数相关联时，即 $f_{\min} = f_i(x)$，$i \in L(x)$，该极值是一个满足条件 $\vec{0} \in \partial f_{\min}(x)$ 的非光滑极值。

$f_{\min}(x)$ 的非光滑极值点的两个有用的性质如下：

性质 1 $f_{\min}(x)$ 的非光滑极值点为局部极值点或鞍点。

为了证明这一点，设 $f_{\min}(x)$ 在 x_0 处有一个非光滑的极值，在这种情况下，$\partial f_{\min}(x_0)$ 是重要的，因此对于某些 $i \in L(x_0)$，$\nabla f_i(x_0) \neq \vec{0}$。由此可知，$f_i$ 在 $-\nabla f_i(x_0)$ 方向上是严格递减的。由于 $f_{\min}(x_0) = f_i(x_0)$，$f_{\min}$ 在 x_0 处也沿 $-\nabla f_i(x_0)$ 方向严格递减，因此，x_0 不能是局部极小值点，而必须是局部极大值点或 $f_{\min}$ 的鞍点。

性质 2 $f_{\min}(x)$ 在 x_0 处有严格局部极大值的一个充分条件是 $\partial f_{\min}(x_0)$ 包含一个以 $T_{x_0} \mathbb{R}^m$ 原点为中心的开 m 维球。

为证明这一点，回想一下，$\partial f_{\min}(x_0)$ 是 $\nabla f_i(x_0)$ 的凸组合，$i \in L(x_0)$。通过假设，该凸集合包含一个以 $T_{x_0} \mathbb{R}^m$ 原点为中心的 m 维球，因此，对于每个方向 $v \in T_{x_0} \mathbb{R}^m$，存在 $i \in L(x_0)$，使得 $\nabla f_i(x_0)$ 满足 $\nabla f_i(x_0) \cdot v < 0$。由此可知，$f_i$ 在 x_0 处沿 v 方向严格递减，由于 $f_{\min}(x_0) = f_i(x_0)$，因此 $f_{\min}$ 也沿 v 方向严格递减。因为该参数适用于 $v \in T_{x_0} \mathbb{R}^m$ 的每个方向，所以 $f_{\min}$ 在 x_0 处必有一个严格的局部极大值。

注意性质2形成了一阶导数判别法，它给出了 $f_{\min}(x)$ 的非光滑局部极大值的一个充分条件。当成员函数 $f_1(x)$，…，$f_N(x)$ 二次可微时，$f_{\min}(x)$ 的局部极大值由以下广义黑塞矩阵决定：

定义 A.5（广义黑塞矩阵） 设 $f_{\min}(x)$ 为二阶可微函数 $f_1(x)$，…，$f_N(x)$，令 $w \in \partial f_{\min}(x)$ 表示为凸组合：

$$w = \sum_{i \in L(x)} \lambda_i \nabla f_i(x), \quad 0 \leq \lambda_i \leq 1, \quad i \in L(x), \quad \sum_{i \in L(x)} \lambda_i = 1$$

$f_{\min}$ 在复合点 (x, w) 处的广义黑塞矩阵表示为 $\partial^2 f_{\min}(x, w)$，是 $m \times m$ 矩阵，即

$$\partial^2 f_{\min}(x, w) = \sum_{i \in L(x)} \lambda_i D^2 f_i(x)$$

式中，$D^2 f_i(x)$ 是 f_i 的 $m \times m$ 黑塞矩阵，$i \in L(x)$。

设 $f_{\min}(x)$ 在 x_0 处有一个极值点，根据定理 A.1，广义梯度满足条件 $\vec{0} \in \partial f_{\min}(x_0)$，因此，原点可以表示为凸组合：

$$\sum_{i \in L(x_0)} \lambda_i \nabla f_i(x_0) = \vec{0}, \quad 0 \leq \lambda_i \leq 1, \quad i \in L(x_0), \quad \sum_{i \in L(x_0)} \lambda_i = 1$$

广义黑塞矩阵在 $(x_0, \vec{0})$ 处提供了以下局部极大检验值，该值构成了抓取固定理论的关键组成部分。

定理 A.2（局部极大检验值） 设 $f_{\min}: \mathbb{R}^m \to \mathbb{R}$ 在 x_0 处有一个极值点，使得 $\partial f_{\min}(x_0)$ 位于 $T_{x_0} \mathbb{R}^m$ 的 p 维线性空间 V 中，其中 $0 \leq p \leq m$。考虑正交补空间上定义的二次型：

$$k(x_0, v) = v^T [\partial^2 f_{\min}(x_0, \vec{0})] v, \quad v \in V^\perp$$

式中，$\partial^2 f_{\min}$ 是 $f_{\min}$ 的广义黑塞矩阵，在以下任一条件下，$f_{\min}$ 在 x_0 处有一个严格的局部极大值：

1）如果子空间 V 是全 m 维的，则 $\partial f_{\min}(x_0)$ 必须包含一个以 $T_{x_0} \mathbb{R}^m$ 的原点为中心的小的 m 维球。

2）如果子空间 V 的维数 $p < m$，则①$\partial f_{\min}(x_0)$ 必须包含一个以该子空间的原点为中心的小的 p 维球；②$k(x_0, v) < 0$，$\forall v \in V^\perp$。

证明：对于严格的局部极大值，条件 1）与性质 2 相同。因此我们证明条件 2）。通过假设，$i \in L(x_0)$ 时，$\nabla f_i(x_0)$ 的凸组合包含一个以 V 的原点为中心的 p 维球。因此，对于任何方向的 $v \notin V^\perp$，$\exists i \in L(x_0)$，使得 $\nabla f_i(x_0) \cdot v < 0$，所以 f_i 在 x_0 处沿 v 严格单调递减。由于 $f_{\min}(x_0) = f_i(x_0)$，函数 $f_{\min}$ 在 x_0 处也严格沿 v 递减。因此，函数 $f_{\min}$ 在任意方向 $v \notin V^\perp$ 上都有严格的局部极大值。

接下来考虑 $f_{\min}$ 沿着方向 $v \in V^\perp$ 的性态，设 $\alpha(t):(-\varepsilon, \varepsilon) \to \mathbb{R}^m$ 为一条光滑路径，使得 $\alpha(0) = x_0$ 且 $\dot{\alpha}(0) = v \in V^\perp$。我们需证明 $f_{\min}(\alpha(t))$ 在 $t = 0$ 时沿所有路径严格单调递减，直到二阶近似，$f_{\min}$ 在 x 点与 $V^\perp$ 相切的所有切线的集合用 $(\dot{\alpha}(0), \ddot{\alpha}(0))$ 表示，使得 $\dot{\alpha}(0) = v \in V^\perp$，$\ddot{\alpha}(0) = a \in \mathbb{R}^m$。$(\dot{\alpha}(0), \ddot{\alpha}(0))$ 可以写成 $(v, a) \in V^\perp \times \mathbb{R}^m$，$f_i(x)$ 在点 $\alpha(t)$ 处的二阶泰勒展开式为

$$f_i(\alpha(t)) = f_i(x_0) + (\nabla f_i(x_0) \cdot v) t + \frac{1}{2} (v^T D^2 f_i(x_0) v + \nabla f_i(x_0) \cdot a) t^2 + o(t^3), \quad t \in (-\varepsilon, \varepsilon)$$

式中，用 x_0、v 和 a 替换了 $\alpha(0)$、$\dot{\alpha}(0)$ 和 $\ddot{\alpha}(0)$。假设 $f_{\min}(x_0) = 0$，那么 $f_i(x_0) = 0$，$i \in L(x_0)$。由于 $v \in V^\perp$ 且 $\nabla f_i(x_0) \in V$，$i \in L(x_0)$，那么 $f_i(\alpha(t))$ 的二阶近似表达式为

$$f_i(\alpha(t)) = \frac{1}{2} (v^T D^2 f_i(x_0) v + \nabla f_i(x_0) \cdot a) t^2, \quad t \in (-\varepsilon, \varepsilon)$$

我们现在证明了对于$(v,a) \in V^\perp \times \mathbb{R}^m$，$\exists i \in L(x_0)$使得$v^T D^2 f_i(x_0)v + \nabla f_i(x_0) \cdot a < 0$。这表明当$t=0$时，$f_i$沿路径$\alpha$严格单调递减，由于$f_{\min}(x_0) = f_i(x_0)$，所以$f_{\min}(x_0)$也沿路径$\alpha$严格单调递减。

通过假设，对于$\forall v \in V^T$，$k(x_0, v) = v^T \sum_{i \in L(x_0)} \lambda_i D^2 f_i(x_0) v < 0$，在这个不等式的左边加上零项$\sum_{i \in L(x_0)} \lambda_i (\nabla f_i(x_0) \cdot a)$，得到

$$\sum_{i \in L(x_0)} \lambda_i (v^T D^2 f_i(x_0)v + \nabla f_i(x_0) \cdot a) < 0, \quad (v,a) \in V^\perp \times \mathbb{R}^m \quad \text{(A-1)}$$

由于$i \in L(x_0)$时$\lambda_i \geq 0$，所以式(A-1)中至少有一个求和必须是负的，与这个和相关联的函数f_i在$t=0$时沿路径α有一个严格局部极大值：

$$f_i(\alpha(t)) = \frac{1}{2}(v^T D^2 f_i(x_0)v + \nabla f_i(x_0) \cdot a)t^2 < 0, \quad t \in (-\varepsilon, \varepsilon)$$

因为这个论点适用于所有的$(v,a) \in V^\perp \times \mathbb{R}^m$，$f_{\min}$在点$x_0$沿与$V^\perp$相切的所有切线有一个严格局部极大值。由于$f_{\min}$在$x_0$点沿每个方向$v \notin V^T$严格递减，因此$f_{\min}$在该点有一个严格的局部极大值。

定理A.2的局部极大值判别结合了一阶导数和二阶导数的判别。$\partial f_{\min}(x_0)$中包含的p维球的存在性是子空间V中的一个一阶导数判别条件。二次型$k(x_0, v)$的不定性是由正交补子空间$V^\perp$中一个二阶导数判定的。

参考书目注释

广义梯度源于凸分析[1]中的次梯度概念，Clarke的最优化和非光滑分析[2]中出现了利普希茨连续函数的综合微积分，包括广义梯度和和广义链式法则的概念。Clarke考虑了正则利普希茨连续函数的一个泛型，也就是本书所讨论的函数。

逐点最小函数$\partial^2 f_{\min}(x)$的广义黑塞矩阵是本书作者提出的非光滑理论的适度扩展，它允许严格扩展二阶固定理论，该理论解释了沿一阶自由运动的子空间的二阶渗透运动，以及由定理A.2的局部极大检验值指定的沿正交补子空间的一阶渗透运动。

参考文献

[1] R. T. Rockafellar, *The Theory of Subgradients and its Applications*. Heldermann Verlag, 1981.
[2] F. H. Clarke, *Optimization and Nonsmooth Analysis*. SIAM, 1990.

附录B 分层莫尔斯理论概述

与静止手指体$O_1, \cdots, O_k$接触的刚体B的自由c-space在$\mathbb{R}^m$中形成一个分层集F，其中$m=3$或6。F层是不同维度的光滑流形，每一层代表B与手指体的一种可能接触组合。分层莫尔斯理论描述了在分层集合（如F）上定义的光滑标量值函数的临界点（局部极小值点、鞍点和极大值点）。本附录总结了这一理论的主要结果。

规则分层集是一个集合$\chi \subset \mathbb{R}^m$，划分为一个有限的不相交的光滑流形，称为层，满足Whitney条件。层的尺寸在零（孤立点流形）和m（空间$\mathbb{R}^m$的开子集）之间变化。Whitney条件要求两个相邻层的切线满足以下要求。设p是两个相邻层S和S'的公共边界上的一个点，使

得 p 属于 S。由于 p 位于 S' 的边界上，可以从 S 层沿着点序列 $\{p_i\}$ 来接近它，当切空间 T_pS 包含在沿着序列 $\{p_i\}$ 的切空间 $\lim_{p_i \to p} T_{p_i} S'$ 内时，两个层满足规则分层条件，该条件在下面的例子中说明。

示例： 图 B-1a 描绘了一个集合 $\chi \subset \mathbb{R}^3$，由两个相交的平面组成，即 $\chi = P_1 \cup P_2$。如图 B-1b 所示，首先考虑到 χ 在平面 P_1 上的分层和位于 P_1 两侧的 P_2 的两个半平面。设 p 为直线 $P_1 \cap P_2$ 上的一点，由于 $p \in P_1$，切平面没有包含在极限切平面 $\lim_{p_i \to p} T_{p_i} P_2$ 中，因此，这不是 χ 的规则分层。接下来如图 B-1c 所示，将 χ 分为四个半平面和线 $P_1 \cap P_2$，其中 $P_1 \cap P_2$ 的切线包含在相邻各半平面的极限切平面中，因此这是 χ 的规则分层。

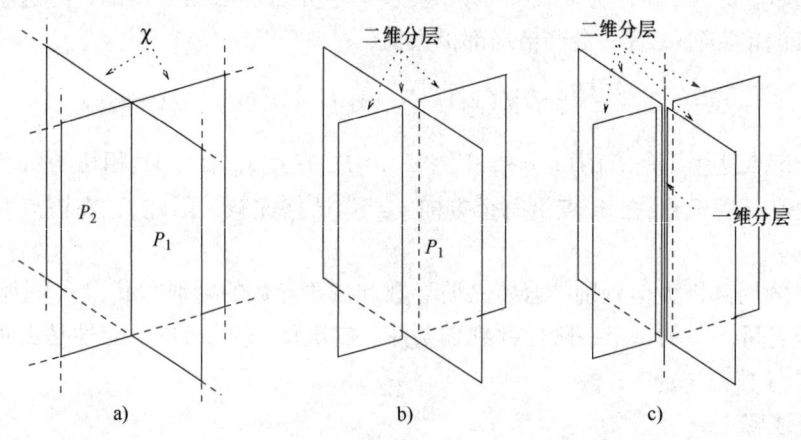

图 B-1　a) 集合 $\chi = P_1 \cup P_2$；b) χ 的非规则分层，分为三个二维层；c) χ 的规则分层，分为四个二维层和一个单维层

接下来，我们介绍层集上临界点的概念。首先，考虑 $\mathbb{R}^m$ 中光滑流形 M 上临界点的定义。设 $\tilde{\varphi}$ 是一个定义在 $\mathbb{R}^m$ 上的光滑实值函数，且 $\varphi: M \to \mathbb{R}$ 表示 $\tilde{\varphi}$ 对 M 的约束。如果 φ 在点 $x \in M$，M 处的导数 $D\varphi(x)$ 沿切空间 T_xM 为零，则 x 是 φ 的一个临界点：

$$D\varphi(x) \cdot \dot{x} = 0, \quad \forall \dot{x} \in T_xM$$

同样地，φ 的临界点是 $x \in M$，在该点上梯度向量 $\nabla \tilde{\varphi}(x)$ 与空间 $\mathbb{R}^m$ 中的流形 M 正交。φ 的临界值是临界点 x 的图像，即 $c = \varphi(x)$。以下定义将临界点的概念扩展到层集。

定义 B.1（临界点） 设 $\chi \subset \mathbb{R}^m$ 是一个规则分层集，$\varphi: \chi \to \mathbb{R}$ 是光滑函数 $\tilde{\varphi}$ 对 χ 的约束。在 χ 中，φ 的临界点是通过约束 φ 到 χ 的各个层得到的临界点的并集。

注意，χ 的每一个零维分层都自动是 φ 的一个临界点。接下来考虑光滑流形 M 上的莫尔斯函数的概念。对于光滑函数 $\varphi: M \to \mathbb{R}$，当所有临界点都是非简并的时候（即其黑塞矩阵 $D^2\varphi(x)$ 在临界点上是非奇异的），该函数被称为莫尔斯函数。在非简并临界点上，φ 的莫尔斯指数（用 v 表示）是该点上的黑塞矩阵 $D^2\varphi(x)$ 的负特征值的数量。一般情况下，$0 \leq v \leq \dim(M)$，其中 $\dim(M)$ 表示 M 的维数，在局部极小值点处，特征值均为正值且 $v=0$，在鞍点处，特征值的符号有正有负且 $0 < v < \dim(M)$，在局部极大值点处，特征值均为负值且 $v = \dim(M)$。

莫尔斯函数是通用的，并在流形 M 上具有孤立临界点。下面的定义将莫尔斯函数的概念推广至分层集。

定义 B.2（莫尔斯函数） 设 $\chi \subset \mathbb{R}^m$ 是一个规则分层集，$\varphi: \chi \to \mathbb{R}$ 是光滑函数 $\tilde{\varphi}$ 对 χ 的约

束,如果满足以下两个条件,那么 φ 是 χ 的莫尔斯函数:

1) 每一层都包含一个 φ 的临界点。
2) 每个临界点的梯度向量 $\nabla\tilde{\varphi}$ 与在该点相邻的任何层都不正交。

莫尔斯函数在分层集合上也是通用的。也就是说,在规则分层集 χ 上几乎所有光滑函数都是莫尔斯函数。在临界点处,φ 的莫尔斯指数 ν 是评估包含点 x 的层上黑塞矩阵 $D^2\varphi(x)$ 的负特征值的数量。例如,当 φ 在包含点 x 的层上有一个局部极小值时,$\nu=0$,注意,对于在这一点相交的相邻层而言,φ 无须具有局部极小值。在零维分层中,φ 的莫尔斯指数定义为 $\nu=0$。以下示例说明了条件2):

示例: 图 B-2 显示了分层集 χ,由向上弯曲的圆柱体 S_1、平面 S_2 及相交曲线 S_{12} 的表面组成。高度函数 $\varphi(x_1,x_2,x_3)=x_3$ 在点 $x_0 \in S_{12}$ 处有一个临界点,该点是 S_{12} 上的局部极小值点。然而,当沿着层 S_1 的一个点序列接近 x_0 时,S_1 的法线沿着这些点与 $\nabla\tilde{\varphi}(x_0)=(0,0,1)$ 共线(图 B-2)。因此,在 x_0 处,φ 不是莫尔斯函数。注意,对于 S_1 或 S_2 的几乎所有小位移而言,φ 都是莫尔斯函数。

分层莫尔斯理论研究了光滑实值函数在规则分层集上的特性。该理论保证,当莫尔斯函数 φ 的值在 φ 的相邻临界值之间的开区间内变化时,水平集 $\chi|_c = \{x \in \chi : \varphi(x) = c\}$ 在拓扑上是相互等价的(同胚)。在 φ 的局部临界点处,水平集 $\chi|_c$ 拓扑变化。设 x_0 是这样的临界点,其中 $c_0 = \varphi(x_0)$。从 φ 在 χ 的两个互补子集上的特性来看,分层莫尔斯理论描述了 x_0 处的拓扑变化。第一个集合是包含临界点 x_0 的 χ 的层,用 S 表示。另一个集合称为 x_0 处的法向切片,是由两个部分构成的。首先,设 $D(x_0)$ 是一个以 x_0 为中心的小 d 维圆盘,具有以下两个性质:该圆盘只与层 S 在点 x_0 处相交,并且圆盘在 x_0 处与 S 相切。如果选择使其在 x_0 处垂直于 S,则其维数等于空间的维数 m 减去 S 的维数。第二部分中,我们将 χ 在 x_0 处的法向切片(用 $E(x_0)$ 表示)定义为 $D(x_0)$ 与分层集 χ 的交集。因此,$E(x_0) = D(x_0) \cap \chi$。

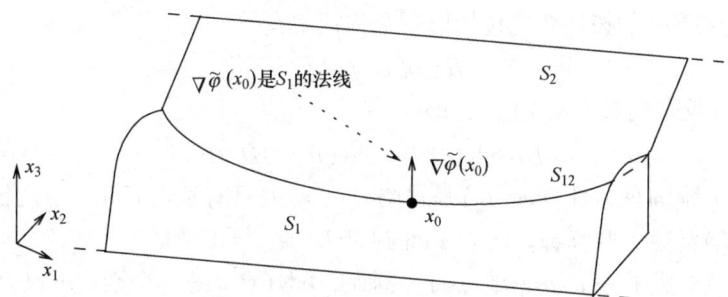

图 B-2 高度函数 $\varphi(x_1,x_2,x_3)=x_3$ 在点 $x_0 \in S_{12}$ 处有一个临界点,由于 $\nabla\tilde{\varphi}(x_0)$ 垂直于相邻层 S_1,所以在该临界点处高度函数 $\varphi(x_1,x_2,x_3)=x_3$ 不是莫尔斯函数

示例: 图 B-3 描绘了 $\mathbb{R}^3$ 中的分层集合 χ,χ 是通过从 $\mathbb{R}^3$ 中移除两个弯曲圆柱的内部而形成的。集合 χ 由围绕两个圆柱体的三维区域以及圆柱体的边界并集组成。高度函数 $\varphi(x_1,x_2,x_3)=x_3$ 在 x_0 和 y_0 处有两个临界点,包含这些点的层 S 是一维曲线,在这些点处的法向切片是圆与 χ 的交集。它在 x_0 处是一个向上的扇形区域,在 y_0 处是一个向下的扇形区域。

设 x_0 是莫尔斯函数 $\varphi: \chi \to \mathbb{R}$ 的一个临界点,x_0 位于层 S 中。φ 在 x_0 处的水平集的拓扑变化描述了其在 S 和 $E(x_0)$ 上的特性。在层 S 上,拓扑变化由 φ 在 x_0 处的莫尔斯指数确定。在法向切片 $E(x_0)$ 上,拓扑变化由下半链(用 l^- 表示)确定,定义为 $E(x_0)$ 与水平集 $\chi|_{c_0-\varepsilon} = \{x \in \chi : $

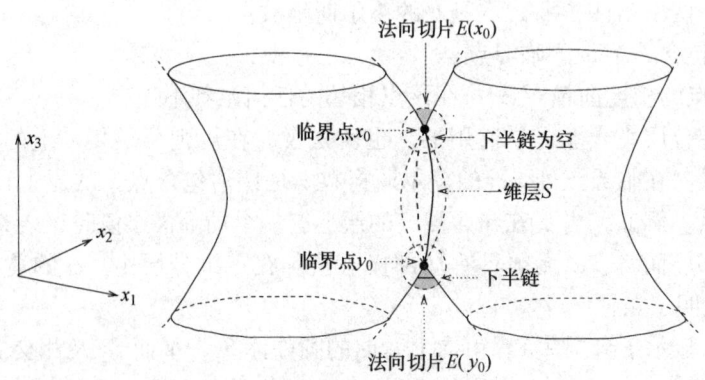

图 B-3 在临界点 x_0 和 y_0 处的下半链的示例。所使用的函数是 $\varphi(x_1,x_2,x_3)=x_3$

$\varphi(x)=c_0-\varepsilon\}$ 的交集

$$l^-=E(x_0)\cap \mathcal{X}|_{c_0-\varepsilon}$$

式中，$\varepsilon>0$ 是一个小参数且 $c_0=\varphi(x_0)$。分层莫尔斯理论保证，对于所有足够小的 $\varepsilon>0$，l^- 的拓扑性质不会发生改变。

示例：图 B-3 显示了上一个示例中讨论的分层集 $\mathcal{X}$。高度函数 $\varphi(x_1,x_2,x_3)=x_3$ 在 x_0 和 y_0 处具有临界点。x_0 处的法向切片上没有低于 x_0 的点，因此 l^- 在 x_0 处是空集。在 y_0 点，下半链位于向下的扇形区域与位于 y_0 以下的水平面的交线，因此，l^- 在 y_0 点是一条线段。

临界点的莫尔斯数据由莫尔斯指数 ν 和下半链 l^- 组成，分层莫尔斯理论（或 SMT）的主要定理描述了临界点处的拓扑变化，这种变化是通过莫尔斯数据来表征的。

定理 B.1（SMT 主要定理） 设 $\varphi:\mathcal{X}\to\mathbb{R}$ 是规则分层集 $\mathcal{X}$ 上的莫尔斯函数，令 x_0 为 φ 的临界点，莫尔斯指数为 ν，下半链为 l^-，$c_0=\varphi(x_0)$。随着 c 在区间 $[c_0-\varepsilon,c_0+\varepsilon]$ 内变化，水平集 $\mathcal{X}|_c=\{x\in\mathcal{X}:\varphi(x)=c\}$ 的拓扑变化包括取一个句柄集：

$$H=D^\nu\times\mathrm{cone}(l^-)$$

并沿着黏接缝将其胶合到水平集 $\mathcal{X}|_{c_0-\varepsilon}$，即

$$\Gamma=\mathrm{bdy}(D^\nu)\times\mathrm{cone}(l^-)\cup D^\nu\times l^-$$

式中，D^ν 是闭合 ν 维圆盘，且 $\mathrm{cone}(l^-)$ 是在临界点 x_0 处具有基集 l^- 和顶点的锥。

D^ν 和 $\mathrm{cone}(l^-)$ 需要一些解释。闭合 ν 维圆盘 D^ν 在 $\nu=0$ 时是单点，在 $\nu=1$ 时是闭区间。D^ν 的边界 $\mathrm{bdy}(D^\nu)$ 形成了一个 $\nu-1$ 维球面。例如，$\mathrm{bdy}(D^2)$ 是一个圆，$\mathrm{bdy}(D^1)$ 由 D^1 的两个端点组成，$\mathrm{bdy}(D^0)$ 为空。给定临界点 x_0 处的下半链 l^-，将 $\mathrm{cone}(l^-)$ 定义为从 x_0 发出并通过 l^- 的所有点的射线的集合。根据定义，当 l^- 为空时，$\mathrm{cone}(l^-)=\{x_0\}$。

本附录的其余部分表述了将定理 B.1 应用于临界点的两种重要类型。第一个类型是 $\mathcal{X}$ 中 φ 的局部极小值。

推论 B.2（局部极小值） 设 $\varphi:\mathcal{X}\to\mathbb{R}$ 是规则分层集 $\mathcal{X}\subset\mathbb{R}^m$ 上的莫尔斯函数，令 $x_0\in\mathcal{X}$ 为 φ 的临界点。当且仅当 φ 满足两个条件 $\nu=0$ 和 $l^-=\varnothing$ 时，φ 才在 x_0 处具有局部极小值，其中 ν 是 x_0 处 φ 的莫尔斯指数，l^- 是 x_0 处 φ 的下半链。

证明：首先假设 x_0 是 φ 的局部极小值，其中 $c_0=\varphi(x_0)$。在这种情况下，水平集 $\mathcal{X}|_{c_0-\varepsilon}=\{x\in\mathcal{X}:\varphi(x)=c_0-\varepsilon\}$ 必须在 x_0 足够小的邻域中为空，其中 $\varepsilon>0$ 是小的正参数，下半链 l^- 是 $\mathcal{X}$ 在 x_0 处的法向切片内该水平集的子集。因此，$l^-=\varnothing$。因为 φ 沿着包含 x_0 的层具有特殊局部极

小值，所以 $v=0$。因此，$l^-=\varnothing$，$v=0$。

接下来，假设 $v=0$ 且 $l^-=\varnothing$，根据定理 B.1，在临界点 x_0 处，水平集 $\chi|_c$ 的拓扑变化包括取一个手柄集 $H=D^v\times\text{cone}(l^-)$，并沿着黏接缝将其黏接到水平集 $\chi|_{c_0-\varepsilon}$：$\Gamma=\text{bdy}(D^v)\times\text{cone}(l^-)\cup D^v\times l^-$，在本例中，$v=0$ 且 $l^-=\varnothing$。因此，手柄集为 $H=D^0\times\{x_0\}$，在拓扑上等效于单点集 $H=\{x_0\}$。由于 $\text{bdy}(D^0)$ 和 l^- 均为空，因此黏接缝 Γ 为空。因为 Γ 为空，所以在以 x_0 为中心的 $\mathbb{R}^m$ 的局部邻域中，手柄集 $H=\{x_0\}$ 与子水平集 $\chi|_{\leq c_0-\varepsilon}=\{x\in\chi:\varphi(x)\leq c_0-\varepsilon\}$ 不相交。由于 $H=\{x_0\}$ 和 $\chi|_{\leq c_0-\varepsilon}$ 在 $\mathbb{R}^m$ 中形成局部不相交的闭集，因此它们在 x_0 处彼此局部分离。所以 $H=\{x_0\}$ 足够小的邻域不包含子水平集 $\chi|_{\leq c_0-\varepsilon}$ 的点，且 x_0 是 χ 中 φ 的局部极小值点。

条件 $v=0$ 通常是二阶导数检验以确保 φ 在包含 x_0 的层上具有局部极小值。条件 $l^-=\varnothing$ 是一阶导数检验，验证 φ 对于在 x_0 处相交的相邻层上具有局部极小值。

第二种类型的临界点，即连接点，定义如下。

定义 B.3（连接点） 设 $\varphi:\chi\to\mathbb{R}$ 是规则分层集 $\chi\subset\mathbb{R}^m$ 上的莫尔斯函数，令 $x_0\in\chi$ 为 φ 的临界点，其中 $c_0=\varphi(x_0)$。如果水平集 $\chi|_{c_0-\varepsilon}$ 的两个局部不相交的连接分量在 x_0 处相交，并合并成为水平集 $\chi|_{c_0+\varepsilon}$ 中的单个连接分量，其中 $\varepsilon>0$ 是一个小参数，则 x_0 是连接点。

定理 B.1 的以下推论描述了连接点处的莫尔斯数据。

推论 B.3（连接点） 设 $\varphi:\chi\to\mathbb{R}$ 是规则分层集 $\chi\subset\mathbb{R}^m$ 上的莫尔斯函数，令 $x_0\in\chi$ 为 φ 的临界点。当且仅当 φ 满足以下两个条件之一时，x_0 是连接点：

$$v=1 \text{ 且 } l^- \text{ 为空} \tag{B-1}$$

或

$$v=0 \text{ 且 } l^- \text{ 是不连续的} \tag{B-2}$$

式中，v 是 x_0 处 φ 的莫尔斯指数，l^- 是 x_0 处 φ 的下半链。

证明： 在连接点，水平集 $\chi|_{c_0-\varepsilon}$ 的两个局部不同分量相交，形成了水平集 $\chi|_{c_0+\varepsilon}$ 中的单个分量。因此，$\chi|_{c_0-\varepsilon}$ 由两个局部不相交的集合组成，而 $\chi|_{c_0+\varepsilon}$ 由单个局部连接的集合组成。手柄集 H 必须沿着一个断开的黏接集黏接在 $\chi|_{c_0-\varepsilon}$ 上。其余的证明包括确定 Γ 形成不连通集的条件。

黏接集 Γ 是两个集合的并集，即 $\Gamma=\Gamma_1\cup\Gamma_2$，使得 $\Gamma_1=\text{bdy}(D^v)\times\text{cone}(l^-)$ 和 $\Gamma_2=D^v\times l^-$。$\text{bdy}(D^v)$ 中的任意两点都可以用 D^v 中的曲线连接。类似地，l^- 中的任意两点也都可以用 $\text{cone}(l^-)$ 中的曲线连接。因此，如果 Γ_1 和 Γ_2 都非空，那么它们的并集 $\Gamma=\Gamma_1\cup\Gamma_2$ 形成一个连通集。因此，仅当 Γ_1 为空，Γ_2 不连续，或当 Γ_1 不连续，Γ_2 为空时，$\Gamma=\Gamma_1\cup\Gamma_2$ 才是不连续的。由于 $\text{bdy}(D^0)$ 为空，所以当且仅当 $v=0$ 时，集合 $\Gamma_1=\text{bdy}(D^v)\times\text{cone}(l^-)$ 是空的。当且仅当 l^- 不连续时，集合 $\Gamma_2=D^v\times l^-$ 是不连续的，这给出了条件（B-2）。同样地，由于 $\text{bdy}(D^v)$ 形成了一个 $(v-1)$ 维球体且只有零维球体是不连续的，所以当且仅当 $v=1$ 时，集合 $\Gamma_1=\text{bdy}(D^v)\times\text{cone}(l^-)$ 是不连续的。但是当 $v=1$ 时，$\Gamma_2=D^v\times l^-$ 可以为空的唯一方法是 l^- 为空，这给出了条件（B-1）。

式（B-1）中条件 $v=1$ 的含义如下：设 S 为包含临界点 x_0 的层，当 S 的维数为一维时，$v=1$ 表示 φ 沿 S 在 x_0 处有一个局部极大值。当 S 有更高的维数时，$v=1$ 表示 φ 沿 S 在 x_0 处有一个鞍点，该鞍点的特征值中有一个为负，其余为正。例如，图 B-3 中的点 x_0 是函数 $\varphi(x_1,x_2,x_3)=x_3$ 的连接点，事实上，在 x_0 处 $l^-=\varnothing$，而 x_0 是 φ 沿包含该点的一维分层 S 的局部极大值点。

参考书目注释

分层莫尔斯理论由 Goresky 和 Macpherson[1] 描述。在本书的 3.7 节中，定理 B.1 被表述为主要定理。推论 B.2 的局部最小检验值可以通过其他方法得到。例如，Trinkle 等人[2-3] 利用线性互补方法推导了一阶和二阶局部极小值准则。

参考文献

[1] Goresky and Macpherson, *Stratified Morse Theory*. Springer-Verlag, 1980.
[2] J. C. Trinkle, A. O. Farahat and P. F. Stiller, *IEEE International Conference on Robotics and Automation*, 2815–2821, 1995.
[3] J. C. Trinkle, A. O. Farahat and P. F. Stiller, "First-order stability cells of active multi-rigid-body systems," *IEEE Transactions of Robotics and Automation*, vol. 11, no. 4, pp. 545–477, 1995.